优秀技术实训教程

Flash CS4 动画技术教程

优技

田翠云 主编

兵器工业出版社

北京希望电子出版社
Beijing Hope Electronic Press
www.bhp.com.cn

内 容 简 介

本书涵盖了 Flash CS4 的常用概念与操作技巧，详细地讲解了图形的绘制与颜色填充、文本的输入与编辑、对象的编辑、图层和帧的使用，并在此基础上介绍了如何制作简单的动画，还对元件、实例、库、声音与视频、ActionScript 脚本语言、组件、Flash 网站建设技术、动画的后期处理等重点与难点进行了深入剖析。另外，全书安排了大量有针对性的实例，并将实例融入到各相关知识点中，以帮助用户在了解理论知识的同时，提高动手能力。

本书配套光盘内容为书中部分实例源文件及素材文件。

本书结构合理、实例丰富，是初、中级读者学习 Flash CS4 的首选图书，也是大中专院校相关专业和社会各级培训班理想的培训教材。

图书在版编目（CIP）数据

Flash CS4 动画技术教程 / 田翠云主编. —北京：兵器工业出版社：北京希望电子出版社，2009.9

ISBN 978-7-80248-399-6

I. F… II. 田… III. 动画—设计—图形软件，Flash CS4—教材 IV. TP391.41

中国版本图书馆 CIP 数据核字（2009）第 159477 号

出版发行：兵器工业出版社 北京希望电子出版社

邮编社址：100089 北京市海淀区车道沟 10 号

100085 北京市海淀区上地 3 街 9 号

金隅嘉华大厦 C 座 611

电　　话：010-62978181（总机）转发行部

010-82702675（邮购）010-82702698（传真）

经　　销：各地新华书店 软件连锁店

印　　刷：北京市媛明印刷厂

版　　次：2009 年 9 月第 1 版第 1 次印刷

封面设计：盛春宇

责任编辑：李亚明 宋丽华 孙 倩

责任校对：张 淼

开　　本：787×1092 1/16

印　　张：27.75（4 面彩插）

印　　数：1-3000

字　　数：638 千字

定　　价：45.50 元（配 1 张 CD）

①

②

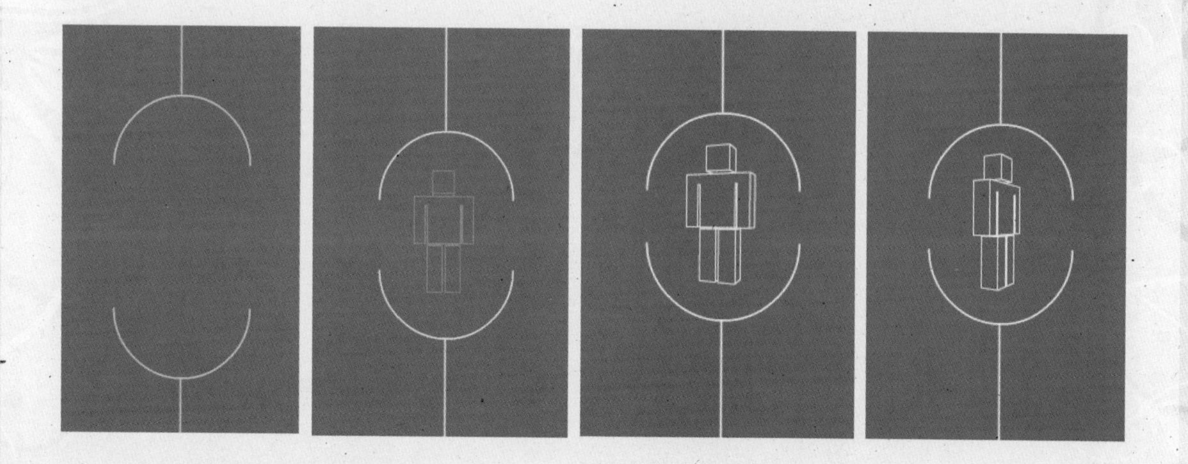

③

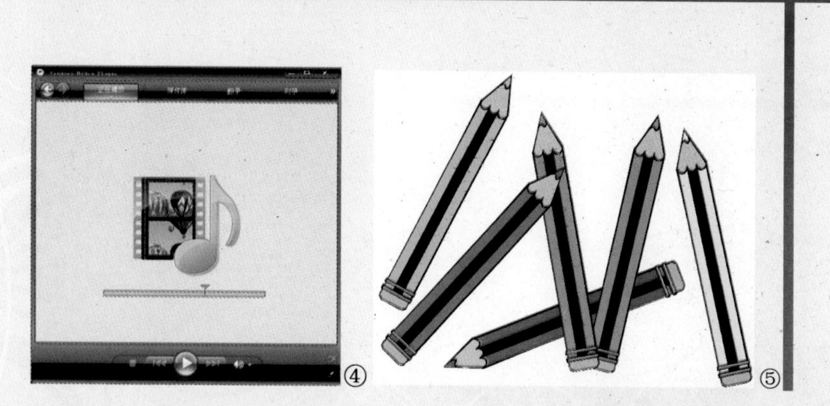

④ ⑤

①圣诞树

②滑雪

③动态logo

④音乐播放器

⑤铅笔

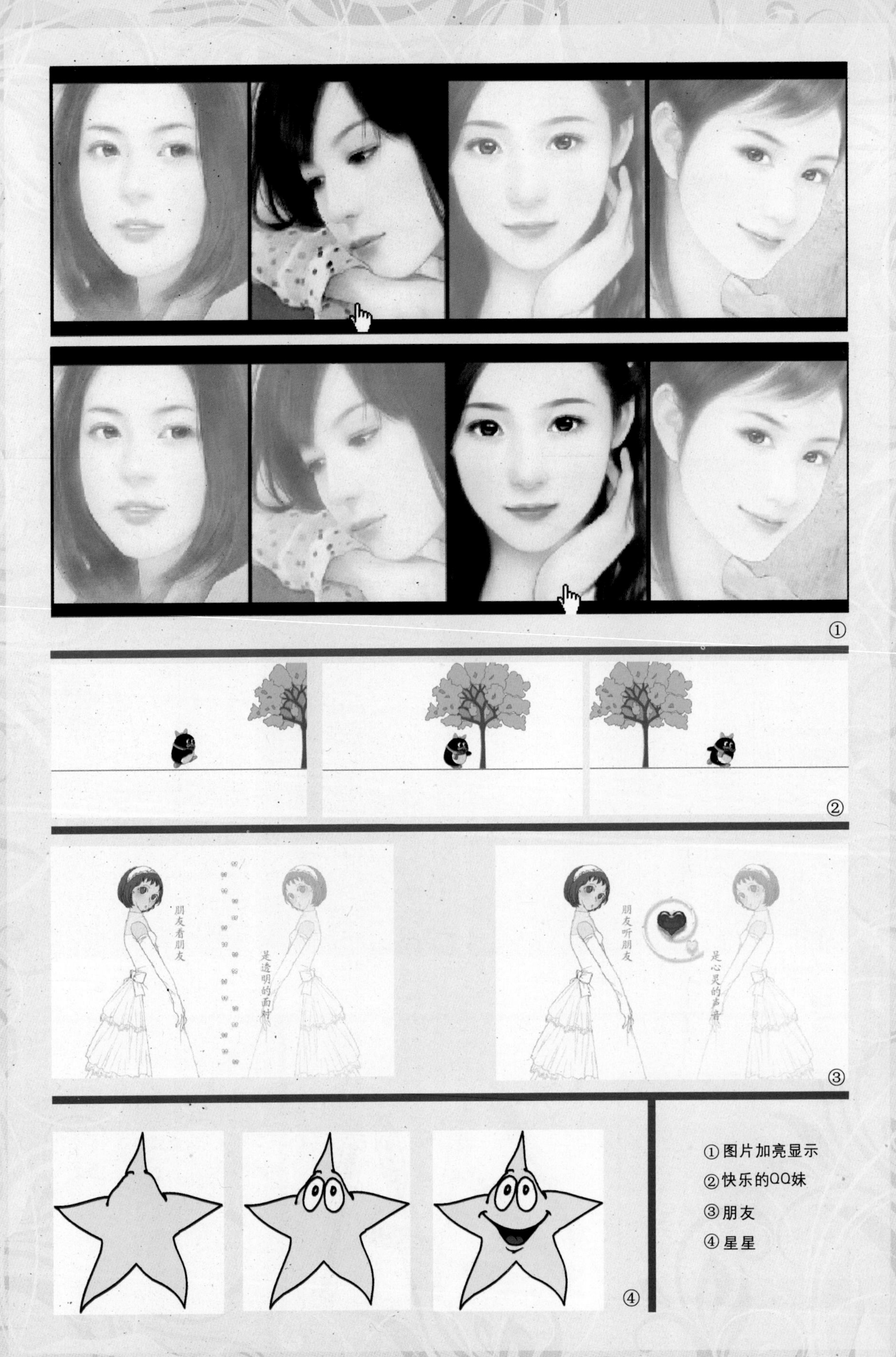

①图片加亮显示
②快乐的QQ妹
③朋友
④星星

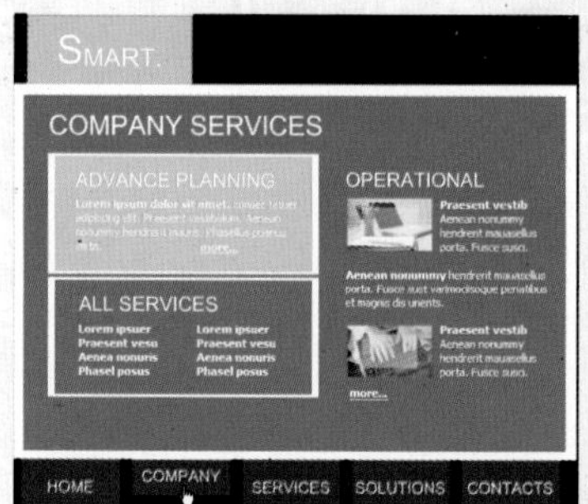

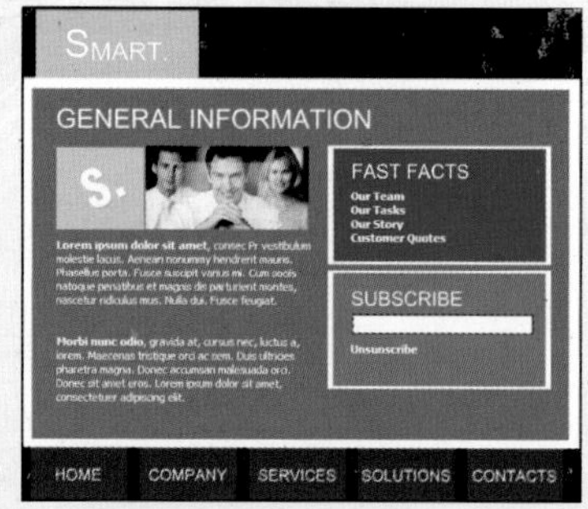

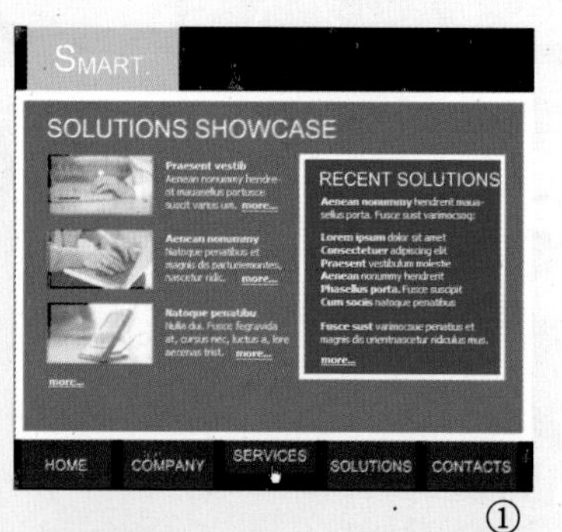

①

②

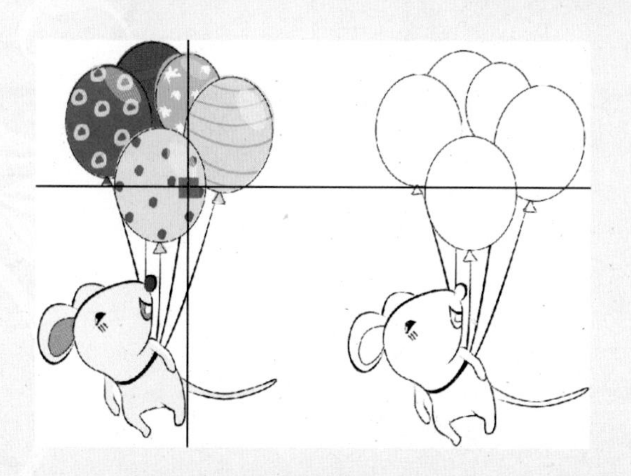

③

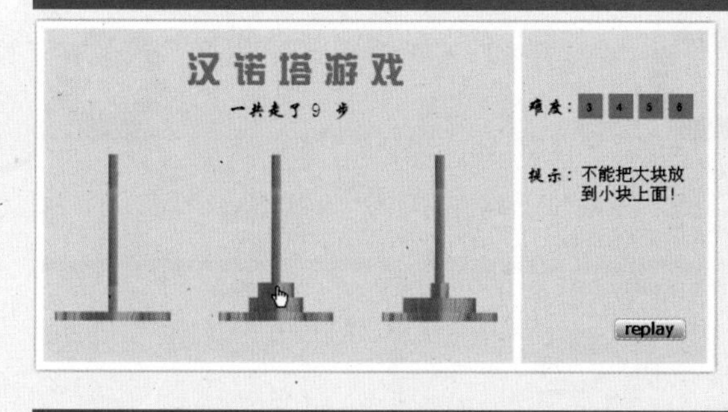

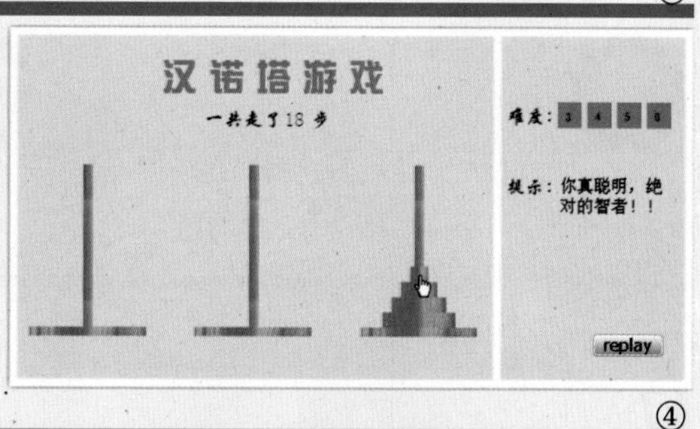

④

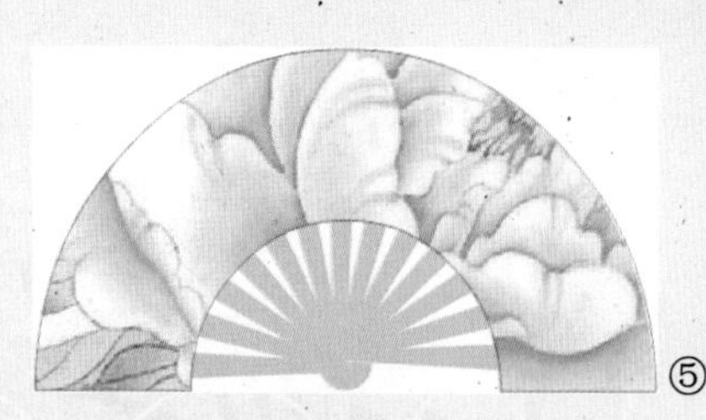

⑤

①全Flash网站制作

②汽车产品广告

③瞄准靶心

④移方块游戏

⑤竹扇

①

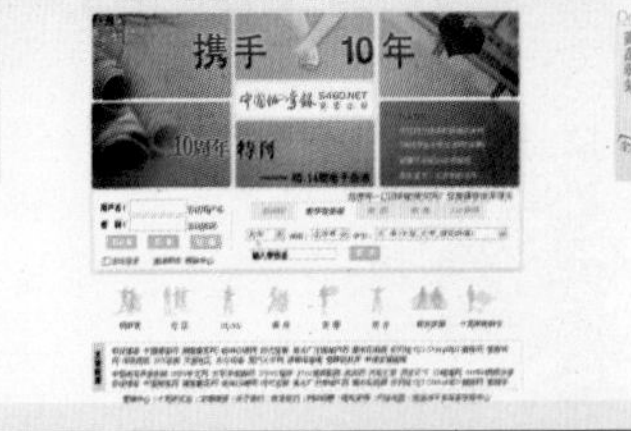
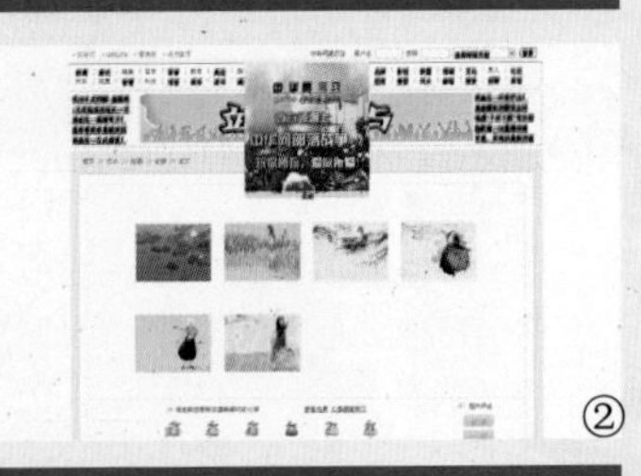

②

③

④

⑤

① 不同透明度下的实例效果

② 常见的广告类型

③ 洋葱皮功能显示效果

④ 走直线的车轮

⑤ 对象轮廓的不同显示方式

Preface | 前言

Flash CS4是动画制作的首选软件，它采用独特的矢量图形绘制方式与流式技术，因此，所生成的动画文件具有体积小、便于传输和下载、支持交互等特点。Flash CS4支持多种图形文件、视频文件和音频文件，还具有强大的互动程序编辑功能，可以为各种多媒体项目制作提供完善的解决方案。

本书以全面掌握软件功能为出发点，详细地介绍了Flash CS4在图形绘制、动画制作和互动编程等方面的主要功能和应用技巧，共分为15章，主要内容包括：

- Flash的基础知识：主要介绍了Flash CS4的一些入门知识，包括Flash动画的应用领域、特点和实现原理，以及Flash CS4的安装、卸载与新增功能等。
- Flash CS4的工作区与文档操作：主要介绍了Flash CS4中工作区的使用，以及常见的文档操作。
- 图形的绘制与颜色填充：主要介绍了如何使用各种工具绘制和填充图形。
- 文本的输入与编辑：主要介绍了文本的类型、输入与编辑操作等。
- 对象的编辑：主要介绍了如何查看、选取、移动、变形、复制、粘贴和排列对象等。
- 图层的使用：主要介绍了图层的用途、分类、基本操作、管理以及设置等。
- 帧的使用：主要介绍了帧的类型、基本操作以及多帧编辑技术等。
- 元件、实例与库：主要介绍了元件的创建与编辑、实例的创建与编辑、库的调用与管理等。
- 动画的制作：主要介绍了几种常见动画的制作。
- 声音与视频：主要介绍了声音、视频的添加与编辑。
- 使用ActionScript 3.0编程：主要介绍了使用ActionScript 3.0进行编程的相关知识。
- 组件：主要介绍了组件的类型与添加。
- Flash网站建设技术：主要介绍了Flash网站的相关内容，包括开发基础、网站制作以及动态数据处理。
- Flash动画的后期处理：主要介绍了动画的测试、优化、发布与导出。
- 提高范例：主要介绍了Flash在行业应用方面的案例制作。

本书由田翠云主编，张全昌、王爱荣、陈小秋、田质恩、赵秋荣、田素镇、李娟、何荣参与编写。

由于编者水平有限，错误和疏漏之处在所难免，敬请广大读者批评指正。

编　者

目　录

Flash 第1章 Flash的基础知识

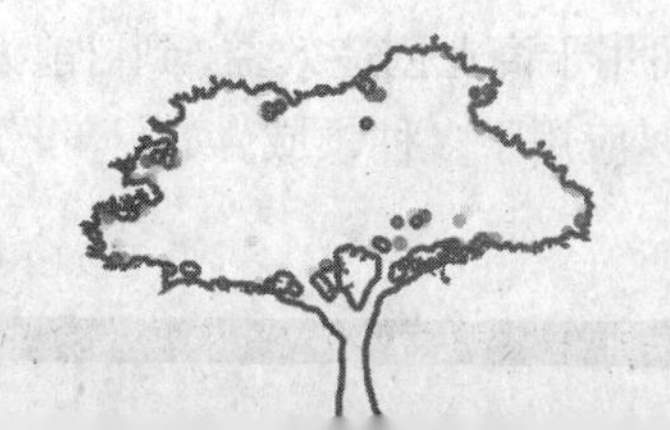

学习目标

Flash的前身是Futureplash，即早期流行的矢量动画插件，历经多个版本的发展，目前Flash已成为Adobe CS4创意组件中的新成员。本章主要介绍Flash CS4的入门知识，旨在使用户对Flash CS4有一个初步的了解。

学习重点

(1) Flash CS4的安装与卸载
(2) Flash CS4的新增功能

1.1 认识Flash动画

在Flash动画诞生之前，网络上只有少量的GIF动画，这类动画精度低、文件尺寸大，既不能起到美化网页的作用，又影响了网页的浏览速度。随着互联网技术的发展，Flash动画已成为网络动画的标准，并在全世界得到了广泛的应用和推广，用户只要随意打开一个网页就能看到Flash动画，它是网页页面中最活跃的元素。图1-1所示为Flash动画——爱的回忆。

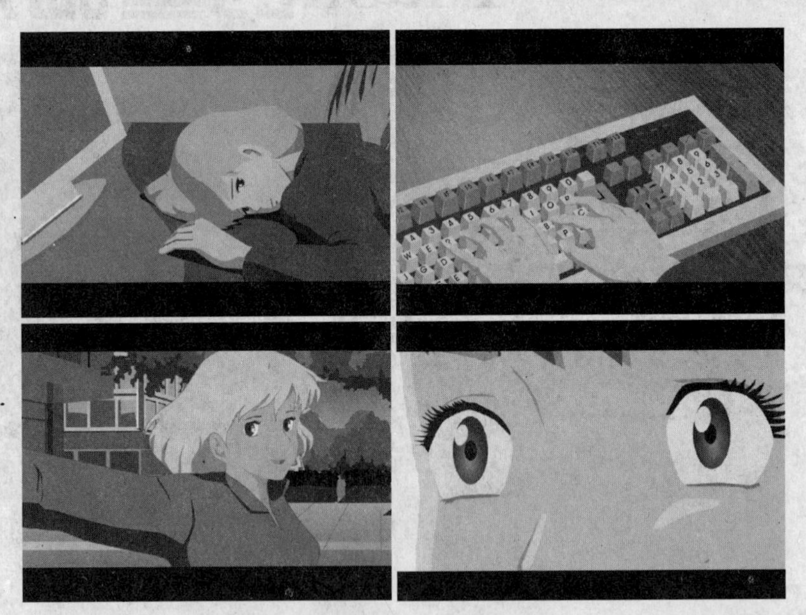

图 1-1 Flash动画——爱的回忆

1.1.1 Flash动画的应用领域

Flash动画可用于欣赏，也可用于商业创造效益，到目前为止所利用的只是其一小部分，但是从发展趋势来看Flash动画可以应用于多种领域。

(1) 网站片头。为了使浏览者对自己的网站过目不忘，越来越多的个人网站和设计类网站开始用Flash制作片头动画。图1-2 所示为品味车苑的片头动画。

图 1-2 品味车苑的片头动画

(2) 教学课件。可以通过鼠标和方向键来选择Flash课件中的教学内容，再配以声音和动画，使人耳目一新，比传统的教学方式更具有优势。图1-3 所示为蒸馏石油课件。

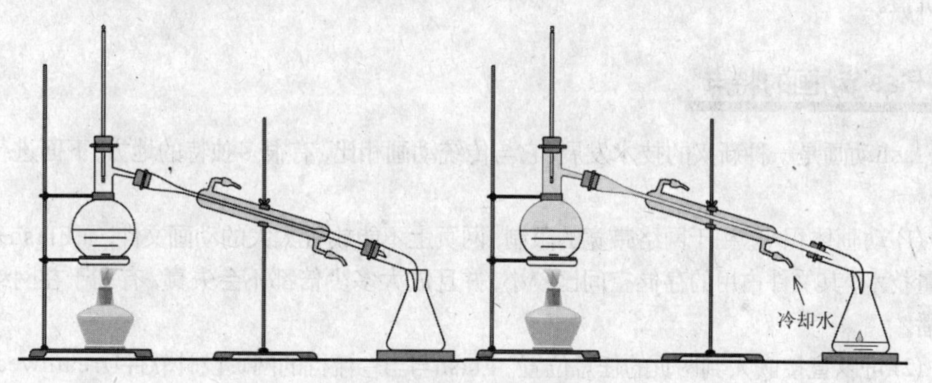

图 1-3 蒸馏石油课件

(3) 产品功能演示。在产品开发出来以后，为了让人们了解它的功能，开发商通常用Flash制作一个演示片，对产品的特点与性能进行全面的展示。

(4) 商业广告。现在Flash动画已成为网站广告的主要形式。图1-4所示为新浪网站中的一段广告动画。

(5) MTV。MTV是一种比较广泛的应用形式，在各大“闪客”网站中几乎每天都有新的MTV作品产生，目前用Flash制作的MTV也开始有了商业应用价值。

图 1-4 新浪网站中的一段广告动画

(6) 动漫。动漫是目前国内“闪客”们最热衷的一个应用领域，是一个发挥个人才能的极佳平台。

(7) 网站开发。通过“酷酷”的导航菜单，“眩眩”的动画效果能够明显提高网站的点击率，所以，越来越多的网站从前台到后台全部采用Flash技术。图1-5所示为一款汽车全Flash网站。

图 1-5 一款汽车全Flash网站

(8) 游戏。在国内利用Flash开发的中小型游戏很流行，有些公司将网络广告与网络游戏相结合，让浏览者参与其中，大大增强了广告效果。

此外，Flash动画还被广泛应用于网页导航条、应用程序设计、网络应用程序开发、第二产业等方面，用户可以通过动画作品宣传自己或者宣传企业形象，从而创造了更大的附加价值。

1.1.2 Flash动画的特点

Flash动画是一种新兴的技术发展，它与传统动画相比，有很多独特的地方。下面进行简单介绍。

(1) 动画体积小。由于网络带宽的限制，网页上不能放置太大的动画文件，而Flash采用的是矢量技术，其文件占用的存储空间比较小，并且放大多少倍都不会失真，有利于在网络上进行传播。

(2) 可以直接嵌入到网页的任意位置。Flash与当今流行的网页设计软件Dreamweaver配合默契，所制作的动画可以直接嵌入到网页的任意位置，非常方便。

(3) 制作成本低。Flash动画的制作成本非常低，大大地减少了人力、物力资源的消耗。

(4) 使用流式播放技术。流式播放技术使动画可以边下载边播放，从而减少了网页浏览者的等待时间。

(5) 全新的视觉效果。Flash动画具有崭新的视觉效果，比传统的动画更加灵巧，更加酷。不可否认，它已经成为一种新时代的艺术表现形式。

(6) 支持交互。Flash动画具有交互性优势，可以更好地满足用户的需要，用户可以通过点击、选择等动作，决定动画的运行过程和结果，这一点是传统动画无法比拟的。图1-6所示为一款具有交互功能的Flash动画。

(7) 独特的过渡动画效果。过渡动画效果是指由用户编辑两个关键帧的内容，中间的过渡过程系统会自动生成，这样大大减少了工作量，也缩减了文件的大小。

(8) 允许声音和视频的导入。Flash允许导入多种格式的声音和视频，使动画作品更加生动、丰富多彩，如图1-7所示。除此之外，Flash还支持从外部调用声音和视频文件，可以大大缩短输出时间。

(9) 有利于保护知识产权。Flash动画在制作完成后，可以把生成的文件设置成带保护的格式，这样能够维护设计者的版权利益。

图 1-6 一款具有交互功能的Flash动画

图 1-7 导入视频的Flash动画

1.1.3 动画的实现原理

Flash动画的实现原理是视觉原理，由于人类具有“视觉暂留”的特性，就是在人的眼睛看到一幅画或一个物体后，在1/24秒内不会消失。利用这一原理，在一幅画还没有消失之前播放出下一幅画，就会给人造成一种流畅的视觉变化效果。图1-8所示为一段孙悟空舞动金箍棒的动画效果。

图 1-8 孙悟空舞动金箍棒的动画效果

注意：

(1) 如果以每秒低于24幅画面的速度播放，动画就会出现停顿现象。

(2) 图片要在3幅以上，如果只有2幅则只能得到晃动效果。

1.1.4 优秀Flash网站推荐

为了帮助用户的学习，下面推荐一些优秀的Flash中文网站。

(1) Flash官方网站。http://www.adobe.com/products/flash/

(2) 闪客帝国。http://www.flashempire.com/

(3) 闪吧。http://www.flash8.net/

(4) 闪客启航。http://bbs.flasher123.com/

(5) 闪无忧。http://www.5uflash.com/

(6) 闪秀。http://www.flash34.com/

(7) 闪盟在线。http://www.flashsun.com/

(8) 腾讯动画。http://flash.qq.com/jiaocheng/

(9) 闪客动漫天地。http://www.flashsky.com/

(10) 宇风多媒体。http://www.yfdmt.com/

(11) 中国教程网。http://jcwcn.com/

(12) 中国Flash技术中心。http://www.flashtc.com/

(13) 设计之战。http://www.vzto.cn/

(14) 站长手册。http://www.zzsc.org/ruanjian/

(15) 闪网。http://www.chinaflash.com/

(16) 闪客栈。http://www.flashpub.net/

(17) Flash原创网。http://www.flashyc.com/

1.2 Flash CS4的安装与卸载

在安装Flash CS4之前，需要检查计算机是否达到了最低配置要求。由于现在使用较多的是Windows系统，下面介绍Windows系统下的最低配置。

(1) CPU：Intel Pentium 4、Intel Centrino、Intel Xeon或Intel Core Duo。

(2) 操作系统：推荐Windows XP SP3或Windows Vista SP1。

(3) 内存：最少1GB，推荐2GB，若同时运行多个程序还应有更大内存。

(4) 硬盘空间：安装所有组件服务最少需要9.1GB，最多需要24.3GB。

(5) 显示器：分辨率至少1024×768，推荐1280×900或更高。

(6) 其他配置：键盘、DVD光驱和鼠标。

1.2.1 Flash CS4的安装

在计算机达到配置要求后，就可以进行Flash CS4的安装了。下面介绍在Windows XP操作系统下的整个安装过程。

❶ 将Flash CS4的安装光盘放入光驱，双击光盘中的安装文件，启动Adobe Flash CS4的安装向导，检查系统配置文件，如图1-9所示。

图 1-9　正在初始化界面

❷ 进入正在加载安装程序界面，如图1-10所示。

❸ 接下来进入欢迎界面，提示用户填写Adobe Flash CS4的序列号，如图1-11所示。填写正确后，在序列号文本框的后面将出现一个绿色的对勾。

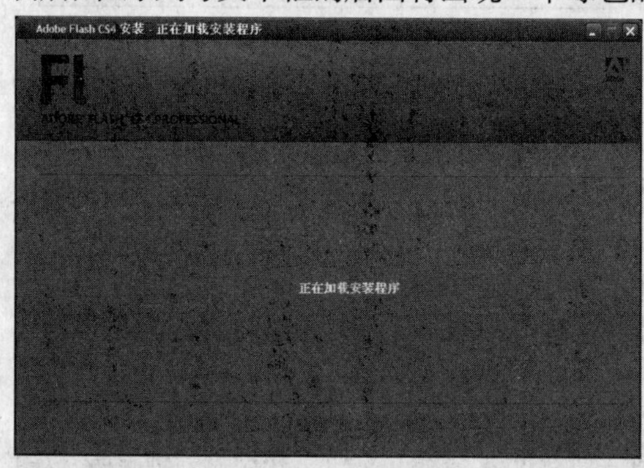

图 1-10　正在加载安装程序界面

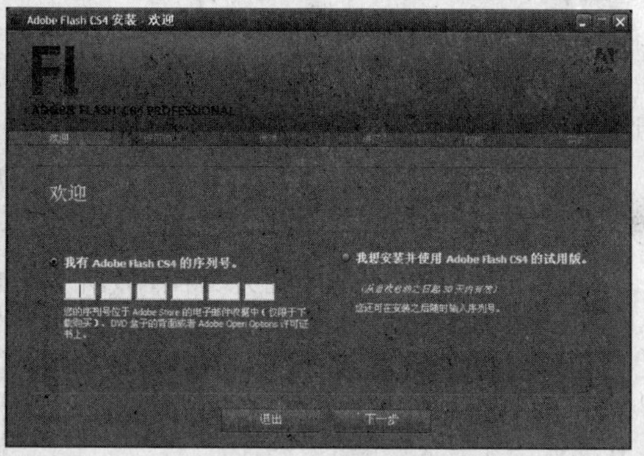

图 1-11　欢迎界面

❹ 单击 下一步 按钮，进入许可协议界面，显示Adobe的最终用户许可协议，如图1-12所示。

❺ 如果要返回上一个安装界面，单击 上一步 按钮即可；如果要退出安装，单击 拒绝 按钮即可；如果要继续安装，单击 接受 按钮即可。

❻ 单击 接受 按钮，进入选项界面，选择Adobe Flash CS4的安装语言和要安装的组件，如图1-13所示。

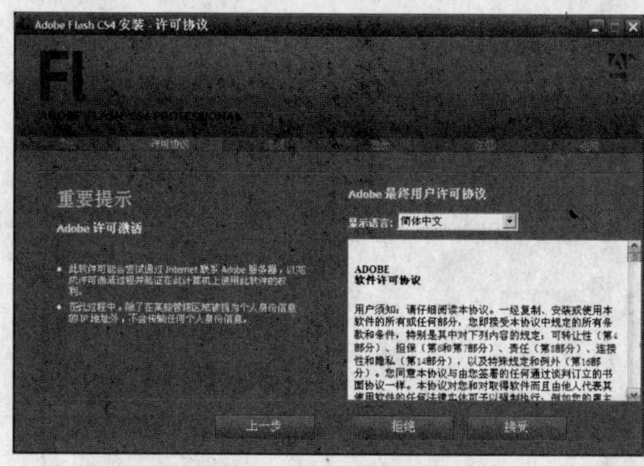

图 1-12　许可协议界面

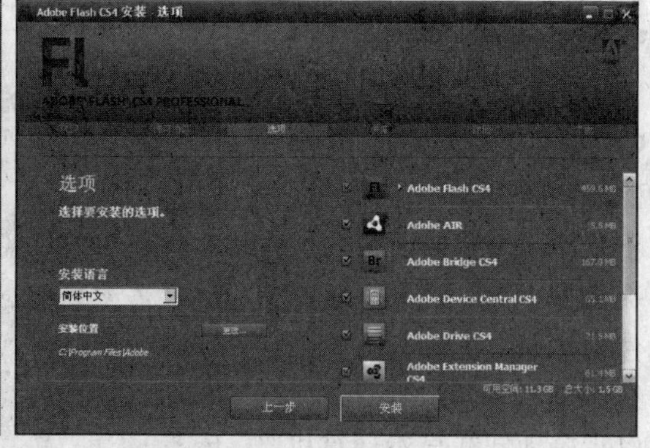

图1-13　选项界面

❼ 单击 更改... 按钮，选择Adobe Flash CS4的安装位置，在默认情况下，其安装位置为“C:\Program Files\Adobe”。

❽ 然后单击 安装 按钮，进入安装界面，显示安装的整体进度，如图1-14所示。

❾ 等待一段时间，当进度条达到100%时，系统将打开如图1-15所示的界面，提示用户对软件进行注册。

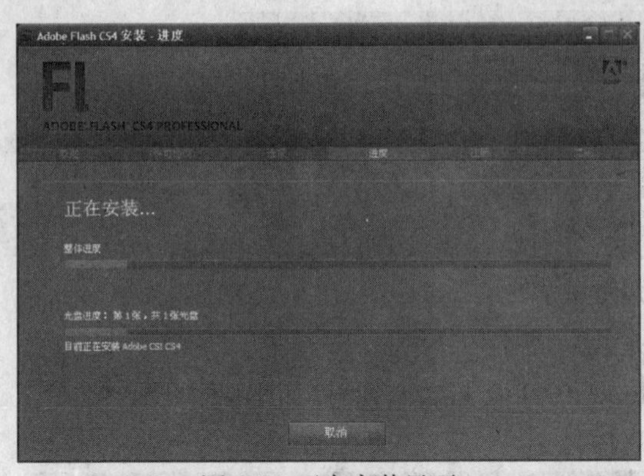

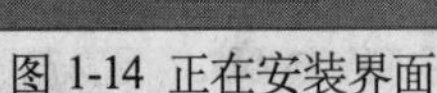
图 1-14 正在安装界面

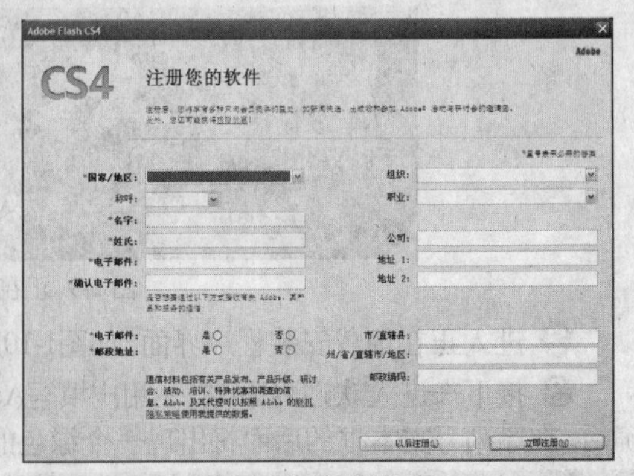

图 1-15 注册界面

⑩ 如果要跳过注册，单击[以后注册(L)]按钮即可；如果要马上注册，在填写完需要的选项之后，单击[立即注册(N)]按钮即可。

⑪ 单击[立即注册(N)]按钮后，会弹出如图1-16所示的致谢对话框，单击[关闭(C)]按钮关闭即可。

⑫ 稍等片段，系统将进入如图1-17所示的完成界面，单击[退出]按钮完成安装。

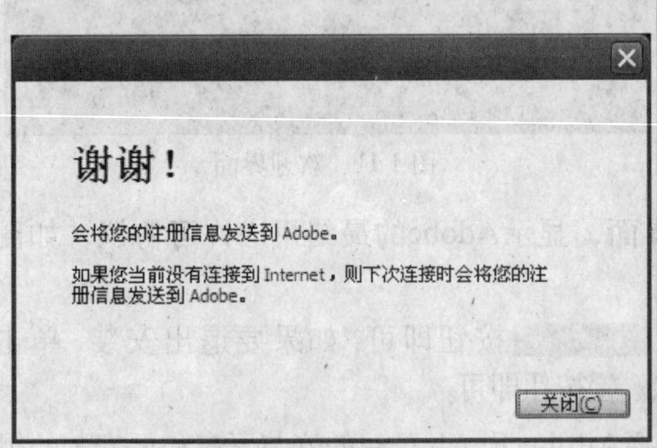

图 1-16 注册提示

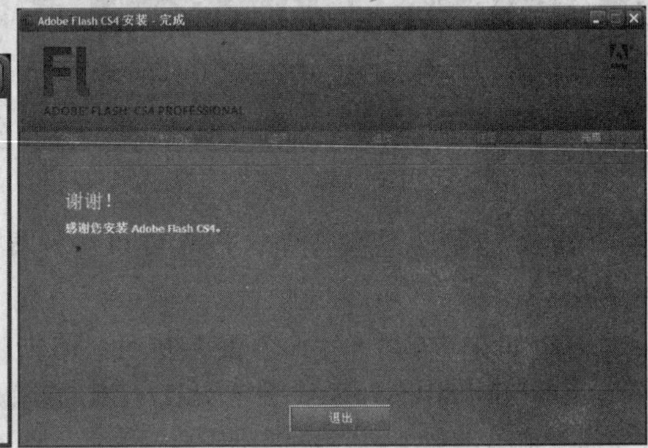

图 1-17 完成界面

1.2.2 Flash CS4的卸载

当用户不再使用Flash CS4时可以将其卸载，以节约磁盘空间。Flash CS4的卸载不是简单地将它所在的文件夹删除，因为删除后配置文件仍然保留在系统中，会对系统的运行速度产生影响，所以正确地卸载是对计算机资源的保护。卸载Flash CS4的操作步骤如下。

❶ 选择“开始”→“控制面板”命令，打开“控制面板”窗口，如图1-18所示。

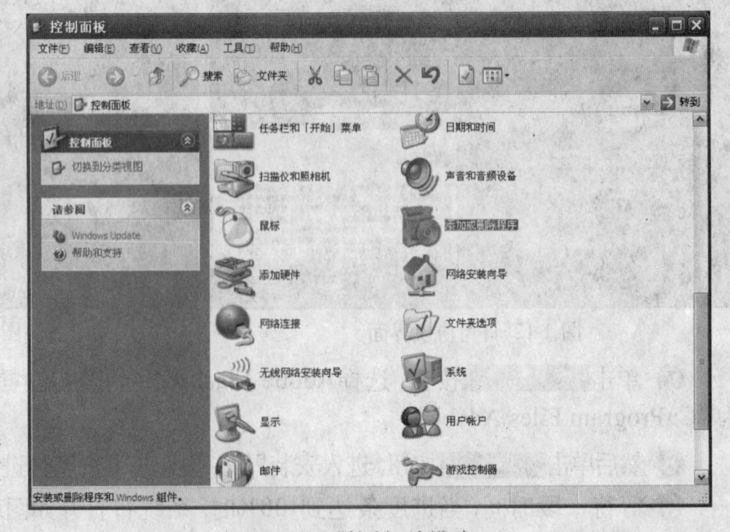

图 1-18 “控制面板”窗口

❷ 双击“添加或删除程序”图标，进入“添加或删除程序”窗口，选中Flash CS4软件，如图1-19所示。

❸ 单击 更改/删除 按钮，启动Adobe Flash CS4的卸载向导，进入其卸载界面，如图1-20所示。

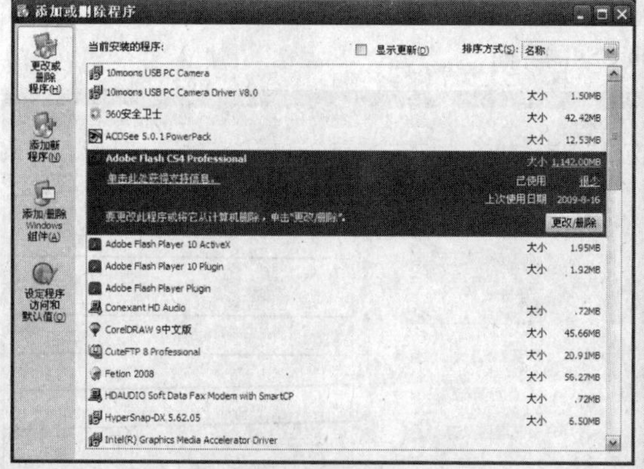

图 1-19 “添加或删除程序”窗口

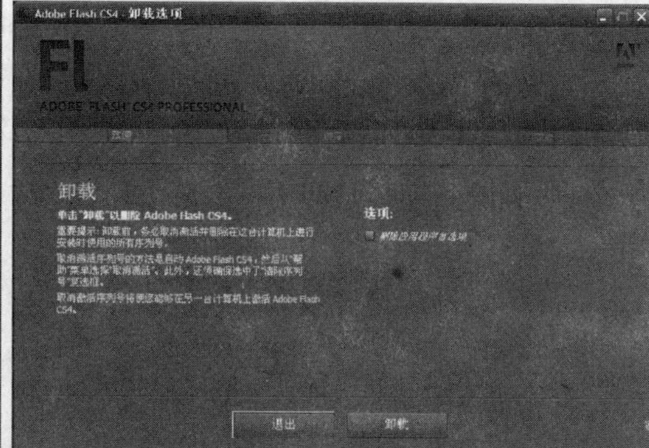

图 1-20 卸载界面

❹ 单击 卸载 按钮，进入正在卸载界面，开始卸载进程，如图1-21所示。

❺ 卸载完成后，系统将显示如图1-22所示的界面，单击 退出 按钮关闭卸载向导即可。

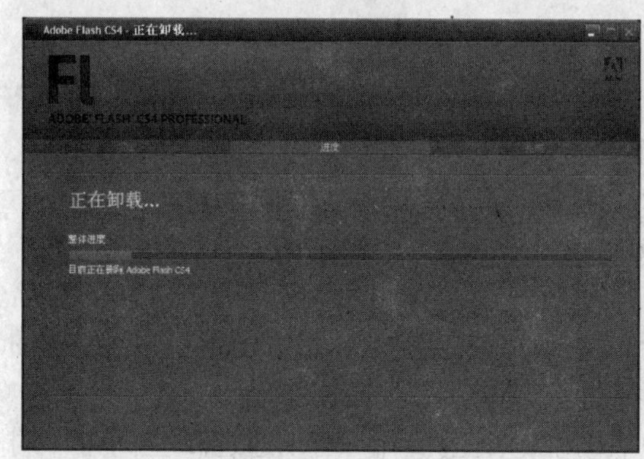

图 1-21 正在卸载界面

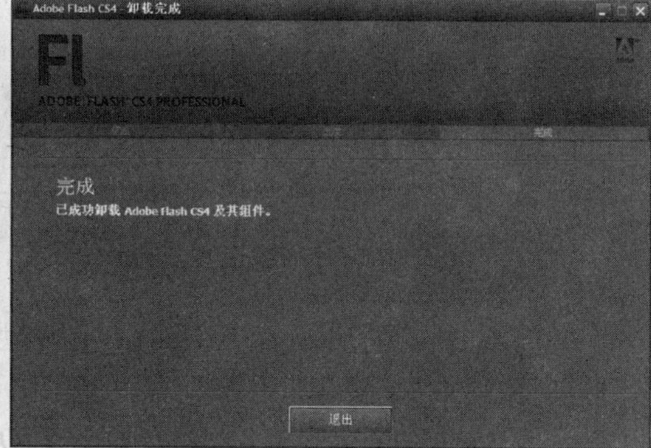

图 1-22 完成卸载界面

1.3 Flash CS4的新增功能

Flash CS4与以前发布的版本相比，新增了许多实用性的功能，有了更为人性化的设计和更突出的性能。

(1) 图标的改变。CS4的图标跟CS3的图标相比，底色由深红色变成亮红色，并且上面的字母缩写也跟CS4系列软件风格相统一，由CS3时的白色变成了半透明的黑色。

(2) 工作区预设的增加。工作区预设增加到了6种，包括动画、传统、调试、设计人员、开发人员和基本功能，如图1-23所示。其中，默认的预设为基本功能。

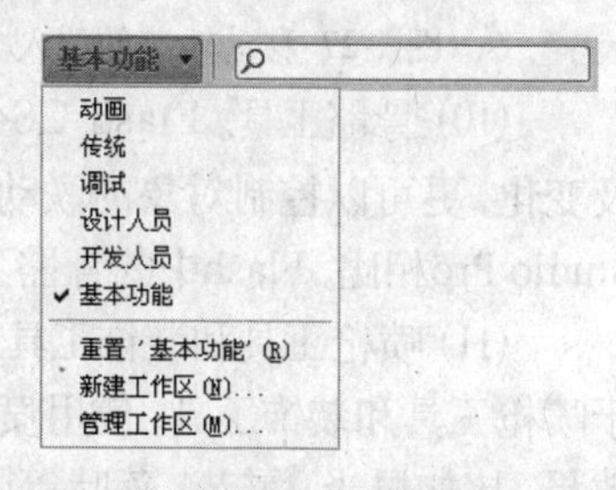

图 1-23 工作区预设

(3) 播放器的进化。Flash Player由9进化到了10，并且真正提供了F4V的文档标准和编解码。

(4) 菜单栏与窗口栏的合并。Flash CS4界面把菜单栏与窗口栏合并在一起，使得界面整体感觉更为人性化，工作区域进一步扩大，如图1-24所示。

图 1-24 Flash CS4的界面

(5) 基于对象动画形式的创新。在Flash CS4中，原本作用于关键帧的动画补间和形状补间形式仍然保留，但是创新的基于对象的动画形式可以直接将动画补间效果应用于对象本身。

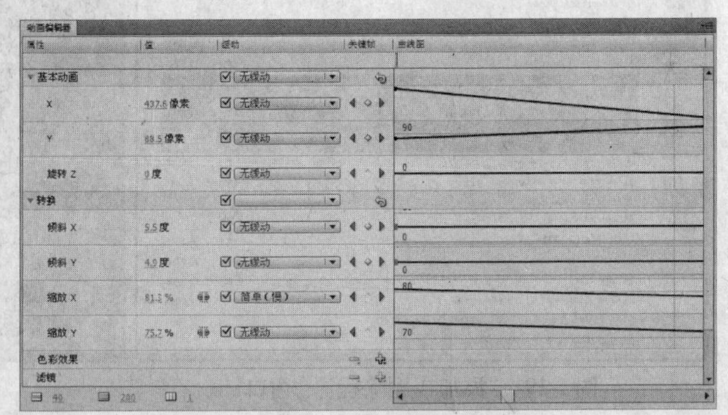

图1-25 动画编辑窗口

(6) 动画编辑器。Flash CS4中的动画编辑器，是类似于各种操作和效果的合成窗口，用户可以在其中对动画元件的属性进行全面设置，如图1-25所示。

(7) 动画预设。动画预设是动画编辑窗口的辅助表现，看起来就像是一个特效面板，如图1-26所示。用户可以使用动画预设来完成动画的编辑与修改，当然，也可以将动画编辑窗口所编辑完成的各种动画效果保存在动画预设里，以便于以后使用。

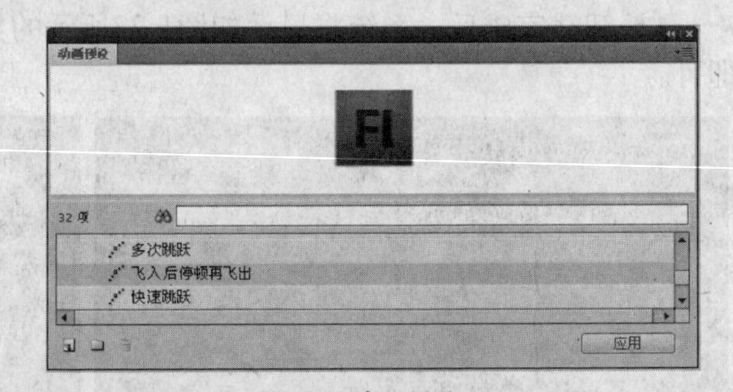

图 1-26 动画预设

(8) 移动轨迹的加入。在Flash CS4中增加了移动轨迹，用户可以很方便地运用贝塞尔曲线调整对象的本身，从而简化了引导层的操作，提高了工作效率，如图1-27所示。

(9) 3D转换功能。借助令人兴奋的全新3D平移和旋转工具，用户可以通过3D空间为2D对象创作动画，即可以沿 x轴、y轴、z 轴创作动画，如图1-28所示。

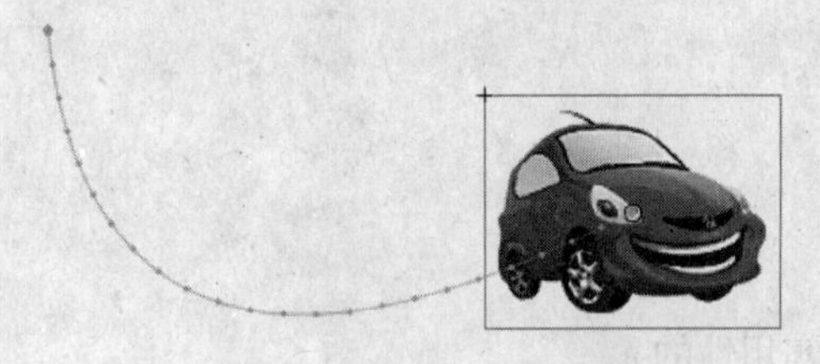

图 1-27 移动轨迹的加入

图 1-28 对象的3D旋转效果

(10) 骨骼工具。Flash CS4新增了骨骼工具，使用骨骼工具不但可以控制单个形状的扭曲及变化，更可以控制对象的联动，如图1-29所示。当然，与以骨骼动画出名的2D动画软件Anime Studio Pro相比，Flash中的骨骼工具还不能直接作用于位图，需要进一步改进。

(11) 喷枪工具和装饰工具。在Flash CS4中，用户可以将任何元件转变为设计元素并应用于喷枪工具和装饰工具。使用喷枪工具可以在指定区域随机喷涂元件，特别适合添加一些特殊效果，比如星光、雪花、落叶等画面元素，如图1-30所示。使用装饰工具可以快速创建类似于万花筒的效果，极大地拓展了Flash的表现力，如图1-31所示。

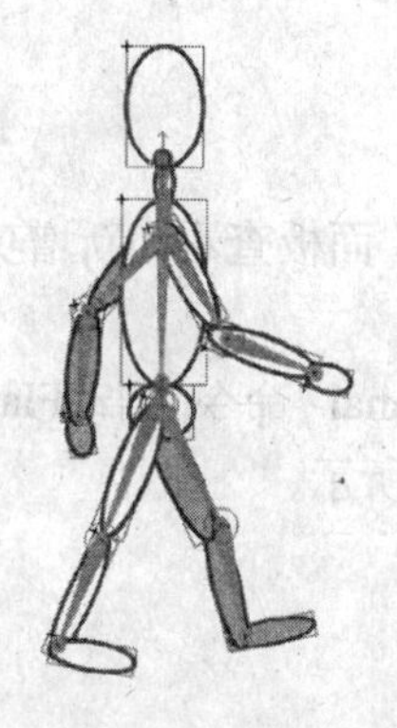

图 1-29 使用骨骼工具控制对象的联动

图 1-30 添加雪花效果

图 1-31 添加藤蔓式万花筒效果

(12) Kuler面板。Kuler面板是一款基于网络的调色、混色应用程序，类似于Illustrator CS3中的Color Guide面板，用户通过它可以使用网站上的各种配色方案，如图1-32所示。

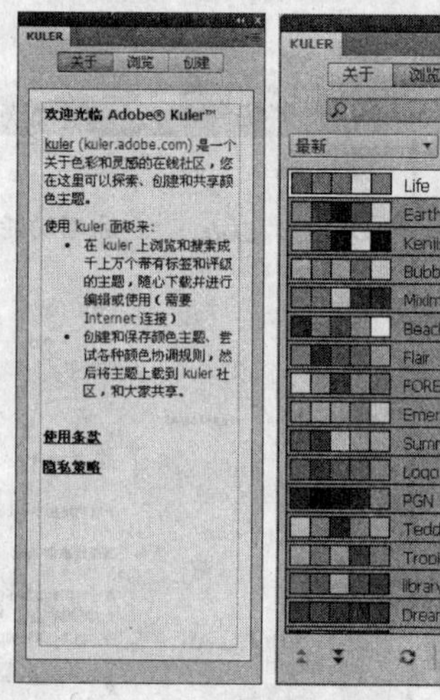

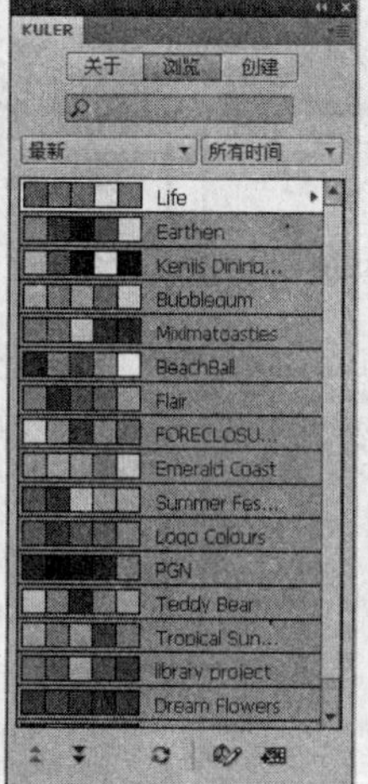

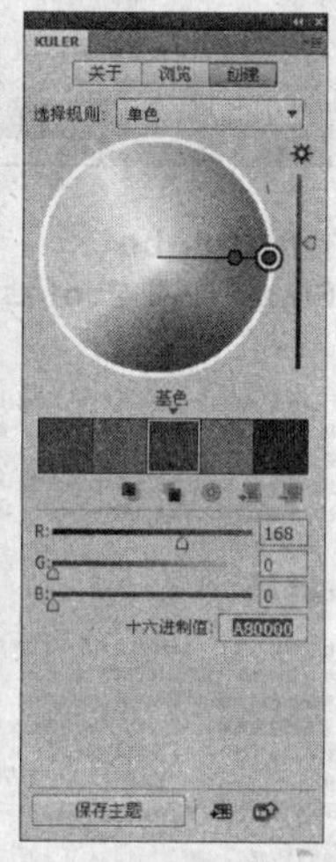

图 1-32 Kuler 面板

1.4 课堂实例

1.4.1 软件的安装

对于任何计算机软件来说，能否正确安装是进行学习的前提条件。下面结合实例介绍Flash CS4的安装方法，操作步骤如下。

❶ 将Flash CS4的安装光盘放入光盘驱动器中。

❷ 双击光盘中的安装文件。

❸ 按照提示依次进行操作。

❹ 直到显示如图1-33所示的安装完成界面，单击 退出 按钮即可。

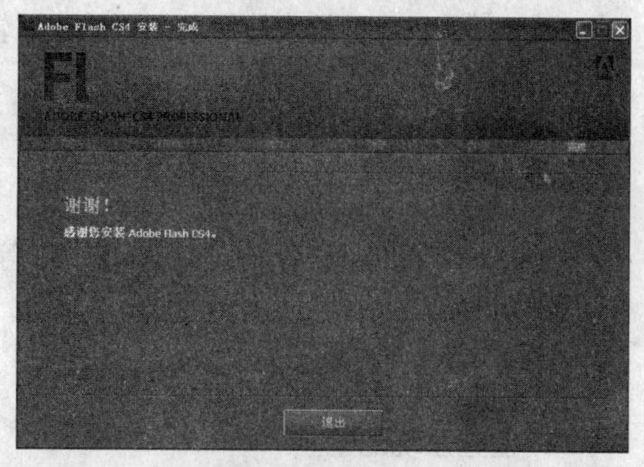

图1-33 安装完成界面

1.4.2 新增功能的查看

安装并运行Flash CS4之后，用户可以通过软件自带的“帮助”面板查看其新增功能，操作步骤如下：

❶ 选择“开始”→“所有程序”→“Adobe Flash CS4 professional”命令，启动Flash CS4。

❷ 执行下列操作之一，打开Flash CS4的帮助页面，如图1-34所示。

- 选择“帮助”→“Flash帮助”命令。
- 按F1键。

❸ 单击资源前面的加号折叠按钮，展开资源文件夹。

❹ 单击该文件夹下的“新增功能”选项，在页面右侧显示Flash CS4的新增功能，如图1-35所示。

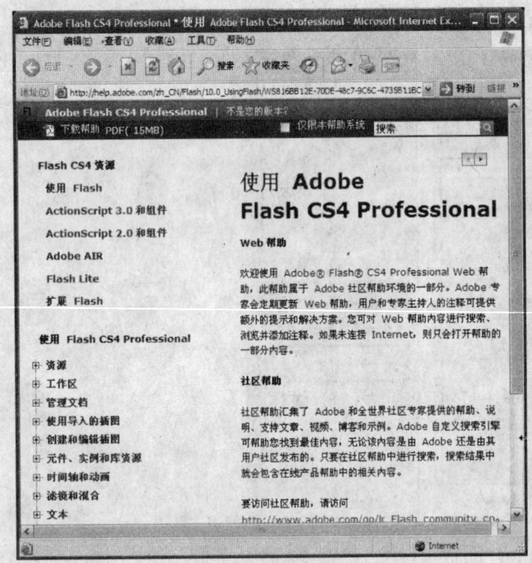

图 1-34 Flash CS4的帮助页面

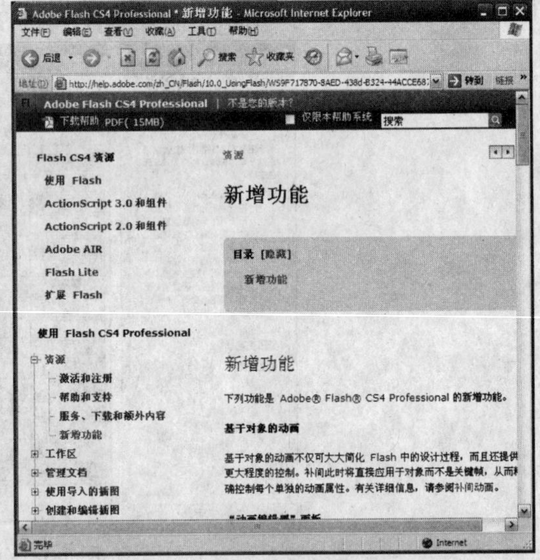

图 1-35 显示Flash CS4的新增功能

课堂练习一

一、填空题

(1) Flash动画的实现原理是__________原理。

(2) Flash采用的是__________技术，无论放大多少倍都不会失真。

(3) __________技术使得动画可以边下载边播放，从而减少网页浏览者的等待时间。

二、选择题

(1) 与传统动画相比，Flash动画具有（　　）特点。

A. 动画体积小　　B. 支持交互

C. 独特的过渡动画效果　　D. 使用流式播放技术

(2) Flash动画主要应用于（　　）等领域。

A. 网站片头　　B. 教学课件

C. 产品功能演示　　D. 广告

三、上机操作题

(1) 检查系统配置。

(2) 尝试安装并卸载Flash CS4。

Flash

第2章 Flash CS4的工作区与文档操作

学习目标

本章介绍Flash CS4的工作环境，了解它的基本操作，为以后的实际应用打下坚实的基础。本章主要介绍Flash CS4的工作区与文档操作，用户应多加熟悉。

学习重点

(1) Flash CS4的工作区

(2) Flash CS4的文档操作

2.1 Flash CS4的工作区

安装完毕之后，在不打开文档的情况下运行Flash CS4，将显示欢迎屏幕，如图2-1所示。

> 提示：若要在下次运行Flash CS4时隐藏欢迎屏幕，选中“不再显示”复选框即可；若要再次显示，选择“编辑”→“首选参数”命令，打开“首选参数”对话框，然后设置“常规”类别中的“启动时”为“欢迎屏幕”选项即可，如图2-2所示。

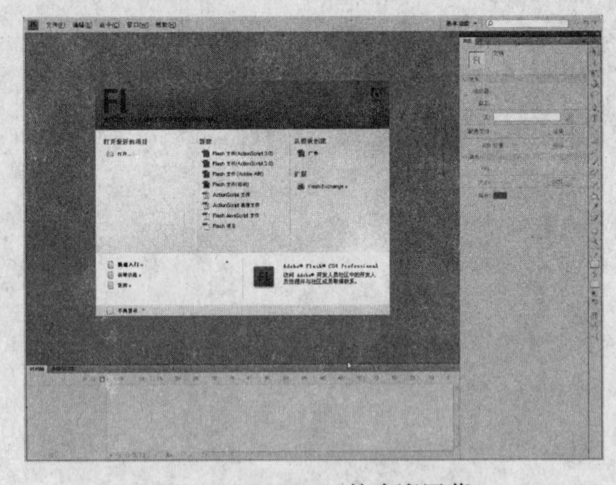

图 2-1 Flash CS4的欢迎屏幕

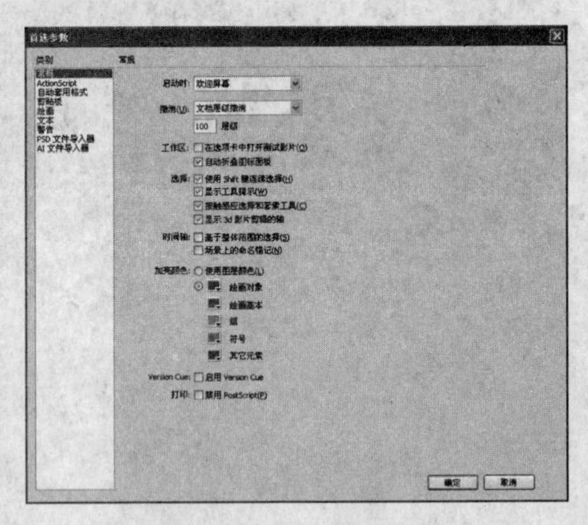

图 2-2 “首选参数”对话框

Flash CS4的欢迎屏幕包含4个区域。

- 打开最近的项目：用于打开最近的文档。
- 新建：列出了8种Flash文件类型，用户可以单击创建任意一种。
- 从模板创建：列出了创建Flash文档时常用的模板。
- 扩展：链接至Flash Exchange网站下载助手应用程序、扩展功能等信息。

单击“Flash文件（ActionScript 3.0）”选项即可打开Flash CS4的默认工作区，如图2-3所示。

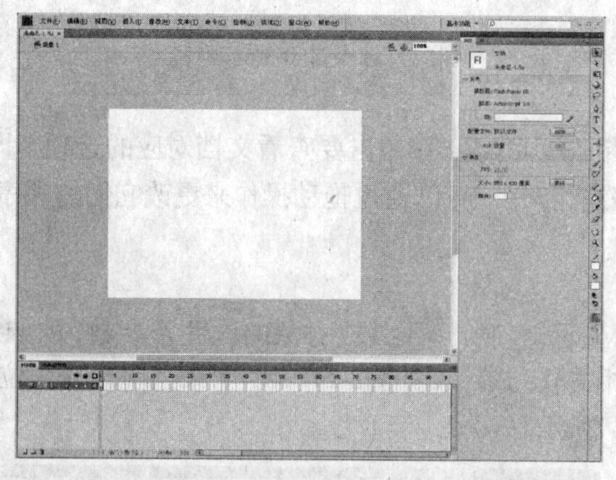

图 2-3 Flash CS4的默认工作区

2.1.1 工作区简介

在默认情况下，Flash CS4的预设工作区最上面的是菜单栏，右侧和底部是一些常用的面板，下面对它们进行简单介绍。

1. 菜单栏

菜单栏包含“文件”、“编辑”、“视图”、“插入”、“修改”、“文本”、“命令”、“控制”、“调试”、“窗口”和“帮助”共11个菜单项，几乎集中了Flash CS4中所有的命令和功能，用户可以通过它们完成Flash CS4的各种常规操作，如新建、复制、查找和替换等。

在操作过程中，用户会发现：在菜单命令的后面会跟有箭头、3个小黑点、快捷键等不同内容，它们具有不同的操作含义。图2-4所示为“修改”菜单的命令。

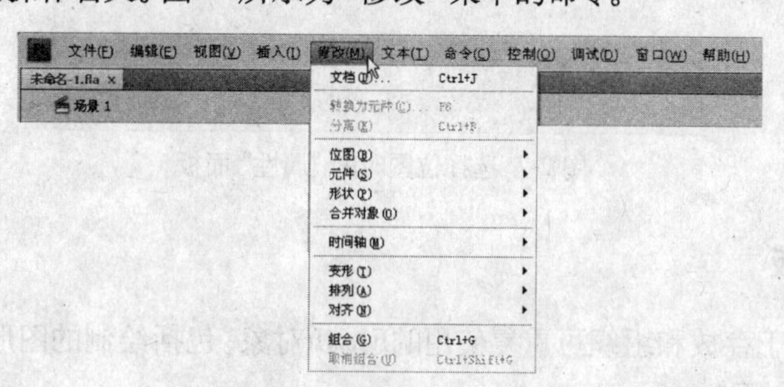

图 2-4 “修改”菜单的命令

- 菜单命令的后面跟有箭头，表示它有一个子菜单。
- 菜单命令的后面跟有3个小黑点，表示选择该命令将弹出一个对话框。
- 菜单命令的后面跟有快捷键，表示直接在键盘上按该键即可执行相应操作。

2. 文档选项卡

在打开多个文档时，文档窗口顶部的选项卡会标识所打开的各个文档，允许用户在它们之间轻松转换，如图2-5所示。

未命名-1.fla × 宇宙飞船.fla × 倒计时.fla × 简笔小人.fla ×

图 2-5 文档选项卡显示多个文档

注意：只有在文档窗口中最大化各文档后，才会显示该选项卡。

若要查看多个文档中的某个文档，单击要查看文档对应的选项卡即可。在默认情况下，选项卡按文档的创建顺序排列，用户可以通过拖动操作来更改它们的顺序。

3. "属性"面板

"属性"面板用于显示当前所选工具或对象的属性及参数，即如果当前选择为"椭圆工具"，则显示与该工具相关联的参数，如图2-6所示。如果当前选择为位图，则显示该位图的大小、名称等属性，如图2-7所示。

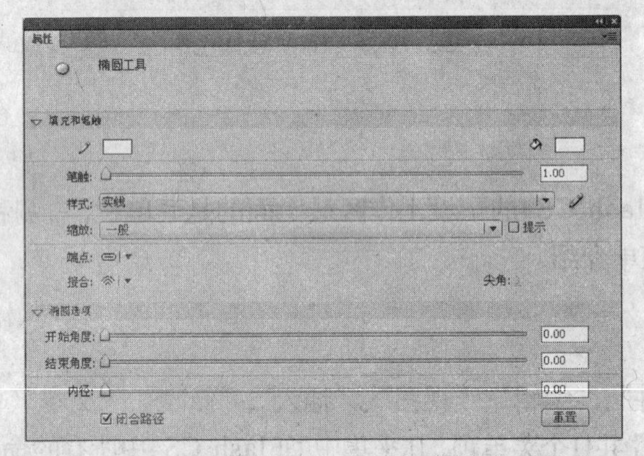

图 2-6 选择"椭圆工具"时的"属性"面板

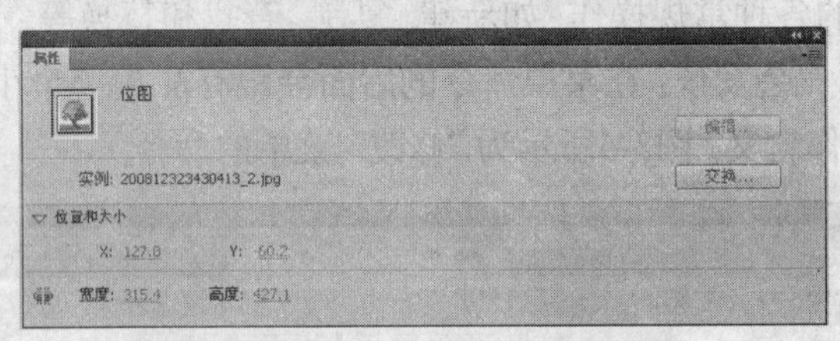

图 2-7 选择位图时的"属性"面板

4. "库"面板

"库"面板用于存放和组织可重复使用的Flash对象，包括绘制的图形、创建的元件、导入的位图和声音等，如图2-8所示。

图 2-8 "库"面板

- "固定当前库"：用于固定当前库。
- "新建库面板"：用于创建一个当前库面板的副本。
- "新建元件"：用于创建新的元件。
- "新建文件夹"：用于创建新的文件夹，以便对库项目进行分类管理。
- "属性..."：用于显示所选库项目的相关属性。
- "删除"：用于删除所选库项目。

5. 工具面板

工具面板由以下4个区域组成，使用其中的工具可以绘图、上色、选择、修改插图以及更改舞台的显示。

- 工具：包含选择、绘图和填色工具。
- 查看：包含手形和缩放工具。
- 颜色：包含用于笔触颜色和填充颜色的辅助功能项。
- 选项：包含用于当前所选工具的辅助功能项。

6. 时间轴

时间轴显示了动画中各帧的排列顺序以及各图层的上下关系，位于舞台的上面、菜单栏的下面，由图层窗口和帧窗口两大部分组成，如图2-9所示。

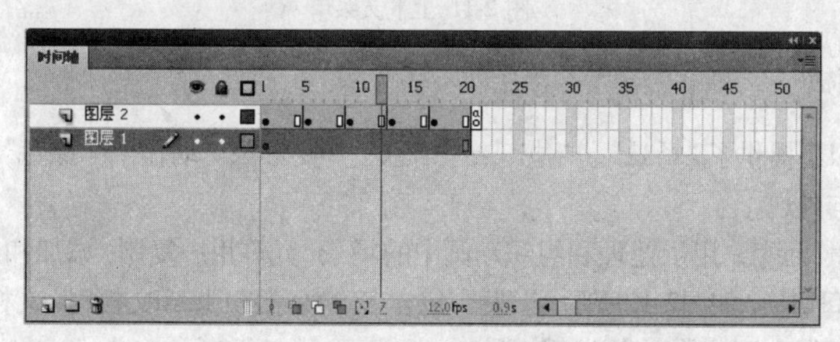

图 2-9　时间轴

- "显示或隐藏所有图层"：切换图层的显示或隐藏状态。
- "锁定或解除锁定所有图层"：切换图层的锁定或解除锁定状态。
- "将所有图层显示为轮廓"：切换图层的显示或隐藏外框状态，如图2-10所示。

图 2-10　正常显示与轮廓显示

- "新建图层"：在当前图层上插入一个新图层。
- "新建文件夹"：创建图层文件夹。
- "删除"：删除当前图层。

➤ “帧居中”：当用户处理大量的帧，而这些帧无法一次全部显示在时间轴上时，若要转到某一帧，单击该帧在时间轴中的位置或将播放头拖到所需的位置即可，若要使时间轴以当前帧为中心，则需要单击该按钮。

➤ “绘图纸外观”：将连续帧中的内容全部显示出来。

➤ “绘图纸外观轮廓”：将连续帧中的内容以轮廓方式显示出来。

➤ “编辑多个帧”：对连续的帧进行编辑。

➤ “修改绘图纸标记”：单击后弹出一个上下文菜单，用户可以在其中选择显示绘图纸2、绘图纸5或所有绘图纸等选项，如图2-11所示。

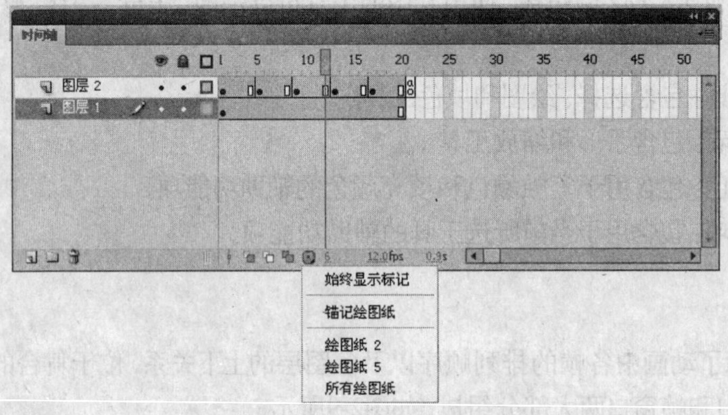

图 2-11 上下文菜单

7. 其他面板

Flash CS4还提供了“场景”、“对齐”、“信息”、“变形”、“动作”、“颜色”等面板，下面介绍它们的功能与外观。

(1) “场景”面板。用于处理和组织动画中的场景，允许用户复制、添加和删除场景，并在不同的场景之间切换，如图2-12所示。当发布包含多个场景的Flash文档时，文档中的场景将按照它们在场景面板上列出的顺序进行回放。

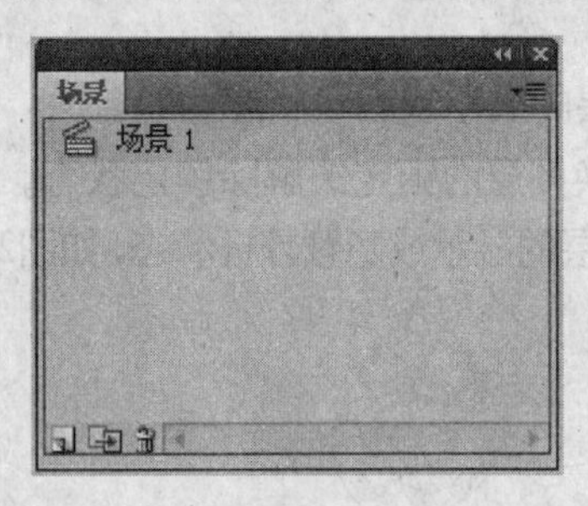

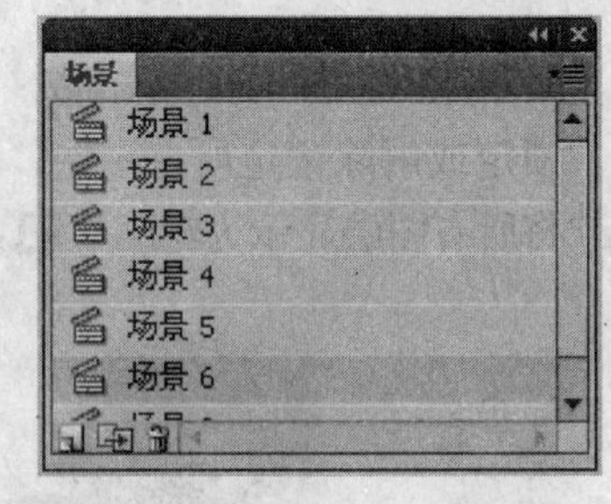

图 2-12 “场景”面板

➤ “添加场景”：用于添加一个新的场景。

➤ “直接复制场景”：用于复制当前场景。

➤ “删除场景”：用于删除当前场景。

> 注意：文档中的帧是按场景顺序连续编号的，即如果文档包含两个场景，每个场景都有10帧，则“场景2”中帧的编号则为11～20。

(2)“对齐”面板。用于调整所选对象之间的相对位置或相对于舞台的位置，如图2-13所示。

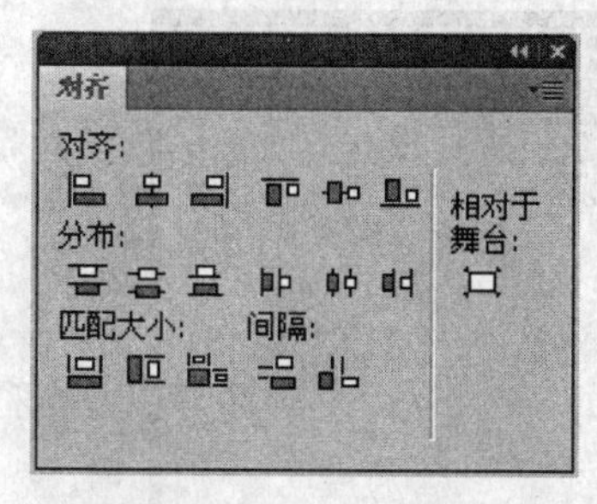

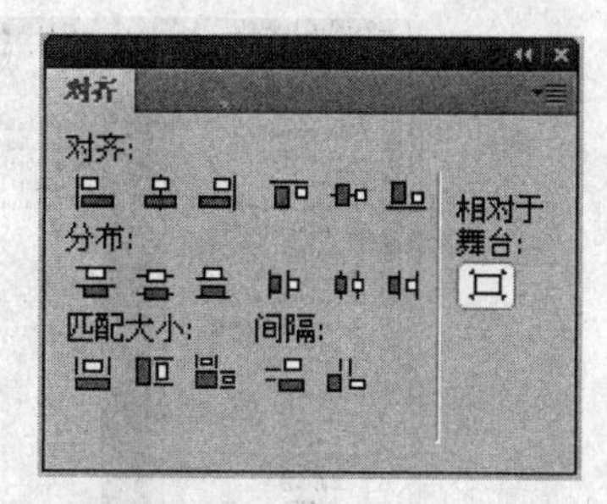

图2-13 “对齐”面板

- 对齐：用于使所选对象左对齐、水平中齐、右对齐、上对齐、垂直中齐或底对齐。
- 分布：用于使所选对象顶部分布、垂直居中分布、底部分布、左侧分布、水平居中分布或右侧分布。
- 匹配大小：用于使所选对象的宽度相同、高度相同、宽度和高度均相同。
- 间隔：用于使所选对象在垂直或水平方向上间隔相等。
- 相对于舞台：用于设置所选对象是否相对于舞台进行调整。

(3)“信息”面板。用于显示所选对象的大小、位置和颜色等，如图2-14所示。

- “元件的宽/高”：用于显示所选对象的宽度和高度。
- “光标位置处的颜色”：用于显示光标所在位置的红、绿、蓝及透明度属性。
- “注册点/变形点”：用于显示注册点或变形点的坐标位置。
- “光标位置”：用于显示光标的位置。

(4)“变形”面板。用于缩放、旋转、倾斜对象，如图2-15所示。

- “宽度”：用于设置所选对象的宽度。
- “高度”：用于设置所选对象的高度。
- “约束”：用于设置是否在水平和垂直方向上以相同的比率缩放所选对象。
- “重置”：用于使对象恢复为原来大小。
- 旋转：用于设置旋转模式及旋转角度。
- 倾斜：用于设置倾斜模式及倾斜角度。
- 3D旋转：用于设置进行3D旋转的X轴、Y轴、Z轴坐标值。
- 3D中心点：用于设置进行3D旋转的中心点。
- “重制选区和变形”：用于创建所选对象的缩放、旋转或倾斜副本。
- “取消变形”：用于使修改过的对象恢复为原来的状态。

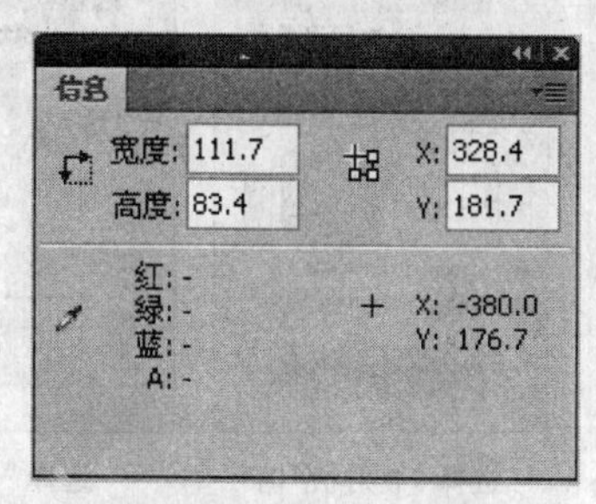

图2-14 “信息”面板

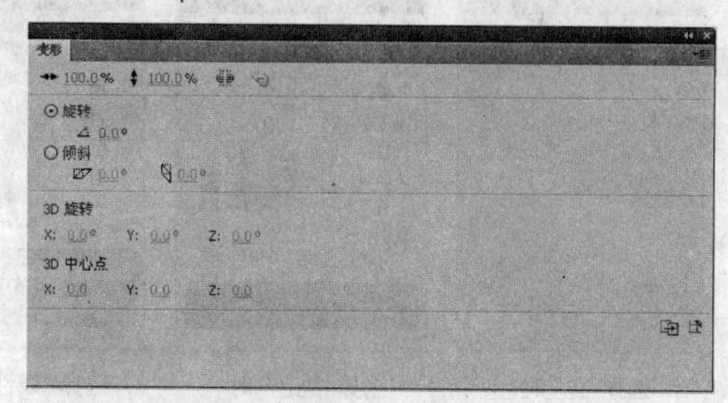

图2-15 “变形”面板

(5)“动作”面板。用于添加ActionScript代码，使动画具有交互性，如图2-16所示。

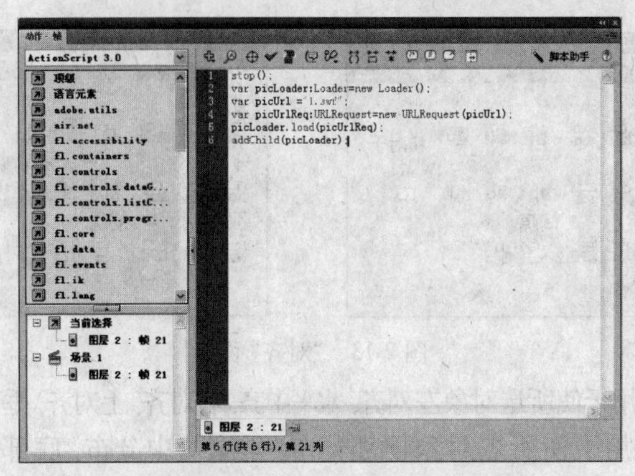

图 2-16 “动作”面板

- “将新项目添加到脚本中”：用于选择要添加到脚本中的项目，单击即可添加。
- “查找”：用于查找并替换脚本中的文本。
- “插入目标路径”：用于为脚本中的某个动作设置绝对或相对目标路径。
- “语法检查”：用于检查当前脚本中的语法错误，并显示在输出面板上。
- “自动套用格式”：用于设置脚本的格式，以实现正确的编码语法和更好的可读性。
- “显示代码提示”：用于显示当前处理的代码行的代码提示。
- “调试选项”：用于设置和删除断点，以便在调试时可以逐行执行脚本。
- “折叠成对大括号”：用于折叠包含插入点的成对大括号或小括号间的代码。
- “折叠所选”：用于折叠当前所选的代码块。
- “展开全部”：用于展开当前脚本中所有的代码。
- “应用块注释”：用于将注释标记添加到所选代码块的开头和结尾。
- “应用行注释”：用于在插入点处或所选多行代码中的每一行的开头添加单行注释标记。
- “删除注释”：用于从当前行或当前选择内容的所有行中删除注释标记。
- “动作脚本” 脚本助手：用于显示一个用户界面，方便用户通过从动作工具箱中选择项目来编写。

(6)“颜色”面板。用于设置笔触和填充的颜色，当在“类型”下拉列表中选择“无”、“纯色”、“线性”、“放射状”、“位图”选项时，“颜色”面板的外观将随之改变，如图2-17所示。

选择“无”时

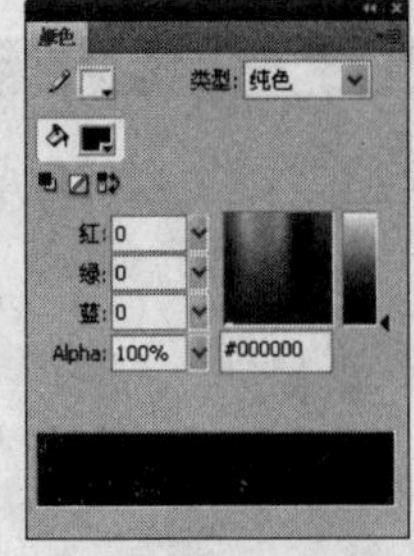

选择“纯色”时

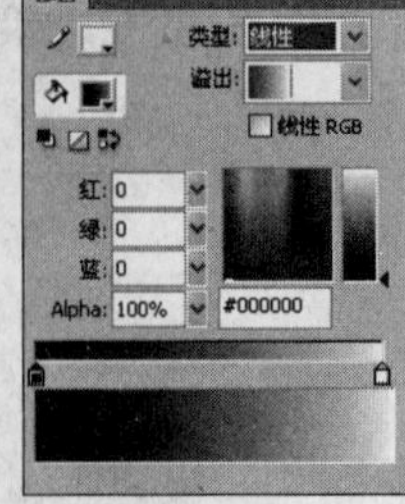

选择“线性”时

选择“放射状”时

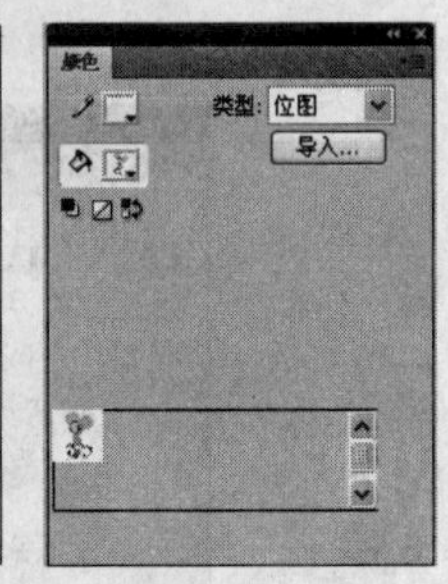

选择“位图”时

图 2-17 不同选项下的“颜色”面板

- “笔触颜色”：用于设置图形对象的笔触或边框的颜色。
- “填充颜色”：用于设置填充颜色。
- “黑白”：用于恢复笔触颜色为黑色，填充颜色为白色。
- “无颜色”：用于删除笔触或填充颜色。
- “交换颜色”：用于交换笔触和填充颜色。
- 红、绿、蓝：用于设置红、绿、蓝色的密度。
- Alpha：用于设置纯色填充时颜色的不透明度，或者设置渐变填充时当前所选滑块对应颜色的不透明度。如果Alpha值为0%，则创建的填充不可见（即透明）；如果Alpha值为100%，则创建的填充不透明，如图2-18所示。
- #000000：用于显示当前颜色的十六进制值，十六进制颜色值也叫做Hex值，是一种6位字母数字的组合。

Alpha值为0%时　　Alpha值为50%时　　Alpha值为100%时

图 2-18 Alpha为不同值时的效果

- 类型：用于更改填充样式，有5个选项。当选择无时，将删除填充；当选择纯色时，将提供一种单一的填充颜色；当选择线性时，将产生一种沿线性轨道混合的渐变；当选择放射状时，将产生从一个中心焦点出发沿环形轨道向外混合的渐变；当选择位图时，将用可选位图平铺所选的填充区域，如图2-19所示。

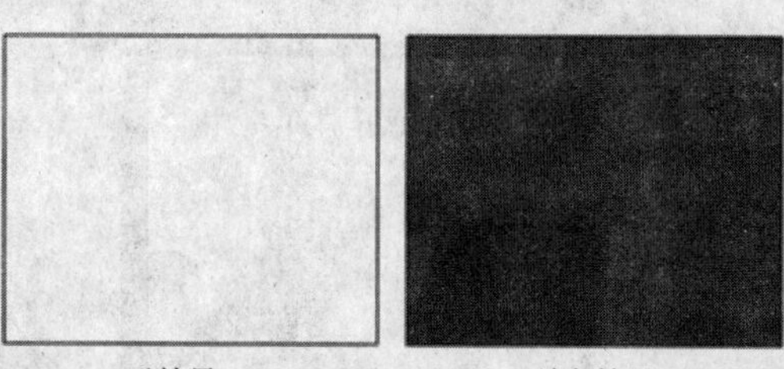

无效果　　纯色效果

线性效果

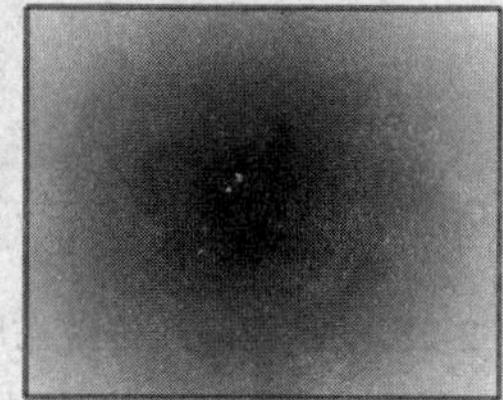

放射状效果

位图效果

图 2-19 5种填充效果

- 溢出：用于控制超出线性或放射状渐变限制进行应用的颜色。
- 线性RGB：用于将指定的颜色应用于渐变末端之外。
- 导入...：用于选择本地计算机上的位图图像，并将其添加到库中。

2.1.2 自定义工作区

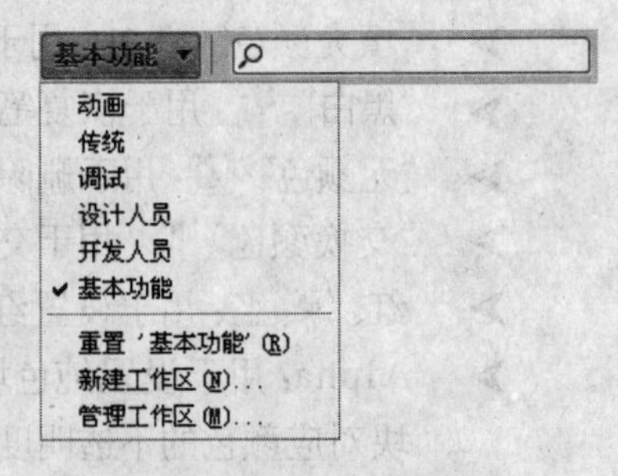

图 2-20 工作区预设

在Flash CS4中，工作区预设增加到了6种，包括"动画"、"传统"、"调试"、"设计人员"、"开发人员"和"基本功能"，如图2-20所示。其中，默认的预设为基本功能，其对应的工作区设置如图2-3所示。

在制作动画时，用户可以根据需要，单击 基本功能 按钮，在弹出的上下文菜单中选择相应的选项，进入其他工作区布局。图2-21所示为动画布局和传统布局。

动画布局

传统布局

图 2-21 动画布局和传统布局

为了让工作区更符合个人的工作习惯，用户可以指定在创作环境中显示哪些工具以及对面板的显示方式进行自定义。

1. "自定义工具"面板

选择"编辑"→"自定义工具面板"命令，打开"自定义工具面板"对话框，然后在其中添加或删除工具来自定义即可，如图2-22所示。

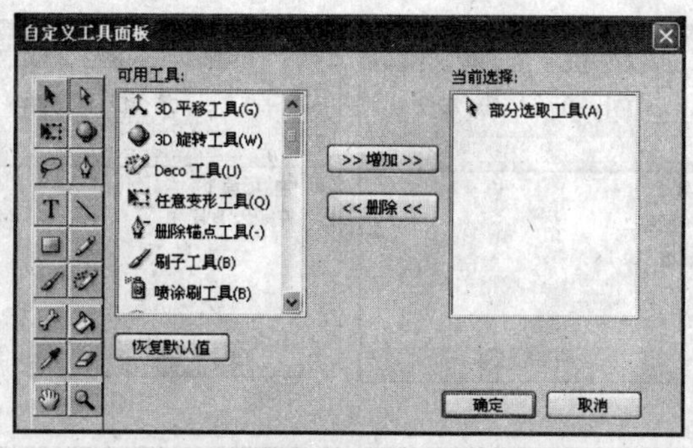

图2-22 “自定义工具栏”对话框

- 可用工具：用于显示当前可用的工具。
- 当前选择：用于显示当前为工具面板上的选定位置分配的工具。
- >> 增加 >>：用于将所选工具添加到所选位置。
- << 删除 <<：用于从所选位置删除某个工具。
- 恢复默认值：用于恢复默认工具面板布局。
- 确定：应用所做的更改并关闭“自定义工具栏”对话框。
- 取消：取消所做的更改并关闭“自定义工具栏”对话框。

> 注意：在工具面板上，如果某工具图标的右下角显示了一个箭头，则表示在该图标上按住鼠标左键时，将会弹出位于相同位置的其他工具，如图2-23所示。

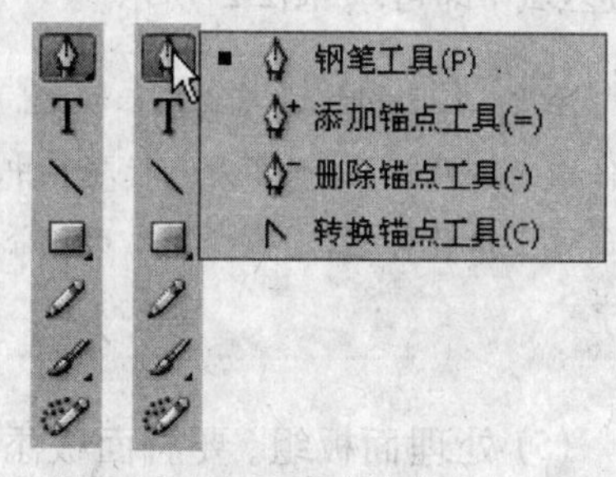

图 2-23 显示工具组中的其他工具

2. 自定义其他面板

(1) 移动面板和面板组。要移动面板，拖移其标签即可，如图2-24所示；要移动面板组，拖移其标题栏（标签上面的实心空白栏）即可，如图2-25所示。

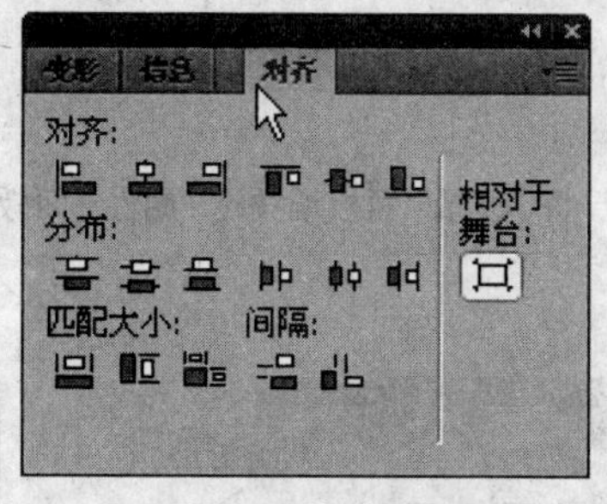

图 2-24 移动面板

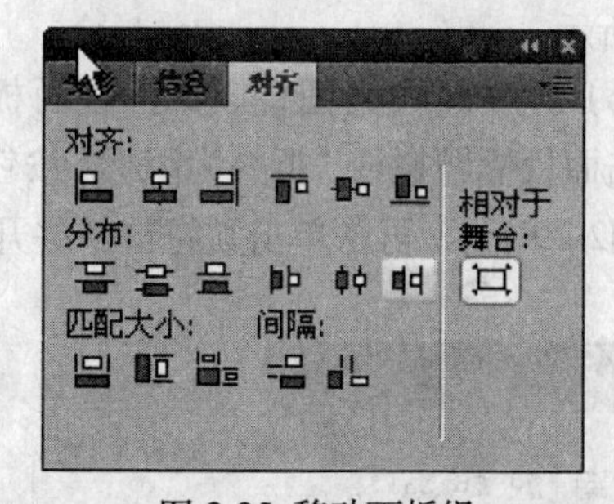

图 2-25 移动面板组

(2) 添加和删除面板。要添加面板，从“窗口”菜单中选择该面板即可；要删除面板，从“窗口”菜单中取消选中或直接单击“关闭”按钮☒即可。

(3) 调整面板大小。要调整单个面板的大小，将光标指向面板的左边缘、右边缘、下边缘、左下角或右下角，当其呈现↔、↕或↘形状时，拖动鼠标即可，如图2-26所示。

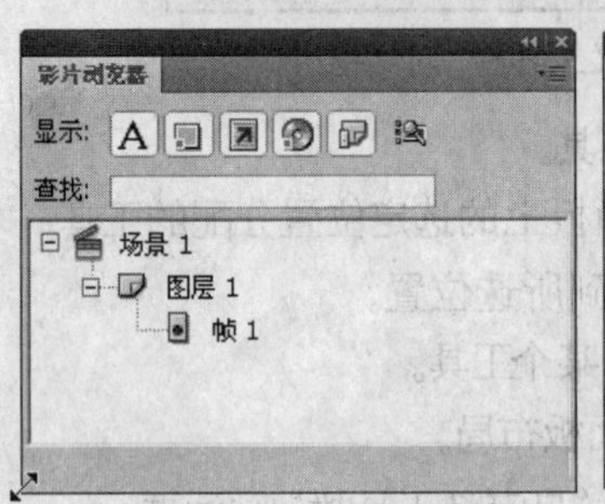

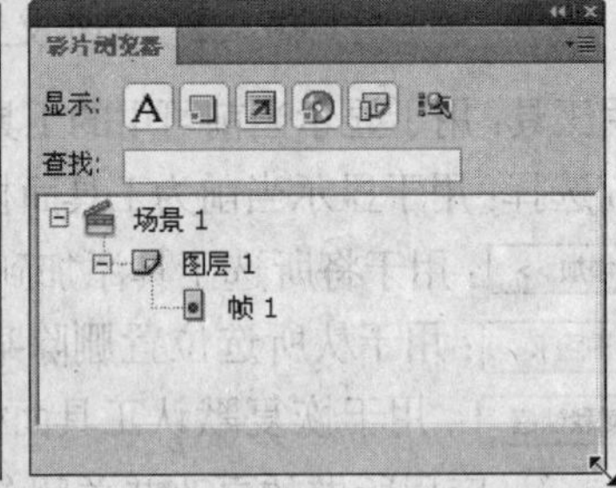

图 2-26 调整面板的大小

(4) 堆叠自由浮动的面板。要堆叠自由浮动的面板，拖移面板的标签到另一个面板底部的放置区域中即可，如图2-27所示。

> 注意：在堆叠时，要确保在面板之间较窄的放置区域上松开标签，而不是在标题栏中较宽的放置区域上松开标签，否则会将该面板添加至面板组中。

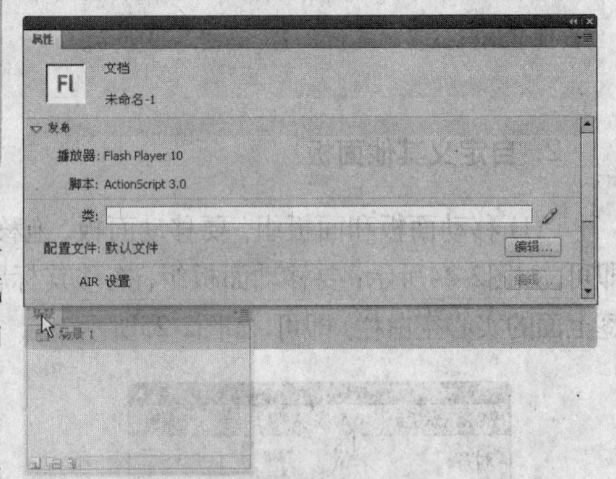

图 2-27 将“场景”面板堆叠至“属性”面板底部

(5) 处理面板组。要将面板添加到面板组，拖移面板的标签到面板组顶部的放置区域中即可，此时，放置区域将以蓝色突出显示，如图2-28所示。

(6) 折叠面板为图标。要折叠面板为图标，单击面板标题栏或“折叠为图标”按钮◀◀即可，如图2-29所示，再次单击则将重新展开。

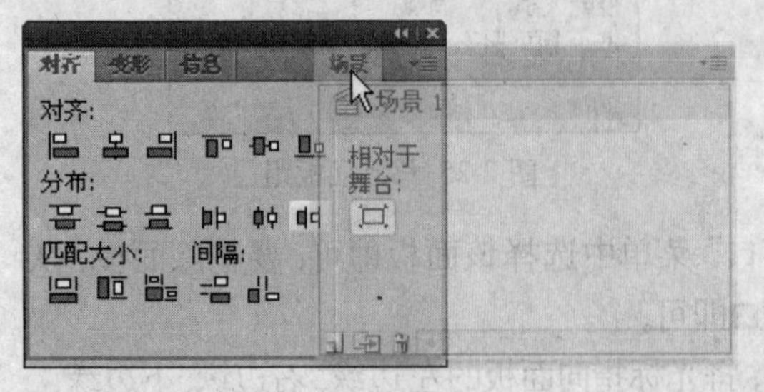

图 2-28 将“场景”面板添加到“对齐”面板组中

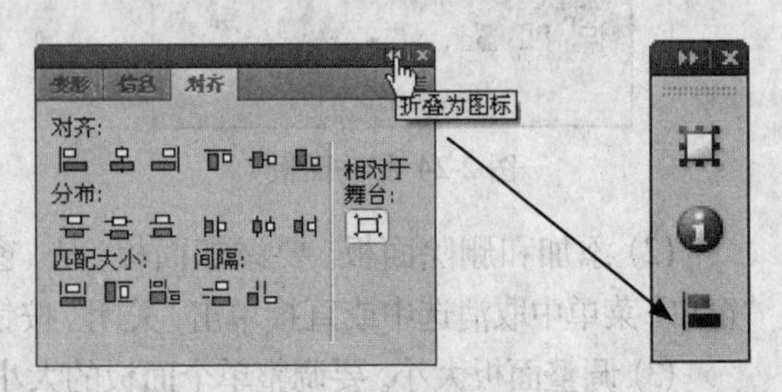

图 2-29 折叠面板为图标

注意：如果在“首选参数”对话框中的“工作区”中勾选“自动折叠图标面板”复选框，如图2-30所示，则在远离面板的位置单击时，将自动折叠展开的面板图标，如图2-31所示。

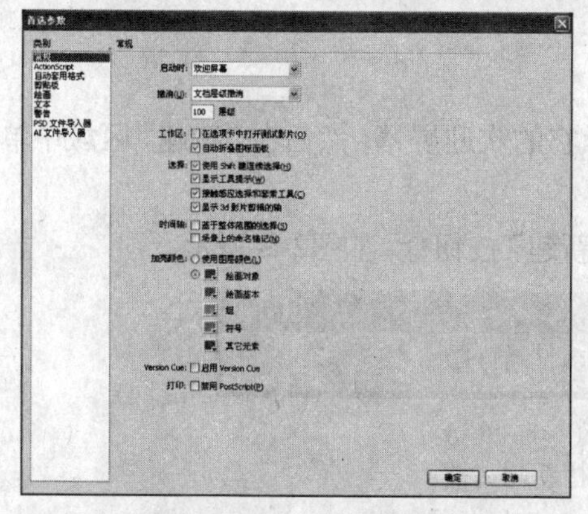

图 2-30 设置自动折叠图标面板

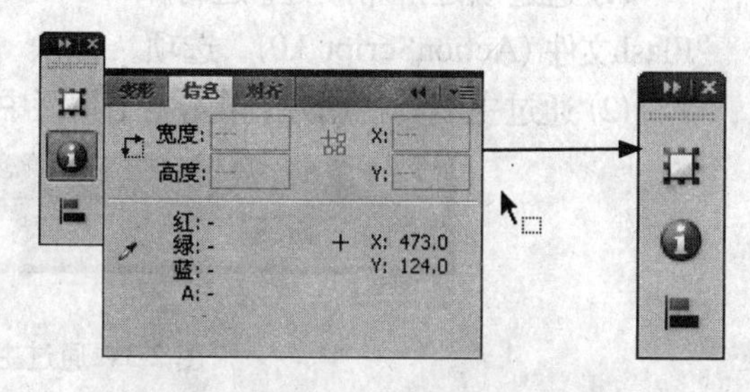

图 2-31 自动折叠展开的“信息”面板

在定义好适合的工作区之后，选择“窗口”→“工作区”→“新建工作区”命令，在打开的“新建工作区”对话框中输入名称，如图2-32所示，然后单击确定按钮即可保存。

如果用户创建了多个工作区布局，可以选择“窗口”→“工作区”→“管理工作区”命令，打开“管理工作区”对话框进行管理操作，包括重命名和删除工作区，如图2-33所示。

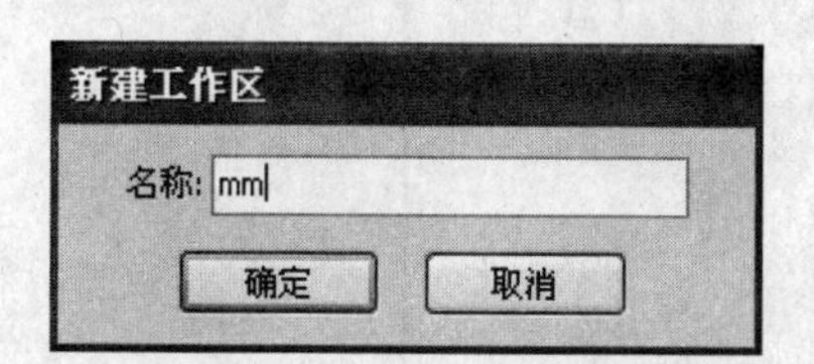

图 2-32 “新建工作区”对话框

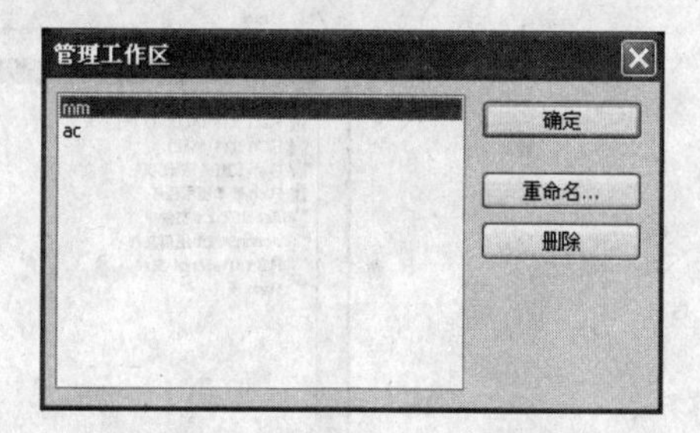

图 2-33 “管理工作区”对话框

2.2 Flash CS4的文档操作

用户可以处理多种类型的文档。在介绍文档操作之前，先来了解一下Flash CS4中的文档类型。

- FLA文档：Flash中使用的主要文档，其中包含Flash文档的基本媒体、时间轴和脚本信息。
- SWF文档：FLA文档的编译版本，当发布FLA文档时，Flash将创建一个SWF文档。
- AS文档：ActionScript文档，用户可以使用该类文档将部分或全部的ActionScript代码放置在FLA文档之外。
- SWC文档：用于包含可重用的Flash组件，例如影片剪辑、ActionScript代码等。
- ASC文档：用于存储AS文档。

➢ JSFL文档：是JavaScript文档，可用来向Flash创作工具添加新功能。

➢ FLP文档：是Flash项目文档，用于Flash项目的管理。

2.2.1 新建文档

在Flash CS4中创建新文档有以下5种方法。

(1) 通过欢迎屏幕新建。运行Flash CS4显示它的欢迎屏幕，然后在“新建”区域中单击“Flash文件 (ActionScript 3.0)”选项。

(2) 通过主工具栏新建。单击主工具栏中的“新建”按钮，如图2-34所示。

图 2-34 通过主工具栏新建文档

> 注意：使用该方法所创建的文档将与最近一次所创建文档的类型相同。

(3) 通过菜单栏新建。选择“文件”→“新建”命令，打开“新建文档”对话框，在“常规”选项卡中设置“类型”为“Flash文件 (ActionScript 3.0)”如图2-35所示，然后单击 确定 按钮。

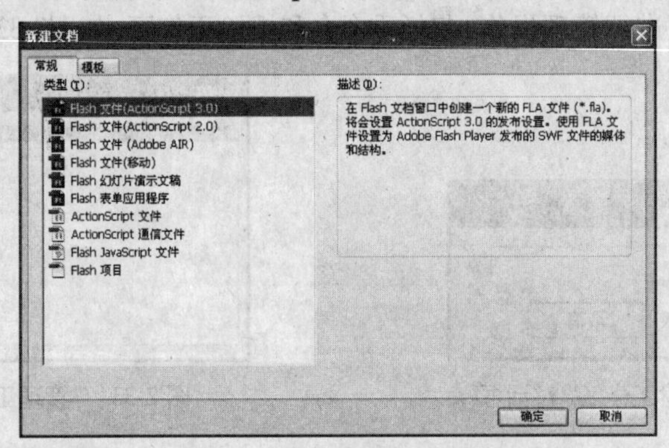

图 2-35 “新建文档”对话框

(4) 通过快捷键新建。按Ctrl+N组合键，打开“新建文档”对话框，然后按照方法 (3) 继续。

(5) 通过模板新建。单击“新建文档”对话框中的“模板”标签，该对话框将变为如图2-36所示的“从模板新建”对话框，然后选择Flash自带的一种标准模板，单击 确定 按钮即可。

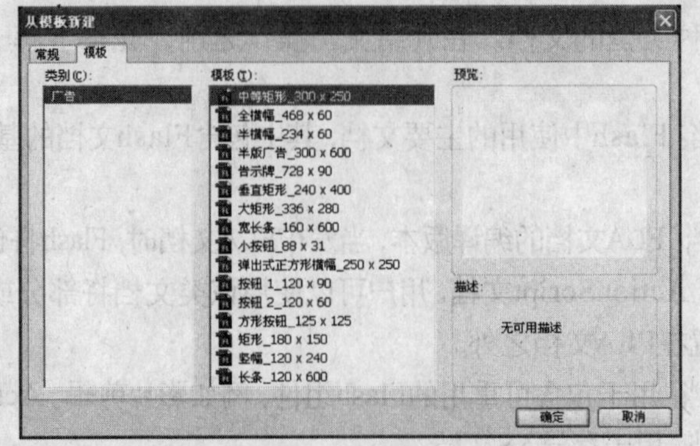

图 2-36 “从模板新建”对话框

2.2.2 保存文档

如果文档中包含未做保存的更改，则在标题栏和文档选项卡中的文档名称后会出现一个星号“*”，如图2-37所示，并且该星号将随着文档的保存而消失。

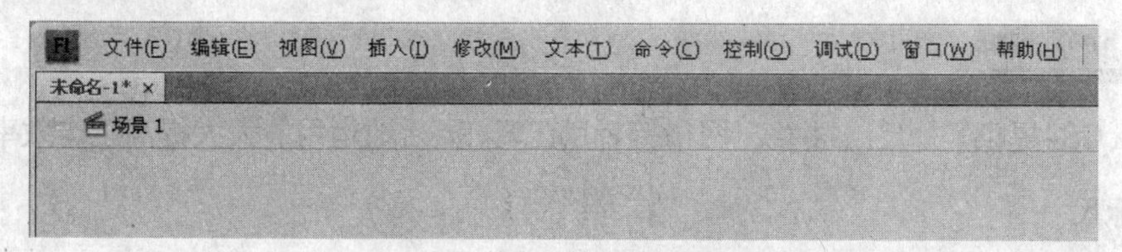

图 2-37 未保存文档名称后出现星号

在Flash CS4中可以用当前名称和位置或其他名称和位置来保存文档，主要有以下4种方法。

(1) 通过主工具栏保存。单击主工具栏中的“保存”按钮，在打开的“另存为”对话框中设置文档的保存路径、名称和类型，然后单击确定按钮即可。

(2) 通过菜单栏保存。“文件”菜单中包含了多个保存命令，用户可以根据需要选择其中一个保存命令，然后进行相关设置来保存文档。

- 保存：保存文档并覆盖上次保存的文档。
- 保存并压缩：保存文档并对其数据进行压缩。
- 另存为：将文档以不同的名称或者位置进行保存。
- 另存为模板：将文档保存为模板。
- 全部保存：将当前打开的所有文档一次性全部保存。

(3) 通过快捷键保存。按Ctrl+S组合键或Ctrl+Shift+S组合键，打开“另存为”对话框，然后按照方法 (1) 继续操作。

(4) 退出Flash CS4程序时保存。如果文档中包含未做保存的更改，在退出Flash CS4程序时，Flash会弹出如图2-38所示的提示框，提示用户保存或放弃对文档的更改，单击是(Y)按钮即可保存。

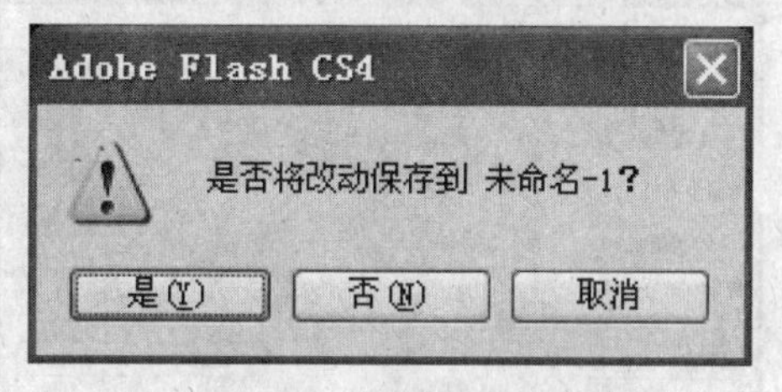

图 2-38 Flash提示框

2.2.3 打开文档

在Flash CS4中打开以前保存过的文档有以下4种方法。

(1) 通过欢迎屏幕打开。运行Flash CS4显示它的欢迎屏幕时，最近编辑过的文档会显示在“打开最近的项目”区域中，单击相应的文档名称即可将其打开。

(2) 通过主工具栏打开。单击主工具栏中的“打开”按钮，在弹出的“打开”对话框中选择文档，然后单击打开(O)按钮即可。

(3) 通过菜单栏打开。“文件”菜单中包含了多个打开命令，用户可以根据需要选择其中一个打开命令。

- 打开：从本地磁盘打开一个现有文档。
- 从站点打开：从所定义的站点中打开一个现有文档。

➢ 打开最近的文件：打开一个最近编辑过的文档，效果类似于方法(1)。

(4) 通过快捷键打开。按Ctrl+O组合键，弹出“打开”对话框，选择要打开的文档，然后单击 打开(O) 按钮即可。

2.2.4 辅助工具

Flash CS4提供了标尺、辅助线、网格等辅助工具，灵活地运用能大大提高工作效率。

1. 标尺

在默认状态下Flash CS4是不显示标尺的，若要显示，直接选择“视图”→“标尺”命令或按Ctrl+Alt+Shift+R组合键即可，如图2-39所示。

图2-39 显示标尺

标尺以舞台的左上角为坐标原点，有水平和垂直两个方向上的标尺。其中，水平标尺以X轴向右方向坐标为正；垂直标尺以Y轴向下方向坐标为正。在默认情况下，标尺使用的单位是像素，如需要修改单位，可以执行以下操作。

❶ 选择“修改”→“文档”命令或按Ctrl+J组合键，打开“文档属性”对话框，如图2-40所示。

❷ 在“标尺单位”下拉列表中选择其他单位，例如“厘米”。

❸ 单击 确定 按钮应用改变，效果如图2-41所示。

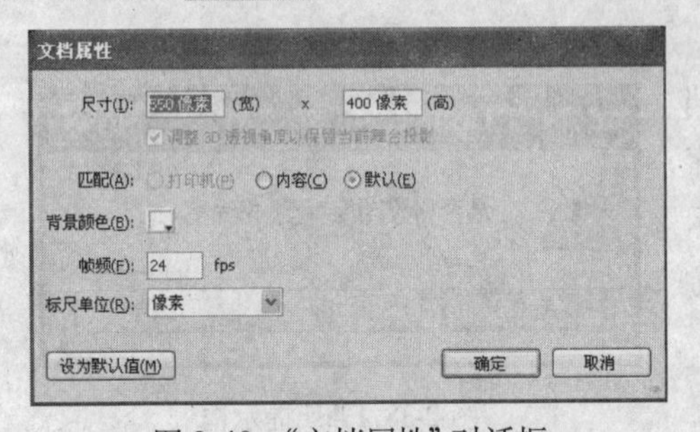

图 2-40 “文档属性”对话框

图 2-41 标尺单位为厘米时的效果

2. 辅助线

显示标尺后，可以从标尺上拖动水平辅助线或垂直辅助线到舞台上，此时光标将呈现出或形状，如图2-42所示。

> 注意：如果在创建辅助线时网格是可见的，并且打开了贴紧至网格功能，则辅助线将贴紧至网格。

(1) 移动辅助线。若要移动辅助线，使用“选择工具”单击标尺上的任意一处，将辅助线拖到舞台上需要的位置即可。

(2) 锁定辅助线。为了防止在操作过程中不小心移动了辅助线，可以将辅助线锁定在某个位置，选择“视图”→“辅助线”→“锁定辅助线”命令即可。

图 2-42 添加辅助线

(3) 删除辅助线。在辅助线处于解除锁定状态时，使用“选择工具”将辅助线拖到水平或垂直标尺上可以删除辅助线。

(4) 隐藏辅助线。若要隐藏辅助线，选择“视图”→“辅助线”→“隐藏辅助线”命令即可，再次选择将重新显示。

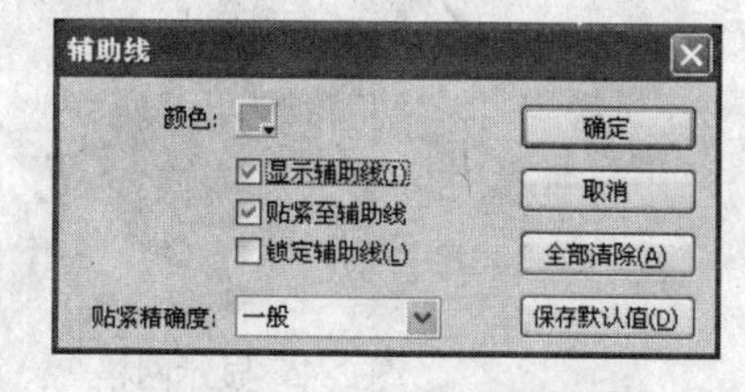

图 2-43 “辅助线”对话框

(5) 自定义辅助线属性。选择“视图”→“辅助线”→“编辑辅助线”命令，在打开的“辅助线”对话框中即可自定义辅助线的属性，如图2-43所示。

- 颜色：用于设置辅助线的颜色，默认颜色为绿色。
- 显示辅助线：用于设置是否显示辅助线。
- 贴紧至辅助线：用于设置是否打开贴紧至辅助线功能。
- 锁定辅助线：用于设置是否锁定辅助线。
- 贴紧精确度：用于设置对象对齐辅助线的方式，有必须接近、一般和可以远离3个选项，用户可以根据需要进行选择。
- 确定：应用对辅助线属性的更改并关闭“辅助线”对话框。
- 取消：取消对辅助线属性的更改并关闭“辅助线”对话框。
- 全部清除(A)：用于删除创建的所有辅助线。
- 保存默认值(D)：用于将当前设置保存为默认值。

3. 网格

Flash CS4中的网格由一组水平线和垂直线组成，若要显示，直接选择“视图”→“网格”→“显示网格”命令即可，如图2-45所示。

用户还可以选择“视图”→“网格”→”编辑网格”命令，在打开的“网格”对话框中自定义网格的属性，如图2-46所示。

- 颜色：用于设置网格的颜色，默认颜色为灰色。
- 显示网格：用于设置是否显示网格。
- 在对象上方显示：用于设置是否在对象上方显示网格。
- 贴紧至网格：用于设置是否打开贴紧至网格功能。
- ↔ 10像素：用于设置网格在水平方向上的间隔。

- ↕ 10像素：用于设置网格在垂直方向上的间隔。
- 贴紧精确度：用于设置对象对齐网格的方式，有必须接近、一般、可以远离和总是贴紧4个选项，用户可以根据需要进行选择。
- 确定：应用对网格属性的更改并关闭“网格”对话框。
- 取消：取消对网格属性的更改并关闭“网格”对话框。
- 保存默认值：用于将当前设置保存为默认值。

图 2-45 显示网格

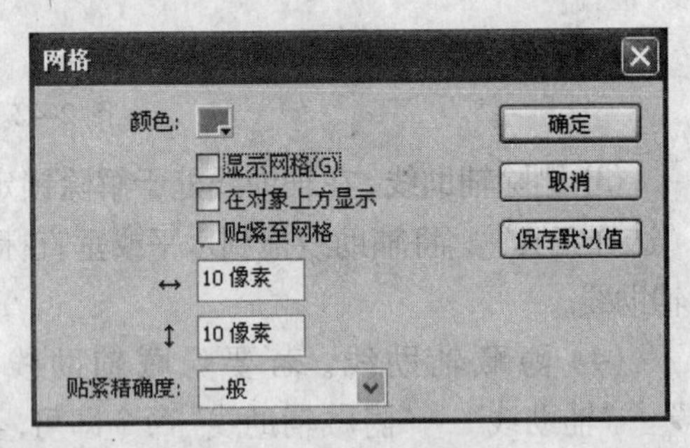

图 2-46 “网格”对话框

2.3 课堂实例

2.3.1 更改文档属性

在创建一个Flash文档之后，用户可以根据需要更改它的尺寸、帧频和背景颜色等属性。下面结合实例进行介绍，操作步骤如下。

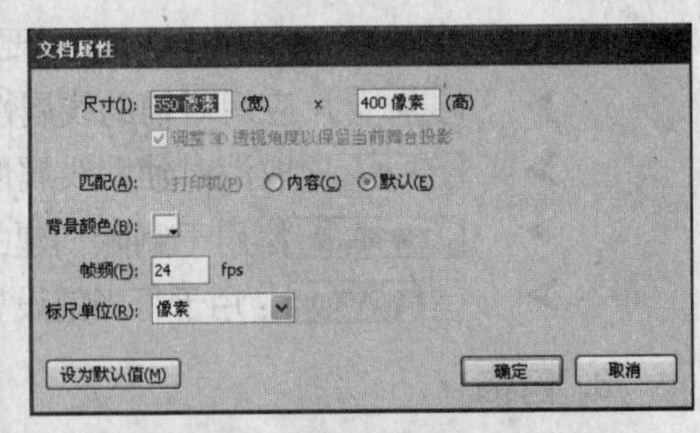

图 2-47 “文档属性”对话框

❶ 新建一个Flash文档（ActionScript 3.0）。

❷ 选择“修改”→“文档”命令，打开“文档属性”对话框，如图2-47所示。

❸ 在“尺寸”右侧的两个文本框中更改文档的宽度和高度，单位为像素。

❹ 单击“背景颜色”后面的按钮，打开如图2-48所示的颜色列表，选择需要的颜色。

❺ 在“帧频”文本框中输入数值，更改文档的帧频，单击确定按钮应用设置。

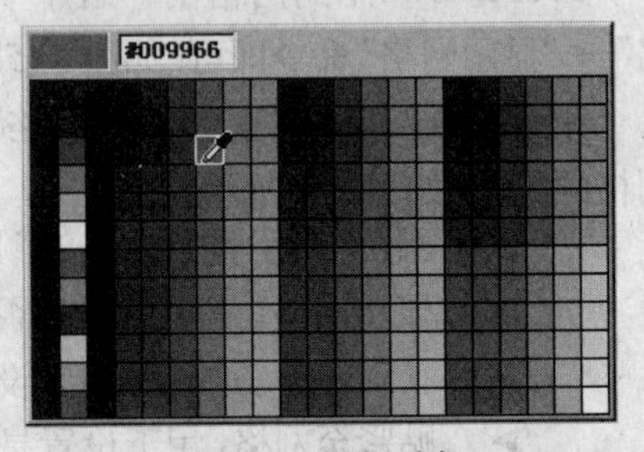

图 2-48 颜色列表

> 技巧：如果需要恢复为默认设置，打开“文档属性”对话框，选中“默认”单选按钮即可。

2.3.2 另存文档

对于许多优秀的Flash作品，用户可以进行修改，然后将它们另存起来，从而提高创作效率。下面结合实例进行介绍，操作步骤如下。

❶ 启动Flash CS4。

❷ 选择“文件”→“打开”命令，打开如图2-49所示的“打开”对话框。

❸ 选择一个Flash作品的源文档，即后缀名为.fla的文档，这里选择“neo.robot.fla”文件。

❹ 单击 打开(O) 按钮将其打开，如图2-50所示，然后进行编辑修改。

❺ 选择“文件”→“另存为”命令，打开“另存为”对话框，如图2-51所示。设置保存名称和路径，然后单击 保存(S) 按钮即可。

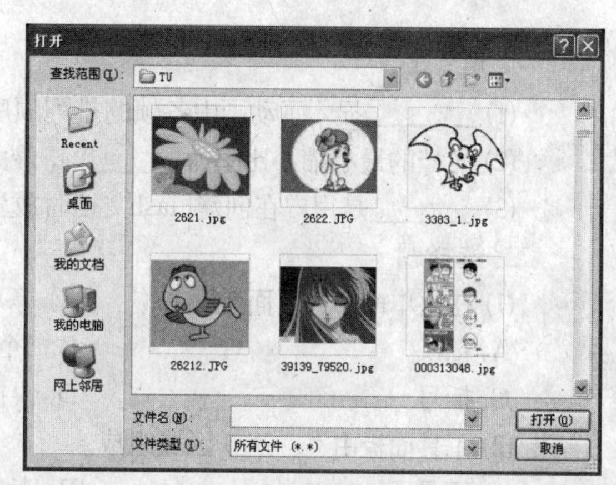

图 2-49 “打开”对话框

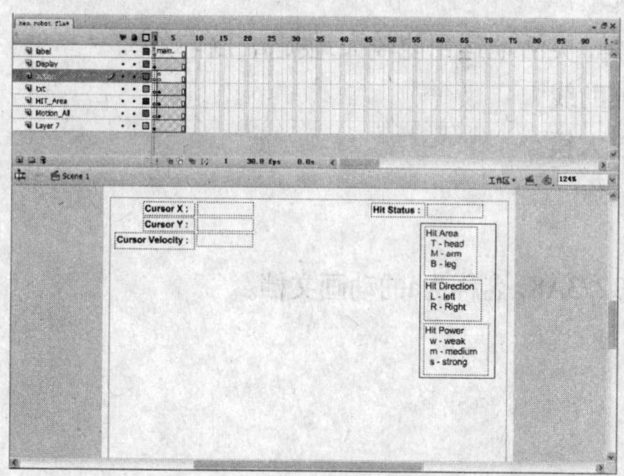

图 2-50 打开neo.robot.fla文档

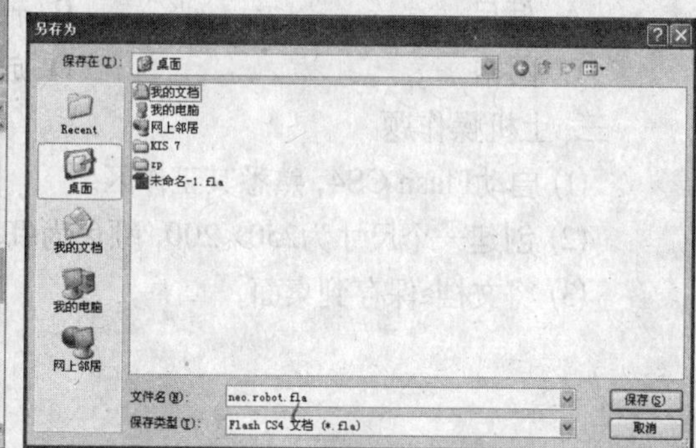

图 2-51 “另存为”对话框

❻ 按Ctrl+Enter组合键测试影片，效果如图2-52所示。

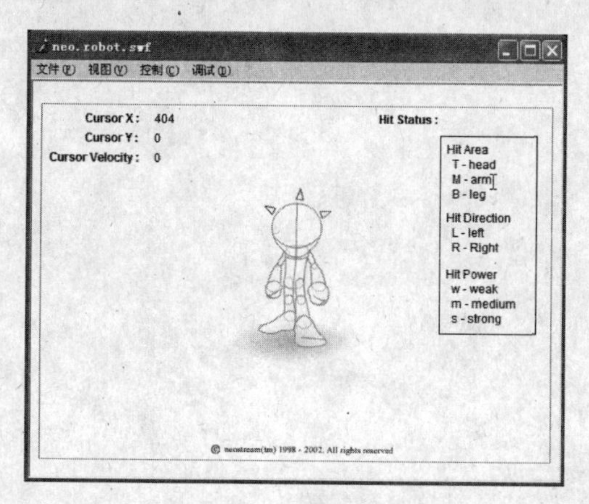

图 2-52 效果图

课堂练习二

一、填空题

(1) ________显示了动画中各帧的排列顺序以及各图层的上下关系。

(2) 文档的最小缩小比率为_______%，最大放大比率为2000%。

(3)________是用户在创建Flash文档时放置内容的矩形区域。

二、选择题

(1) 在菜单命令的后面会跟有（　　）等不同内容，它们具有不同的操作含义。

A. 箭头　　B. 3个小黑点

C. 括号　　D. 快捷键

(2) 工具面板由（　　）区域组成。

A. 工具　　B. 查看

C. 颜色　　D. 选项

(3) Flash CS4提供了（　　）等辅助工具，灵活地运用能较大地提高工作效率。

A. 标尺　　B. 辅助线

C. 网格　　D. 放大镜

三、上机操作题

(1) 启动Flash CS4，熟悉其工作区。

(2) 创建一个尺寸为250×200，颜色为#B273A8，名称为a的动画文档。

(3) 将文档a保存到桌面。

Flash 第3章 图形的绘制与颜色填充

学习目标

绘制基本图形是制作Flash动画的基础，要想制作出好的动画，必须要充分地认识Flash中的各种工具。本章主要介绍使用各种工具绘制和填充图形的方法，熟练掌握后将有助于用户制作出丰富多彩的Flash动画。

学习重点

(1) 图形的绘制与编辑

(2) 图形的颜色填充

3.1 位图与矢量图

计算机绘图分为位图与矢量图，它们被广泛地应用到出版、印刷、互联网等各个方面。认识其特色和差异，有助于用户创建、编辑和应用图形。

3.1.1 位图

位图又称点阵图，由屏幕上的无数个细微的像素点组成，像素的多少决定了位图的显示质量和文件大小。如果以较大的倍数显示位图，其边缘会出现锯齿现象，即产生失真。图3-1所示为将位图放大8倍时的效果。

位图常用于图片处理、影视婚纱效果图等，其文件类型有*.bmp、*.pcx、*.gif、*.jpg、*.tif、*.pcd、*.psd、*.cpt等。

图 3-1 位图放大后的效果

3.1.2 矢量图

矢量图又称向量图，由线条和矢量色块组成，并且以数学方式记录各组成部分的形状、位置、线型、大小等特征。当对矢量图进行放大时，不会产生失真现象。图3-2所示为将矢量图放大8倍时的效果。

矢量图常用于图案、标志、VI、文字等设计，其文件类型有*.ai、*.eps、*.dwg、*.dxf、*.cdr、*.wmf、*.emf等。

图 3-2 矢量图放大不失真

3.1.3 将位图转换为矢量图

用Flash将位图转换为矢量图，不仅能实现图形转换的功能，在转换的同时还可以设置转换效果，操作步骤如下。

❶ 选中要转换为矢量图的位图。

❷ 选择"修改"→"位图"→"转换位图为矢量图"命令，打开"转换位图为矢量图"对话框，如图3-3所示。

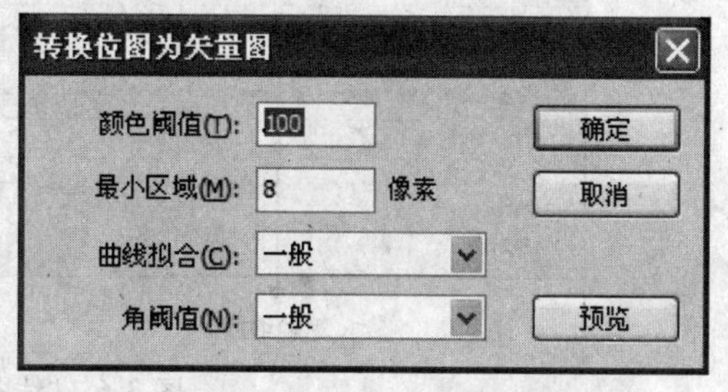

图 3-3 "转换位图为矢量图"对话框

➢ 颜色阈值：设置颜色的临界值，取值范围为1~500之间的整数。该值越小，转换速度越慢，其转换后的颜色越多，与原图像的差别也就越小。

注意：当两个像素进行比较后，如果它们在RGB颜色值上的差异低于该颜色阈值，则两个像素被认为是颜色相同。

➢ 最小区域：设置最小区域内的像素数，取值范围为1~1000之间的整数。该值越小，转换后的图像越精确，与原图像的差别也就越小。

➢ 曲线拟合：设置曲线的平滑程度，有像素、非常紧密、紧密、一般、平滑和非常平滑6个选项。

➢ 角阈值：设置在转换时如何处理对比强烈的边界，有较多转角、一般和较少转角3个选项。

❸ 要创建最接近原始位图的矢量图形，设置颜色阈值为10、最小区域为1像素、曲线拟合为像素，设置完成后，单击 确定 按钮，稍等片刻即可完成转换。图3-1所示位图转换后的效果如图3-4所示。

图 3-4 位图转换为矢量图后的效果

3.2 图形的绘制

Flash CS4作为一款动画制作软件，提供了一些基本图形的绘制工具，如图3-5所示。使用这些工具可以绘制动画所需的图形。

3.2.1 线条工具

"线条工具"用于绘制简单的矢量线条。线条是构造各种图形的最基本要素，它有颜色、样式、粗细等多种属性。使用"线条工具"的操作步骤如下。

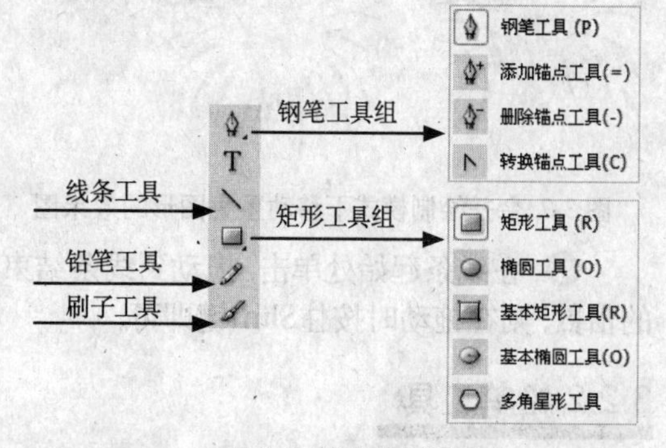

图 3-5 基本绘图工具

❶ 选择"线条工具"。

❷ 设置"线条工具"的属性。选择"线条工具"后，属性面板如图3-6所示。

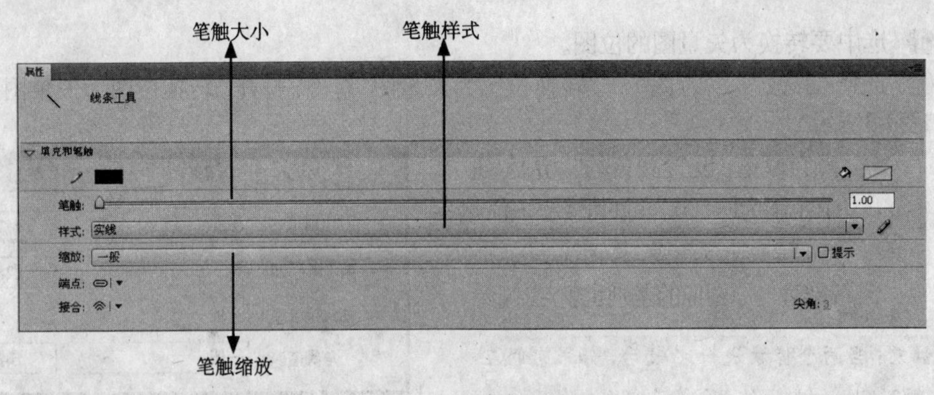

图 3-6 “线条工具”的“属性”面板

- 笔触颜色：设置线条的颜色。
- 笔触大小：设置线条的粗细，取值范围为0.1~200。
- 笔触样式：设置线条的样式。
- 端点：设置线条端点的样式，有无、圆角和方型3个选项。
- 提示：启动提示功能，以避免出现线条显示模糊的现象。
- 缩放：设置线条在播放器中的笔触缩放方式，有一般、水平、垂直和无4个选项。
- 尖角：设置尖角在接合处的倾斜程度。
- 接合：设置线条在接合处的形状，有尖角、圆角和斜角3个选项。

❸ 设置绘制模式。选择“线条工具”后，单击工具面板下方的“对象绘制”按钮，可以选择合并绘制模式或对象绘制模式。

- 合并绘制模式：在该模式下所绘制的图形如果有重叠部分，将会自动进行合并。例如，如果绘制一个图形并在其上方叠加一个较小的圆形，然后选择圆形并进行移动，则会删除该圆形与图形重叠的部分，如图3-7所示。
- 对象绘制模式：在该模式下所绘制的图形保持为独立的对象，其周围添加了矩形边框，并且叠加时不会自动合并。例如，在以上情况移动时将不会删除该圆形与图形重叠的部分，如图3-8所示。

注意：当按下“对象绘制”按钮时，线条工具便处于对象绘制模式。

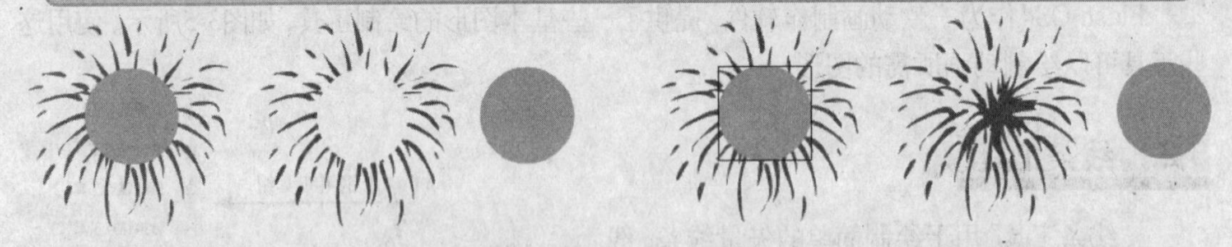

图 3-7 合并绘制模式下移动重叠图形的效果图　　图 3-8 对象绘制模式下移动重叠图形的效果

❹ 在线条起始处单击，拖动到线条结束处释放鼠标左键绘制。若限制线条的角度为45°的倍数，则在拖动时按住Shift键即可。

3.2.2 铅笔工具

“铅笔工具”用于绘制比较随意的线条。使用“铅笔工具”的操作步骤如下。

❶ 选择"铅笔工具"。

❷ 设置"铅笔工具"的属性。选择"铅笔工具"后，"属性"面板如图3-9所示。

图 3-9 "铅笔工具"的"属性"面板

"铅笔工具"的属性参数与"线条工具"的基本相同，只是多了一个"平滑"选项，用于设置线条在平滑模式下的平滑程度，取值范围为0～100。

❸ 设置铅笔模式。选择"铅笔工具"后，单击工具面板下方的"铅笔模式"按钮，在弹出的上下文菜单中，根据需要进行选择，如图3-10所示。

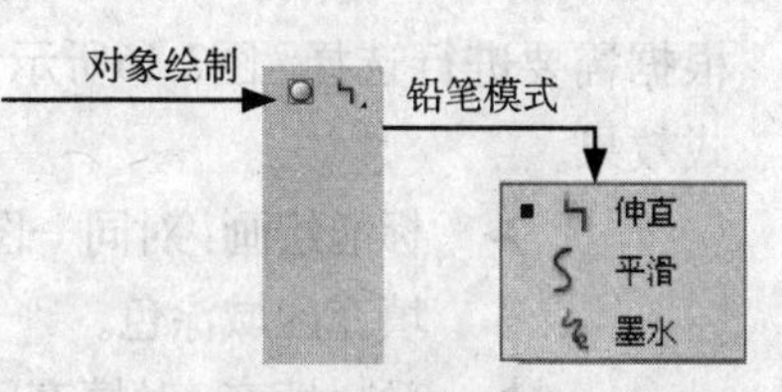

图 3-10 铅笔模式

➢ 伸直：该模式是系统的默认模式，在该模式下系统会将所绘制的曲线调整为矩形、椭圆、三角形、正方形等较为规则的图形，如图3-11所示。

➢ 平滑模式：在该模式下系统会对曲线进行微调，使其更加平滑，如图3-12所示。

➢ 墨水模式：在该模式下系统几乎不对线条进行调整，因此绘制出的线条比较接近于原始的手绘线条，如图3-13所示。

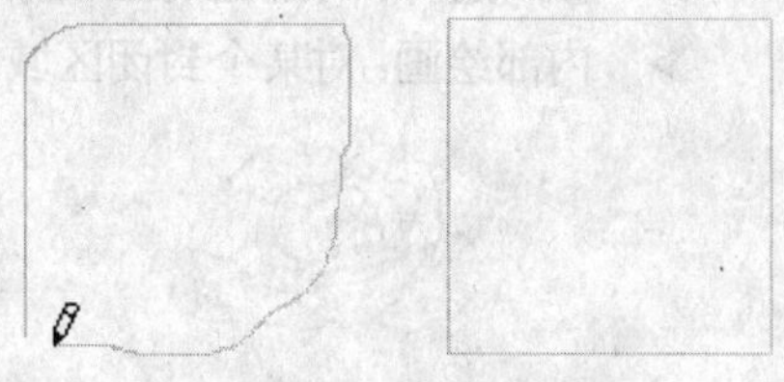
图 3-11 直线化模式效果

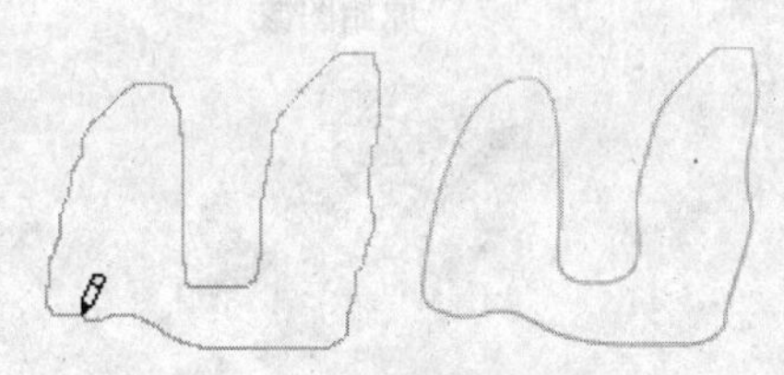
图 3-12 平滑模式效果

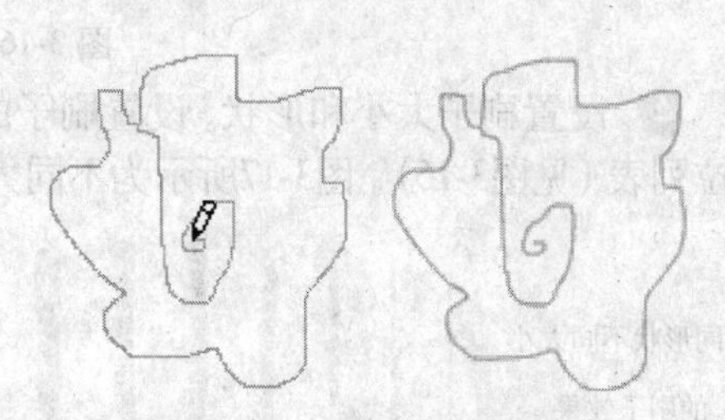
图 3-13 墨水模式效果

❹ 在线条起始处单击，拖动到线条至结束处释放绘制线条。若要将线条限制为垂直或水平方向，则在拖动时按住Shift键即可。

3.2.3 刷子工具

"刷子工具"与"铅笔工具"不同，"铅笔工具"绘制出的是矢量线，而"刷子工具"绘制出的是矢量色块，相当于对图形对象进行涂色。使用"刷子工具"的操作步骤如下。

❶ 选择"刷子工具"。

❷ 设置"刷子工具"的属性。选择"刷子工具"后，"属性"面板如图3-14所示。"刷子工具"的属性参数与"铅笔工具"相同，这里不再赘述。

图 3-14 “刷子工具”的“属性”面板

③ 设置刷子模式。选择“刷子工具”后，在工具面板下方将显示该工具的辅助功能项，包括锁定填充、刷子模式、刷子大小、刷子形状等，如图3-15所示。

Flash CS4提供了5种刷子模式，用户可以根据需要进行选择。图3-16所示为5种刷子模式效果。

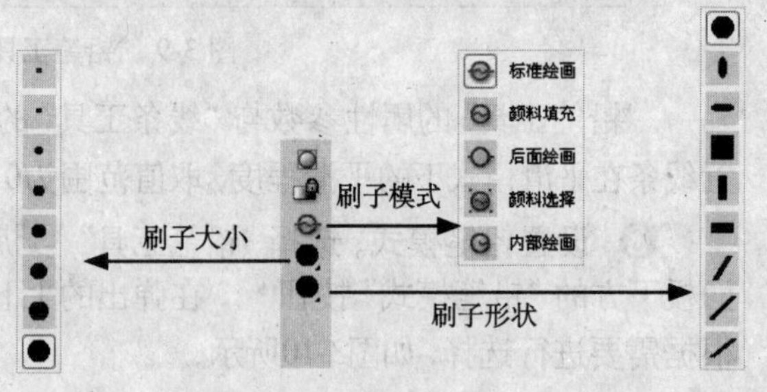

图 3-15 刷子模式

- 标准绘画：对同一图层的线条和填充区域涂色。
- 颜料填充：对填充区域和空白区域涂色，不影响线条。
- 后面绘画：对同一图层的空白区域涂色，不影响线条和填充区域。
- 颜料选择：对选定的区域涂色，其操作前提是先创建一个选区。
- 内部绘画：对某个封闭区域涂色，不影响线条。

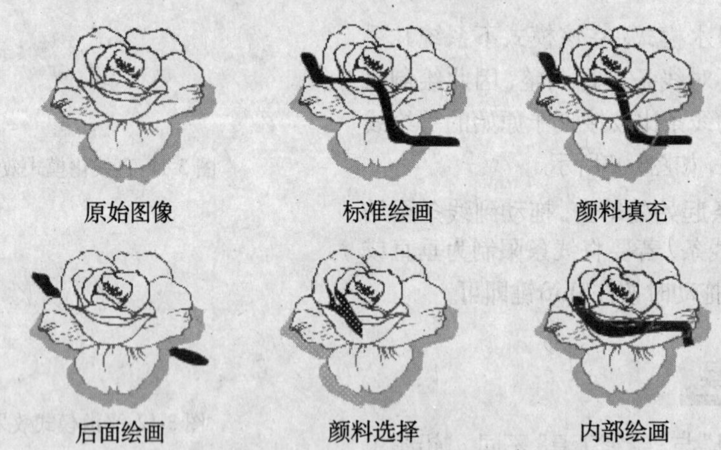

图 3-16 5种刷子模式效果

④ 设置刷子大小和形状。设置刷子的大小和形状，需要用到“刷子大小”和“刷子形状”下拉列表（见图3-15）。图3-17所示为不同大小和形状的刷子效果。

图 3-17 不同大小和形状的刷子效果

❺ 在舞台上拖动。若要限制刷子的笔触为垂直或水平方向，在拖动的同时按住Shift键即可。

3.2.4 钢笔工具

路径是由一系列锚点连接起来的线段或曲线，使用“钢笔工具”（又叫贝塞尔曲线工具）可以绘制路径。在绘制路径的过程中，“钢笔工具”显示的指针形状反映了当前的绘制状态。

- 初始锚点指针：选中“钢笔工具”后看到的第一个指针，指示下一次在舞台上单击鼠标时将创建初始锚点，它是新路径的开始。
- 连续锚点指针：指示下一次单击时将创建一个锚点，并用一条直线与前一个锚点相连接。在创建所有用户定义的锚点（路径的初始锚点除外）时，显示此指针。
- 添加锚点指针：指示下一次单击时将向现有路径添加一个锚点。若要添加锚点，必须选择路径，并且钢笔工具不能位于现有锚点的上方。
- 删除锚点指针：指示下一次在现有路径上单击时将删除一个锚点。若要删除锚点，必须用“选取工具”选择路径，并且指针必须位于现有锚点的上方。
- 连续路径指针：从现有锚点扩展新路径。若要激活此指针，鼠标必须位于任一端点（初始锚点或终止锚点）的上方。
- 闭合路径指针：闭合当前正在绘制的路径，并且现有锚点必须是同一个路径的初始锚点。
- 连接路径指针：连接路径可能产生闭合形状，也可能不产生闭合形状。若要激活此指针，鼠标必须位于唯一路径的任一端点上方。
- 回缩贝塞尔手柄指针：当鼠标位于显示其贝塞尔手柄的锚点上方时显示，单击将回缩贝塞尔手柄，并使穿过锚点的弯曲路径恢复为直线段。
- 转换锚点指针：将不带方向线的转角点转换为带有独立方向线的转角点。若要激活此指针，需要按Shift+C组合键切换“钢笔工具”。

1. 设置“钢笔工具”

在使用“钢笔工具”之前，可以设置“钢笔工具”的指针形状、所选锚点的外观以及画线段时是否预览等属性，操作步骤如下。

❶ 选择“编辑”→“首选参数”命令或按Ctrl+U组合键，打开“首选参数”对话框。

❷ 在“类别”列表中选择“绘画”选项，如图 3-18所示。

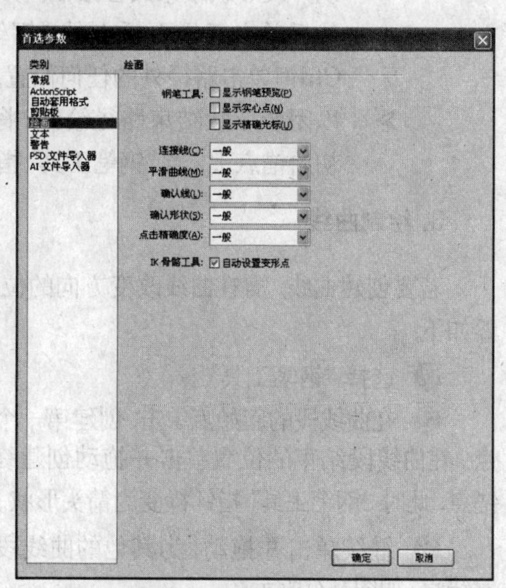

图 3-18 “绘画”类别中的选项

❸ 设置钢笔的选项。

- 显示钢笔预览：在单击创建线段的端点之前，在舞台上移动指针时将显示线段预览，如图3-19所示。如果未选择此选项，则只有在创建端点时才会显示线段。

- ➢ 显示实心点：将选定的锚点显示为空心点，并将取消选定的锚点显示为实心点。如果未选择此选项，则选定的锚点为实心点，而取消选定的锚点为空心点。
- ➢ 显示精确光标：指定钢笔工具指针以十字准线指针的形式出现，这样可以提高线条的定位精度，如图3-20所示。

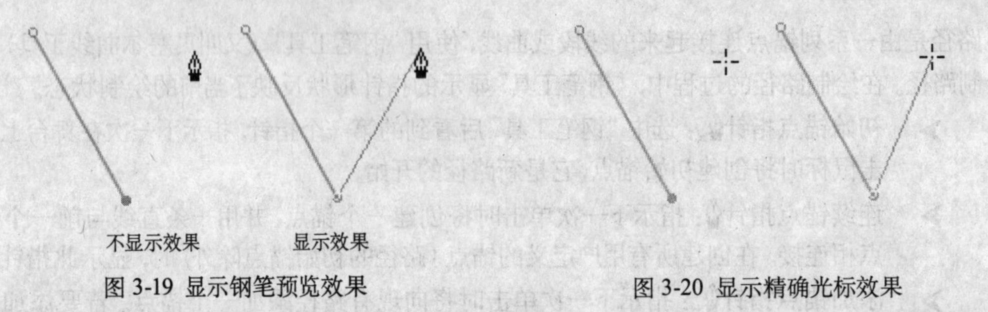

图 3-19 显示钢笔预览效果　　图 3-20 显示精确光标效果

> 技巧：要在十字准线指针和默认的钢笔工具图标之间切换，可以直接按Caps Lock键。

❹ 单击 确定 按钮。

2. 用“钢笔工具”绘制直线

使用“钢笔工具”可以绘制的最简单路径是直线，操作步骤如下。

❶ 选择“钢笔工具”。

❷ 在直线段的起始点单击，创建第一个锚点。在直线段结束的位置单击创建终止锚点。

❸ 继续单击，为其他的直线段设置锚点，如图3-21所示。

❹ 执行下列操作之一结束绘制。

- ➢ 以现状结束路径绘制。选择“编辑”→“取消全选”命令或在工具面板上选择其他工具。
- ➢ 以开放形状结束路径绘制。双击最后一个锚点，然后单击工具面板上的“钢笔工具”或者按住Ctrl键单击路径外的任何位置。
- ➢ 以闭合形状结束路径绘制。将“钢笔工具”置于初始锚点上，当“钢笔工具”指针旁边显示一个小圆圈时单击即可。

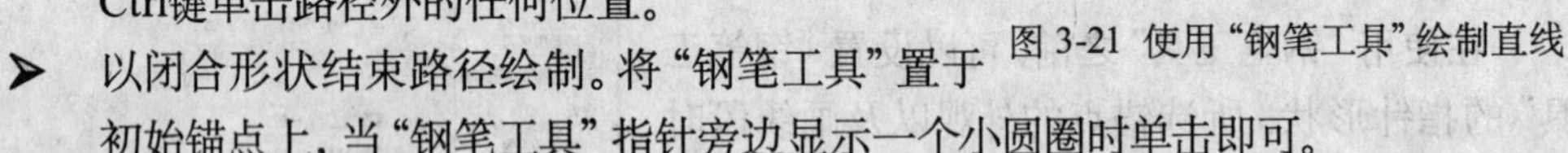

图 3-21 使用“钢笔工具”绘制直线

3. 绘制曲线

若要创建曲线，需在曲线改变方向的位置处添加锚点，并拖动构成曲线的方向线，操作步骤如下。

❶ 选择“钢笔工具”。

❷ 在曲线段的起始点单击，创建第一个锚点。在曲线段结束的位置单击并拖动创建终止锚点，此时“钢笔工具”指针将变为箭头形状。

❸ 继续单击并拖动，为其他的曲线段设置锚点，如图3-22所示。

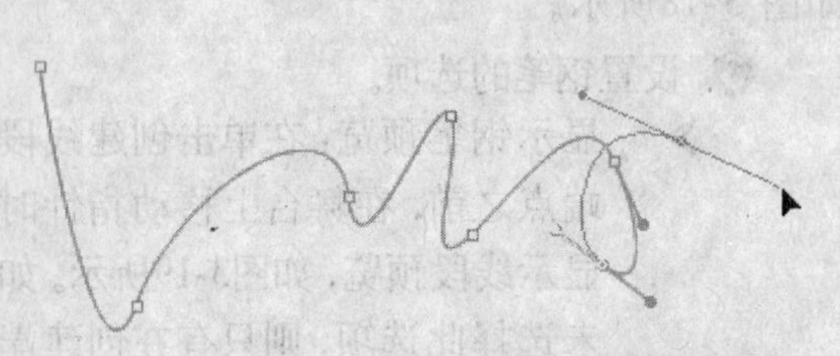

图 3-22 使用“钢笔工具”绘制曲线

❹ 结束绘制。

注意：在绘制曲线时应当尽可能减少构成曲线的锚点，从而使创建的曲线更易于编辑，并减少系统资源的浪费。

4. 调整锚点

在使用“钢笔工具”绘制直线或曲线路径时，用户可以通过调整锚点来使所绘路径达到预期的效果。

(1) 添加锚点：使用“钢笔工具”在路径段上单击即可。

(2) 删除锚点：使用“钢笔工具”在锚点上单击即可。

(3) 移动锚点：使用“部分选取工具”拖动该点即可。

(4) 轻推锚点：使用“部分选取工具”选择锚点，然后使用方向键进行微调。

3.2.5 矩形工具

Flash CS4提供了两种绘制矩形的工具，即“矩形工具”和“基本矩形工具”。使用“矩形工具”可以绘制普通的矩形；使用“基本矩形工具”可以绘制图元矩形，即在创建了矩形之后，任何时候都可以精确地控制形状、大小、角半径以及其他属性的矩形，无须从头开始重新绘制。

1. 绘制普通矩形

“矩形工具”用于绘制常规的矩形，其操作步骤如下。

❶ 选择“矩形工具” 。

❷ 设置“矩形工具”的属性。选择“矩形工具”后，“属性”面板如图3-23所示。

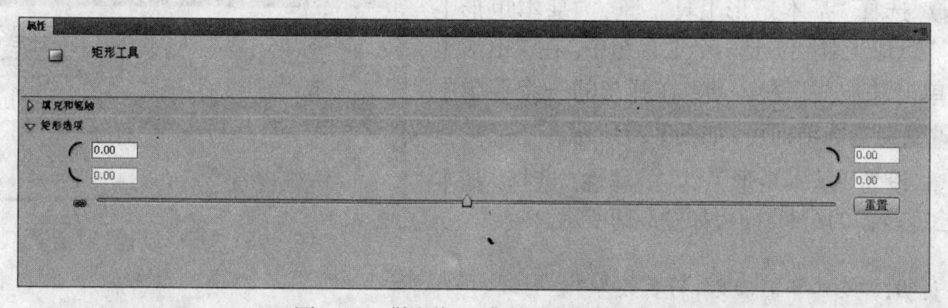

图 3-23 “矩形工具”的“属性”面板

➢ 矩形边角半径：设置矩形的边角半径，若输入负值则创建反半径，图3-24所示为不同边角半径的矩形。

➢ 将边角控件锁定为一个控件：设置是否限制边角半径相同，如果取消限制，则激活另外3个边角半径文本框，则可以分别调整每个边角的半径。图3-25所示为各个边角半径均不同的矩形。

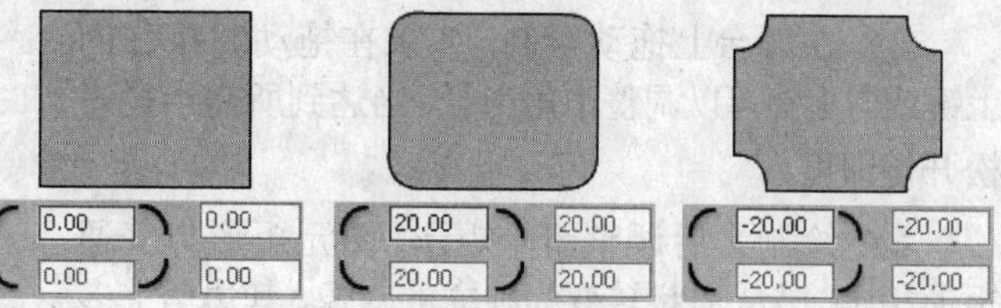

图 3-24 不同边角半径的矩形

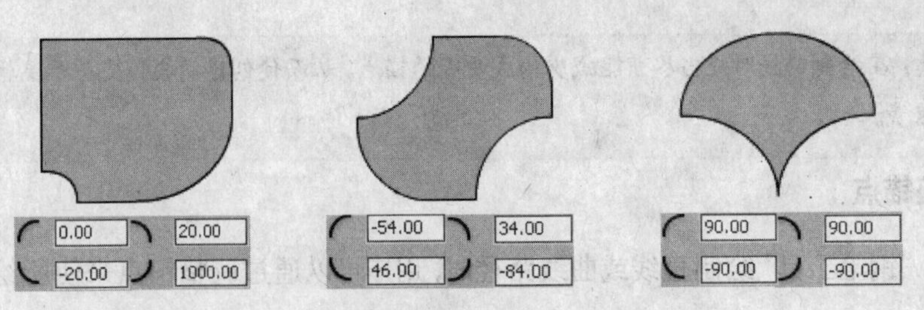

图 3-25 各个边角半径均不同的矩形

➢ 重置：用于重置"基本矩形工具"的参数。

❸ 在舞台上拖动绘制。如果在拖动时按住向上键或向下键可以调整边角半径；如果要绘制正方形，拖动时按住Shift键即可。

> 技巧：如果要绘制指定大小和边角半径的矩形，可以在选择"矩形工具"后，按住Alt键单击舞台，在打开的"矩形设置"对话框中进行设置，如图3-26所示，然后单击 确定 按钮即可绘制。

➢ 宽：指定矩形的宽度，以像素为单位。
➢ 高：指定矩形的高度，以像素为单位。
➢ 边角半径：指定矩形的边角半径，如果值为零，创建的则是直角。
➢ 从中心绘制：设置是否从中心绘制矩形。

2. 绘制图元矩形

图元矩形不同于普通的矩形，不仅可以在绘制之前指定边角半径和大小，还可以在绘制之后进行更改。其操作步骤如下。

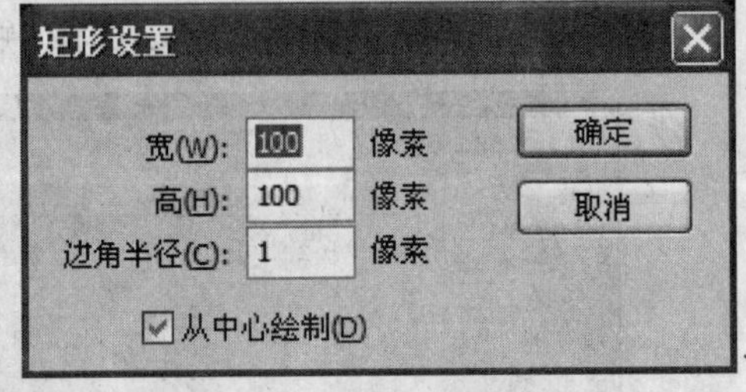

图 3-26 "矩形设置"对话框

❶ 选择"基本矩形工具"。"基本矩形工具"与"矩形工具"位于一个工具组中，在"矩形工具"上单击并按住鼠标左键，在弹出的一个菜单中选择 基本矩形工具(R) 选项即可，如图3-27所示。

❷ 设置"基本矩形工具"的属性。选择"基本矩形工具"后，"属性"面板如图3-28所示。

> 说明："基本矩形工具"的参数与"矩形工具"的参数基本相同，由于它们的功能与设置方法也相同，这里不再赘述。

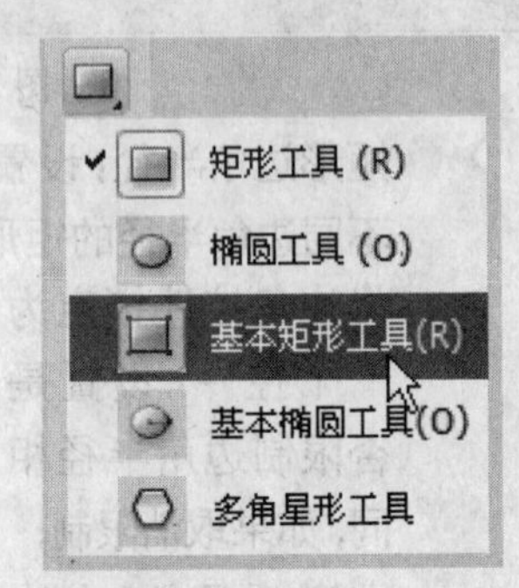

图 3-27 选择"基本矩形工具"

❸ 在舞台上拖动绘制。如果在拖动时按住向上键或向下键可以调整边角半径，当达到所需半径时松开键即可。

❹ 绘制之后调整图元矩形。图元矩形与普通矩形相比，已从形状转变为独立的对象，其边角上多了一些控制点，用户可以使用"选择工具"拖动它们更改图元矩形的边角半径和大小等，以达到预期的效果，如图3-29所示。

图 3-28 “基本矩形工具”的“属性”面板

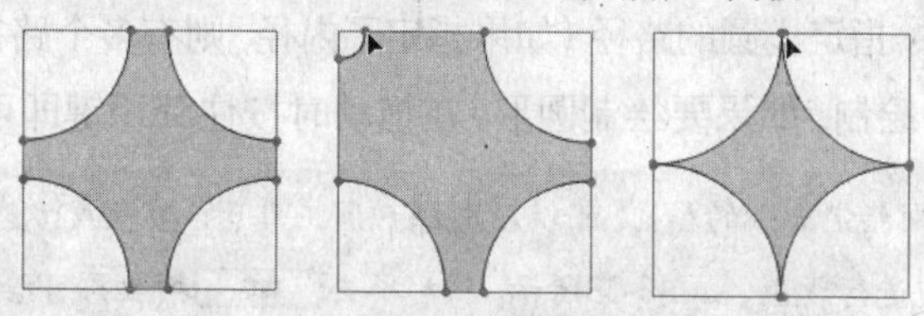

图 3-29 在绘制之后调整图元矩形

3.2.6 椭圆工具

Flash CS4提供了两种绘制椭圆的工具，即“椭圆工具”和“基本椭圆工具”。使用“椭圆工具”可以绘制普通的椭圆，使用“基本椭圆工具”可以绘制图元椭圆。

1. 绘制普通椭圆

“椭圆工具”用于绘制常规的椭圆，其操作步骤如下。

❶ 选择“椭圆工具” 。

❷ 设置“椭圆工具”的属性。选择“椭圆工具”后，“属性”面板如图3-30所示。

图 3-30 “椭圆工具”的“属性”面板

➢ 开始角度：指定椭圆开始点的角度。

➢ 结束角度：指定椭圆结束点的角度。

说明：使用“开始角度”和“结束角度”两个参数可以轻松地绘制扇形、半圆形及其他形状，如图3-31所示。

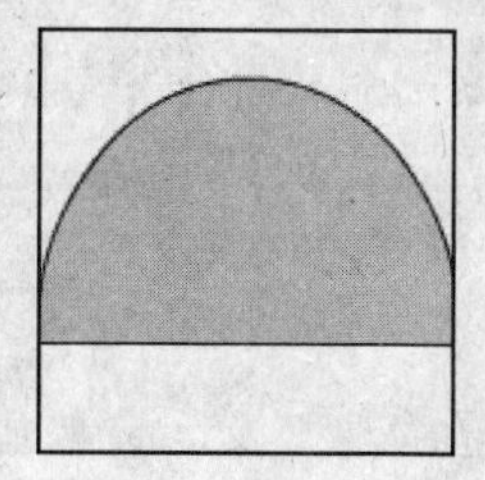

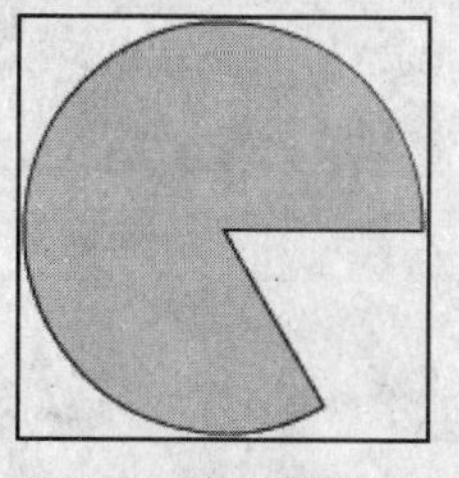

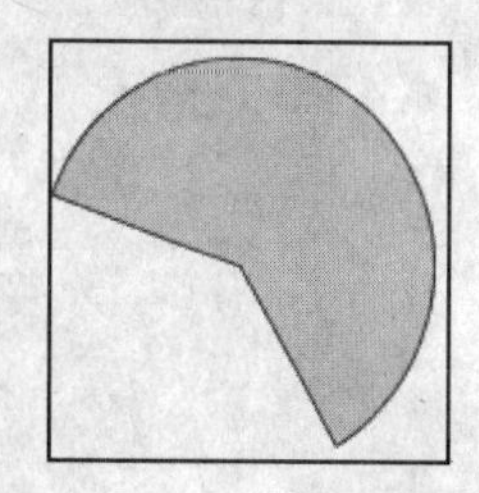

图 3-31 绘制其他形状

➤ 内径：指定椭圆的内径，取值范围为0～99。图3-32所示为不同内径的椭圆。

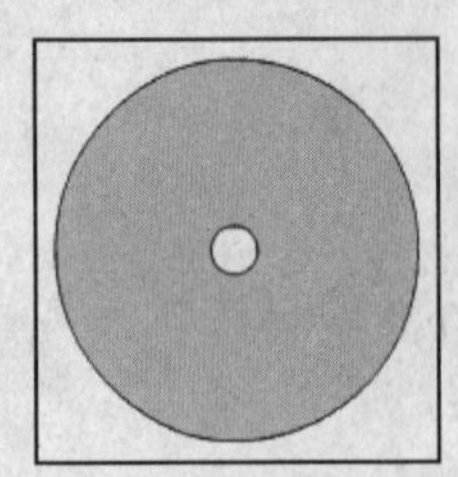
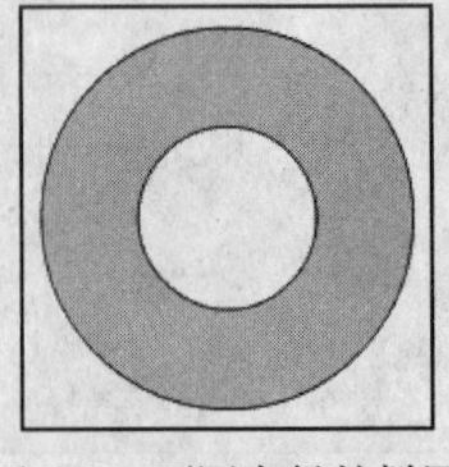
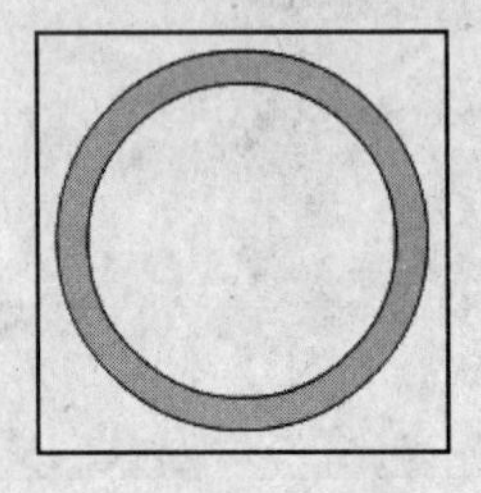

图 3-32 不同内径的椭圆

➤ 闭合路径：指定椭圆的路径（如果指定了内径，则有多个路径）是否闭合。

❸ 在舞台上拖动绘制。如果要绘制圆形，在拖动时按住Shift键即可。

> 技巧：如果要绘制指定大小的椭圆，可以在选择椭圆工具后，按住Alt键单击舞台，在打开的"椭圆设置"对话框中进行设置，如图3-33所示，然后单击[确定]按钮即可绘制。

➤ 宽：指定椭圆的宽度，以像素为单位。

➤ 高：指定椭圆的高度，以像素为单位。

➤ 从中心绘制：设置是否从中心绘制椭圆。

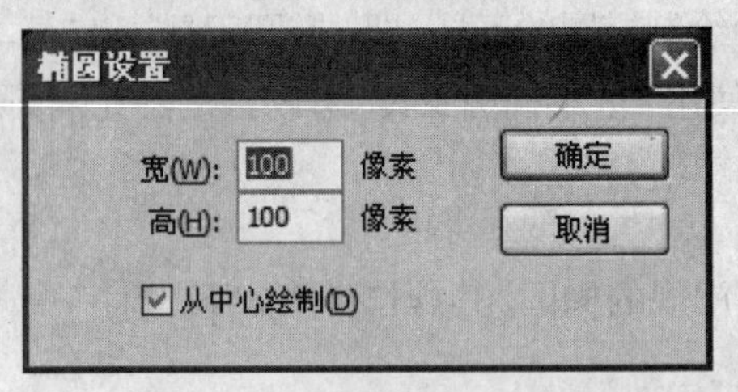

图 3-33 "椭圆设置"对话框

2. 绘制图元椭圆

图元椭圆可以在绘制之前指定开始角度、结束角度、内径等，还可以在绘制之后进行更改。其操作步骤如下。

❶ 选择"基本椭圆工具"。

❷ 设置"基本椭圆工具"的属性。选择"基本椭圆工具"后，"属性"面板如图3-34所示。

❸ 在舞台上拖动绘制。

❹ 绘制之后调整图元椭圆。图元椭圆与普通椭圆相比，已从形状转变为独立的对象，并多了一些控制点，用户可以使用"选择工具"拖动它们更改图元椭圆的角度、内径等，如图3-35所示。

图 3-34 "基本椭圆工具"的"属性"面板

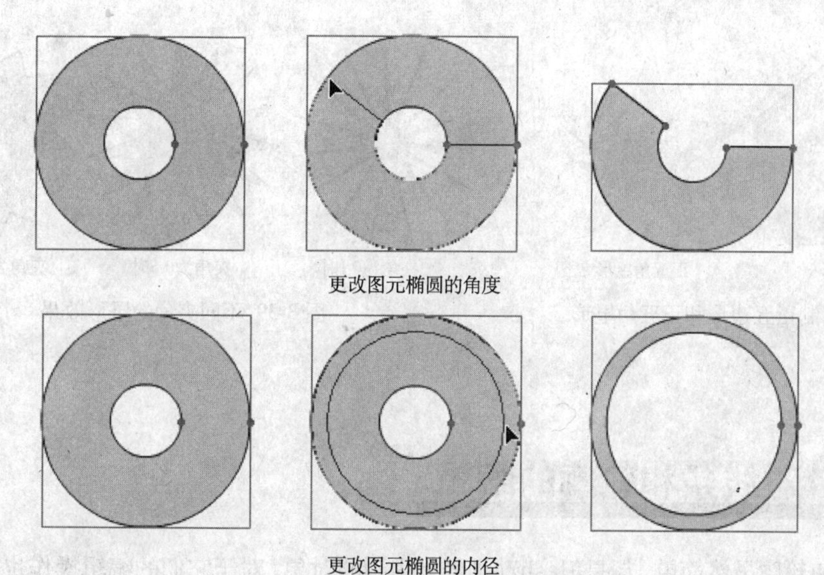

图 3-35 在绘制之后调整图元椭圆

3.2.7 多角星形工具

“多角星形工具”用于绘制多边形和星形，使用“多角星形工具”的操作步骤如下。

❶ 选择“多角星形工具” 。

❷ 设置“多角星形工具”的属性。选择“多角星形工具”后，“属性”面板如图3-36所示。

图 3-36　“多角星形工具”的“属性”面板

❸ 单击 选项... 按钮，打开“工具设置”对话框如图3-37所示，执行需要的操作。

- 样式：选择绘制多边形或星形。
- 边数：指定多角形或星形的边数，取值范围为3～32，默认值为5，即默认绘制正五边形或正五角星形，如图3-38所示。
- 星形顶点大小：指定星形的夹角，取值范围为0～1，其值越接近于0时，创建的顶点就越像针一样。图3-39所示为边数为15、夹角为不同值时的星形效果。

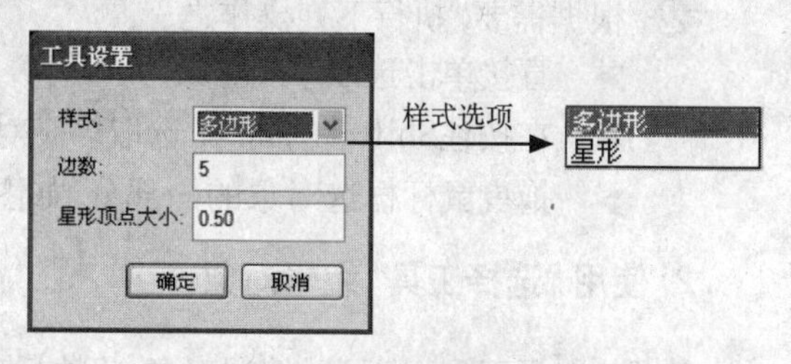

图 3-37　“工具设置”对话框

❹ 单击 确定 按钮，关闭“工具设置”对话框，然后在舞台上拖动绘制。

图 3-38 绘制正五边形和正五角星形

图 3-39 不同夹角的星形效果

3.3 针对线条和轮廓的编辑

线条和轮廓虽然简单，却是Flash动画经常用到的对象，对于它们的编辑操作也比较多，希望用户多加练习。

3.3.1 选择工具

使用“选择工具”不仅能选取线条和轮廓等对象，还能较方便地编辑它们。下面分别进行介绍。

1. 使用“选择工具”选取对象

选取对象是编辑对象的前提条件，Flash CS4对于不同的对象会以不同的方式显示其选中状态，例如，若选取的是线条或图形，其表面会呈现网格状，如图3-40所示；若选取的是组、实例或文本块，则会被一个矩形框住，如图3-41所示。

图 3-40 选取线条和图形

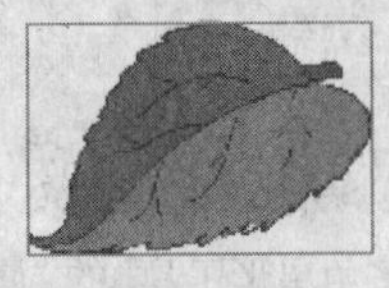

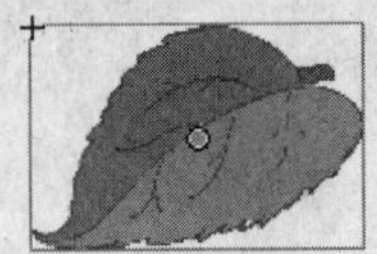

绿叶

文本块

图 3-41 选取组、实例和文本块

使用“选择工具”选取线条和轮廓等对象的操作步骤如下。

❶ 选择工具面板上的“选择工具”。

❷ 根据需要，执行下列操作之一。

- 直接单击选取单一对象。
- 在按住Shift键的同时，选取多个对象。
- 拖曳鼠标框选对象的一部分，如图3-42所示。

图 3-42 使用“选择工具”框选部分对象

2. 使用“选择工具”编辑对象

使用“选择工具”还可以编辑对象，例如移动、变形、填充、拉直对象等。下面介绍如何使用“选择工具”改变线条和轮廓的形状。

(1) 调整线条形状。选择"选择工具"，将鼠标光标移动到线条所要变形的点上，当其呈现形状时，按住并拖动鼠标即可，如图3-43所示。

在调整线条时按住Ctrl键，此时鼠标指针呈现形状，拖动时可在线条的位置上创建一个新角点，从而使线条产生比较尖锐的变形，如图3-44所示。

如果被调整点是端点，则延长或缩短该线条，如图3-45所示。

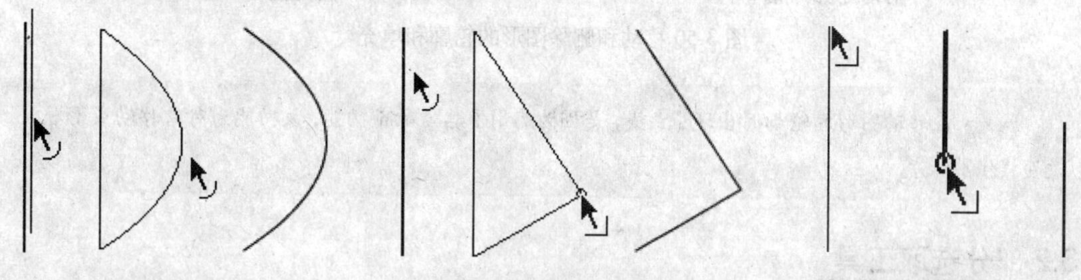

图 3-43 线条变形　　图 3-44 尖锐的线条变形　　图 3-45 调整线条的端点

(2) 调整轮廓形状。如果将笔触区域看作轮廓，可以较容易地改变它的形状。选择"选择工具"，将鼠标光标移动到轮廓所要变形的点上，当其呈现或形状时，按住并拖动鼠标即可，如图3-46所示。

> 注意：在调整轮廓形状时，如果鼠标拖动的图形轮廓与原图形的轮廓发生交叉，则越过原图形轮廓的部分将被取消填充，如图3-47所示，这时可以使用"颜料桶工具"对空白区域进行重新填充。

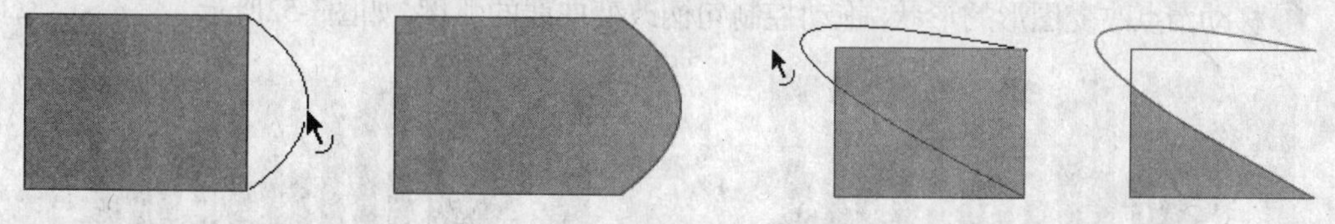

图 3-46 调整轮廓形状　　图 3-47 轮廓发生交叉的图形

(3) 填充线条的一部分。首先使用"选择工具"框选线条需要填充的部分，然后在属性面板上设置线条的颜色、宽度和样式等，最后在线条外的任意位置单击鼠标取消其选中状态即可，如图3-48所示。

(4) 移动线条的一部分。首先选择需要移动的部分，然后将鼠标光标移动到该部分，当光标呈现形状时，根据需要移动即可，如图3-49所示。

(5) 移动和删除图形的轮廓和填充。由于Flash CS4中的图形轮廓和填充部分是孤立存在的，所以可以单独地移动、删除它们，如图3-50所示。

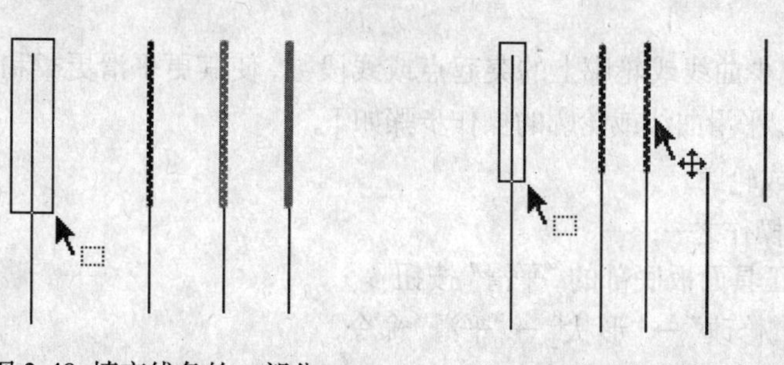

图 3-48 填充线条的一部分　　图 3-49 移动线条的一部分

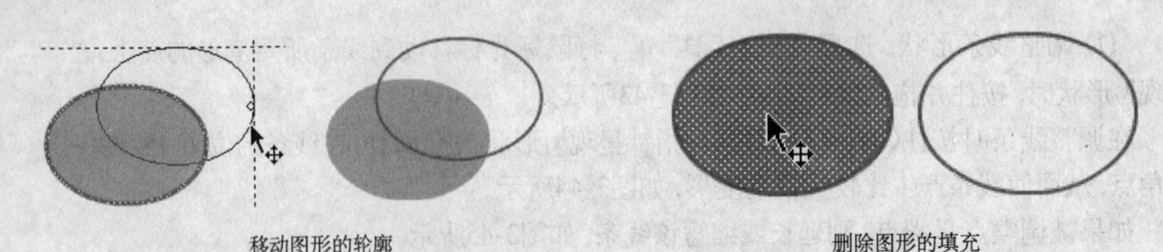

移动图形的轮廓　　　　删除图形的填充

图 3-50 移动和删除图形的轮廓和填充

注意：在移动图形的轮廓时出现了点线，是因为启用了贴紧对齐功能，该功能为对象移动或形状改变提供了参考。

3.3.2 部分选取工具

"部分选取工具"与"选择工具"的大部分作用相同，所不同的是它主要通过调整节点或节点上控制句柄的位置来变形对象，其操作步骤如下。

❶ 选择工具面板上的"部分选取工具"。

❷ 单击选取要调节的对象，以路径方式显示其边框。

注意：此时，边框上会有许多节点，若单击节点，在它的两边会出现控制句柄，如图3-51所示，编辑这些节点或控制句柄可以变形对象。

❸ 移动节点改变图形的形状，拖动控制句柄改变曲线的弧度，如图3-52所示。

图 3-51 显示节点与控制句柄

图 3-52 使用部分选取工具变形对象

3.3.3 平滑和伸直

平滑和伸直常用对所选线条和轮廓进行调整。能够进行平滑和伸直的线条和轮廓必须具有一定的形状标准和曲率发展趋势，而且这种处理产生的效果也是随机和相对的，并不是对所有的形状都有明显的作用，用户在使用过程中可以根据实际情况自行总结。

1. 平滑

平滑指通过减少曲线或轮廓上的突起点或线段数，使其更平滑更柔和更具整体性，该功能对直线不起作用。平滑曲线或轮廓的操作步骤如下。

❶ 选中曲线或轮廓。

❷ 执行下列操作之一。

- 单击工具面板底部的"平滑"按钮。
- 选择"修改"→"形状"→"平滑"命令。

❸ 如果操作一次的结果不理想，可以重复该操作多次，如图3-53所示。

2. 伸直

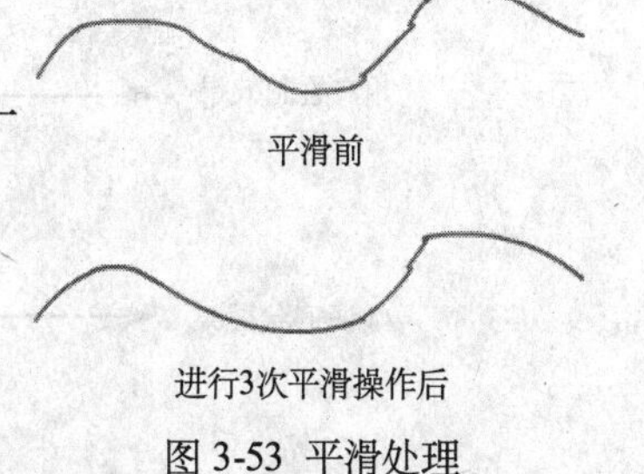

图 3-53　平滑处理

伸直功能只对曲线起作用，它可以使曲线变得直一些，操作步骤如下。

❶ 选中曲线或轮廓。

❷ 执行下列操作之一。

- 单击工具面板底部的“伸直”按钮。
- 选择“修改”→“形状”→“伸直”命令。

❸ 如果操作一次的结果不理想，可以重复该操作多次，如图3-54所示。

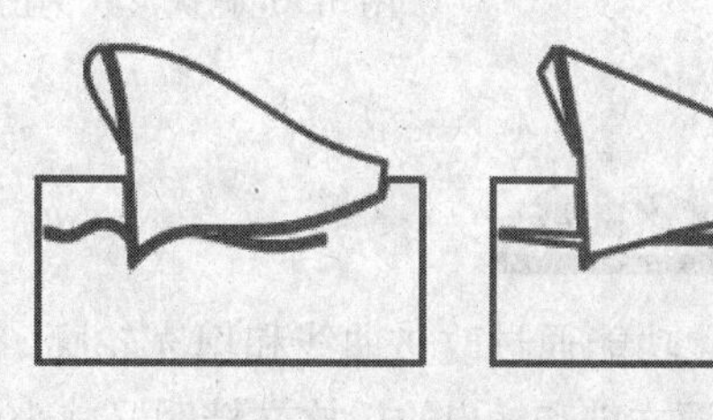

图 3-54　伸直处理

3. 设置绘画选项

用户可以通过设置绘画选项来指定平滑和伸直等属性，例如打开或关闭某个选项，更改选项的容差等，在默认情况下每个选项都是打开的，并且容差设置为一般。

> 注意：容差设置是相对的，它取决于计算机屏幕的分辨率和场景当前的缩放比率。

设置绘画选项的操作步骤如下。

❶ 选择“编辑”→“首选参数”命令或按Ctrl+U组合键，打开“首选参数”对话框。

❷ 在“类别”列表中显示“绘画”选项，如图3-55所示。

❸ 设置各绘画选项。

- 钢笔工具：有关它的选项已在上一节中作了介绍。
- 连接线：控制正在绘制的线条必须距已有线条多近，才能自动贴紧到已有线条上最近的点上，有必须接近、一般、可以远离3种选择。也可用于决定线条必须达到何种水平或者垂直程度，Flash CS4才能确认它为水平或垂直的。
- 平滑曲线：控制曲线平滑或伸直的程度，有关、粗略、一般、平滑4种选择。曲线越平滑就越容易改变形状，而越粗略就越接近原始线条。
- 确认线：控制线段必须要多直，Flash CS4才能确认它为直线，有关、严谨、一般、宽松4种选择。
- 确认形状：控制绘制的正方形、圆形、三角形、90°和180°弧等要达到何种程度，才会被确认为几何形状并精确重绘，如图3-56所示，有关、严谨、一般、宽松4个选项。
- 点击精确度：控制鼠标指针必须距离某个对象多近时，Flash CS4才能确认该对象，有严谨、一般、宽松3种选择。

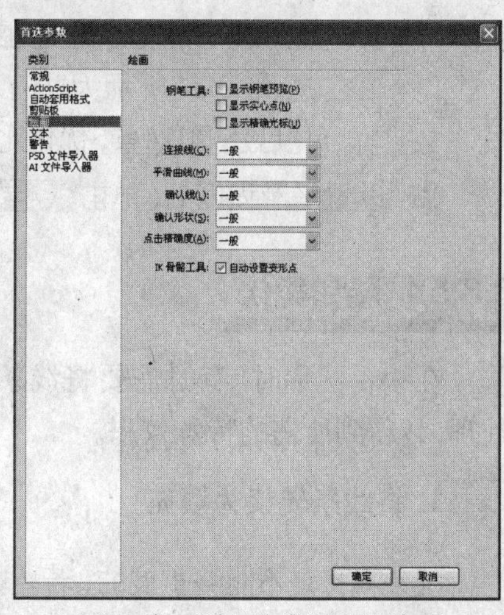

图 3-55　“绘画”类别中的选项

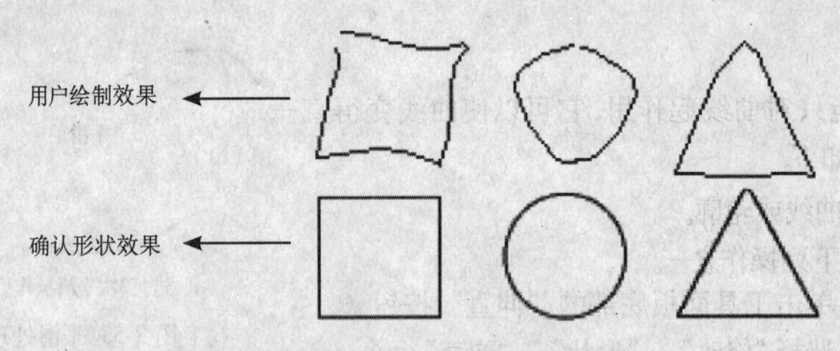

图 3-56 确认形状为正方形、圆形和三角形并精确重绘

3.3.4 优化曲线

优化功能通过改进曲线和填充轮廓，减少用于定义这些元素的曲线数量来平滑曲线，并使Flash源文档和输出的播放文档明显减小。优化曲线的操作步骤如下。

❶ 选中要进行优化操作的曲线。

❷ 选择“修改”→“形状”→“优化”命令，打开“最优化曲线”对话框，如图3-57所示。

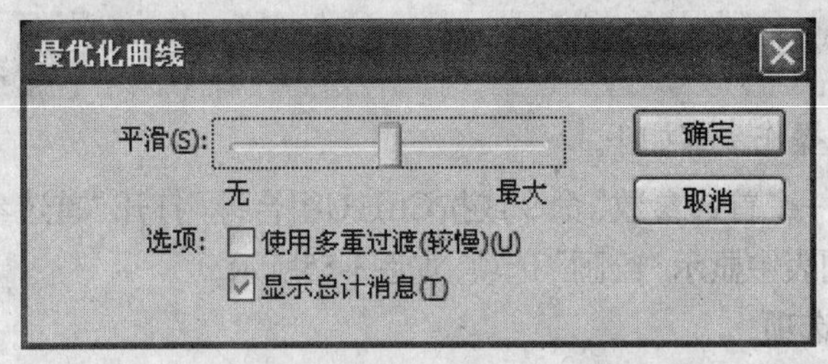

图 3-57 “最优化曲线”对话框

➢ 平滑：设置平滑的程度，“无”代表不进行平滑，“最大”代表最大可能地进行平滑。

➢ 使用多重过渡（较慢）：设置是否反复使用优化功能，直到没有曲线可以被优化为止。

➢ 显示总计消息：设置在优化完毕后显示优化信息。图3-58所示为共有138条线段参加优化，优化后还剩124条，优化比是10%。

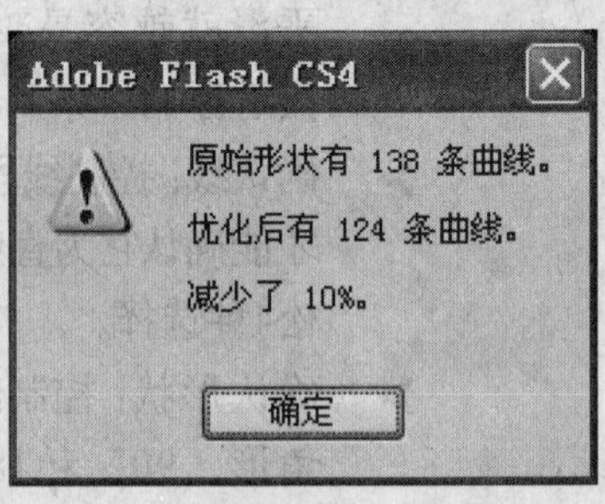

Adobe Flash CS4

原始形状有 138 条曲线。

优化后有 124 条曲线。

减少了 10%。

确定

图 3-58 优化信息

❸ 设置平滑程度后，单击 确定 按钮完成优化。

3.3.5 扩展和柔化

在编辑图形时，有时需要将线条或轮廓进行扩展和柔化处理，以得到所需的特殊效果。

1. 将线条转换为填充

线条本身是不能够扩展的，若要扩展，需要先将线条转换为填充，操作步骤如下。

❶ 选中一条或多条线条，这里选择圆形的轮廓，如图3-59所示。

❷ 选择"修改"→"形状"→"将线条转换为填充"命令完成转换，转换后的轮廓将变为填充形状，因此用户能够对它进行渐变或位图填充，如图3-60所示。

> 注意：虽然将线条转换为填充加快了计算机处理绘画的速度，但可能会增大文档的大小。

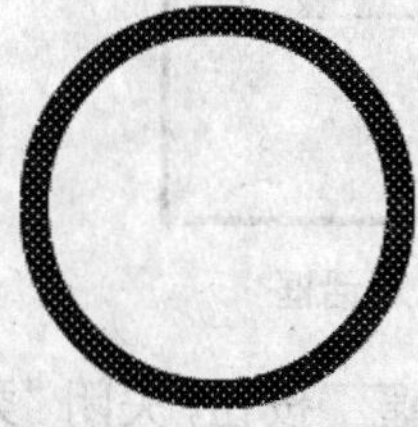

图 3-59 选择圆形轮廓

图 3-60 位图填充圆形轮廓效果

2. 扩展

下面对这个已经转换为填充形式的圆形轮廓进行扩展，操作步骤如下。

❶ 选中转换为填充形式的圆形轮廓。

❷ 选择"修改"→"形状"→"扩展填充"命令，打开"扩展填充"对话框，如图3-61所示。

- 距离：设置扩展的宽度，用像素表示。
- 方向：设置扩展的方向，有扩展和插入两种方式。扩展指图形以设置的宽度向外扩展，插入则指向内收缩。

❸ 设置扩展填充属性。单击确定按钮，关闭"扩展填充"对话框并应用扩展，如图3-62所示。

> 注意：与图3-60比较可以发现，扩展可以放大形状，而插入则可以缩小形状。

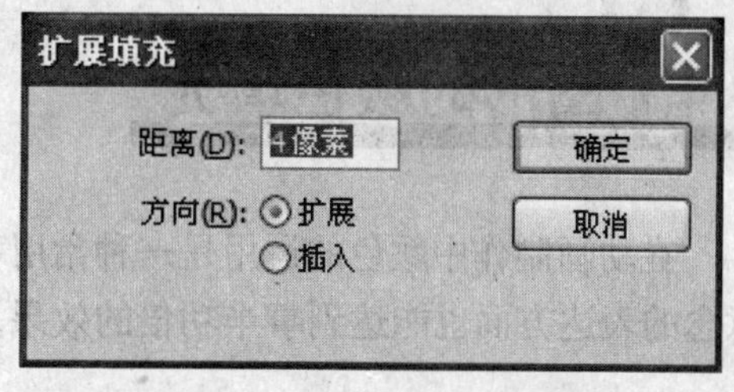

图3-61 "扩展填充"对话框

图 3-62 应用扩展效果

3. 柔化

柔化可以使图形产生雾化效果，使其在视觉上更加美观，操作步骤如下。

❶ 选择要柔化的对象，这里选择一个椭圆，如图3-63所示。

❷ 选择"修改"→"形状"→"柔化填充边缘"命令，打开"柔化填充边缘"对话框，如图3-64所示。

- 距离：设置柔化的宽度，用像素表示。
- 步骤数：设置柔化的边数，边数越多效果越平滑，增加步骤数会使文档变大。
- 方向：设置柔化的方向，有扩展和插入两种方式，扩展指向外柔化，插入指向内柔化。

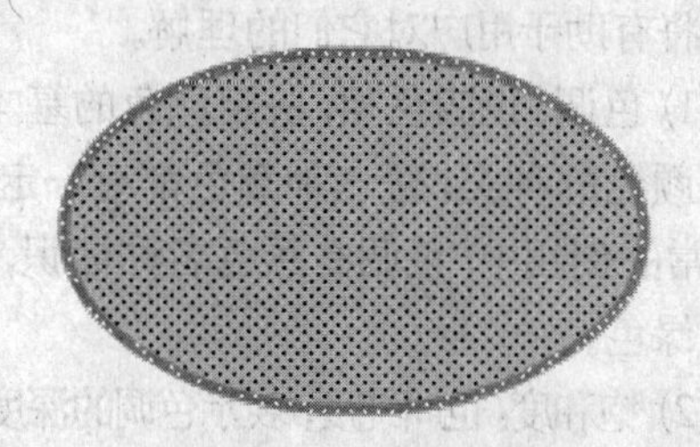

图 3-63 选择椭圆

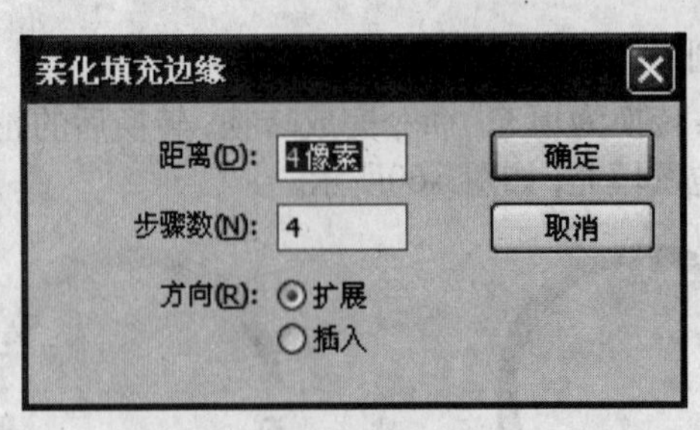

图 3-64 "柔化填充边缘"对话框

删除前

删除后

图 3-65 删除填充前后的效果

❸ 设置柔化填充属性。单击确定按钮，关闭"柔化填充边缘"对话框并应用柔化，为了明显观看边缘的雾化效果，可以删除椭圆的填充部分，如图3-65所示。

可见，经过扩展和柔化，得到了意想不到的视觉效果，这种方法在对象编辑中经常用于制作一些设定的效果，特别是设计一个以事先画好的线形为主体形状的对象。需要注意的是，用于扩展和柔化的对象必须是填充形式的，如果不是，应该事先将其转换为填充形式。

3.4 图形的颜色填充

在动画制作中颜色的运用是一种常用手段，合理地使用颜色，不但可以增加美感，而且在意念的表达方面也能达到事半功倍的效果。

3.4.1 关于颜色

在介绍"填充图形工具"之前，先来了解一些关于颜色的知识，包括颜色的三要素、RGB颜色模式、RGB颜色的定义。

1. 颜色的三要素

世界上的颜色千千万万，各不相同，但是任何一种颜色都具有色调 (Hue)、饱和度 (Saturation) 和亮度 (Lightness) 3种属性，它们统称为颜色的三要素。图3-66将有助于用户对它们的理解。

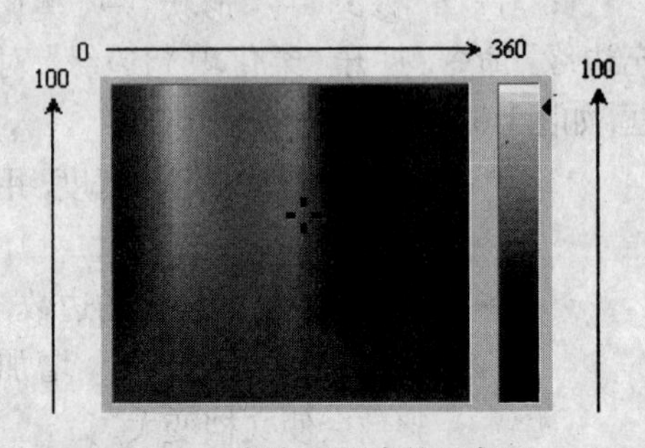

图 3-66 颜色三要素的示意图

(1) 色调：也叫色相，决定颜色的基本特征，它反映了颜色的种类，每一种颜色都有一定的色调范围。通常的使用中，色调有颜色名称标识，如红色、橙色或绿色。

(2) 饱和度：也叫纯度，表示色调的深度，已饱和的颜色又深又浓，未饱和的颜色则较淡。

(3) 亮度：也叫明度，表示颜色的亮度，确定它在黑白之间的相对颜色亮度比例。

2. RGB颜色模式

RGB是指Red（红色）、Green（绿色）、Blue（蓝色）3种颜色，RGB颜色模式是由这3种颜色为基色进行叠加而模拟大自然色彩的色彩组合模式。

RGB颜色模式可叠加出1670万种颜色，是屏幕显示的最佳模式。在计算机中，所有的颜色都是由红、绿、蓝3种颜色混合而成的。如果红色、绿色、蓝色的值均为0（即0－0－0），则为黑色；如果红色、绿色、蓝色的值均为255（即255－255－255），则为白色。

3. RGB颜色的定义

RGB颜色通过十六进制值来定义，十六进制是以16为基数（由0～9和A～F这16个数字和字母组成），逢16进位的数值表示方法。其中，F等于十进制中的15；1F等于十进制中的31；FF等于十进制中的255。

3.4.2 墨水瓶工具

“墨水瓶工具”用于更改线条的颜色、粗细、样式等，常与“滴管工具”配合使用。使用“墨水瓶工具”的操作步骤如下。

❶ 选择“墨水瓶工具”。

❷ 设置“墨水瓶工具”的属性。选择“墨水瓶工具”后，“属性”面板如图3-67所示。用户可以在其中设置笔触的颜色、粗细、样式等属性。

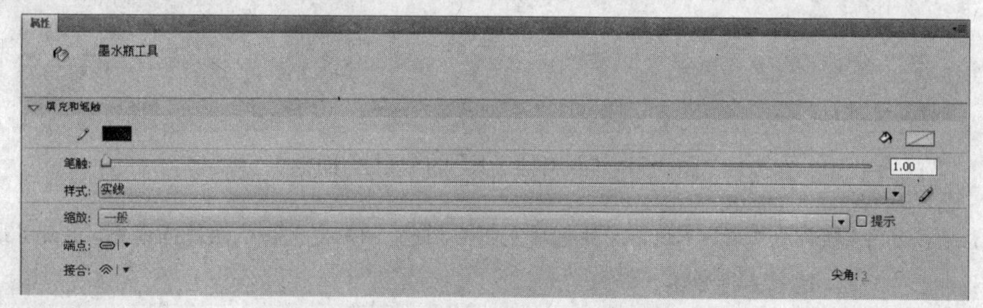

图 3-67 “墨水瓶工具”的“属性”面板

❸ 单击要更改属性的线条，如图3-68所示。

注意：对直线或形状轮廓只能应用纯色，而不能应用渐变或位图。Flash CS4预制了多种纯色，用户可以单击■按钮，在弹出的如图3-69所示的颜色列表直接选择。如果在列表中没有找到需要的颜色，可以单击列表右上角的按钮，在打开的“颜色”对话框中自行设置，如图3-70所示。

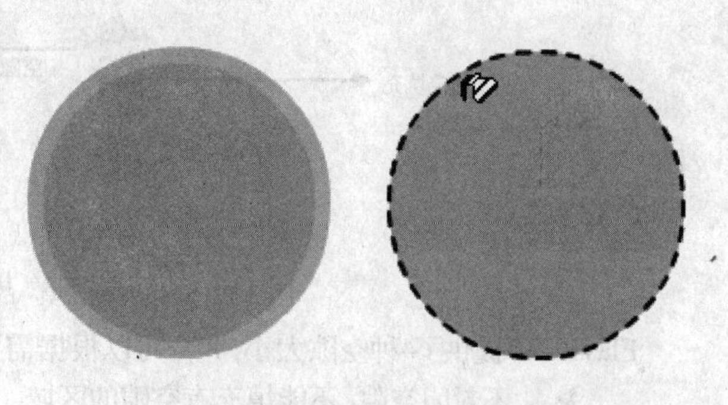

图 3-68 更改线条的属性

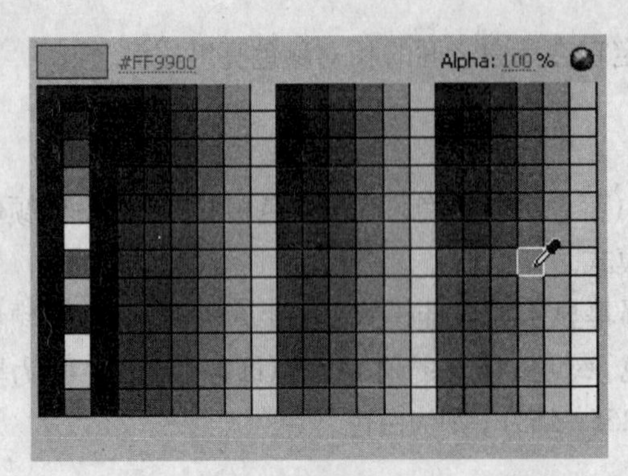

图 3-69 颜色列表

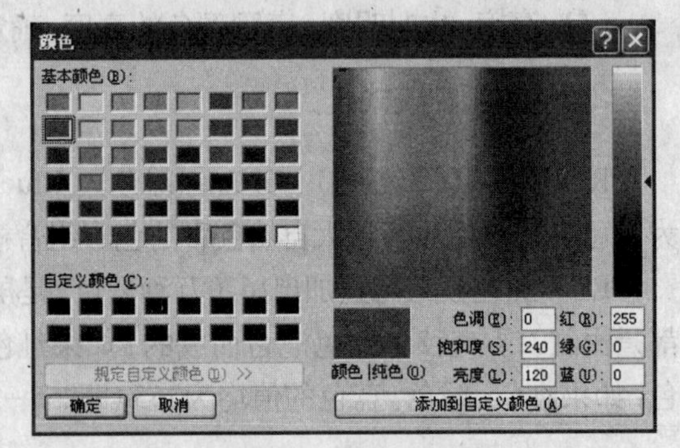

图 3-70 "颜色"对话框

3.4.3 颜料桶工具

"颜料桶工具"用于填充封闭图形的内部区域，也可用于填充不封闭区域，但之前需要设置填充空隙的大小。使用"颜料桶工具"的操作步骤如下。

❶ 选择"颜料桶工具"。

❷ 选择填充颜色。选择"颜料桶工具"后，"属性"面板如图3-71所示。用户可以在其中设置填充颜色。

图 3-71 "颜料桶工具"的"属性"面板

> 注意：使用"颜料桶工具"不仅能用纯色填充图形，还能用渐变色和位图进行填充。前面讲述颜色面板时已作介绍，这里不再赘述。

❸ 设置空隙大小。选择"颜料桶工具"后，单击工具面板下方的"空隙大小"按钮，将弹出一个上下文菜单，如图3-72所示。

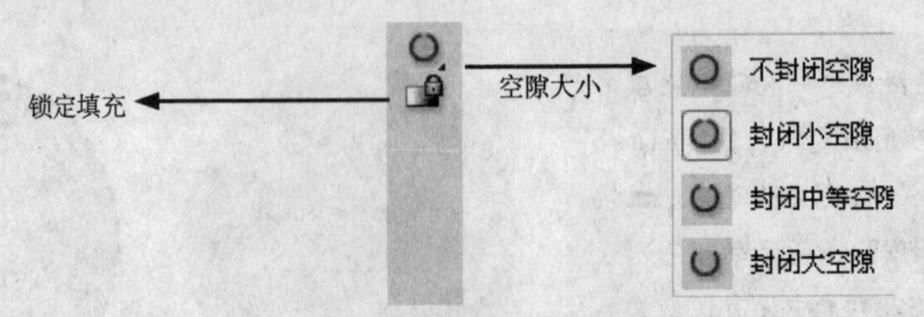

图 3-72 "颜料桶工具"的辅助功能项

Flash CS4提供了4种空隙大小，用户可以根据需要进行选择。

- 不封闭空隙：不能填充有空隙的区域。
- 封闭小空隙：允许填充有小空隙的区域。图3-73所示为不封闭空隙与封闭小空隙时的填充效果对比。

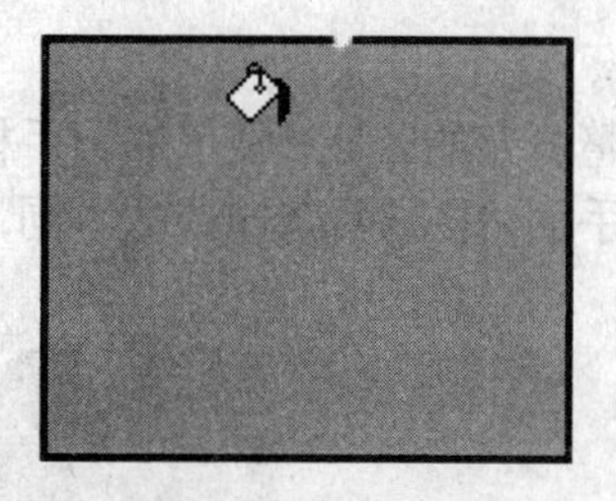

不封闭空隙时的填充效果　　　　封闭小空隙时的填充效果

图 3-73 不封闭空隙与封闭小空隙时的填充效果对比

➢ 封闭中等空隙：允许填充有中等空隙的区域。

➢ 封闭大空隙：允许填充有大空隙的区域。

❹ 选择是否锁定填充。选择“颜料桶工具”后，在工具面板下方会出现一个“锁定填充”按钮，当其处于选中状态时是锁定填充模式，即将为整个图形填充一个完整的渐变；当它处于未选中状态时是非锁定填充模式，即将为图形的每个部分都填充一个完整的渐变，如图3-74所示。

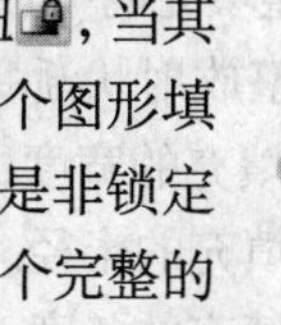

锁定填充效果　　　　未锁定填充效果

图 3-74 锁定填充对比效果

❺ 在图形上单击或拖动。

3.4.4 滴管工具

“滴管工具”用于拾取舞台中已经存在的颜色、样式等属性，并将其应用于其他图形。“滴管工具”没有相应的“属性”面板，使用也非常简单，只需选择“滴管工具”后，在需要拾取颜色或样式的图形上单击即可。

用“滴管工具”在没有经过任何对象时，呈现为形状；当经过线条时，呈现为形状；当经过文本时，呈现为形状；当经过矢量图或位图时，呈现为形状，如图3-75所示。

用“滴管工具”单击对象后，将自动转换为相应工具。例如，若单击的对象是线条，将转换为“墨水瓶工具”；若单击的对象是文本，将转换为“文本工具”；若单击的对象是矢量图或位图，将转换为“颜料桶工具”，如图3-76所示。

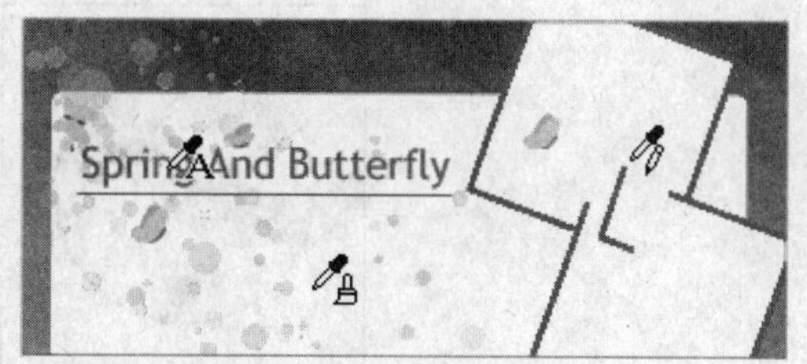

图 3-75 “滴管工具”的不同形状

3.4.5 渐变变形工具

“渐变变形工具”用于调整填充的大小、方向或中心，操作步骤如下。

❶ 选择“渐变变形工具”。“渐变变形工具”与“任意变形工具”位于一个工具组中，在“任意变形工具”上按住鼠标左键，在弹出的菜单中，选择 渐变变形工具(F) 选项即

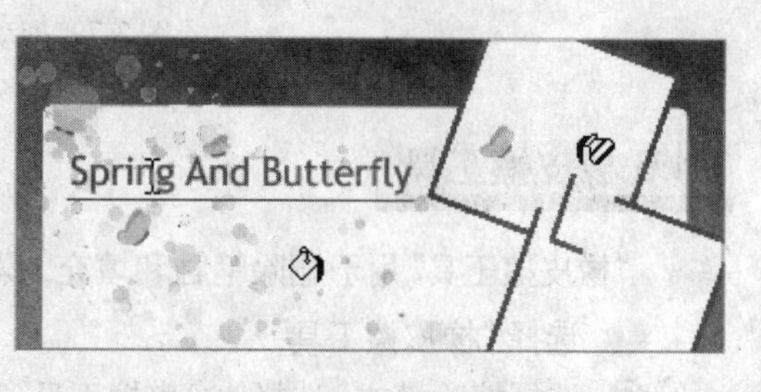

图 3-76 单击不同对象后转换为不同的工具

可，如图3-77所示。

❷ 单击要调整填充的区域，显示编辑手柄。在使用“渐变变形工具”时，被调整区域的周围会出现一些控制手柄，根据填充样式的不同，显示的手柄也将不同，如图3-78所示。

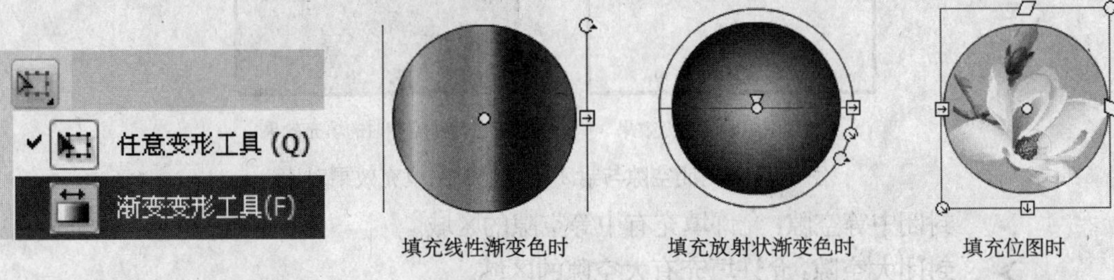

图 3-77 选择“渐变变形工具”

图 3-78 不同的手柄状态

- ○中心点手柄：用于调整填充的中心。
- ▽焦点手柄：只有在调整放射状渐变色时才出现。
- ⊡宽度手柄：用于调整填充的宽度。
- ◎大小手柄：用于调整填充的半径。
- ○旋转手柄：用于调整填充的角度。
- ▱扭曲手柄：用于扭曲填充物。

❸ 拖动手柄调整。图3-79所示为拖动不同手柄的效果。

原图

调整中心点效果

调整宽度效果

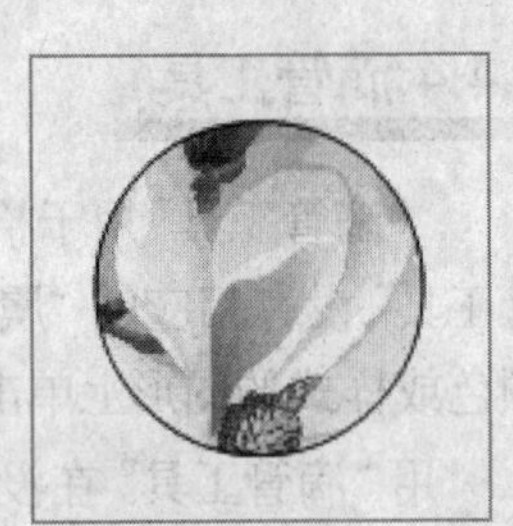
调整大小效果

旋转效果

扭曲效果

图 3-79 拖动不同手柄的效果

3.4.6 橡皮擦工具

“橡皮擦工具”用于删除笔触和填充，操作步骤如下。

❶ 选择“橡皮擦工具”。

❷ 选择擦除模式。选择“橡皮擦工具”后，在工具面板下方将显示该工具的辅助功能项，包括橡皮擦模式、水龙头、橡皮擦形状，如图3-80所示。

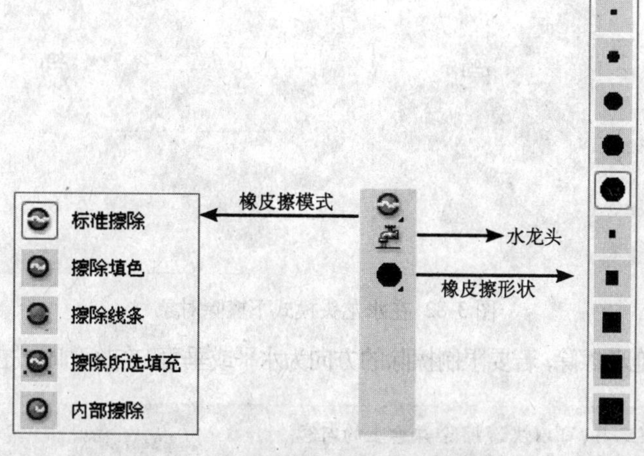

图 3-80 “橡皮擦工具”的辅助功能项

Flash CS4提供了5种橡皮擦模式，用户可以根据需要进行选择。

- 标准擦除：擦除同一图层上的笔触和填充。
- 擦除填色：只擦除填充，不影响笔触。
- 擦除线条：只擦除笔触，不影响填充。
- 擦除所选填充：只擦除当前选定的填充，不影响笔触。
- 内部擦除：只擦除橡皮擦笔触开始处的填充，不影响笔触。如果从空白点开始擦除，则不会擦除任何内容。图3-81所示为5种擦除效果。

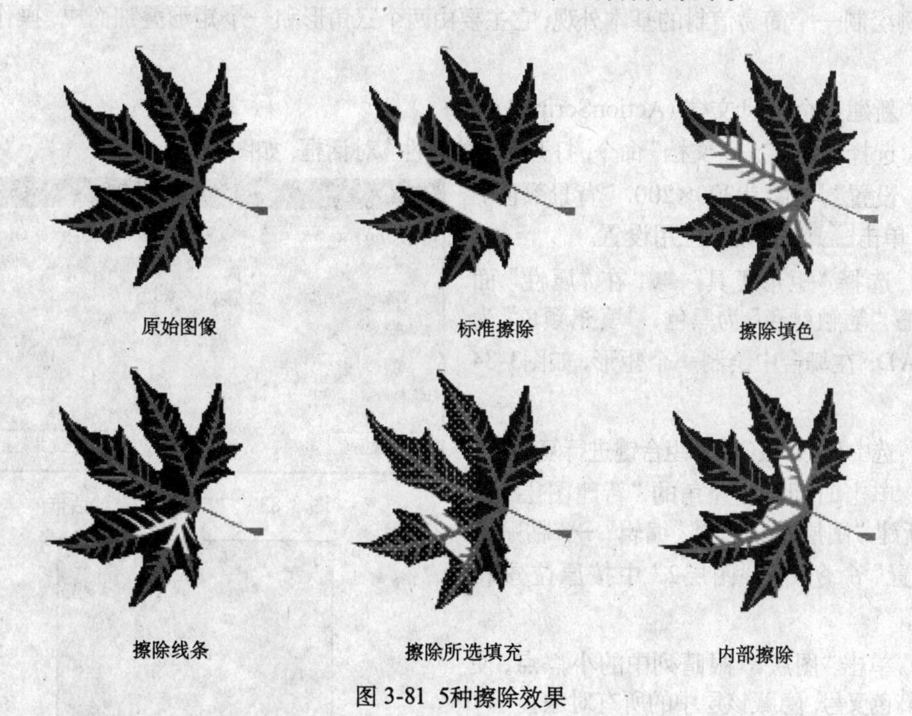

图 3-81 5种擦除效果

❸ 在“橡皮擦形状”列表中设置橡皮擦的形状和大小。

❹ 确保不要选中水龙头。选择“橡皮擦工具”后，在工具面板下方会出现一个“水龙头”按钮，单击该按钮，将进入水龙头模式，此时，单击可以一次性擦除对象，如图3-82所示。

图 3-82 在水龙头模式下擦除对象

❺ 在对象上拖动擦除，若要限制擦除的方向为水平或垂直，在拖动时按住Shift键即可。

技巧：双击橡皮擦工具，可以快速擦除舞台上的内容。

3.5 课堂实例

3.5.1 简易信封

本例绘制一个简易信封的基本外观，它主要由两个三角形和一个矩形叠加而成，操作步骤如下。

❶ 新建一个Flash文档（ActionScript 3.0）。

❷ 选择“修改”→“文档”命令，打开“文档属性”对话框，如图3-83所示。

❸ 设置“尺寸”为300×200，“背景颜色”为白色，单击确定按钮应用设置。

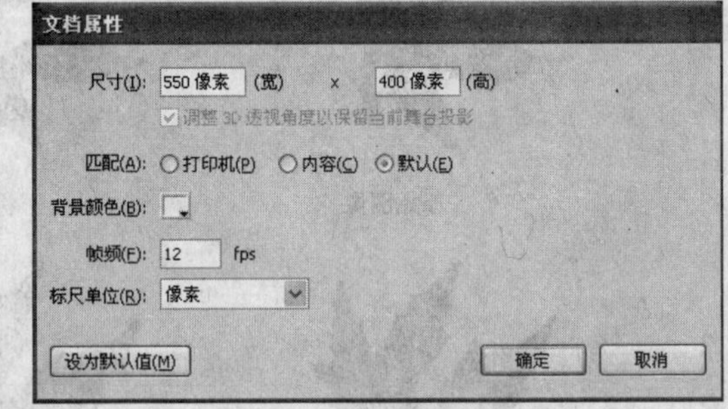

图 3-83 “文档属性”对话框

❹ 选择“矩形工具”，在“属性”面板上设置“笔触颜色”为黑色，“填充颜色”为#A5FCAD，在舞台中绘制一个矩形，如图3-84所示。

图 3-84 绘制矩形

❺ 选中矩形，按Ctrl+C组合键进行复制。

❻ 单击时间轴左下角的“新建图层”按钮，新建“图层2”。选择“编辑”→“粘贴到当前位置”命令，在“图层2”中按原位置粘贴矩形。

❼ 单击“图层1”眼睛列中的小黑点，使其变成红色叉号，隐藏该层中的所有对象。

❽ 切换至“选择工具”，将鼠标指针置于矩形的左上角，当其呈现形状时，按住鼠标左键将其拖动至矩形中心，然后释放按键生成直角三角形，如图3-85所示。

⑨ 采用同样的方法，拖动矩形的右上角至矩形中心，生成一个等腰三角形，如图3-86所示。然后选中等腰三角形，按Ctrl+C组合键进行复制。

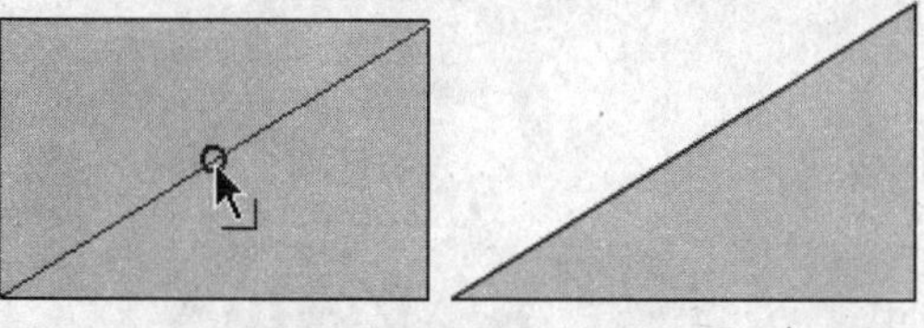

图 3-85 创建一个直角三角形

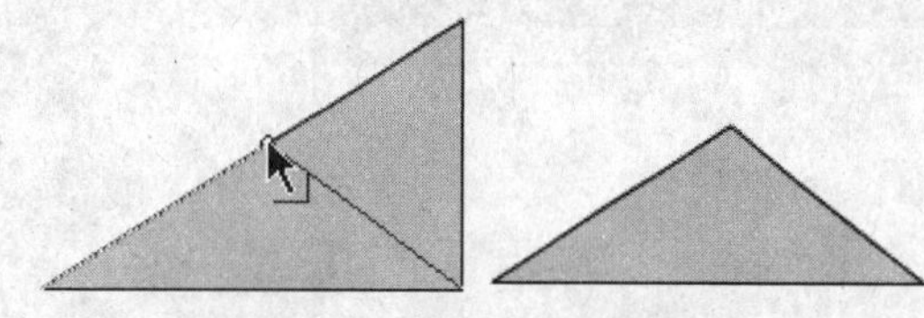

图 3-86 创建一个等腰三角形

⑩ 单击“图层1”眼睛列中的红色叉号，使其变成小黑点，即重新显示图层。

⑪ 单击时间轴左下角的“新建图层”按钮，新建“图层3”。

⑫ 选择“编辑”→“粘贴到当前位置”命令，在“图层3”中按原位置粘贴三角形。然后选择“修改”→“变形”→“垂直翻转”命令，垂直翻转该三角形，如图3-87所示。根据需要按数次键盘上的↑方向键，将三角形向上移动，使其底边对准矩形的上边缘，如图3-88所示。接着在图形以外的空白位置单击，取消三角形的选中状态。

⑬ 保存文档为“简易信封.fla”。按Ctrl+Enter组合键测试影片，效果如图3-89所示。

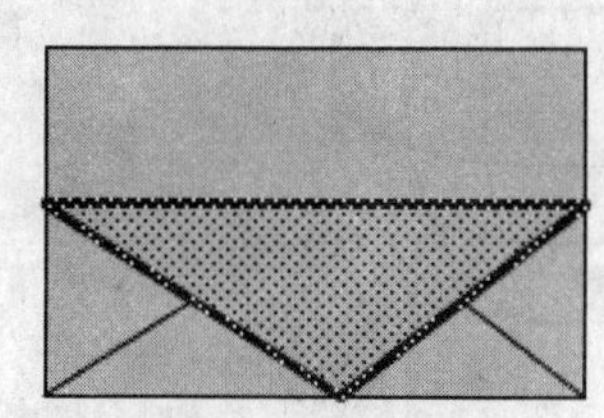

图 3-87 垂直翻转三角形

图 3-88 向上移动三角形

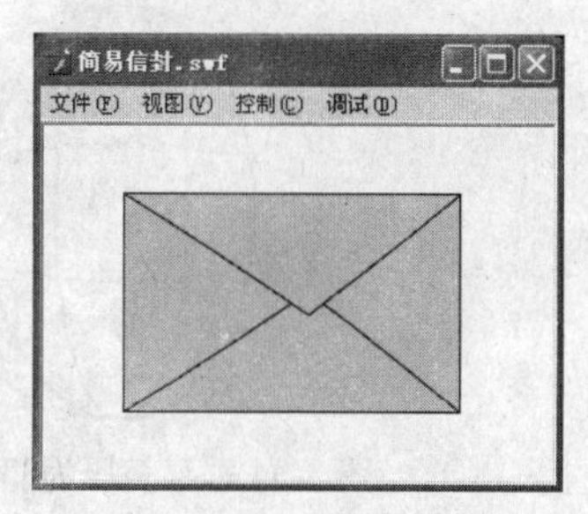

图 3-89 效果图

3.5.2 黑白立体球

本例绘制一个黑白立体球，它主要由圆形复制并应用变形，然后进行填充而成，操作步骤如下。

① 新建一个Flash文档（ActionScript 3.0）。

② 选择“修改”→“文档”命令，打开“文档属性”对话框，如图3-90所示。

③ 设置”尺寸”为300×200，“背景颜色”为白色，单击 确定 按钮应用设置。

④ 选择“椭圆工具”，在“属性”面板上设置“笔触颜色”为黑色，“填充颜色”为无，按住Shift键，在舞台中绘制一个圆形。

⑤ 选择“窗口”→“变形”命令，打开“变形”面板，如图3-91所示。选中圆形，在文本框中输入33.33%，单击“复制选区和变形”按钮，生成一个在水平方向上挤压为原来的33.33%的椭圆，如图3-92所示。按住Shift键，分

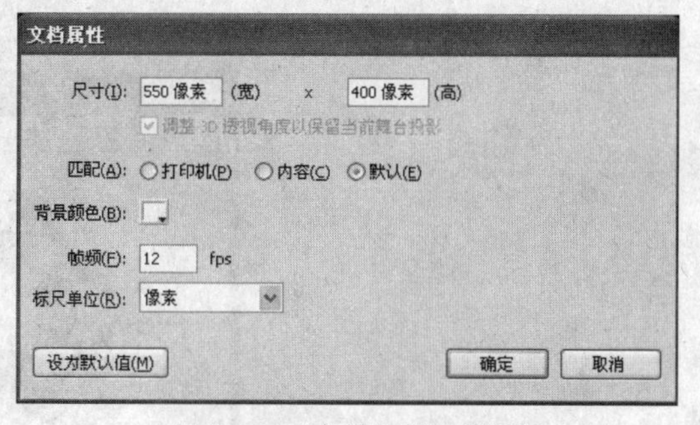

图 3-90 “文档属性”对话框

别单击圆形的左半弧和右半弧，选中圆形，然后在↔文本框中输入66.66%，单击"复制选区和变形"按钮，生成一个在水平方向上挤压为原来的66.66%的椭圆，如图3-93所示。

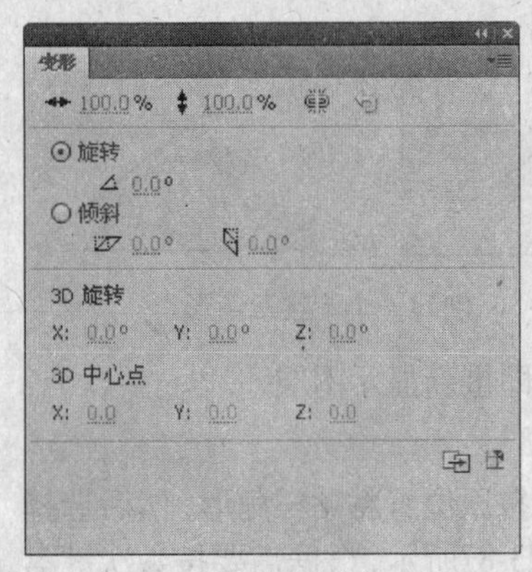

图 3-91 "变形"面板

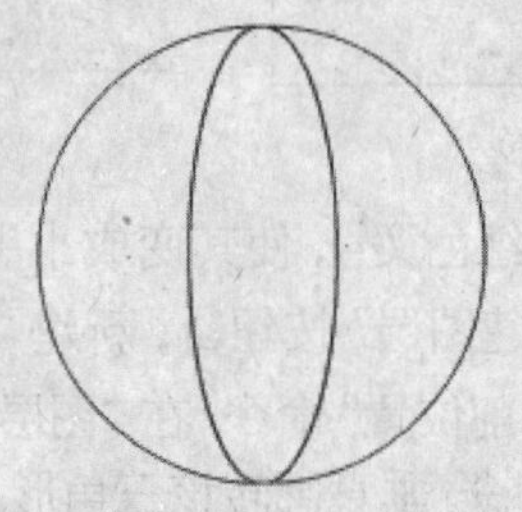

图 3-92 水平挤压为33.33%的椭圆

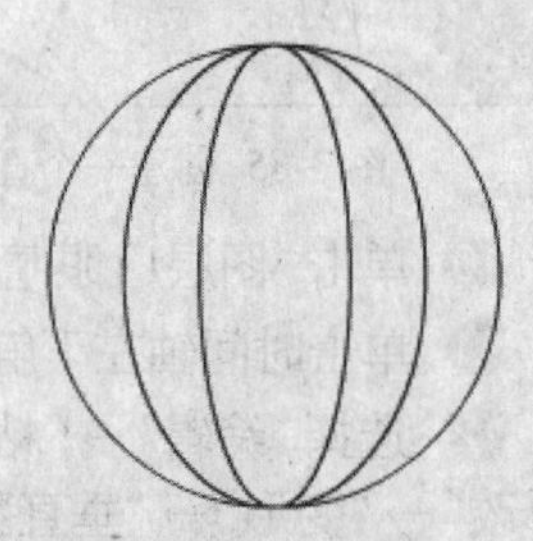

图 3-93 水平挤压为66.66%的椭圆

⑥ 重复步骤(5)，制作一个在垂直方向上挤压的图形，效果如图3-94和图3-95所示，如果弧线上有间断的部分，可以使用"铅笔工具"将它们连接完整。

图 3-94 垂直挤压为33.33%的椭圆

图 3-95 垂直挤压为66.66%的椭圆

⑦ 选择"颜料桶工具"，在"属性"面板上设置"填充颜色"为黑色，效果如图3-96所示。

图 3-96 填充球体

⑧ 保存文档为"黑白立体球.fla"。按Ctrl+Enter组合键测试影片，效果如图3-97所示。

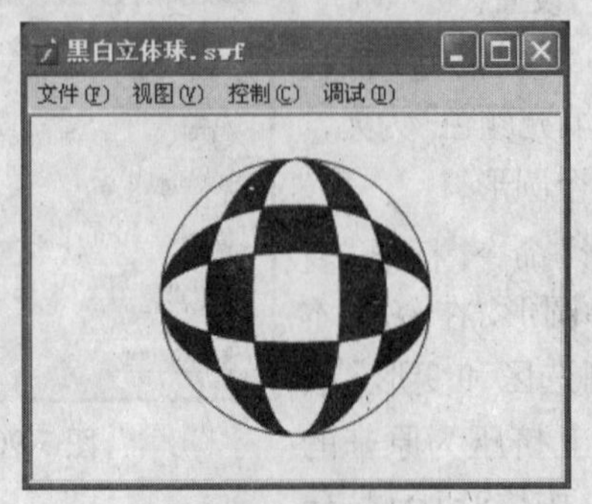

图 3-97 效果图

3.5.3 树叶

本例绘制一片树叶，它主要由一些直线变形而成，操作步骤如下。

❶ 新建一个Flash文档（ActionScript 3.0）。选择“线条工具”，在“属性”面板上设置“笔触颜色”为#669900，在舞台中绘制一条水平直线，如图3-98所示。

❷ 切换至“选择工具”，将鼠标指针置于直线的下方，当其呈现形状时，按住鼠标左键拖曳，将直线拉成曲线，如图3-99所示。再用“线条工具”绘制一条直线，连接曲线的两个端点，如图3-100所示。同时，将该直线也拉成曲线，如图3-101所示。

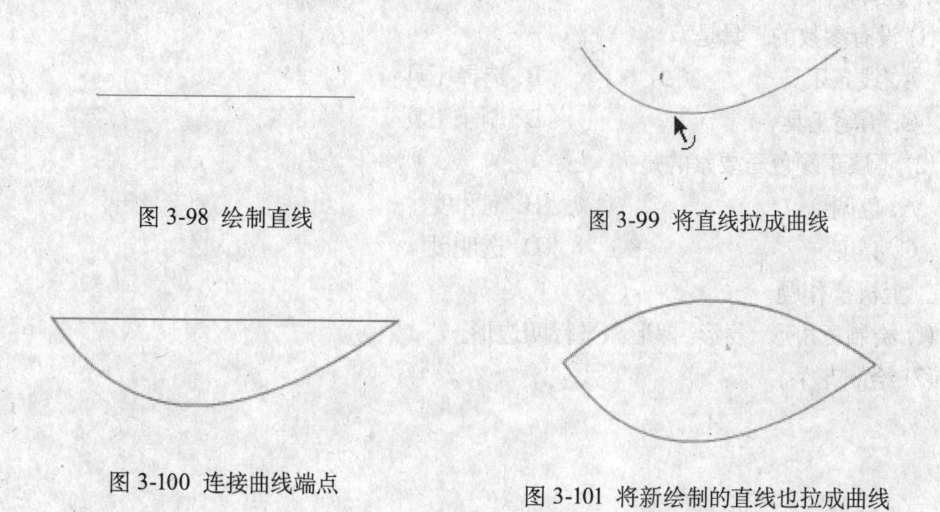

图 3-98 绘制直线

图 3-99 将直线拉成曲线

图 3-100 连接曲线端点

图 3-101 将新绘制的直线也拉成曲线

❸ 下面绘制主叶脉，在两端点之间再次绘制直线，并把该直线稍稍拉弯，如图3-102所示。

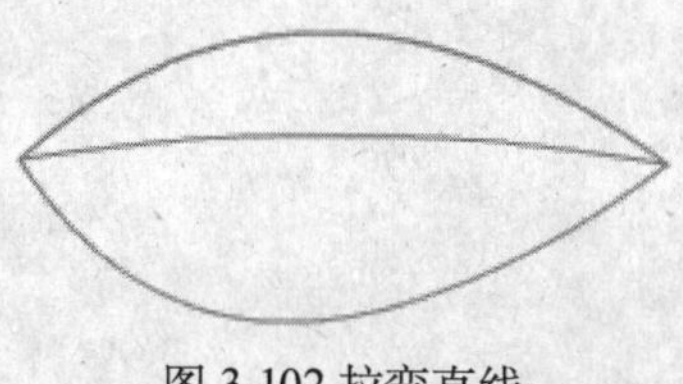

图 3-102 拉弯直线

❹ 接着绘制细小叶脉，可以全用直线，也可以稍稍拉弯，如图3-103所示。

❺ 保存文档为“一片树叶.fla”，按Ctrl+Enter组合键测试影片。

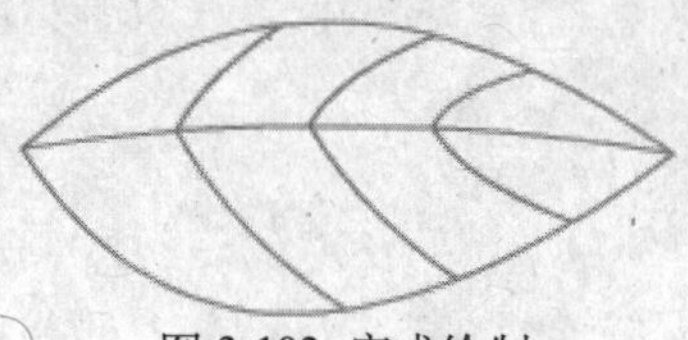

图 3-103 完成绘制

课堂练习三

一、填空题

(1) __________ 又称点阵图，由屏幕上的无数个细微的像素点组成。

(2) Flash CS4提供了两种绘制椭圆的工具，即椭圆工具和 ________。

二、选择题

(1) 没有参数的工具是（　　）。

A. 线条工具　　B. 选择工具

C. 铅笔工具　　D. 刷子工具

(2) 不属于颜色三要素的是（　　）。

A. 色调　　B. 饱和度

C. 亮度　　D. 透明度

三、上机操作题

(1) 绘制三角形、菱形、梯形和平行四边形。

(2) 绘制花朵。

Flash 第4章 文本的输入与编辑

学习目标

文本能够准确、迅速地传递信息，在Flash CS4中可以创建3种类型的文本，并且可以通过调整使其更符合动画的需要。本章主要介绍文本的类型、输入与编辑等，熟练掌握将有助于用户解释说明动画，突出动画的主题。

学习重点

(1) 文本的输入

(2) 文本的编辑

4.1 文本的类型

Flash CS4允许用户输入3种类型的文本，即静态文本、输入文本和动态文本，它们各自有独特的应用领域，其中以静态文本的应用最为广泛。

(1) 静态文本。静态文本主要应用于文本的输入与编排，起到解释说明的作用，是大量信息的传播载体，具有较为普遍的属性。

(2) 输入文本。输入文本主要应用于交互式操作的实现，目的是让浏览者填写一些信息，以达到某种信息交换或收集的目的，例如常见的会员注册表、搜索引擎、调查表、登录界面等，如图4-1所示。

(3) 动态文本。动态文本可以显示外部文档中的文本，主要应用于数据的更新，如天气预报、股票价格、日期和时间等，如图4-2所示。

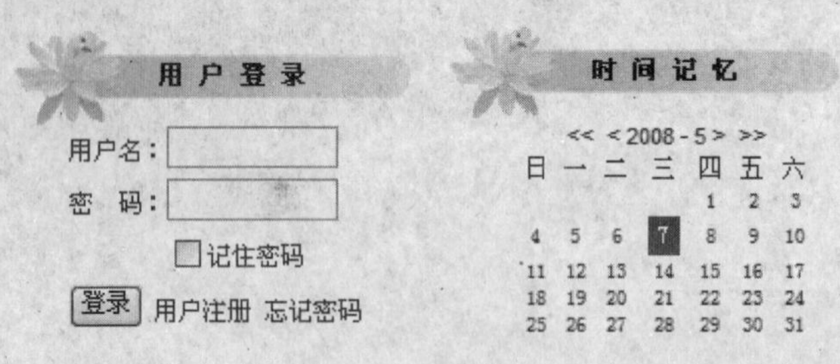

图 4-1 输入文本登录界面　　　图 4-2 动态文本显示日期和时间

说明：由于输入文本和动态文本主要应用于交互式操作及数据的更新，属于高级应用，在本章不作重点介绍。

4.2 文本的输入

输入文本可以通过文本标签与文本框两种方式，它们之间最大的区别就是有无自动换行功能。

4.2.1 通过文本标签输入文本

通过文本标签输入文本是Flash CS4的默认输入方式，操作步骤如下。

❶ 选择工具面板上的“文本工具” T，确认文本类型为静态文本。

❷ 在舞台上单击，将得到一个文本标签，如图4-3所示。

❸ 在其中输入文本即可，输入框的宽度会随着文本的输入而自动延长，如图4-4所示。

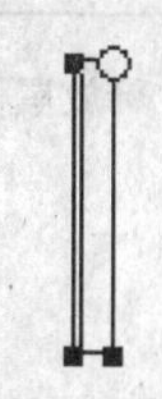

图 4-3　文本标签

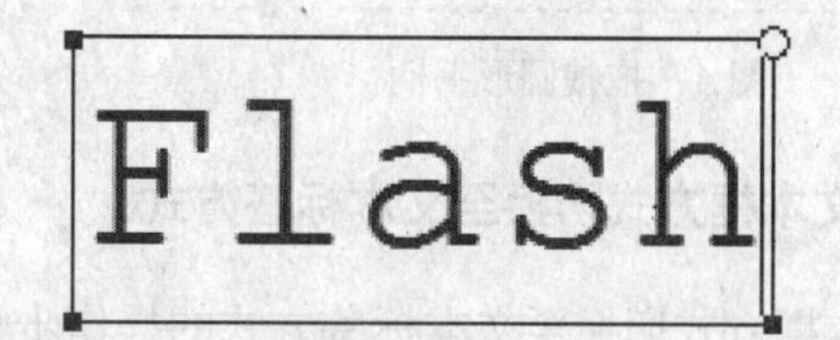

图 4-4　在文本标签中输入文本

注意：不管输入的文本为多少，文本标签都会自动扩展，而不会自动换行，如果需要换行，需要按Enter键。

4.2.2 通过文本框输入文本

通过文本框输入文本是一种固定宽度的输入方式，操作步骤如下。

❶ 选择工具面板上的“文本工具” T，确认文本类型为静态文本。

❷ 在舞台上拖曳以得到一个虚线框，调整虚线框的宽度，释放鼠标，将得到一个文本框，如图4-5所示。

❸ 在其中输入文本。文本框的宽度不会随着输入文本的长度变化，如果输入文本的长度超过了该文本框，将会自动换行，如图4-6所示。

注意：无论使用哪种方式创建的文本，都以文本块形式显示，可以用“选择工具”随意调整它在场景中的位置。

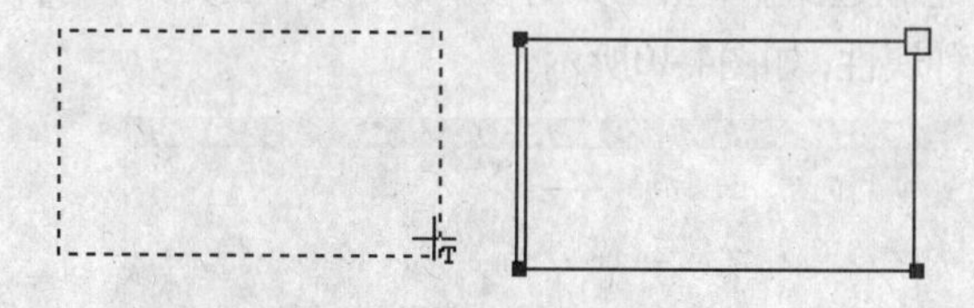

图 4-5　文本框的创建过程

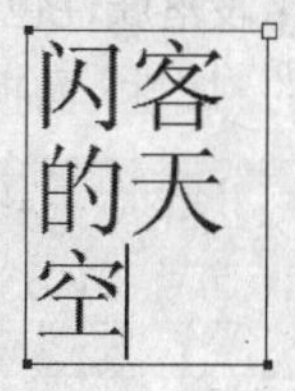

图 4-6　通过文本框输入文本

4.2.3 两种输入方式的切换

在实际操作中，用户可以根据需要在两种输入方式之间来回切换。

1. 从文本标签方式切换至文本框方式

从文本标签方式切换至文本框方式的操作步骤如下。

❶ 选择工具面板上的“文本工具” T。

❷ 将鼠标指针置于文本标签右上角的圆形手柄上，当其呈现双向箭头时拖曳，如图4-7所示。

❸ 释放鼠标左键即切换至文本框方式，如图4-8所示。

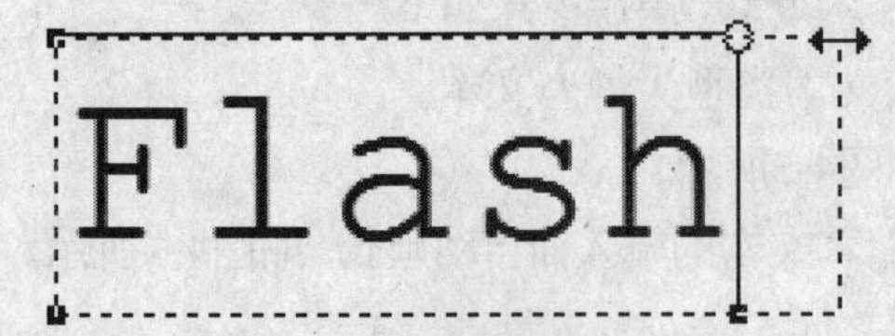

图 4-7 拖拽圆形手柄

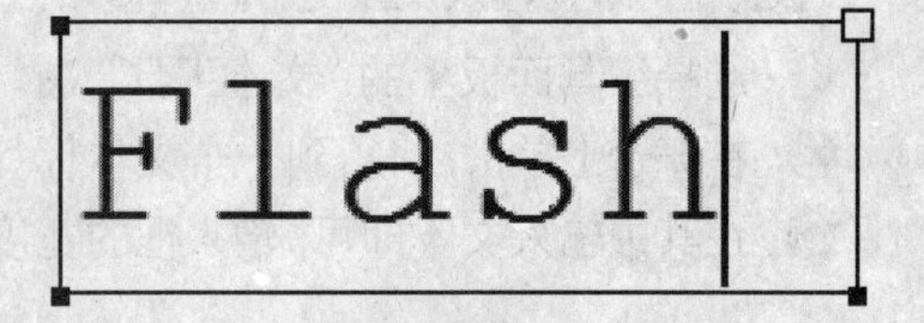

图 4-8 释放鼠标左键

2. 从文本框方式切换至文本标签方式

从文本框方式切换至文本标签方式的操作步骤如下。

❶ 选择工具面板上的“文本工具” T。

❷ 将鼠标指针置于文本标签右上角的正方形手柄上，当其呈现双向箭头时，双击即可，如图4-9所示。

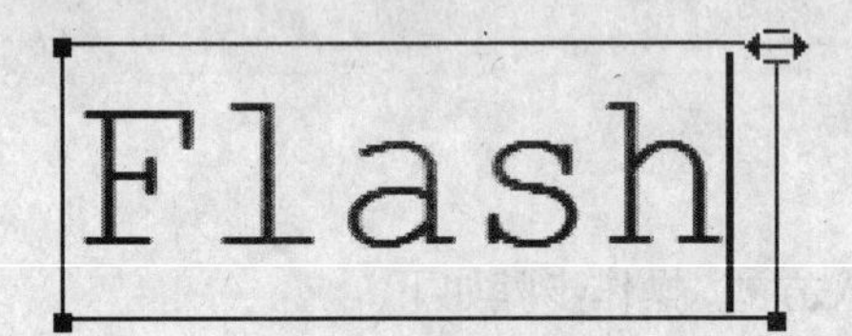

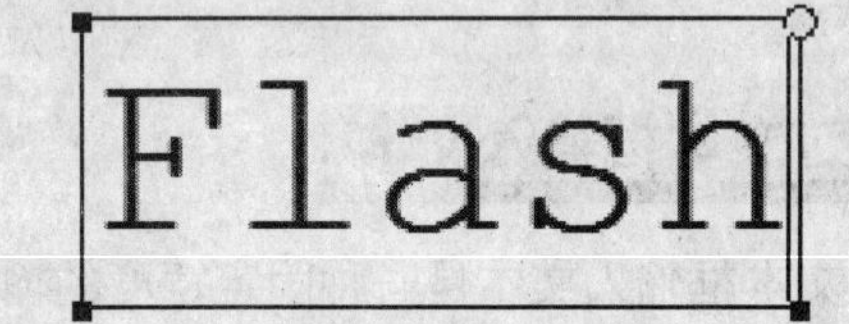

图 4-9 从文本框方式切换至文本标签方式

4.3 文本属性的设置

对于所输入的文本，用户可以设置它的基本属性、段落属性等。基本属性包括字体、大小、颜色和样式；段落属性包括对齐、缩进、行距和边距。单击工具面板中的“文本工具”即可打开“文本工具”的“属性”面板，显示文本的各种属性，如图4-10所示。

图 4-10 “文本工具”的“属性”面板

4.3.1 文本基本属性的设置

字体、大小、颜色和样式是文本的字体属性。下面以水平方向上的静态文本为例介绍文本基本属性的设置。

1. 设置字体

设置字体的方法为选择工具面板中的“文本工具”，再单击“属性”面板上“系列”右边的黑色倒三角，在弹出的字体列表中进行选择，被选中的字体会在列表右侧的面板上显示相应的字体效果，如图4-11所示。图4-12所示为文本“CS4”在3种英文字体下的效果。

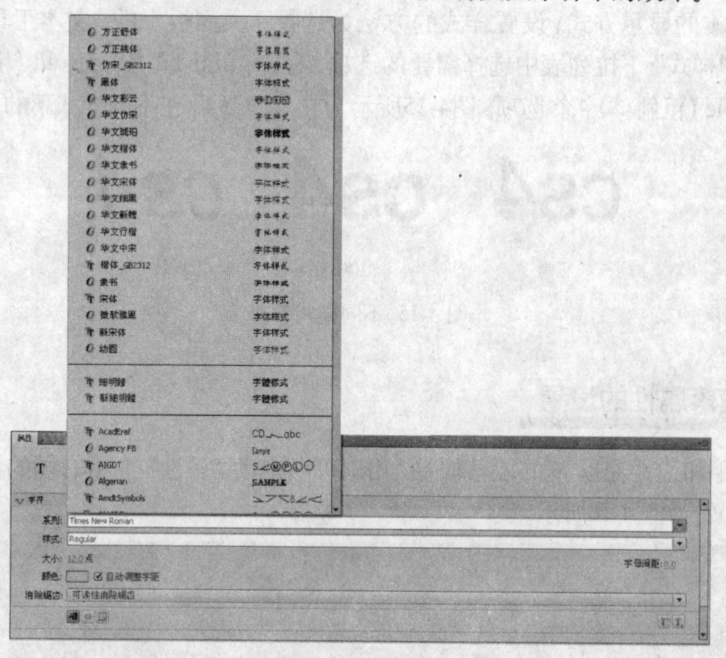

图 4-11 设置字体

2. 设置大小

设置大小的方法为选择工具面板上的“文本工具”，在“属性”面板上的“大小”文本框中输入磅值，然后按Enter键确认。

cs4	cs4	CS4
Garamond	Comic Sans MS	Impact

图 4-12 不同字体效果

3. 设置颜色

设置颜色的方法为选择工具面板上的“文本工具”，在“属性”面板上单击“颜色”按钮▭，然后在弹出的颜色列表中单击小方格进行选择，如图4-13所示。

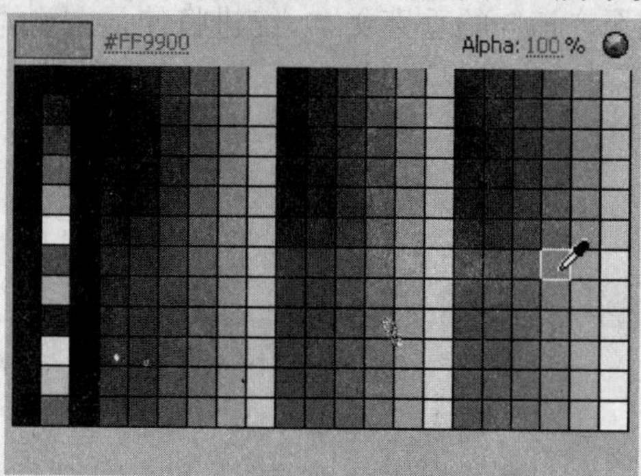

图 4-13 颜色列表

如果用户需要改变颜色的透明度，只需在颜色列表的“Alpha”数值框中输入数值即可，取值范围为0%~100%，图4-14所示为文本CS4在不同透明度下的显示效果。

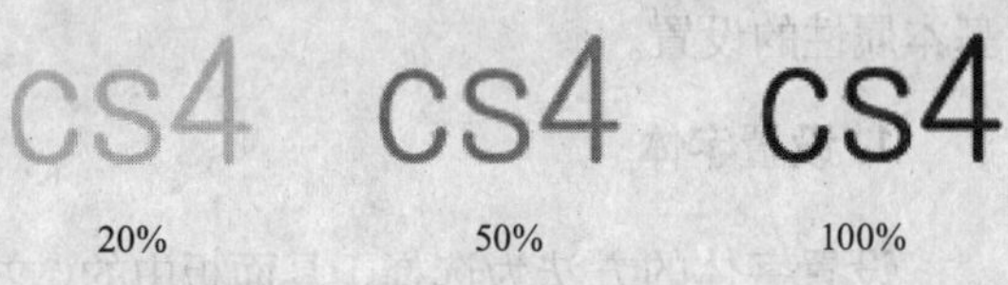

cs4
cs4
cs4
20%
50%
100%

图 4-14 不同透明度下的效果

4. 设置样式

样式指文本的显示方式。设置样式的方法为选择工具面板上的“文本工具”，然后在“属性”面板上的“样式”下拉列表中选择需要的选项，有Regular（正常）、Bold（粗体）、Italic（斜体）和Bold Italic（粗斜体）4个选项。图4-15所示为文本“CS4”在不同样式下的显示效果。

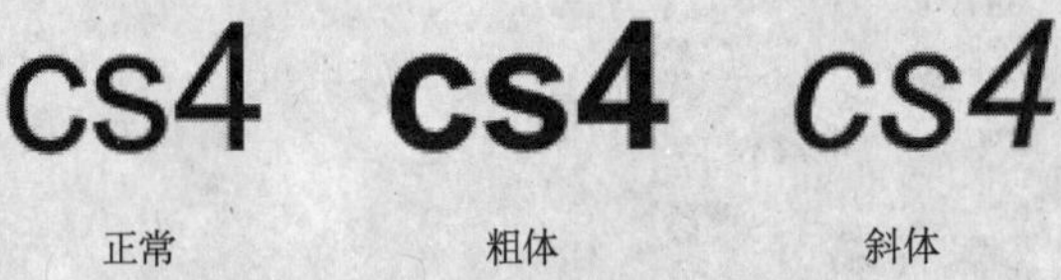

cs4
cs4
cs4
正常
粗体
斜体

图 4-15 不同样式效果

4.3.2 文本段落属性的设置

缩进、行距和边距是文本的段落属性，用户可以拖动“属性”面板右侧的滑块，显示文本的段落属性设置，如图4-16所示。

属性
文本工具
T
静态文本
段落
格式:
间距: 0.0 像素 2.0 点
边距: 0.0 像素 0.0 像素
行为: 单行
方向:

图 4-16 显示文本的段落属性

1. 设置缩进

缩进确定了段落边界与首行文本之间的距离，用户可以在“间距”后的第一个数值框中指定缩进量。对于水平文本，缩进将使首行文本右移；对于从左至右流向的垂直文本，缩进将使最左侧的行下移；对于从右至左流向的垂直文本，缩进将使最右侧的行下移，如图4-17所示。

abcdabcdabcdab
cdabcdabcdabcd
abcdabcdabcdab
cdabcdabcdabcd
abcdabcd
abcdabcdabc
dabcdabcdabcda
bcdabcdabcdabc
dabcdabcdabcda
bcdabcdabcd
abcd
cdabcdabcd
abcdabcdab
cdabcdabcd
abcdabcdab
cdabcdabcd
abcdabcdab
水平文本
缩进30像素时的效果
从左至右流向的垂直文本

图 4-17 缩进文本

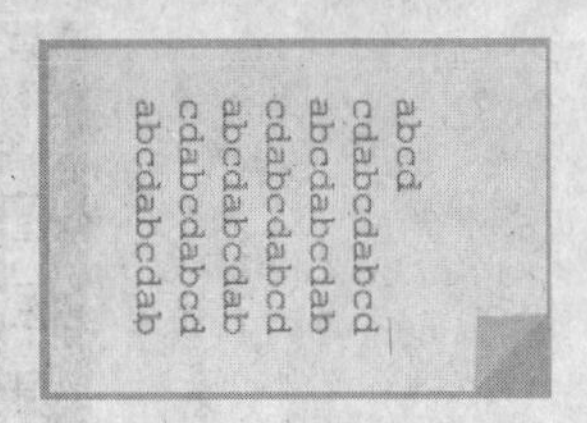

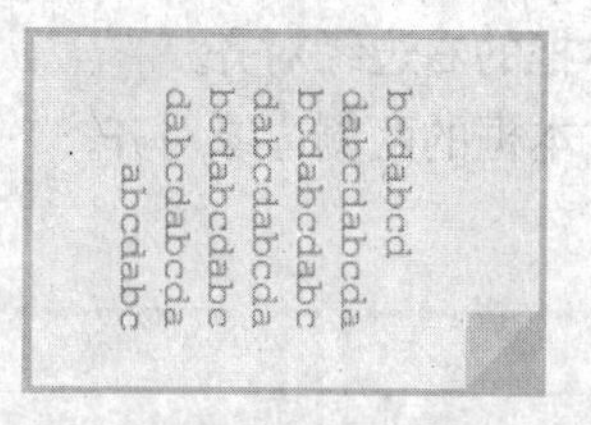

缩进30像素时的效果

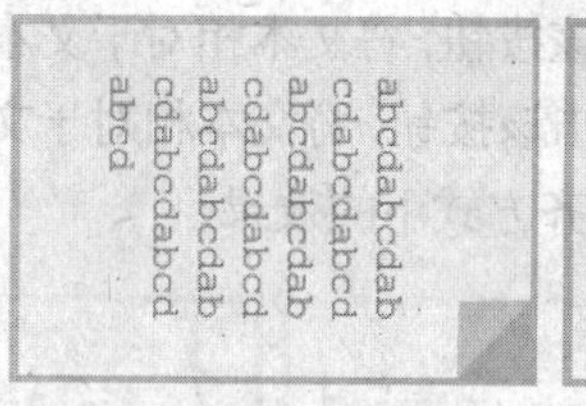

从右至左流向的垂直文本

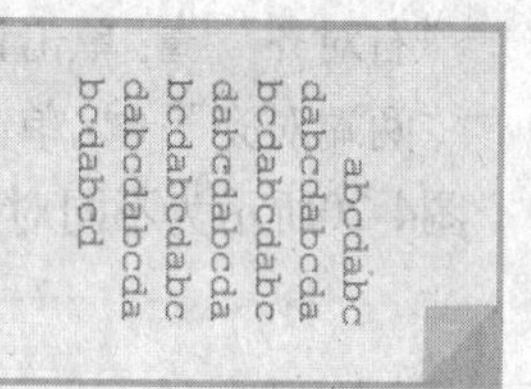

缩进30像素时的效果

图 4-17 缩进文本 (续)

2. 设置行距

对于水平文本，行距确定了段落中相邻行之间的距离，用户在“间距”后的第二个数值框中指定行距量即可。图4-18所示为不同行距时的效果。

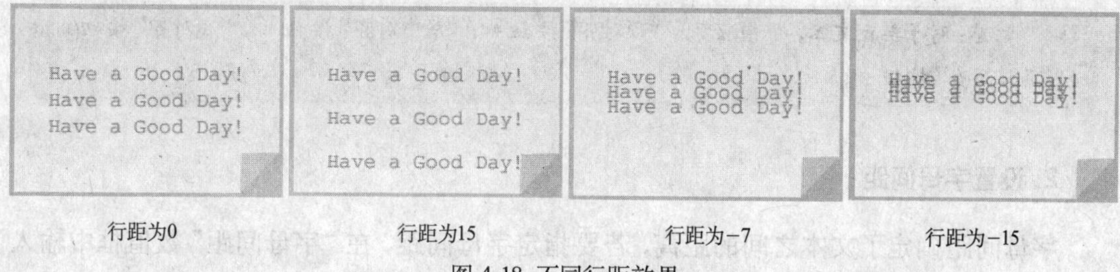

行距为0　　行距为15　　行距为−7　　行距为−15

图 4-18 不同行距效果

3. 设置边距

对于水平文本，边距确定了文本字段的边框与文本之间的间隔量，用户分别在“边距”后的两个数值框中指定边距量即可。图4-19所示为不同边距时的效果。

左边距和右边距均为0

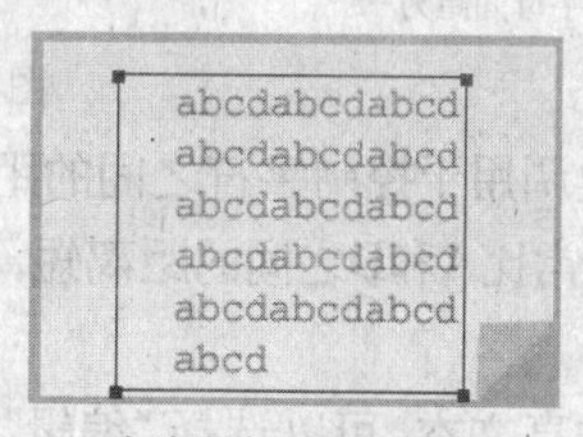

左边距为20右边距为0

图 4-19 不同边距效果

4.3.3 文本其他属性的设置

文本还具有其他一些属性，例如对齐方式、字母间距、字符位置及方向等，下面分别介绍它们的设置方法。

1. 设置对齐方式

对齐方式确定了段落中每行文本相对于文本框的位置，Flash CS4提供了4种对齐方式。

- “左对齐”：单击该按钮，将文本相对于文本框的左边缘对齐，该方式是默认的对齐方式。
- “居中对齐”：单击该按钮，将文本相对于文本框的中央对齐。

➢ “右对齐”☰：单击该按钮，将文本相对于文本框的右边缘对齐。

➢ “两端对齐”☰：单击该按钮，将文本相对于文本框的两侧边缘对齐。

图4-20所示为不同对齐方式下的效果。

左对齐　　居中对齐　　右对齐　　两端对齐

图 4-20 不同对齐方式效果

注意：对于垂直文本，将相应变为“顶对齐”按钮▥，“居中对齐”按钮▥，“底对齐”按钮▥和“两端对齐”按钮▥。

2. 设置字母间距

字母间距确定了文本之间的距离，若要指定字母间距，在“字母间距”数值框中输入−60～60之间的数值，然后按Enter键确认即可。图4-21所示为不同字母间距效果。

SHANKE　　SHANKE

字母间距为−3　　字母间距为0　　字母间距为3

图 4-21 不同字母间距效果

字距微调用于控制字符之间的距离，许多字符拥有内置的字距微调信息。例如，A和V之间的距离通常比A和D之间的距离短，要使用这些信息调整字距，选中“自动调整字距”复选框即可。

对于垂直文本，可以选择“编辑”→“首选参数”命令，打开“首选参数”对话框，设置“垂直文本”是否禁用“不调整字距”功能，如图4-22所示。

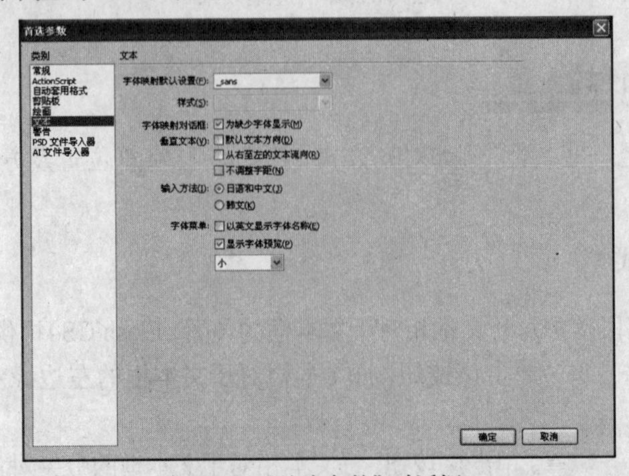

图 4-22 “首选参数”对话框

3. 设置字符位置

Flash CS4提供了正常、上标和下标3种字符位置，其中，正常指将文本放在基线上，它是一种默认的字符位置；上标指将文本放在基线之上并缩小；下标指将文本放在基线之下并缩小，在“属性”面板上单击T或T按钮进行切换即可。图4-23所示为不同字符位置下的效果。

正常

上标

下标

图 4-23 不同字符位置效果

注意：对于垂直文本，上标用于把文本放在基线右边并缩小；下标用于把文本放在基线左边并缩小。

4. 设置文本方向

在一般情况下，文本从左向右水平排列，如果要将文本从左向右或从右向左垂直排列，需要单击“属性”面板上的“方向”按钮，在弹出的菜单中进行选择，如图4-24所示。图4-25所示为不同方向排列的文本效果。

图 4-24 “方向”菜单

水平排列

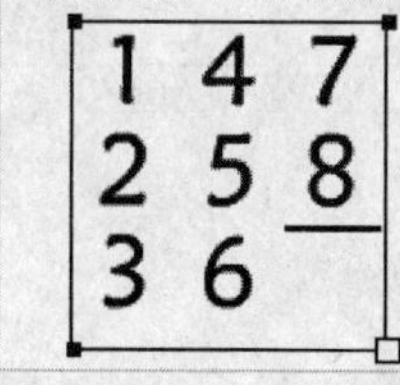

从左向右垂直排列

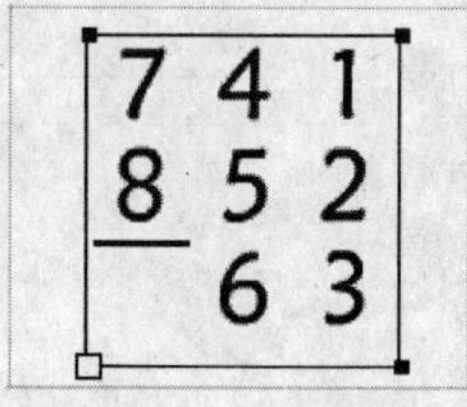

从右向左垂直排列

图 4-25 不同方向排列的文本效果

5. 设置字体呈现方法

Flash Player 8及更高版本提供的字体呈现方法有使用设备字体、位图文本（未消除锯齿）、动画消除锯齿、可读性消除锯齿和自定义消除锯齿5种，通过这些方法可以修改字体的粗细和清晰度属性。

- 使用设备字体：指定SWF文档使用本地计算机上安装的字体来显示文本。Flash包括_sans（类似于Helvetica或Arial字体）、_serif（类似于Times Roman字体）

和_typewriter（类似于Courier字体）3种通用设备字体。如果用户的计算机上没有安装与设备字体对应的字体，那么文本的显示可能会与预期的不同。

- 位图文本（未消除锯齿）：关闭消除锯齿功能，用尖锐边缘显示文本。由于在SWF文档中嵌入了字体轮廓，因此会增加SWF文档的大小。
- 动画消除锯齿：通过忽略对齐方式和字距微调信息来创建更平滑的动画，为了提高清晰度，应在选择该项时使用10磅或更大的字号。
- 可读性消除锯齿：使用高级消除锯齿引擎来改进字体的清晰度，特别是较小字体的清晰度。选择该项会使创建的SWF文档较大，如果要对文本设置动画效果，建议不要选择该项。
- 自定义消除锯齿：打开如图4-26所示的对话框，直观地设置高级消除锯齿参数。

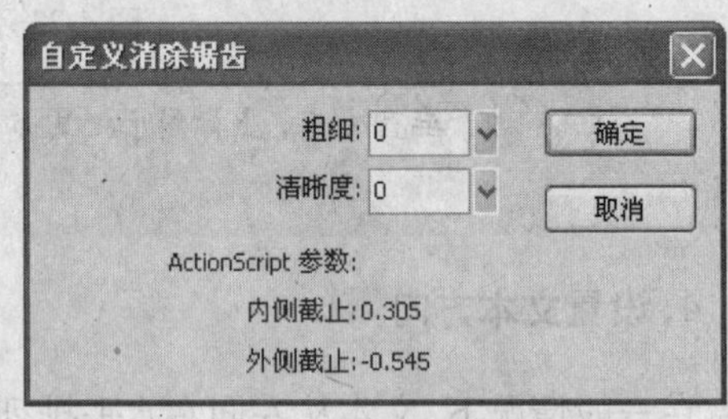

图 4-26 “自定义消除锯齿”对话框

6. 设置URL链接

用户可以发现，选中文本时的“属性”面板与选中“文本工具”时的“属性”面板不同，它多出了位置和大小、选项、滤镜3个组，如图4-27所示。

选中“文本工具”时的“属性”面板

选中文本时的“属性”面板

图 4-27 选中“文本工具”和文本时的“属性”面板

为文本添加URL链接的方法为选中文本，在“属性”面板上的“选项”组中的“链接”文本框中输入网址，添加链接后，文本的底部将显示一条虚线，如图4-28所示。

图4-28 设置URL链接

设置URL链接后，在“属性”面板的“目标”列表框中选择链接网页的打开方式，有_blank，_parent，_self和_top4种方式可以选择，如图4-29所示。

图 4-29 “目标”选项

注意：若要创建指向电子邮件地址的链接应使用mailto:URL，例如mailto:abc@163.com。

4.4 编辑文本

为了制作更令人满意的文本效果，下面学习其他一些编辑操作，包括分离文本、填充文本、分散文本到图层、变形文本等。

4.4.1 分离文本

分离文本就是将文本完全打散，使文本变成图形，以便于对其填充渐变色或位图、描边、改变形状等操作。分离文本的操作步骤如下。

❶ 选择工具面板上的“选择工具”。

❷ 单击文本，使其周围出现文本框。

❸ 选择“修改”→“分离”命令或按Ctrl+B组合键分离文本，如图4-30所示。

注意：如果文本的字数大于1，按一次Ctrl+B组合键只能将文本拆分为单字，再按一次才能将文本完全打散变成图形，如图4-31所示。

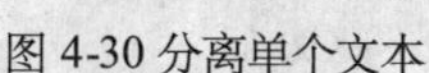

图 4-30 分离单个文本　　图 4-31 分离多个文本

分离后的文本有时会出现融合在一起的效果，使浏览者无法辨认，通过绘图工具可以将其修复，如图4-32所示。

缤纷世界　七彩生活　缤纷世界　七彩生活

修复前　修复后

图 4-32 修复分离后的文本

4.4.2 填充文本

在填充文本时只能使用纯色，而不能使用渐变色或位图，若要使用，必须首先将文本转换为线条和填充，即分离文本。

1. 使用渐变色填充文本

使用渐变色填充文本的操作步骤如下。

❶ 选中文本。选择“修改”→“分离”命令或按Ctrl+B组合键分离文本。

❷ 选择工具面板上的“颜料桶工具”。然后选择“窗口”→“颜色”命令或按Shift+F9组合键，打开“颜色”面板，在“类型”列表中选择线性或放射状填充方式。

❸ 在“颜色”面板上设置渐变色，文本效果将随之发生改变，如图4-33所示。

> 注意：图4-33所示为选取文本后进行填充的效果，如果在锁定填充模式下先设置颜色，然后依次单击分离后的文本，将得到不同的填充效果，如图4-34所示。

线性渐变色　放射状渐变色

图 4-33 使用渐变色填充文本（一）

线性渐变色　放射状渐变色

图 4-34 使用渐变色填充文本（二）

2. 使用位图填充文本

使用位图填充文本的操作步骤如下。

❶ 选中文本。选择“修改”→“分离”命令或按Ctrl+B组合键分离文本。

❷ 选择工具面板上的“颜料桶工具”。然后选择“窗口”→“颜色”命令或按Shift+F9组合键，打开“颜色”面板，在“类型”列表中选择位图填充方式。

❸ 在位图选择区中单击位图，文本效果将随之发生改变，如图4-35所示。

文章千古事

图 4-35 使用位图填充文本

> 注意：如果位图选择区中没有位图，需要单击“颜色”面板上的 导入... 按钮，在打开的“导入到库”对话框中进行选择。

4.4.3 分散文本到图层

如果要将一组文本（文本的字数大于1）中的各文本分散到不同的层中，可以先将该文本组拆分为若干个单字，再根据需要创建若干个图层，然后将各单字逐一拖入不同的层中，操作过程较为烦琐。使用Flash CS4提供的“分散到图层”命令可以化繁为简，帮助用户一次性将所有文本置于不同的层中，操作步骤如下。

❶ 选中文本组。

❷ 选择“修改”→“分离”命令或按Ctrl+B组合键将文本组拆分为单字。

❸ 选择“修改”→“时间轴”→“分散到图层”命令或按Ctrl+Shift +D组合键，分散文本到图层，此时，文本层将相应地变多，并且每层中都存有一个单字，如图4-36所示。

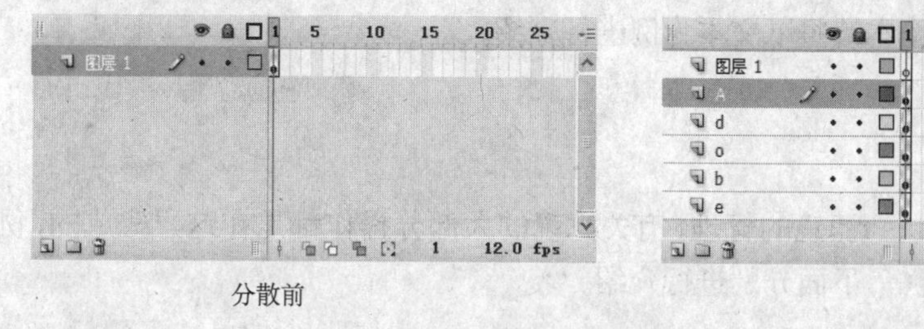

图 4-36 分散文本到图层前、后的时间轴效果

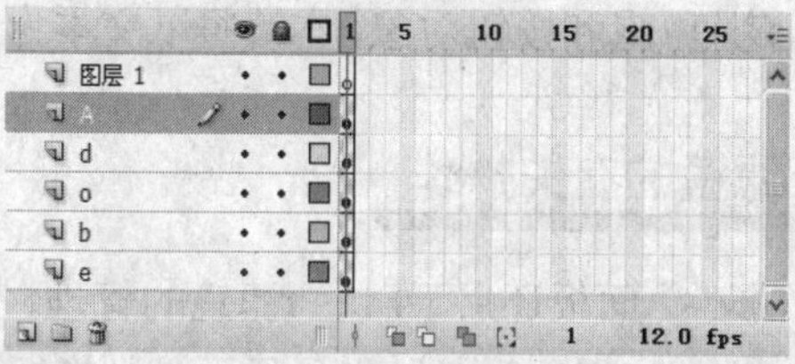

> 注意：分散文本到图层之后，原文本组将被删除。

4.4.4 为文本描边

正常状态下的文本是不能够进行描边操作的，若要进行描边操作，必须先完全打散文本，使它变成图形，操作步骤如下。

❶ 选中文本。选择“修改”→“分离”命令或按Ctrl+B组合键，完全打散文本。

❷ 选择工具面板上的“墨水瓶工具”。在“属性”面板上设置笔触颜色、笔触大小和笔触样式。

❸ 依次单击打散后的文本即可描边，如图4-37所示。

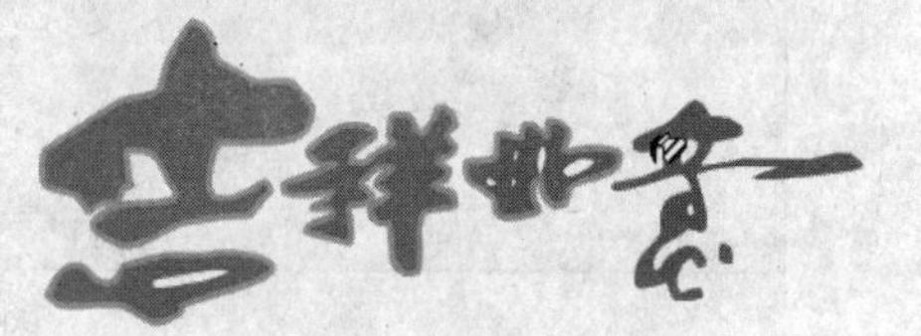

图 4-37 文本描边效果

4.4.5 变形文本

用户可以对文本进行旋转、倾斜、翻转、缩放等变形操作来创建文本效果，但是严重的变形可能会使文本变得难以识别，如图4-38所示。

图 4-38 变形文本

变形后的文本不同于分离后的文本，它依然可以编辑，例如可以更改文本的内容、文本的各种属性等，如图4-39所示。

Abc　abc　abc

图 4-39 编辑变形后的文本

4.5 将滤镜应用于文本

在Flash CS4中使用滤镜，可以制作以前只能在Photoshop或Fireworks等软件中才能完成的效果，例如投影、模糊、发光、斜角、渐变发光、渐变斜角和调整颜色等。Flash滤镜只能应用于文本、影片剪辑和按钮对象，本节将以文本为例进行介绍。

4.5.1 滤镜的有关操作

"属性"面板还用于Flash滤镜的管理，有关滤镜的大部分操作都是在这里完成的，例如添加、删除、启用、禁用滤镜等，下面分别进行介绍。

1. 添加滤镜

用户可以向对象添加一个或多个滤镜，添加滤镜的操作步骤如下。

❶ 选择文本、影片剪辑或按钮对象。

❷ 在"属性"面板上展开"滤镜"组，显示其滤镜选项，如图4-40所示。

图 4-40 滤镜选项

❸ 单击"添加滤镜"按钮后显示如图4-41所示的滤镜列表，从中选择需要的滤镜即可。但添加的滤镜类型、数量和质量会影响SWF文档的播放性能，添加的滤镜越多，Flash Player要正确显示效果所需的处理量就越大，因此，Adobe建议对一个给定对象只添加有限数量的滤镜。

> 注意：滤镜效果只适用于文本、影片剪辑和按钮，当所选对象不适合应用滤镜时，"属性"面板上的按钮将处于灰色不可用状态。

❹ 设置滤镜选项。每种滤镜都有着各自不同的设置选项，用户可以调整所应用滤镜的强度和质量，在运行速度较慢的计算机上，使用较低的设置可以提高处理性能。

❺ 重复第 (3) 步和第 (4) 步，添加并设置其他滤镜。

2. 删除滤镜

对于添加的每一个滤镜，都会显示在该对象已应用的滤镜列表中，如图4-42所示。

若要删除滤镜，从已应用滤镜的列表中选择要删除的滤镜，然后单击"删除滤镜"按钮即可；若要一次删除应用的所有滤镜，单击“添加滤镜”按钮，在弹出的菜单中选择“删除全部”命令即可。

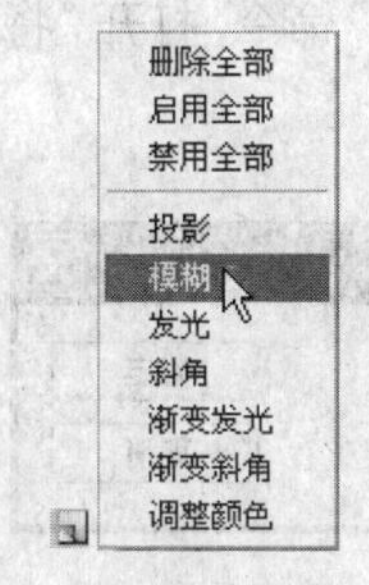

图 4-41 滤镜列表

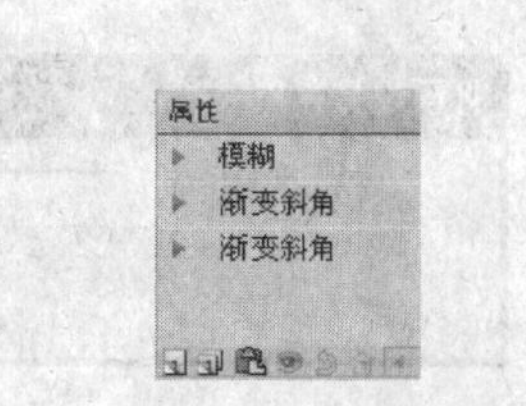

图 4-42 已应用的滤镜列表

3. 复制和粘贴滤镜

在操作过程中，为了提高工作效率可以复制已应用的滤镜，然后粘贴到新对象中，操作步骤如下：

❶ 选择要从中复制滤镜的对象。

❷ 在“属性”面板上选择要复制的滤镜，单击“剪贴板”按钮，在弹出的菜单中选择需要的选项，如图4-43所示。

- “复制所选”：仅复制当前选择的滤镜。
- “复制全部”：复制已应用的所有滤镜。

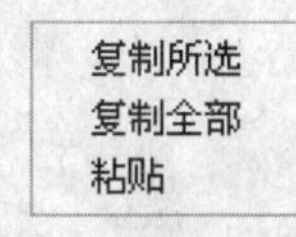

图 4-43 “剪贴板”选项

❸ 选择要应用滤镜的对象。

❹ 在“属性”面板上单击“剪贴板”按钮，然后在弹出的菜单中选择“粘贴”命令。

4. 启用和禁用滤镜

如果要禁用某滤镜，在“属性”面板上单击“启用或禁用滤镜”按钮即可，此时应用该滤镜后将出现一个×符号，并且该滤镜的设置选项将随之消失，如图4-44所示，再次单击将重新启用并显示相应的设置选项。

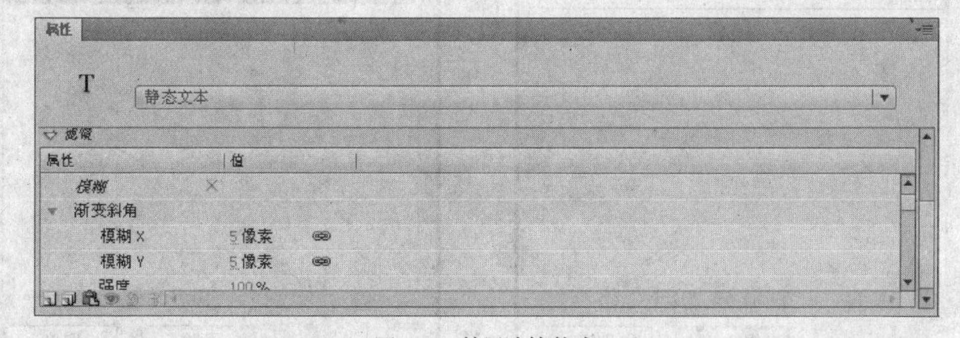

图 4-44 禁用滤镜状态

若要同时启用或禁用所有滤镜，单击“添加滤镜”按钮，在弹出的菜单中选择“启用全部”或“禁用全部”命令即可。

5. 创建预设滤镜库

用户可以将滤镜设置保存为预设库，以便轻松地应用到文本、影片剪辑和按钮对象上，操作步骤如下。

❶ 将一个或多个滤镜应用到对象。

❷ 单击“预设”按钮，在弹出的菜单中选择“另存为”命令，打开“将预设另存为”对话框，如图4-45所示。

图 4-45 “将预设另存为”对话框

❸ 输入此滤镜设置的名称，例如“mm”，单击 确定 按钮，所创建的预设滤镜库将显示在“预设”菜单中，如图4-46所示。

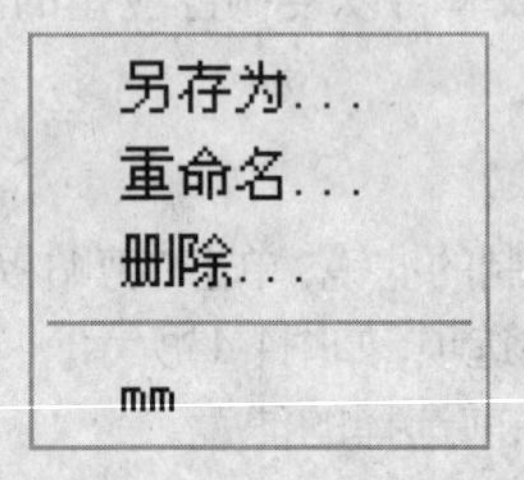

图 4-46 “预设”菜单

❹ 若要修改预设滤镜库的名称，选择“重命名”命令，在打开的“重命名预设”对话框中修改即可，如图4-47所示。

❺ 若要删除预设滤镜库，选择“删除”命令，在打开的“删除预设”对话框中修改即可，如图4-48所示。

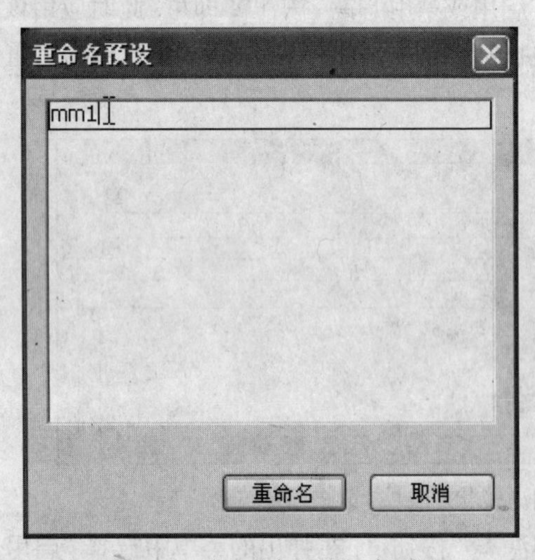

图 4-47 “重命名预设”对话框

图 4-48 “删除预设”对话框

说明：滤镜的配置文档保存在Effects文件夹中，后缀名为.xml，如果要共享某预设滤镜，直接向其他用户提供该滤镜的配置文档即可。

4.5.2 滤镜的使用

Flash CS4预置了“投影“、”模糊“、”发光“、”斜角“、”渐变发光“、”渐变斜角“、“调整颜色”7种滤镜，下面分别介绍它们的使用方法。

1. “投影”滤镜

“投影”滤镜用于将模拟对象投影到一个表面的效果，类似于Photoshop中的投影效果，如图4-49所示。

www.adobe.com　　www.adobe.com

原图　　效果图

图 4-49　“投影”滤镜效果

“投影”滤镜的参数有模糊、强度、品质、颜色、角度、距离、挖空、内阴影和隐藏对象，如图4-50所示。

图4-50　“投影”滤镜面板

- 模糊X：投影在水平方向上模糊柔化的程度。
- 模糊Y：投影在垂直方向上模糊柔化的程度。右边的小锁是限制X轴和Y轴的投影同时柔化，打开小锁可单独调整一个轴。
- 强度：投影的暗度，取值范围为0%~1 000%，数值越大，投影越暗。
- 品质：投影的质量，质量越高，过渡越流畅，反之就越粗糙。有高、中、低3个选项，建议把该项设置为低。
- 颜色：投影的颜色。
- 角度：投影相对于对象的方向。
- 距离：投影距离对象的远近，取值范围为−32~32。
- 挖空：用对象自身的形状来切除附于其下的投影，就好像投影被挖空了一样，如图4-51所示。
- 内阴影：在对象内侧显示投影，常用来辅助塑造一些立体效果，如图4-52所示。
- 隐藏对象：不显示对象本身，只显示阴影，如图4-53所示。

www.adobe.com　　www.adobe.com

图 4-51　挖空效果　　图 4-52　内阴影效果

www.adobe.com

图 4-53　隐藏对象效果

2. “模糊”滤镜

“模糊”滤镜用于柔化对象的边缘和细节，如图4-54所示。

图 4-54 “模糊”滤镜效果

“模糊”滤镜有模糊和品质两个参数，如图4-55所示。

图 4-55 “模糊”滤镜面板

- 模糊X：模糊的宽度。
- 模糊Y：模糊的高度。
- 品质：模糊的质量，有高、中、低3个选项，设置为高近似于高斯模糊，设置为低可以实现最佳的回放性能。

3. “发光”滤镜

“发光”滤镜用于为对象的周边应用颜色以产生光芒效果，如图4-56所示。

图 4-56 “发光”滤镜效果

“发光”滤镜的参数有模糊、强度、品质、颜色、挖空和内发光，如图4-57所示。

图 4-57 “发光”滤镜面板

- 模糊X：发光的宽度。
- 模糊Y：发光的高度。
- 强度：发光的清晰度。
- 品质：发光的质量级别，有高、中、低3个选项，品质越高，发光越清晰。
- 颜色：发光的颜色。
- 挖空：将发光效果作为背景挖空对象的显示，如图4-58所示。
- 内发光：设置发光的生成方向指向对象内侧，如图4-59所示。

图 4-58 挖空效果

图 4-59 内发光效果

4. "斜角"滤镜

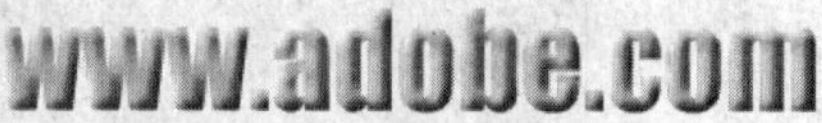

"斜角"滤镜用于加亮对象，使其凸出于背景表面显示，使用斜角滤镜可以制作立体的浮雕效果，如图4-60所示。

图 4-60 "斜角"滤镜效果

"斜角"滤镜的参数有模糊、强度、品质、阴影、加亮、角度、距离、挖空和类型，如图4-61所示。

图 4-61 "斜角"滤镜面板

- 模糊X：斜角的宽度。
- 模糊Y：斜角的高度。
- 强度：设置斜角的强烈程度，取值范围为0%～1 000%，数值越大，斜角效果越明显。
- 品质：设置斜角倾斜的品质高低，有高、中、低3个选项，品质越高，斜角效果越明显。
- 阴影：斜角的阴影颜色。
- 加亮显示：设置斜角的高光加亮颜色。图4-62所示为斜角阴影颜色为黑色，加亮颜色为红色时的效果。
- 角度：斜角的角度。
- 距离：斜角距离对象的远近。
- 挖空：将斜角效果作为背景挖空对象的显示，如图4-63所示。
- 类型：设置斜角的应用位置，有内侧、外侧和整个3个选项。默认类型为内侧，其效果如图4-60所示。类型为外侧和整个时的斜角效果如图4-64所示。

图 4-62 红色加亮效果

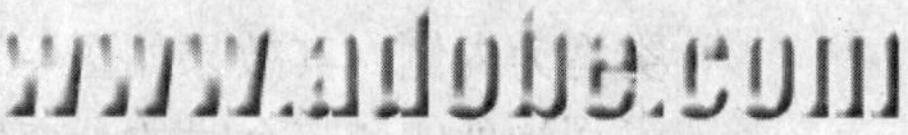

图 4-63 挖空效果

外侧效果

整个效果

图 4-64 类型为外侧和整个时的斜角效果

5. "渐变发光"滤镜

"渐变发光"滤镜用于在发光表面产生带渐变色的发光效果，该滤镜要求渐变开始处颜色的Alpha值为0，用户可以改变该颜色，但不能移动该颜色的位置，如图4-65所示。

图 4-65 "渐变发光"滤镜效果

"渐变发光"滤镜的参数有模糊、强度、品质、角度、距离、挖空、类型和渐变，如图4-66所示。

图 4-66 “渐变发光”滤镜面板

- 模糊X：渐变发光的宽度。
- 模糊Y：渐变发光的高度。
- 强度：渐变发光的清晰度，取值范围为0%~1 000%，数值越大，渐变发光效果越清晰。
- 品质：设置渐变发光的品质高低，有高、中、低3个选项，品质越高，渐变发光效果越清晰。
- 角度：渐变发光的角度。
- 距离：光距离对象的远近。
- 挖空：将渐变发光效果作为背景挖空对象的显示，如图4-67所示。
- 类型：设置渐变发光的应用位置，有内侧、外侧和整个3个选项。默认类型为内侧，其效果如图4-65所示。类型为外侧和整个时的渐变发光效果如图4-68所示。
- 渐变：面板上的渐变色条是用户控制渐变颜色的区域，默认情况下为白色到黑色的渐变。将鼠标指针移动到色条上，如果出现了带加号的鼠标指针，则表示可以在此处增加新的颜色控制点，如图4-69所示。如果要删除颜色控制点，只需拖动它到相邻的一个控制点上，当两个点重合时，就会被删除。单击控制点上的颜色块，会弹出系统调色板供用户选择颜色，如图4-70所示。

图 4-67 挖空效果

外侧效果

整个效果

图 4-68 类型为外侧和整个时的渐变发光效果

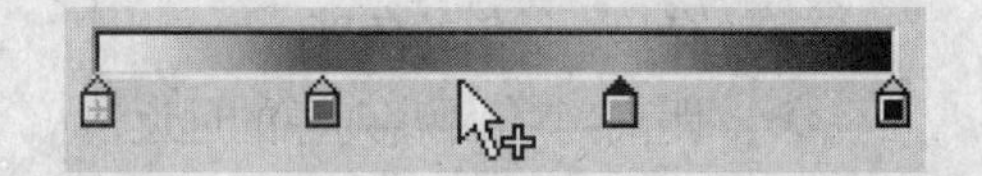

图 4-69 增加颜色控制点

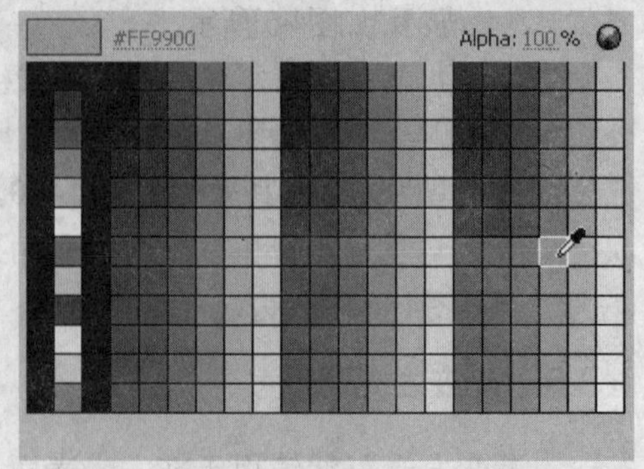

图 4-70 系统调色板

6. “渐变斜角”滤镜

“渐变斜角”滤镜用于产生一种凸起效果，使对象看起来是从背景上凸起来一样，且斜角表面有渐变颜色。该滤镜要求渐变的中间有一种颜色的Alpha值为0，如图4-71所示。

图 4-71 “渐变斜角”滤镜效果

“渐变斜角”滤镜的参数有模糊、强度、品质、角度、距离、挖空、类型和渐变，如图4-72所示。

图 4-72 “渐变斜角”滤镜面板

- 模糊X：渐变斜角的宽度。
- 模糊Y：渐变斜角的高度。
- 强度：渐变斜角的清晰度，取值范围为0%~1 000%，数值越大，渐变斜角效果越清晰。
- 品质：设置渐变斜角的品质高低，有高、中、低3个选项，品质越高，渐变斜角效果越清晰。
- 角度：渐变斜角的角度。
- 距离：斜角距离对象的远近。
- 挖空：将渐变斜角效果作为背景挖空对象的显示，如图4-73所示。
- 类型：设置渐变斜角的应用位置，有内侧、外侧和整个3个选项。默认类型为内侧，其效果如图4-71所示。类型为外侧和整个时的渐变斜角效果如图4-74所示。
- 渐变：其用法和渐变发光中的颜色控制是一样的，这里不再赘述。

www.adobe.com

图 4-73 挖空效果

www.adobe.com

外侧效果

www.adobe.com

整个效果

图 4-74 类型为外侧和整个时的渐变斜角效果

www.adobe.com

图 4-75 调整颜色滤镜效果

7. “调整颜色”滤镜

“调整颜色”滤镜用于改变对象的亮度、对比度、饱和度和色相性，如图4-75所示。

“调整颜色”滤镜的参数有亮度、对比度、饱和度、色相，如图4-76所示。

图4-76 “调整颜色”滤镜面板

- 亮度：调整对象的亮度。向左拖动滑块可以降低对象的亮度，向右拖动可以增强对象的亮度，取值范围为−100～100。
- 对比度：调整对象的对比度。向左拖动滑块可以降低对象的对比度，向右拖动可以增强对象的对比度，取值范围为−100～100。
- 饱和度：设定色彩的饱和程度。向左拖动滑块可以降低对象中所含颜色的浓度，向右拖动可以增加对象中所含颜色的浓度，取值范围为−100～100。
- 色相：调整对象中各个颜色色相的浓度，取值范围为−180～180。

> 提示：色相和饱和度主要用于改变对象的颜色，用户可以通过调整色相把图片改变成其他的颜色，也可以调整饱和度来确定图像中颜色的鲜艳程度，如果饱和度过低，则图片会产生褪色效果，如图4-77所示。

原图

效果图

图 4-77 更改图片的色相和饱和度

4.6 拼写检查

在Flash CS4中，用户可以检查Flash文档中文本的拼写，还可以自定义拼写检查器。

4.6.1 自定义拼写检查器

在初次检查之前，必须选择“文本”→“拼写设置”命令，在打开的“拼写设置”对话框中对拼写检查选项进行设置，如图4-78所示。

- 文档选项：用于指定要检查的元素。
- 词典：列出内置词典，用户至少要选择一个词典才能启用拼写检查功能。
- 路径：输入路径或单击“文件夹”图标，然后浏览到要用作个人词典的文档。
- 编辑个人词典：单击该按钮，将打开“编辑个人词典”对话框，向其中添加单词和短语即可，如图4-79所示。
- 检查选项：用于指定特定类型文本或字符的处理方式。

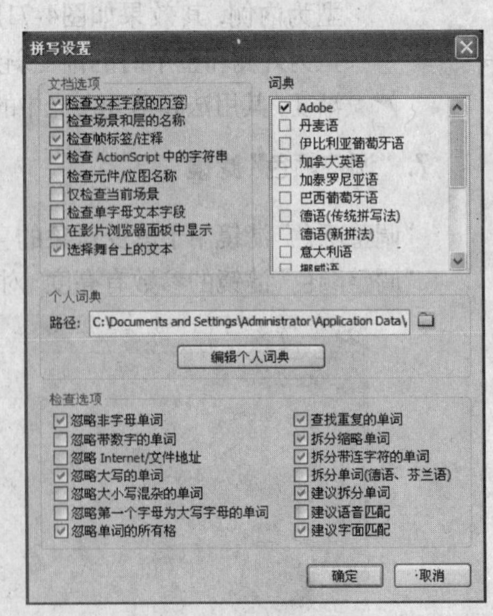

图 4-78 “拼写设置”对话框

- 确定：应用设置并退出“拼写设置”对话框。
- 取消：取消设置并退出“拼写设置”对话框。

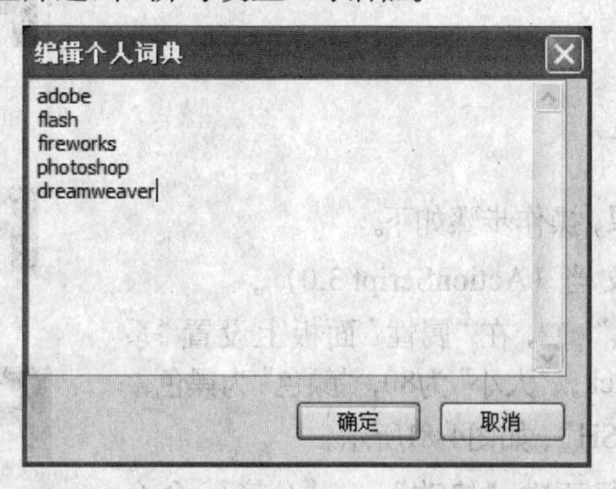

图 4-79 “编辑个人词典”对话框

4.6.2 使用拼写检查器

在对拼写选项进行设置之后，就可以进行文本的检查拼写了，操作步骤如下。

❶ 选择“文本”→“检查拼写”命令，打开“检查拼写”对话框，显示在所选字典中未找到的文本，如图4-80所示。

- 添加到个人设置：将该文本添加到用户的个人词典中。
- 忽略：保持该文本不变。
- 全部忽略：使所有在文档中出现的该文本保持不变。
- 更改：在“更改为”文本框中输入单词或从“建议”列表框中选择一个单词，然后单击该按钮更改。
- 全部更改：更改在文档中出现的所有该文本。
- 删除：从文档中删除该文本。
- 设置：单击该按钮将打开“拼写设置”对话框，用户可以在其中重新设置拼写选项。
- 关闭：关闭“检查拼写”对话框。

❷ 根据需要执行相关操作。

❸ 继续检查拼写，直至文档结尾。

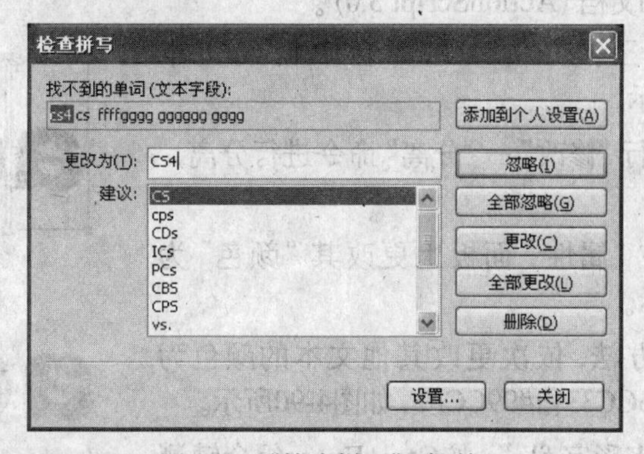

图 4-80 “检查拼写”对话框

4.7 课堂实例

4.7.1 线框字

本例制作线框字效果，操作步骤如下。

❶ 新建一个Flash文档（ActionScript 3.0）。

❷ 选择“文本工具”[T]，在“属性”面板上设置“系列”(即字体)为Arial Black，“大小”为80，“颜色”为黑色，在舞台中输入文本“FLASH”，如图4-81所示。

图 4-81 输入文本

❸ 选中文本，执行两次“修改”→“分离”命令进行分离，如图4-82所示。

图 4-82 分离文本

❹ 在文本以外的位置单击，取消选中文本。

❺ 选择“墨水瓶工具”，在“属性”面板上设置“笔触颜色”为#999900，“笔触大小”为4，然后依次单击文本边界，使其周围出现边框，如图4-84所示。

图 4-83 为文本添加边框

❻ 选中边框，单击按钮，在打开的“笔触样式”对话框中设置“类型”为点状线，“粗细”为2，如图4-84所示。

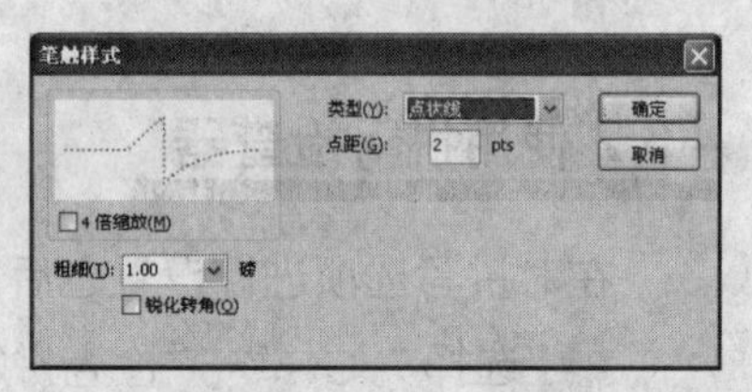

图 4-84 “笔触样式”对话框

❼ 单击[确定]按钮应用设置，文本边框将变成点状线，如图4-85所示。

图 4-85 点状线边框

❽ 选中文本的填充区域，按Delete键删除，得到要制作的线框字，如图4-86所示。

图 4-86 效果图

❾ 保存文档为“线框字.fla”，按Ctrl+Enter组合键测试影片。

4.7.2 多彩字

本例制作多彩字效果，操作步骤如下。

❶ 新建一个Flash文档(ActionScript 3.0)。

❷ 选择“文本工具”[T]，在舞台中输入文本“adobe”，如图4-87所示。

图 4-87 输入文本

❸ 选中文本，执行“修改”→“分离”命令进行分离，如图4-88所示。

图 4-88 分离文本

❹ 选中“a”，在“属性”面板上更改其“颜色”为#FF00FF，如图4-89所示。

图 4-89 更改“a”的颜色

❺ 使用同样的方法，依次更改其他文本的颜色为#9999FF、#FFCC33、#33CC33和#99CCFF，如图4-90所示。

❻ 保存文档为“多彩字.fla”，按Ctrl+Enter组合键测试影片。

adobe

图 4-90 效果图

4.7.3 阴影字

本例制作阴影字效果，操作步骤如下。

❶ 新建一个Flash文档（ActionScript 3.0）。

❷ 选择“文本工具” T，在“属性”面板上设置“系列”为楷体_GB2312，“大小”为80，“颜色”为#CC6600，在舞台中输入文本“阴影字”，如图4-91所示。

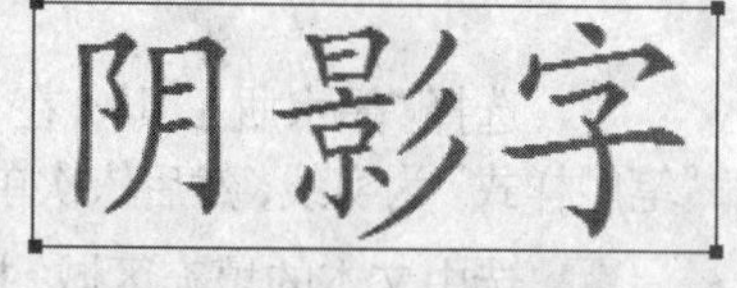

图 4-91 输入文本

❸ 选中文本，在“属性”面板上展开“滤镜”组，单击“添加滤镜”按钮，显示如图4-92所示的滤镜列表。

图 4-92 滤镜列表

❹ 选择“投影”滤镜，设置参数如图4-93所示，其效果如图4-94所示。

❺ 保存文档为“阴影字.fla”，按Ctrl+Enter组合键测试影片。

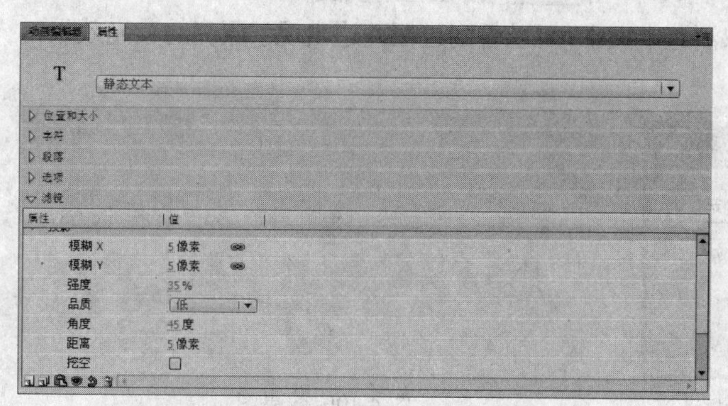

图 4-93 预览更改参数后的效果

图 4-94 效果图

4.7.4 荧光字

本例制作荧光字效果，操作步骤如下。

❶ 新建一个Flash文档（ActionScript 3.0）。

❷ 选择“文本工具” T，在属性面板上设置“系列”为Monotype Corsiva，“大小”为80，“颜色”为黑色，在舞台中输入文本“flashghost”，如图4-95所示。

❸ 选中文本，执行两次“修改”→“分离”命令进行分离，如图4-96所示。

❹ 在文本以外的位置单击，取消选中文本。

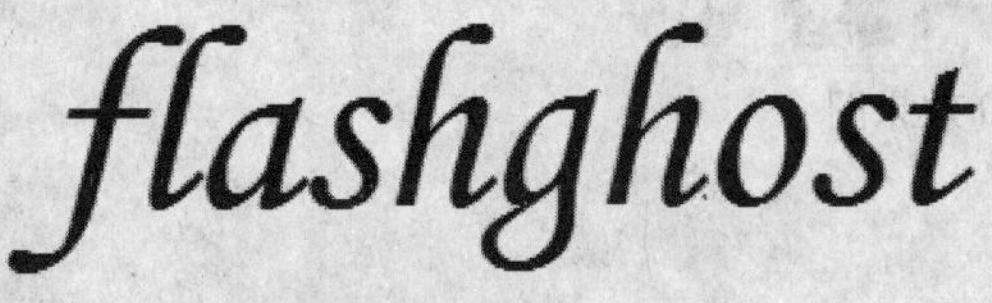

图 4-95 输入文本

图 4-96 分离文本

❺ 选择“墨水瓶工具”，在“属性”面板上设置“笔触颜色”为#E3E302，“笔触大小”为2，“笔触样式”为实线，然后依次单击文本边界，使其周围出现边框，如图4-97所示。

❻ 选中文本的填充区域，按Delete键将其删除，如图4-98所示。

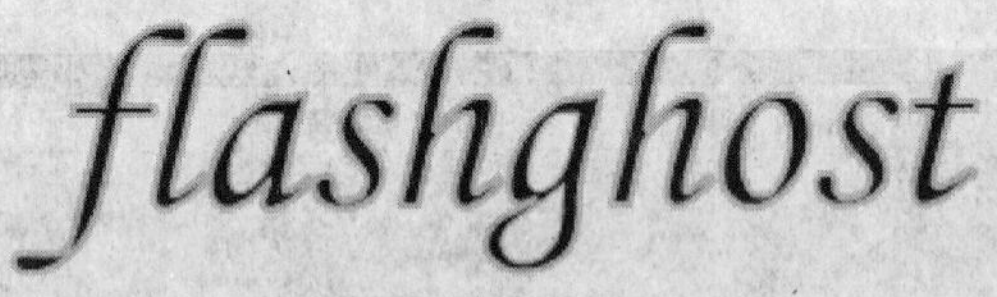

图 4-97 为文本添加边框

图 4-98 删除填充区域

❼ 选中剩余的文本，选择“修改”→“形状”→“将线条转换为填充”命令，将边框转换为可填充区域。

❽ 选择“修改”→“形状”→“柔化填充边缘”命令，打开“柔化填充边缘”对话框，如图4-99所示。

❾ 设置“距离”为4，“步骤数”为10，单击 确定 按钮应用设置。

❿ 在文本以外的位置单击，取消选中文本，可以看到边框两边出现了漂亮的荧光效果，如图4-100所示。

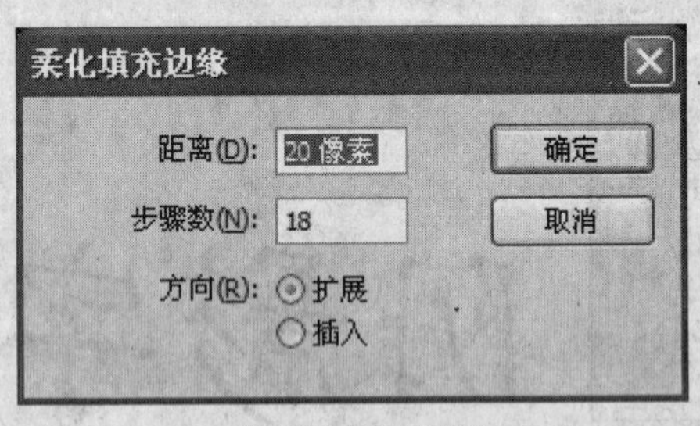

图 4-99 “柔化填充边缘”对话框

图 4-100 效果图

⓫ 保存文档为“荧光字.fla”，按Ctrl+Enter组合键测试影片。

4.7.5 俏皮字

本例制作俏皮字效果，操作步骤如下。

❶ 新建一个Flash文档（ActionScript 3.0）。

❷ 选择“文本工具” T，在“属性”面板上设置“系列”为微软雅黑，“大小”为60，“颜色”为#CC66FF，在舞台中输入文本“俏皮字精灵”，如图4-101所示。

俏皮字精灵

图 4-101 输入文本

❸ 选中文本，选择两次“修改”→“分离”命令，或者按Ctrl+B组合键进行分离，如图4-102所示。

俏皮字精灵

图 4-102 分离文本

❹ 在文本以外的位置单击，取消对所有文本的选中。

❺ 使用“选择工具”框选“俏”字，如图4-103所示。

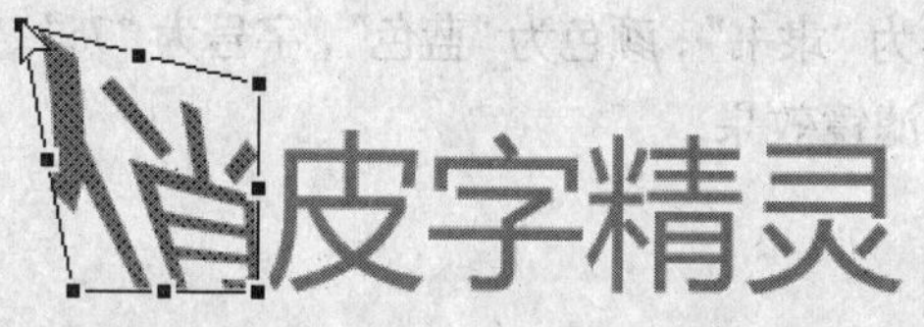

图 4-103 框选单个分离后的文本

❻ 选择“任意变形工具”，单击工具面板下方的“扭曲”按钮，更改其透视效果，如图4-104所示。

图 4-104 更改“俏”字的透视效果

❼ 使用同样的方法更改其他文字，效果如图4-105所示。

俏皮字精灵

图 4-105 效果图

❽ 保存文档为“俏皮字.fla”，按Ctrl+Enter组合键测试影片。

课堂练习四

一、填空题

(1) 输入文本可以通过文本标签与________两种方式。

(2) ______文本就是将文本完全打散，使文本变成图形。

(3) ______确定了段落中每行文本相对于文本框的位置。

二、选择题

(1) 在Flash CS4中，文本的类型分为（　　）。

A. 静态文本　　B. 动态文本

C. 分离文本　　D. 输入文本

(2)（　　）是文本最基本的属性，是文本的字体属性。

A. 字体　　B. 字号

C. 颜色　　D. 样式

(3)（　　）是文本的段落属性。

A. 缩进　　B. 行距

C. 边距　　D. 字符位置

三、上机操作题

(1) 在舞台中输入自己的名字。

(2) 设置名字的字体为“隶书”，颜色为“蓝色”，字号为“75”。

(3) 为名字添加发光滤镜效果。

Flash 第5章 对象的编辑

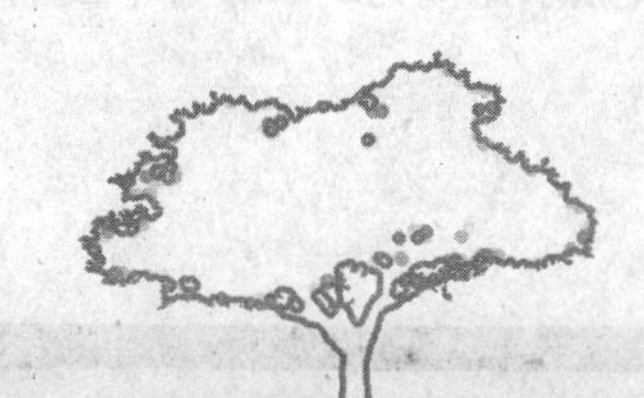

学习目标

对象指文档中所有可以被选取或操作的元素，如矢量图、位图、文本和实例等，本章主要介绍对象的查看、选取、移动、变形、复制、粘贴、对齐、排列、组合与分离。熟练掌握将有助于用户节省编辑时间，提高工作效率。

学习重点

(1) 对象的查看
(2) 对象的选取
(3) 对象的变形
(4) 对象的组合与分离

5.1 对象的查看

在介绍对象的查看之前，首先来区别舞台和工作区的概念。舞台像绘画时的纸张一样，是一块白色的矩形区域，用于放置各种对象，其中显示的画面内容将是Flash影片的实际效果。舞台之外以淡灰色显示的区域则是工作区，在它其中的对象不会出现在最终的影片中，但为了将动画表现得自然、真实，在制作动画中却是不可或缺的。例如，在制作蜻蜓飞入的动画中，可以先将蜻蜓放置在工作区中舞台之外的位置，如图5-1所示。

图 5-1 舞台和工作区

5.1.1 调节显示比例

调节显示比例是为了更好地查看对象，从而帮助用户进行更细微的编辑。Flash CS4允许用户调节的最小显示比例为8%，最大显示比例为2 000%。下面简单介绍几种常用的调节方法。

(1) 使用菜单命令。

➢ 选择“视图”→“放大”或“缩小”命令。
➢ 选择“视图”→“缩放比例”菜单的子命令，如图5-2所示。
➢ 符合窗口大小：自动调节到最合适的显示比例。
➢ 显示帧：显示当前帧中的所有内容。
➢ 显示全部：显示整个工作区中包括在舞台之外的对象。

符合窗口大小(W)	
25%	
50%	
100%	Ctrl+1
200%	
400%	Ctrl+4
800%	Ctrl+8
显示帧(F)	Ctrl+2
显示全部(A)	Ctrl+3

图 5-2 “缩放比例”菜单的子命令

(2) 使用快捷键。
➢ 按Ctrl+=组合键。
➢ 按Ctrl+-组合键。

(3) 使用“缩放工具”。
➢ 选择“缩放工具”后，在舞台中单击放大显示，单击时按住Alt键则缩小显示。
➢ 选择“缩放工具”后，在工具面板下方将显示该工具的辅助功能项，包括“放大”按钮和“缩小”按钮，使用它们可以成倍地放大或缩小对象。
➢ 选择“缩放工具”后，在舞台中框选出需要放大显示的区域，释放鼠标即可，如图5-3所示。

图 5-3 使用缩放工具框选放大对象

(4) 单击舞台右上方的“缩放比例”按钮，在弹出的下拉列表中选择需要的显示比例，如图5-4所示。

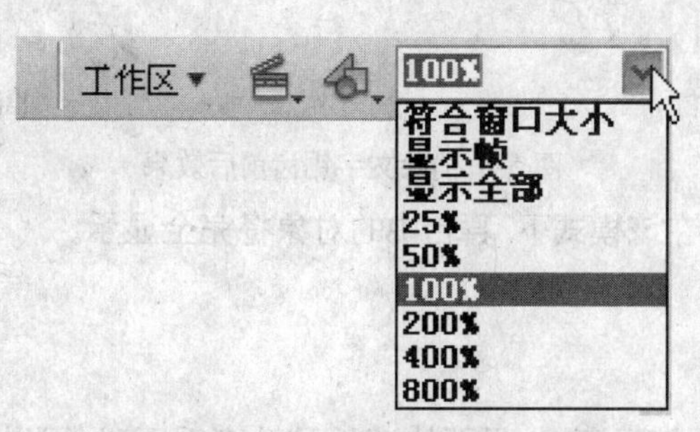

图 5-4 “缩放比例”列表

5.1.2 选择预览模式

Flash CS4提供了对象的5种预览模式，预览模式不同，屏幕的刷新速度和对象的显示质量也将不同，如图5-5所示。

➤ 轮廓模式：在该模式下，舞台中的对象将以轮廓线的方式显示，如图5-6所示。

➤ 高速显示模式：在该模式下，舞台中的对象将以低分辨率显示，其边缘会变得粗糙。

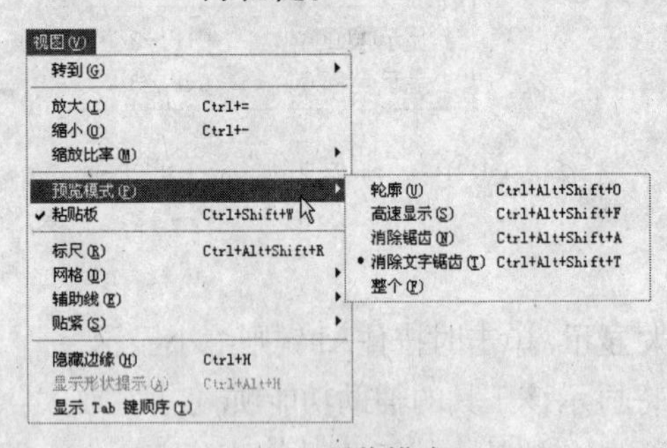

图 5-5 预览模式

图 5-6 轮廓模式效果

➤ 消除锯齿模式：在该模式下，舞台中的对象将以高分辨率显示，其边缘会变得平滑流畅。图5-7所示为高速显示模式和消除锯齿模式的效果对比。

高速显示模式效果

消除锯齿模式效果

图 5-7 高速显示模式和消除锯齿模式的效果对比

➤ 消除文字锯齿模式：在该模式下，舞台中的文本将以高分辨率显示，其边缘会变得平滑流畅，如图5-8所示。

Adobe　　Adobe

消除前　　消除后

图 5-8 消除文字锯齿前后效果

➤ 整个模式：在该模式下，舞台中的对象将完全显示。

5.1.3 移动查看区域

在不改变显示比例的情况下，如果要快速地移动查看区域，可以使用工具栏中的“手形工具”或文档编辑窗口中的滚动条。

1. 使用“手形工具”

使用“手形工具”移动查看区域的操作步骤如下。

❶ 选择工具面板上的“手形工具”。

❷ 将鼠标指针移至舞台上，按住鼠标左键拖动即可。

> 注意：如果希望将整个舞台居中并全部显示在文档窗口中，直接双击“手形工具”即可；如果要临时从其他工具切换至“手形工具”，按空格键即可。

2. 使用滚动条

使用滚动条移动查看区域的操作方法如下。

❶ 将鼠标指针移至滚动条的上方，按住鼠标左键拖动即可，释放鼠标后，文档中的画面将向相反的方向移动。

❷ 单击滚动条两侧的滚动按钮，也可以移动当前文档中画面的位置。

5.2 对象的选取

“选择工具”和“套索工具”是Flash中的主要选取工具，与“选择工具”相比，“套索工具”的选择区域可以是不规则的，因而更加灵活。

5.2.1 使用“套索工具”

使用“套索工具”可以选取不规则的单个对象或多个对象，选择“套索工具”后，在工具面板下方将显示该工具的辅助功能项，包括“魔术棒”按钮、“魔术棒设置”按钮和“多边形模式”按钮，如图5-9所示。

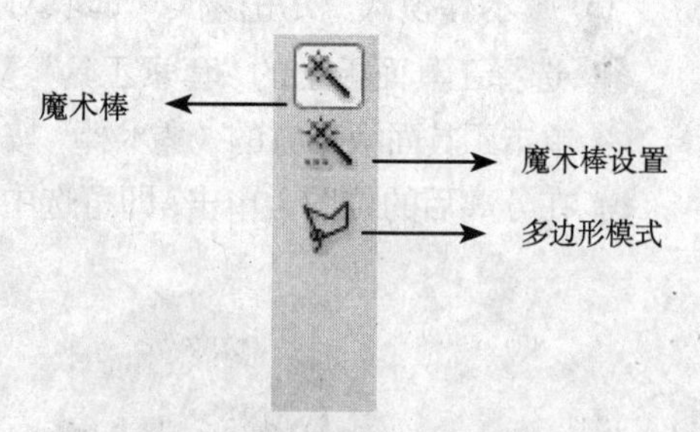

图 5-9 “套索工具”的辅助功能项

1. 使用3种模式选取对象

在使用“套索工具”选取对象时，Flash CS4提供了自由套索、多边形套索和魔术棒3种选取模式，下面分别介绍它们的使用方法。

(1) 自由套索模式。使用该模式选取对象的操作步骤如下。

❶ 选择工具面板上的“套索工具”。

❷ 在舞台中拖动鼠标绘制自由曲线。

❸ 在开始位置附近结束拖动，形成一个闭合曲线，然后释放鼠标即可，如图5-10所示。

(2) 多边形套索模式。使用该模式选取对象的操作步骤如下。

❶ 选择工具面板上的“套索工具”。

❷ 单击工具面板下方的“多边形模式”按钮。

图 5-10 使用自由套索模式选取对象

❸ 在舞台中单击设置选区的起点。

❹ 在第一条线要结束的地方单击（该点也是下一条线段的起点）。

❺ 继续设定其他线段的结束点，以形成一个多边形选区，双击即终止绘制，被圈中的对象将处于选中状态，如图5-11所示。

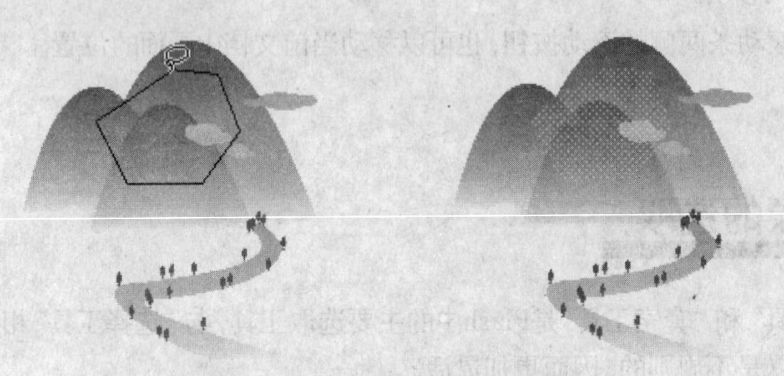

图 5-11 使用多边形套索模式选取对象

(3) 魔术棒模式。使用该模式选取对象的操作步骤如下。

❶ 选择工具面板上的“套索工具”。

❷ 单击工具面板下方的“魔术棒”按钮。

❸ 在分离后的位图上单击，即可选中与单击处颜色相同和相近的区域，如图5-12所示。

图 5-12 使用魔术棒模式选取对象

2. 设置魔术棒属性

在选取位图对象的颜色区域时，用户可以设置魔术棒的属性，以改变魔术棒的颜色容度和平滑度，操作步骤如下。

❶ 选择工具面板上的“套索工具”。

❷ 单击工具面板下方的“魔术棒设置”按钮，打开“魔术棒设置”对话框，如图5-13所示。

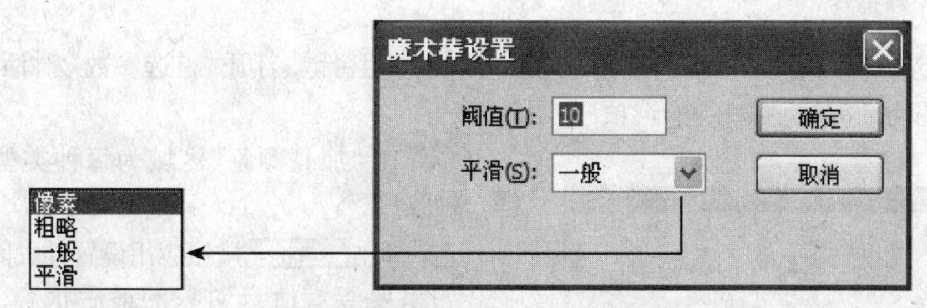

图 5-13　“魔术棒设置”对话框

➤ 阈值：用于设置将相邻像素包含在所选区域内必须要达到的颜色接近程度，取值范围为1~200。数值越高，包含的颜色范围越广，如果输入值为0，则只选择与单击处颜色完全相同的像素。图5-14所示分别为10和50时的选取效果。

阈值为10时

阈值为50时

图 5-14　不同阈值下的选取效果

➤ 平滑：用于设置选择区域边缘的平滑度，包括像素、粗略、一般和平滑4个选项。

❸ 设置完毕后，单击 确定 按钮应用设置并关闭对话框。

技巧：在编辑过程中，如果要快速选择所有对象，可以选择“编辑”→“全选”命令或按Ctrl+A组合键；如果要取消对所有对象的选择，可以选择“编辑”→“取消全选”命令或按Ctrl+Shift+A组合键。

5.2.2 使用加亮显示功能

在一般情况下，Flash CS4将加亮显示所选对象，即以不同颜色的矩形边框突出显示不同种类的对象，如下表所示。

对　　象	加亮颜色
绘画对象	#605CA8
绘画基本	#A863A8
组	#1CBBB4
符　　号	#00A8FF
其他元素	#0066FF

此表所示为系统默认的加亮显示颜色，用户还可以为所选对象自定义边框颜色，操作步骤如下。

❶ 选择“编辑”→“首选参数”命令或按Ctrl+U组合键，打开“首选参数”对话框。

❷ 显示“常规”类别中的选项，如图5-15所示。

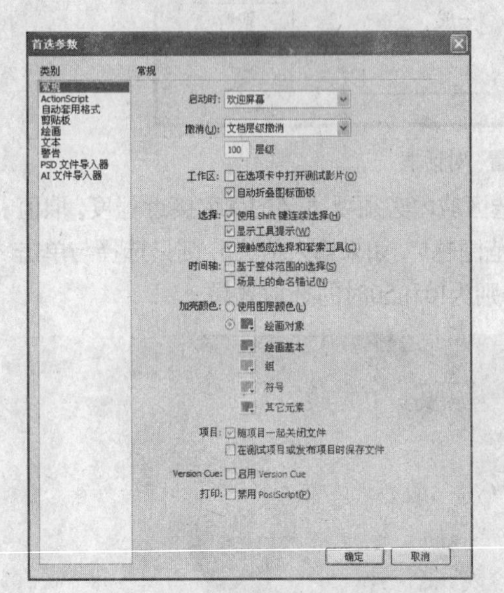

图 5-15 “常规”类别中的选项

❸ 在“加亮颜色”区域为每种类型的对象选择一种颜色。

❹ 单击 确定 按钮应用设置并关闭对话框。

如果要查看所选对象的最后状态，可以选择“视图”→“隐藏边缘”命令或按Ctrl+H组合键，关闭被选对象的加亮突出显示，如图5-16所示。

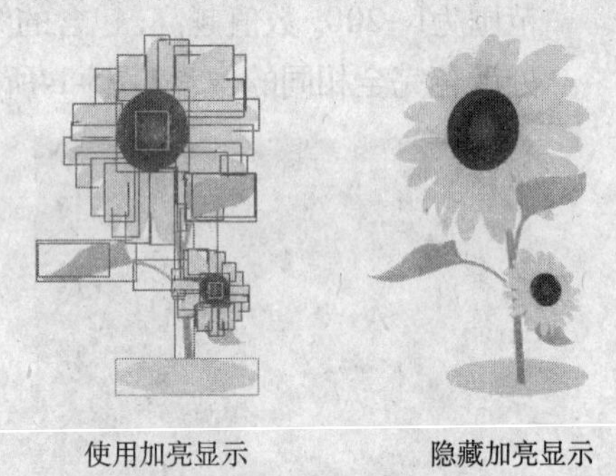

使用加亮显示　　隐藏加亮显示

图 5-16 使用加亮显示功能选取对象

5.2.3 使用接触感应选取功能

当使用“选择工具”或“套索工具”进行拖动时，如果设定只要框住了对象的一部分就可以选中对象，如图5-17所示，就需要启用接触感应选取功能，操作步骤如下。

❶ 选择“编辑”→“首选参数”命令或按Ctrl+U组合键，打开“首选参数”对话框。

❷ 显示“常规”类别中的选项，如图5-17所示。

图 5-17 使用接触感应选取功能选取对象

❸ 勾选“接触感应选择和套索工具”复选框。

❹ 单击 确定 按钮应用设置并关闭对话框。

注意：在默认情况下，仅当选取框完全包围了对象时才确认选中对象。

5.3 对象的移动

在Flash CS4中，用户可以移动同一场景中的对象，也可以移动不同场景或不同层中的对象。移动对象仅仅是位置上的平移，它的大小和方向并不会改变。当用户选择了某个对象时，在“属性”面板上会显示它的X坐标和Y坐标，即对象的位置属性。

5.3.1 直接移动对象

用户可以采用多种方式直接移动对象，例如使用“选择工具”、使用方向键、使用“属性”面板和“信息”面板，下面分别进行介绍。

1. 使用“选择工具”

使用“选择工具”移动对象的操作步骤如下。

❶ 选择工具面板上的“选择工具”。

❷ 选取一个或多个对象。

❸ 根据需要，执行下列操作之一。

➢ 若要移动对象，将其直接拖到新位置即可，如图5-18所示。

图 5-18 直接移动对象

➢ 若要复制对象并移动副本，在拖动的同时按住Alt键即可，如图5-19所示。

图 5-19 复制并移动副本

➢ 若要限制对象移动的方向为45°的倍数，在拖动的同时按住Shift键即可。

2. 使用方向键移动对象

使用方向键（←，↑，↓，→）移动对象的操作步骤如下。

❶ 选取一个或多个对象。

❷ 根据需要，执行下列操作之一。

- 若要一次移动1个像素，直接按相应的方向键即可。
- 若要一次移动10个像素，在按方向键的同时按住Shift键即可。
- 若要以像素网格（而不是以屏幕像素）为单位移动对象，需要在按方向键前启动贴紧至像素功能。

> 说明：若要启动贴紧至像素功能，选择“视图”→“贴紧”→“贴紧至像素”命令即可，当视图显示比率为400%或更高时，像素网格就会显示出来，如图5-20所示，若要暂时隐藏像素网格，按住X键即可，当释放X键时，像素网格又会重新出现。

启用前　　　　　　启用后

图 5-20 启动贴紧至像素功能前后效果

3. 使用“属性”面板移动对象

使用“属性”面板移动对象的操作步骤如下。

❶ 选取一个或多个对象，在“属性”面板上显示所选内容的位置。

- 对于单一对象，将显示该对象的X坐标和Y坐标。
- 对于混合选择的多个对象，将显示所选对象组的X坐标和Y坐标。

❷ 在X、Y数值框中输入所选对象左上角相对于舞台的坐标值，精确定位对象，如图5-21所示。

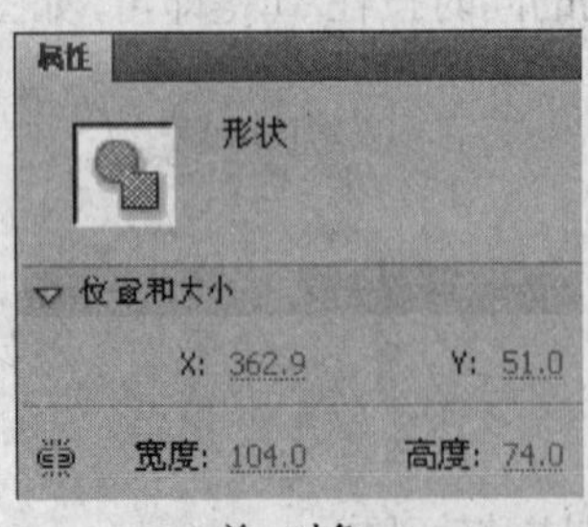

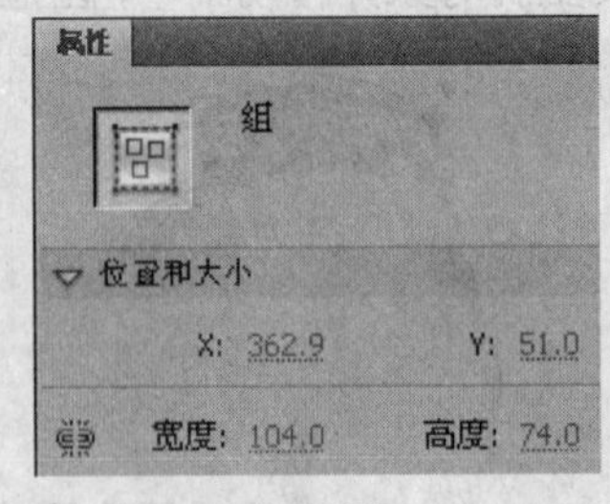

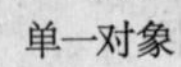

单一对象　　　　　　多个对象

图 5-21 输入对象的新位置

❸ 按Enter键确认移动，此时，“属性”面板会显示其新位置。

> 注意：在默认情况下，重定位对象使用的单位是像素，用户也可以根据需要更改为英寸、点、厘米、毫米等，选择“修改”→“文档”命令或按Ctrl+J组合键，在打开的“文档属性”对话框中重新指定标尺单位即可，如图5-22所示。

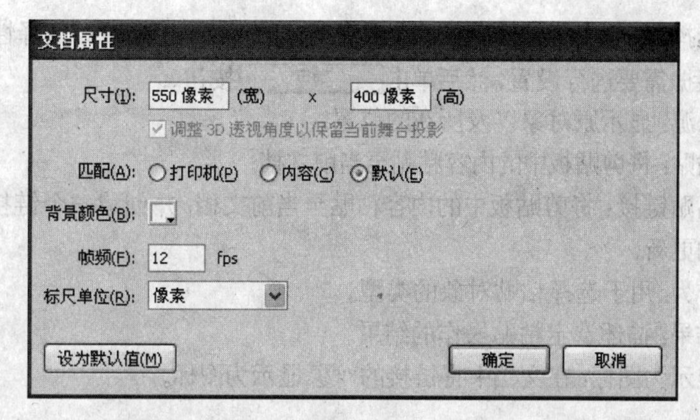

图 5-22 “文档属性”对话框

4. 使用“信息”面板移动对象

使用“信息”面板移动对象的操作步骤如下。

❶ 选择“窗口”→“信息”命令或按Ctrl+I组合键，打开“信息”面板，如图5-23所示。

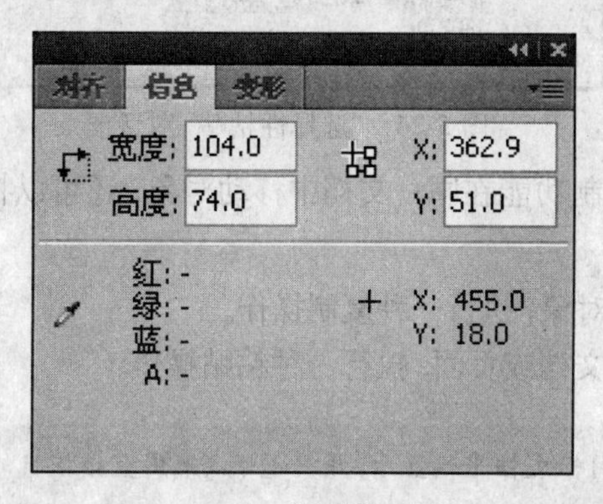

图 5-23 “信息”面板

❷ 选取一个或多个对象。

❸ 在X、Y数值框中输入新的位置，按Enter键确认移动。

5.3.2 使用复制功能移动对象

对于需要重复创建的对象，可以通过复制功能来创建该对象的副本，操作步骤如下。

❶ 选取一个或多个对象。

❷ 执行下列操作之一复制对象。

- ➢ 选择“编辑”→“复制”命令或按Ctrl+C组合键复制对象。
- ➢ 选择“编辑”→“剪切”命令或按Ctrl+X组合键复制对象。

❸ 执行下列操作之一粘贴对象。

- ➢ 选择“编辑”→“粘贴到中心位置”命令或按Ctrl+V组合键，将对象粘贴到舞台中心。
- ➢ 选择“编辑”→“粘贴到当前位置”命令或按Ctrl+Shift +V组合键，将对象粘贴到和原对象相同的位置。

- 选择“编辑”→“选择性粘贴”命令，打开如图5-24所示的“选择性粘贴”对话框，根据需要进行设置，然后单击 确定 按钮。
- 来源：显示原对象以及所在的位置。
- 粘贴：将剪贴板中的内容粘贴至当前文档。
- 粘贴链接：将剪贴板中的内容粘贴至当前文档，并创建一个链接，使粘贴内容自动更新。
- 作为：用于选择粘贴对象的类型。
- 结果：描述选定粘贴操作的结果。
- 显示为图标：在文档中将链接的对象显示为图标。

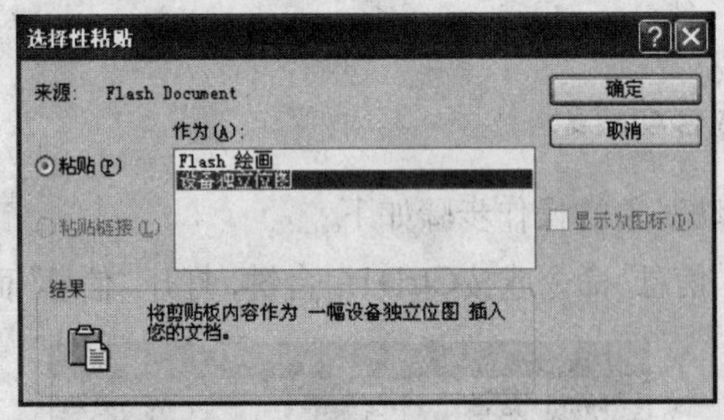

图 5-24 “选择性粘贴”对话框

用户不仅可以使用复制功能在同一文档中移动对象，还可以将对象移动到其他文档或程序中，操作步骤如下。

❶ 选取一个或多个对象，执行一种复制操作。

❷ 切换至要粘贴的文档或页面，执行一种粘贴操作。

> 技巧：如果源文档和目标文档平铺显示，用户还可以采用直接拖曳的方法移动对象，其操作结果是在目标文档中产生一个新对象，而源文档中的对象并未消除，如图5-25所示。

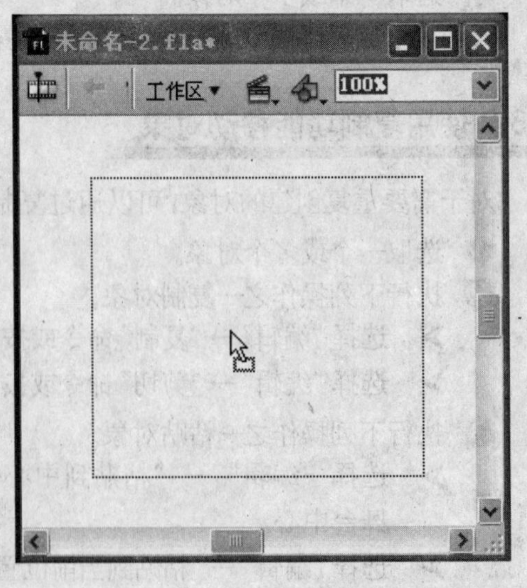

图 5-25 在不同文档之间拖曳移动对象

5.4 对象的变形

在制作动画的过程中，为了达到满意的效果，用户需要经常使用任意变形工具、变形面板和变形菜单等，对图形、组、文本块和实例对象进行变形。

5.4.1 使用“任意变形工具”

使用“任意变形工具”可以缩放、旋转、倾斜、扭曲和封套对象，选择“任意变形工具”后，在工具面板下方将显示该工具的辅助功能项，包括“缩放”按钮、“旋转与倾斜”按钮、“扭曲”按钮和“封套”按钮，如图5-26所示。

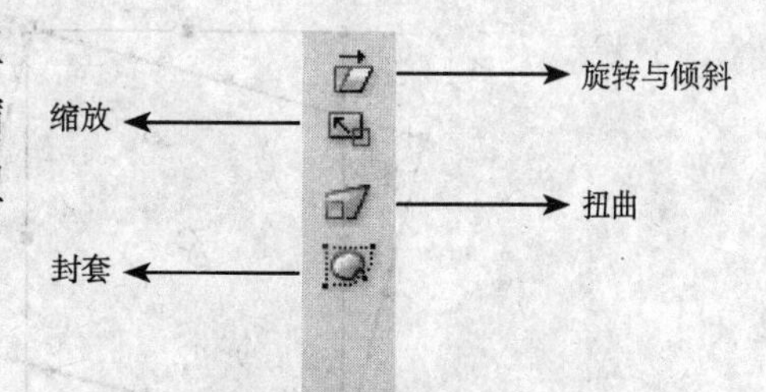

图 5-26　“任意变形工具”的辅助功能项

1. 缩放对象

缩放对象就是改变对象的纵横比，以达到改变其大小的目的，缩放对象的操作步骤如下。

❶ 选取对象，选择“任意变形工具”，显示用于缩放操作的角手柄、边手柄和变形点，如图5-27所示。

❷ 单击工具面板下方的“缩放”按钮。

注意：在变形期间，所选对象的中心会出现一个变形点，它默认与对象的中心点重合，用户可以根据需要改变它的位置，如图5-28所示。

❸ 首先改变变形点的位置，执行下列操作之一缩放对象。

➢ 拖曳角手柄等比例缩放对象，如图5-29所示。

提示：在缩放期间，轮廓线的位置就是释放鼠标后对象所在的位置，如图5-29所示。

图 5-27 显示变形手柄及变形点

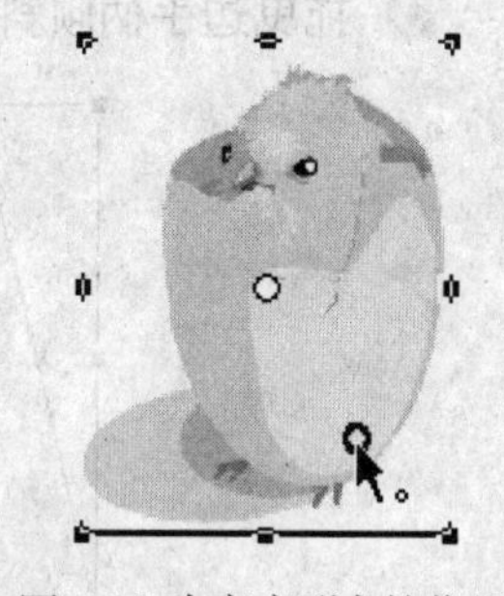

图 5-28 改变变形点的位置

➢ 拖曳边手柄分别改变对象的宽度和高度。

2. 旋转对象

旋转对象就是改变对象的角度，操作步骤如下。

❶ 选取对象，选择“任意变形工具”。

❷ 单击工具面板下方的“旋转与倾斜”按钮。

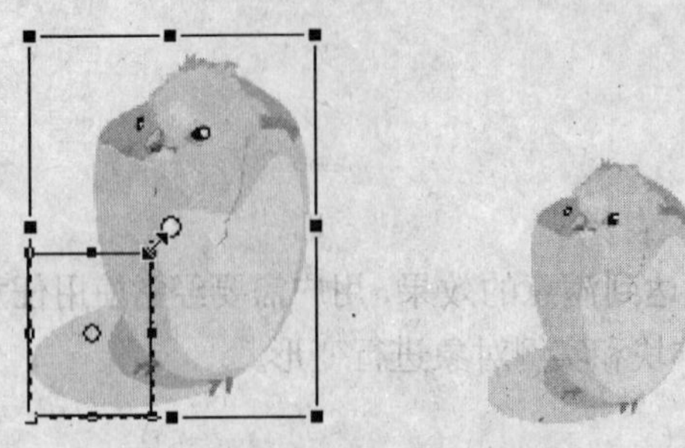

图 5-29 等比例缩放对象

❸ 拖曳角手柄旋转对象，如图5-30所示。

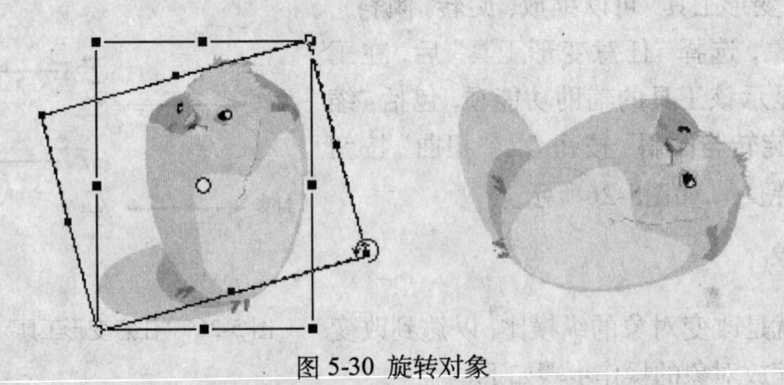

图 5-30 旋转对象

注意：如果缺少上述的第 (3) 步也可以旋转对象，只是需要将光标移至角手柄的外侧，而不是其上。

3. 倾斜对象

倾斜对象就是沿一个或两个轴变形对象，操作步骤如下。

❶ 选取对象，选择“任意变形工具”。

❷ 单击工具面板下方的“旋转与倾斜”按钮。

❸ 拖曳边手柄倾斜对象，如图5-31所示。

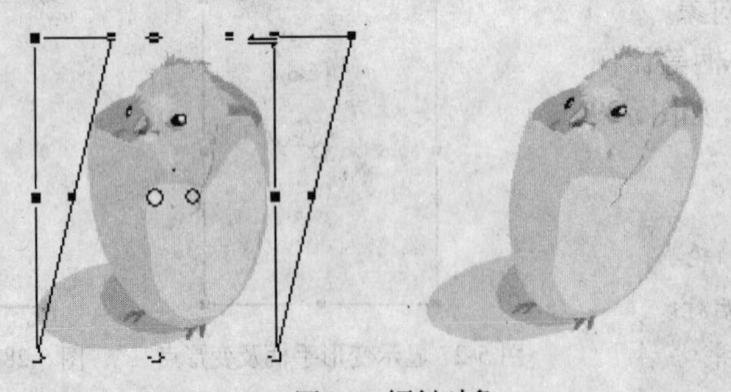

图5-31 倾斜对象

注意：如果不单击“旋转与倾斜”按钮也可以倾斜对象，只是需要将光标移至除角手柄和边手柄外的边线上，而不是边手柄上。

4. 扭曲对象

用于扭曲的对象必须是图形，所以在扭曲文本和位图之前，必须选择“修改”→“分离”命令或按Ctrl+B组合键将它们打散。若选取分离后的对象，该对象将以网格状显示，如图5-32所示。

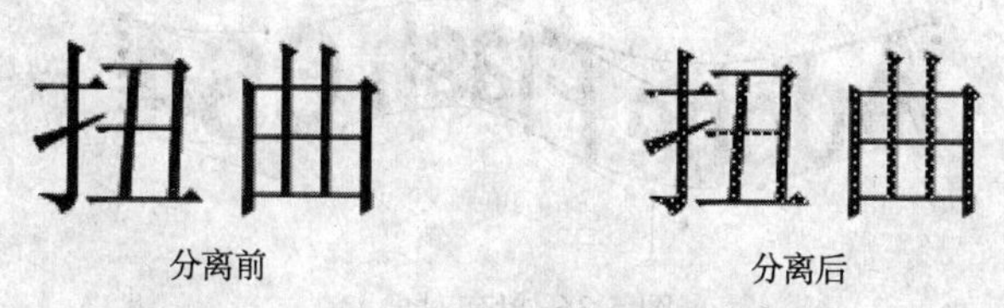

图 5-32 分离文本对象

扭曲对象的操作步骤如下。

❶ 选取处于分离状态的对象。选择“任意变形工具”。

❷ 单击工具面板下方的“扭曲”按钮，显示用于扭曲操作的角手柄和边手柄，此时与图5-27相比少了变形点。

❸ 执行下列操作之一。

➢ 拖曳边手柄改变对象的宽度和高度。

➢ 拖曳角手柄改变对象的形状，如图5-33所示。

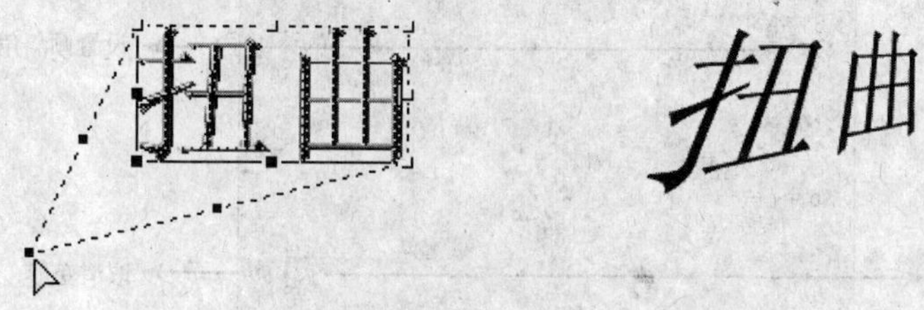

图 5-33 拖拽角手柄扭曲对象

➢ 按住Shift键拖曳角手柄，可以将扭曲限制为锥化（即该角和相邻角沿相反方向移动相同距离，其中，相邻角指拖动方向所在轴上的角），产生透视效果，如图5-34所示。

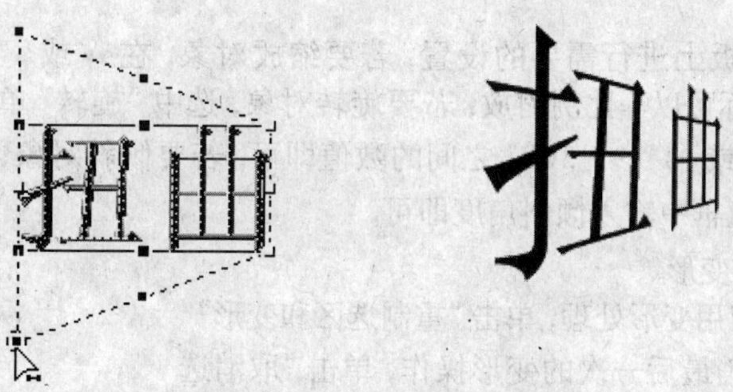

图 5-34 以锥化方式扭曲对象

5. 封套对象

封套对象与进行扭曲操作的对象一样，也必须是图形。封套对象的操作步骤如下。

❶ 选取处于分离状态的对象。选择“任意变形工具”。

❷ 单击工具面板下方的“封套”按钮，显示用于封套操作的锚点，如图5-35所示。

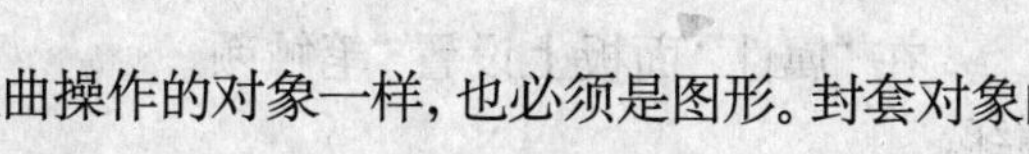

Adobe Flash CS4

图 5-35 显示用于封套操作的锚点

❸ 拖动锚点及其两边的切线手柄修改封套，封套中的对象也将随之变形，如图5-36所示。

图 5-36 封套对象

5.4.2 使用"变形"面板

"变形"面板用于将对象进行数字变形，包括缩放、旋转、倾斜和复制并应用等。选择"窗口"→"变形"命令或按Ctrl+T组合键即可打开该面板，如图5-37所示。

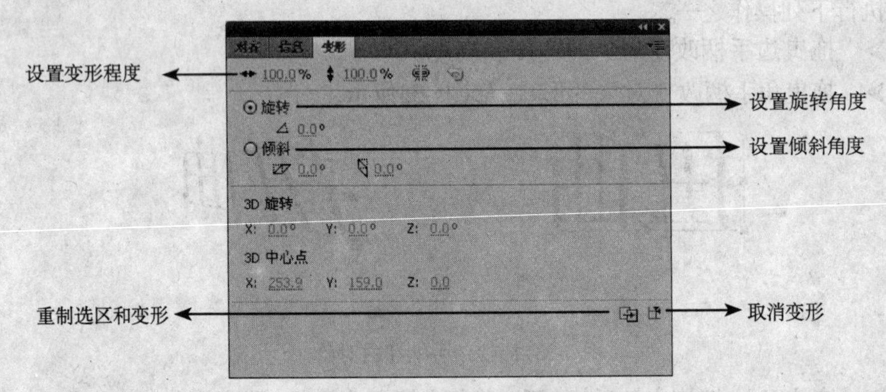

图 5-37 "变形"面板

使用"变形"面板变形对象的操作步骤如下。

❶ 选取对象。

❷ 在"变形"面板上进行需要的设置；若要缩放对象，在或文本框中输入数值即可，单击"约束"图标可以等比例缩放；若要旋转对象，选中"旋转"单选按钮，并在数值框中输入0°～360°或−1°～−360°之间的数值即可；若要倾斜对象，选中"倾斜"单选按钮，并在或数值框中输入倾斜角度即可。

❸ 按Enter键确认变形。

若要复制对象并应用变形处理，单击"重制选区和变形"按钮即可；若要撤销最后一次的变形操作，单击"取消选区"按钮即可。接下来以一个小实例来帮助用户理解复制并应用变形功能，操作步骤如下。

❶ 选择"矩形工具"，在"属性"面板上设置"笔触颜色"为无，"填充颜色"为橘红。

❷ 在舞台中绘制一个细长矩形，如图5-38所示。

❸ 选中"旋转"单选按钮，在数值框中输入30°。

❹ 连续单击"复制选区和变形"按钮5次，即可得到如图5-39所示的效果。

图 5-38 绘制矩形

图 5-39 实例效果

5.4.3 使用“变形”菜单

除了可以使用“任意变形工具”、“变形”面板变形对象外，还可以使用“变形”菜单变形对象。选取对象后，选择“修改”→“变形”命令，将弹出如图5-40所示的变形菜单，其中的大部分命令与“任意变形工具”的作用相同，用户可以按照自己的习惯随意选择，这里就不再赘述。

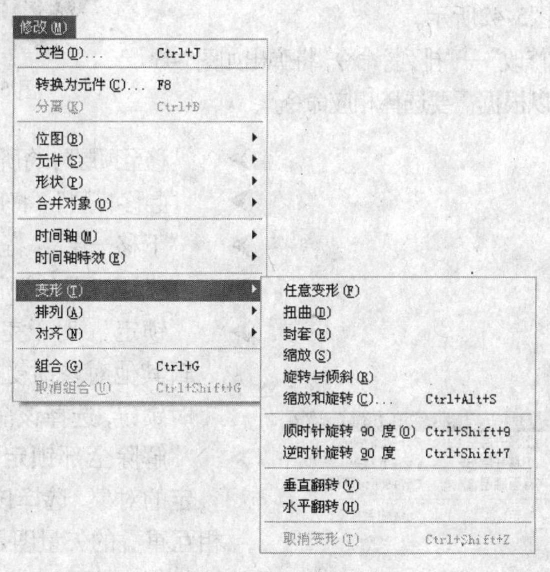

图 5-40 “变形”菜单

使用“变形”菜单除了可以缩放、旋转、倾斜、扭曲、封套对象外，还可以方便快捷地将对象顺时针旋转90°、逆时针旋转90°、垂直翻转或水平翻转，如图5-41所示。

另外，如果用户对变形结果不满意，还可以选择“修改”→“变形”→“取消变形”命令或按Ctrl+Shift+Z组合键取消变形操作，其功能与“取消变形”按钮相似。

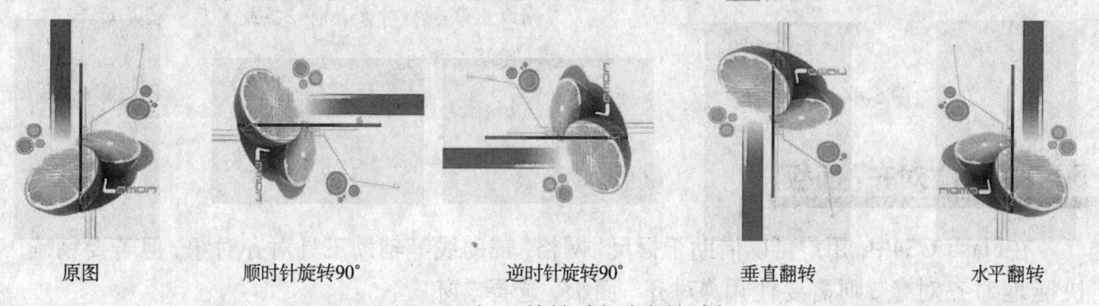

图 5-41 以90°旋转对象或翻转对象

5.5 对象的排列与对齐

在编辑多个对象时，整齐有序地、美观地排列和组织对象是非常必要的，这就要用到Flash CS4提供的排列命令、“对齐”面板和“对齐”命令了。

5.5.1 排列对象

在Flash中创建对象时，对象的层次与其创建的顺序有关，即最先创建的对象位于底层，最后创建的对象位于高层。排列对象指调整对象的叠放顺序，从而改变对象在覆盖时的显示方式，如图5-42所示。

图 5-42 排列对象

选取对象后，选择“修改”→“排列”命令，将弹出如图5-43所示的排列菜单，用户可以根据需要选择相应命令。

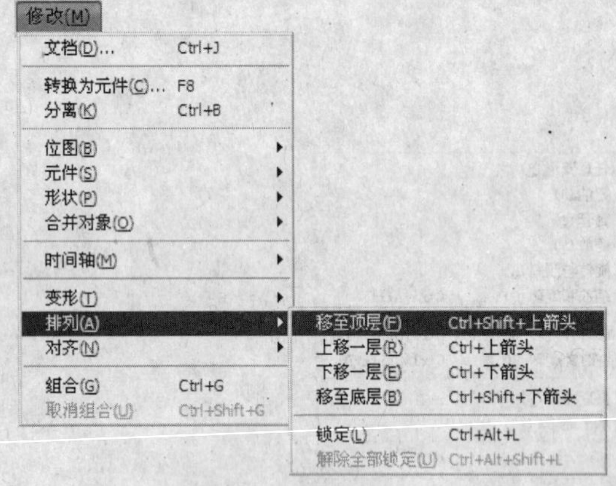

图 5-43 “排列”菜单

- “移至顶层”：将所选对象移至最上一层。
- “上移一层”：将所选对象上移一层。
- “下移一层”：将所选对象下移一层。
- “移至底层”：将所选对象移至最下一层。
- “锁定”：对于完成的对象，为防止在编辑其他对象时受影响，可以考虑将它暂时锁定，选择该命令即可。
- “解除全部锁定”：如果要重新编辑锁定的对象，选择该命令即可解除锁定。

相互重叠的矢量图是不能进行叠放次序调整的，因为当矢量图发生重叠时，会产生切割或融合的现象，如图5-44所示。

图 5-44 切割现象

> 注意：图层会影响层叠顺序，即第2层上的任何内容都在第1层的任何内容之上，依此类推。使用以上命令将对象置前一层或置后一层是对于同一图层而言的。

5.5.2 使用“对齐”面板

在Flash CS4中，用户可以借助于标尺、网格、辅助线等辅助工具对齐对象，但若要精确快捷地对齐对象，则需要使用“对齐”面板，选择“窗口”→“对齐”命令或按Ctrl+K组合键即可打开该面板，如图5-45所示。

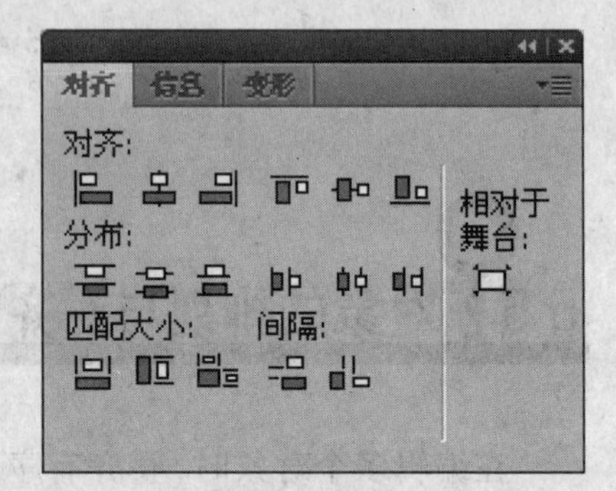

图 5-45 “对齐”面板

1. 对齐对象

在舞台中创建了多个对象后，往往要按照一定的方式将它们对齐，即调整对象彼此之间的相对位置或者相对于舞台的位置，单击对齐区域中的相应按钮即可。

- 左对齐按钮：以最左端对象的左边缘为基准对齐。

➢ “水平中齐”按钮：以中间对象的垂直中心线为基准对齐。
➢ “右对齐”按钮：以最右端对象的右边缘为基准对齐。
➢ “上对齐”按钮：以最顶端对象的上边缘为基准对齐。
➢ “垂直中齐”按钮：以中间对象的水平中心线为基准对齐。
➢ “底对齐”按钮：以最底端对象的下边缘为基准对齐。

图5-46所示为6种对齐效果。

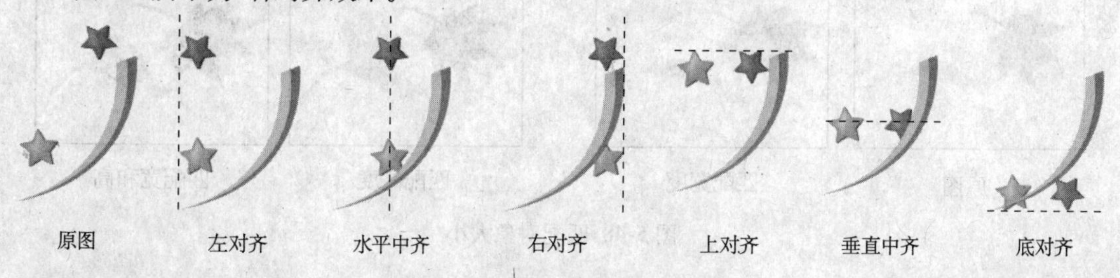

图 5-46 对齐对象

2. 分布对象

用户还可以使用“对齐”面板更改对象的分布方式，单击分布区域中的相应按钮即可。

➢ “顶部分布”按钮：除最上方与最下方对象的位置不变外，将处于中间的其他对象的位置作相应调整，最终使每一对象的顶点所标志的水平线之间的垂直距离相等。
➢ “垂直居中分布”按钮：使所有中间对象的中点所标志的水平线之间的垂直距离相等。
➢ “底部分布”按钮：使所有中间对象的底点所标志的水平线之间的垂直距离相等。
➢ “左侧分布”按钮：除最左方与最右方对象的位置不变外，将处于中间的其他对象的位置做相应调整，最终使每一对象的左端点所标志的垂直线之间的水平距离相等。
➢ “水平居中分布”按钮：使所有中间对象的中点所标志的垂直线之间的水平距离相等。
➢ “右侧分布”按钮：使所有中间对象的右端点所标志的垂直线之间的水平距离相等。

图5-47所示为6种分布效果。

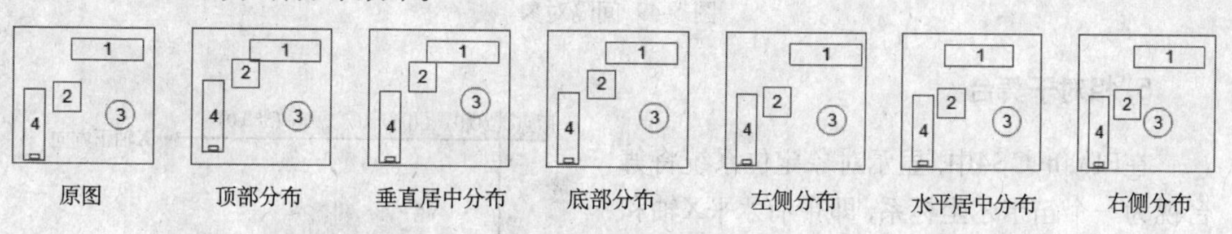

图 5-47 分布对象

3. 匹配对象大小

使用“对齐”面板还可以调整一系列选定对象的尺寸，单击匹配大小区域中的相应按钮即可。

➢ “匹配宽度”按钮：使所选对象的宽度相等。

➤ "匹配高度"按钮：使所选对象的高度相等。

➤ "匹配宽和高"按钮：使所选对象的宽度和高度都相等。

图5-48所示为3种匹配大小效果。

原图

匹配宽度

匹配高度

匹配宽和高

图 5-48 匹配对象大小

4. 间隔对象

间隔按钮用于调整对象在垂直或水平方向上的距离相等，当所选对象的大小相差不多时，使用间隔按钮与分布按钮的效果不会有太大的差别。

➤ "垂直平均间隔"按钮：使所选对象之间的垂直间距相等，其中，垂直间距是指上一对象底部至下一对象顶部之间的距离。

➤ "水平平均间隔"按钮：使所选对象之间的水平间距相等，其中，水平间距是指上一对象右端至下一对象左端之间的距离。

图5-49所示为两种间隔效果。

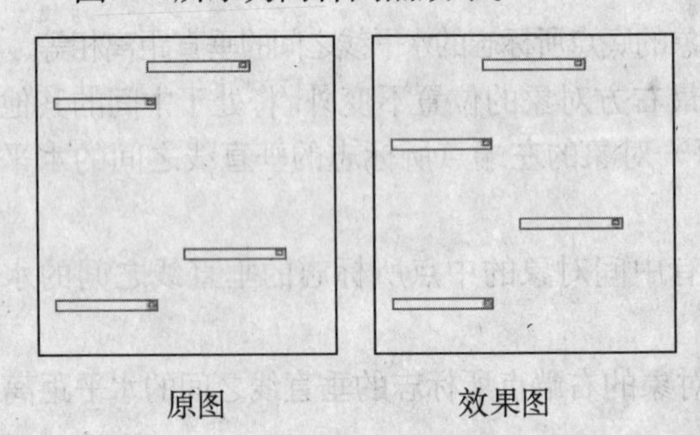

原图　　效果图

垂直平均间隔

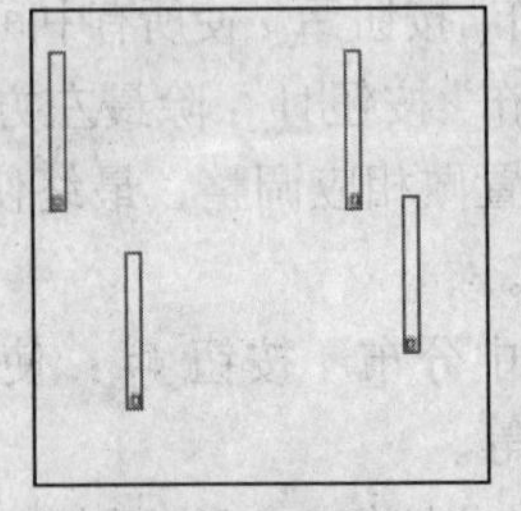

原图

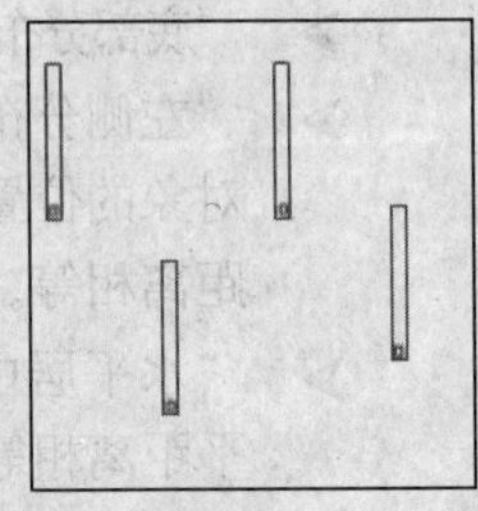

效果图

水平平均间隔

图 5-49 间隔对象

5. 相对于舞台

在Flash CS4中，显示对象定位系统将舞台视为一个笛卡尔坐标系，即带有水平X轴和垂直Y轴的常见系统，坐标系的原点位于舞台的左上角，从原点开始，X轴向右为正，向左为负；Y轴向下为正，向上为负，如图5-50所示。

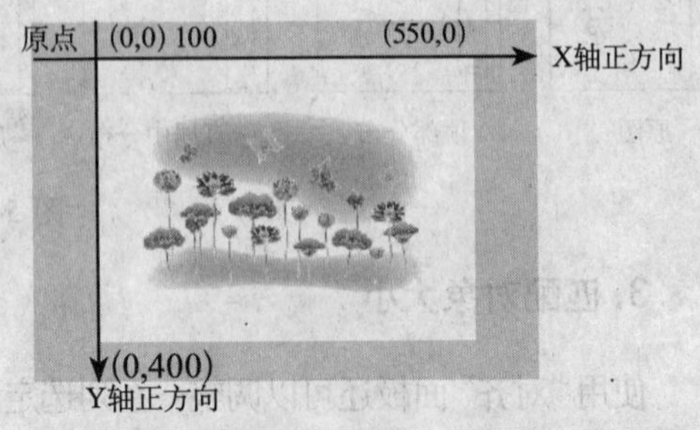

图 5-50 舞台与对象定位坐标系

在默认情况下，舞台的宽度为550像素，高度为400像素，如果用户更改了舞台的大小，位于舞台中央的对象将会偏离其中央位置，如图5-51所示。

此时，激活“相对于舞台”按钮 （使其处于按下状态），然后单击“水平中齐”按钮 和“垂直中齐”按钮 可以很方便地调整该对象重新位于舞台的中央。如果单击“匹配宽和高”按钮 ，系统将调整该对象恰好布满整个舞台，如图5-52所示。

图 5-51 更改舞台的大小影响对象的位置

注意：如果在未激活该按钮的情况下就使用面板上的其他按钮，则操作是对于对象本身的。

图 5-52 调整对象大小使其布满整个舞台

5.5.3 设置自动对齐属性

要将各个对象自动对齐，可以使用贴紧功能。例如，使用对象贴紧功能将对象沿着其他对象的边缘直接对齐；使用像素贴紧功能将对象直接与单独的像素或像素的线条对齐；使用贴紧对齐功能按照指定的贴紧对齐容差、对象与其他对象之间或对象与舞台边缘之间的预设边界对齐对象。

1. 使用对象贴紧功能

若要打开对象贴紧功能，可以执行下列操作之一。

- 选择“视图”→“贴紧”→“贴紧至对象”命令。
- 按Ctrl+Shift+/组合键。
- 选择“任意变形工具”、“渐变变形工具”、“部分选取工具”或“选择工具”后，单击工具面板下方的“贴紧至对象”按钮 。

图 5-53 打开对象贴紧功能后拖动对象

打开对象贴紧功能后，在拖动对象时指针旁边会出现一个对齐环，当对象处于另一个对象的贴紧距离以内时该环会变大，如图5-53所示，继续拖动至合适的位置释放鼠标即可对齐，如图5-54所示。

图 5-54 使用对象贴紧功能对齐对象

注意：对齐环为对象的对齐提供了参考，要在对齐时更好地控制对象，可以从对象的转角点或中心点开始拖动。

2. 使用像素贴紧功能

选择“视图”→“贴紧”→“贴紧至像素”命令即可打开像素贴紧功能。

3. 使用贴紧对齐功能

选择“视图”→“贴紧”→“贴紧对齐”命令即可打开贴紧对齐功能。打开该功能后，当用户拖动对象至指定的贴紧对齐容差位置时，点线将出现在舞台上。

例如，如果将舞台边界设置为18个像素（默认设置），则当被拖动对象距离舞台边界18个像素时，点线将沿着该对象的边缘出现；如果选中了“水平居中对齐”选项，则当在水平方向上精确对齐两个对象的顶点时，点线将沿着这些顶点出现，如图5-55所示。

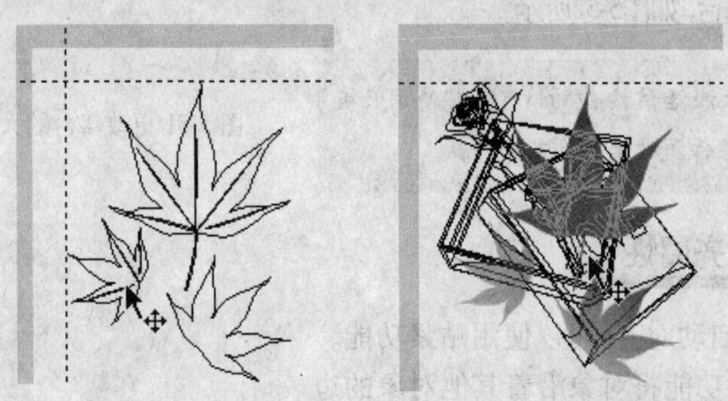

图 5-55 出现点线

4. 编辑贴紧方式

为了更好地使用贴紧功能，用户还可以根据需要编辑贴紧方式，操作步骤如下。

❶ 选择“视图”→“贴紧”→“编辑贴紧方式”命令，打开“编辑贴紧方式”对话框。

❷ 单击 高级 按钮，显示更多的编辑选项，如图5-56所示。

❸ 设置各编辑选项。

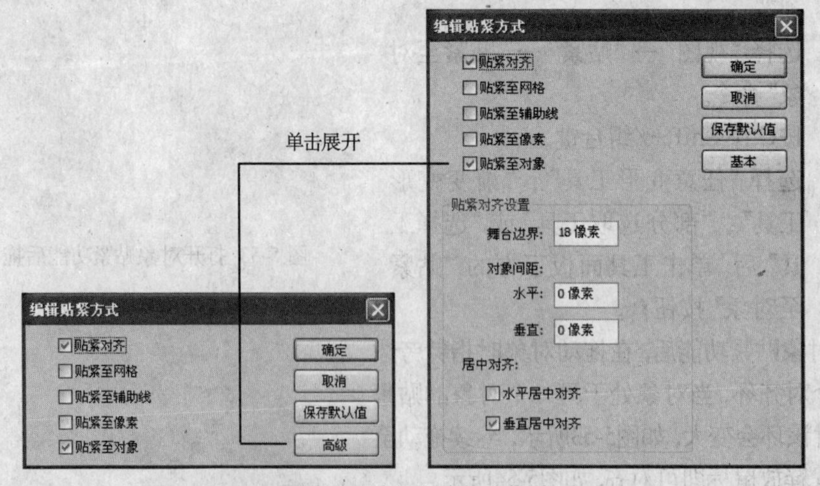

图 5-56 显示贴紧方式的编辑选项

- 舞台边界：设置对象和舞台边界之间的贴紧对齐容差。其中，贴紧对齐容差用于确定一个对象与另一个对象的距离必须在多大范围内才能贴紧对齐。
- 对象间距：设置对象的水平或垂直边缘之间的贴紧对齐容差。
- 居中对齐：打开水平居中对齐或垂直居中对齐功能。

❹ 设置完毕后，单击 确定 按钮应用设置并关闭对话框。

5.6 对象的组合与合并

Flash中的图形对象是由线和面组成的，若要在保持其相对位置不变的情况下作整体移动、旋转等操作非常困难，为了有效地完成这些编辑操作，需要将它们“绑”在一起，即组合。若要通过改变现有对象来创建新形状，则需要使用合并对象命令。

5.6.1 组合对象

用户可以将一个对象中的多个组成部分组合在一起，也可以将多个对象组合在一起。下面介绍组合对象的创建、取消与编辑。

1. 创建组合对象

创建组合对象的操作步骤如下。

❶ 选取一个对象的多个组成部分或多个对象。

❷ 执行下列操作之一。

- 选择“修改”→“组合”命令。
- 按Ctrl+G组合键。

注意：对于锁定的对象必须在解除锁定之后才能组合；对于隐藏的对象必须在显示之后才能组合。

图5-57所示为多个对象在组合前后的效果。

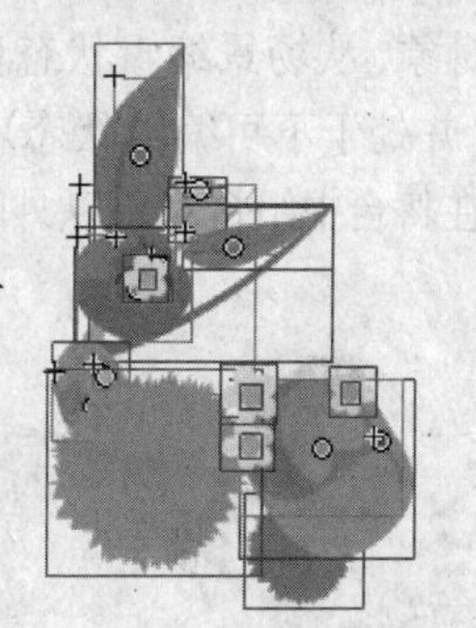

图 5-57 组合多个对象

2. 取消组合对象

若要对组合对象中的子对象单独进行操作，可以先取消组合，操作步骤如下。

❶ 选取组合对象。

❷ 执行下列操作之一。

- 选择“修改”→“取消组合”命令。
- 按Ctrl+Shift+G组合键。

注意：Flash CS4支持嵌套群组，即组合对象可以经过一次或几次组合操作得到，若要将嵌套组合分解为多个独立的对象，则需要执行相应次数的取消组合命令。图5-58所示为取消一个经两次组合而成的组合对象的示意图。

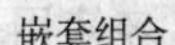

嵌套组合

执行一次取消组合命令

执行一次取消组合命令

图 5-58 取消经两次组合而成的组合对象

3. 编辑组合对象

组合后的对象可以作为一个整体来编辑，

例如，可以选择"修改"→"变形"→"水平翻转"命令进行水平镜像，如图5-59所示。

图 5-59 水平镜像组合对象

对于组合对象中的子对象，用户可以在取消组合的情况下对它们单独进行编辑，由于方法简单，这里就不再赘述。下面介绍如何在不取消组合的情况下，编辑组合对象中子对象的3种方法。

(1) 选取组合对象，选择"编辑"→"编辑所选项目"或"在当前位置编辑"命令进入对象编辑状态，对组合对象中的子对象进行需要的编辑，完成之后，选择"编辑"→"全部编辑"命令返回即可。

(2) 双击组合对象中需要改变的子对象，将其从群组中独立选出进行编辑，完成之后，双击页面上的任意位置放弃对该子对象的选定即可。

(3) 双击组合对象，从场景编辑状态切换至对象编辑状态（舞台中不属于该组合对象的部分将呈浅色显示，并处于不可编辑状态），如图5-60所示。对组合对象中的子对象进行需要的编辑，完成之后，在舞台中组合对象以外的位置双击返回场景编辑状态即可。

场景编辑状态　　对象编辑状态

图 5-60 两种编辑状态对比

5.6.2 合并对象

在Flash CS4中，除了可以直接使用矢量工具（如线条、铅笔、钢笔、矩形等）绘制矢量图外，还可以运用合并功能对多个矢量对象进行联合、交集、打孔、裁切操作。在绘制过程中合理地运用该功能，可以达到事半功倍的效果。

1. 联合

联合是将几个对象结合成一个新对象的操作，新对象由联合前对象上所有可见的部分组成。选取多个对象后，选择“修改”→“合并对象”→“联合”命令即可。图5-61所示为联合前后的效果对比。

原图

联合效果

图 5-61 联合对象

注意：联合操作将删除形状上不可见的重叠部分，双击联合后的对象进入对象编辑状态，将上面的部分删除或移走，可以明显地看到删除效果，如图5-73所示。

2. 交集

交集是将几个对象的相交部分进行保留，组合成一个新对象的操作。选取多个对象后，选择“修改”→“合并对象”→“交集”命令即可，如图5-62所示。

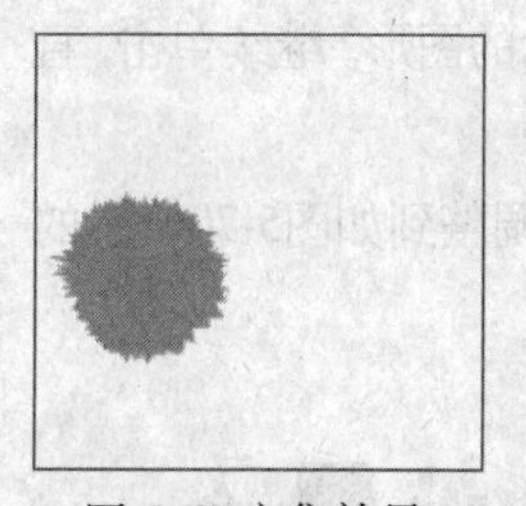

图 5-62 交集效果

图 5-63 联合操作将删除不可见的重叠部分

3. 打孔

打孔是将位于底层的对象与上层对象的相交部分裁减掉，使底层对象的形态发生改变的操作。选取多个对象后，选择“修改”→“合并对象”→“打孔”命令即可，如图5-63所示。

4. 裁切

裁切是为多个对象设计的，用于保留最上层对象与中间、下层对象的重叠部分。如有3个对象，层次关系是花朵在最下层，黄色对象在中间，绿色对象在最上层，它们相互叠加，选择“修改”→“合并对象”→“裁切”命令后的效果将如图5-64所示。

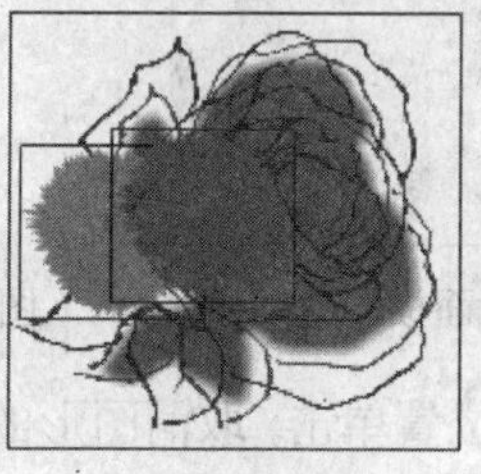

原图

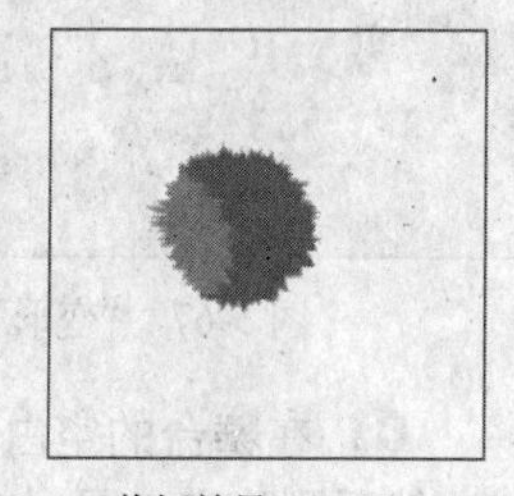

裁切效果

图 5-64 裁切对象

5.7 课堂实例

5.7.1 车轮

本例绘制一个车轮，操作步骤如下。

❶ 新建一个Flash文档（ActionScript 3.0）。

❷ 选择“矩形工具”，在“属性”面板上设置“笔触颜色”为无，“填充颜色”为黑色，在舞台中绘制一个矩形，并用“选择工具”调整其形状，如图5-65所示。

❸ 选择“任意变形工具”，单击得到的形状，显示角手柄、边手柄和变形点，然后竖直向下拖动变形点，如图5-66所示。

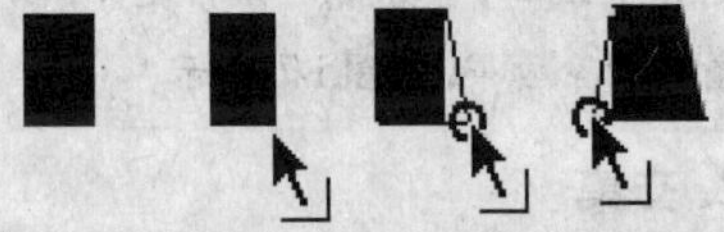

图 5-65 绘制矩形并调整其形状

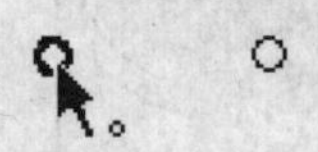

图 5-66 改变变形点的位置

❹ 选择“窗口”→“变形”命令或按Ctrl+T组合键，打开“变形”面板，如图5-67所示。设置“旋转”为30.0°，再单击“重制选区和变形”按钮，得到如图5-68所示的图形。继续单击，直至环绕一周，如图5-69所示。

❺ 选择“椭圆工具”，按住Shift键，绘制一个黄色的空心圆，并调整到如图5-70所示的位置。

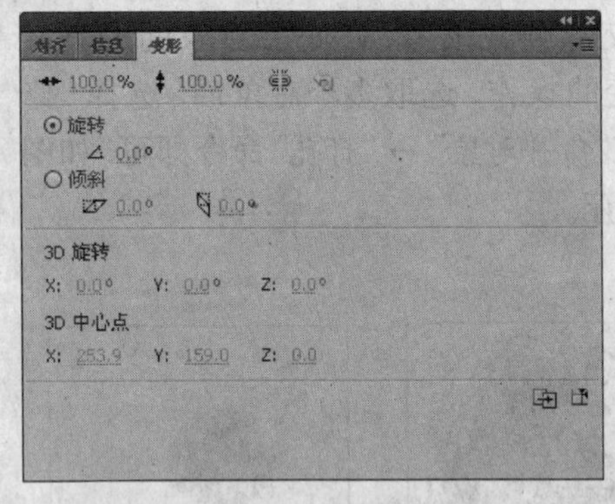

图 5-67 “变形”面板

图 5-68 复制一次效果

图 5-69 复制11次效果

❻ 在舞台的空白位置单击，取消图形的选中状态，如图5-71所示。删除空心圆以内的填充，然后删除空心圆，如图5-72所示。

图 5-70 绘制并移动圆形

图 5-71 取消选中

图 5-72 删除空心圆以内的填充及空心圆

❼ 选择“线条工具”，在“属性”面板上设置“笔触颜色”为黑色，在舞台中绘制一条带箭头的直线，如图5-73所示。

❽ 切换至“选择工具”，将直线稍微拉弯，并调整箭头的方向，如图5-74所示。

❾ 保存文档为“车轮.fla”，按Ctrl+Enter组合键测试影片。

图 5-73 绘制带箭头的直线

图 5-74 调整带箭头的直线

5.7.2 竹扇

本例制作一把竹扇，操作步骤如下。

❶ 新建一个Flash文档（ActionScript 3.0）。

❷ 选择“矩形工具”，在属性面板上设置“笔触颜色”为无，“填充颜色”为#CCCC00，在舞台中绘制一个矩形，如图5-75所示。

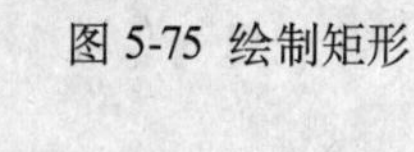

图 5-75 绘制矩形

❸ 使用“选择工具”调整其形状，如图5-76所示。使用“任意变形工具”单击该图形，显示其角手柄、边手柄和变形点，如图5-77所示。拖动变形点到如图5-78所示的位置。

图 5-76 调整矩形形状

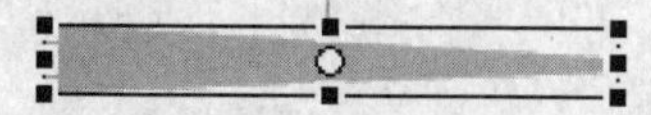

图 5-77 显示变形控制工具

图 5-78 移动变形点

❹ 选择“窗口”→“变形”命令或按Ctrl+T键组合，打开“变形”面板，设置“旋转”为15.0°。单击12次“重制选区和变形”按钮，得到竹扇的骨架，如图5-79所示。

❺ 单击时间轴左下角的“新建图层”按钮，新建“图层2”。然后单击“对象绘制”按钮，切换至对象绘制模式。

❻ 选择“基本椭圆工具”，按住Shift键，在舞台中绘制一个圆形，如图5-80所示。选中圆形，在“属性”面板上设置“开始角度”为180，“结束角度”为0，“内径”为50，按Enter键应用设置，得到扇面部分，如图5-81所示。然后选择“任意变形工具”，调整其大小和位置，如图5-82所示。

图 5-79 绘制竹扇的骨架

图 5-80 绘制圆形

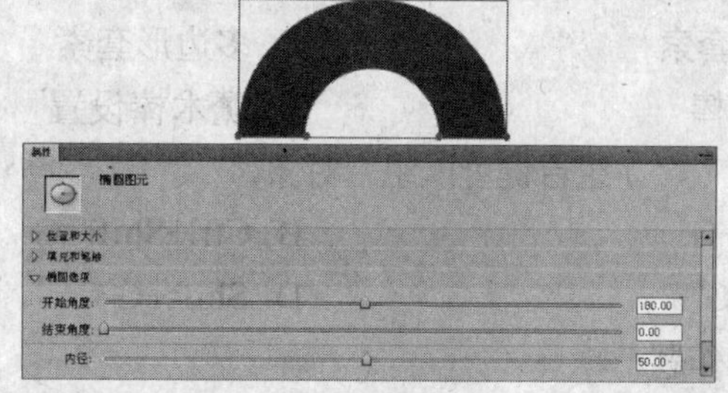

图 5-81 绘制扇面部分

❼ 选择“文件”→“导入”→“导入到库”命令，打开“导入到库”对话框，导入“gh2.jpg”图片。

⑧ 选择“窗口”→“颜色”命令，打开“颜色”面板，设置“笔触颜色”为#A863A8，”填充颜色”为刚才导入的图片，如图5-83所示。

图 5-82 组合竹扇骨架和扇面

图 5-83 设置位图填充属性

⑨ 选择“颜料桶工具”，单击扇面部分进行填充，效果如图5-84所示。

⑩ 保存文档为“竹扇.fla”，按Ctrl+Enter组合键测试影片。

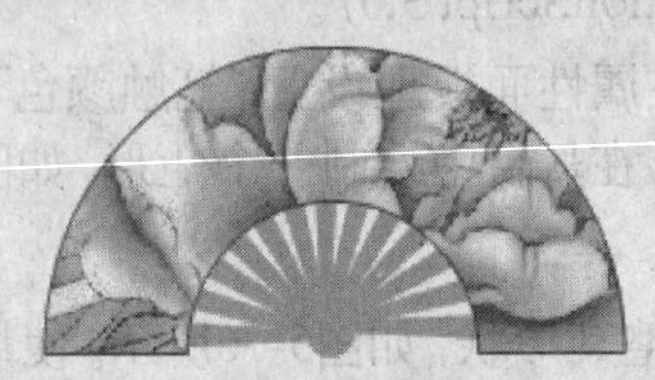

图 5-84 填充扇面

课堂练习五

一、填空题

(1) 舞台之外以淡灰色显示的区域则是__________。

(2) 选择工具和__________是Flash中的主要选取工具。

二、选择题

(1) 在使用套索工具选取对象时，Flash CS4提供了（　　）选取模式。

A. 自由套索　　B. 多边形套索

C. 魔术棒　　D. 魔术棒设置

(2) 按（　　）组合键可以组合对象。

A. Ctrl+G　　B. Ctrl+Shift+G

C. Alt+G　　D. Shift+G

三、上机操作题

(1) 绘制一个杯子。

(2) 绘制一串葡萄。

Flash

第6章 图层的使用

学习目标

新建Flash文档在默认情况下只有一个图层，随着复杂程度的增加，用户可以根据需要创建若干个图层，然后将不同类型的对象置于不同的图层中。本章主要介绍图层的用途、分类、基本操作、管理及设置等，熟练掌握将有助于用户更好地创建与管理动画。

学习重点

(1) 图层的类型

(2) 图层的基本操作

(3) 图层属性的设置

6.1 图层简介

在大部分图形处理软件中，都引入了图层的概念，可见其功能的强大。灵活地掌握与使用图层，不但能轻松制作出多种效果，还能大大提高工作效率。可以说，对图层技术的掌握，无论是Flash，还是其他图形处理软件，都是新手进阶的必经之路。

那么，什么是图层呢？形象地说，图层类似于堆叠在一起的透明纤维纸，透过没有内容的图层区域可以看到下面图层中的内容。图层又是相对独立的，修改其中的一层，不会影响到其他层，方便用户在不同图层上编辑不同的内容，最后将所有图层叠加就形成了一部完整的动画，如图6-1所示。

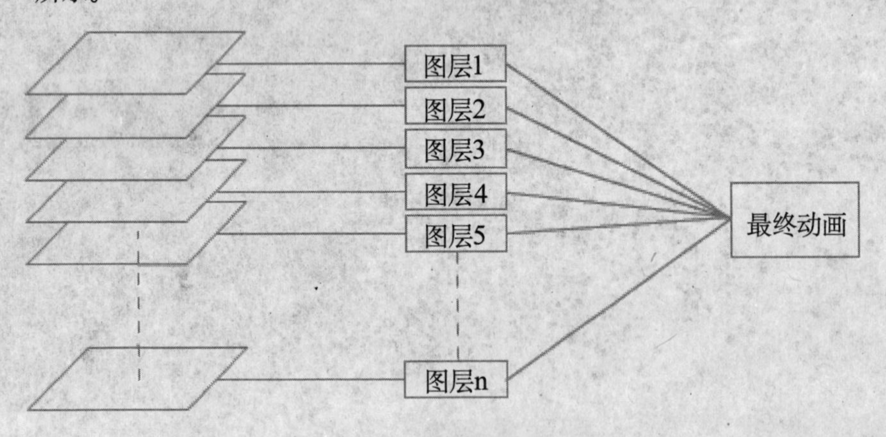

图 6-1 图层示意图

新建的Flash文档仅包含一个图层，用户可以根据需要添加若干个图层，并且添加的图层数目只受计算机内存的限制。对于未添加任何内容的图层而言，它不会增加所发布SWF文档的大小。当然，如果只添加空层，不做任何操作，也就失去了添加图层的意义。

在制作具有多个图层的Flash动画中，各图层将按照一定的顺序进行排列，形成图层堆栈，这时要注意图层的叠放顺序，因为图层的不透明区域会覆盖其下面的图层内容。例如在一个图层上显示楼房，另一个图层上显示太阳，那么如果太阳的图层在上，则太阳将从楼房前面运动，反之，则太阳在楼房的后面运动，如图6-2所示。

图 6-2 图层的叠放顺序不同遮挡关系也不同

为方便用户管理和操作图层，Flash提供了一个图层窗口，它位于舞台的上方，菜单栏的下方，时间轴的左侧。图6-3显示了默认状态下的图层窗口，它仅有一个图层。用户通过这个区域，可以完成图层的创建、重命名、移动、排序、隐藏等一系列操作。

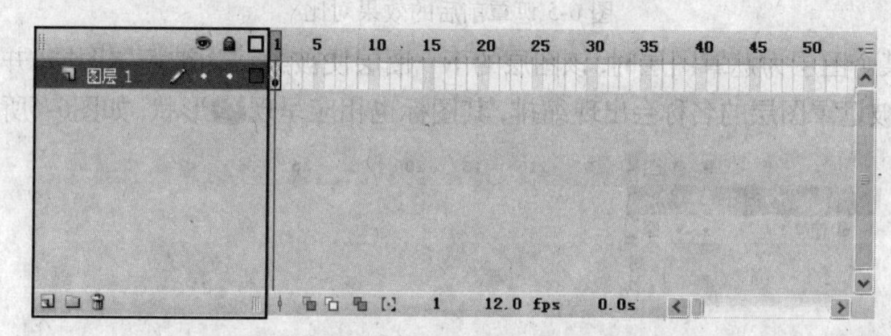

图 6-3 默认状态下的图层窗口

6.2 图层的类型

Flash图层可以分为5种类型：一般图层、遮罩图层、被遮罩图层、引导图层和被引导图层，如图6-4所示。

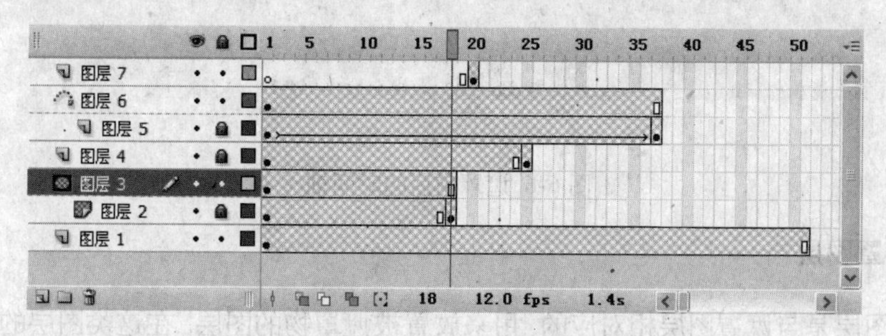

图 6-4 Flash图层类型

1. 一般图层

指普通状态下的图层，在这类图层的名称之前将出现图标。图6-4中的图层1、图层4和图层7是一般图层。

2. 遮罩图层

前面讲到：图层类似于堆叠在一起的透明纤维纸，透过没有内容的图层区域可以看到下面图层中的内容。而遮罩图层却是其中的一个特例，它就像不透明的纸张一样，将下面的被遮罩层遮住，被遮罩层中的内容若要显示，必须在上面的遮罩图层上“挖”一个洞，透过这个洞才能看清楚下面的内容，如图6-5所示。

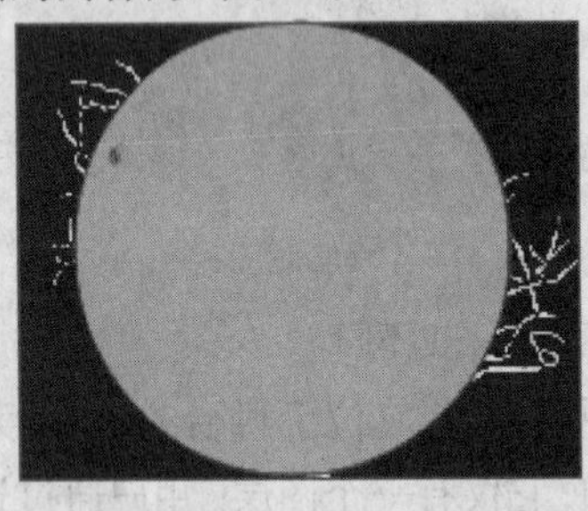

遮罩前不显示

遮罩后显示

图 6-5 遮罩前后的效果对比

当设置某个图层为遮罩图层时，该图层的下一图层便被默认为被遮罩图层，并且两个图层会自动锁定，被遮罩图层的名称会出现缩排，其图标也相应呈现▩形状，如图6-6所示。

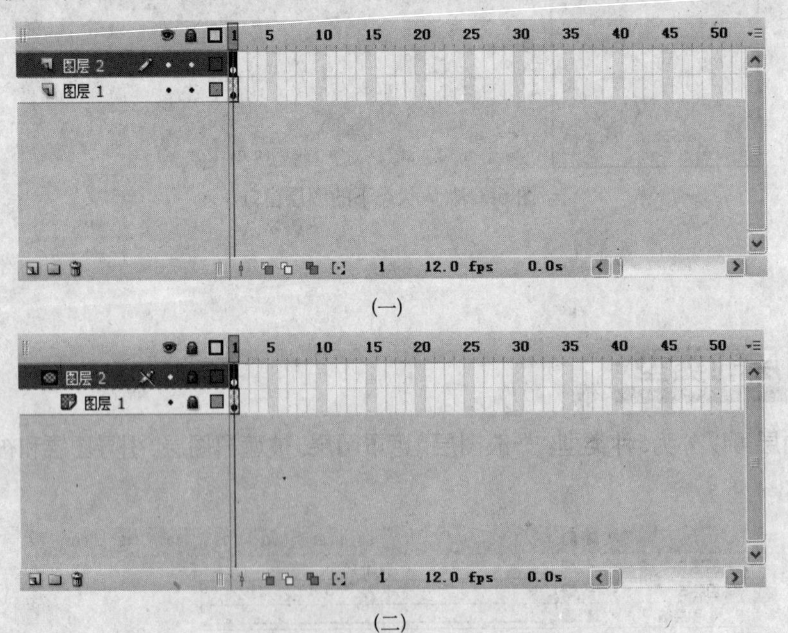

(一)

(二)

图 6-6 遮罩前后的时间轴

3. 被遮罩图层

被遮罩图层是与遮罩图层相对应的，用来放置被遮罩物的图层，在这类图层的名称之前将出现▩图标。图6-4中的图层2和图6-6（二）中的图层1便是被遮罩图层。

4. 引导图层

引导图层分为普通引导图层和运动引导图层两种。当某个图层为普通引导图层时，其图标会呈现✎形状，并且该图层的下一图层将被默认为被引导图层，如图6-7所示。

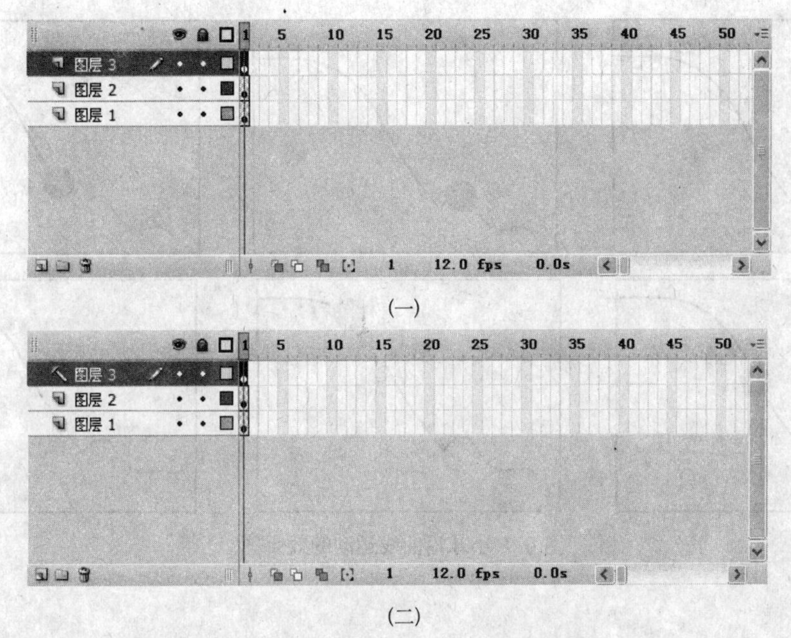

（一）

（二）

图 6-7 普通引导前后的时间轴

普通引导层是在一般图层的基础上建立的，主要起辅助静态定位的作用，在预览和导出时并不显示。例如在普通引导图层上绘制一个没有填充的五角星，在被引导图层上对应五角星尖角的位置分别绘制圆形，那么在预览和导出动画时，将只能看到5个等距离排列的圆形，而普通引导层上的五角星并没有显示出来，如图6-8所示。

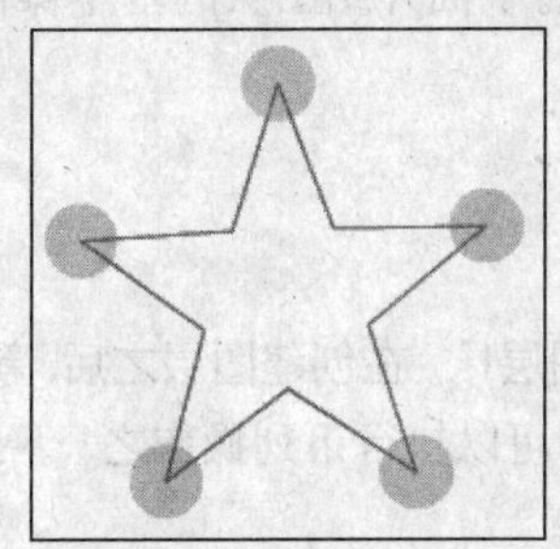

编辑状态下

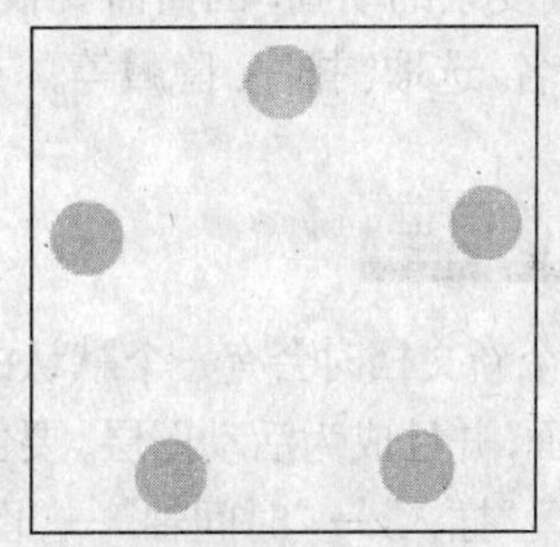

预览和导出效果

图 6-8 普通引导层的效果

引导图层的另一类是运动引导图层，与普通引导图层相比，运动引导图层是一个新层，在创建时必须指定为哪个图层添加运动引导图层。为某个图层添加运动引导图层时，该图层会被默认为被引导图层，并且该图层的名称会出现缩排，运动引导图层的图标也相应呈现形状。图6-4所示中的图层6便是运动引导图层。

在引导图层中可以设置引导路径，用来引导被引导图层中的对象沿着该路径进行移动。例如在引导图层上绘制一条曲线作为引导路径，在被引导图层上绘制一个小球，那么当添加完所需的关键帧和补间动画命令之后，小球将沿着这条曲线运动，如图6-9所示。

5. 被引导图层

被引导图层是与上面的引导图层相辅相成的，当上一个图层被指定为引导图层时，该图层会自动转变成被引导图层。图6-4中的图层5和图6-7（二）中的图层2便是被引导图层。

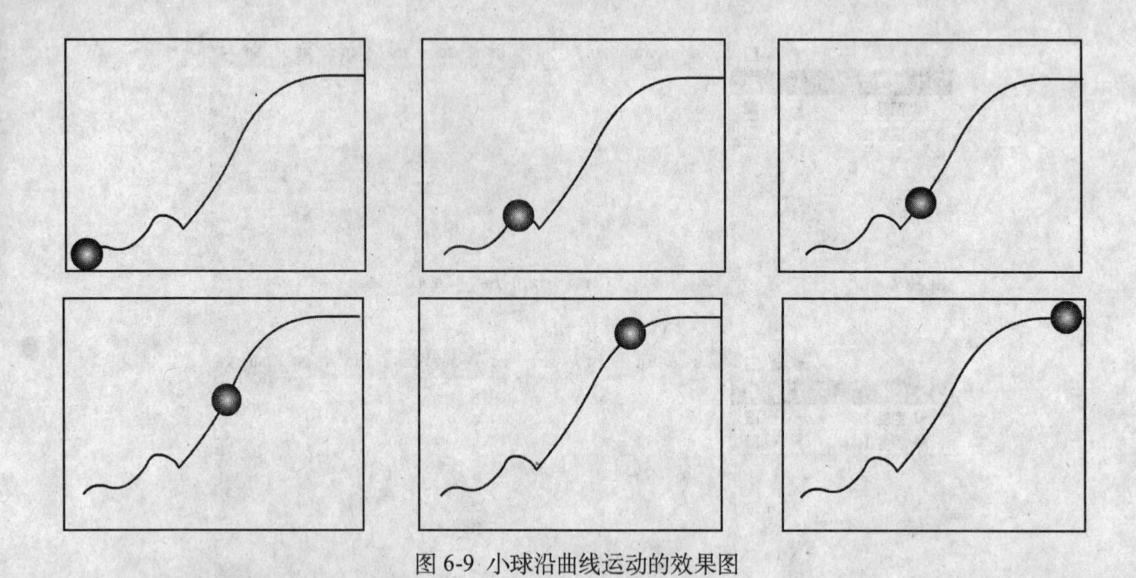

图 6-9 小球沿曲线运动的效果图

6.3 图层的基本操作

Flash中的图层是一个很重要的概念。通过图层可以在同一个场景中安排多个图形或动画，从而可以构成复杂的动画，因而需要很好地掌握。下面介绍图层的基本操作，包括图层的创建、删除、重命名、选取、排序、隐藏等。

6.3.1 创建与删除图层

每次打开一个新文档时会有一个默认的图层“图层1”。在创建图层之后，新建图层将出现在所选图层的上面，并且成为活动图层。要创建图层，可以执行下列操作之一。

- 选择“插入”→“时间轴”→“图层”命令。
- 单击时间轴左下角的“新建图层”按钮。
- 在图层名称上右击，在弹出的快捷菜单中选择“新建图层”命令，如图6-10所示。

对于新添加的图层将按照创建的先后顺序，由下至上叠加，并且自动命名为图层2、图层3等，图6-11所示为添加图层前后的效果。

> 说明：以上介绍的是如何插入一般图层，除此以外，用户还可以创建引导层；单击“新建文件夹”按钮，创建文件夹层。

删除图层指将图层从图层选单中删除，同时删除图层中的所有帧及对象，删除图层的操作步骤如下。

1. 选取要删除的图层使其高亮度显示。
2. 执行下列操作之一。
   - 单击时间轴左下角的“删除图层”按钮。

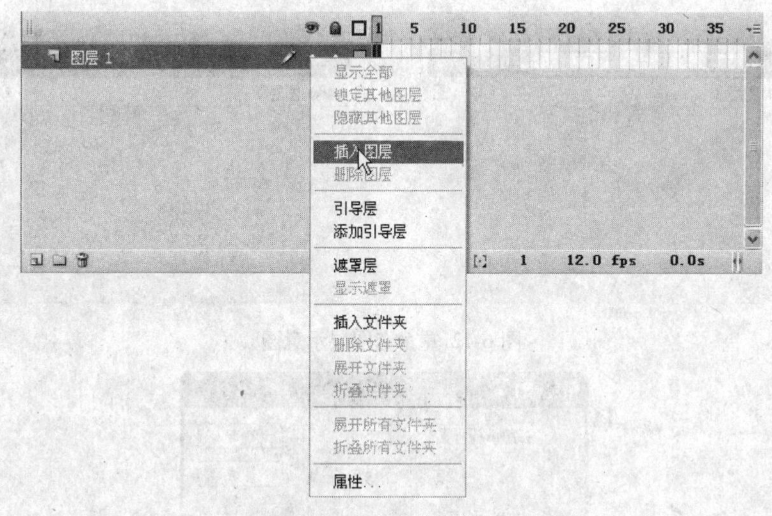

图 6-10 图层快捷菜单

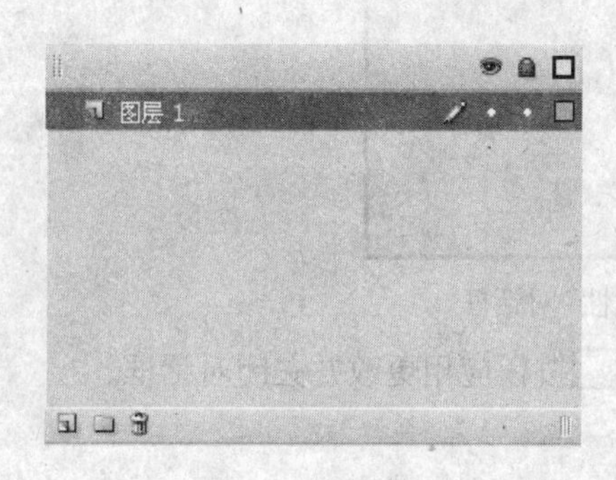

添加前　　　　添加后

图 6-11 添加图层前后的效果

➢ 直接拖曳至“删除图层”按钮上，释放鼠标左键。

➢ 在图层名称上右击，在弹出的快捷菜单中选择“删除图层”命令。

6.3.2 重命名图层

一个复杂的Flash动画会有几十甚至几百个图层，合理规则的命名能够很好地反映图层内容，从而方便用户控制和使用图层。例如，在“图层2”中绘制了一棵树，可以将“图层2”重命名为树木，操作步骤如下。

❶ 选取要重命名的图层。

❷ 双击图层名称，使其处于可编辑状态。

❸ 修改名称。

❹ 在编辑框外单击，完成重命名操作，操作过程如图6-12所示。

用户也可以在“图层属性”对话框中重命名图层，操作步骤如下。

❶ 选取要重命名的图层。

❷ 在图层名称上右击，在弹出的快捷菜单中选择“属性”命令，将打开“图层属性”对话框，如图6-13所示。

图 6-12 重命名图层示意图

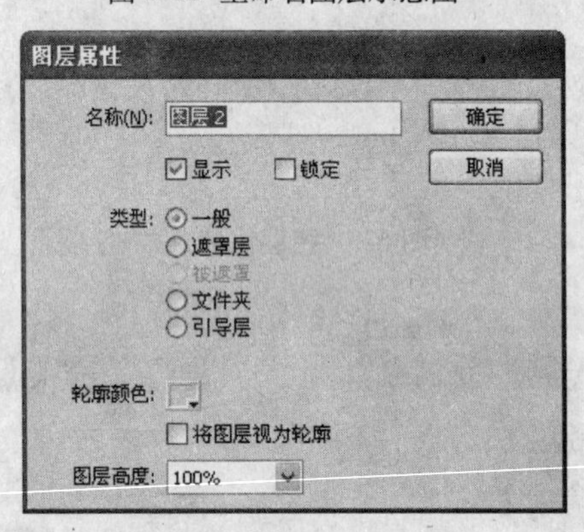

图 6-13 “图层属性”对话框

❸ 在“名称”框中输入新的名称，单击[确定]按钮应用更改并关闭对话框。

6.3.3 选取与复制图层

选取图层就是使某个图层成为可编辑的图层，这个图层会在时间轴中突出显示，并且在其名称的右侧将出现一个铅笔图标。要选取图层，可以执行下列操作之一。

- 在时间轴上单击需要激活图层的名称。
- 在时间轴上单击某一帧，可以激活相应的图层。
- 选取舞台中的某一对象，可以激活该对象所在的图层。

有时为了编辑的需要，可能要同时选取多个图层，遇到这种情况，可以结合Shift键和Ctrl键来完成。当用户选取第一个图层后，在按住Shift键的同时，单击要选取的最后一个图层，可以选取连续的多个图层，如图6-14所示。在按住Ctrl键的同时，单击不相邻的图层，可以选取不连续的多个图层，如图6-15所示。

注意：选取多个图层和选取一个图层是不同的。对于选取的多个图层，只能进行删除、加锁、解锁、隐藏、显示和调整叠放顺序等操作，而不能进行复制或重命名操作，更不能对图层中的对象进行编辑。

在一个Flash动画中，如果需要两个一模一样的图层时，用户不必再重新建立图层中的各种对象，而是直接对已经存在的图层进行复制，操作步骤如下。

❶ 选取需要复制的图层，使其高亮度显示。

❷ 选择“编辑”→“时间轴”→“复制帧”命令。

图 6-14 选取相邻的图层

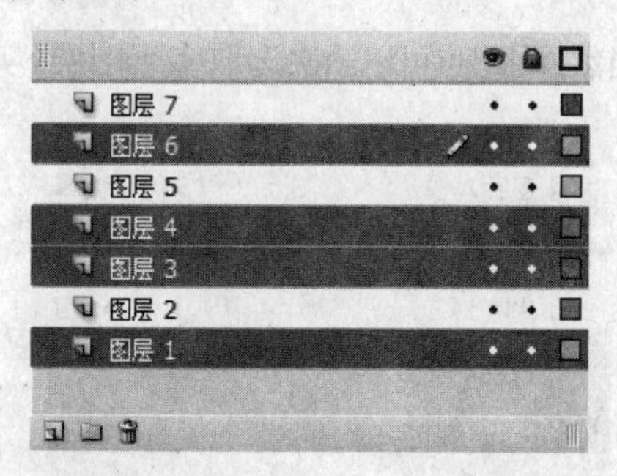

图 6-15 选取不相邻的图层

❸ 新建一个图层并使其成为当前操作图层。

❹ 选择"编辑"→"时间轴"→"粘贴帧"命令。

完成图层的复制后，可以看到两个图层的名称和内容也会一样，如图6-16所示。

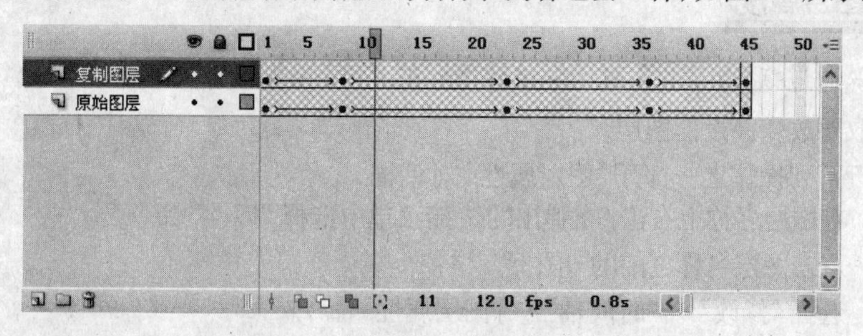

图 6-16 复制图层

当用户进行多个图层的复制时，多个图层的位置必须是连续的，否则不能进行复制。复制多个图层与复制一个图层的步骤基本类似，这里不再赘述。

6.3.4 改变图层顺序

图层的顺序决定了图层中对象的叠放顺序，排在最上方图层中的对象，会遮住该图层以下的所有图层中的对象；而位于最下方图层中的对象，会被上方图层中的对象遮住。要改变图层的顺序，可以使用鼠标拖曳的方式，直接上移或下移图层，操作步骤如下。

❶ 选取要改变顺序的图层。

❷ 按住鼠标左键不放拖曳图层，在拖曳过程中，会出现一条虚线，显示图层的移动。

❸ 在需要的位置释放鼠标左键即可，如图6-17所示。

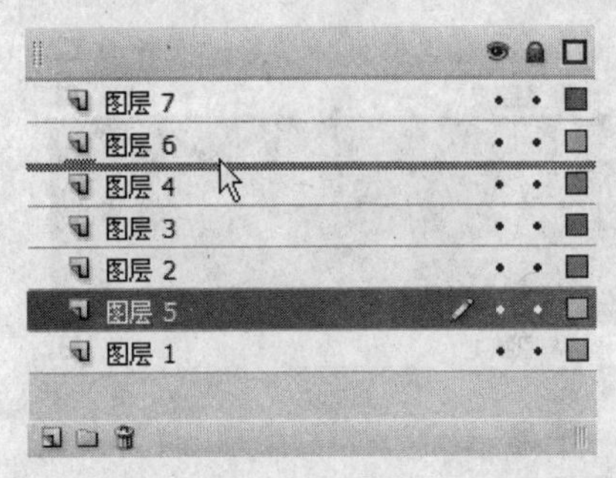

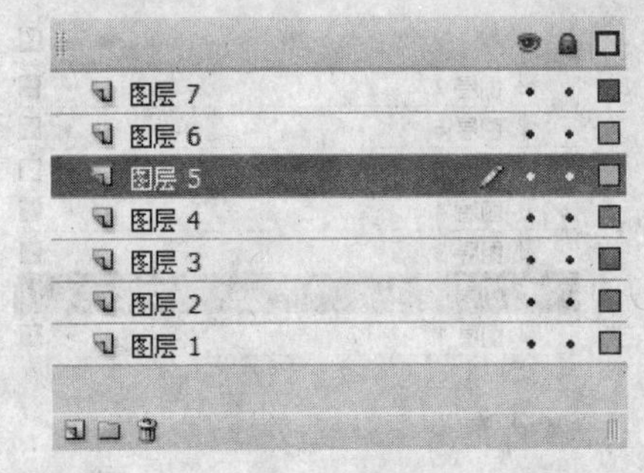

图 6-17 改变图层顺序

当然，用户也可以一次选取多个图层，实现多个图层顺序同时改变，如图6-18所示。

图 6-18 同时改变多个图层顺序

6.3.5 改变图层高度

用户可以通过“图层属性”对话框更改图层的高度，操作步骤如下。

❶ 选取要改变高度的图层。

❷ 执行下列操作之一打开“图层属性”对话框。

- ➢ 在图层名称上右击，在弹出的快捷菜单中选择“属性”命令。
- ➢ 双击图层名称之前的图标。
- ➢ 选择“修改”→“时间轴”→“图层属性”命令。

❸ 在“图层高度”下拉列表中选择“200%”或“300%”，如图6-19所示。

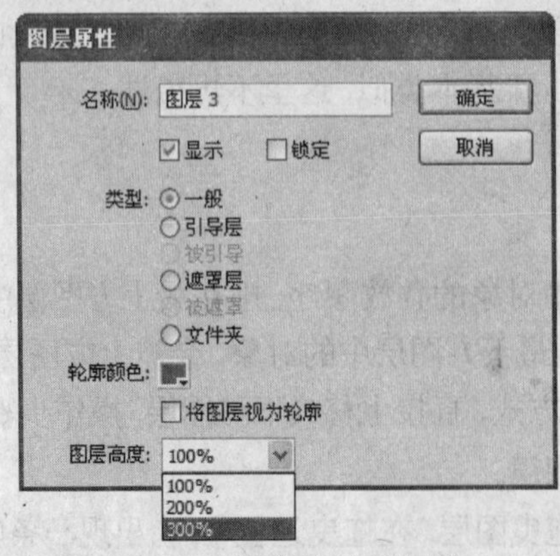

图 6-19 设置图层高度属性

❹ 单击 确定 按钮应用更改并关闭对话框，如图6-20所示。

图 6-20 改变图层高度

6.3.6 锁定与解锁图层

在Flash制作中，大家应该养成一个好习惯，完成一个图层的制作就立刻把它锁定，以免误操作带来麻烦，需要编辑时再进行解锁。

1. 锁定图层

锁定图层的方法比较简单，在图层窗口中单击图层的锁定图标下的黑点即可，执行锁定操作后，黑点将变成一个锁定图标，如图6-21所示。

如果锁定的是当前图层，则该图层中的铅笔图标将呈现形状，表示该图层处于不可编辑状态，如图6-22所示。

如果要一次性锁定当前图层以外的所有图层，可以在该图层上右击，在弹出的快捷菜单中选择“锁定其他图层”命令。

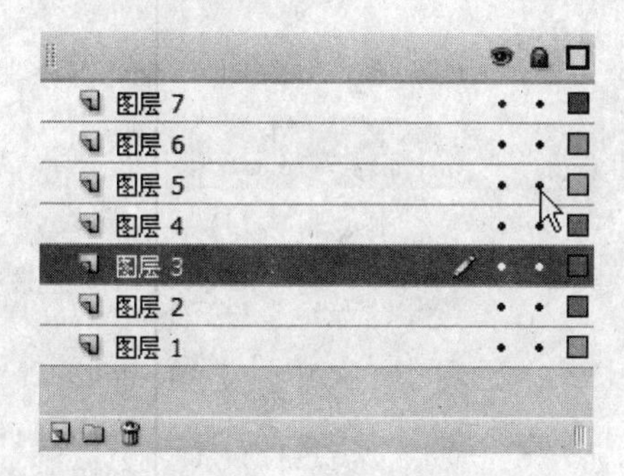

图 6-21 锁定图层

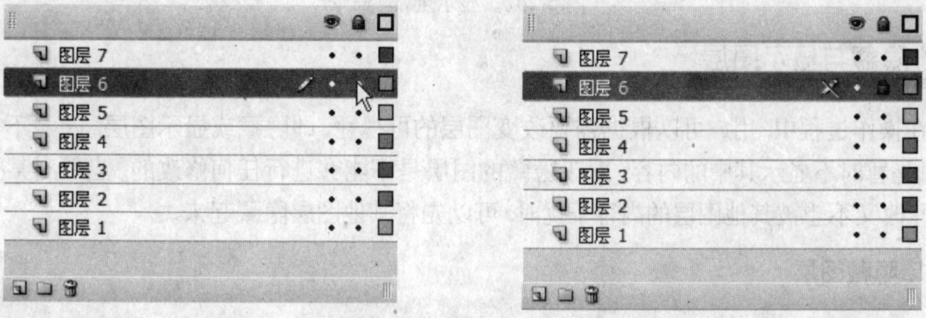

图 6-22 锁定当前图层

如果要对所有的图层锁定，单击图层窗口上方的锁定图标即可，执行锁定操作后，所有图层的黑点将变成锁定图标，如图6-23所示。

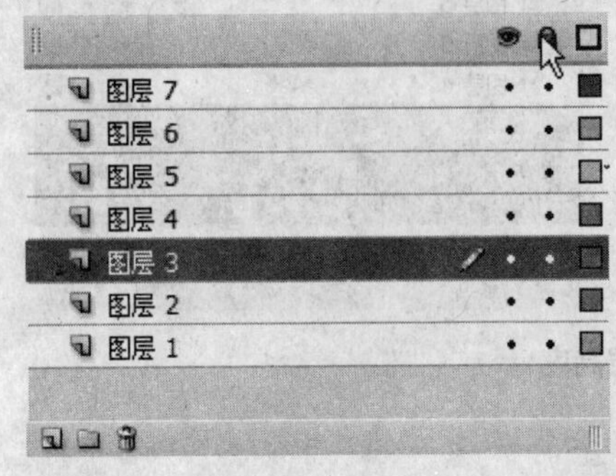

图 6-23 锁定所有图层

2. 解锁图层

如果要对某一锁定的图层进行解锁，只需单击该图层的锁定图标即可，此时锁定图标将重新变成黑点。如果要对所有锁定的图层都进行解锁，可以执行下列操作之一。

- 单击图层窗口中的锁定图标。
- 在某一图层上右击，在弹出的快捷菜单中选择“显示全部”命令，如图6-24所示。
- 在按住Ctrl键的同时，单击某一锁定的图层。

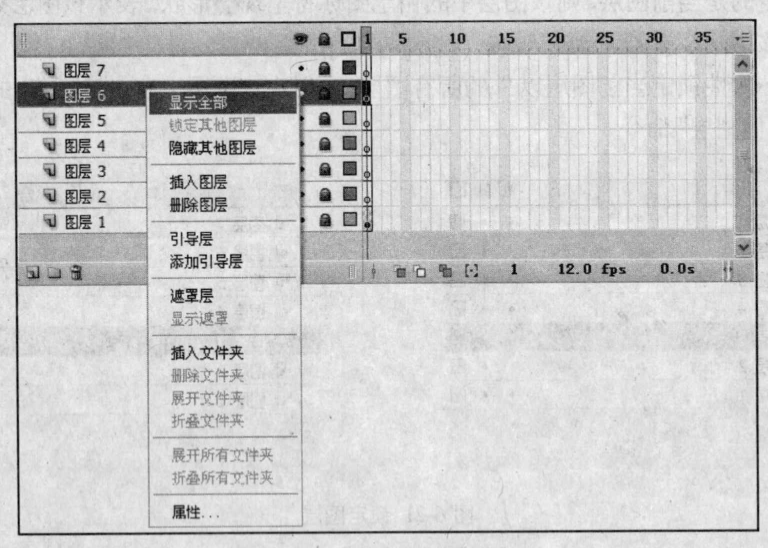

图 6-24 “显示全部”命令

6.3.7 隐藏与显示图层

在操作过程中，用户可以根据需要改变图层的可视性，即隐藏或显示图层。隐藏不等于删除，只是暂时不显示其中的内容。对于隐藏的图层是不能够进行任何修改的。当要对某个图层进行修改又不想被其他图层的内容干扰时，可以先将其他图层隐藏起来。

1. 隐藏图层

当在某一图层上进行操作时，可以将其他图层隐藏起来。隐藏图层的方法也比较简单，在图层窗口中单击图层的眼睛图标下的黑点即可，执行隐藏操作后，黑点将变成一个叉号✕图标，如图6-25所示。

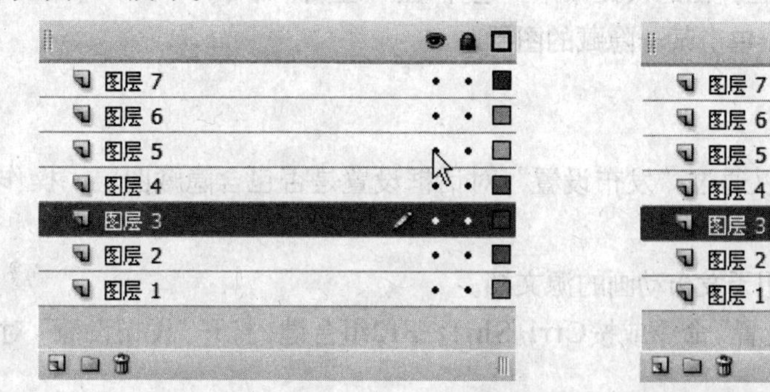

图 6-25　隐藏图层

如果隐藏的是当前图层，则该图层中的铅笔图标将呈现✕形状，表示该图层处于不可编辑状态，如图6-26所示。

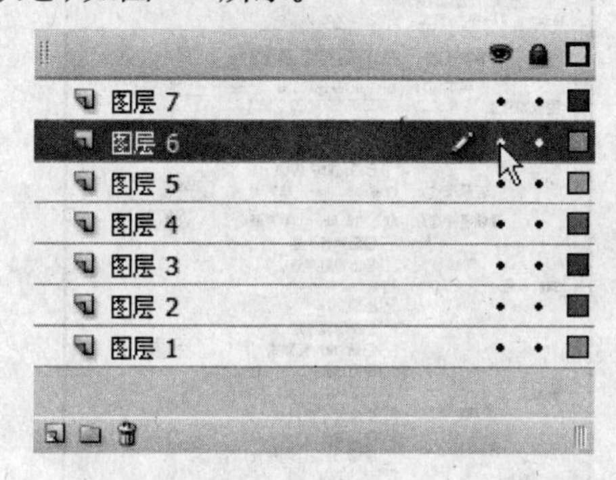

图 6-26　隐藏当前图层

如果要一次性隐藏当前图层以外的所有图层，可以在该图层上右击，在弹出的快捷菜单中选择“隐藏其他图层”命令。

如果要同时隐藏所有图层，单击图层窗口上方的眼睛图标即可，执行隐藏操作后，所有图层中的黑点将变成叉号图标，如图6-27所示。

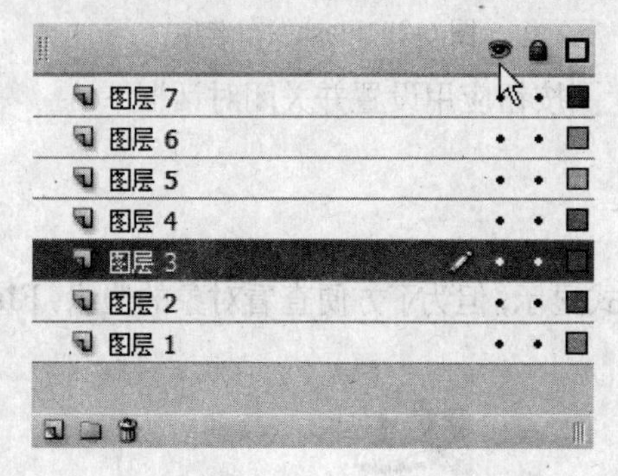

图 6-27　隐藏所有图层

2. 显示图层

如果要显示某一隐藏的图层，只需单击该图层中的叉号图标即可，此时叉号将重新变成黑点。如果要同时显示隐藏的所有图层，可以执行下列操作之一。

➢ 单击图层窗口中的眼睛图标。

➢ 在某一图层上右击，在弹出的快捷菜单中选择“显示全部”命令。

➢ 在按住Ctrl键的同时，单击某一隐藏的图层。

3. 设置发布时的隐藏属性

在发布SWF文档之前，可以通过“发布设置”对话框设置是否包含隐藏图层，操作步骤如下。

❶ 打开一个FLA文档，即用于发布动画的源文档。

❷ 选择“文件”→“发布设置”命令或按Ctrl+Shift+F12组合键，打开“发布设置”对话框，如图6-28所示。

❸ 单击Flash标签，显示其选项卡设置，如图6-29所示。

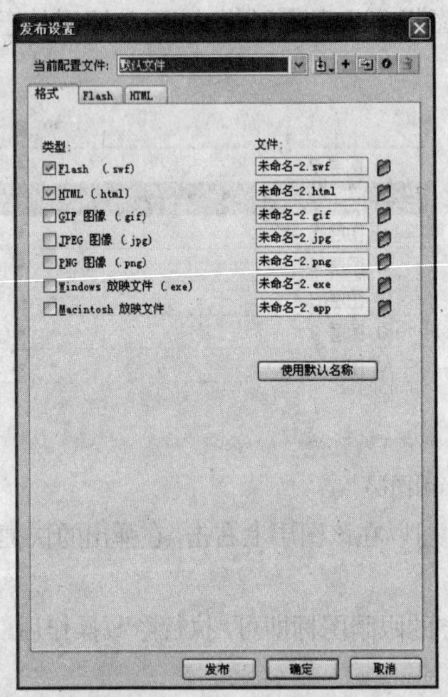

图 6-28 “发布设置”对话框

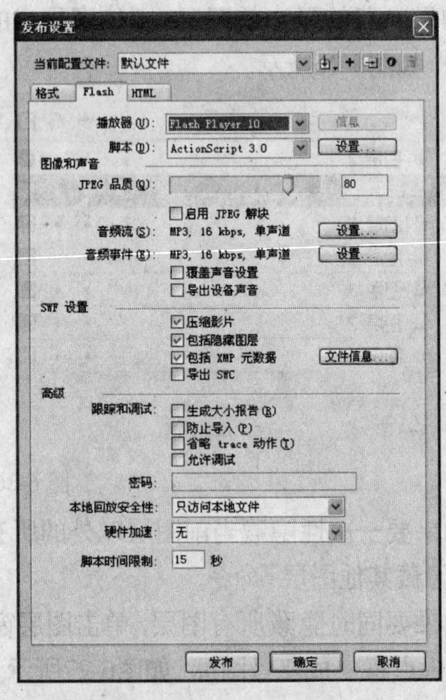

图 6-29 Flash发布选项

❹ 选中或取消选中☑包括隐藏图层复选框，单击［确定］按钮应用设置并关闭对话框。

6.3.8 以轮廓方式显示图层

在默认情况下，图层中的内容以完整的实体方式显示，但为了方便查看对象的边缘，Flash还提供了显示对象轮廓的功能，如图6-30所示。

图 6-30 以两种方式显示对象

如果要以轮廓方式显示图层，在图层窗口中单击矩形图标下的对应矩形即可，此时，实心矩形将变成一个空心矩形，如图6-31所示。执行该操作以后，图层中的所有对象将以特定颜色的轮廓显示。

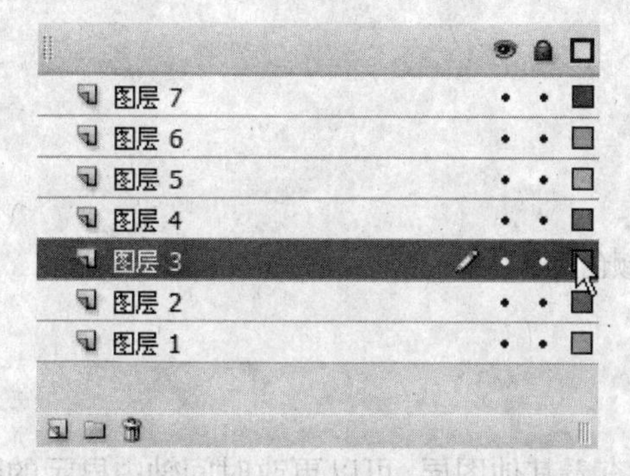

图 6-31　以轮廓方式显示图层

如果要以轮廓方式显示除当前图层以外的所有对象，可以在按住Alt键的同时，单击该图层中的矩形图标，如图6-32所示。

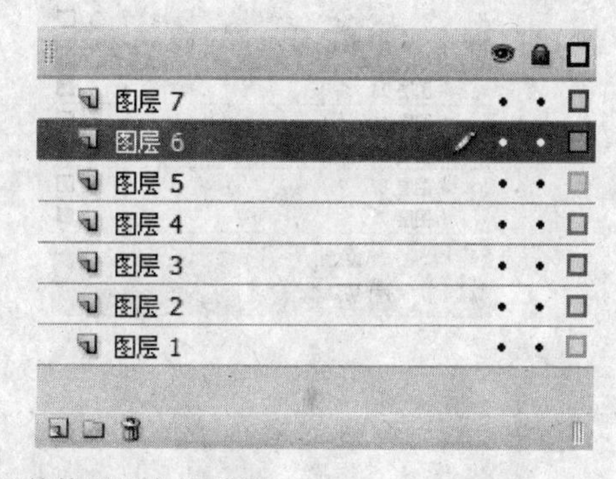

图 6-32　以轮廓方式显示其他图层中的对象

用户可以更改任一图层使用的轮廓颜色，操作步骤如下。

❶ 选取要更改轮廓颜色的图层。

❷ 执行下列操作之一打开“图层属性”对话框。

➢ 在图层名称上右击，在弹出的快捷菜单中选择“属性”命令。

➢ 双击图层名称之前的图标。

➢ 选择“修改”→“时间轴”→“图层属性”命令。

❸ 单击“轮廓颜色”框，在弹出的颜色列表选择需要的颜色，如图6-33所示。

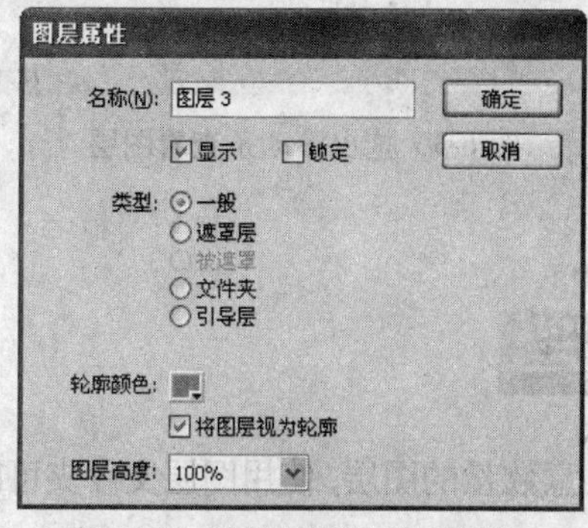

图 6-33　选择需要的轮廓颜色

④ 单击[确定]按钮应用更改并关闭对话框，如图6-34所示。

图 6-34 以更改后的颜色显示对象轮廓

6.3.9 更改时间轴中显示的图层数

当时间轴中包含的图层无法全部显示时，要查看其他图层，可以更改时间轴中显示的图层数。方法为将鼠标指针置于舞台和时间轴之间的区域，当其呈现÷形状时向下拖曳，直到合适的位置释放鼠标即可，如图6-35所示。

图 6-35 更改时间轴中显示的图层数

用户还可以在不更改所显示图层数的情况下，查看其他图层，直接拖曳时间轴右侧的滚动条即可，如图6-36所示。

图 6-36 拖曳滚动条查看图层

6.4 多个图层的管理

在Flash文档中可以包含任意数量的图层，使用图层文件夹可以将若干个图层放在一起，组织成易于管理的组。

6.4.1 创建图层文件夹

使用图层文件夹，可以将图层放在一个树形结构中，从而有助于组织工作流程。创建图层文件夹的操作步骤如下。

❶ 执行下列操作之一创建空的图层文件夹。

- 选择“插入”→“时间轴”→“图层文件夹”命令。
- 单击时间轴左下角的“新建文件夹”按钮。
- 在图层名称上右击，在弹出的快捷菜单中选择“插入文件夹”命令。

> 注意：新建的文件夹将位于之前所选择的图层之上，即如果创建之前选择的是树枝层，那么新文件夹就位于树枝层之上，并且默认处于展开状态，如图6-37所示。

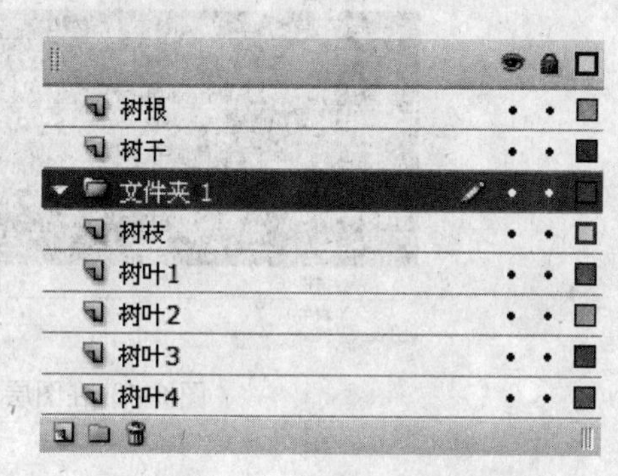

图 6-37　创建图层文件夹

❷ 根据需要为图层文件夹命名，若要存放图片，可命名为image；若要存放声音，可命名为sound，这里命名为树，如图6-38所示。

图 6-38　重命名图层文件夹

❸ 选取一个或多个图层后直接拖曳到文件夹中，如果拖入的是多个图层，各图层原先的层次关系将保持不变，图层使用的轮廓颜色也将保留，如图6-39所示。

> 注意：图层文件夹中是可以存在子文件夹的，这样有利于更好地管理图层。用户可以将现有文件夹归为新文件夹的子组，也可以从现有文件夹中选取几个图层归为子组，如图6-40所示。

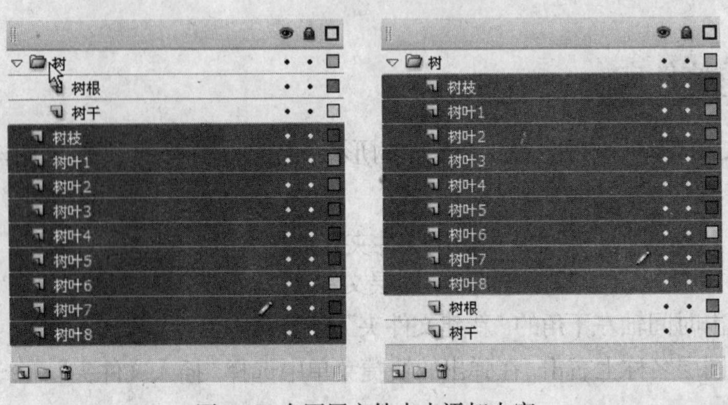

图 6-39 向图层文件夹中添加内容

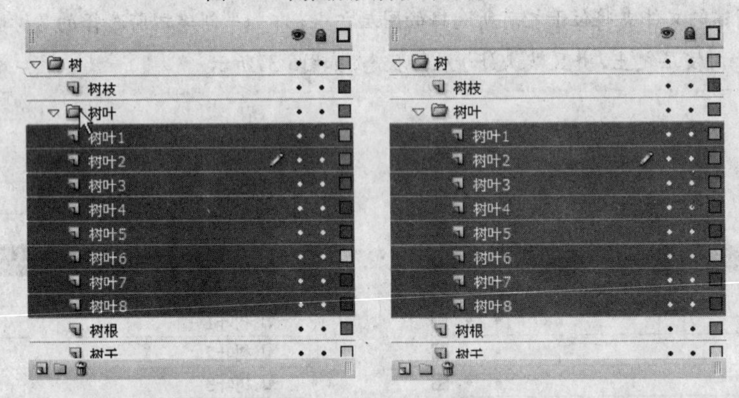

图 6-40 在图层文件夹中创建子文件夹

6.4.2 展开与折叠图层文件夹

图层文件夹可以展开或折叠，展开的时候将列出其中所有的图层，因此会占据较多的图层窗口空间，而折叠以后只占用一个图层的空间。如果要展开或折叠图层文件夹，直接单击文件夹图标左侧的三角箭头即可，如图6-41所示。

> 提示：从文件夹图标左侧的三角箭头可以得知图层文件夹所处的状态，即箭头向下为展开，箭头向左为折叠。

用户还可以通过图层快捷菜单展开或折叠图层文件夹，操作步骤如下。

❶ 选取要展开或折叠的图层文件夹。

❷ 右击后弹出快捷菜单。如果选取的文件夹是展开的，则菜单中的“展开文件夹”命令将是不可选的；如果选取的文件夹是折叠的，则菜单中的“折叠文件夹”命令将是不可选的，如图6-42所示。

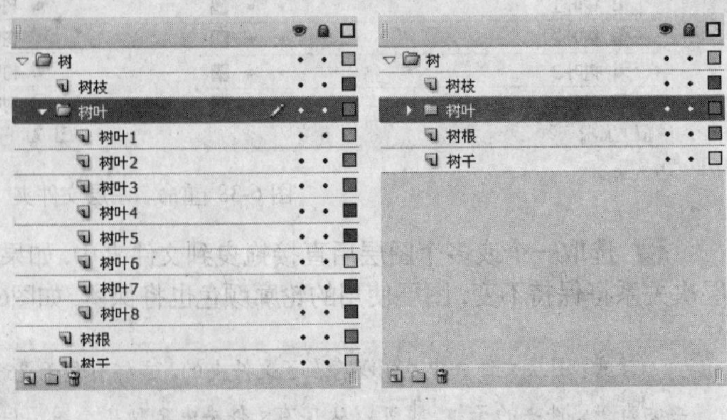

图 6-41 展开与折叠图层文件夹

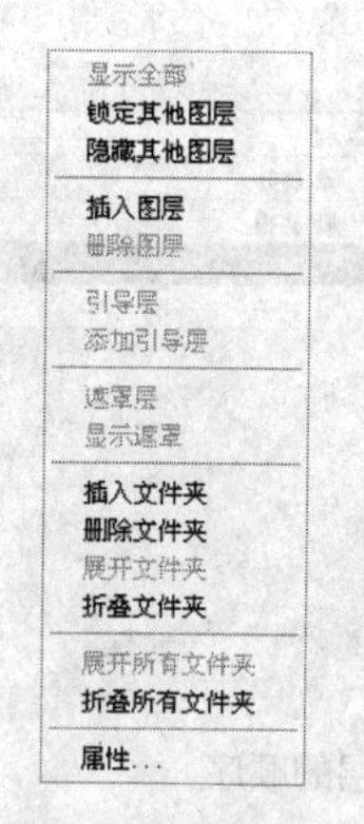

所选图层文件夹为展开时

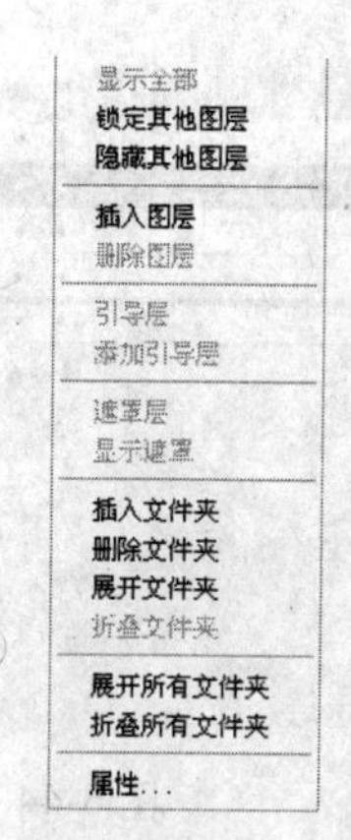

所选图层文件夹为折叠时

图 6-42 快捷菜单与所选图层文件夹的状态有关

❸ 选择“展开文件夹”或“折叠文件夹”命令。

6.4.3 将图层移出图层文件夹

如果要将某一图层移出图层文件夹，在选取后直接拖出即可。但要特别注意拖动的目的地，要么拖动到图层文件夹的上方，要么拖动到图层文件夹最底部图层的下方，如图6-43所示。

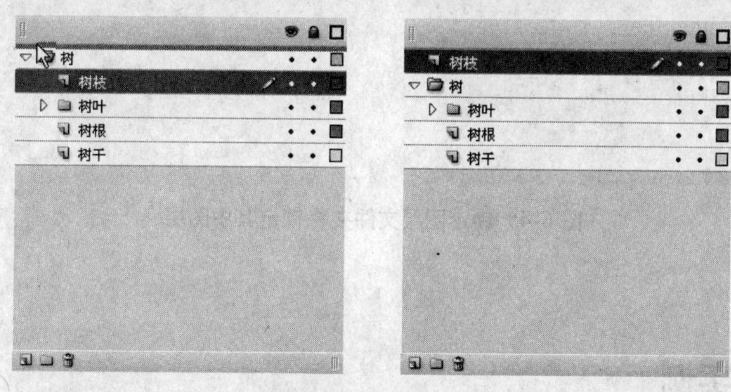

拖动到图层文件夹的上方

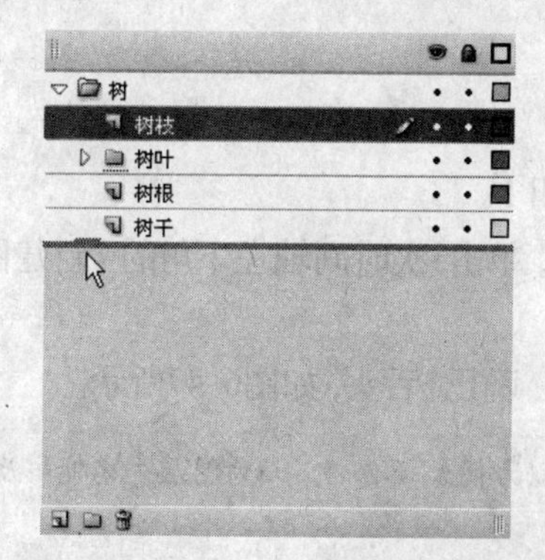

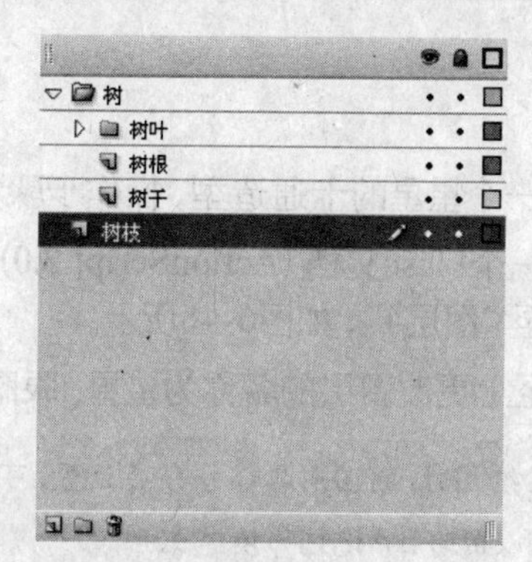

拖动到图层文件夹最底部图层的下方

图 6-43 将图层移出图层文件夹

如果只是拖动到图层文件夹中其他的图层附近，则仅仅是改变了图层的顺序，并未将图层移出图层文件夹，如图6-44所示。

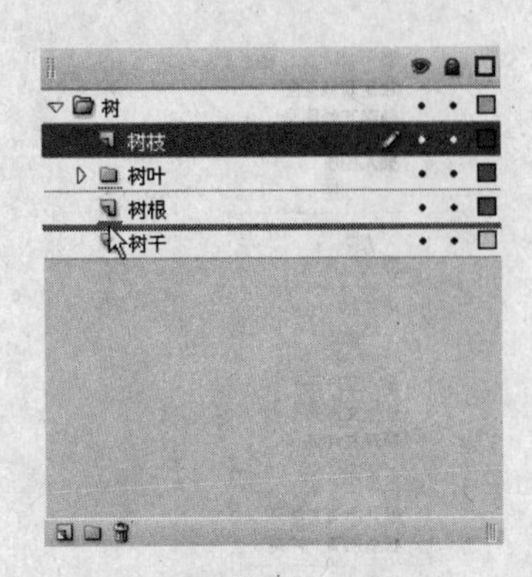

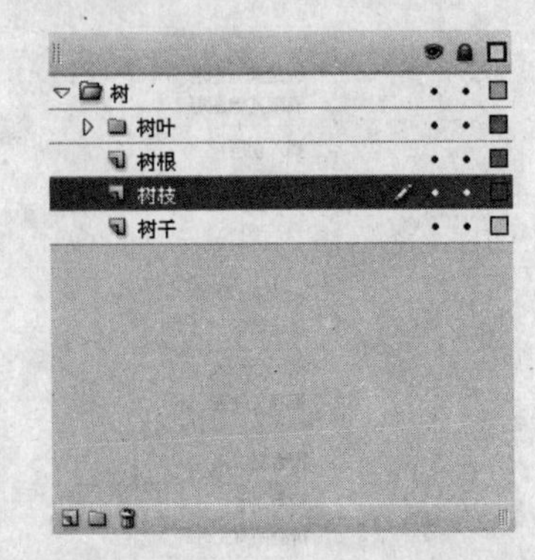

图 6-44 改变文件夹中图层的顺序

用户还可以对图层文件夹进行删除、选取、复制、隐藏、锁定等操作，操作方法与图层的大致相同，这里不再赘述。对图层文件夹的这些操作将影响文件夹中的所有图层，例如锁定一个图层文件夹将锁定该文件夹中的所有图层，如图6-45所示。

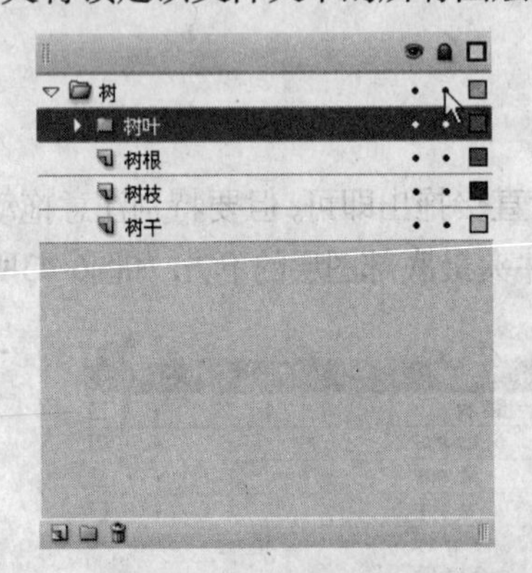

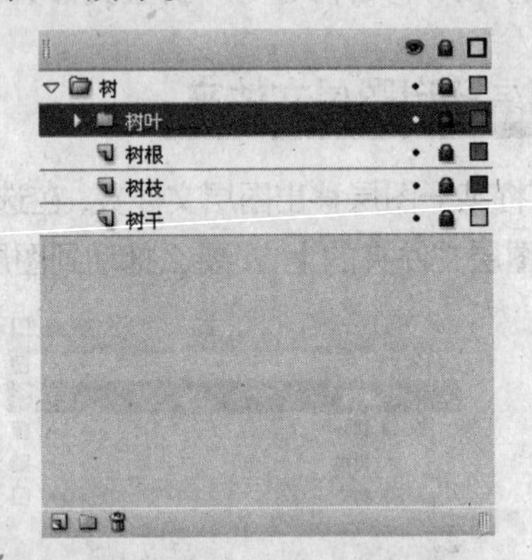

图 6-45 锁定图层文件夹将锁定其中图层

6.5 课堂实例

6.5.1 星星

本例绘制一个星星的卡通造型，操作步骤如下。

❶ 新建一个Flash文档（ActionScript 3.0）。单击3次时间轴左下角的"新建图层"按钮，新建"图层2"至"图层4"，如图6-46所示。

❷ 从下至上更改图层的名称为星星、眼睛、嘴巴、舌头，如图6-47所示。

> 技巧：在绘图时，将图形各部分分层放置，可以方便编辑修改，而为图层命名能够反映图层内容的名称，则可以帮助用户记忆并快速识别。

❸ 选择"铅笔工具"，单击工具面板下方的"铅笔模式"按钮，弹出铅笔模式选项菜单，如图6-48所示，选择"墨水"选项，切换至墨水绘图模式。在"属性"面板上设置"笔触颜色"为黑色，"笔触大小"为3，在星星层勾画星星的轮廓，如图6-49所示。

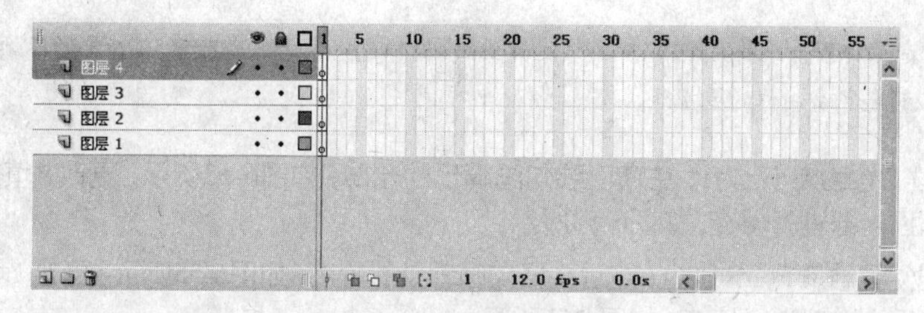

图 6-46 新建图层

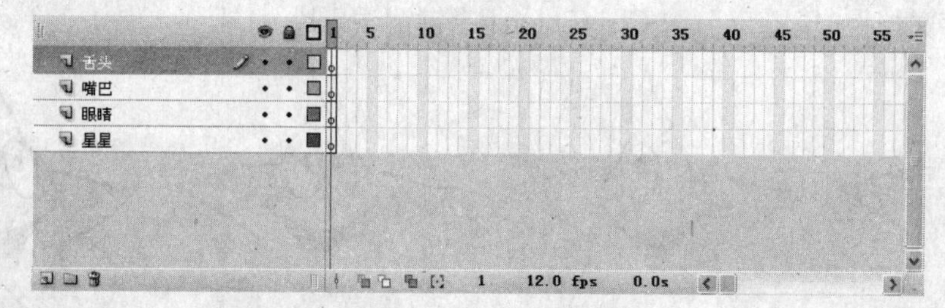

图 6-47 更改图层名称

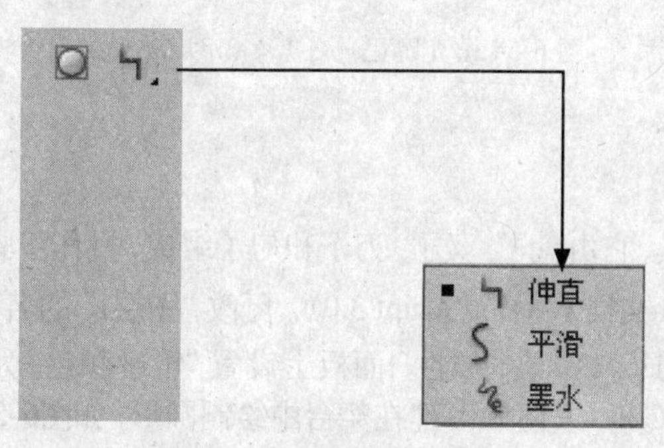

图 6-48 铅笔模式

技巧：如果勾画的轮廓不理想，还可以使用"选择工具"、"橡皮擦工具"、"任意变形工具"等进行所需的修改。

④ 选择"颜料桶工具"，在"属性"面板上设置"填充颜色"为#FFFF00，在星星内部单击鼠标进行填充，如图6-50所示。

⑤ 在眼睛层勾画眼睛的轮廓，如图6-51所示。更改"填充颜色"为白色，单击眼睛内部进行填充，如图6-52所示。

图 6-49 勾画星星轮廓　图 6-50 填充星星　图 6-51 勾画眼睛轮廓　图 6-52 填充眼睛

> 技巧：在操作某一图层时，可以暂时锁定其他图层，以免产生误操作带来不必要的麻烦，例如，在这里可以锁定完成制作的星星层。

⑥ 更改“笔触大小”为1，在嘴巴层勾画嘴巴的轮廓，如图6-53所示。更改“填充颜色”为黑色，单击嘴巴内部进行填充，如图6-54所示。

⑦ 更改“笔触颜色”为红色，在舌头层勾画舌头的轮廓，如图6-55所示。更改“填充颜色”为红色，单击舌头内部进行填充，如图6-56所示。

⑧ 保存文档为“星星.fla”，按Ctrl+Enter组合键测试影片。

图 6-53 勾画嘴巴轮廓　　图 6-54 填充嘴巴　　图 6-55 勾画舌头轮廓　　图 6-56 填充舌头

6.5.2 餐具

本例绘制一套餐具，它由盘子、叉子、刀子和勺子组成，操作步骤如下。

① 新建一个Flash文档（ActionScript 3.0）。更改“图层1”的名称为盘。

② 选择“椭圆工具”，在“属性”面板上设置“笔触颜色”为#CCCC00，“笔触大小”为5，“填充颜色”为#B92C26，按住Shift键在舞台中绘制圆形，如图6-57所示。

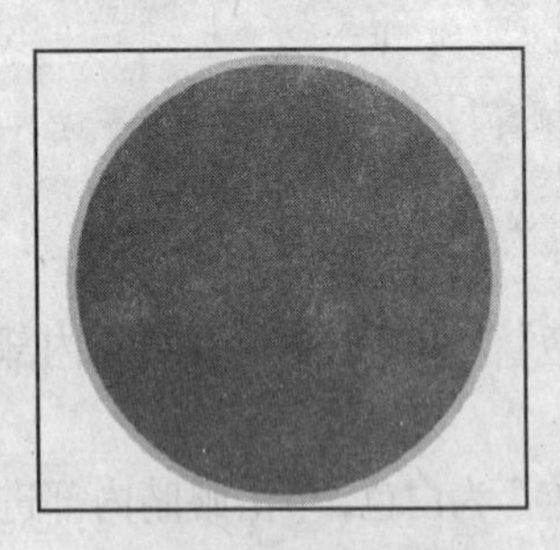

图 6-57 绘制圆形

③ 选择“窗口”→“变形”命令，打开“变形”面板，如图6-58所示。

④ 选中圆形，在文本框中输入80.0%，单击“重制选区和变形”按钮，生成一个80%大小的同心圆，如图6-59所示。

⑤ 单击时间轴左下角的“新建图层”按钮，新建“图层2”，并重命名为叉。

⑥ 选择“线条工具”，在“属性”面板上设置“笔触颜色”为黑色，“笔触大小”为1，在舞台中勾画叉子的轮廓，如图6-60所示。再使用“选择工具”，把叉面与叉把相连的部分拉成弧形，如图6-61所示。

⑦ 选择“颜料桶工具”，在“属性”面板上设置“填充颜色”为#FFCC00，在叉子内部单击鼠标进行填充，如图6-62所示。

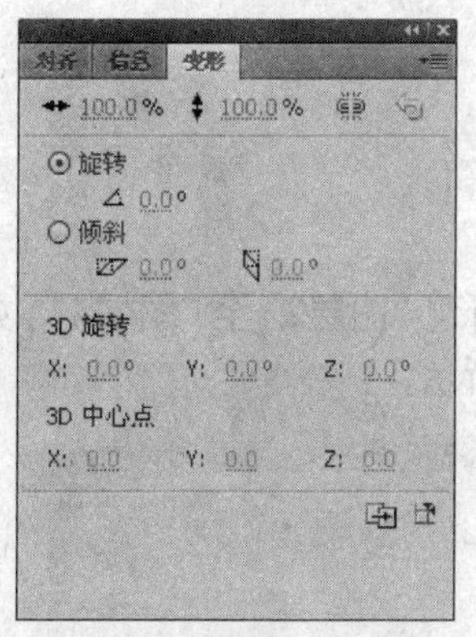

图 6-58 “变形”面板

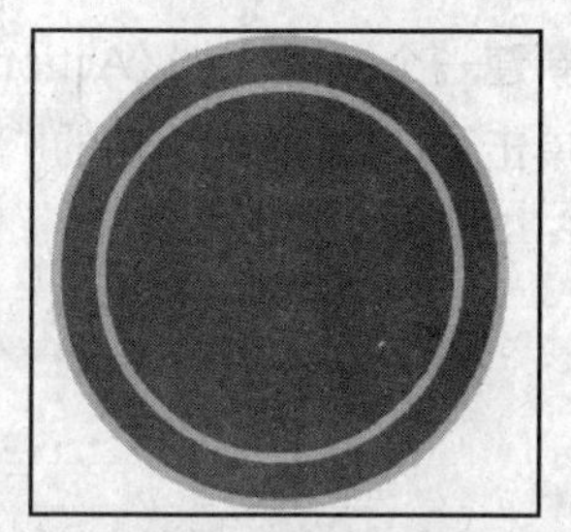

图 6-59 生成同心圆

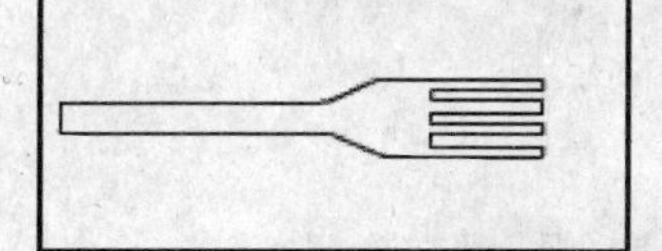

图 6-60 勾画叉子轮廓

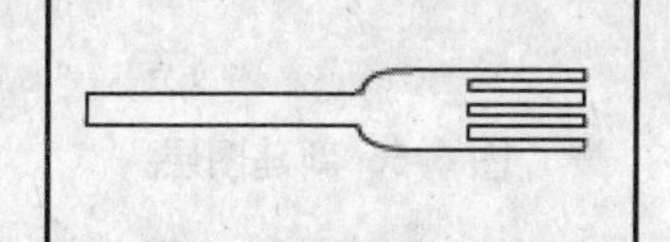

图 6-61 调整叉子形状

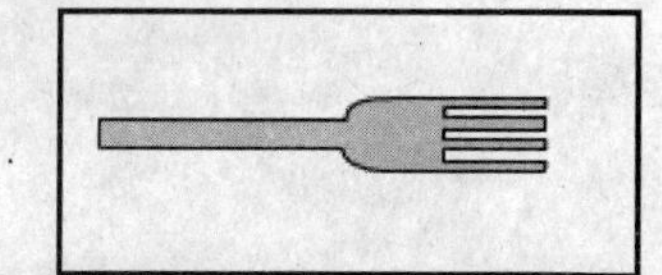

图 6-62 填充叉子

⑧ 单击两次时间轴左下角的“新建图层”按钮，创建两个图层，并命名为刀和勺。

⑨ 使用同样的方法，在刀层绘制刀子，如图6-63所示。在勺层绘制勺子，如图6-64所示。

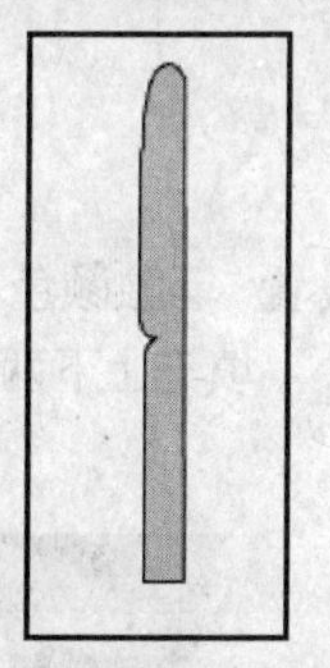

图 6-63 绘制刀子

图 6-64 绘制勺子

⑩ 选择“任意变形工具”，调整所绘图形的大小和位置，进行餐具的组合，如图6-65所示。

⑪ 保存文档为“餐具.fla”，按Ctrl+Enter组合键测试影片。

图6-65 组合餐具

6.5.3 圣诞树

本例绘制一棵圣诞树，操作步骤如下。

❶ 新建一个Flash文档（ActionScript 3.0）。

❷ 单击3次时间轴左下角的“新建图层”按钮，新建“图层2”至“图层4”，如图6-66所示。从下至上更改图层的名称为盆、树、星、灯，如图6-67所示。

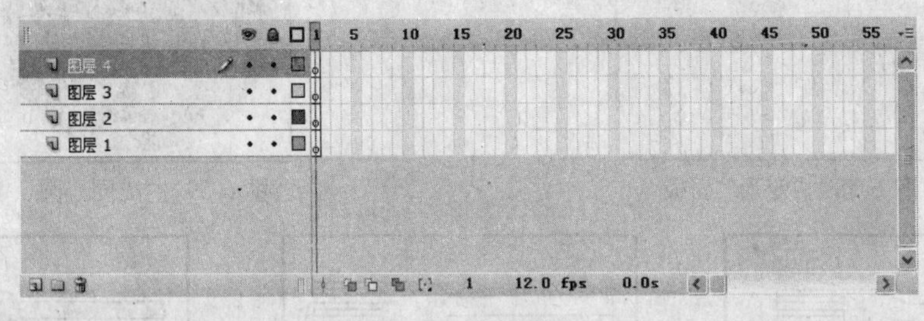

图 6-66 新建图层

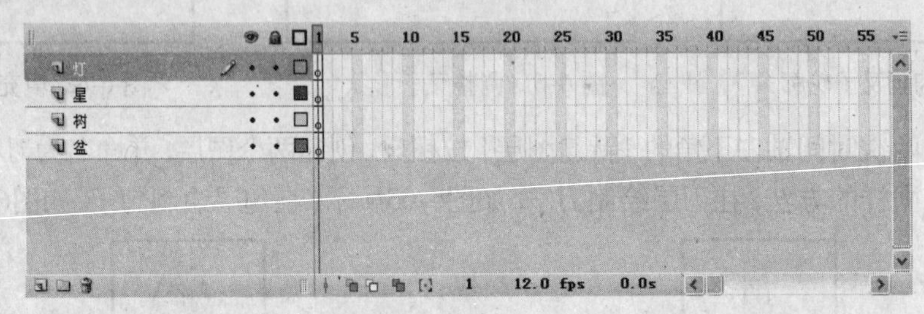

图 6-67 更改图层名称

❸ 选中盆层，选择“线条工具”，在“属性”面板上设置“笔触颜色”为黑色，“笔触大小”为1，在舞台中勾画盆子的轮廓，然后选择“颜料桶工具”，填充上下两部分为#FF0000，中间部分为#CC9933，如图6-68所示。

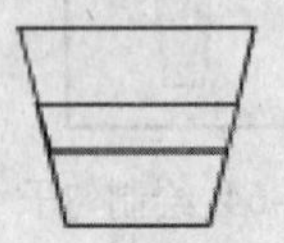

图 6-68 绘制盆子

❹ 选择“铅笔工具”，单击工具面板下方的“铅笔模式”按钮，在弹出的铅笔模式选项菜单中选择“墨水”选项，切换至墨水绘图模式。

❺ 选中树层，在舞台中勾画圣诞树的轮廓，如图6-69所示。

❻ 选择“颜料桶工具”，填充树冠部分为#33CC66，树干部分为#634200，如图6-70所示。

图 6-69 勾画树的轮廓

图 6-70 填充树

⑦ 选择“多角星形工具”，在“属性”面板上单击 选项... 按钮，打开“工具设置”对话框，如图6-71所示。

⑧ 设置“样式”为星形，“边数”为5，单击 确定 按钮关闭对话框。选中星层，在舞台中绘制一颗五角星，并更改其填充颜色为黄色，如图6-72所示。

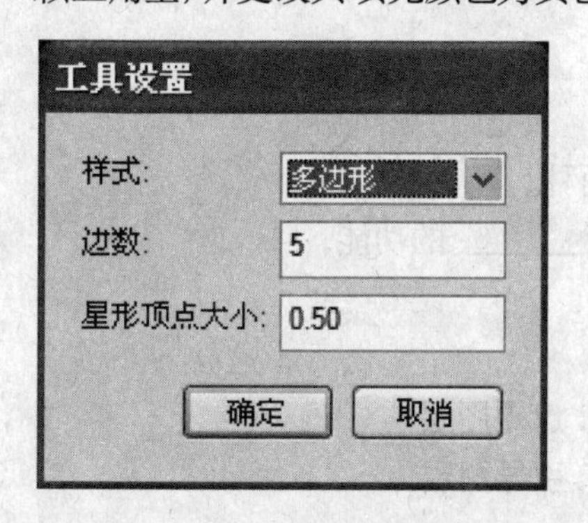

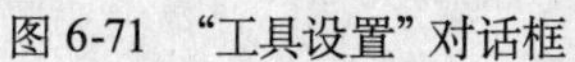
图 6-71 “工具设置”对话框

图 6-72 绘制五角星

⑨ 使用“线条工具”和“椭圆工具”，在灯层中绘制一个彩灯，如图6-73所示。再选择“任意变形工具”，调整所绘图形的大小和位置，进行圣诞树的组合，如图6-74所示。

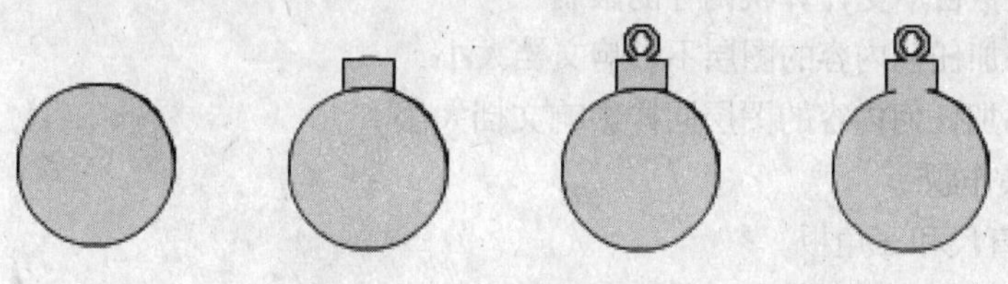
图 6-73 绘制彩灯

⑩ 选中彩灯，按Ctrl+C组合键复制，然后按7次Ctrl+V组合键得到7个彩灯副本，并调整它们的位置互不重叠，如图6-75所示。

⑪ 选择“任意变形工具”，调整彩灯的大小和位置，如图6-76所示。选择“颜料桶工具”，更改部分彩灯的颜色，如图6-77所示。

图 6-74 组合圣诞树　图 6-75 制作彩灯副本　图 6-76 调整彩灯大小和位置　图 6-77 调整彩灯颜色

⑫ 保存文档为“圣诞树.fla”，按Ctrl+Enter组合键测试影片。

课堂练习六

一、填空题

(1) 新建的Flash文档包含 ________ 个图层。

(2) 引导图层分为普通引导图层和 _______ 两种。

(3) 为方便查看对象的边缘，Flash提供了显示 _______ 的功能。

二、选择题

(1) Flash图层包括（　　）几种类型。

A. 一般图层　　B. 遮罩图层

C. 被遮罩图层　　D. 引导图层

E. 被引导图层

(2) 关于图层，下列说法正确的是（　　）。

A. 图层数目仅受计算机内存的限制

B. 图层数目不受计算机内存的限制

C. 未添加任何内容的图层不影响文档大小

D. 未添加任何内容的图层同样影响文档大小

三、上机操作题

(1) 绘制直尺和三角板。

(2) 绘制一只小鹿，效果如图6-78所示。

图 6-78 效果图

Flash

第7章 帧的使用

学习目标

帧是构成Flash动画的最小单位，也是衡量动画时间长短的尺度，在一定的帧频下，帧数越多，动画的时间就越长。本章主要介绍帧的类型、基本操作以及多帧编辑技术等，希望用户多加练习、熟练掌握。

学习重点

(1) 帧的类型
(2) 帧的创建
(3) 设置帧标签
(4) 多帧编辑技术

7.1 帧简介

帧的应用贯穿了动画制作的始终，是构成Flash动画的基础，它相当于电影胶片上的每一格镜头。一个帧就是一幅静止的画面，多个帧按照先后顺序以一定的速率连续播放就形成了动画，如图7-1所示。

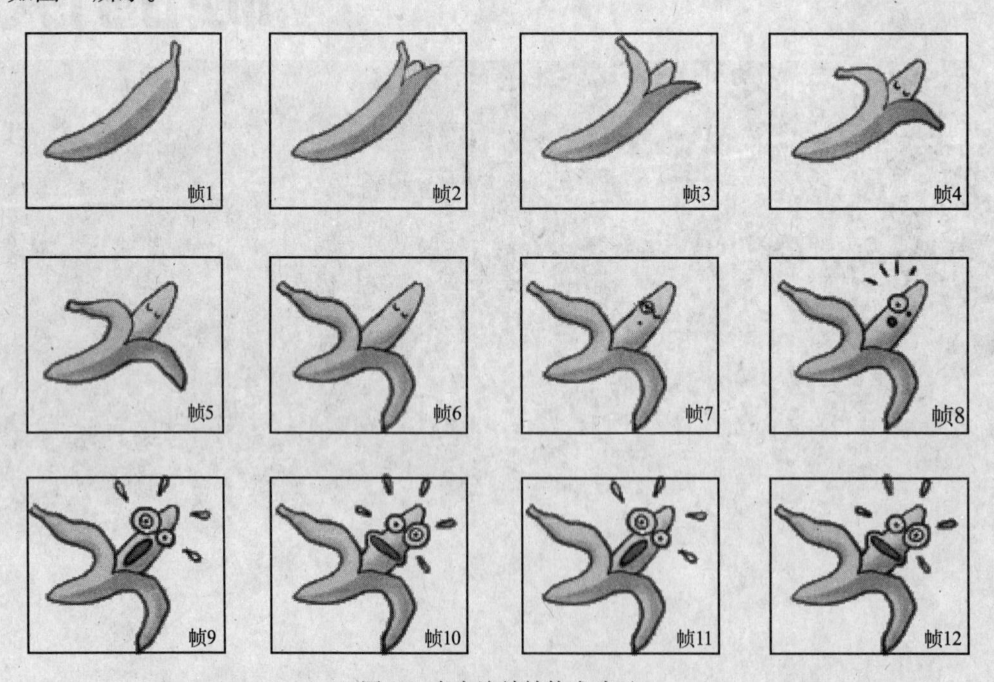

图 7-1 多个连续帧构成动画

帧窗口是对帧进行操作的场所，位于时间轴之上，其中的每一个小方格分别代表一个帧，如图7-2所示。在一般情况下，随着时间的推移，动画将按照时间轴的横轴方向播放，因此横轴又称作时间线。

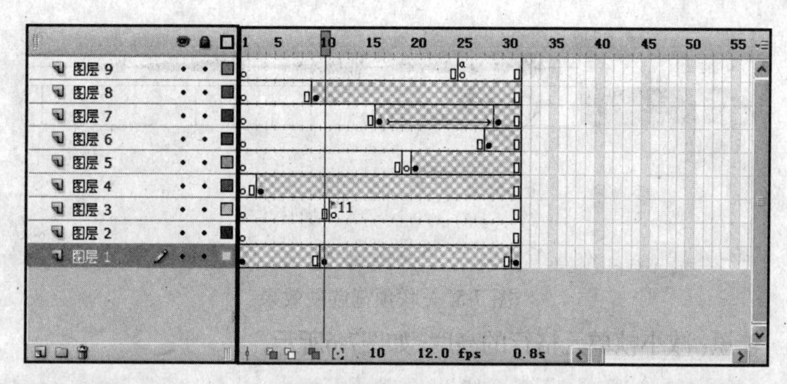

图 7-2 时间轴中的帧窗口

在帧窗口的上方显示了一排数字，它们是帧的序号，以每隔5帧的规律进行标示，即1、5、10、15……。单击帧窗口右上角的▼按钮，将弹出帧视图菜单，用户可以通过其中选项更改时间轴的位置以及帧的外观，如图7-3所示。

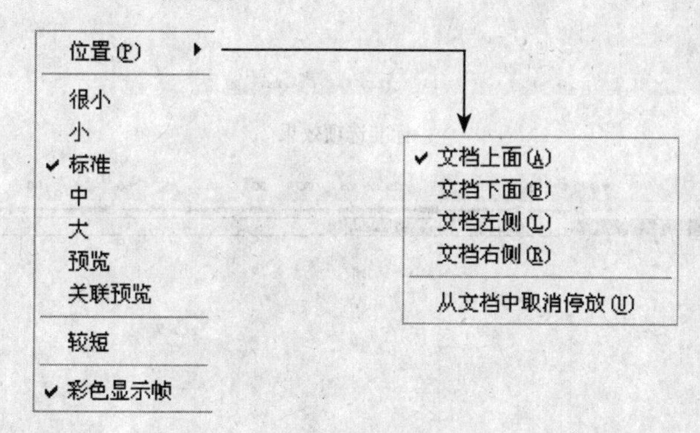

图 7-3 帧视图菜单

➢ 位置：更改时间轴的位置，有文档上面、文档下面、文档左侧、文档右侧和从文档中取消停放5个选项。
➢ 很小：使帧的间距最小，即排列得相对紧密一些 。
➢ 小：使帧的间距比较小。
➢ 标准：使帧的间距正常，是默认选项。
➢ 中：使帧的间距比较大，即排列得相对疏松一些。
➢ 大：使帧的间距最大，对于查看声音波形的详细情况很有用。
➢ 预览：显示各帧内容的缩略图，其缩放比例适合帧的大小，如图7-4所示。

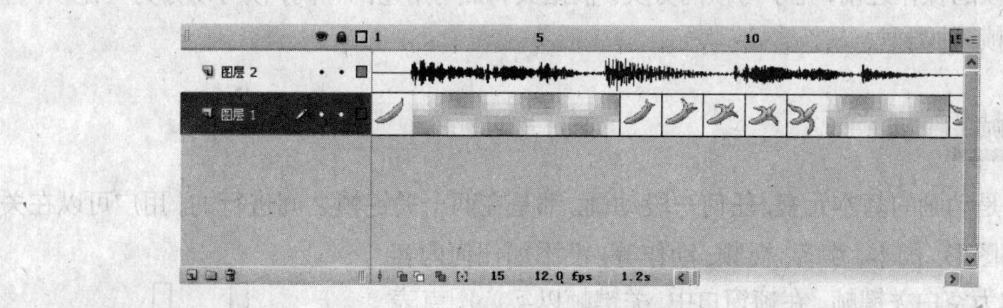

图 7-4 预览选项效果

➢ 关联预览：显示各帧内容的缩略图及空白部分，如图7-5所示。

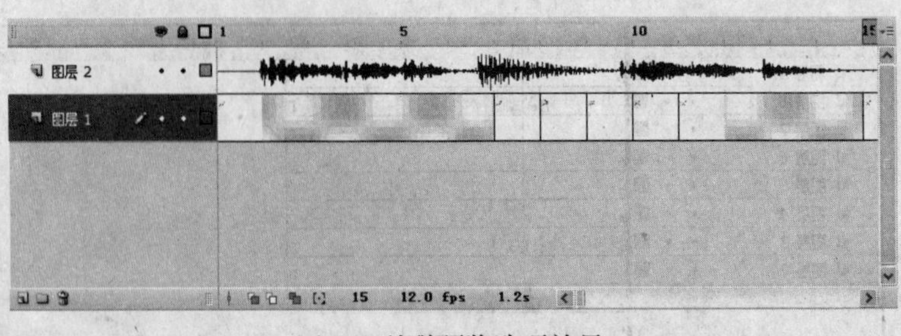

图 7-5 关联预览选项效果

➤ 较短：减小帧单元格行的高度，如图7-6所示。

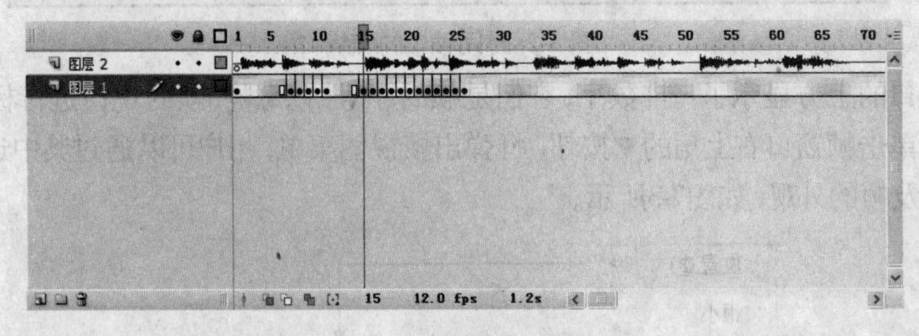

标准选项效果

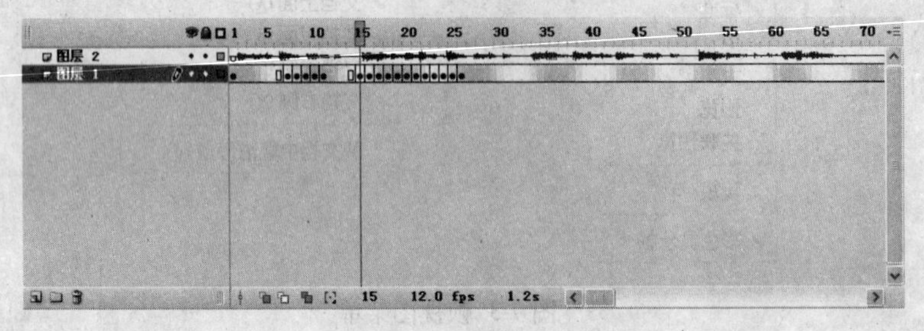

较短选项效果

图 7-6 标准和较短选项对比效果

➤ 彩色显示帧：以彩色方式显示帧。

7.2 帧的类型

在学习帧的操作之前，先学习帧的分类。根据其特点与用途的不同，帧可以分为关键帧、普通帧和过渡帧3种类型。

7.2.1 关键帧

关键帧是动画的基本元素，任何一段动画，都是在两个关键帧之间进行的。用户可以在关键帧中添加图形、脚本、声音、视频、动作等，没添加任何内容的关键帧称为空白关键帧。在帧窗口中，关键帧以实心圆点表示，而空白关键帧则以空心圆点表示，如图7-7所示。

图 7-7 不同形态的关键帧

关键帧定义了动画过程的起始和终结，任何动画要表现运动或变化，至少要定义两个或两个以上不同状态的关键帧。在Flash CS4中，系统将每一图层的首帧自动设置为关键帧，如果在其后添加新的帧，该帧将继承首帧中的所有内容，除非在另一关键帧中作了更改，如图7-8所示。

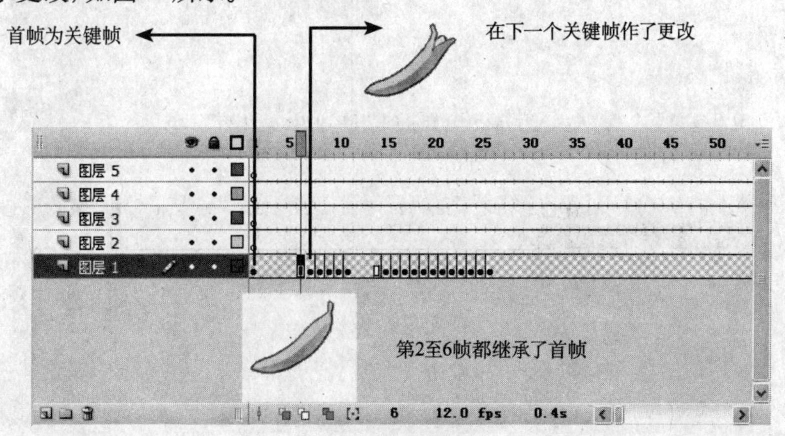

图 7-8 帧的继承性

空白关键帧是关键帧的一个特例，它像一张白纸，其中什么也没有添加，其用途是当需要进行动作调用时，离不开空白关键帧的支持；另外，通过空白关键帧还可以结束上一段动画，以便为创建下一段动画打基础，如图7-9所示。

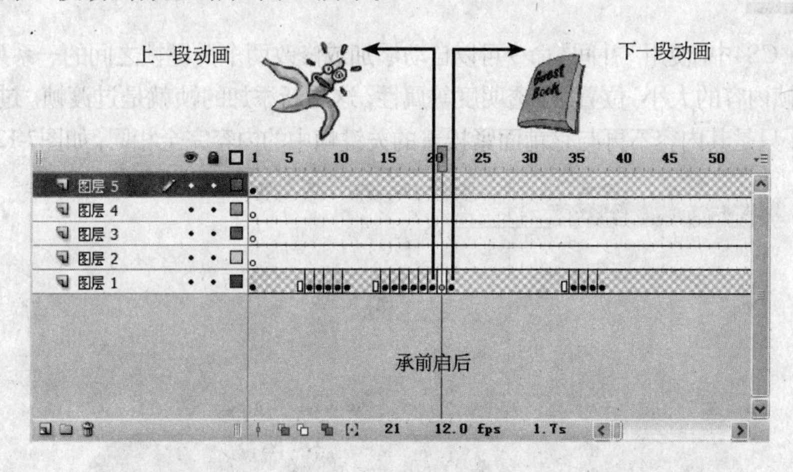

图 7-9 空白关键帧的作用

7.2.2 普通帧

普通帧即通常所说的帧，其内容与它前面紧挨着的关键帧中的内容相同，如果关键帧里有内容，在帧窗口中普通帧将以灰色方格表示，如果关键帧里没内容，则普通帧就成了空帧，在帧窗口中将以白色方格表示，如图7-10所示。

普通帧主要用于延长关键帧内容的播放时间，处于两个关键帧之间的普通帧越多，在时间线上占用的距离就越长，动画播放的时间也就越长，如图7-11所示。

图7-10 不同形态的普通帧

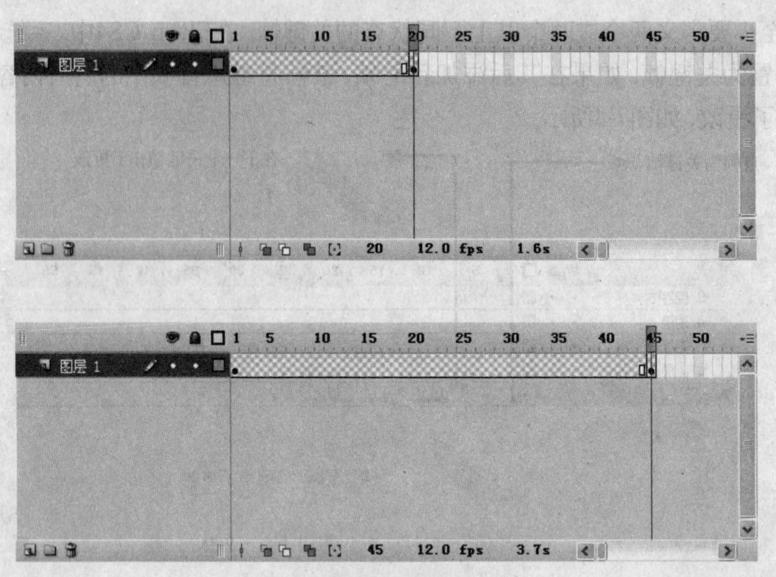

43个普通帧时播放时间为3.7秒

图 7-11 普通帧越多播放时间越长

7.2.3 过渡帧

在Flash CS4中，使用“补间”命令可以自动添加或修改两个关键帧之间的一系列帧，并均匀地改变各新帧内容的大小、位置、不透明度等属性，这些新添加的帧就是过渡帧。过渡帧实际上也是普通帧，只是其内容不再与它前面紧挨着的关键帧中的内容完全相同，如图7-12所示。

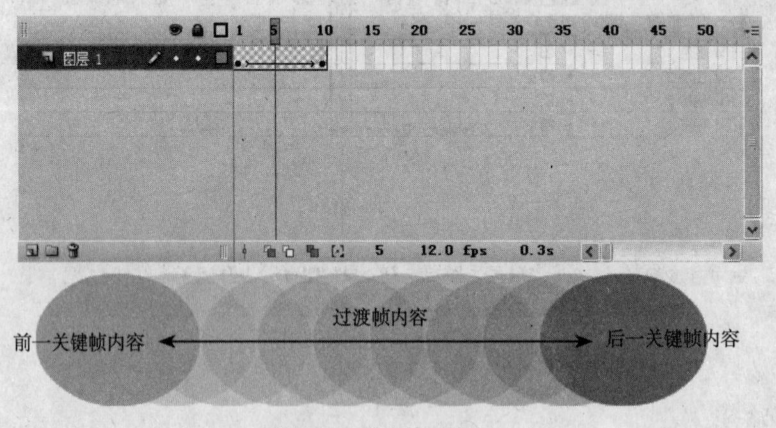

图 7-12 过渡帧示意图

过渡帧是起始关键帧内容向结束关键帧内容变化的过渡部分，它与关键帧有着本质的区别和密切的联系，下面进行简单介绍。

(1) 在两个关键帧之间可以没有过渡帧，例如逐帧动画每一帧都是关键帧，但在过渡帧前后一定有关键帧，因为过渡帧附属于关键帧。

(2) 用户可以修改关键帧的内容，但无法修改过渡帧的内容。

(3) 在关键帧中可以包含形状、元件、组等多种类型的元素，但在过渡帧中只能包含元件或独立形状。

在制作动画过程中，用户不必理会过渡帧的问题，只要定义好关键帧以及动画的属性就行了。过渡帧作为过渡部分，主要用于延长补间动画的长度，过渡帧越多，延续的时间就越长，动画的变化就越自然、流畅。但是，中间的过渡部分越长，整个文档的体积就会越大，这一点用户一定要注意。

7.3 帧的基本操作

在Flash中，对动画的操作实质上是对帧的操作，包括帧的创建、选择、移动、复制、删除、翻转等，下面分别进行介绍。

7.3.1 创建帧

不同的帧其创建的方法大致相同，用户可以根据个人爱好或习惯，使用快捷键、快捷菜单命令或菜单命令来创建。

1. 插入关键帧

在Flash动画中，关键帧的多少决定了动画的细致程度，关键帧越多动画越细致。如果把补间动画中的所有帧都做成了关键帧，就成了逐帧动画。要插入关键帧，可以执行下列操作之一。

- 在帧窗口中选择一帧，按F6键。
- 在某一帧上右击，在弹出的快捷菜单中选择“插入关键帧”命令，如图7-13所示。
- 在帧窗口中选择一帧，选择“插入”→“时间轴”→“关键帧”命令。

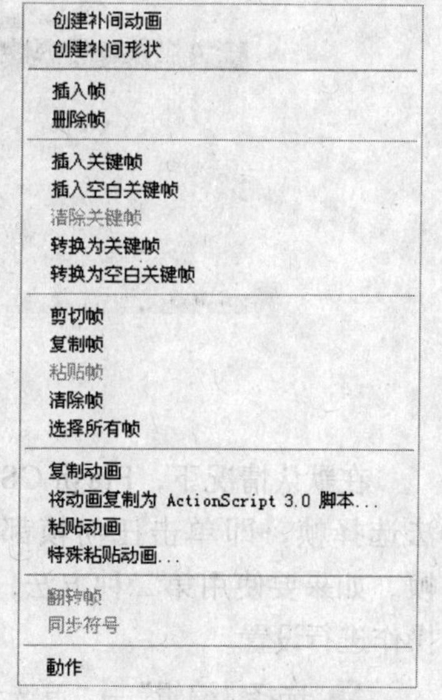

图 7-13 帧快捷菜单

2. 插入空白关键帧

在添加新帧时，新帧会继承前面关键帧中的内容，如果不想在新帧中出现前面关键帧中的内容，可以采用插入空白关键帧的方法。要插入空白关键帧，可以执行下列操作之一。

- 在帧窗口中选择一帧，按F7键。
- 在某一帧上右击，在弹出的快捷菜单中选择“插入空白关键帧”命令。
- 在帧窗口中选择一帧，选择“插入”→“时间轴”→“空白关键帧”命令。

3. 插入普通帧

在制作动画时，如果需要将一幅静止图像延续多个帧，可以采用添加普通帧的方法。要插入普通帧，可以执行下列操作之一。

- ➢ 在时间轴上选择一帧，按F5键。
- ➢ 在某一帧上右击，在弹出的快捷菜单中选择“插入帧”命令。
- ➢ 在时间轴上选择一帧，选择“插入”→“时间轴”→“帧”命令。

7.3.2 选择帧

Flash提供了两种方法选择帧：一种是基于帧的选择；另一种是基于整体范围的选择，它们的区别在于单击帧序列时的选择结果不同。例如在图7-14中，同样是单击第7帧，在第一种方法下就只能选择第7帧，而在第二种方法下则能选择第1帧~第20帧，即该段帧序列中的所有帧。

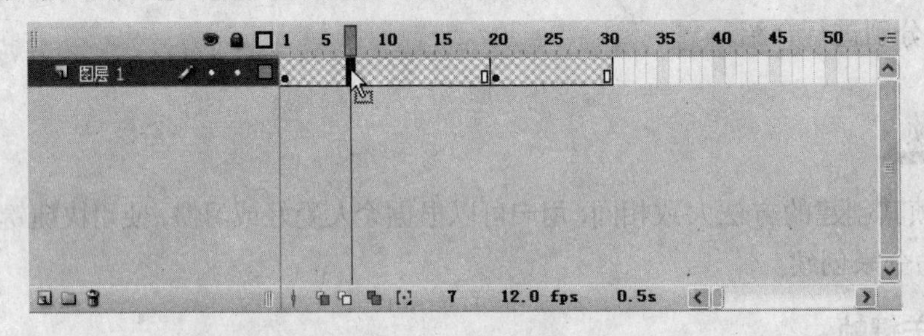

基于帧的选择效果

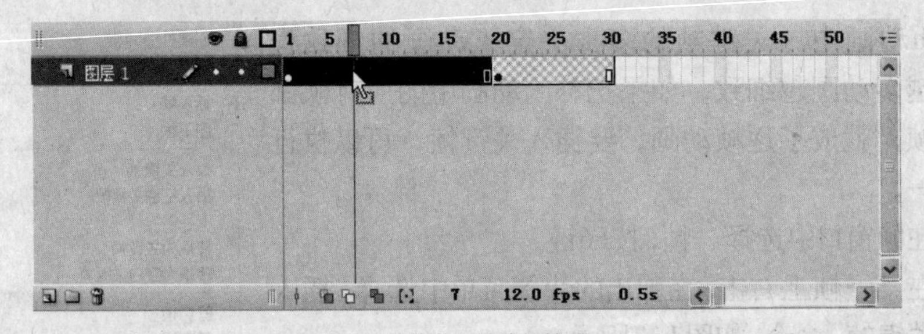

基于整体范围的选择效果

图 7-14 两种选择方法的效果对比

在默认情况下，Flash CS4使用第一种方法选择帧，即单击任何帧都只能选择一个帧。如果要使用第二种方法，可以执行下列操作进行设置。

❶ 选择“编辑”→“首选参数”命令或按Ctrl+U组合键，打开“首选参数”对话框。

❷ 显示“常规”类别中的选项，如图7-15所示。

❸ 在“时间轴”区域勾选“基于整体范围的选择”复选框。

❹ 单击 确定 按钮应用设置并关闭对话框。

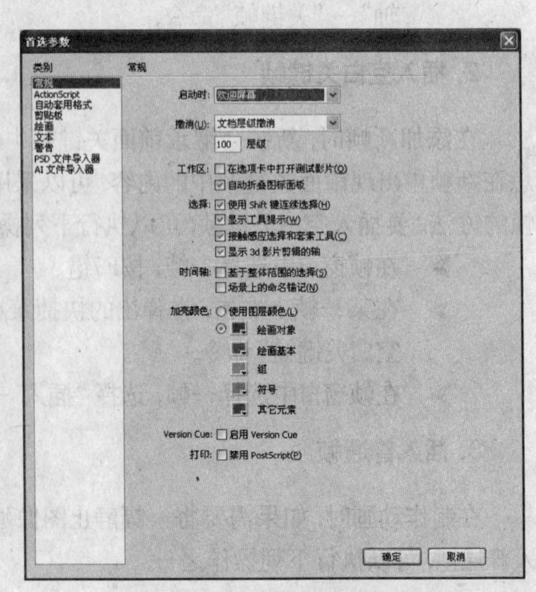

图 7-15 “常规”类别中的选项

如果要在第一种方法下选择多个帧，可以执行下列操作之一。

➤ 若要选择多个连续的帧，按住Shift键单击其他帧即可，如图7-16所示。

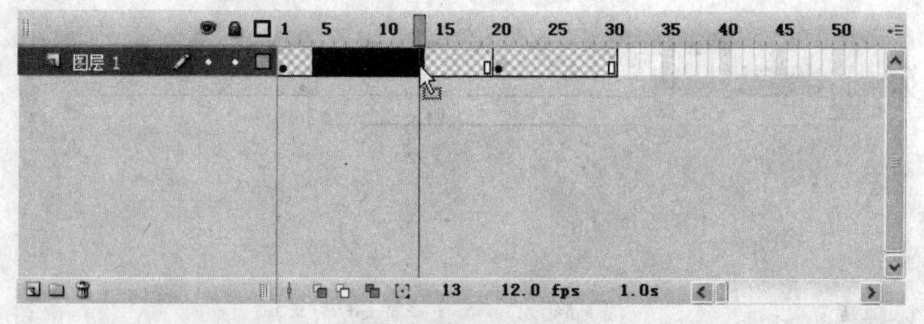

图 7-16 选择多个连续的帧

技巧：用户不仅可以使用单击的方法选择多个连续的帧，还可以使用拖动的方法进行选择，伴随着拖动将有一条粗线指示拖动进程，如图7-17所示，当拖动到目标位置后释放鼠标左键即可。

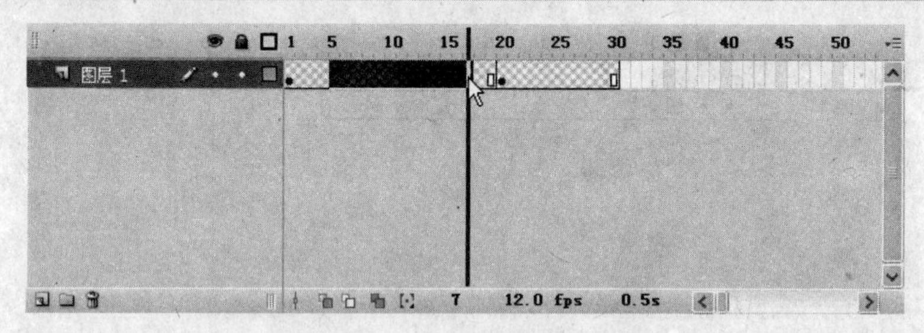

图 7-17 拖动鼠标选择多个连续的帧

➤ 若要选择多个不连续的帧，按住Ctrl键单击其他帧即可，如图7-18所示。

➤ 若要选择所有帧，选择 “编辑”→“时间轴”→“选择所有帧” 命令即可。

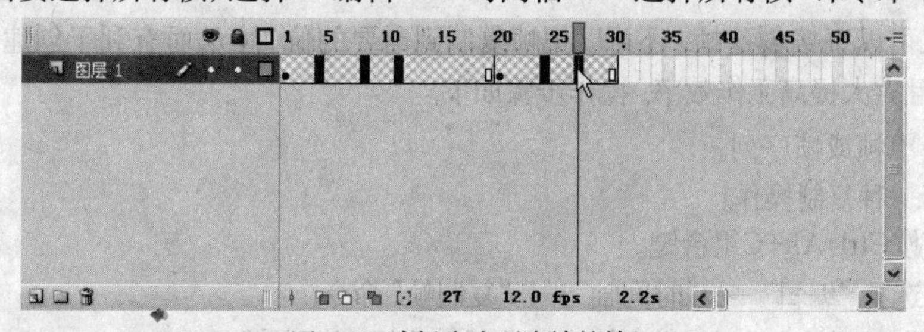

图 7-18 选择多个不连续的帧

7.3.3 移动帧

在制作动画的过程中，经常需要将单帧或帧序列移动到其他位置，操作步骤如下。

❶ 选择单帧或帧序列，被选中的帧将突出显示。

❷ 将鼠标指针停留在被选中的帧上，按住鼠标左键不放拖曳鼠标，如图7-19所示。

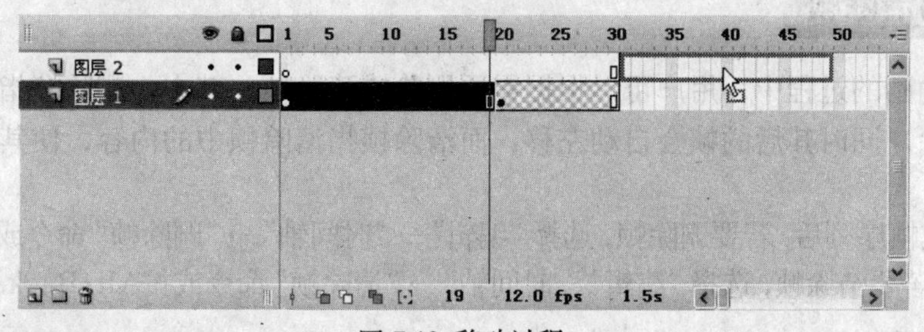

图 7-19 移动过程

③ 当拖到目标位置后释放鼠标左键即可，如图7-20所示。

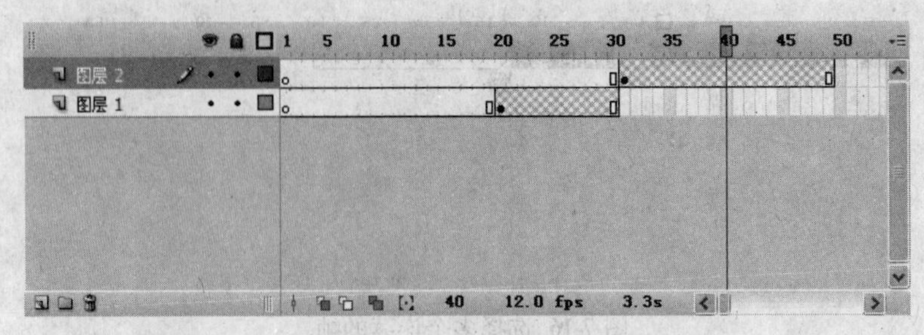

图 7-20 移动结果

如果在移动帧的过程中按住了Alt键，则将在不改变原帧的基础上复制并移动帧，如图7-21所示。

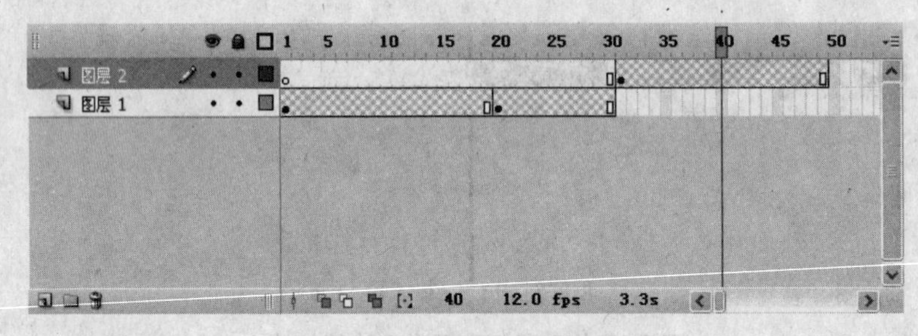

图 7-21 复制并移动帧

7.3.4 复制与粘贴帧

用户不仅可以直接创建帧，还可以把帧复制到需要的位置，从而有利于创建一段效果相同的动画，并且大大提高工作效率。操作步骤如下。

① 选择单帧或帧序列。

② 执行一种复制操作。

- 按Ctrl+Alt+C组合键。
- 选择“编辑”→ “时间轴”→ “复制帧”命令。
- 在某一帧上右击，弹出的快捷菜单中选择“复制帧”命令。

③ 移至目标位置，执行一种粘贴操作。

- 按Ctrl+Alt+V组合键。
- 选择“编辑”→ “时间轴”→ “粘贴帧”命令。
- 在某一帧上右击，在弹出的快捷菜单中选择“粘贴帧”命令。

7.3.5 删除与清除帧

在制作动画的过程中，用户可以根据需要删除或清除帧。其中，删除帧指将选中的帧或帧序列删除，同时其后的帧会自动左移；而清除帧指清除帧中的内容，使其变为空帧，如图7-22所示。

选中帧或帧序列后，若要删除帧，选择“编辑”→“时间轴”→“删除帧”命令或按Shift +F5组合键即可；若要清除帧，选择“编辑”→时间轴”→“清除帧”命令或按Alt+Backspace组合键即可。

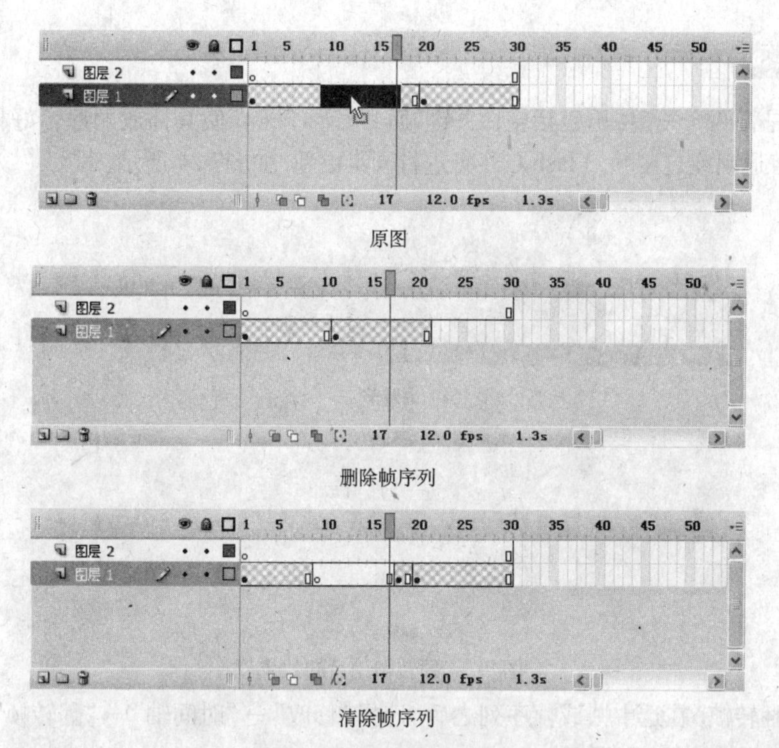

图 7-22 删除与清除帧序列效果对比

> 注意：在清除帧时，如果清除的是单帧，则该帧会变为空白关键帧，如图7-23所示。如果清除的是帧序列，则该序列中的第一帧会变为空白关键帧，后面的帧会变为普通帧，如图7-22所示。

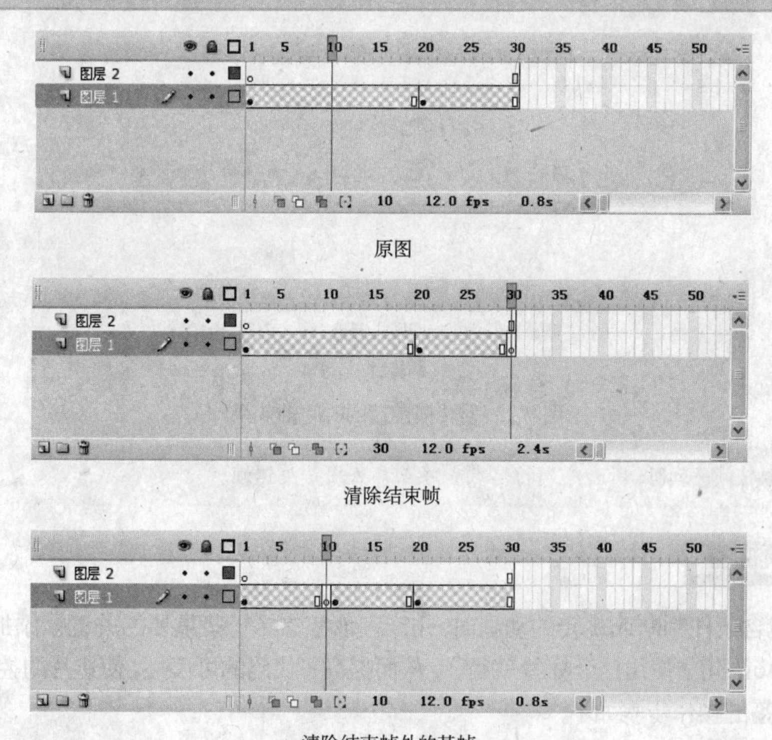

图 7-23 清除帧效果

7.3.6 翻转帧

翻转帧是将两个关键帧（包括空白关键帧）的位置颠倒，使其播放顺序恰好相反，如果在它们之间有普通帧或过渡帧，Flash CS4将进行同步更新，如图7-24 所示。

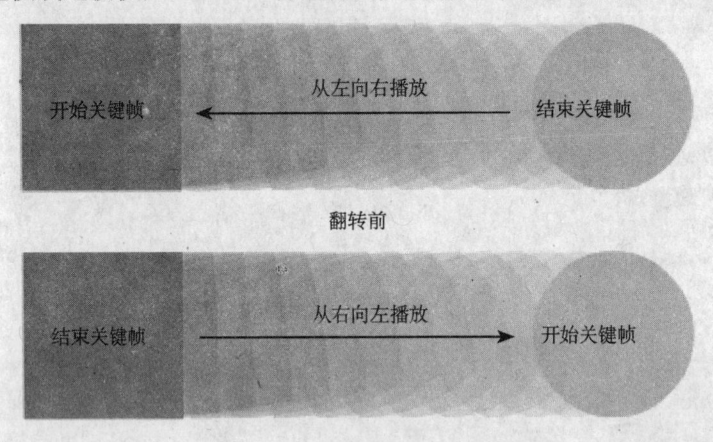

图 7-24 翻转帧前后的效果

如果要翻转帧，在选中帧或帧序列之后，选择“修改”→“时间轴”→“翻转帧”命令即可，翻转前后的时间轴如图7-25所示。

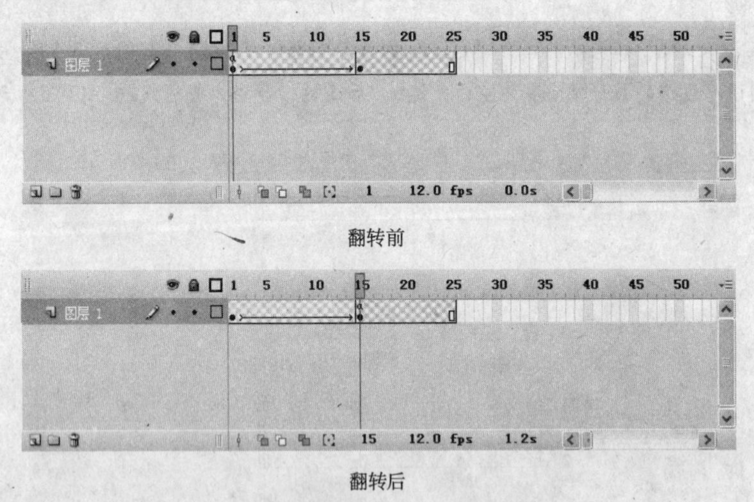

图 7-25 翻转帧前后的时间轴效果

注意：在翻转帧序列时，所选序列的起点和终点都必须是关键帧。

7.3.7 添加帧标签

在创建包含条件判断或跳转的动画时，用户应该考虑给一些重要的关键帧添加标签，然后在if语句或goto语句中使用这个标签就行了，从而提高了代码的可读性，使影片的控制也更加灵活。添加帧标签的操作步骤如下。

❶ 选择一个关键帧。

❷ 按Ctrl+F3组合键，打开“属性”面板，如图7-26所示。

图 7-26 “属性”面板

❸ 在“名称”文本框中输入标签的名称，此时，Flash会在该帧上添加一面小旗子，并以新命名称进行标示，如图7-27所示。

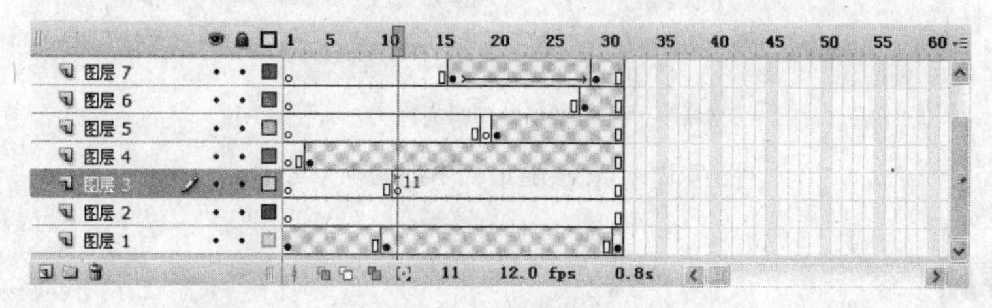

图 7-27 添加帧标签

添加帧标签后，将激活“属性”面板上的“类型”下拉列表，它提供了名称、注释和锚记3个选项，如图7-28所示。

- 名称：即帧标签的名称，用于在动作脚本中定位帧。
- 注释：对选中的关键帧加以说明，在时间轴上以绿色的双斜杠进行标示，如图7-29所示。注释并不随动画的发布而输出，因此不影响SWF文档的大小。
- 锚记：用于实现浏览器中帧的跳转或场景的跳转。例如，如果为场景2的第一帧添加了锚点，那么在IE中输入该锚点以后，就可以直接播放场景2，而不需要播放场景1的内容了，方便了预览。锚记在时间轴上以金色的锚进行标示，如图7-30所示，它跟随动画的发布而输出，因此会影响SWF文档的大小。

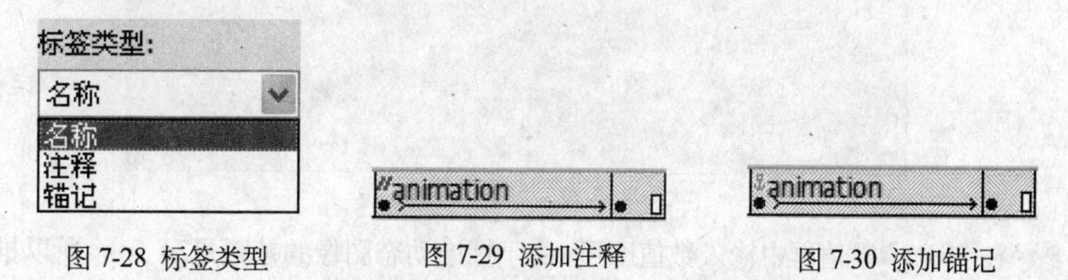

图 7-28 标签类型　　图 7-29 添加注释　　图 7-30 添加锚记

在添加任一类型的帧标签后，如果添加或删除帧，标签将跟随最初附加的帧一起移动，即帧编号会发生改变，如图7-31所示，如果删除所附加的帧，帧标签将随之消失。

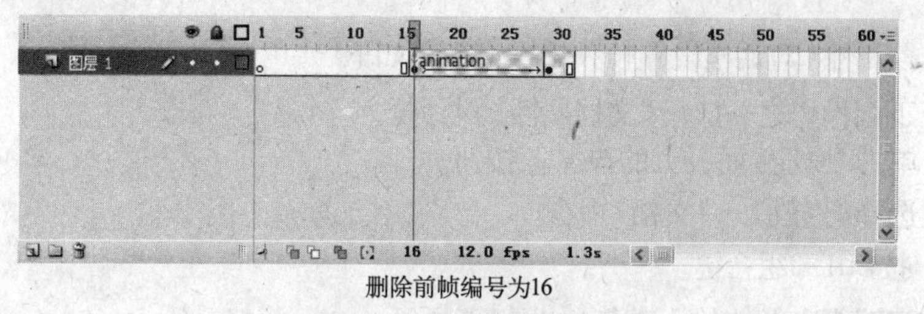

删除前帧编号为16

图 7-31 标签跟随最初附加的帧

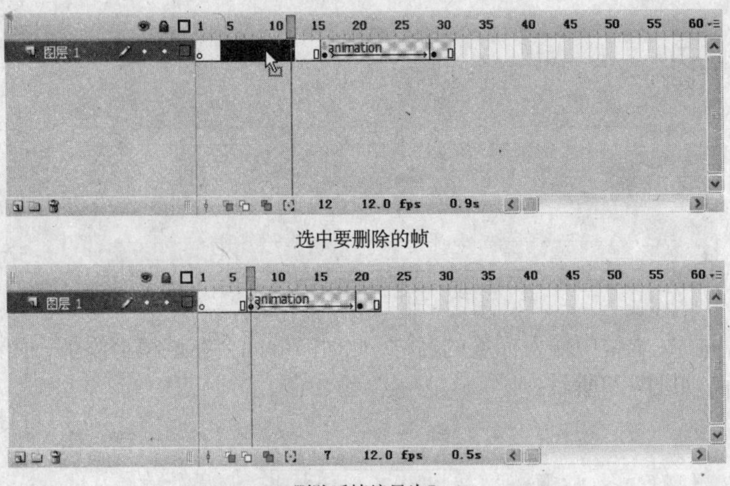

选中要删除的帧

删除后帧编号为7

图 7-31 标签跟随最初附加的帧（续）

7.3.8 设置帧频

帧频是动画播放的速度，以每秒播放的帧数为度量。帧频太小会使动画看起来一顿一顿的，帧频太大会使动画的细节变得模糊。在默认情况下，Flash动画以12 fps的频率播放，该频率最适于在Web上播放。为了得到更为流畅的动画，用户可以通过“属性”面板或“文档属性”对话框设置帧频。

1. 通过“属性”面板

通过“属性”面板设置帧频的操作步骤如下。

❶ 按Ctrl+F3组合键，打开“属性”面板，如图7-32所示。

图 7-32 “属性”面板

❷ 在“FPS”数值框中输入数值即可。由于标准动态图像的帧频是24 fps，所以推荐输入一个24以上的数值，如27或30。

2. 通过“文档属性”对话框

通过“文档属性”对话框设置帧频的操作步骤如下。

❶ 执行下列操作之一打开“文档属性”对话框。

- 单击“属性”面板上的 编辑... 按钮。
- 选择“修改”→“文档”命令。
- 按Ctrl +J组合键。

❷ 在“FPS”数值框中输入数值，如图7-33所示。

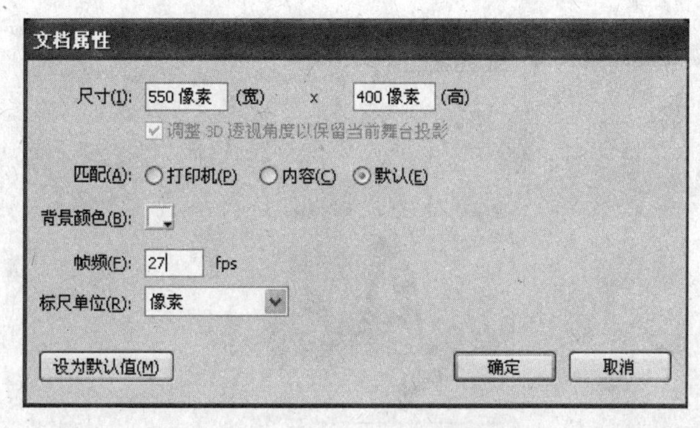

图 7-33 “文档属性”对话框

❸ 单击确定按钮应用设置并关闭对话框。在一般情况下，动画将按照设置的帧频进行播放，但是如果计算机的配置较低，不能足够快地计算和显示动画，则播放帧频将可能与文档中设置的帧频不一致。

7.4 多帧编辑技术

一般的动画编辑软件，在创建动画的过程中一次只能操作一帧，而Flash CS4提供了多帧编辑技术，可以同时显示多个帧，甚至可以同时编辑多个帧。

7.4.1 同时显示多帧

通常情况下，在某一时刻只能显示一帧的内容，为便于前后多帧对照编辑，可以在帧窗口中单击“绘图纸外观”按钮启动洋葱皮功能，同时显示当前帧与前后若干帧的内容，如图7-34所示。

图 7-34 同时显示多帧

使用洋葱皮功能后，在帧窗口中将出现一对方括号的洋葱皮标记，使用鼠标拖动方括号两边的括弧，可以增加或减少同时显示的帧数，如图7-35所示。

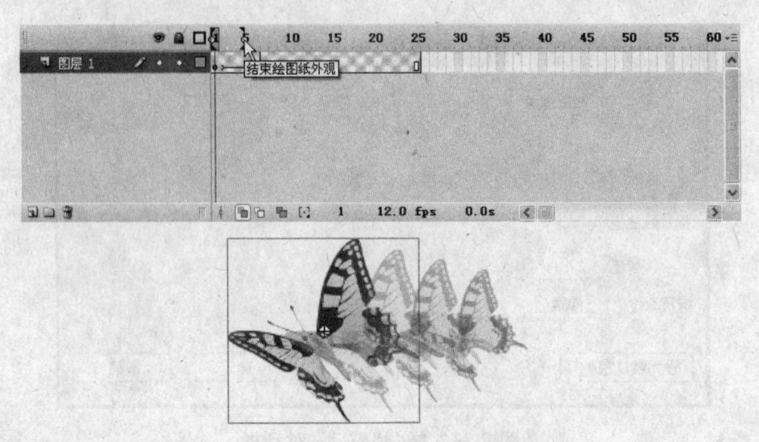

图 7-35 减少同时显示的帧数

从上图可以看出：在启动洋葱皮功能显示多帧时，所有帧的内容就像是画在一张半透明的绘图纸上，并且相互层叠在一起。只有正对着播放头的帧采用全彩色显示，处于可编辑状态，而其余的帧则采用半透明显示，处于不可编辑状态。

7.4.2 以轮廓线方式显示帧

如果动画的内容比较复杂，使用洋葱皮技术后会大大降低处理速度，这时用户可以单击帧窗口中的“绘图纸外观轮廓”按钮，以轮廓线方式显示洋葱皮标记中的帧，如图7-36所示。

图 7-36 以轮廓线方式显示帧

由于在该种方式下只显示各帧内容的轮廓线，填充色消失，因此特别适合观察对象的轮廓，并且可以节省系统资源，加快显示过程。

7.4.3 同时编辑多帧

单击“绘图纸外观”按钮虽然能同时显示多帧，但只有播放指针处的帧处于可编辑状态，即在该种方式下用户一次只能编辑一个帧，若要同时编辑多帧，需要单击“编辑多个帧”按钮，如图7-37所示。

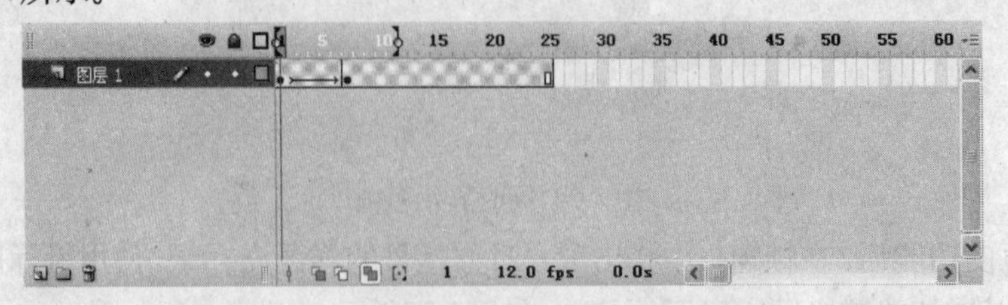

图 7-37 编辑多帧

图 7-37　编辑多帧

当按下“编辑多个帧”按钮后，洋葱皮标记包含的帧将变为正常方式显示，处于可编辑状态。但对于补间动画来说，中间的过渡帧是由Flash CS4自动计算出来的，即使按下了该按钮，过渡帧也不能被编辑。

在该种方式下，用户可以看到所有修改对整个动画产生的影响，因此便于对动画进行全局控制，如图7-38所示。

图 7-38　直观地看到所有的修改

在编辑多帧时，为了更直观地显示动画各帧，方便用户的操作，可以将“编辑多个帧”按钮、“绘图纸外观”按钮和“绘图纸外观轮廓”按钮结合使用，此时，舞台中内容的显示也将随之不同，如图7-39所示。

与“绘图纸外观”按钮结合使用时

与“绘图纸外观轮廓”按钮结合使用时

图 7-39　“编辑多帧”按钮与其他按钮同时使用

7.4.4 更改洋葱皮显示模式

单击“修改绘图纸标记”按钮，将弹出如图7-40所示的菜单，它用于更改洋葱皮的显示模式。

- 始终显示标记：无论是否启动洋葱皮功能，均显示洋葱皮标记。
- 锚记绘图纸：锁定洋葱皮标记，即把洋葱皮标记锁定在当前位置，此后再移动播放指针，洋葱皮标记将不会随之移动。
- 绘图纸2：显示当前帧及左右各2帧。
- 绘图纸5：显示当前帧及左右各5帧。
- 所有绘图纸：显示所有帧。

始终显示标记

锚记绘图纸

绘图纸 2

绘图纸 5

所有绘图纸

图 7-40 修改绘图纸标记菜单

7.4.5 同时移动整个动画

洋葱皮技术还有一个很大的作用，就是可以同时移动整个动画，即同时移动所有帧的内容，操作步骤如下。

❶ 将所有的图层解锁，单击“编辑多个帧”按钮。

❷ 执行下列操作之一使所有帧都包括在洋葱皮效果区域内，如图7-41所示。

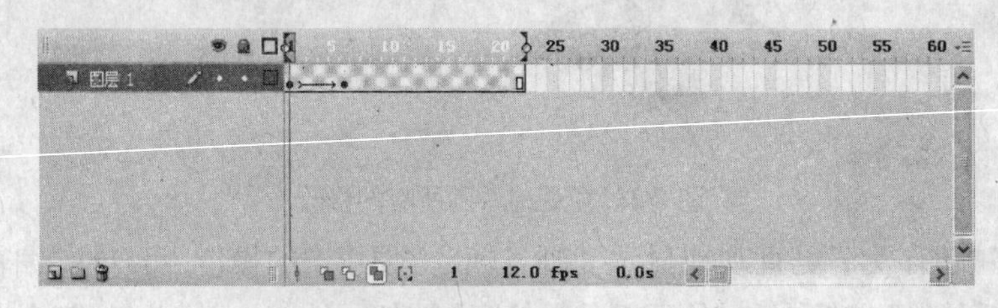

图 7-41 使所有帧都包括在洋葱皮效果区域内

➤ 直接拖动洋葱皮标记。

➤ 单击“修改绘图纸标记”按钮，在弹出的菜单中选择“所有绘图纸”命令。

❸ 执行下列操作之一选择所有图层以及所有帧，如图7-42所示。

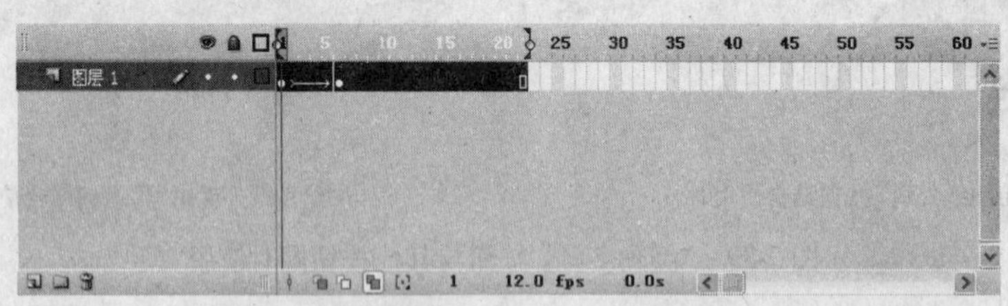

图 7-42 选择所有图层以及所有帧

➤ 按Ctrl+A组合键。

➤ 选择“编辑”→“全选”命令。

❹ 在舞台中拖动整个动画，把它移动到目的位置即可。

7.5 课堂实例

7.5.1 宇宙飞船

本例制作一艘宇宙飞船，操作步骤如下。

❶ 新建一个Flash文档（ActionScript 3.0）。

❷ 选择“线条工具”，在“属性”面板上设置“笔触颜色”为黑色，“笔触大小”为5，在舞台中绘制如图7-43所示的图形。再使用“选择工具”调整该图形的形状，如图7-44所示。

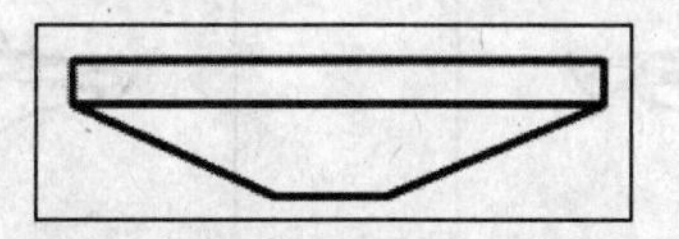

图7-43 绘制图形

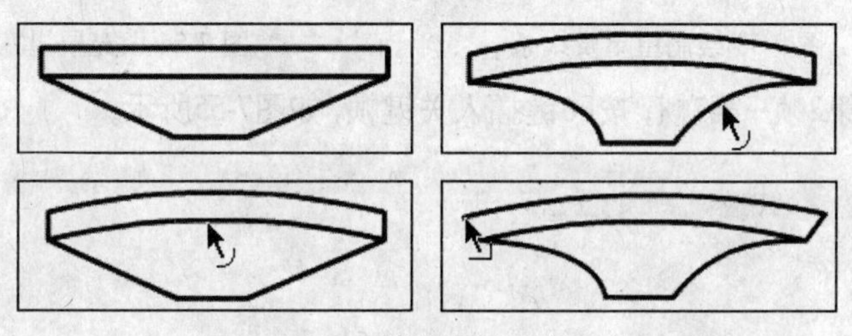

图 7- 44 调整图形形状

❸ 选择“线条工具”，在如图7-45所示的位置绘制一条直线。接着在如图7-46所示的位置绘制两条交叉直线。再使用“选择工具”调整该图形的形状，如图7-47所示。

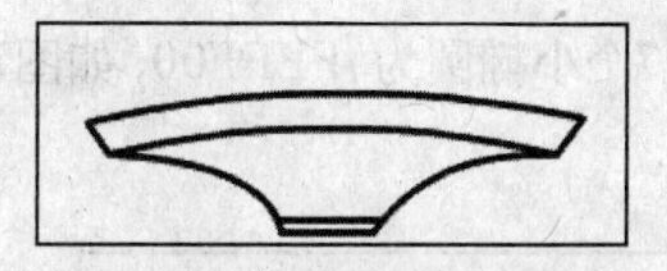

图 7-45 绘制一条直线

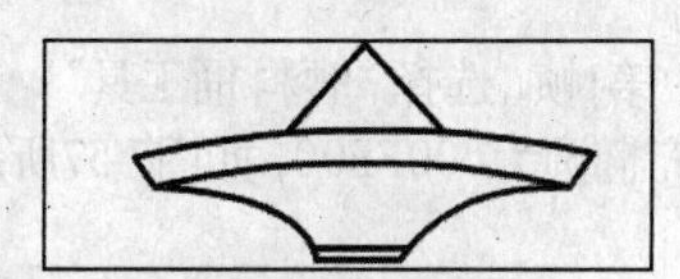

图 7-46 绘制交叉直线

❹ 选择“铅笔工具”，绘制宇宙飞船的天线，如图7-48所示。

❺ 选择“椭圆工具”，在舞台中绘制一个空心椭圆，如图7-49所示。再选中空心椭圆，按Ctrl+C组合键复制，然后按6次Ctrl+V组合键得到6个副本，并调整它们的位置互不重叠，如图7-50所示。

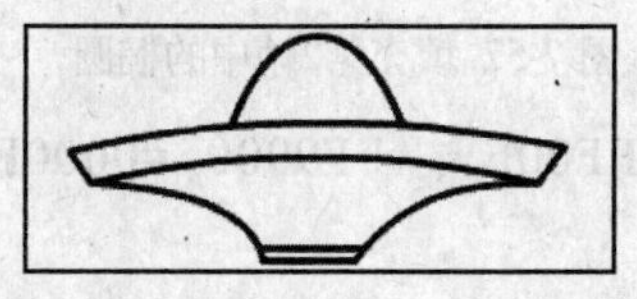

图 7-47 调整交叉直线的形状

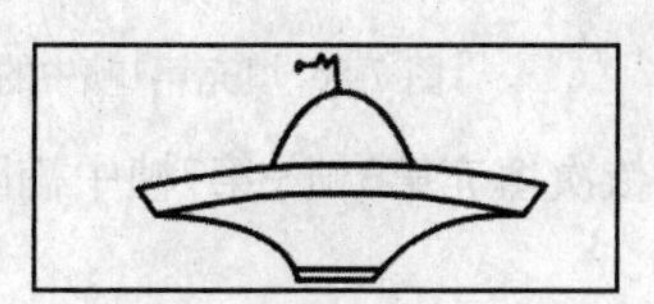

图 7-48 绘制天线

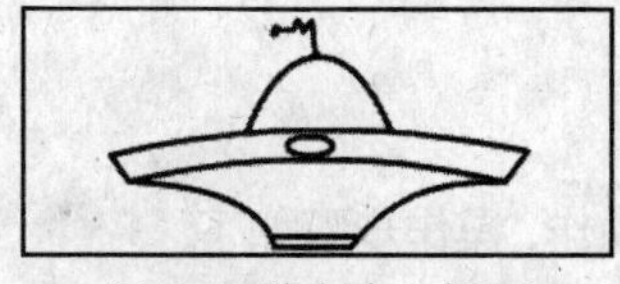

图 7-49 绘制空心椭圆

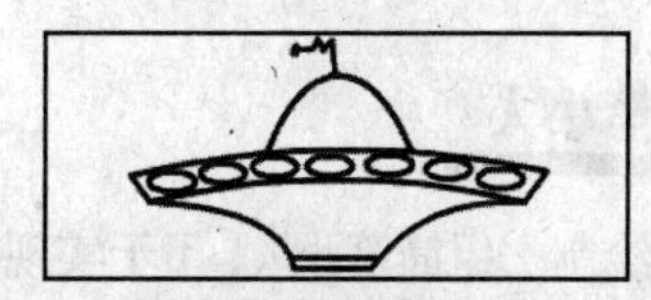

图 7-50 制作椭圆副本

⑥ 选择"线条工具"，在如图7-51所示的位置绘制3个小矩形。选择"颜料桶工具"，填充矩形为#FFFF00，如图7-52所示。

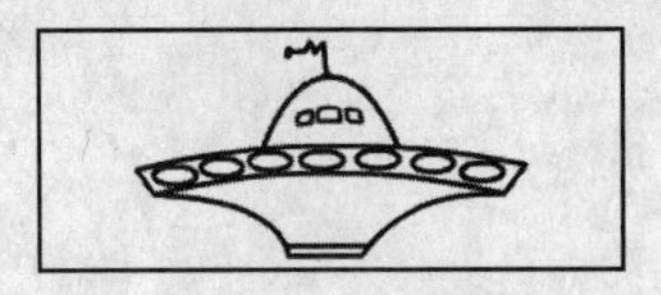

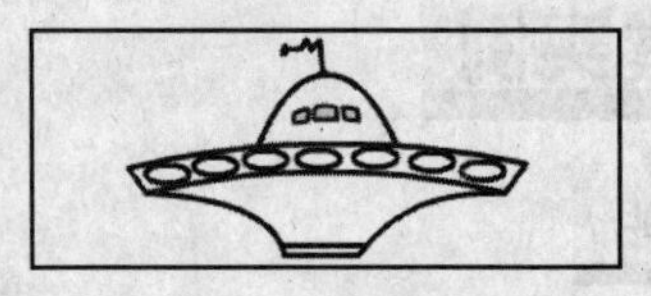

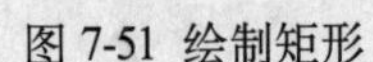

图 7-51 绘制矩形　　　　图 7-52 填充矩形

⑦ 选择"线条工具"，在舞台中绘制4个星星和一些线条，如图7-53所示。选择"颜料桶工具"，填充星星为#FFFF00，如图7-54所示。

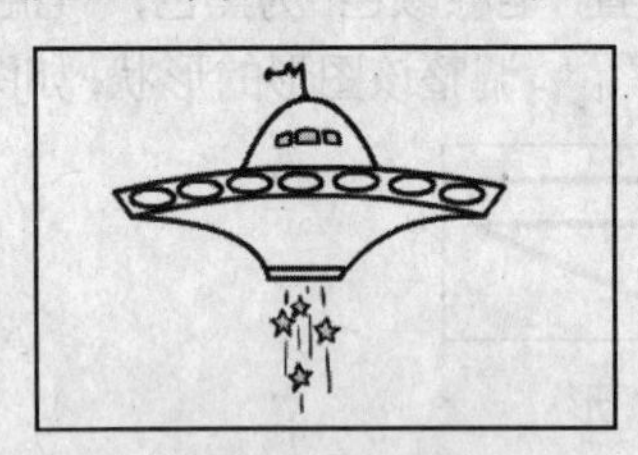

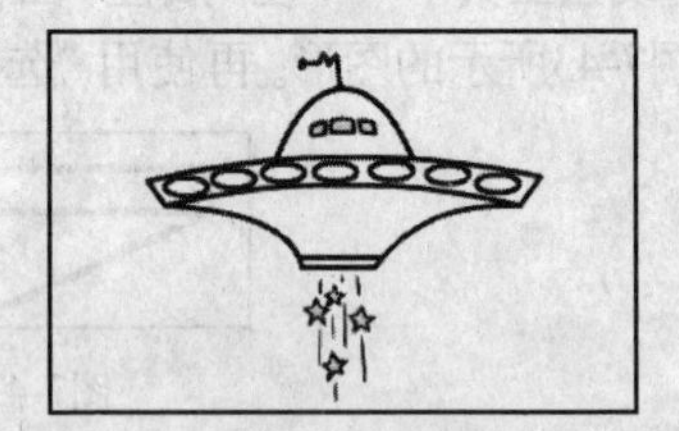

图 7-53 绘制星星及线条　　　　图 7-54 填充星星

⑧ 同时选中第2帧～第7帧，按F6键插入关键帧，如图7-55所示。

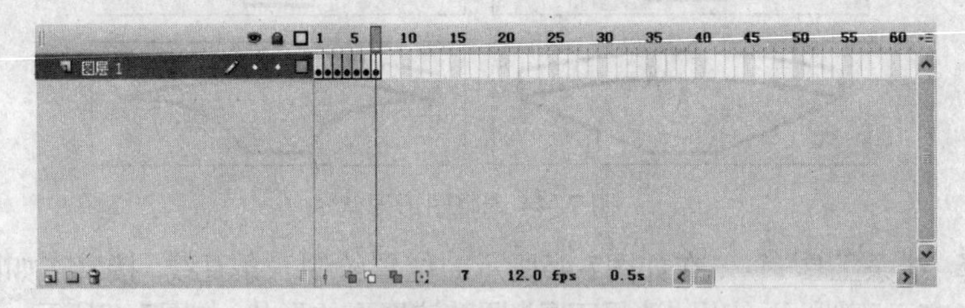

图 7-55 插入关键帧

⑨ 选中第1帧，选择"颜料桶工具"，填充7个小椭圆为#FFFF00，如图7-56所示。再选中第2帧，填充椭圆为#00FF00，如图7-57所示。

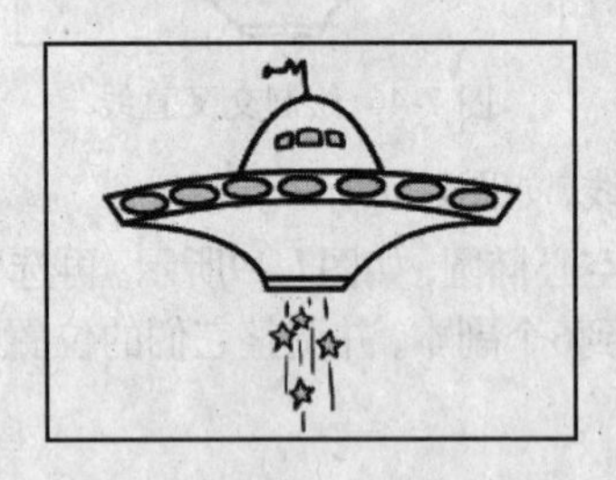

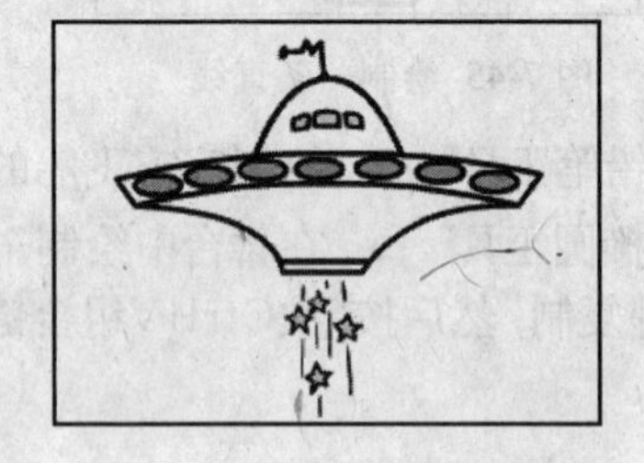

图 7-56 填充第1帧中的椭圆　　　　图 7-57 填充第2帧中的椭圆

⑩ 依次填充第3帧～第7帧中椭圆的颜色为#FF00FF、#FF9900、#0000FF、#00FFFF和#996600。

⑪ 保存文档为"宇宙飞船.fla"，按Ctrl+Enter组合键测试影片。

7.5.2 简笔小人

本例绘制一组简笔小人，用于实现跑步的连贯动作，操作步骤如下。

① 新建一个Flash文档（ActionScript 3.0）。

❷ 选择“修改”→ “文档”命令，打开“文档属性”对话框，如图7-58所示。

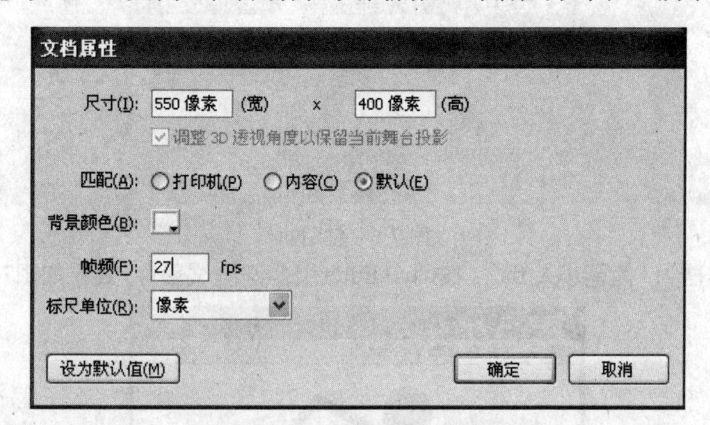

图 7-58 “文档属性”对话框

❸ 设置“尺寸”为400×300，“背景颜色”为白色，单击确定按钮应用设置。

❹ 选择“椭圆工具”，在“属性”面板上设置“笔触颜色”为无，“填充颜色”为黑色，按住Shift键绘制一个圆形，作为小人的头部。

❺ 选择“线条工具”，设置“笔触大小”为10，在舞台中绘制一条直线，如图7-59所示。然后绘制小人的四肢，如图7-60 所示。

图 7-59 绘制小人的躯干　　图 7-60 绘制小人的四肢

❻ 选中第2帧和第3帧，按F6键插入关键帧，如图7-61所示。

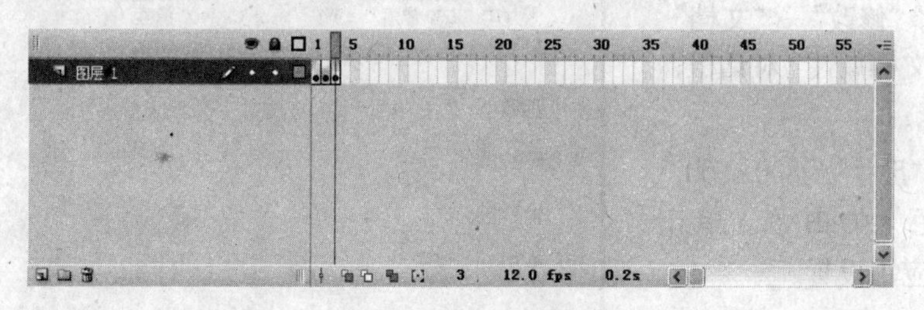

图 7-61 插入关键帧

❼ 使用“选择工具”修改这两个关键帧中的小人，如图7-62和图7-63所示。

❽ 同时复制第1帧~第3帧，然后右击，在弹出的菜单中选择“复制帧”命令复制帧。

❾ 选中第4帧后右击，在弹出的菜单中选择“粘贴帧”命令粘贴帧，如图7-64所示。

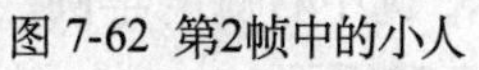

图 7-62 第2帧中的小人　　图 7-63 第3帧中的小人

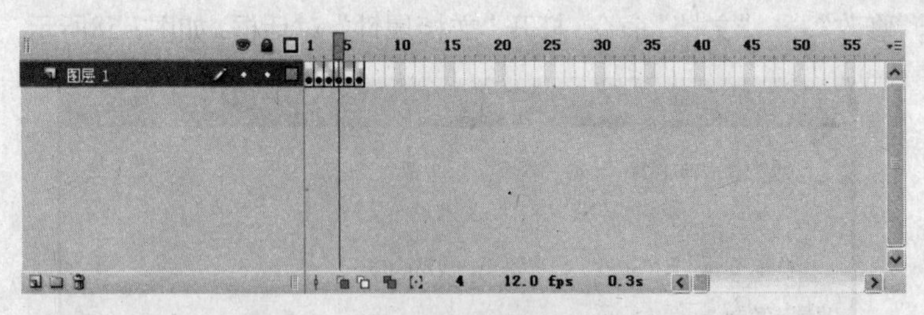

图 7-64 粘贴帧

⑩ 保存文档为“简笔小人.fla”。按Ctrl+Enter组合键测试影片，效果如图7-65所示。

图 7-65 效果图

7.5.3 倒计时

本例制作倒计时效果，倒计时结束后将载入1.swf，操作步骤如下。

❶ 新建一个Flash文档（ActionScript 3.0）。

❷ 选择“修改”→“文档”命令，打开“文档属性”对话框，如图7-66所示。

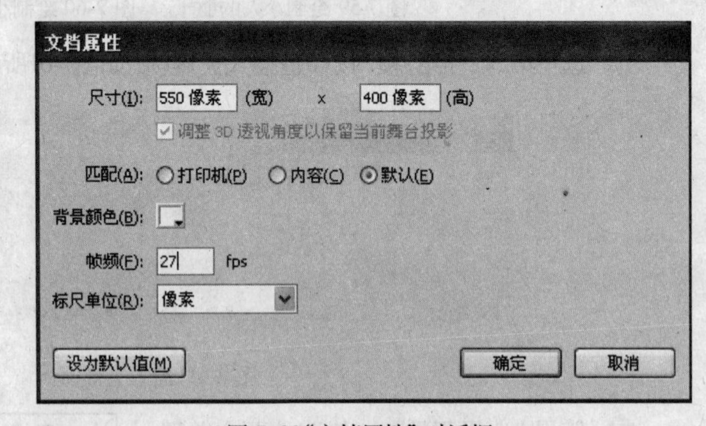

图 7-66 “文档属性”对话框

❸设置“尺寸”为800×500，“背景颜色”为白色，单击 确定 按钮应用设置。

❹ 选择“矩形工具”，在“属性”面板上设置“笔触颜色”为#999999，“笔触大小”为1，“填充颜色”为无，按住Shift键，在舞台中绘制一个空心正方形，如图7-67所示。选择“椭圆工具”，按住Shift键，在舞台中绘制一个空心圆，如图7-68所示。

❺ 选择“线条工具”，在舞台中绘制4条直线，如图7-69所示。选中右侧的半圆，按Delete键将其删除，如图7-70所示。

图 7-67 绘制正方形

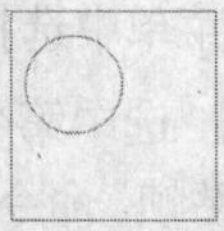

图 7-68 绘制圆形

❻ 选择“窗口”→“颜色”命令，打开“颜色”面板，设置“填充颜色”#999999，“Alpha”为38%，如图7-71所示。再选择“颜料桶工具”，在左侧区域单击进行填充，如图7-72所示。

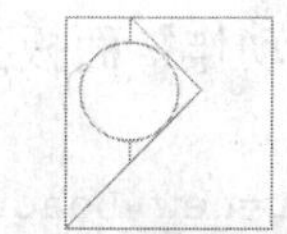

图 7-69 绘制直线

图 7-70 删除半圆

❼ 单击时间轴左下角的“新建图层”按钮，新建“图层2”。

❽ 选择“文本工具”，在“属性”面板上设置“系列”为Bookman Old Style，“样式”为Bold，“大小”为100，“颜色”为#FF9900，在如图7-73所示的位置输入数字“5”。

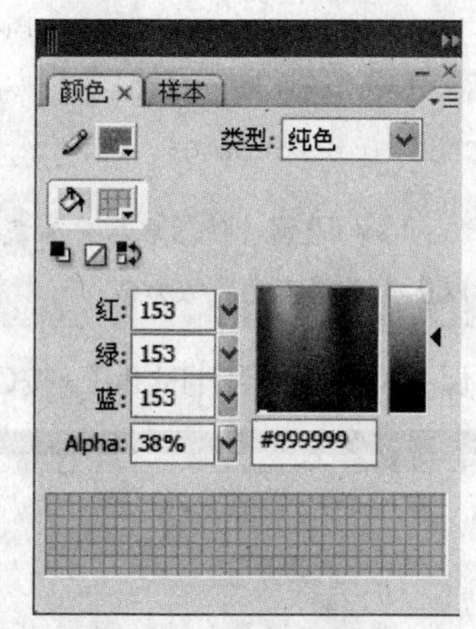

图 7-71 设置填充颜色

图 7-72 填充图形

图 7-73 输入数字

❾ 选中“图层1”的第20帧，按F5键插入帧；选中“图层2”的第5帧、第9帧、第13帧、第17帧，按F6键插入关键帧；选中“图层2”的第21帧，按F7键插入空白关键帧，如图7-74所示。

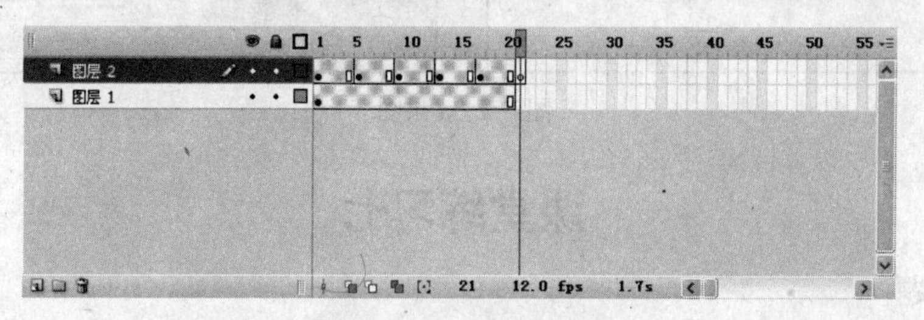

图 7-74 插入帧与关键帧

❿ 选中“图层2”的第5帧，双击数字使其变为可编辑状态，然后更改“5”为“4”，如图7-75所示。

⓫ 使用同样的方法，更改第9帧中的数字为3，第13帧中的数字为2，第17帧中的数字为1。

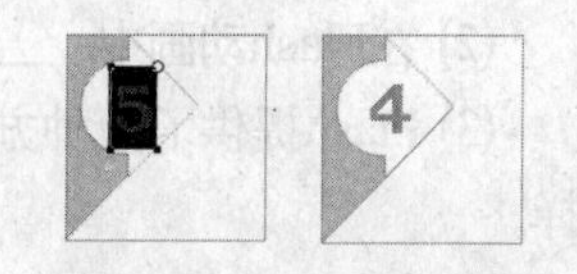

图 7-75 更改第5帧中的数字为4

⓬ 选择“窗口”→“动作”命令或按F9键，打开“动作”面板，如图7-76所示。

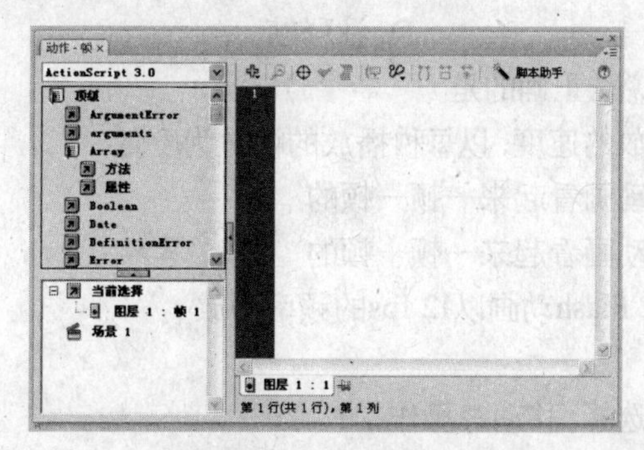

图 7-76 “动作”面板

⑬ 选中第21帧，在“动作”面板上输入以下代码：

```
stop();
var picLoader:Loader=new Loader();
var picUrl ="1.swf";
var picUrlReq:URLRequest=new URLRequest(picUrl);
picLoader.load(picUrlReq);
addChild(picLoader);
```

注意：1.swf是倒计时结束后要加载的外部影片，它需要和该例播放文件放在相同的目录下，否则使用以上代码将不能成功加载。

⑭ 保存文档为“倒计时.fla”。按Ctrl+Enter组合键测试影片，效果如图7-77所示。

图7-77 效果图

课堂练习七

一、填空题

(1) _____ 主要用于延长关键帧内容的播放时间。

(2) 在Flash动画中，_____ 的多少决定了动画的细致程度。

(3) Flash提供了两种方法选择帧，一种是基于_____的选择；另一种是基于整体范围的选择。

二、选择题

(1) 根据特点与用途的不同，帧可以分为（　　）。

A. 关键帧　　B. 过渡帧

C. 普通帧　　D. 注释帧

(2) 关于帧频，下列说法正确的是（　　）。

A. 帧频是动画播放的速度，以每秒播放的帧数为度量

B. 帧频太小会使动画看起来一顿一顿的

C. 帧频太大会使动画看起来一顿一顿的

D. 在默认情况下，Flash动画以12 fps的频率播放

三、上机操作题

(1) 练习帧的插入、选择、移动等操作。

(2) 导入一段GIF动画，并采用多帧编辑技术将该动画移至舞台的中央。

Flash 第8章 元件、实例与库

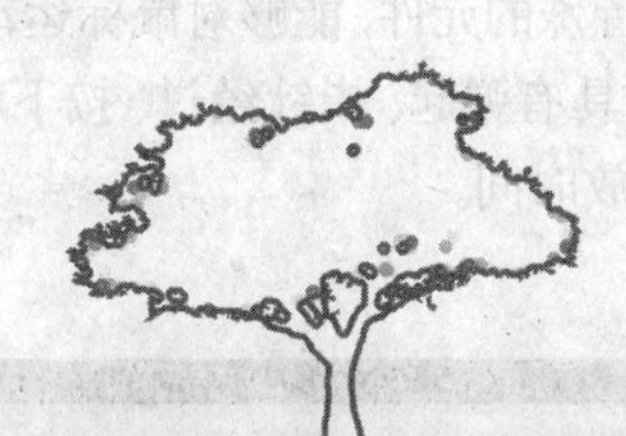

学习目标

用户在进行动画创作时，经常要用到元件、实例与库。简单地说，元件是一种可重复使用的对象，它被保存在库里，当用户从库中将元件置入舞台上时，就创建了该元件的一个实例。本章主要介绍元件的创建与编辑、实例的创建与编辑、库的调用与管理等，希望用户掌握元件与实例的关系，并能进行熟练应用。

学习重点

(1) 元件的创建与编辑
(2) 实例的创建与编辑
(3) 库的管理

8.1 元件

在Flash CS4中，元件是一种比较独特的、可重复使用的对象，当用户更改元件的内容时，由它创建而成的所有实例都会随之更新，从而不必逐一进行更改，大大缩短了动画制作的时间，提高了工作效率。

8.1.1 元件的类型

根据用途的不同，元件分为图形、按钮和影片剪辑3大类，当用户创建元件后，它们都将被存储在库中，并且不同类型的元件以不同的图标显示，以便于用户识别，如图8-1所示。

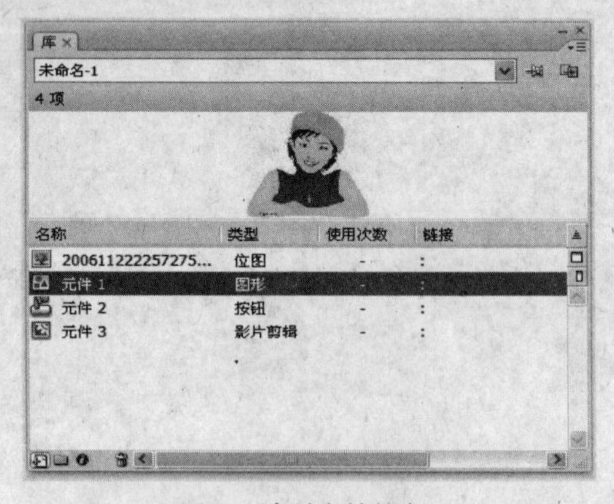

图 8-1 当前文档的库

(1) 图形元件。通常由静态图片组成，也可以是矢量图、声音、甚至不具有动态效果的动画片段。该类元件拥有相对独立的编辑区域和播放时间，当应用到场景时会受到当前场景中帧序列的限制和其他交互设置的影响。

(2) 按钮元件。是一种比较特殊的元件，能够对鼠标运动做出反应，常用于控制动画的播放。该类元件不是单一的图像，它具有弹起、指针经过、按下和点击4个状态，如图8-2所示，同样拥有相对独立的编辑区域和播放时间。

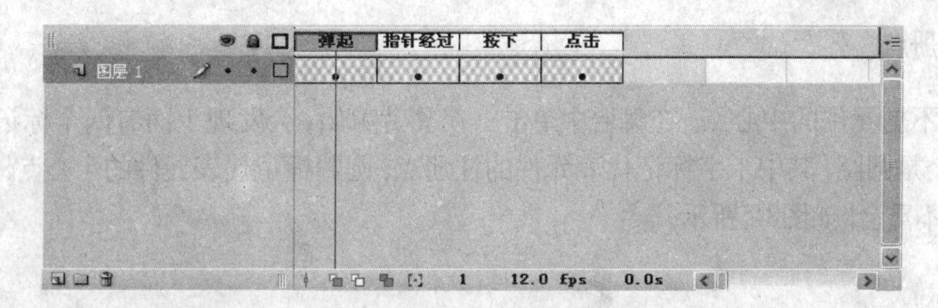

图 8-2 按钮元件的4个状态帧

- 弹起：当鼠标指针不在按钮上时的状态。
- 指针经过：当鼠标指针滑过按钮时状态。
- 按下：当鼠标指针点击按钮时状态。
- 点击：响应鼠标动作的区域，在播放动画时，该帧内容不予显示。用户也可以不定义该帧，将按下帧中的对象作为鼠标动作的响应区。图8-3所示为某一按钮的4个状态帧中的内容。

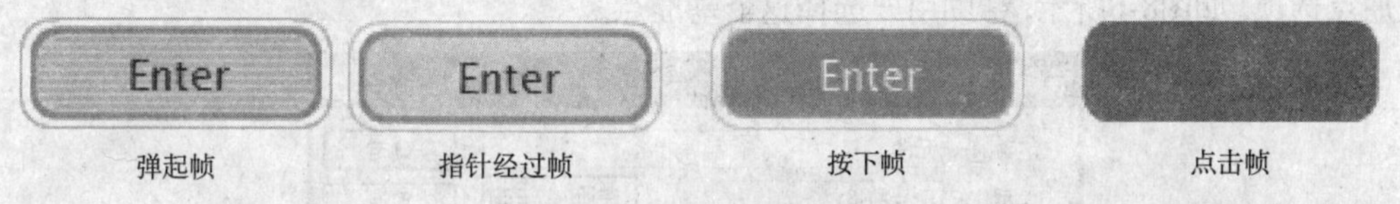

图 8-3 某一按钮的4个状态帧

(3) 影片剪辑元件：是Flash中一个相当重要的角色，大部分的动画都是由许多独立的影片剪辑元件的实例组成。该类元件可以响应脚本行为，拥有绝对独立的时间轴，不受场景和时间轴的影响，用户无须事先建立足够长的帧序列。

8.1.2 编辑模式与注册点

在学习创建元件之前，首先来了解一下编辑模式与注册点的有关知识。

1. 区别两种编辑模式

Flash CS4提供了两种编辑模式：元件编辑模式和场景编辑模式。在元件编辑模式下，元件的名称将出现在舞台左上角的上面，并且在舞台的中央有一个十字标记，它是元件的定位点，也叫注册点，是元件编辑模式和场景编辑模式的不同之处，如图8-4所示。

图 8-4 两种编辑模式对比

2. 认识注册点

注册点并不是元件的中心点。在舞台中单击一个影片剪辑，会发现上面有两个标记，一个是十字，另一个是圆圈，其中十字标记代表元件的注册点，圆圈标记代表元件的中心点，两者可以重合也可以不重合，如图8-5所示。

图 8-5 元件的注册点与中心点

为什么引入注册点呢？大家都知道，元件是有大小的，不仅仅是一个点，那么元件在舞台中的坐标以它的哪个点为基准呢，是左上角、右上角还是中心呢？为此，Flash CS4提供了一个注册点选项，如图8-6所示，帮助用户选择这个基准点。

图 8-6 注册点选项

在选项的右边有9个小方格，每个小方格都代表着元件上的一点，在默认情况下，基准点是中间的那个点，用户可以通过单击其他基准点来定位注册点。图8-7所示在基准点为左上角和左下角时的效果。

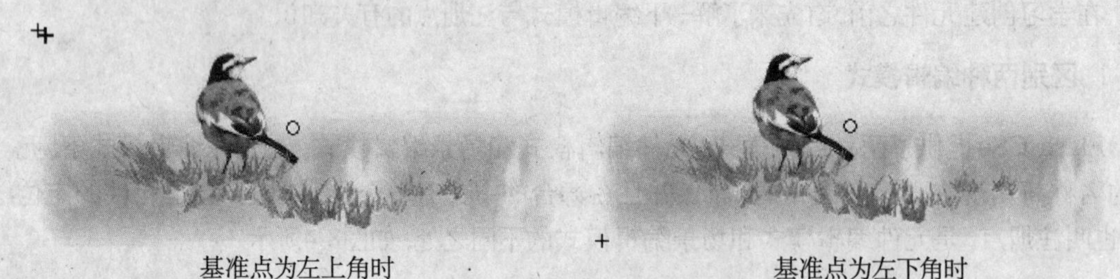

基准点为左上角时　　基准点为左下角时

图 8-7 定位注册点

8.1.3 创建元件

元件具有非常强大的功能，用户在Flash中创建的一切效果，都可以通过某个或多个元件来实现，因此制作动画的第一步就是要创建元件，至于具体要创建哪种类型的元件，则需要根据具体的情况而定。

1. 创建图形元件

在Flash CS4中，用户可以创建一个空的图形元件，然后在元件编辑模式下添加内容，也可以将现有元素转换成图形元件。

(1) 使用第一种方法创建图形元件的操作步骤如下。

❶ 执行下列操作之一，打开“创建新元件”对话框。

- 按Ctrl+F8组合键。
- 选择“插入”→“新建元件”命令。
- 单击库面板左下角的“新建元件”按钮。

❷ 在“名称”文本框中输入元件的名称，如图8-8所示。

❸ 在“类型”下拉列表中选择“图形”选项，单击按钮，切换至元件编辑模式。

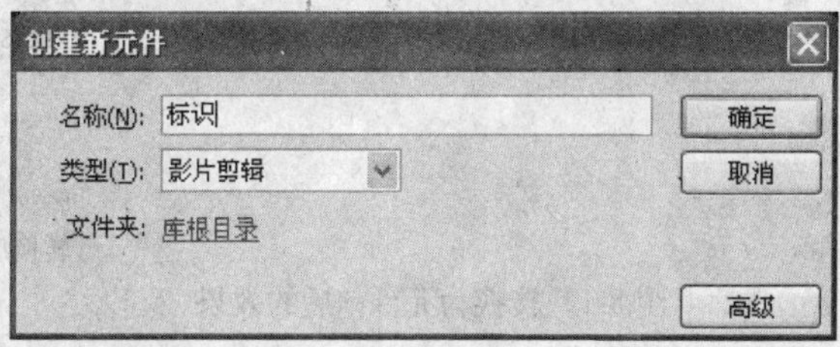

图 8-8 输入元件名称

❹ 在舞台中创建元件内容，如图8-9所示。

❺ 单击舞台上方的“后退”按钮或场景名称返回场景编辑模式，如图8-10所示。从库中拖动该元件到舞台中。

图 8-9 创建元件内容　　图 8-10 返回场景编辑模式

(2) 使用第二种方法创建图形元件的操作步骤如下。

❶ 选取要转变为元件的对象。

❷ 执行下列操作之一，打开“转换为元件”对话框。

- 按F8键。
- 选择“修改”→“转换为元件”命令。

❸ 在“名称”文本框中输入元件的名称，如图8-11所示。

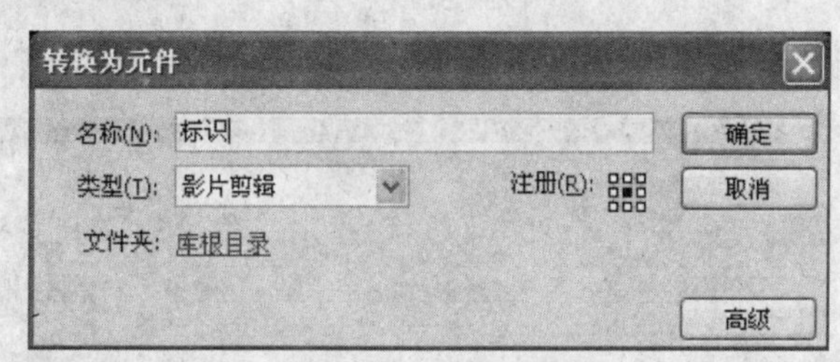

图 8-11 输入元件名称

> 注意：比较图8-8和图8-11，可以发现“转换为元件”对话框比“创建新元件”对话框多了一个注册点选项。

❹ 在“类型”下拉列表中选择“图形”选项，然后在注册网格中单击选择元件的注册点。

❺ 单击确定按钮关闭对话框并完成转换，所选对象将随之变成该元件的一个实例，如图8-12所示。

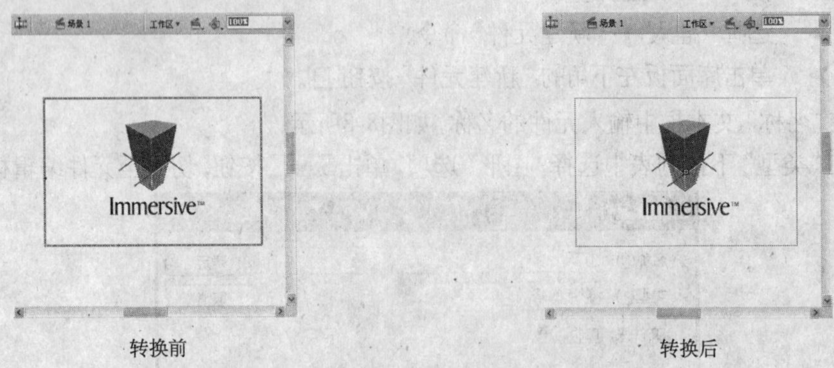

转换前　　　　转换后

图 8-12 转换为元件前后的效果

2. 创建按钮元件

一般来说，创建按钮元件需要有3个基本过程，即绘制按钮图案、添加按钮关键帧和编写按钮事件，操作步骤如下。

❶ 打开“创建新元件”对话框，在“名称”文本框中输入元件的名称。

❷ 在“类型”下拉列表中选择“图形”选项，单击确定按钮，切换至元件编辑模式，Flash CS4会创建一个包含4帧的时间轴，如图8-13所示。

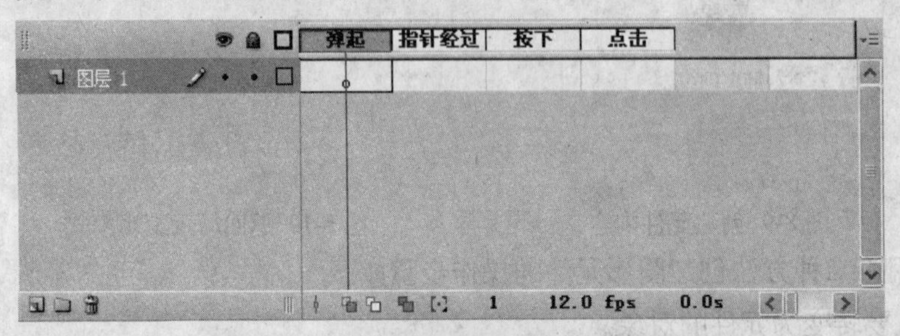

图 8-13 按钮元件的时间轴效果

❸ 在弹起帧中绘制按钮图案或导入图形，在其他帧中插入关键帧，并根据需要进行修改。

> 注意：如果要给按钮的不同状态附加声音，可以先导入声音，然后从“属性”面板上的“名称”下拉列表中进行选择，如图8-14 所示。

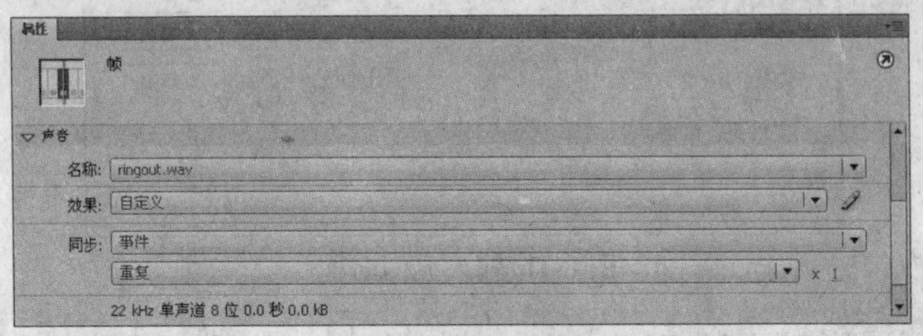

从“属性”面板上添加声音

图 8-14 给按钮添加声音

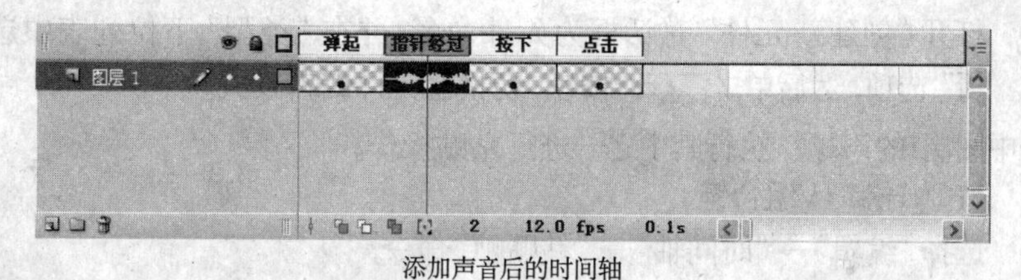

添加声音后的时间轴

图 8-14 给按钮添加声音(续)

❹ 编写按钮事件。由于涉及到编程部分（第12章中将进行详细介绍），这里先制作没有交互功能的按钮。

❺ 单击“后退”按钮返回场景编辑模式。

❻ 从库中拖动该元件到舞台中。

❼ 执行下列操作之一，查看按钮功能。

- 按Ctrl+Alt+B组合键。
- 选择“控制”→“启用简单按钮”命令。
- 按Ctrl+Enter组合键。

说明：前两种操作用于在Flash CS4创作环境下查看按钮功能，后一种操作用于在Flash CS4 播放器中查看按钮功能。无论采用哪一种操作，当用户指向、经过、按下或单击按钮时，按钮都将呈现不同的状态。

3. 创建影片剪辑元件

创建影片剪辑元件的方法通常有3种：第一种是直接创建新元件（即空白元件），然后在元件编辑模式下添加内容；第二种是将现有对象转换为元件；第三种是将动画转换为元件。由于前两种方法与图形元件的基本相同，这里不再赘述。下面介绍第三种方法，操作步骤如下。

❶ 执行下列操作之一，选择动画的所有帧，如图8-15所示。

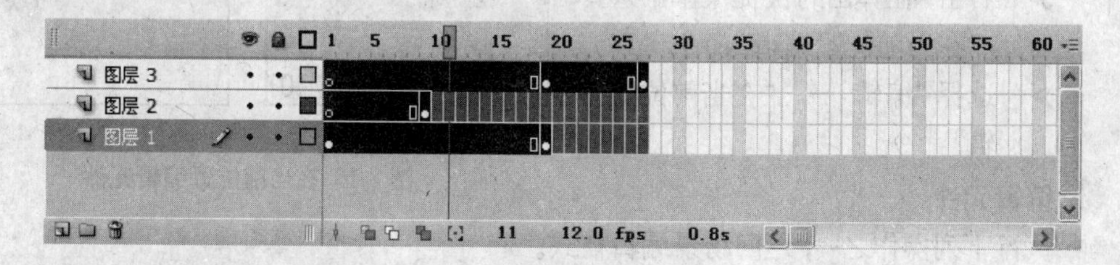

图 8-15 选择动画的所有帧

- 选择“编辑”→“时间轴”→“选择所有帧”命令。
- 在时间轴中从左上角至向右下角进行拖曳。
- 在某一帧上右击，在弹出的快捷菜单中选择“选择所有帧”命令。

❷ 执行其中之一进行复制操作。

- 按Ctrl+Alt+C组合键。
- 选择“编辑”→“时间轴”→“复制帧”命令。
- 在某一帧上右击，在弹出的快捷菜单中选择“复制帧”命令。

❸ 取消任何选择。

➢ 打开“创建新元件”对话框为元件命名，并在“类型”下拉列表中选择“影片剪辑”选项，然后单击确定按钮，切换至元件编辑模式。

❹ 选中图层1的第1帧，执行其中之一进行粘贴操作。

➢ 按Ctrl+Alt+V组合键。

➢ 选择“编辑”→“时间轴”→“粘贴帧”命令。

➢ 在某一帧上右击，在弹出的快捷菜单中选择“粘贴帧”命令。

❺ 执行下列操作之一，返回场景编辑模式。

➢ 单击舞台上方的“后退”按钮⇦。

➢ 单击场景名称。

➢ 选择“编辑”→“编辑文档”命令。

8.1.4 编辑元件

如果对创建的元件进行修改，由它创建而成的所有实例都会随之更改，因此合理地使用元件可以缩短动画制作的时间，减少文档的数据量，提高工作效率。Flash CS4提供了3种编辑元件的方法，下面进行具体介绍。

1. 在当前位置编辑

使用该种方法编辑元件时，元件会和其他对象一起显示在编辑窗口中，但只有元件处于可编辑状态，其他对象以灰色显示，仅供参考，不能修改，如图8-16所示。

使用该种方法编辑元件的操作步骤如下。

❶ 选择要编辑的元件。

❷ 执行下列操作之一，在当前位置显示元件。

➢ 双击。

➢ 右击，在弹出的快捷菜单中选择“在当前位置编辑”命令。

➢ 选择“编辑”→ “在当前位置编辑”命令。

正常模式

编辑模式

图 8-16 在当前位置编辑元件

❸ 编辑元件。

❹ 执行下列操作之一，返回场景编辑模式。

➢ 单击舞台上方的“后退”按钮。

➢ 单击场景名称。

➢ 单击编辑栏中的“编辑场景”按钮，在弹出的下拉菜单中选择场景的名称，如图8-17所示。

图 8-17 “编辑元件”下拉菜单

➢ 选择“编辑”→“编辑文档”命令。

➢ 双击元件以外的位置。

➢ 按Ctrl+E组合键。

2. 在新窗口中编辑

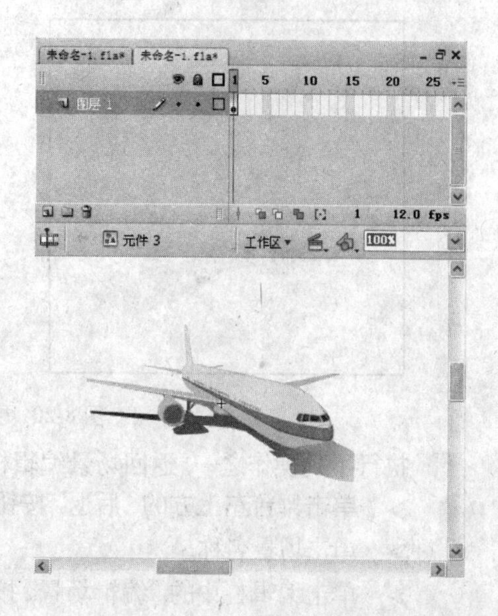

图 8-18 在新窗口中编辑元件

使用该种方法编辑元件时，Flash CS4将在一个单独的窗口中显示元件，其他对象并不显示，用户可以在新旧两个窗口中相互切换，如图8-18所示。

使用该种方法编辑元件的操作步骤如下。

❶ 选择要编辑的元件。

❷ 执行下列操作之一，在新窗口中打开元件。

➢ 右击，在弹出的快捷菜单中选择“在新窗口中编辑”命令。

➢ 选择“编辑”→“在新窗口中编辑”命令。

❸ 编辑元件。

❹ 执行下列操作之一，关闭新窗口。

➢ 单击右上角的“关闭”按钮☒。

➢ 选择“文件”→“关闭”命令。

➢ 按Ctrl+W组合键。

3. 在元件编辑模式下

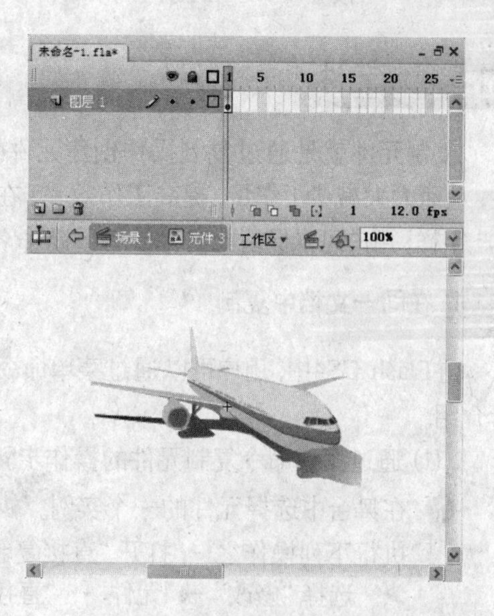

图 8-19 在元件编辑模式下编辑元件

使用该种方法编辑元件时，只有被选中的元件显示在编辑窗口内，而其他的对象将不予显示，如图8-19所示。

使用该种方法编辑元件的操作步骤如下。

❶ 选择要编辑的元件。

❷ 执行下列操作之一，进入元件编辑模式。

➢ 右击，在弹出的快捷菜单中选择“编辑”命令。

➢ 选择“编辑”→“编辑元件”命令。

➢ 选择“编辑”→“编辑所选项目”命令。

➢ 按Ctrl+E组合键。

❸ 编辑元件。

提示：在编辑元件时，若要更改注册点的位置，在舞台上直接拖动元件即可，随着拖动，十字光标会表明注册点新的位置，如图8-20所示。

图 8-20 更改注册点的位置

❹ 执行下列操作之一，返回场景编辑模式。

- ➢ 单击舞台左上方的“后退”按钮。
- ➢ 单击场景名称。
- ➢ 单击编辑栏中的“编辑场景”按钮，在弹出的下拉菜单中选择场景名称。
- ➢ 选择“编辑”→“编辑文档”命令。
- ➢ 按Ctrl+E组合键。

8.1.5 复制元件

复制元件就是通过复制操作创建元件的副本，然后在此基础上进行修改，创造出新的元件，从而大大减少工作量，提高工作效率。在默认情况下，已复制的元件会在原名称后加上“副本”字样，用户可以保留此名称或者重新命名。

1. 在同一文档中复制

在Flash CS4中，用户可以通过菜单命令或“库”面板，在同一文档中复制元件，下面分别进行介绍。

(1) 通过菜单命令复制元件的操作步骤如下。

❶ 在舞台中选择元件的一个实例。

❷ 执行下列操作之一，打开“直接复制元件”对话框，如图8-21所示。

- ➢ 选择“修改”→“元件”→“直接复制元件”命令。

图 8-21 “直接复制元件”对话框

- ➢ 右击，在弹出的快捷菜单中选择“直接复制元件”命令。

❸ 保留元件名称或者进行重新命名，然后单击确定按钮关闭对话框。

❹ 执行下列操作之一，打开“库”面板。

- ➢ 选择“窗口”→“库”命令。

➢ 按Ctrl+L组合键。

❺ 在“库”面板上选择元件的副本。

❻ 执行下列操作之一，进入其编辑模式。

➢ 单击“库”面板右上角的图标，在弹出的菜单中选择“编辑”命令。

➢ 单击“库”面板左下角的图标，打开如图8-22所示的“元件属性”对话框，单击其中的编辑(E)按钮。

图 8-22 “元件属性”对话框

➢ 双击元件的图标。

➢ 右击，在弹出的快捷菜单中选择“编辑”命令。

❼ 进行需要的修改。

(2) 通过“库”面板复制元件的操作步骤如下。

❶ 执行下列操作之一，打开“库”面板。

➢ 选择“窗口”→“库”命令。

➢ 按Ctrl+L组合键。

❷ 在“库”面板上选择需要复制的元件。

❸ 执行下列操作之一，打开“元件”对话框，如图8-23所示。

➢ 右击，在弹出的快捷菜单中选择“直接复制”命令。

➢ 单击“库”面板右上角的图标，在弹出的“库”面板菜单中选择“直接复制”命令。

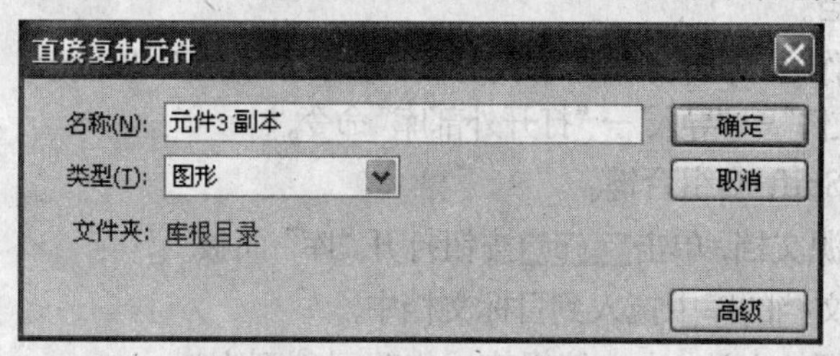

图 8-23 “直接复制元件”对话框

> 注意：该处的“直接复制元件”对话框与图8-21中的外观不同，在这里用户不仅可以复制元件，还可以更改元件副本的类型，以及单击高级按钮显示更多的选项进行更改，如图8-24所示。

❹ 命名元件副本并更改其类型等，然后单击确定按钮关闭对话框。

❺ 重复第一种复制方法的第 (5) 步~第 (7) 步。

2. 在不同文档之间复制

以上介绍的是在同一文档中复制元件的方法，用户还可以在不同文档之间进行复制，下面介绍常见的3种方法。

(1) 通过复制或粘贴来复制元件的操作步骤如下。

❶ 打开源文档和目标文档。其中，源文档指存放已有元件的文档，目标文档指存放元件副本的文档。

❷ 切换源文档为当前文档，选择需要复制的元件。

❸ 执行其中之一进行复制操作。

➢ 选择“编辑”→“复制”命令。

➢ 按Ctrl+C组合键。

➢ 右击，在弹出的快捷菜单中选择“复制”命令。

❹ 切换目标文档为当前文档。

❺ 执行其中之一进行粘贴操作。

➢ 选择“编辑”→“粘贴到中心位置”命令。

➢ 按Ctrl+V组合键。

➢ 选择“编辑”→“粘贴到当前位置”命令。

➢ 按Ctrl+Shift+V组合键。

➢ 右击，在弹出的快捷菜单中选择“粘贴”命令。

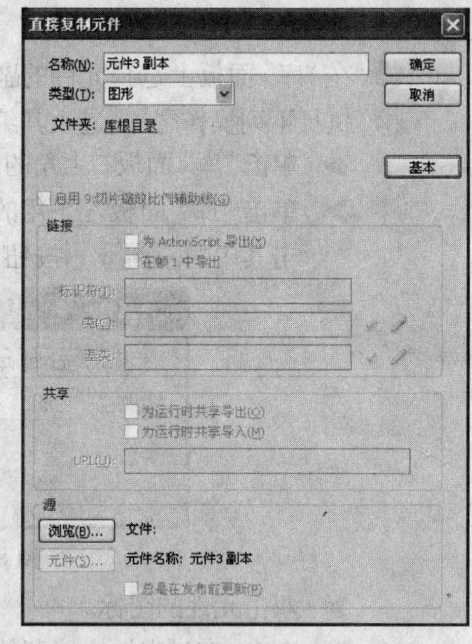

图 8-24 展开“直接复制元件”对话框

❻ 使用前面介绍的方法，进入编辑模式修改元件副本。

(2) 通过拖动来复制元件的操作步骤如下。

❶ 打开源文档的“库”面板和目标文档。

❷ 在源文档的“库”面板上选择需要复制的元件，并将其拖入到目标文档中。

❸ 使用前面介绍的方法，进入编辑模式修改元件副本。

(3) 通过在目标文档中打开外部库来复制元件的操作步骤如下。

❶ 打开目标文档。

❷ 执行下列操作之一，打开“作为库打开”对话框，如图8-25所示。

➢ 选择“文件”→“导入”→“打开外部库”命令。

➢ 按Ctrl+Shift+O组合键。

❸ 选择元件的源文档，单击打开(O)按钮打开“库”面板。

❹ 将元件从源文档的库中拖入到目标文档中。

❺ 使用前面介绍的方法，进入编辑模式修改元件副本。

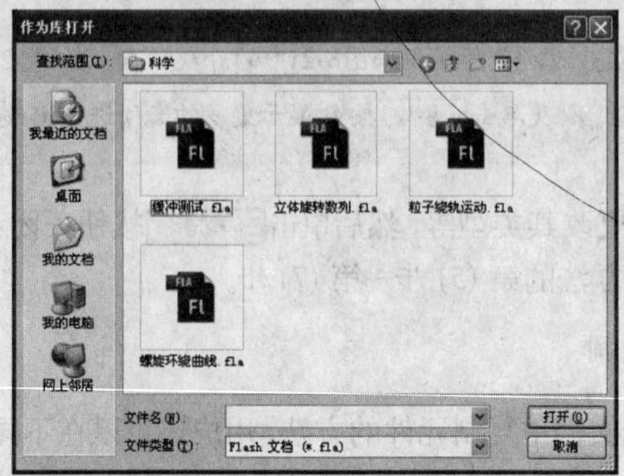

图 8-25 “作为库打开”对话框

8.2 实例

实例是元件在舞台上的具体应用，一个元件可以创建多个实例，如果修改元件，由它所生成的实例都会随之更新。用户可以将元件看作是一种模板，使用同一个模板能够创建出多个互有差异的实例，并且对实例的操作不会影响元件的属性。

8.2.1 创建实例

创建元件之后，就可以在舞台或其他元件内创建它的实例了。创建实例的方法很简单，只需打开“库”面板，选择要使用的元件，将其拖曳到舞台或其他元件的编辑区中即可，如图8-26所示。

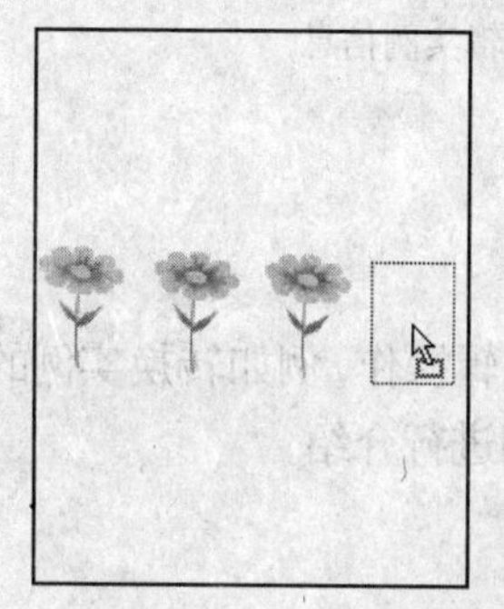

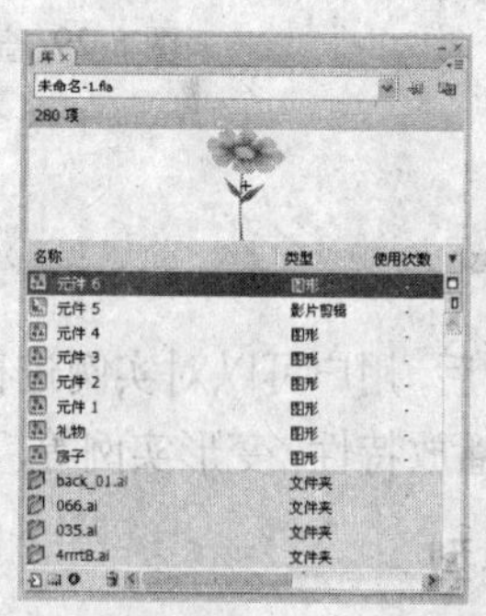

图 8-26 创建实例

注意：在Flash CS4中，用户只能把实例放在关键帧中，如果没有选取关键帧，Flash CS4会将实例自动添加到当前帧左侧的第一个关键帧上。

8.2.2 查看实例信息

每个实例都有自己独立于元件的属性，即更改某一实例，与该实例相对应的元件并不改变，其他实例也不受任何影响。但在未做更改之前，实例具有与相应元件一致的属性，用户可以通过“属性”面板进行查看。

对于所有类型的实例，通过“属性”面板均可查看颜色、位置和大小信息。但对于图形，还可以查看循环模式及循环开始的第1帧，如图8-27所示。对于按钮，还可以查看混合模式、跟踪选项及实例名称（如果已分配），如图8-28所示。对于影片剪辑，还可以查看混合模式及实例名称（如果已分配），如图8-29所示。

图 8-27 查看图形实例信息

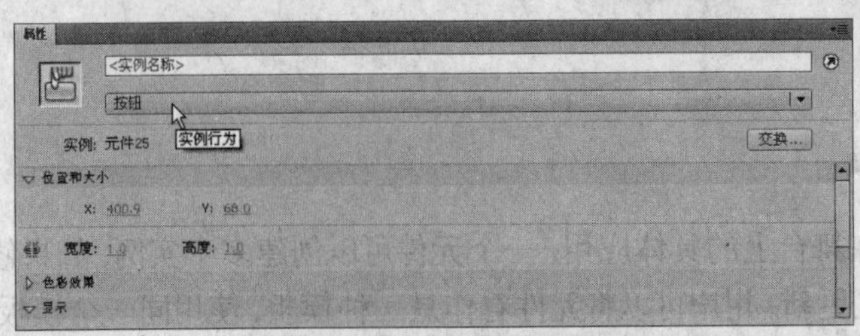

图 8-28 查看按钮实例信息

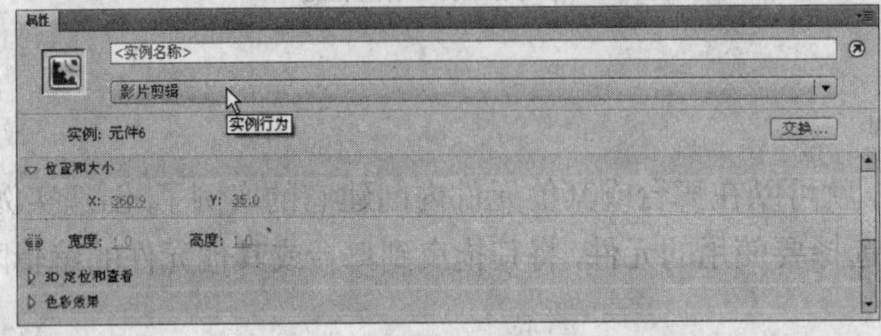

图 8-29 查看影片剪辑实例信息

8.2.3 编辑实例

在创建实例之后，用户可以对实例进行多种编辑操作，例如转换实例的类型、设置实例的颜色、更改实例的播放特性、变形实例等，下面分别进行介绍。

1. 转换实例类型

在"属性"面板上的"实例行为"下拉列表中提供了影片剪辑、按钮和图形3个选项，用户可以根据需要改变实例的类型，即重定义实例在动画中的表现。例如可以将按钮实例转换为影片剪辑，从而不必用鼠标操作按钮就可以连续播放，操作步骤如下。

❶ 选中按钮实例。

❷ 执行下列操作之一，打开"属性"面板。

- 选择"窗口"→"属性"→"属性"命令。
- 按Ctrl+F3组合键。

❸ 在"实例行为"下拉列表中选择影片剪辑选项。

> 注意：实例在最初创建时同元件的类型是一致的，如果在舞台中转换实例的类型，将不会影响到同一元件的其他实例。

2. 设置实例颜色

在"属性"面板上的"颜色"下拉列表中提供了5个选项，用于设置实例的颜色属性，如图8-30 所示。当改变某一帧的实例颜色或透明度时，Flash CS4会在显示该帧时做出变化。如果想得到颜色的渐变效果，就必须对颜色进行运动变化处理，即在实例的开始帧和结束帧输入不同的效果，然后设定运动，实例的颜色将会随着时间变化而变化。

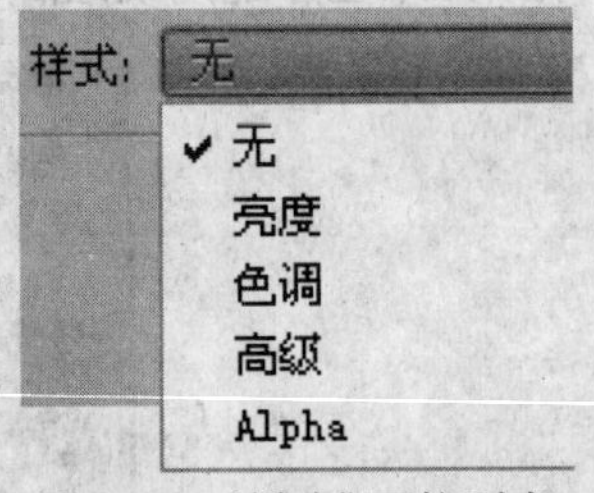

图 8-30 "样式"下拉列表

- 无：指不更改实例的颜色。

➤ 亮度：用于更改实例的亮度，取值范围为−100%～100%，当值等于0时，实例的效果正常；若值小于0，则相对原图亮度降低，直至−100%时变为黑色；若值大于0，则相对原图亮度升高，直至100%时变为白色。图8-31所示为不同亮度下的实例效果。

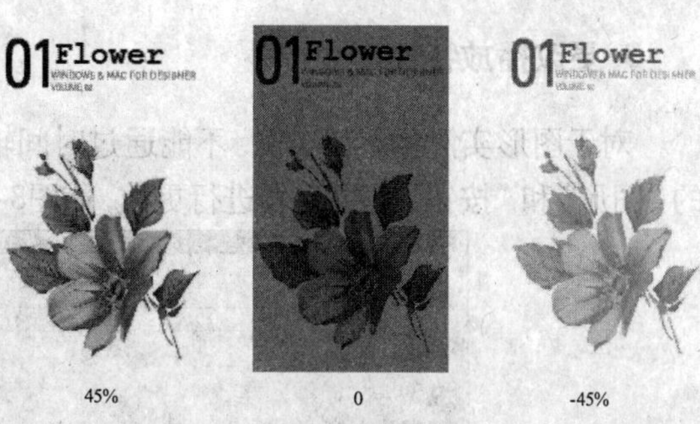

图 8-31 不同亮度下的实例效果

➤ 色调：用于改变实例的颜色偏差，选择该项后，在“属性”面板上将显示色调属性的多个参数，如图8-32所示。用户可以单击▣按钮，在打开的颜色列表中选择一种颜色，也可以在RGB列表框中输入红、绿、蓝三原色的分量值，从而得到一种颜色。设置颜色之后，还可以调节色彩数量，即颜色的偏差程度，取值范围为0%～100%，当值为0时，实例将不受影响；当为100%时，所选颜色将完全取代原有颜色，在默认情况下，色调的色彩数量为50%。图8-33所示为颜色值为#00FF33时不同色调数量下的实例效果。

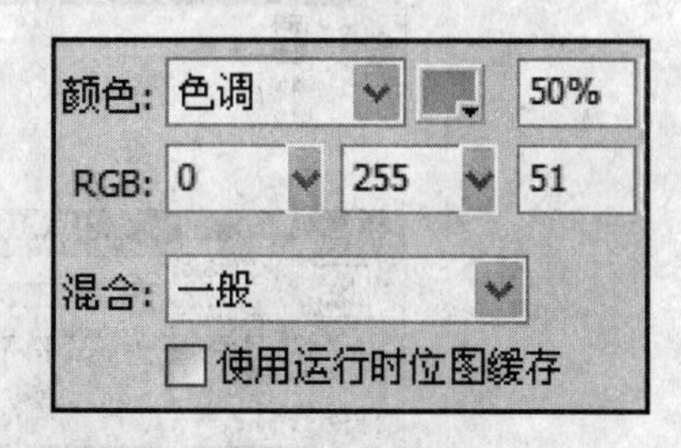

图 8-32 色调属性的多个参数

➤ Alpha：用于更改实例的透明度，取值范围为0%～100%，数值越小，实例越透明。当值为0时，实例完全透明；当值为100%时，实例完全不透明，在默认情况下，Alpha的值为100%。图8-34所示为不同透明度下的实例效果。

图 8-33 不同色调下的实例效果

图 8-34 不同透明度下的实例效果

➤ 高级：用于对实例的颜色进行综合调整，单击［设置...］按钮，将弹出如图8-35所示的“高级效果”对话框，其中，左侧的文本框代表颜色构成和透明度的百分比，取值范围为−100%～100%；右侧的文本框代表颜色和透明度的偏移量，取值范围为−255～255。

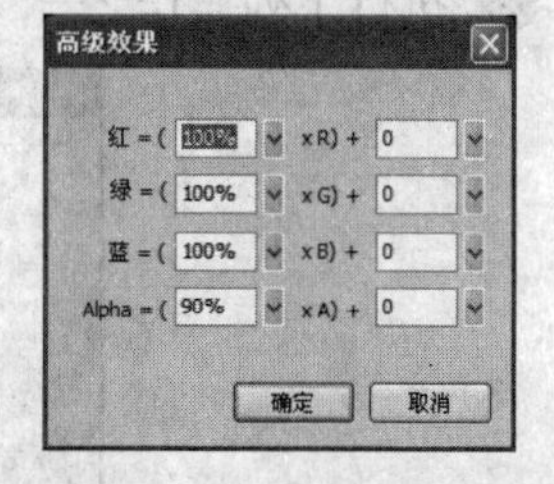

图 8-35 “高级效果”对话框

3. 更改播放特性

对于图形实例和按钮实例，不能通过时间轴改变其播放特性，但可以通过"属性"面板上的"图形"和"按钮"下拉列表进行更改，如图8-36所示。

图形选项

按钮选项

图 8-36 更改实例的播放特性

对其中各选项说明如下。

- 循环：按照图形实例占用的帧数循环播放动画序列。
- 播放一次：从指定帧开始播放动画序列直到动画结束，然后停止。
- 单帧：显示动画序列的一帧。
- 第一帧：指定要显示的帧。
- 音轨作为按钮：当按下按钮时，动画中的其他对象不再对鼠标操作有反应。
- 音轨作为菜单项：当按下按钮时，动画中的其他对象还对鼠标操作有反应。

4. 替换实例

如果要在舞台上显示不同的实例，并保留所有的原始实例属性，这就要为实例分配不同的元件进行替换，操作步骤如下。

❶ 选择要替换的实例。

❷ 执行下列操作之一，打开"交换元件"对话框，如图8-37所示。

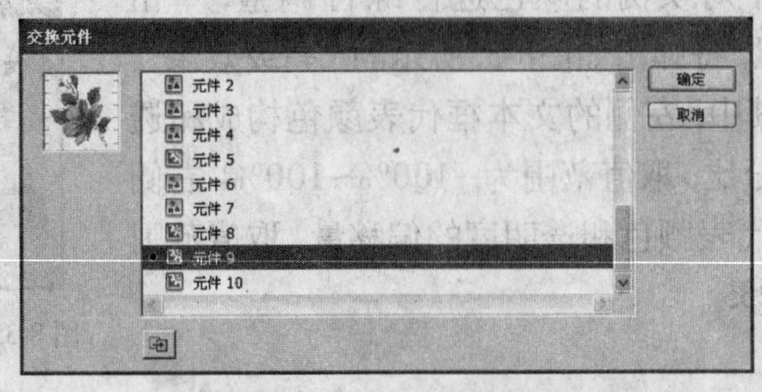

图 8-37 "交换元件"对话框

- 选择“修改”→“元件”→“交换元件”命令。
- 单击“属性”面板上的[交换...]按钮。
- 右击，在弹出的快捷菜单中选择“交换元件”命令。

③ 选择用于替换的元件，单击[确定]按钮完成，如图8-38所示。

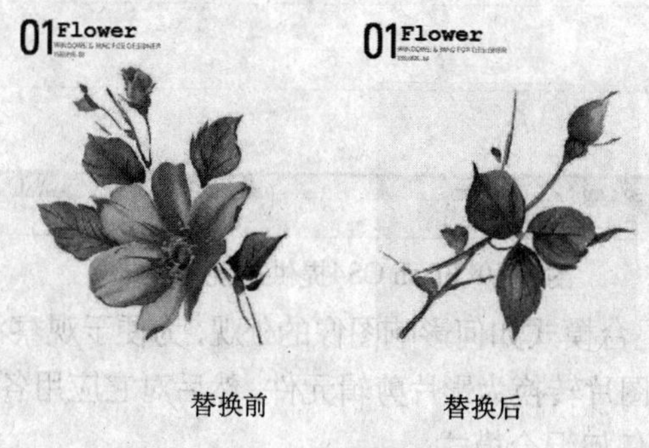

图 8-38 替换实例

5. 分离实例

如果要断开实例与元件之间的链接，使之成为未组合的形状和线条的集合，可以分离实例，如图8-39所示。

如果修改分离后的实例，将不会影响相应元件以及该元件的其他实例，如果修改元件，被分离出来的实例也不会随之更新。分离实例的操作步骤如下。

① 选择要分离的实例。

② 执行下列操作之一，分离实例。

- 选择“修改”→“分离”命令。
- 按Ctrl+B组合键。
- 右击，在弹出的快捷菜单中选择“分离”命令。

③ 使用涂色、绘画等工具进行修改。

图 8-39 分离实例

8.2.4 应用混合模式

Flash CS4提供了图层、变暗、正片叠底、变亮、滤色、叠加、强光、增加、减去、差值、反相、Alpha、擦除等多种混合模式，如图8-40所示。应用混合模式，可以改变两个或两个以上重叠对象的透明度或者颜色关系，从而创造独特的效果。但需要注意的是，混合模式只能应用在影片剪辑和按钮实例上。

一种混合模式产生的效果可能会有很大差异，具体取决于混合模式的类型以及混合颜色、不透明度、基准颜色和结果颜色等元素。其中，基准颜色指混合颜色下面像素的颜色；结果颜色指混合之后得到的颜色。

图 8-40 Flash CS4提供的混合模式

以下示例说明了不同混合模式如何影响图像的外观，为便于观察混合模式的效果，首先导入两张图片，并将其中一张图片转换为影片剪辑元件，然后对它应用各种混合模式。

(1) “一般” 指不应用任何混合模式。

(2) 应用图层模式，层叠各个影片剪辑，而不影响其颜色，如图8-41所示。

(3) 应用变暗模式，只替换比混合颜色亮的区域，比混合颜色暗的区域将保持不变，如图8-42所示。

图 8-41 图层模式效果

图 8-42 变暗模式效果

(4) 应用正片叠底模式，复合基准颜色与混合颜色，从而产生较暗的颜色，如图8-43所示。

(5) 应用变亮模式，只替换比混合颜色暗的像素，比混合颜色亮的区域将保持不变，如图8-44所示。

图 8-43 正片叠底模式效果

图 8-44 变亮模式效果

(6) 应用滤色模式，能够产生漂白效果，如图8-45所示。

(7) 应用叠加模式，复合或过滤颜色，具体操作取决于基准颜色，如图8-46所示。

图 8-45 滤色模式效果

图 8-46 叠加模式效果

(8) 应用强光模式，能够产生类似于用点光源照射对象的效果，如图8-47所示。

(9) 应用增加模式，在基准颜色的基础上增加混合颜色，如图8-48所示。

图 8-47 强光模式效果

图 8-48 增加模式效果

(10) 应用减去模式，从基准颜色中去除混合颜色，如图8-49所示。

(11) 应用差值模式，能够产生类似于彩色底片的效果，如图8-50所示。

图 8-49 减去模式效果

图 8-50 差异模式效果

(12) 应用反相模式，反相显示基准颜色，如图8-51所示。

(13) 应用Alpha模式，透明显示基准颜色，如图8-52所示。

(14) 应用擦除模式，擦除影片剪辑中的颜色，显示下层的颜色，如图8-52所示。

图 8-51 反转模式效果

图 8-52 Alpha模式效果

8.3 库

在整个Flash动画的制作过程中，需要用到很多素材，包括图片、元件、声音、视频等，“库”面板提供了存储和组织这些对象的功能。

8.3.1 库的类型

库分为两种类型：一种是当前文档的专用库，另一种是Flash CS4的内置公用库，它们既有相同之处，又有不同之处。内置公用库与专用库的共同之处在于库项目的使用方法相同，即在选中需要的库项目后，拖动到舞台上即可。不同之处在于内置公用库中的管理工具是不能使用的，用户不能对其中库项目进行增加、删除、编辑等操作。

1. 当前文档的专用库

每个Flash文档都有一个专用库，用于存储和组织元件、图片、声音、视频等库项目。在选择某项之后，其缩略图会出现在库的顶部，如图8-53所示。如果拖动预览边框可以改变预览区的大小，如图8-54所示。

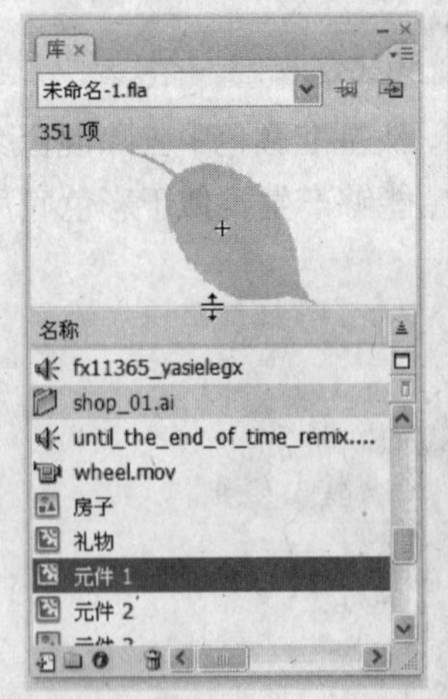

图 8-53 当前文档的专用库

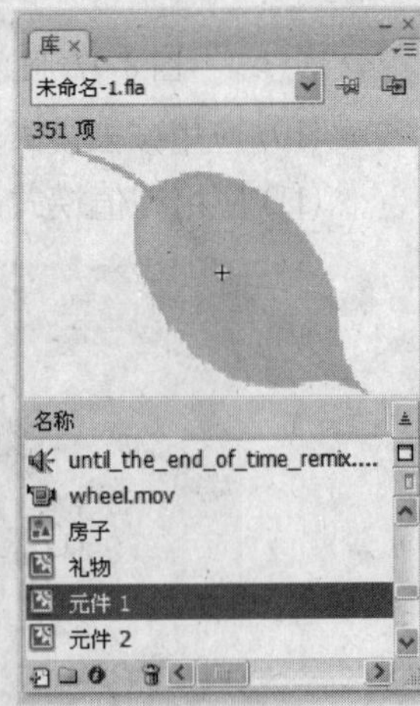

图 8-54 改变预览区大小

在默认情况下，专用库只显示库项目的名称列，如果要显示库项目的类型、使用次数、链接或修改日期列，拖动底部的滚动条即可；如果要同时显示上述多列，单击面板右侧的“宽库视图”按钮□即可，如图8-55所示。

如果要试听声音，选中声音后单击预览区中的“播放”按钮▶即可，如图8-56所示。如果要观看视频，将其拖曳至舞台后，按Enter键播放即可，如图8-57所示。

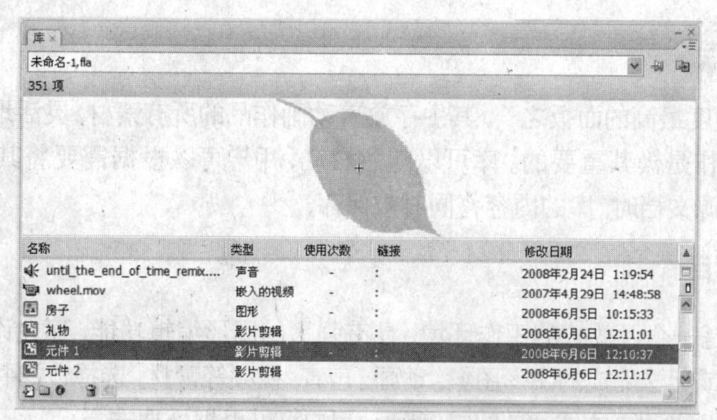

图 8-55 宽库视图效果

图 8-56 试听声音

图 8-57 播放视频

2. Flash CS4的内置公用库

为了给用户提供参照，Flash CS4内置了一套范例库，它是同该软件一起安装的。选择“窗口”→“公用库”命令，便可看到该公用库的3大类型，它们分别是学习交互、按钮和类，单击鼠标即可打开，如图8-58所示。

学习交互库

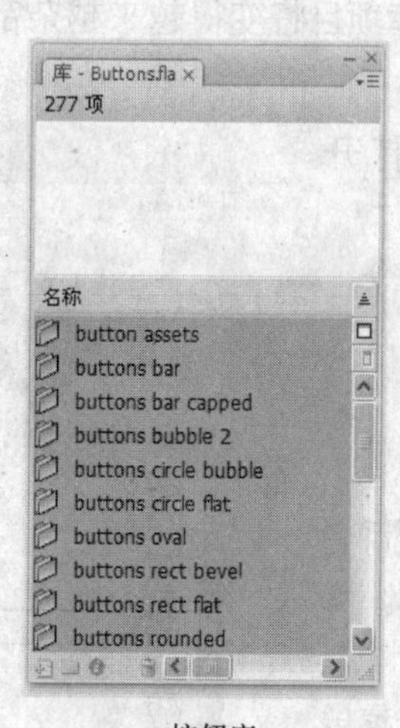

按钮库

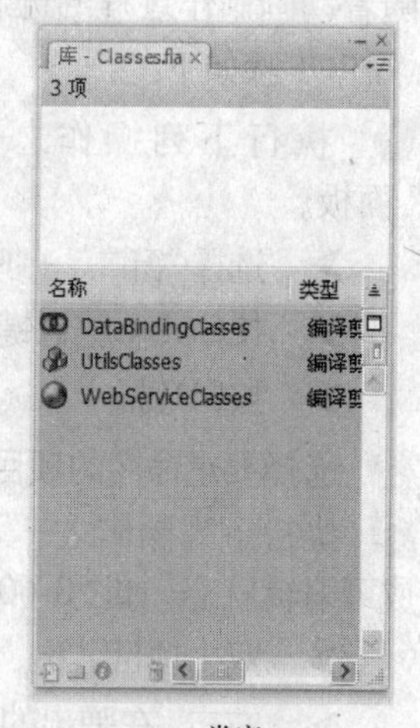

类库

图 8-58 Flash CS4的内置公用库

其中，学习交互库提供了一些交互控制模板，引用这些模板后，只需进行少量的修改，便可创建一个交互式控制动画；按钮库提供了多种类型的按钮，用户可以直接使用或进行简单修改后使用；类库提供了DataBindingClasses、UtilsClasses、WebServiceClasses 3项内容，当用户引用之后，可以实现数据链接、网络服务器设置等功能。

8.3.2 库的管理

库是使用频度最高的面板之一，其中存放着动画作品的所有素材，灵活地使用与合理地管理，对动画的制作是极其重要的。库可以随意移动，用户可以根据需要将其放置在合适的地方，在保存Flash源文档时，库的内容将同时被保存。

1. 创建库项目

Flash CS4是一个开放式的工作环境，具有强大的图形编辑功能，还允许用户导入在Flash CS4中难于制作或无法完成的图形图像、动画、声音、视频等素材。选择“文件”→“导入”命令，可以看到几种不同的导入方式，如图8-59所示，用户可以根据需要选择。

导入到舞台(I)...	Ctrl+R
导入到库(L)...	
打开外部库(O)...	Ctrl+Shift+O
导入视频...	

图 8-59 “导入”命令的子菜单

- 导入到舞台：用于把素材直接导入到当前Flash文档中，并自动存放到库里。
- 导入到库：用于把素材导入到当前Flash文档的库中。
- 打开外部库：用于单独打开其他Flash文档的库，从而方便调用其中的素材。
- 导入视频：用于导入Flash支持的视频素材。

2. 重命名库项目

随着动画制作过程的进展，库项目将变得越来越杂乱，为便于区别和记忆，需要重命名库项目，操作步骤如下：

❶ 执行下列操作之一，打开“库”面板。

- 选择“窗口”→“库”命令。
- 按Ctrl+L组合键。
- 按F11键。

❷ 选择要重命名的项目。

❸ 执行下列操作之一，将项目名称变成可编辑状态，如图8-60所示。

- 双击项目名称。
- 右击，在弹出的快捷菜单中选择“重命名”命令。
- 单击库面板右上角的图标，在弹出的面板菜单中选择“重命名”命令。

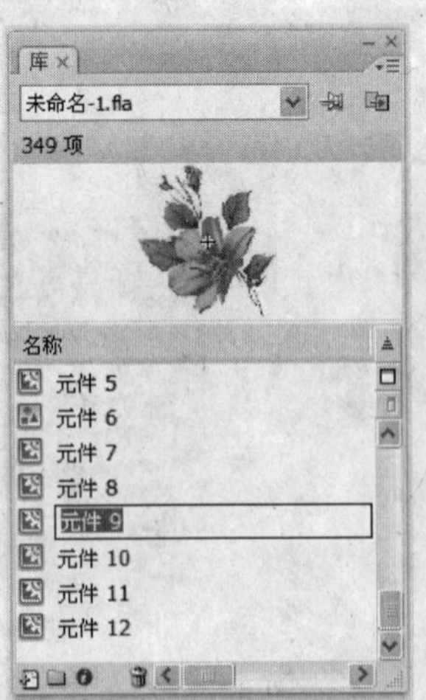

图 8-60 项目名称呈可编辑状态

图 8-61 确认重命名操作

❹ 输入新的名称，按Enter键确认。执行重命名操作后，所有的库项目将按字母的先后顺序重新进行排列，如图8-61所示。

3. 删除未用库项目

在制作过程中，会不可避免地出现一些未用项目，白白地占用着宝贵的源文档空间，这就需要将它们查找出来进行删除，操作步骤如下。

❶ 打开“库”面板。

❷ 单击右上角的▾☰图标，在弹出的面板菜单中选择“选择未用项目”命令。此时，Flash CS4会自动查找出所有未用过的项目，并以高亮方式显示，如图8-62所示。

> 注意：该命令有时对一些多余的位图不起作用，需要进行手工清除。

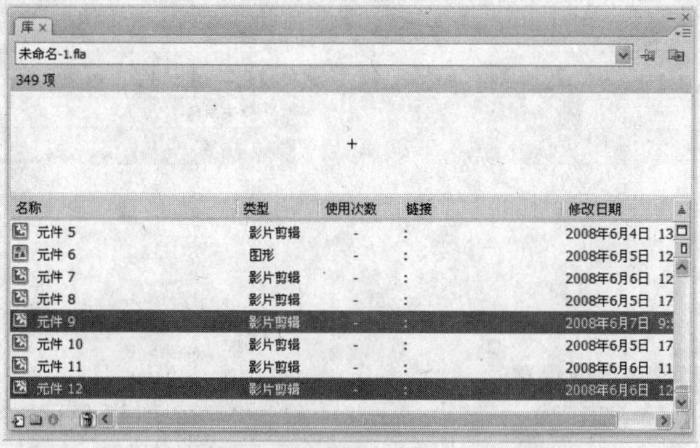

图 8-62 选择未用库项目

❸ 执行下列一种删除操作，弹出确认删除提示框，如图8-63所示。

- ➤ 单击“删除”按钮🗑。
- ➤ 单击▾☰图标，在弹出的面板菜单中选择“删除”命令。
- ➤ 右击，在弹出的快捷菜单中选择“删除”命令。
- ➤ 按Delete键。

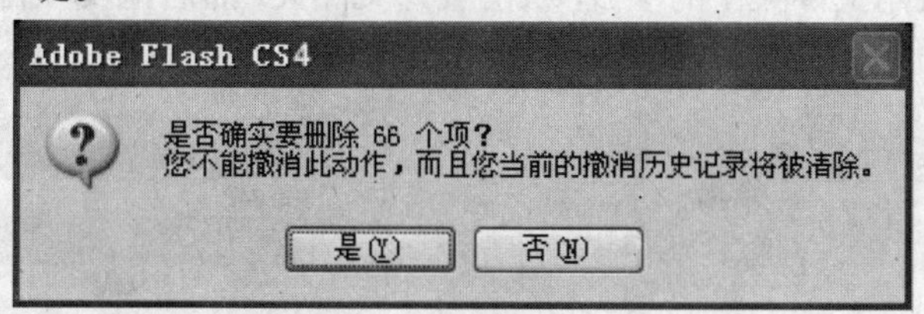

图 8-63 确认删除提示框

❹ 单击［是(Y)］按钮删除，此时的库不仅整洁多了，而且源文档的体积也大大减小了。

4. 使用文件夹管理库项目

一个较大的动画作品，往往拥有几百个元件，在管理过程中，使用文件夹可以为动画中的所有项目做有序归类。例如，可以创建名为“image”的文件夹，然后将所有的图像置于其中，如图8-64所示。

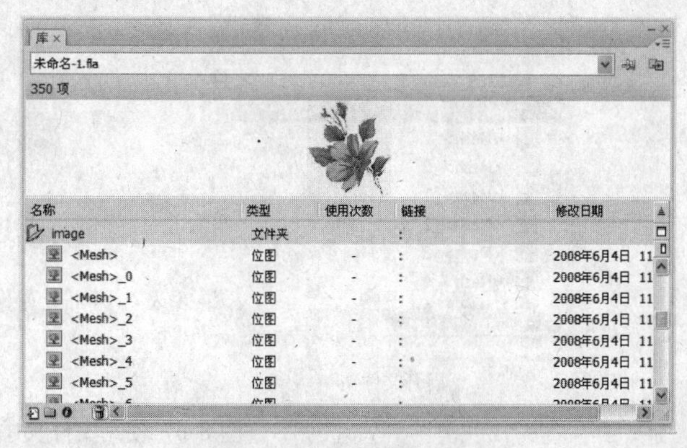

图 8-64 使用文件夹管理库项目

使用文件夹管理库项目的操作步骤如下。

❶ 执行下列操作之一，打开“库”面板。

➢ 选择“窗口”→“库”命令。

➢ Ctrl+L组合键。

➢ 按F11键。

❷ 执行一种创建文件夹操作，在项目列表栏中将出现一个较窄的箱体，如图8-65所示。

➢ 单击“新建文件夹”按钮。

➢ 单击图标，在弹出的面板菜单中选择“新建文件夹”命令。

❸ 输入文件夹的名称。将相关项目拖曳到文件夹中，此时，箱体将变宽，如图8-66所示。

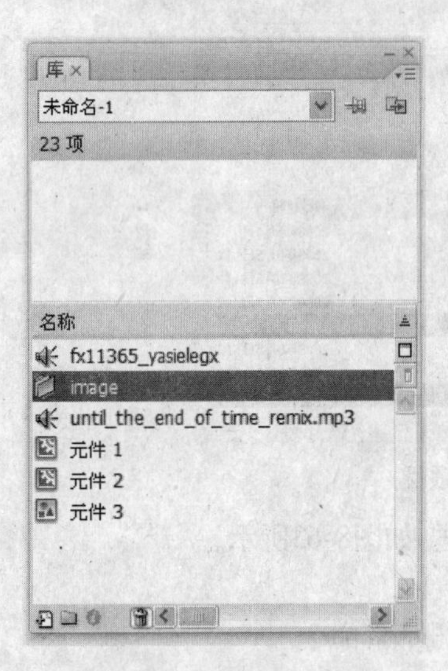

图 8-65 新建空文件夹

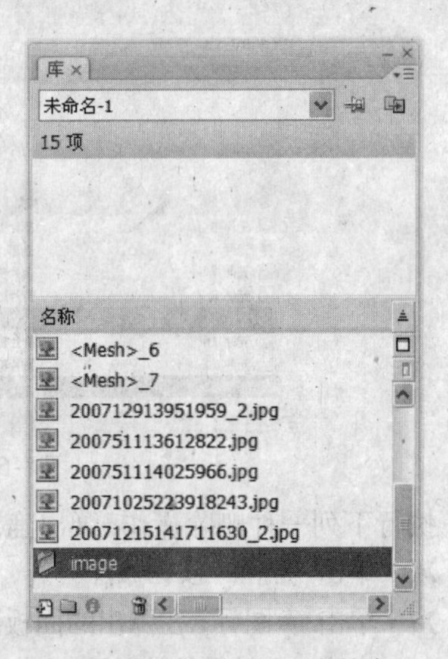

图 8-66 拖曳相关项目至文件夹

❹ 如果需要使用文件夹中的项目，双击展开文件夹，然后拖曳项目至舞台中即可，如图8-67所示。 如果要将某项目从文件夹中移出，在选中后直接拖出即可。

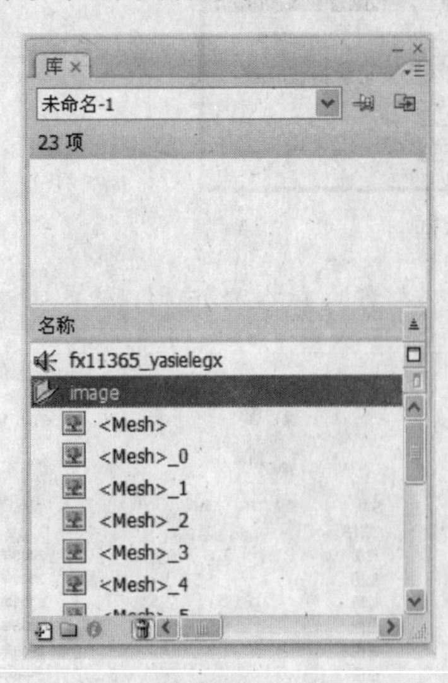

展开文件夹

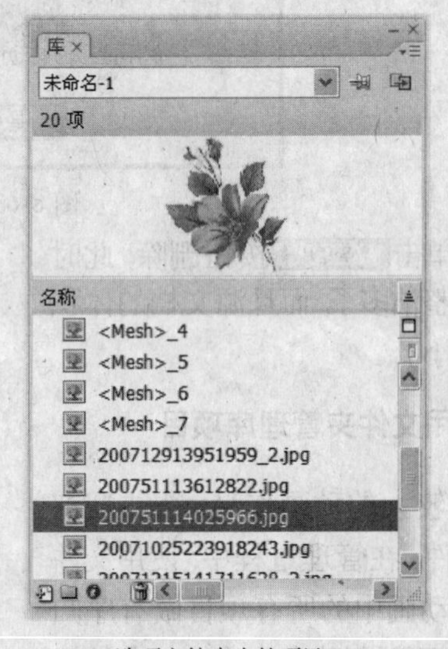

选项文件夹中的项目

图 8-67 使用文件夹中的项目

5. 解决库项目的冲突

在文档之间复制库项目时，如果该项目的名称与当前文档中的其他项目重名，会发生库项目的冲突现象。如果发生了这种冲突，Flash CS4会弹出如图8-68所示的对话框。

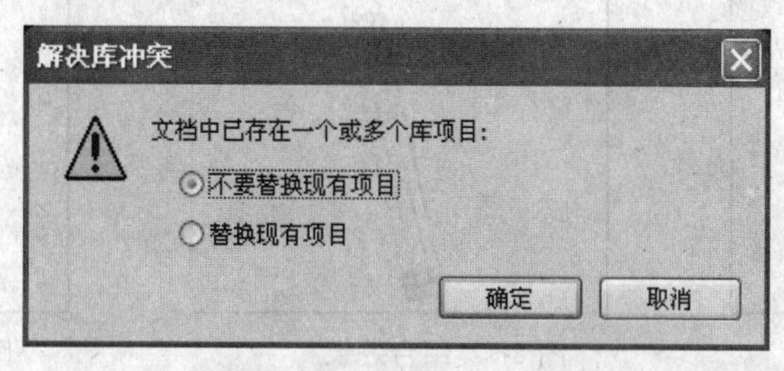

图 8-68 “解决库冲突”对话框

➤ 不要替换现有项目：使用现有项目，而不使用正在粘贴的冲突项目，因此，不会改变现有项目在舞台中的所有应用。
➤ 替换现有项目：使用冲突项目替换同名的现有项目，并同时替换该项目在舞台中的所有应用，这种替换是无法撤销的。在替换时要注意不同类型的同名项目之间是不能够互相替换的。例如不能用一个名为Test的位图替换一个名为Test的声音，在这种情况下，新项目的名称后面会添加“副本”字样。

8.4 课堂实例

8.4.1 铅笔

本例绘制一组铅笔，操作步骤如下。

❶ 新建一个Flash文档（ActionScript 3.0）。

❷ 选择“铅笔工具”，在“属性”面板上设置“笔触颜色”为黑色，“笔触大小”为1，在舞台中绘制笔尖和笔削轮廓，如图8-69所示。

图 8-69 绘制笔尖和笔削轮廓

❸ 选择“线条工具”，在如图8-70所示的位置绘制笔干轮廓。接着绘制橡皮擦和镶边轮廓，如图8-71所示。然后选择“任意变形工具”，调整所绘图形的大小和位置，进行铅笔的组合，如图8-72所示。

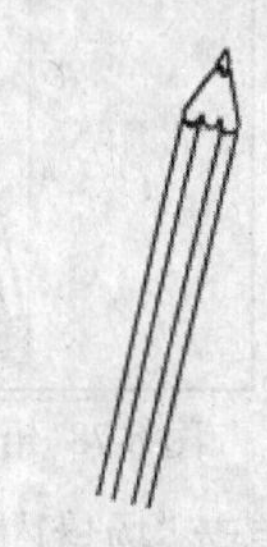

图 8-70 绘制笔干轮廓

❹ 选择“颜料桶工具”，在“属性”面板上设置“填充颜色”为#CCB299，填充笔削部分，如图8-73所示。更改“填充颜色”为#FF7FFF，填充橡皮擦部分，如图8-74所示。

❺ 更改“填充颜色”为#FFB200，填充镶边部分，如图8-75所示。更改“填充颜色”为#000000，填充笔脊部分。更改“填充颜色”为#007FFF，填充笔尖和笔脊两侧的部分，如图8-76所示。

❻ 选中除笔尖和笔脊两侧的部分，按F8键，打开“转换为元件”对话框，如图8-77所示。

❼ 设置“名称”为铅笔，“类型”为图形，单击 确定 按钮将它们转换成元件，如图8-78所示。

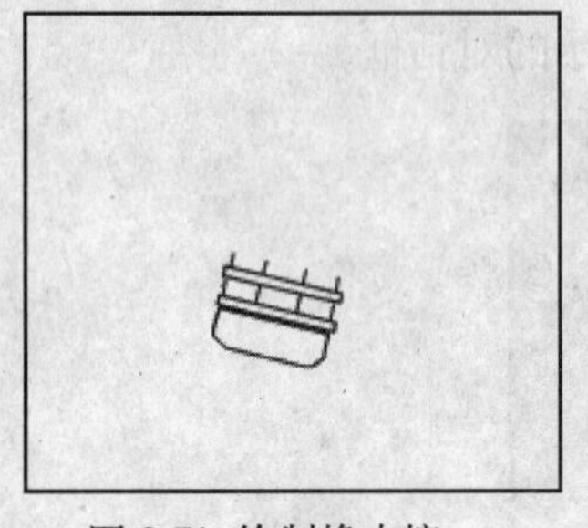
图 8-71 绘制橡皮擦

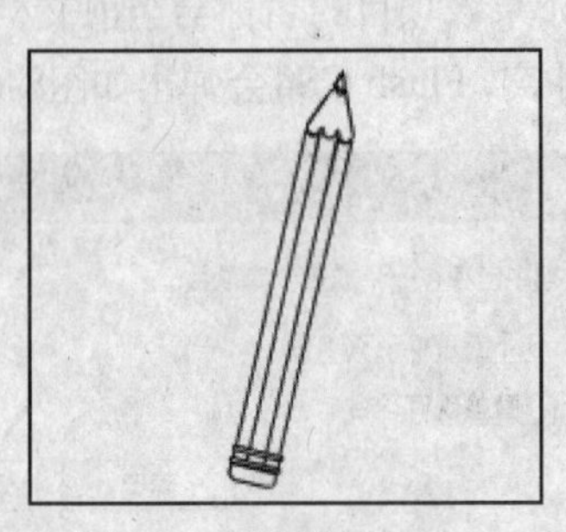
图 8-72 组合效果

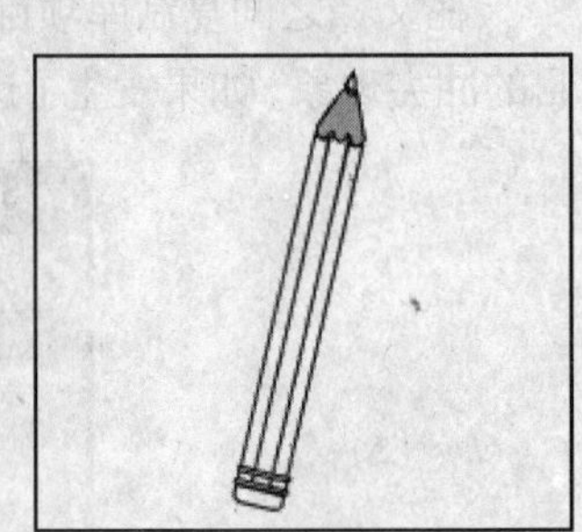
图 8-73 填充笔削部分

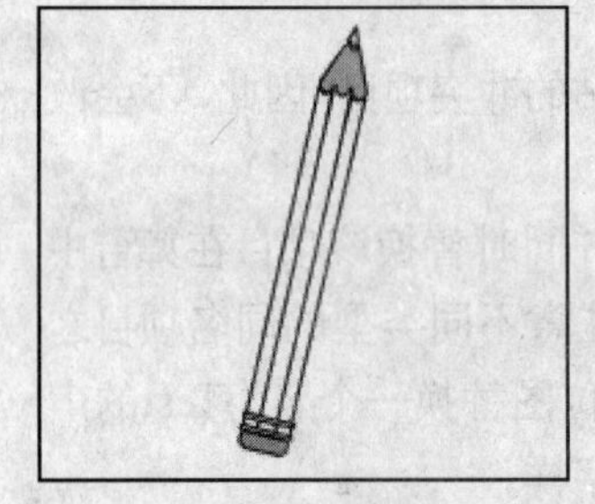
图 8-74 填充橡皮擦部分

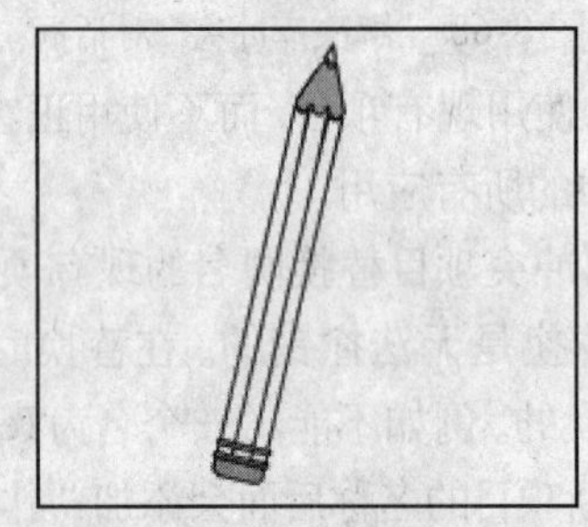
图 8-75 填充镶边部分

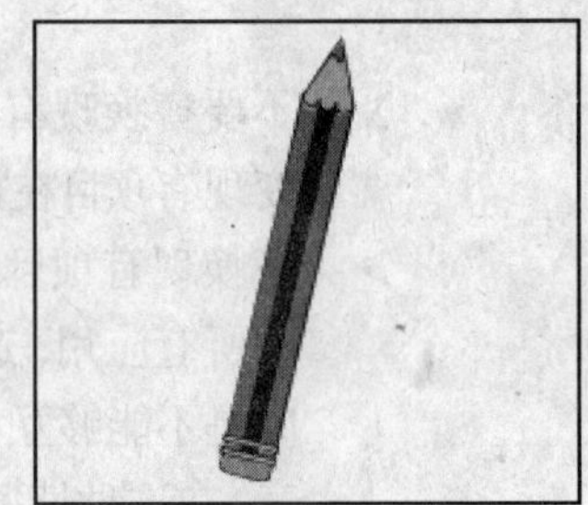
图 8-76 填充笔尖与笔脊

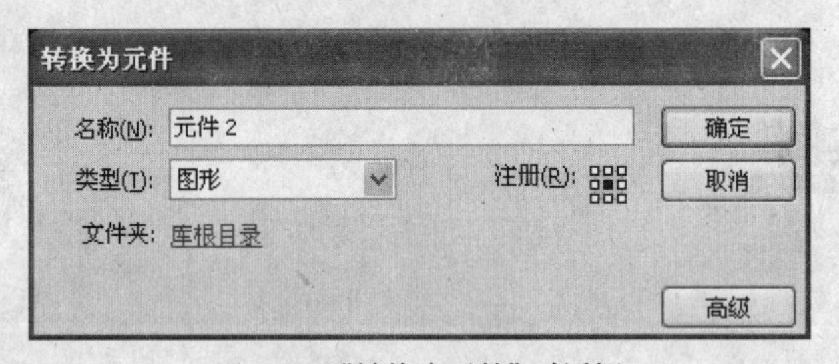

图 8-77 “转换为元件”对话框

❽ 使用同样的方法，转换笔尖和笔脊两侧的部分为元件，“名称”为颜色，如图8-79所示。

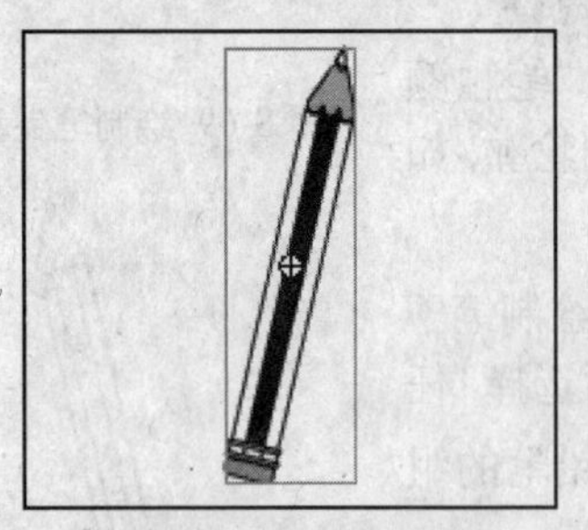
图 8-78 铅笔元件的内容

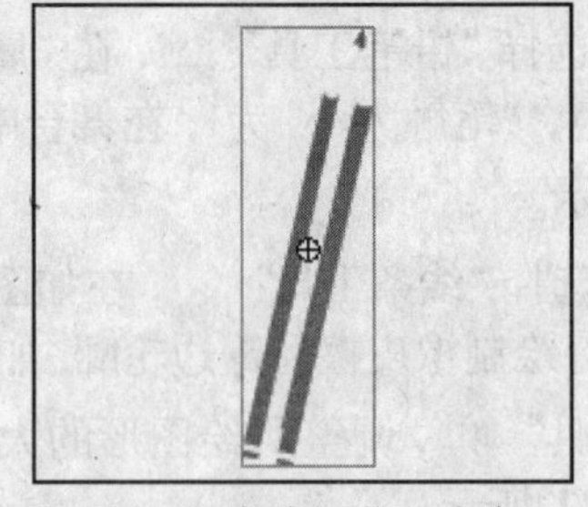
图 8-79 颜色元件的内容

❾ 单击“场景1”图标，返回主场景。

❿ 选择“窗口”→“库”命令，打开“库”面板，如图8-80所示。

⓫ 从中拖动铅笔元件和颜色元件到主场景，并使它们完全覆盖，如图8-81所示。然后复制元件，然后选择“任意变形工具”，调整它们的大小和位置，如图8-82所示。

⓬ 选中左上角的颜色实例，在“属性”面板上设置“样式”为色调，“着色值”为#00FF00，“着色量”为100%，更改它的颜色属性，如图8-83所示。

⑬ 使用同样的方法，更改其他颜色实例副本的值为#9900FF、#FF0000、#FF7F00、#FFFF00，如图8-84所示。

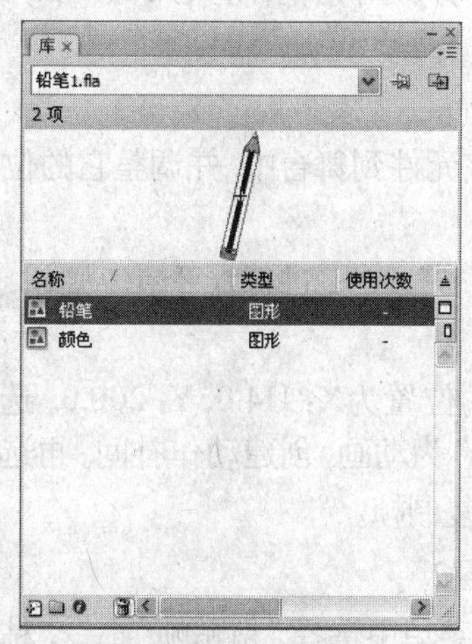

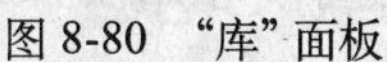
图 8-80 “库”面板

图 8-81 拖入元件

图 8-82 复制并调整元件

图 8-83 更改左上角实例的颜色属性

图 8-84 更改其他颜色实例的属性

⑭ 保存文档为“铅笔.fla”，按Ctrl+Enter组合键测试影片。

8.4.2 朋友

本例制作朋友动画，操作步骤如下。

❶ 新建一个Flash文档(ActionScript 3.0)。

❷ 按Ctrl+F8组合键，打开“创建新元件”对话框，如图8-85所示。

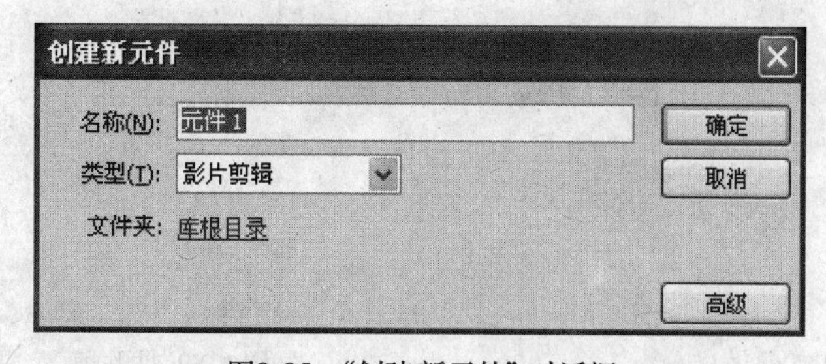

图8-85 “创建新元件”对话框

❸ 设置"名称"为女孩，"类型"为影片剪辑，单击确定按钮进入元件的编辑模式。

❹ 选择"文件"→"导入"→"导入到舞台"命令，打开"导入"对话框，导入"2008.jpg"图片，如图8-86所示。

❺ 单击"场景1"图标，返回主场景。

❻ 选择"窗口"→"库"命令，打开"库"面板，拖动女孩元件到舞台中，并调整它的位置为X：65.5，Y：217.9，如图8-87所示。

❼ 选中"女孩"实例，选择"修改"→"变形"→"水平翻转"命令，进行水平镜像操作，如图8-88所示。

❽ 选中第20帧，按F6键插入关键帧，调整该帧中女孩的位置为X：114.0，Y：200.0。选中第1帧~第19帧之间的任意一帧，在"属性"面板上设置"补间"为动画，创建动作补间。再选中所有帧，然后右击，在弹出的快捷菜单中选择"复制帧"命令，复制帧。

❾ 单击时间轴左下角的"新建图层"按钮，新建"图层2"。

❿ 选中"图层2"中的所有帧，然后右击，在弹出的快捷菜单中选择"粘贴帧"命令，粘贴帧，如图8-89所示。

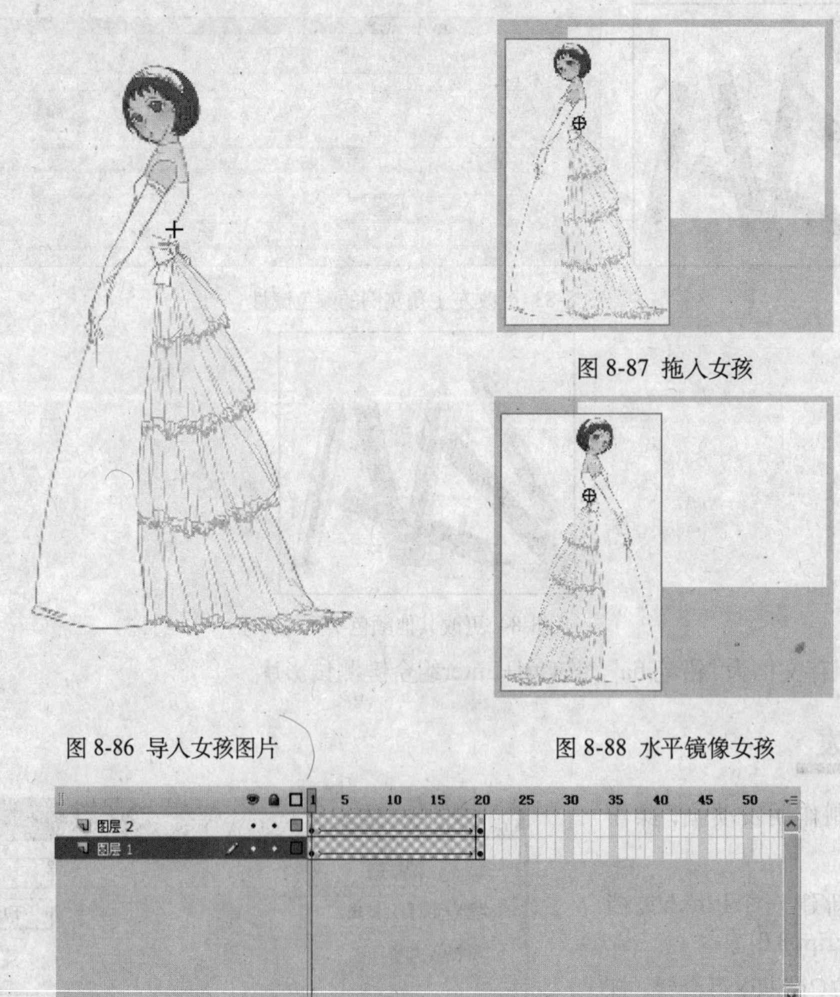

图 8-87 拖入女孩

图 8-86 导入女孩图片

图 8-88 水平镜像女孩

图 8-89 粘贴帧

注意：如果不选中“图层2”的所有帧直接粘贴，将得到如图8-90所示的时间轴效果，粘贴帧操作后，删除多余的帧即可。

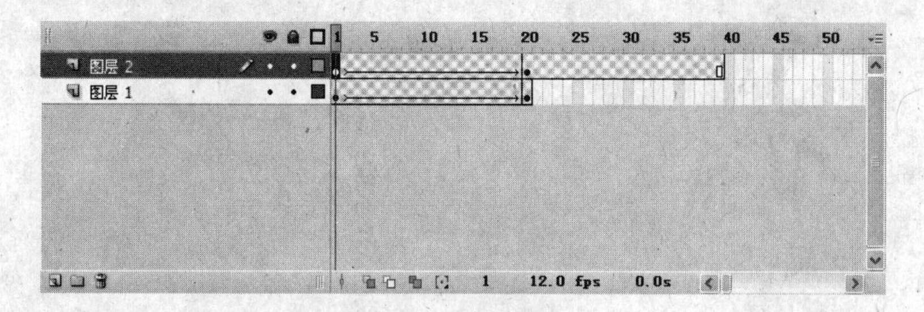

图 8-90 粘贴帧

⑪ 更改“图层2”第1帧中女孩的位置为X：522.1，Y：200.0，第20帧中女孩的位置为X：436.0，Y：200.0。

⑫ 同时选中这两个关键帧中的女孩，选择“修改”→“变形”→“水平翻转”命令，进行水平镜像操作，如图8-91所示。

第1帧

第20帧

图 8-91 水平镜像图层2中的女孩

⑬ 选中“图层2”第1帧中的女孩，在“属性”面板上设置“样式”为Alpha，“Alpha数量”为50%，更改它的透明度，如图8-92所示。使用同样的方法，更改该层第20帧中女孩的透明度。

⑭ 选中“图层2”，单击时间轴左下角的“新建图层”按钮，新建“图层3”。

图 8-92 更改女孩实例的透明度

⑮ 选择“文本工具”T，在“属性”面板上设置“系列”为楷体_GB2312，“大小”为20，“颜色”为#A87A59，“方向”为垂直从左向右，在图层3中输入文本“朋友看朋友”和“是透明的面对”并调整它们的位置，如图8-93所示。

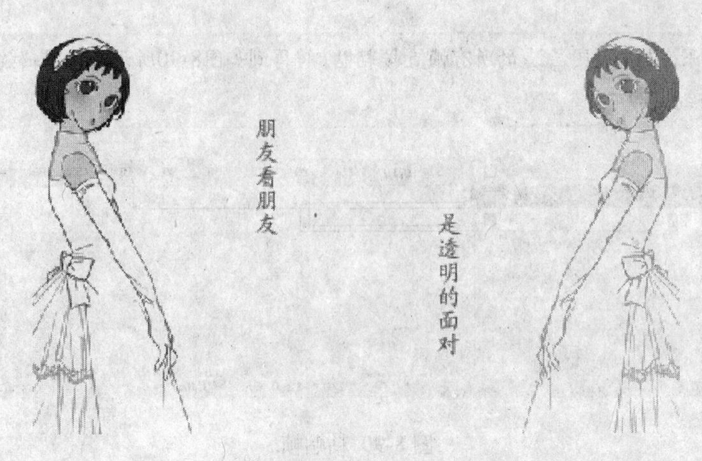

图 8-93 输入文本并调整位置

⑯ 选中这3个图层的第80帧，按F5键插入帧，然后选中“图层3”的第40帧和第50帧，按F6键插入关键帧，并删除第40帧中的对象。

⑰ 更改“图层3”的第50帧中的文本为“朋友听朋友”和“是心灵的声音”。

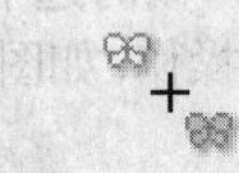

图 8-94 第1帧中的图片

⑱ 按Ctrl+F8组合键，打开“创建新元件”对话框，设置“名称”为蝴蝶，“类型”为影片剪辑，单击确定按钮进入元件的编辑模式。

⑲ 选中第5帧，按F6键插入关键帧。再选中第1帧，选择“文件”→“导入”→“导入到舞台”命令，打开“导入”对话框，导入“h54.gif”，如图8-94所示。

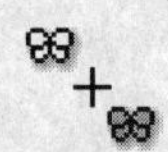

图 8-95 第5帧中的图片

⑳ 选中第5帧，在其中导入“h55.gif ”图片，如图8-95所示。

㉑ 使用同样的方法，创建一个名为心的影片剪辑元件，并在其中导入“647_1.gif”文件，如图8-96所示。

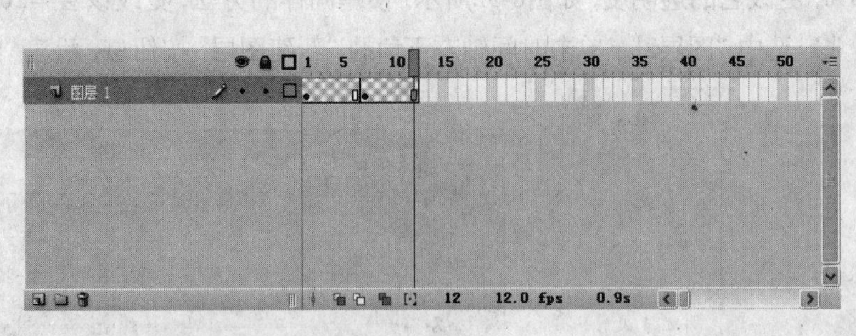

图 8-96 创建心元件

㉒ 单击“场景1”图标，返回主场景。

㉓ 选中“图层3”，单击两次时间轴左下角的“新建图层”按钮，新建“图层4”和“图层5”。

㉔ 从“库”面板上拖动8次蝴蝶元件到“图层4”中，并使用“对齐”面板在垂直方向上等间距排列它们，如图8-97所示。

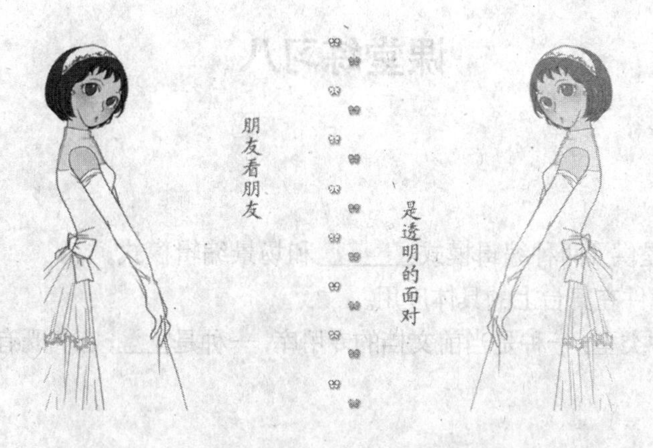

图 8-97 拖入蝴蝶元件并等间距排列

㉕ 水平镜像其中的4个蝴蝶实例，如图8-98所示。

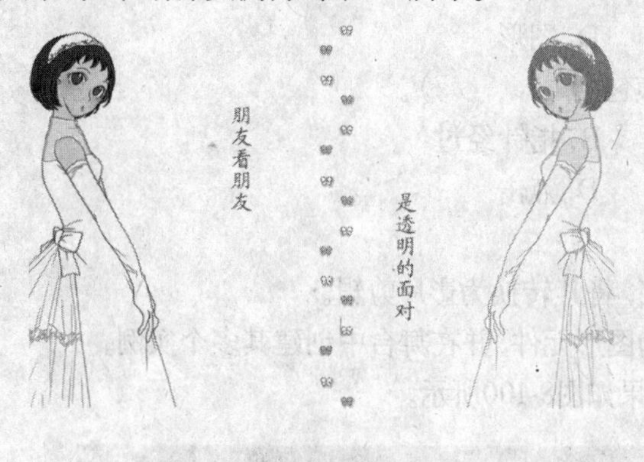

图 8-98 水平镜像蝴蝶实例

㉖ 选中“图层4”和“图层5”的第50帧，按F7键插入空白关键帧。选中“图层5”的第50帧，从“库”面板上拖动心元件到如图8-99所示的位置。

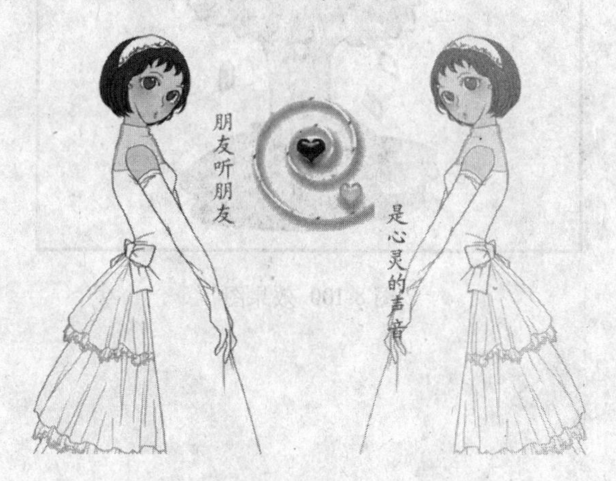

图 8-99 拖入心元件

㉗ 保存文档为“朋友.fla”，按Ctrl+Enter组合键测试影片。

课堂练习八

一、填空题

(1) Flash CS4提供了两种编辑模式：______ 和场景编辑模式。

(2) _____ 是元件在舞台上的具体应用。

(3) 库分为两种类型：一种是当前文档的专用库，一种是____，它们既有相同之处，又有不同之处。

二、选择题

(1) 根据用途的不同，元件分为（　　　）。

A. 影片剪辑　　　　B. 按钮

C. 实例　　　　　　D. 图形

(2) 按钮元件的状态帧包括（　　　）。

A. 弹起　　　　　　B. 指针经过

C. 按下　　　　　　D. 点击

三、上机操作题

(1) 打开一个动画文档，将其转换为影片剪辑。

(2) 将一幅图像转换为图形元件，并在舞台中创建其多个实例。

(3) 绘制一棵大树，效果如图8-100所示。

图 8-100 效果图

Flash 第9章 动画的制作

学习目标

通过前面章节的学习，用户已经掌握了Flash软件的使用，为动画制作打下了良好的基础，下面进入动画的制作阶段，学习各种动画的制作，包括制作逐帧动画、补间动画、遮罩动画、引导路径动画以及时间轴特效动画等，希望用户多加练习、熟练掌握。

学习重点

(1) 动作补间动画的制作与参数设置
(2) 形状补间动画的制作与参数设置
(3) 遮罩动画的制作
(4) 引导路径动画的制作

9.1 动画的制作流程

动画是许多静止的画面连续播放的过程，无论其静止画面是电脑制作还是手绘，当把多个单帧画面串连在一起，并以每秒16帧或以上的速度播放时，就能产生动画效果。动画的形成是因为人眼具有视觉暂留的特性，所谓视觉暂留就是在看到一个物体后，即使该物体快速消失，也会在眼中留下一定时间的持续影像，最常见的就是夜晚拍照时使用闪光灯，虽然闪光灯早已熄灭，但被摄者眼中还是会留有光晕并持续一段时间。

Flash动画作为一种新型的动画技术，发展至今已有多年，已逐步走向商业化。使用Flash制作动画要比传统方法简易很多，例如位移、简易变形、淡入淡出等渐变皆能用程序自动生成，免去了大量绘制的过程，并且Flash强大的预览功还能让用户轻易地把握动画节奏。要制作出令人满意的Flash作品，必须有计划、有步骤，下面介绍Flash动画的制作流程。

(1) 构思情节。在制作动画之前，需要对动画的剧情，动画的表现手法，动画片段的衔接，动画中的人物、背景、音乐、对白和特效等进行构思，对于较为复杂的动画在制作之前还要写好剧本，整理好对象的出场顺序及出场时间等。

(2) 收集素材。在制作Flash动画之前，用户需要将用到的素材收集或制作齐全，在这一过程中，要有目的、有针对性地收集素材，并同时做好分类。

(3) 创建并设置文件。素材准备齐全后，接下来就需要创建一个Flash文件，并设置它的属性，如尺寸、颜色、帧频等。

(4) 着手制作。根据构思，着手制作动画，这是最核心的一步，用户要有足够的细心和耐心。

(5) 输出成品。完成制作后，输出成品即可。

9.2 制作逐帧动画

逐帧动画又叫帧并帧动画，它是一种常见的动画形式，其原理是在时间轴上逐帧绘制不同的内容，使其连续播放形成动画。下面介绍逐帧动画的特点以及创建方法。

9.2.1 逐帧动画的特点

逐帧动画具有非常大的灵活性，适于表现细腻的动画效果，例如人物的转身、头发及衣服的飘动、说话、急速快跑等，如图9-1所示。

图 9-1　人物急速快跑

逐帧动画在时间轴上表现为连续出现的关键帧，例如在人物急速快跑动画中，需要连续制作6个关键帧，然后在各帧中分别绘制快跑动作，如图9-2所示。

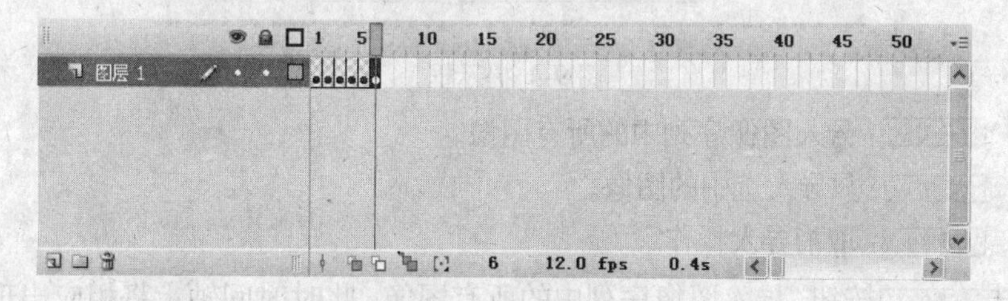

图 9-2　逐帧动画的时间轴表现

由于是一帧一帧的绘制，所以创建逐帧动画非常费时，并且生成的文件体积较大。要学好逐帧动画，需要用户具备一定的绘画能力，当然，随着电脑技术的发展，这类素材也将越来越多，用户可以使用这些成熟的素材制作动画或多媒体作品。

9.2.2 创建逐帧动画的方法

创建逐帧动画有以下4种方法。

(1) 连续导入jpg、png等格式的静态图片。

(2) 用鼠标或压感笔在场景中逐帧绘制。

(3) 制作文字逐帧动画，实现文字跳跃、旋转等特效。

(4) 导入gif序列图像或swf动画。

下面结合实例来介绍第4种方法，操作步骤如下。

❶ 新建一个Flash文档（ActionScript 3.0）。

❷ 选择“文件”→“导入”→“导入到舞台”命令，打开“导入”对话框，选择图像序列中的第一个图像，如图9-3所示。

图 9-3 “导入”对话框

❸ 单击[打开(O)]按钮，弹出如图9-4所示的提示框。

图 9-4 提示框

- [是(Y)]：导入图像序列中的所有图像。
- [否(N)]：只导入选中的图像。
- [取消]：取消导入操作。

❹ 单击[是(Y)]按钮，导入图像序列中的所有图像，此时时间轴上将相应出现16个关键帧，并且从第1帧~第16帧依次存放着“1.gif”~“16.gif”共16张图像，如图9-5所示。

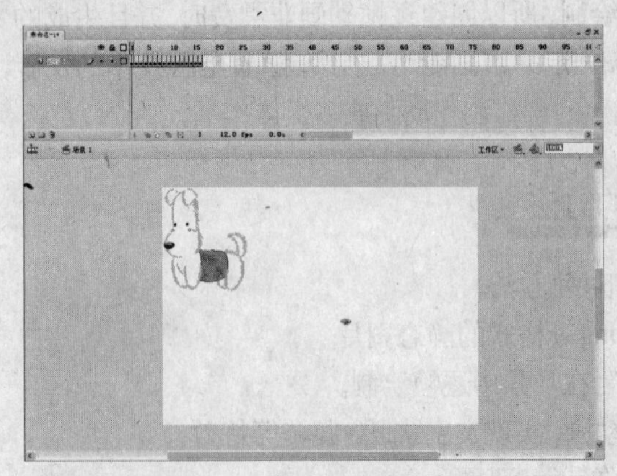

图 9-5 导入图像序列中的所有图像

❺ 按Ctrl+Enter组合键测试影片，效果如图9-6所示。可以发现一个比较明显的问题：动画中的空白太多，因此需要改变舞台的大小。

图 9-6 动画的播放效果

❻ 打开“属性”面板，查看图像的“宽度”为150.7，“高度”为176.4，如图9-7所示，记下这个数值。

图 9-7 “属性”面板

❼ 选择“修改”→“文档”命令，打开“文档属性”对话框，在“尺寸”文本框中输入与图像尺寸相同的数值，如图9-8所示。

❽ 单击 确定 按钮应用设置，如图9-9所示。

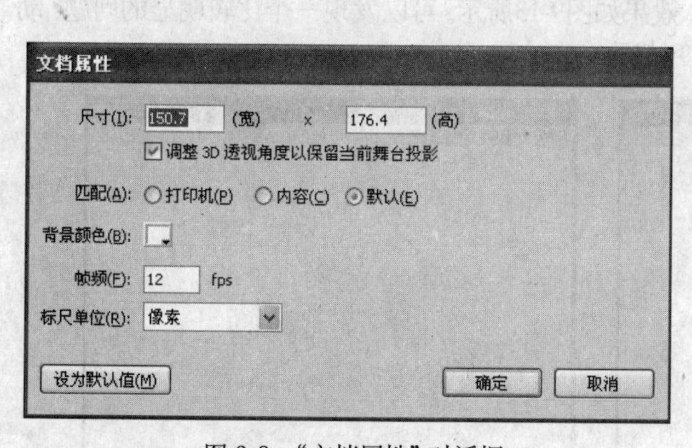

图 9-8 “文档属性”对话框

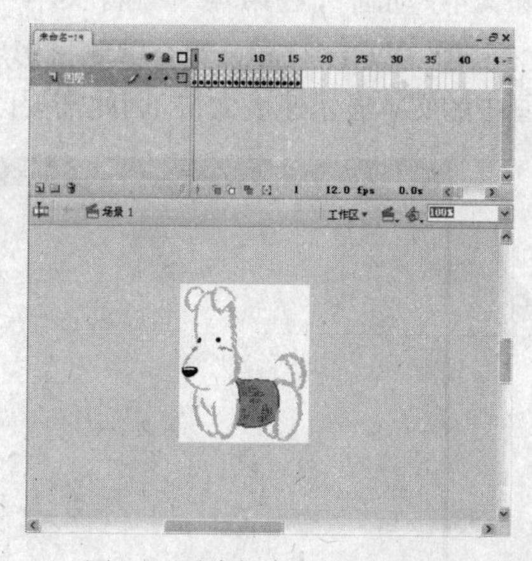

图 9-9 更改舞台大小后的效果

❾ 再次按Ctrl+Enter组合键测试影片，可以看到动画中多余的空白都去掉了，并且图像被显示在播放窗口的中央，然后保存文档。

说明：用户还可以使用洋葱皮技术同时移动所有帧的内容，方法已经在第7章中的第4节中作了介绍，这里不再赘述。

9.2.3 典型逐帧动画实例

下面制作两个典型的逐帧动画：打字效果动画和玫瑰花开动画。

1. 打字效果动画

制作打字效果动画的操作步骤如下。

❶ 新建一个Flash文档（ActionScript 3.0）。

❷ 选择“文本工具” T，在“属性”面板上设置“字体”为宋体，“大小”为43，“颜色”为#339999，在第1帧中输入文本“打字效果动画_”，如图9-10所示。

打字效果动画_

图 9-10 输入文本

❸ 同时选中第2帧～第6帧，按F6键插入5个关键帧，如图9-11所示。

❹ 选中第1帧，删除文本“字效果动画”，如图9-12所示。

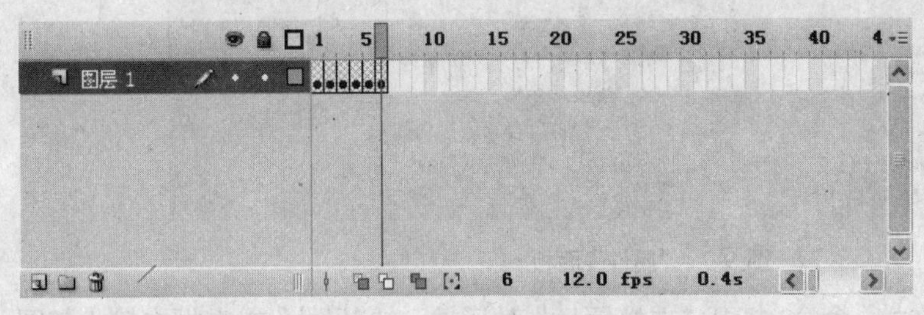

图 9-11 插入关键帧

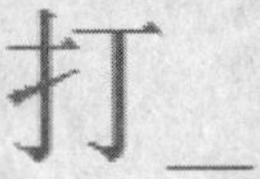

打_

图 9-12 第1帧的内容

❺ 依次在第2帧中删除文本“效果动画”，在第3帧中删除文本“果动画”，在第4帧中删除文本“动画”，在第5帧中删除文本“画”。

❻ 按Ctrl+Enter组合键测试影片，效果如图9-13所示。可以发现一个比较明显的问题：动画中的文本显示速度太快，因此需要改变帧频。

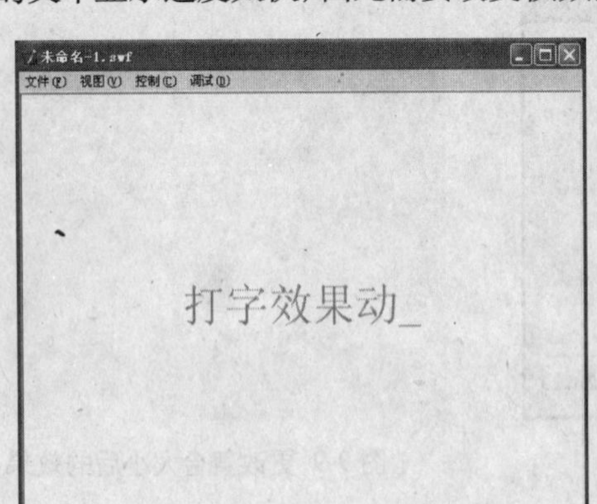

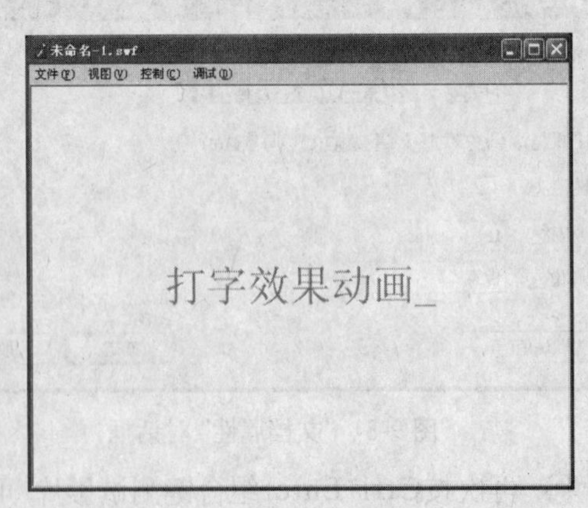

图 9-13 效果图

❼ 在“属性”面板上设置“FPS”为5 fps，如图9-14所示。

❽ 保存文档为“打字效果.fla”，然后按Ctrl+Enter组合键测试影片。

图 9-14 设置帧频

2. 玫瑰花开动画

制作玫瑰花开动画的操作步骤如下。

❶ 新建一个Flash文档（ActionScript 3.0）。

❷ 用铅笔等工具在舞台上绘制图形，作为开始帧，如图9-15所示。

❸ 选中第2帧，按F7键插入空白关键帧，然后在舞台中绘图，如图9-16所示。

❹ 使用同样的方法插入第3帧~第10帧，并分别在舞台上绘制新关键帧中的内容，如图9-17所示。

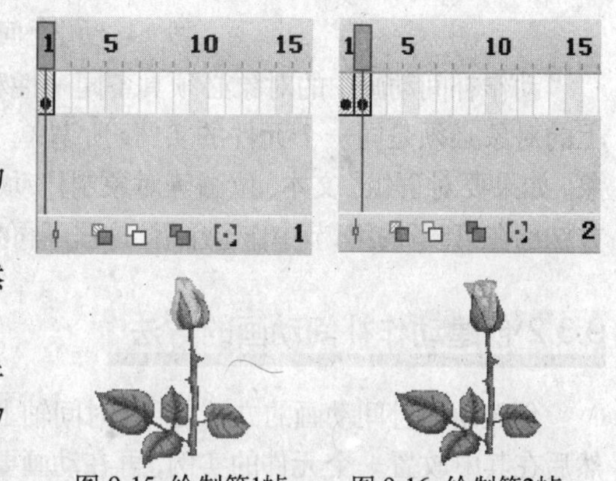

图 9-15 绘制第1帧　　图 9-16 绘制第2帧

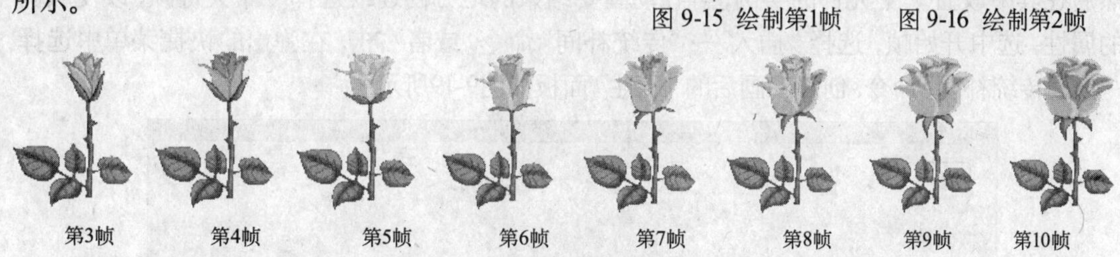

图 9-17 加入更多的连续帧产生花开效果

❺ 保存文档为“玫瑰花开.fla”，然后按Ctrl+Enter组合键测试影片。

9.3 制作动作补间动画

制作逐帧动画的过程是非常烦琐的，其工作量也大，因此，Flash提供了补间动画的制作方法。用户只需制作几个主要的关键帧，然后由Flash通过插值计算自动生成中间各帧即可。补间动画包括动作补间和形状补间两种类型。下面介绍动作补间动画的特点以及创建方法。

9.3.1 动作补间动画的特点

动作补间动画是一种能简化制作，又能减小体积的动画形式，常用于生成平动、转动、变色等动画效果。平动指对象只发生位置、大小的变化，例如由近而远飞过的老鹰；旋转指对象只发生角度的变化，例如不断转动的酒瓶；变色指对象从某一种颜色逐渐变化到另一种颜色的动画过程，例如从绿色到金黄色再到褐色的气球。

动作补间动画在时间轴上的表现如图9-18所示。即起始帧和终止帧都是关键帧，在两个关键帧之间由一条带箭头的实线相连，其中箭头标明状态改变的方向，被箭头所覆盖的帧为过渡帧，过渡帧的颜色呈现淡紫色。

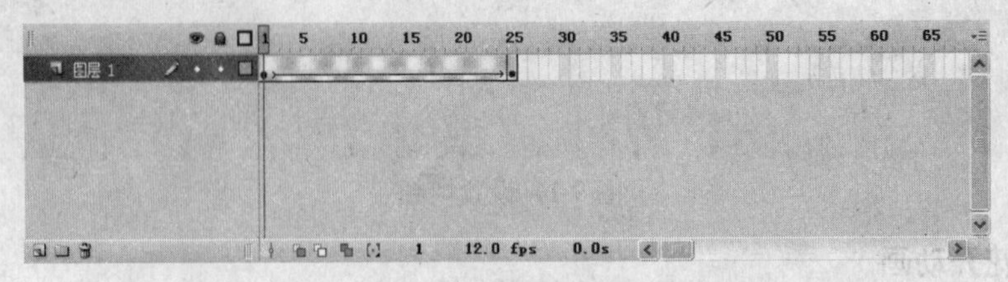

图 9-18 动作补间动画的时间轴表现

动作补间动画中的对象必须具备同一性和单一性。所谓同一性，即要求动画起止关键帧上的对象必须是同一个元件的实例；所谓单一性，即要求动画起止关键帧中只能存在一个对象。如果要对群组、文本、位图等对象制作动作补间动画，必须首先将它们转换为元件，转换方法已在第8章的第1节中作了介绍，这里不再赘述。

9.3.2 创建动作补间动画的方法

创建动作补间动画的方法是：在时间轴上动画开始播放的地方创建或选择一个关键帧，然后在其中放置一个元件的实例，再在动画要结束的地方创建或选择一个关键帧，改变实例的属性，选中开始帧，选择“插入”→“传统补间”命令，或者右击，在弹出的快捷菜单中选择“创建传统补间”命令，创建动画后的“属性”面板如图9-19所示。

图 9-19 设置“补间”为动画

9.3.3 典型动作补间动画实例

下面制作3个典型的动作补间动画：小球滚动动画、小球自转动画和滤镜应用动画。

1. 小球滚动动画

制作小球滚动动画的操作步骤如下。

❶ 新建一个Flash文档（ActionScript 3.0）。

❷ 按Ctrl+F8组合键，打开“创建新元件”对话框，如图9-20所示。

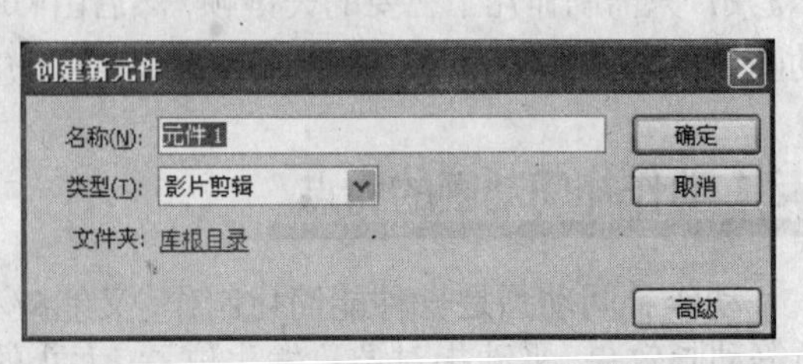

图 9-20 “创建新元件”对话框

❸ 设置“名称”为小球，“类型”为图形，单击 确定 按钮进入元件的编辑模式。

❹ 选择“椭圆工具”，设置“笔触颜色”为无，“填充颜色”为绿色至黑色的放射状渐变，按住Shift键，在舞台的中央绘制一个小球，如图9-21所示。

❺ 选择“颜料桶工具”，单击小球的左上角，更改小球的高光点位置，如图9-22所示。

图 9-21 绘制小球

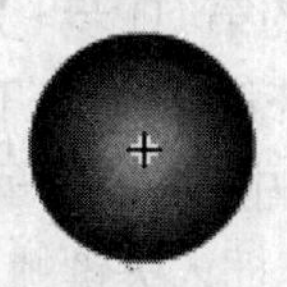

图 9-22 更改小球的高光点位置

❻ 单击“场景1”图标，返回主场景。

❼ 选择“窗口”→“库”命令，打开“库”面板，拖动小球元件到舞台中。

❽ 选中第60帧，按F6键插入关键帧，然后选择“窗口”→“对齐”命令，打开“对齐”面板，如图9-23所示。

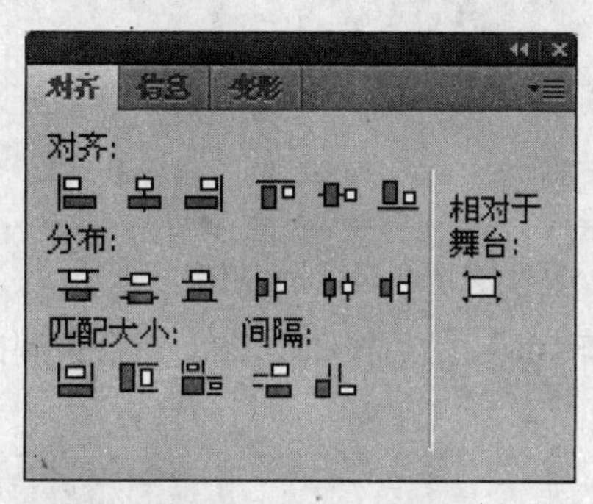

图 9-23 “对齐”面板

❾ 激活“相对于舞台”按钮，选中第1帧中的小球，单击“左对齐”按钮和“垂直中齐”按钮，调整它到舞台的左边界，如图9-24所示。

图 9-24 第1帧中小球的位置

❿ 选中第60帧中的小球，单击“右对齐”按钮和“垂直中齐”按钮，调整它到舞台的右边界，如图9-25所示。

图 9-25 第60帧中小球的位置

⓫ 选中第1帧~第59帧之间的任意一帧，在“属性”面板上设置“补间”为动画，创建动作补间。

⓬ 如果在两个关键帧之间出现了一个箭头，并且帧背景变成了淡紫色，则表示动作补间动画制作成功。

⑬ 保存文档为“小球滚动.fla”，然后按Ctrl+Enter组合键测试影片。

2. 小球自转动画

制作小球自转动画的操作步骤如下。

❶ 重复小球滚动动画的第 (1) 步~第 (7) 步。

❷ 选择“窗口”→“对齐命”令，打开“对齐”面板，激活“相对于舞台”按钮。

❸ 选中小球，单击“水平中齐”按钮和“垂直中齐”按钮，调整它到舞台的中心位置。

❹ 选中第60帧，按F6键插入关键帧。

❺ 右击第1帧~第59帧之间的任意一帧，在弹出的快捷菜单中选择“创建传统补间”命令，然后在“属性”面板上设置“旋转”为顺时针，创建动作补间，如图9-26所示。

图 9-26 创建动作补间

❻ 保存文档为“小球自转.fla”，然后按Ctrl+Enter组合键测试影片。

3. 滤镜应用动画

用户可以在时间轴中让滤镜活动起来，即制作滤镜应用动画，操作步骤如下。

❶ 新建一个Flash文档 (ActionScript 3.0)。

❷ 按Ctrl+F8组合键，打开“创建新元件”对话框，如图9-27所示。

图 9-27 “创建新元件”对话框

❸ 设置“名称”为鸟，“类型”为影片剪辑，单击确定按钮进入元件的编辑模式。

❹ 选择“文件”→“导入”→“导入到舞台”命令，打开“导入”对话框，导入“440761_1.jpg”图片，并调整它至舞台的中心位置，如图9-28所示。

图 9-28 导入图片

❺ 下面去掉图片的白色背景部分，首先按Ctrl+B组合键分离图片，然后使用“魔术棒工具”单击白色背景，按Delete键直接删除。

提示：为便于操作，可以暂时将舞台颜色设置为黑色，等操作结束之后，再重新设置成白色。

❻ 单击“场景1”图标，返回主场景。

❼ 选择“窗口”→“库”命令，打开“库”面板，拖动鸟元件到舞台中。

❽ 选中鸟实例，在“属性”面板上展开“滤镜”组，显示其滤镜选项，如图9-29所示。

图 9-29 “滤镜”面板

⑨ 单击“添加滤镜”按钮，在弹出的滤镜列表中选择需要的滤镜，这里选择“投影”滤镜，如图9-30所示。

⑩ 分别选中第15帧、第30帧、第45帧、第60帧，按F6键插入关键帧。

⑪ 选择“任意变形工具”，改变各帧对象的大小、角度、透视等属性。

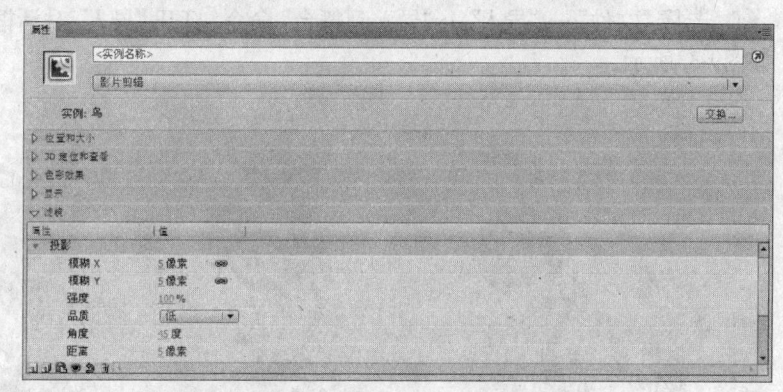

图 9-30 添加“投影”滤镜效果

提示：同时，用户也可以试着更改不同帧的投影参数，或者为其添加更多的滤镜。

⑫ 分别右击第1帧、第15帧、第30帧、第45帧，在弹出的快捷菜单中选择“创建传统补间”命令，然后在“属性”面板上设置“旋转”为无，创建动作补间，时间轴效果如图9-31所示。

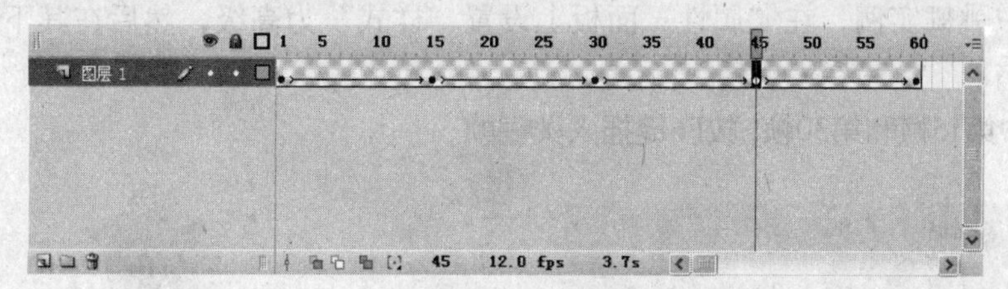

图 9-31 时间轴效果

⑬ 保存文档为“滤镜应用.fla”，然后按Ctrl+Enter组合键测试影片。

9.3.4 改进动作补间动画

当创建了动作补间动画之后，还可以通过改变对象的属性，或者设置补间参数来改进动画的效果，下面就来具体介绍。

1. 变色动画

颜色是对象的一个重要属性，在动作补间动画中改变起止对象的颜色，可以得到从一种颜色逐渐过渡到另一种颜色的动画效果。下面结合实例进行介绍，操作步骤如下。

❶ 新建一个Flash文档 (ActionScript 3.0) 。

❷ 按Ctrl+F8组合键，打开“创建新元件”对话框，如图9-32所示。

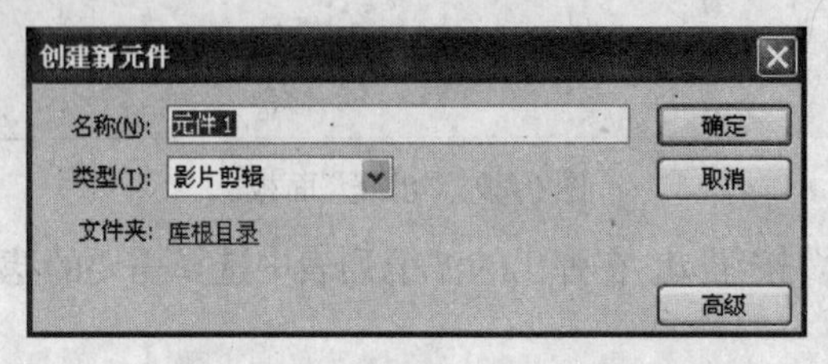

图 9-32 “创建新元件”对话框

❸ 设置“名称”为跳舞，“类型”为影片剪辑，单击确定按钮进入元件的编辑模式。

❹ 选择“文件”→“导入”→“导入到舞台”命令，打开“导入”对话框，导入“866_1.gif”文件，如图9-33所示。

图 9-33 导入动画

❺ 单击“场景1”图标，返回主场景。

❻ 选择“窗口”→“库”命令，打开“库”面板，拖动跳舞元件到舞台的中心位置。

❼ 选中跳舞实例，在“属性”面板上设置“样式”为高级，然后在其下设置参数，如图9-34所示。

❽ 选中第15帧和第30帧，按F6键插入关键帧。

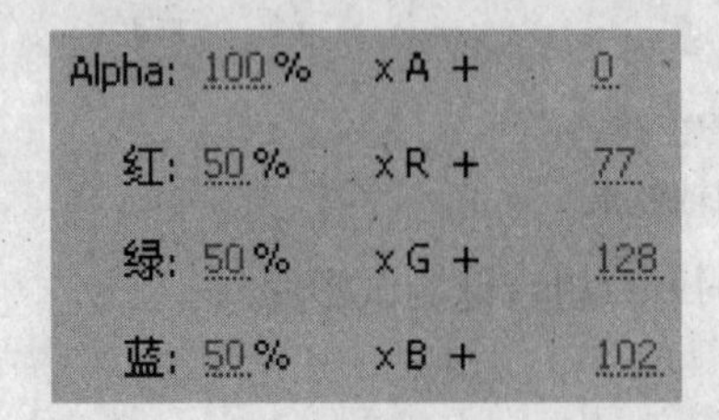

图 9-34 第1帧中对象的参数设置及效果

❾ 改变第15帧中对象的颜色属性，如图9-35所示。改变第30帧中对象的颜色属性，如图9-36所示。

⑩ 分别右击第1帧和第15帧，在弹出的快捷菜单中选择“创建传统补间”命令，然后在“属性”面板上设置“旋转”为无，创建动作补间，时间轴效果如图9-37所示。

⑪ 保存文档为“变色.fla”，然后按Ctrl+Enter组合键测试影片。

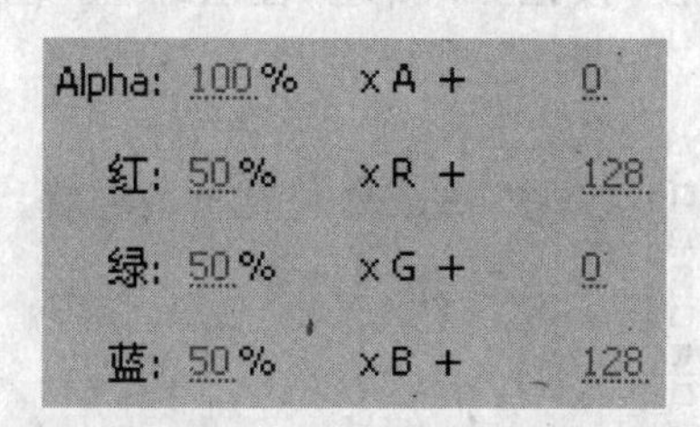

图 9-35 第15帧中对象的参数设置及效果

Alpha:	100 %	xA +	0
红:	50 %	xR +	128
绿:	50 %	xG +	77
蓝:	50 %	xB +	0

图 9-36 第30帧中对象的参数设置及效果

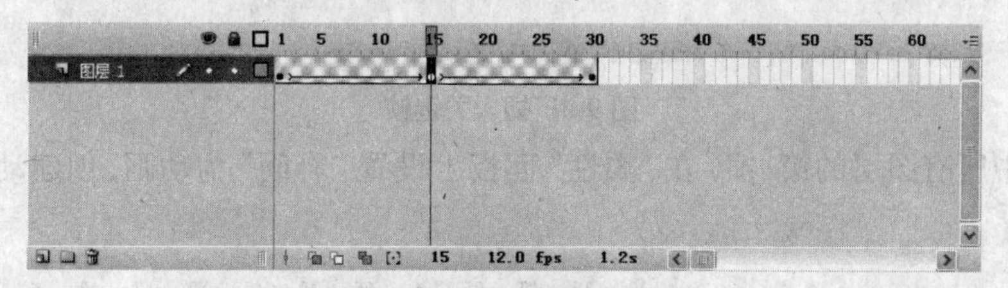

图 9-37 时间轴效果

2. 透明度变化动画

在Flash CS4中，元件的透明度用Alpha表示，当等于100%时，元件不透明；当等于50%时，元件半透明；当等于0时，元件完全透明。在动作补间动画中改变起止对象的透明度，可以得到透明度变化动画。下面结合实例进行介绍，操作步骤如下。

❶ 新建一个Flash文档（ActionScript 3.0）。

❷ 按Ctrl+F8组合键，打开“创建新元件”对话框，如图9-38所示。

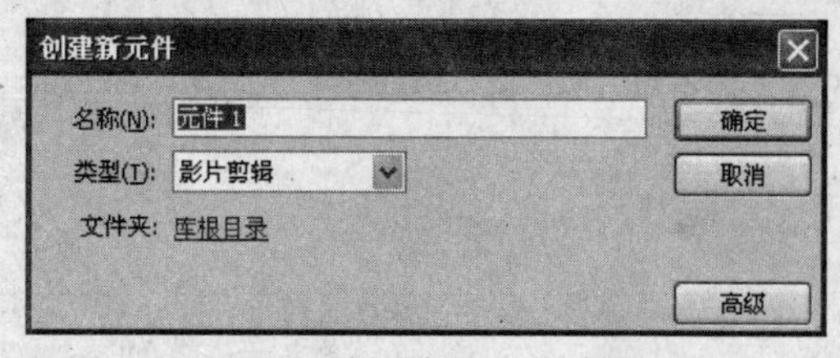

图 9-38 “创建新元件”对话框

❸ 设置“名称”为花环，“类型”为影片剪辑，单击 确定 按钮进入元件的编辑模式。

❹ 选择“文件”→“导入”→“导入到舞台”命令，打开“导入”对话框，导入“56151_1.jpg”图片，如图9-39所示。

❺ 单击“场景1”图标，返回主场景。

❻ 单击4次时间轴左下角的“新建图层”按钮，新建“图层2”至“图层5”，如图9-40所示。

图 9-39 导入图片

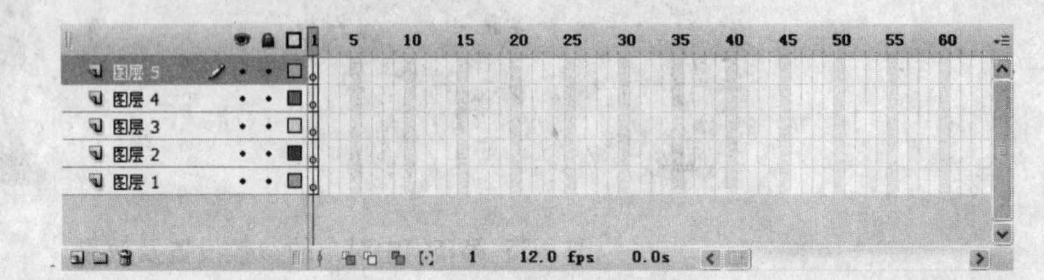

图 9-40 新建图层

❼ 选择“窗口”→“库”命令，打开“库”面板，并在各图层的不同位置拖入花环元件。

❽ 选中所有图层的第30帧，按F6键插入关键帧，如图9-41所示。

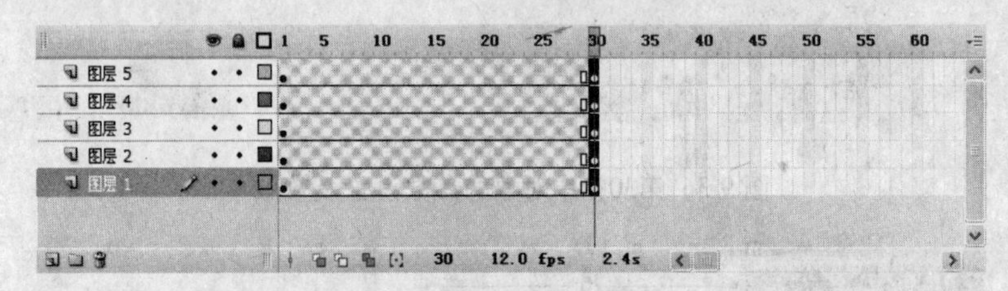

图 9-41 插入关键帧

❾ 选中所有图层的第1帧，在“属性”面板上设置“补间”为动画，创建动作补间，如图9-42所示。

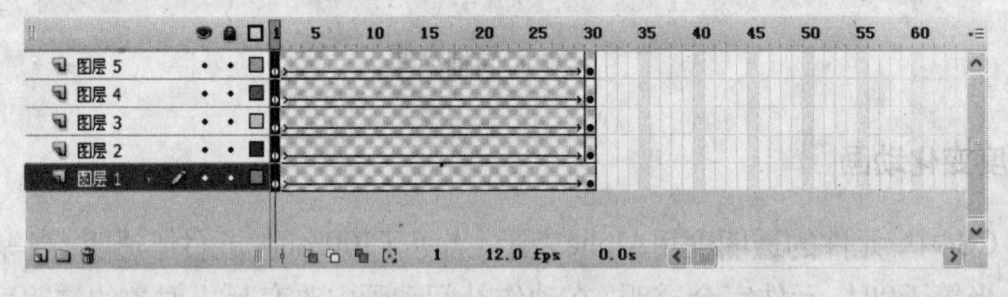

图 9-42 创建动作补间

❿ 选中所有图层第1帧中的花环，在“属性”面板上设置“样式”为Alpha，“Alpha”为0%，使它们完全透明，如图9-43所示。

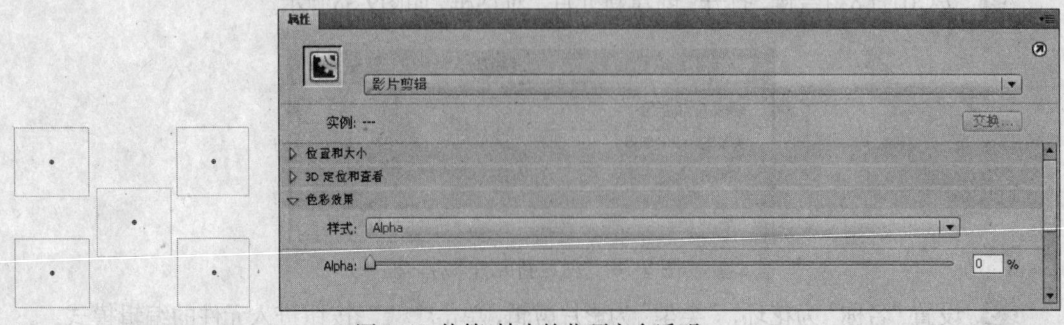

图 9-43 使第1帧中的花环完全透明

⑪ 选中“图层2”的所有帧，向右移动10个帧格，如图9-44所示。同样，依次向右移动其他图层的所有帧，如图9-45所示。

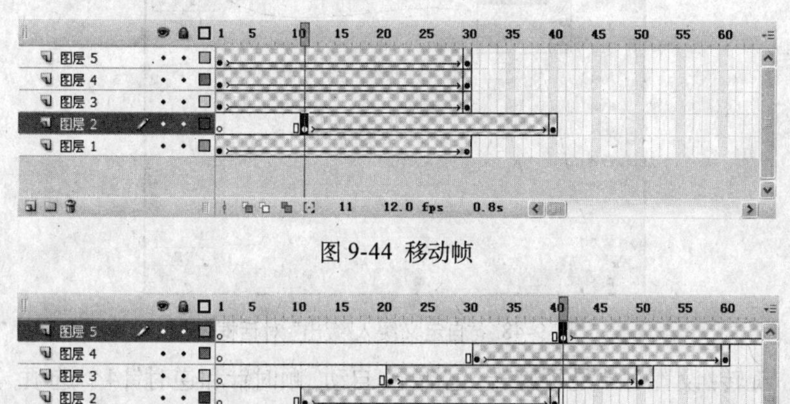

图 9-44 移动帧

图 9-45 移动其他图层各帧

⑫ 保存文档为“透明度变化.fla”，然后按Ctrl+Enter组合键测试影片。

3. 动作补间动画的参数设置

当创建了动作补间动画之后，会激活“属性”面板上的许多控制选项，例如缩放、缓动、旋转、调整到路径、同步、贴紧等，如图9-46所示。下面分别介绍它们的含义。

图 9-46 创建动画后的“属性”面板

- 缩放：设置是否允许在运动过程中改变对象的大小。
- 缓动：设置对象的变化速度，在其后的数值框中直接输入数值即可，如图9-47所示。缓动的临界值为0，最小值为−100，最大值为+100。当取值为0时，表示对象的变化是匀速的；若取值小于0，则表示对象的变化越来越快，且数值越小，加快的趋势越明显；若取值大于0，则表示对象的变化越来越慢，且数值越大，减慢的趋势越明显。
- 编辑缓动：单击按钮，将打开“自定义缓入/缓出”对话框，帮助用户直观地控制动作补间动画的属性，例如位置、旋转、缩放、颜色或滤镜等，如图9-48所示。

图 9-47 设置缓动值

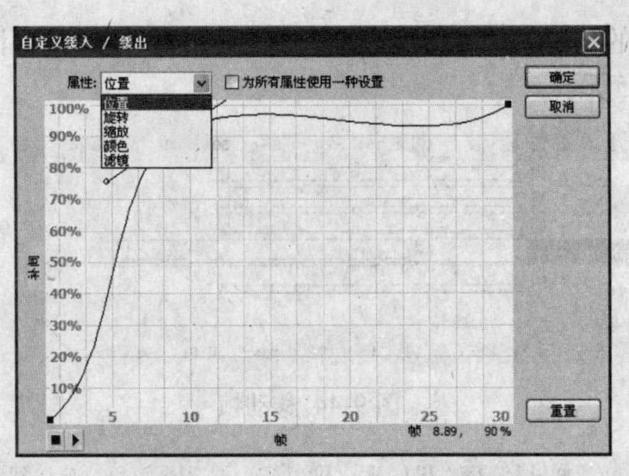

图 9-48 “自定义缓入/缓出”对话框

- 旋转：设置对象是否旋转，包括无、自动、顺时针和逆时针4个选项。其中，无用于设置对象不旋转；自动用于设置对象以最小的角度旋转一次；顺时针用于设置对象按指定的圈数沿顺时针方向进行旋转；逆时针用于设置对象按指定的圈数沿逆时针方向进行旋转。
- 调整到路径：设置是否将补间对象的基线调整到路径，该项功能主要用于引导路径动画。
- 同步：设置元件的动画是否和主时间轴同步。
- 贴紧：设置对象是否可以根据其注册点将补间部分附加到路径，该项功能主要用于引导路径动画。

9.4 制作形状补间动画

形状补间是另一种补间动画形式，使用它可以制作变幻奇妙的变形效果。在同一时刻最好只制作一个形状补间。如果同时为几个对象制作补间，建议为每个对象单独设置一层。对于一些非常复杂的变形动画，可以使用Flash提供的变形提示功能。

9.4.1 形状补间动画的特点

在形状补间动画中，动画对象的形状发生了变化，比如由一个矩形变成了一个圆形，而不像运动补间动画那样，仅仅是颜色、位置、透明度或色调发生了变化，其变形灵活性介于逐帧动画和动作补间动画之间。

形状补间动画在时间轴上的表现如图9-49所示。即起始帧和终止帧都是关键帧，在两个关键帧之间由一条带箭头的实线相连，其中箭头标明状态改变的方向，被箭头所覆盖的帧为过渡帧，过渡帧的颜色呈现淡绿色。

形状补间动画中的对象必须具有分解属性，即如果单击，其表面会被网格所覆盖，如图9-50所示。Flash作为一款矢量动画设计软件，用它本身的工具绘制出的图形，都具有分解属性，都可以直接制作形状补间动画。

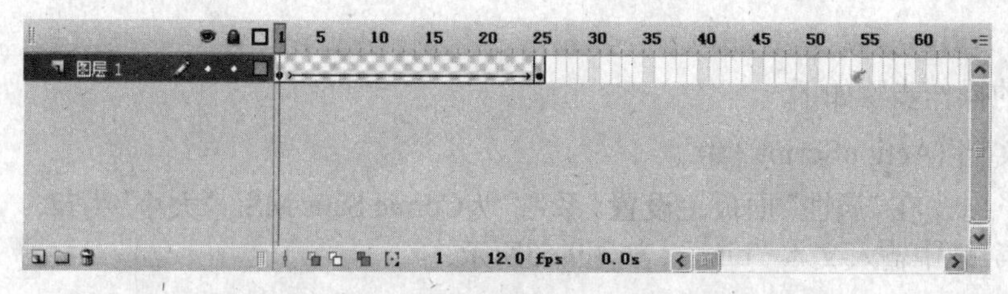

图 9-49 形状补间动画的时间轴表现

图 9-50 具备分解属性的对象

如果对象不具有分解属性，例如位图、文本、实例、群组等，在制作形状补间动画之前，需要选择“修改”→“分离”命令或按Ctrl+B组合键将它们打散。其中，位图、实例或单个文本对象打散一次即具有分解属性，群组和文本组对象需打散两次才具有分解属性，如图9-51所示。

打散位图

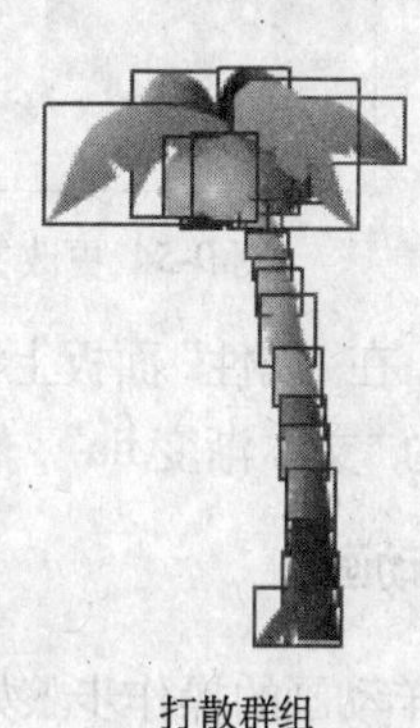

打散群组

图 9-51 打散对象

9.4.2 创建形状补间动画的方法

创建形状补间动画的方法是：在时间轴上动画开始播放的地方创建或选择一个关键帧，在其中设置要开始变形的形状，在动画要结束的地方创建或选择一个关键帧，在其中设置要变成的形状，再单击开始帧，选择“插入”→“补间形状”命令，或者右击，在弹出的快捷菜单中选择“创建补间形状”命令，创建形状补间动画，如图9-52所示。

图 9-52 设置“补间”为形状

9.4.3 典型形状补间动画实例

下面制作两个典型的形状补间动画：文本变形过渡动画和小牛变小羊动画。

1. 文本渐变动画

制作文本渐变动画的操作步骤如下。

❶ 新建一个Flash文档（ActionScript 3.0）。

❷ 选择“文本工具” T，在“属性”面板上设置“系列”为Comic Sans MS，“大小”为72，“颜色”为#FF9900，在第1帧中输入文本“bian”，如图9-53所示。

❸ 选中第20帧，按F6键插入关键帧，然后更改其中的文本为“BIAN”，如图9-54所示。

❹ 分别选中两个关键帧中的文本，选择“修改”→“分离”命令或按Ctrl+B组合键将它们打散，如图9-55所示。

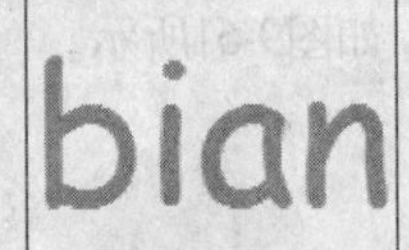

图 9-53 输入文本

BIAN

图 9-54 更改文本

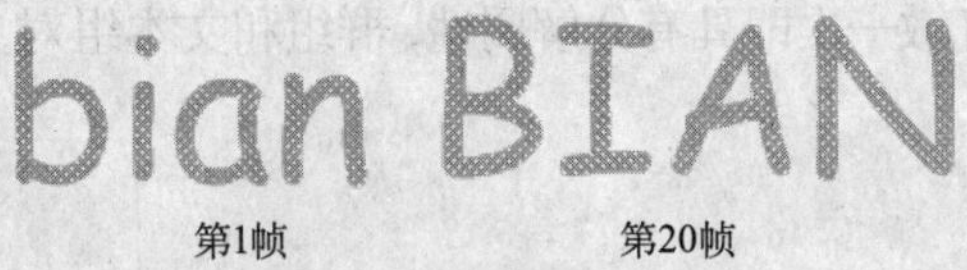

bian BIAN

第1帧　　第20帧

图 9-55 打散文本

❺ 选中第1帧，在“属性”面板上设置“补间”为形状，创建形状补间。

❻ 保存文档为“文本渐变.fla”，然后按Ctrl+Enter组合键测试影片。

2. 小牛变小羊动画

制作小牛变小羊动画的操作步骤如下。

❶ 新建一个Flash文档（ActionScript 3.0）。

❷ 选择“修改”→“文档”命令，打开“文档属性”对话框，设置“尺寸”为250×200，“背景颜色”为#B273A8，如图9-56所示。

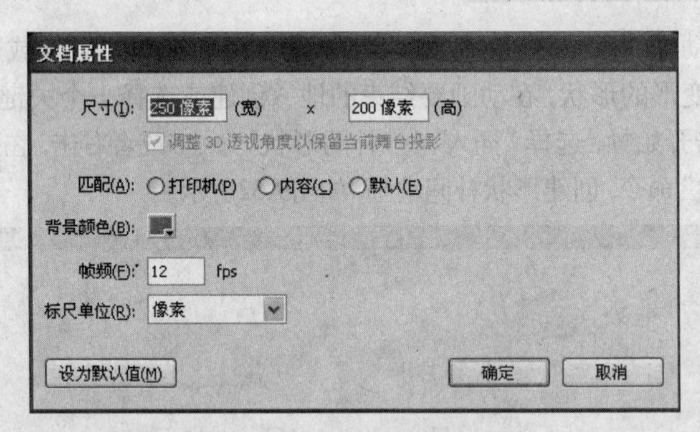

图 9-56 “文档属性”对话框

❸ 单击 确定 按钮应用设置，并关闭对话框。

❹ 选择“文件”→“导入”→“导入到舞台”命令，打开“导入”对话框，导入“katong_0180.jpg”图片，如图9-57所示。

❺ 选中第30帧，按F5键插入空白关键帧，然后在其中导入“katong_0146.jpg”图片，如图9-58所示。

图 9-57 第1帧中的图片

图 9-58 第30帧中的图片

❻ 选中小牛图片，选择“修改”→“位

图”→“转换位图为矢量图”命令，打开“转换位图为矢量图”对话框，如图9-59所示。设置转换参数，这里采用默认，然后单击确定按钮进行转换，效果如图9-60所示。

❼ 单击小牛图片以外的位置，取消图片的选中状态。再单击选中小牛周围的多余部分，按Delete键删除，如图9-61所示。使用同样的方法，删除小羊周围的多余部分。

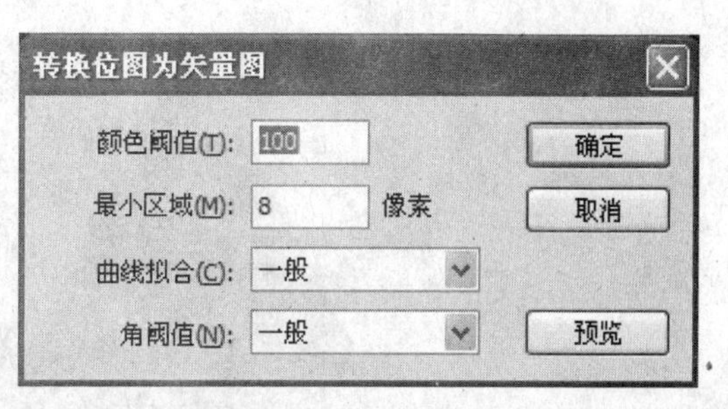

图 9-59 “转换位图为矢量图”对话框

图 9-60 矢量化位图

图 9-61 删除多余部分

❽ 右击第1帧~第29帧之间的任意一帧，在弹出的快捷菜单中选择“创建补间形状”命令，然后在“属性”面板上设置“混合”为分布式，创建形状补间，如图9-62所示。

图 9-62 创建形状补间

❾ 保存文档为“小牛变小羊.fla”，然后按Ctrl+Enter组合键测试影片。

9.4.4 改进形状补间动画

当创建了形状补间动画之后，还可以使用形状提示或者设置补间参数来改进动画的效果，下面就来具体介绍。

1. 使用形状提示

使用形状提示，可以在起始形状和结束形状中添加相对应的参考点，从而使对象的变形更加精确，更加有目的性，方便用户有效地控制变形过程。使用形状提示的方法如下。

❶ 选择形状补间动画中的第一个关键帧，选择“修改”→“形状”→“添加形状提示”命令，则在起始形状上会增加一个带字母的红色圆圈，在结束形状上也会出现一个带字母的提示圆圈，如图9-63所示。

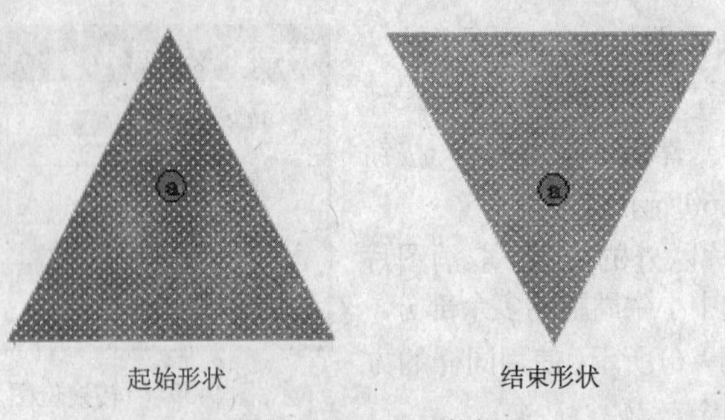

起始形状　　结束形状

图 9-63 添加一个形状提示

❷ 分别按住这两个提示圆圈，将它们移动到要标记的点上，如果移动成功，起始形状上的提示圆圈将变为黄色，结束形状上的提示圆圈将变为绿色，如图9-64所示。

起始帧处变黄色　　结束帧处变绿色

图 9-64 调整形状提示的位置

❸ 添加和调整其他形状提示（最多可以添加26个，分别用字母a~z表示），如图9-65所示。

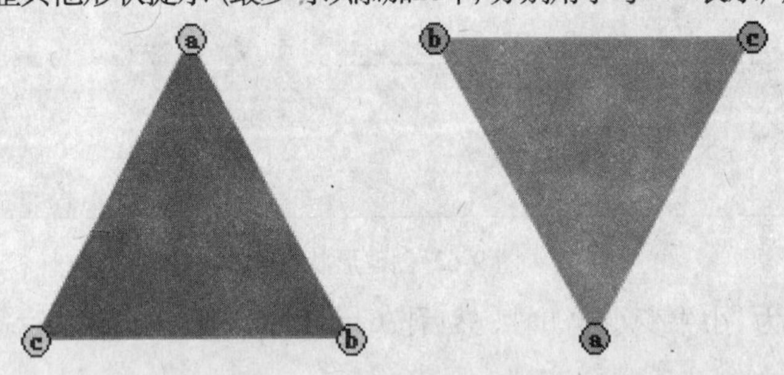

图 9-65 添加其他形状提示

> 注意：形状提示要在形状的边缘才能起作用，在调整形状提示的位置之前，如果打开工具面板底部的"贴紧至对象"按钮，系统会自动把形状提示吸附到边缘上。

❹ 如果要删除某个形状提示，可以选中该提示后右击，在弹出的快捷菜单中选择"删除提示"命令。

❺ 如果要删除所有形状提示，直接选择"修改"→"形状"→"删除所有提示"命令即可。

下面结合实例介绍形状提示的使用，操作步骤如下。

❶ 新建一个Flash文档（ActionScript 3.0）。

❷ 选择"矩形工具"，在"属性"面板上设置"笔触颜色"为黑色，"填充颜色"为无，

然后在舞台上绘制一个矩形。

❸ 选中第20帧，按F6键插入关键帧。

❹ 选中第1帧，在“属性”面板上设置“补间”为形状，创建形状补间。此时，按Ctrl+Enter组合键测试影片，发现矩形根本不动。

❺ 选择3次“修改”→“形状”→“添加形状提示”命令，为第1帧中的矩形添加3个形状提示，并调整它们的位置，如图9-66所示。

❻ 调整第20帧中形状提示的位置，如图9-67所示。

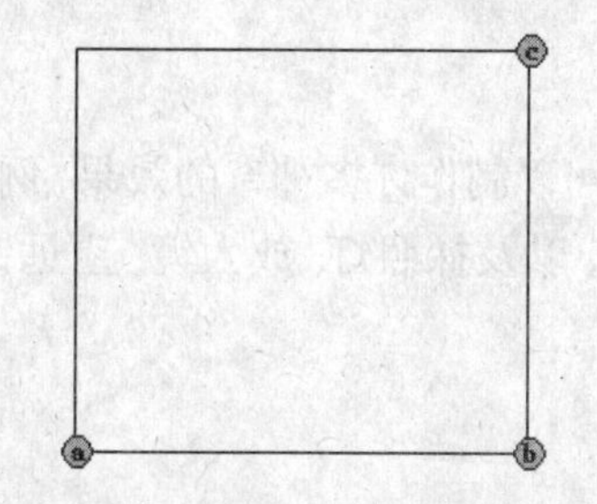

图 9-66 第1帧中形状提示的位置

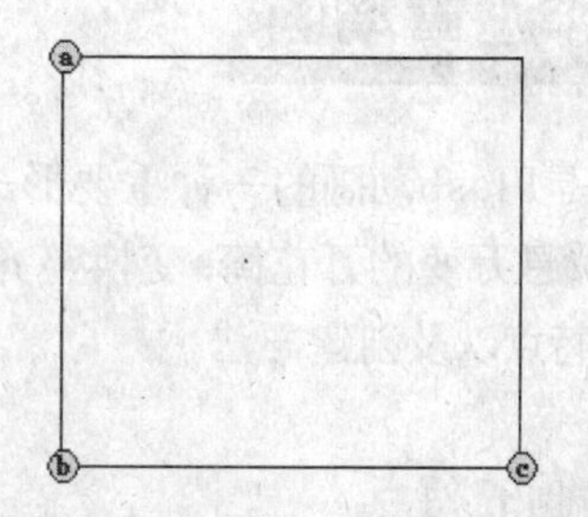

图 9-67 第20帧中形状提示的位置

❼ 此时，按Ctrl+Enter组合键测试影片，就可以看到动画效果了，如图9-68所示。

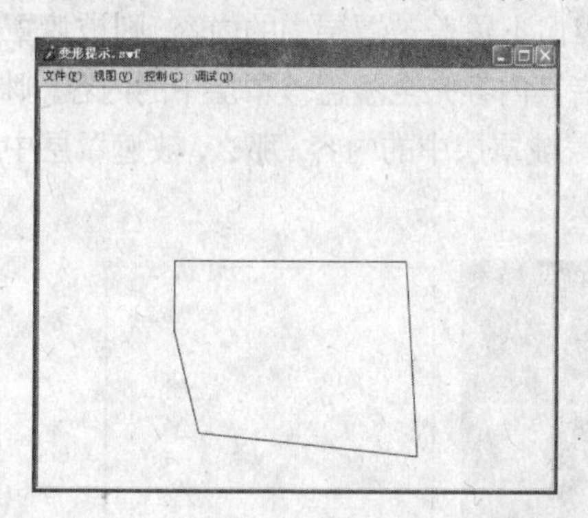

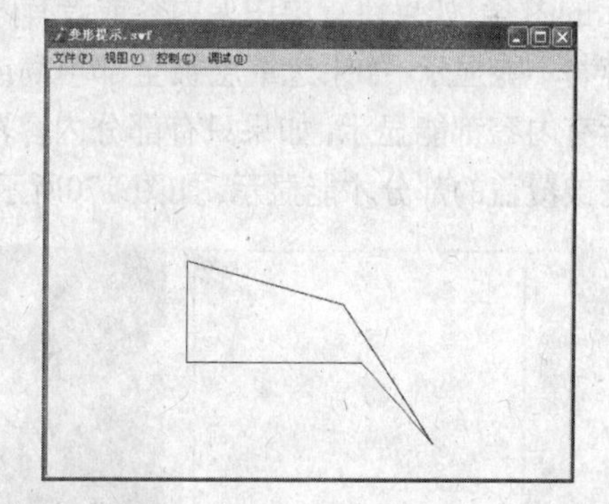

图 9-68 效果图

❽ 按Ctrl+S组合键，保存文档为“变形提示.fla”。

2. 形状补间动画的参数设置

当创建了形状补间动画之后，将激活“属性”面板上的缓动和混合控制选项，如图9-69所示。通过设置这两个选项，可以更好地创建形状补间动画，下面介绍它们的含义。

图 9-69 选择“形状”选项时的“属性”面板

- 缓动：设置形状的变化速度，与动作补间动画中的缓动大致相同，这里不再赘述。
- 混合：设置对象的变化方式，有分布式和角形两个选项。分布式将使形状变化更加随意和自然；角形将使各中间帧中的形状保留有明显的棱角和直线。

9.5 制作遮罩动画

遮罩动画是Flash动画的一种重要形式，使用它可以制作许多神奇的效果，例如波光粼粼的水中倒影，瞬息万变的万花筒，变换整齐的百页窗，以及探照灯、放大镜、望远镜等。下面介绍遮罩动画的特点以及创建方法。

9.5.1 遮罩动画的特点

要产生遮罩，至少要有两个图层，其中，上层（遮罩层）决定显示的形状，下层（被遮罩层）决定显示的内容。如果遮罩层中无内容或者有内容但不覆盖被罩层中的内容，则被遮罩层中的所有内容将不能显示；如果遮罩层被全部填满或者其内容完全覆盖被罩层中的内容，则被遮罩层中的所有内容都能显示；如果只有部分内容覆盖被罩层中的内容，那么，被遮罩层中的内容将只有在被覆盖的部分才能显示，如图9-70所示。

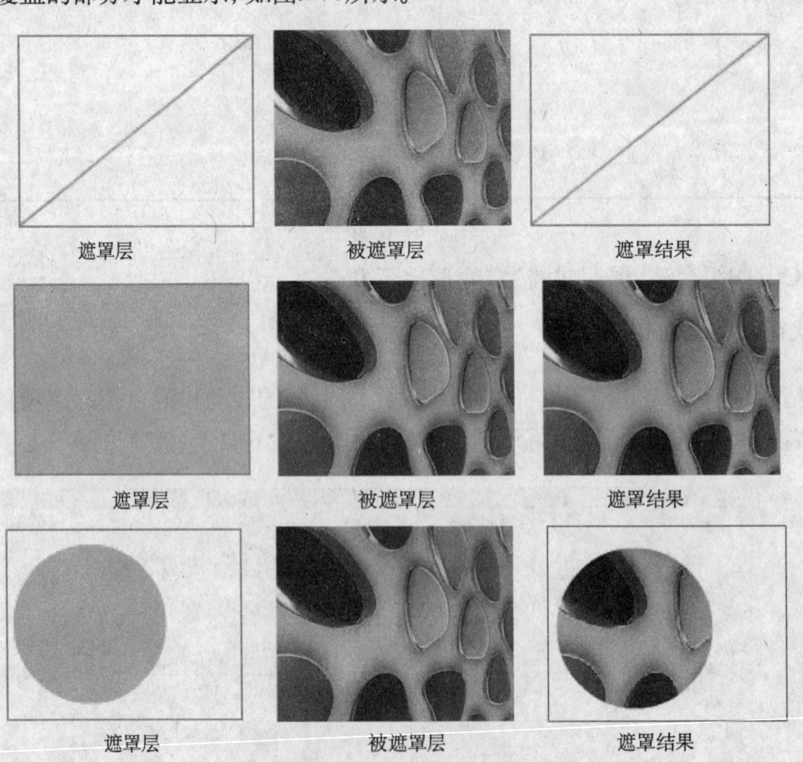

图 9-70 遮罩关系与效果示意

遮罩动画至少需要两个图层，即遮罩层和被遮罩层，这两个图层还必须是紧挨着的上下层关系，并且遮罩层在上，被遮罩层在下。复杂一些的遮罩动画，一个遮罩层还可以拥有多个被遮罩层，如图9-71所示。

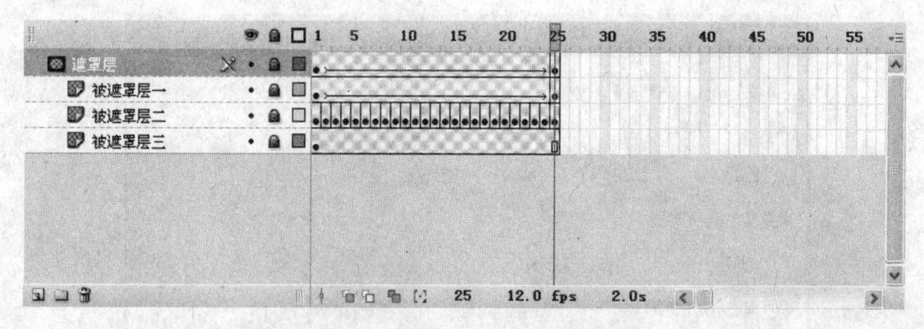

图 9-71　遮罩动画的时间轴表现

遮罩层中的内容可以是按钮、影片剪辑、图形、位图、文字、动画等，但不能使用线条，如果一定要用，可以选择“修改”→“形状”→“将线条转换为填充”命令，将线条转化为填充。而被遮罩层中的内容则可以是按钮、影片剪辑、图形、位图、文字、动画、线条等任意对象。

9.5.2 创建遮罩的方法

Flash CS4没有提供一个专门的按钮来创建遮罩层，它需要由普通图层转化而来，方法是在图层名称上右击，在弹出的快捷菜单中选择“遮罩层”命令，此时该图层即变成遮罩层，层图标也从普通层图标变成了遮罩层图标，并且系统自动把遮罩层下面的一层关联为被遮罩层，在缩进的同时图标变为，如果用户想关联更多层被遮罩，只要把这些层拖到被遮罩层的下面就行了，如图9-71所示。

9.5.3 应用遮罩的注意事项

在应用遮罩时，需要注意以下事项。

(1) 遮罩层和被遮罩层都是由普通图层转化而来的。

(2) 遮罩层中的渐变色、透明度、颜色、线条样式等属性是被忽略的。

(3) 要在场景中显示遮罩效果，直接锁定遮罩层和被遮罩层即可。

(4) 可以用ActionScript语句建立遮罩，但在这种情况下，只能有一个被遮罩层。

(5) 不能用一个遮罩层遮蔽另一个遮罩层。

(6) 遮罩可以应用在Gif动画上。

(7) 在被遮罩层中不能放置动态文本。

(8) 被遮罩层总是相对于遮罩层向右缩进。

9.5.4 典型遮罩动画实例

下面制作两个典型的遮罩动画：探照灯动画和图像文字动画。

1. 探照灯动画

制作探照灯动画的操作步骤如下。

❶ 新建一个Flash文档 (ActionScript 3.0)。

❷ 选择“修改”→“文档”命令，打开“文档属性”对话框，设置“背景颜色”为黑色，如图9-72所示。

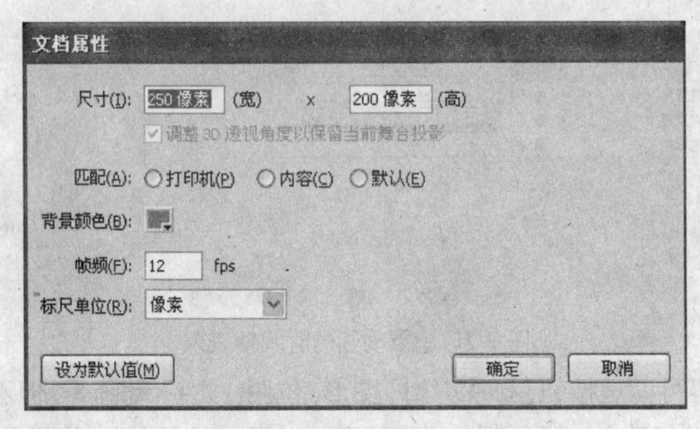

图 9-72 “文档属性”对话框

❸ 单击[确定]按钮应用设置，并关闭对话框。

❹ 选择“文本工具”T，在“属性”面板上设置“系列”为楷体_GB2312，“大小”为50，“颜色”为#CCCC00，在舞台中输入文本“学做动画其乐无穷”，如图9-73所示。

图 9-73 输入文本

❺ 分别选中“学”和“其”，更改它们的大小为80，如图9-74所示。

图 9-74 更改文本大小

❻ 单击时间轴左下角的“新建图层”按钮，新建“图层2”。

❼ 选择“椭圆工具”，在“属性”面板上设置“笔触颜色”为无，“填充颜色”为#9999FF，按住Shift键，在“图层2”中绘制一个圆形。接着选中圆形，按F8键，打开如图9-75所示的“转换为元件”对话框，设置“名称”为圆形，“类型”为图形，然后单击[确定]按钮关闭对话框。

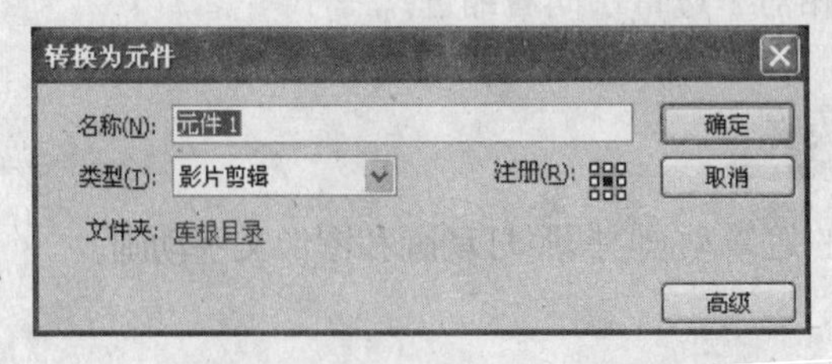

图 9-75 “转换为元件”对话框

❽ 选中“图层1”的第25帧，按F5键插入帧。选中“图层2”的第25帧，按F6键插入关键帧，如图9-76所示。

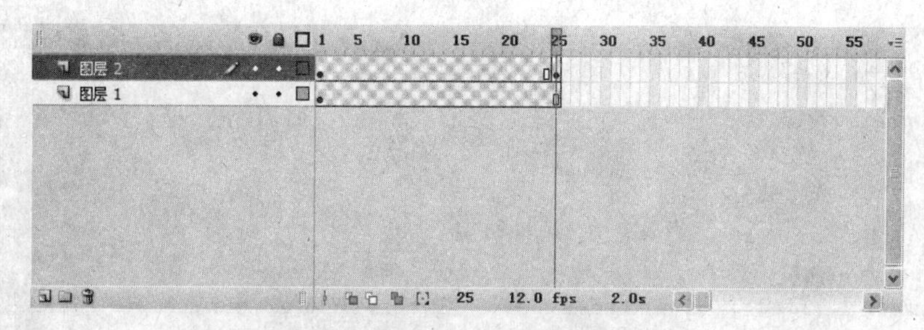

图 9-76 插入帧与关键帧

❾ 使用“选择工具” 移动第1帧中的圆形到文本的左侧，移动第25帧中的圆形到文本的右侧，如图9-77所示。

第1帧中圆形的位置

第25帧中圆形的位置

图 9-77 移动圆形的位置

❿ 选中“图层2”第1帧~第24帧之间的任意一帧，在“属性”面板上设置“补间”为动画，创建动作补间。

⓫ 在“图层2”的名称上右击，在弹出的快捷菜单中选择“遮罩层”.命令，为图层1创建遮罩效果，如图9-78所示。

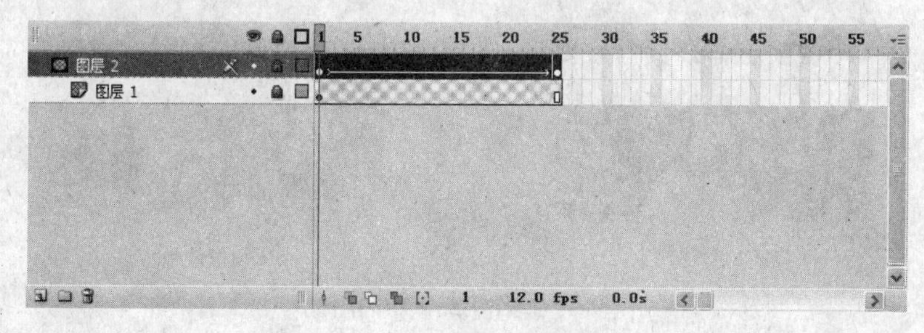

图 9-78 创建遮罩效果

⓬ 保存文档为“探照灯.fla”，然后按Ctrl+Enter组合键测试影片。

2. 图像文字动画

制作图像文字动画的操作步骤如下。

❶ 新建一个Flash文档（ActionScript 3.0）。

❷ 在“属性”面板上设置“背景”为黑色，如图9-79所示。

❸ 按Ctrl+F8组合键，打开“创建新元件”对话框，如图9-80所示。

❹ 设置“名称”为图像，“类型”为图形，单击 确定 按钮进入元件的编辑模式。

图 9-79 设置文档背景颜色

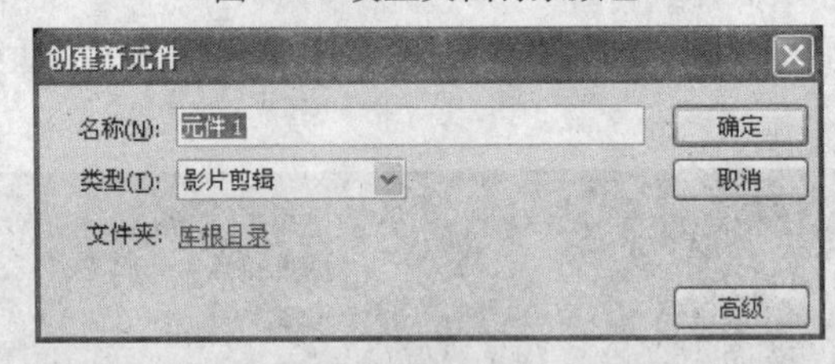

图 9-80 "创建新元件" 对话框

5 选择"文件"→"导入"→"导入到舞台"命令，打开"导入"对话框，导入"889_2.jpg"图片。

6 单击"场景1"图标，返回主场景。

7 选择"窗口"→"库"命令，打开"库"面板，拖动图像元件到舞台的中心位置。

8 选中第25帧，按F6键插入关键帧。

9 选中第25帧中的图像，选择"修改"→"变形"→"垂直翻转"命令，进行垂直镜像操作，如图9-81所示。

10 单击时间轴左下角的"新建图层"按钮，插入"图层2"。

原图

镜像效果

图 9-81 操作第25帧中的图像

11 选择"文本工具"，在"属性"面板上设置"系列"为微软雅黑，"大小"为80，"样式"为Bold，"颜色"为#CCCC00，在舞台的中心输入文本"图像文字动画"，如图9-82所示。

12 右击"图层1"的第1帧~第24帧之间的任意一帧，在弹出的快捷菜单中选择"创建传统补间"命令，创建动作补间。

图 9-82 输入文本

⑬ 在“图层2”的名称上右击，在弹出的快捷菜单中选择“遮罩层”命令，为图层1创建遮罩效果，如图9-84所示。

图 9-83 输入文本

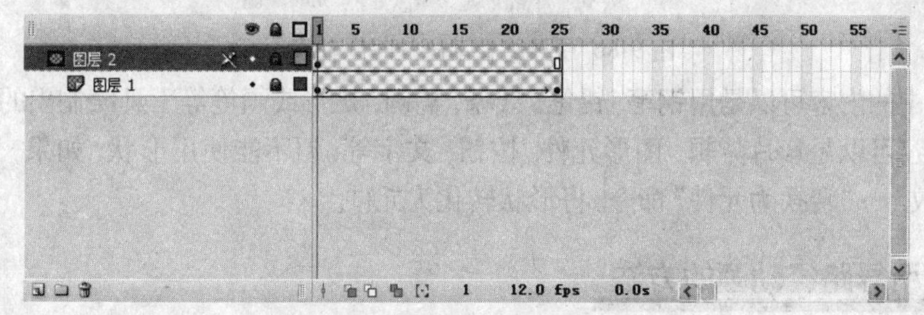

图 9-84 创建遮罩效果

⑭ 保存文档为“图像文字.fla”，然后按Ctrl+Enter组合键测试影片。

9.6 制作引导路径动画

引导路径动画是一种特殊的动作补间动画，用于使对象按照设定的曲线路径运动，例如飘然而落的雪花、翩翩飞舞的蝴蝶、围绕地球旋转的月亮、在大海里遨游的鱼儿等效果。下面介绍引导路径动画的特点以及创建方法。

9.6.1 引导路径动画的特点

在引导路径动画中，动画起始帧和终止帧中被引导对象的中心点（表现为一个十字星）一定要对准引导线的两个端头。在图9-85所示中，元件的透明度设置为50%，以便于用户可以透过元件看到下面的引导线。

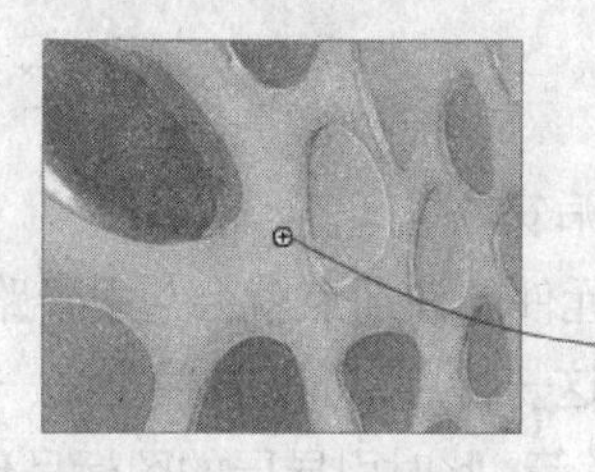

起始帧中的对象　　结束帧中的对象

图 9-85 元件中心十字星对准引导线

引导路径动画至少需要两个图层，即引导层和被引导层，这两个图层必须是紧挨着的上下层关系，并且引导层在上，被引导层在下。对于复杂一些的引导路径动画，一个引导层可以拥有多个被引导层，如图9-86所示。

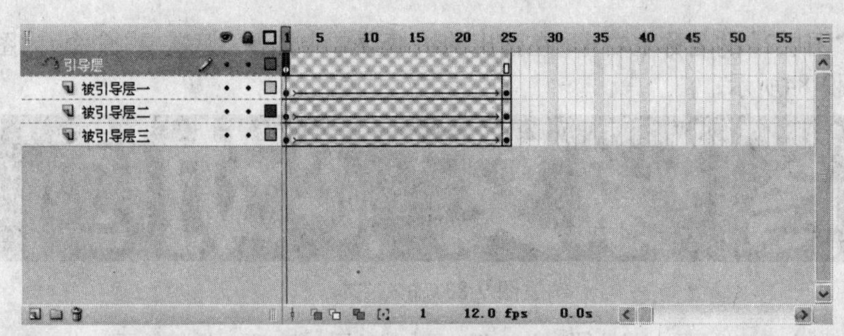

图 9-86 引导路径动画的时间轴表现

引导层中的内容可以是用钢笔、铅笔、线条、椭圆、矩形或画笔等工具绘制出的线段。被引导层中的内容可以是影片剪辑、图形元件、按钮、文字等，但不能使用形状，如果一定要用，需要选择“修改”→“转换为元件”命令，将形状转化为元件。

9.6.2 创建引导路径动画的方法

创建引导路径动画的方法是创建引导层和被引导层，在引导层中绘制引导线，在被引导层中制作动作补间动画，然后调整动画起始帧和终止帧中被引导对象的中心点对准引导线的两个端头。在对准端头时，可以激活工具面板底部的“贴紧至对象”按钮，启用Flash赋予引导线的一种吸附功能，当临近引导线的位置时，把起始帧和终止帧上的对象自动吸附在引导线上。

9.6.3 应用引导路径的注意事项

在应用引导路径时，需要注意以下事项。

(1) 如果选中“属性”面板上的“调整到路径”复选框，对象的基线就会调整到引导路径上，如图9-87所示。

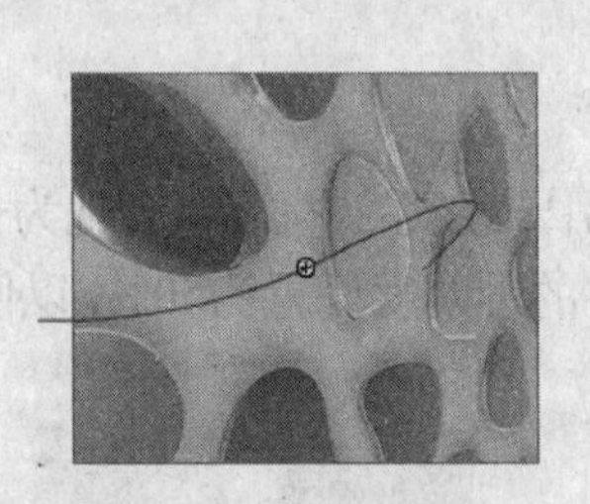

未选中时的效果

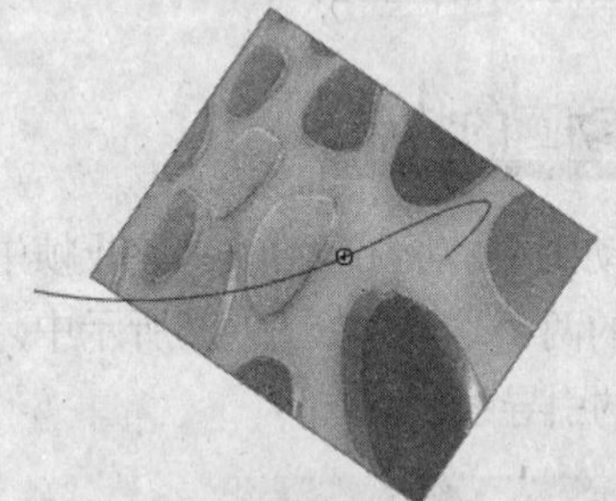

选中时的效果

图 9-87 调整到路径前后效果

(2) 如果选中“属性”面板上的“贴紧”复选框，元件的注册点就会与引导路径对齐。

(3) 引导层中的内容在播放时是看不见的，利用这一特点，可以单独定义一个不含被引导层的引导层，在其中放置一些文字说明、元件位置参考等，此时引导层的图标呈现形状。

(4) 过于陡峭的引导线可能使引导路径动画失败，而平滑圆润的线段有利于引导路径动画成功。

(5) 被引导对象的中心对准场景中的十字星，将有助于引导路径动画的成功。

(6) 在向被引导层中放入元件时，一定要使元件的注册点对准引导线的两个端头，否则将无法引导。

(7) 如果想解除引导，可以把被引导层拖离引导层，或者在图层区的引导层上右击，在弹出的快捷菜单中选择"属性"命令，打开如图9-88所示的"图层属性"对话框，选择一般作为图层类型。

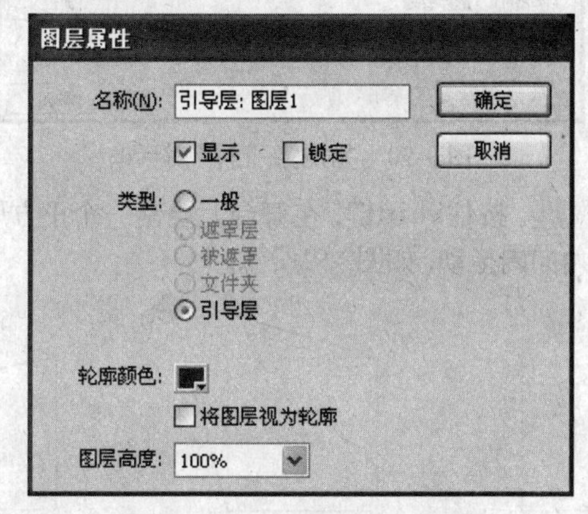

图 9-88 "图层属性"对话框

(8) 如果想让对象做圆周运动，可以在引导层中绘制一个圆形线条，再用橡皮擦擦去一小段，使圆形线段出现两个端点，再把对象的起点和终点分别对准端点即可，如图9-89所示。

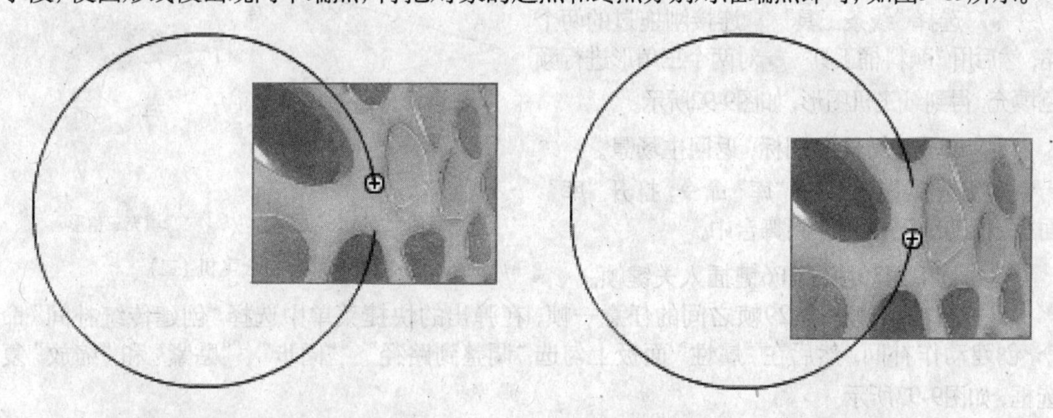

图 9-89 使对象做圆周运动

(9) 引导线允许重叠，比如螺旋状引导线，但在重叠处的线段必须保持圆润，使Flash能辨认出线段走向，否则会使引导失败。

9.6.4 典型引导路径动画实例

下面制作两个典型的引导路径动画：纸飞机动画和小鸟飞翔动画。

1. 纸飞机动画

制作纸飞机动画的操作步骤如下。

❶ 新建一个Flash文档 (ActionScript 3.0) 。

❷ 按Ctrl+F8组合键，打开"创建新元件"对话框，如图9-90所示。

❸ 设置"名称"为纸飞机，"类型"为图形，单击确定按钮进入元件的编辑模式。

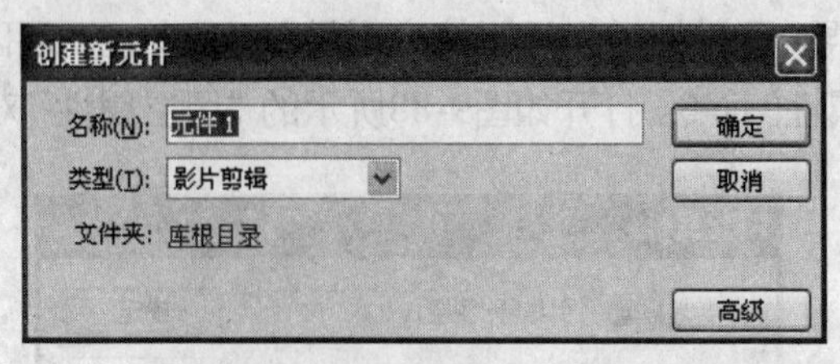

图 9-90 “创建新元件”对话框

❹ 选择“矩形工具”，按住Shift键，在舞台上绘制一个正方形，然后用“选择工具”将一角向外拖动，将其对角向内拖动，如图9-91所示。

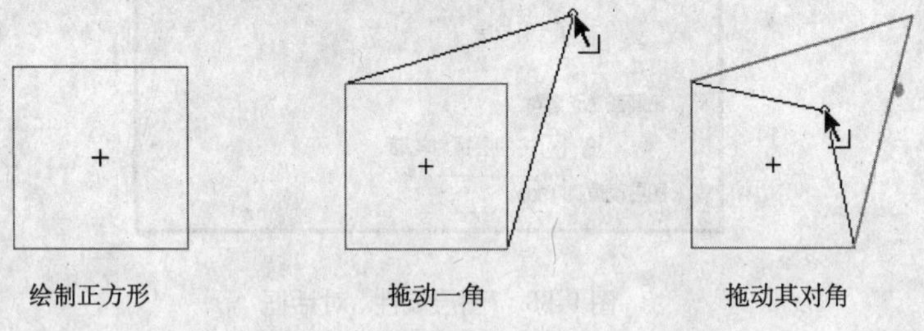

图 9-91 绘制纸飞机（一）

❺ 选择“线条工具”连接刚拖过的两个角，然后用“颜料桶工具”对两个三角形进行颜色填充，得到纸飞机图形，如图9-92所示。

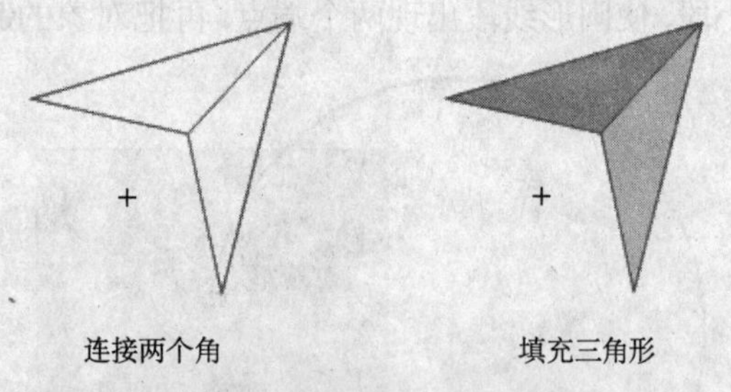

图 9-92 绘制纸飞机（二）

❻ 单击“场景1”图标，返回主场景。

❼ 选择“窗口”→“库”命令，打开“库”面板，拖动纸飞机元件到舞台中。

❽ 选中第30帧，按F6键插入关键帧。

❾ 右击第1帧~第29帧之间的任意一帧，在弹出的快捷菜单中选择“创建传统补间”命令，创建动作补间。然后在“属性”面板上勾选“调整到路径”、“同步”、“贴紧”和“缩放”复选框，如图9-93所示。

图 9-93 设置补间属性

❿ 右击“图层1”的层名区，在弹出的快捷菜单中选择“添加传统运动引导层”命令，为“图层1”添加引导层，此时“图层1”将自动成为被引导层，如图9-94所示。

⓫ 选择“铅笔工具”，在引导层中绘制一条平滑曲线作为引导路径，如图9-95所示。

⓬ 将第1帧中的纸飞机拖至曲线的一端，并使其中心点对准曲线的端点，如图9-96所示。将第30帧中的纸飞机拖至曲线的另一端，并使其中心点对准曲线的另一端点，如图9-97所示。

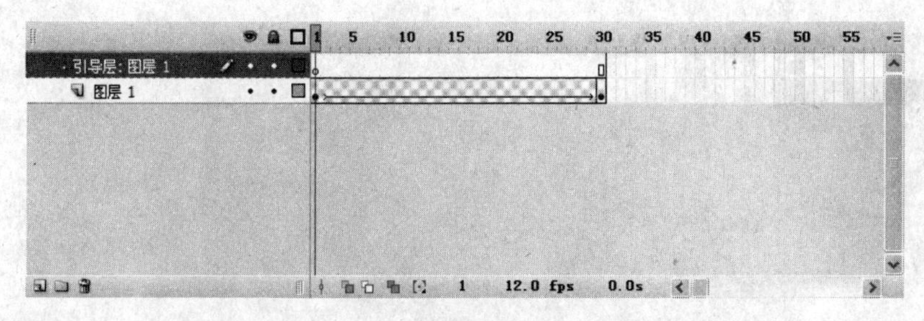

图 9-94 添加引导层

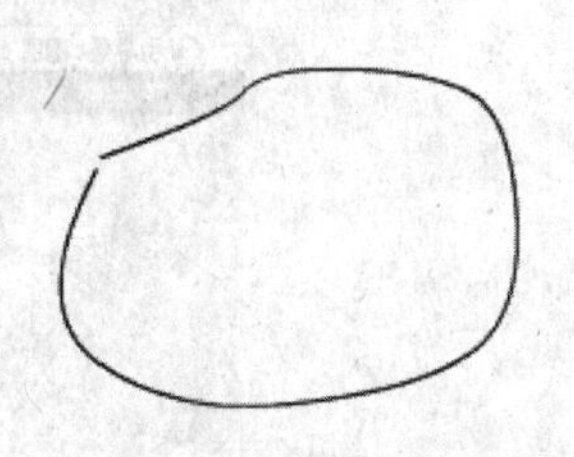

图 9-95 绘制引导路径

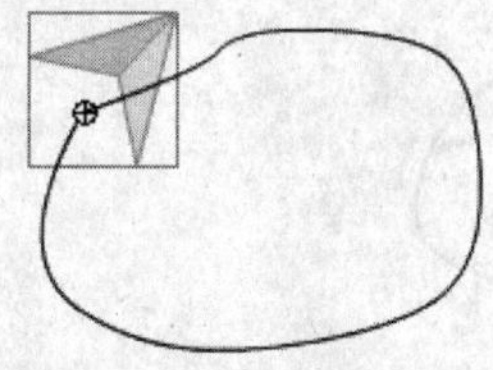

图 9-96 调整第1帧中的纸飞机

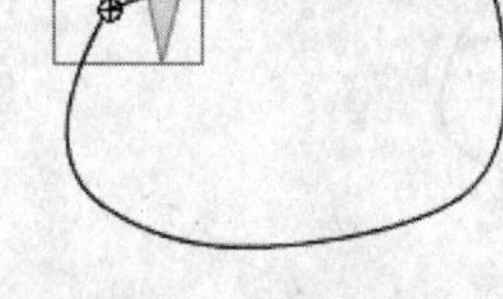

图 9-97 调整第30帧中的纸飞机

⑬ 保存文档为“纸飞机.fla”，然后按Ctrl+Enter组合键测试影片。

2. 小鸟飞翔动画

制作小鸟飞翔动画的操作步骤如下。

❶ 新建一个Flash文档（ActionScript 3.0）。

❷ 按Ctrl+F8组合键，打开“创建新元件”对话框，如图9-98所示。

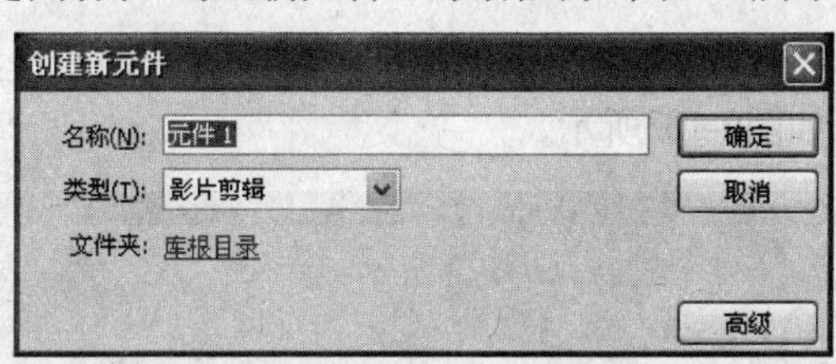

图9-98 “创建新元件”对话框

❸ 设置“名称”为小鸟，“类型”为图形，单击 确定 按钮进入元件的编辑模式。

❹ 选择“文件”→“导入”→“导入到舞台”命令，打开“导入”对话框，导入“22_1.jpg”图片，如图9-99所示。

图 9-99 导入图片

❺ 单击“场景1”图标，返回主场景。

❻ 选择“窗口”→“库”命令，打开“库”面板，拖动小鸟元件到舞台中。

❼ 右击“图层1”的层名区，在弹出的快捷菜单中选择“添加传统运动引导层”命令，为“图层1”添加引导层，此时“图层1”将自动成为被引导层，如图9-100所示。

❽ 选择“铅笔工具”，在引导层中绘制一条平滑曲线作为引导路径，如图9-101所示。

❾ 选中“图层1”的第30帧，按F6键插入关键帧。选中引导层的第30帧，按F5键插入帧，如图9-102所示。

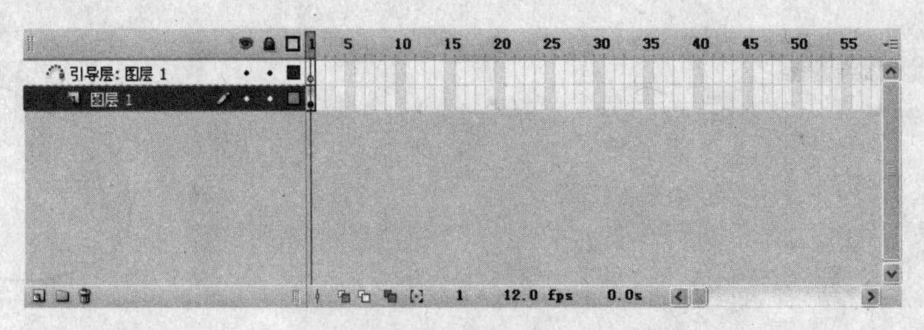

图 9-100 添加引导层

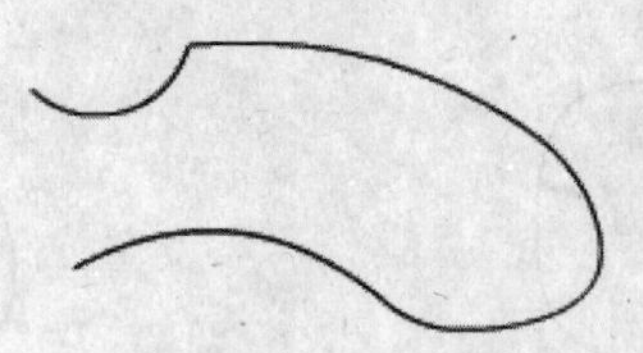
图 9-101绘制引导路径

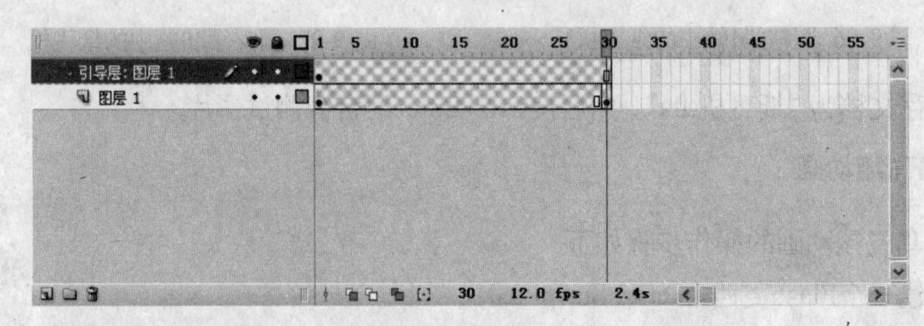

图 9-102 插入帧和关键帧

⑩ 右击“图层1”第1帧~第29帧之间的任意一帧，在弹出的快捷菜单中选择“创建传统补间”命令，创建动作补间，如图9-103所示。

图 9-103 创建动作补间

⑪ 将第1帧中的小鸟拖至曲线的一端，并使其中心点对准曲线的端点，如图9-104所示。将第30帧中的小鸟拖至曲线的另一端，并使其中心点对准曲线的另一端点，如图9-105所示。

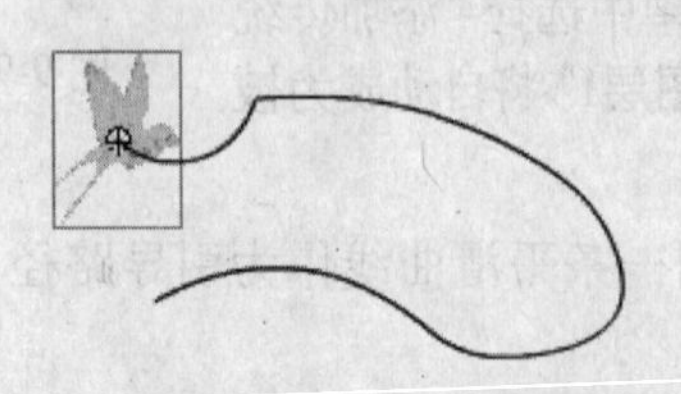
图 9-104 调整第1帧中的小鸟

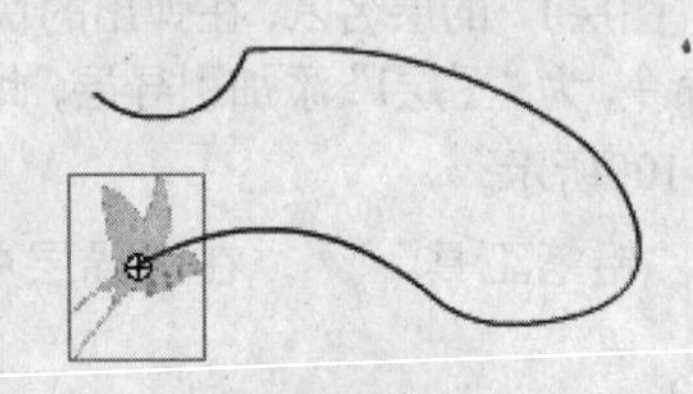
图 9-105 调整第30帧中的小鸟

⑫ 保存文档为“小鸟飞翔.fla”，然后按Ctrl+Enter组合键测试影片。

9.7 课堂实例

9.7.1 走直线的车轮

本例制作走直线的车轮动画，操作步骤如下。

❶ 新建一个Flash文档（ActionScript 3.0）。

❷ 按Ctrl+F8组合键，打开“创建新元件”对话框，如图9-106所示。

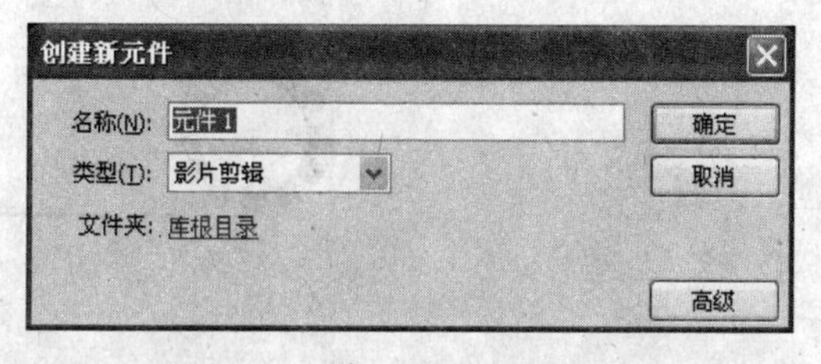

图 9-106 “创建新元件”对话框

❸ 设置“名称”为车轮，“类型”为影片剪辑，单击 确定 按钮进入元件的编辑模式。

❹ 选择“文件”→“打开”命令，打开“打开”对话框，选择在第5章中制作的“车轮.fla”，如图9-107所示，单击 打开(O) 按钮将该文档打开。

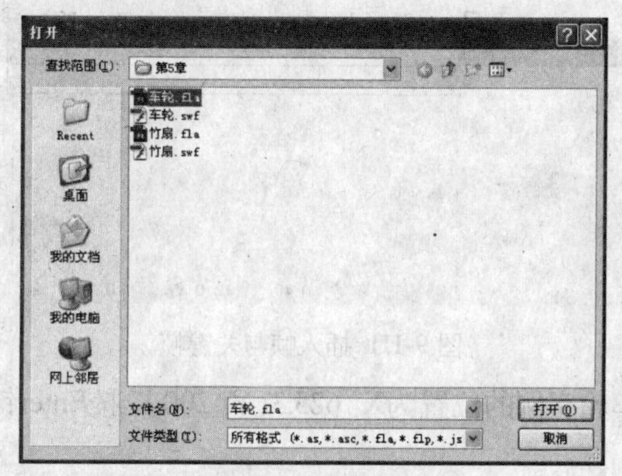

图 9-107 “打开”对话框

❺ 选中其中的车轮图形，按Ctrl+C组合键进行复制。切换至新建的文档，按Ctrl+V组合键将车轮粘贴至车轮元件内，如图9-108所示。

❻ 单击“场景1”图标，返回主场景。

❼ 选择“线条工具”，在“属性”面板上设置“笔触颜色”为#996600，“笔触大小”为5，在舞台中绘制一条直线作为地面。在“属性”面板上更改直线的大小为宽度：550.0，高度：1.0；位置为X：－2.0，Y：274.1，按Enter键应用，如图9-109所示。

图 9-108 粘贴至车轮元件

图 9-109 更改直线的大小和位置

❽ 单击时间轴左下角的“新建图层”按钮，新建“图层2”。

❾ 选择“窗口”→“库”命令，打开“库”面板，拖动车轮元件到“图层2”的第1帧中。

⑩ 更改车轮实例的大小为宽度：148.0，高度：148.2；位置为X：−76.0，Y：200.1，按Enter键应用，如图9-110所示。

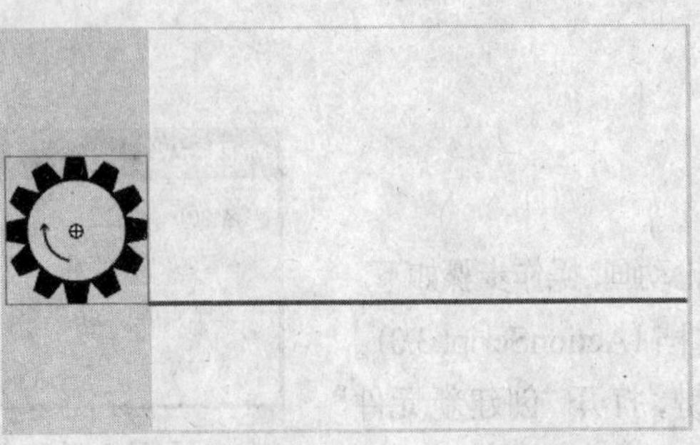

图 9-110 更改车轮实例的大小和位置

⑪ 选中“图层1”的第20帧，按F5键插入帧，选中“图层2”的第20帧，按F6键插入关键帧，如图9-111所示。

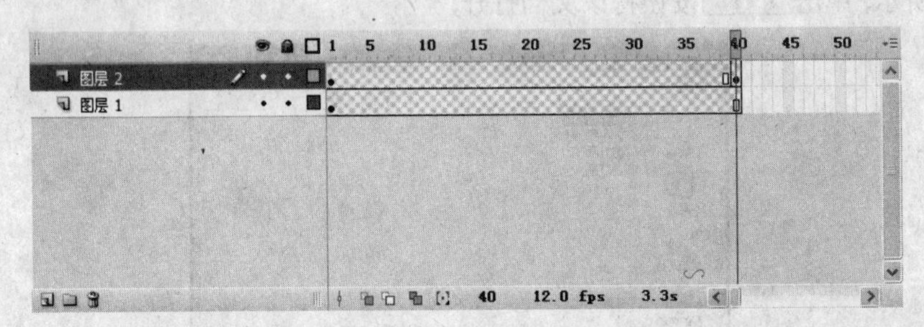

图 9-111 插入帧与关键帧

⑫ 更改第20帧中车轮实例的位置为X：625.3，Y：200.1，按Enter键应用，如图9-112所示。

图 9-112 更改第20帧中车轮的位置

⑬ 右击第1帧~第29帧之间的任意一帧，在弹出的快捷菜单中选择“创建传统补间”命令，创建动作补间，时间轴效果如图9-113所示。

⑭ 保存文档为“走直线的车轮.fla”，按Ctrl+Enter组合键测试影片。

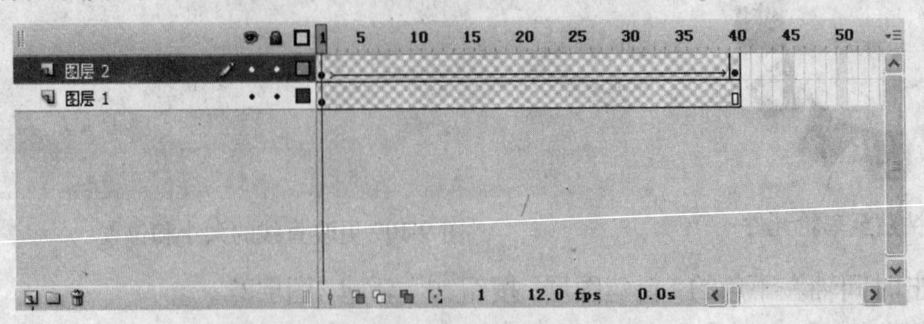

图 9-113 创建动作补间后的时间轴

9.7.2 滑雪

本例制作滑雪动画，操作步骤如下。

❶ 新建一个Flash文档（ActionScript 3.0）。

❷ 按Ctrl+F8组合键，打开“创建新元件”对话框，如图9-114所示。

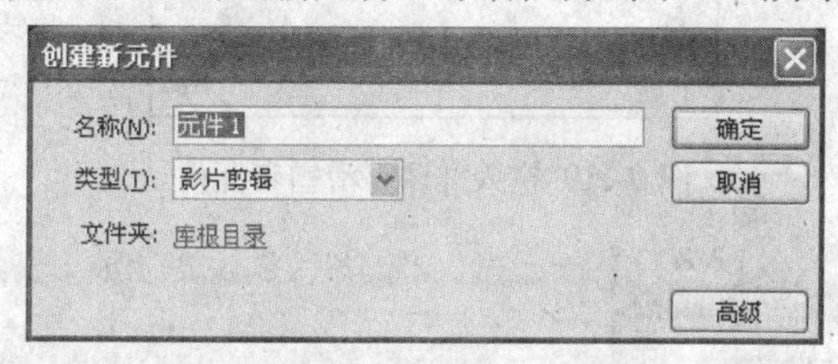

图 9-114 “创建新元件”对话框

❸ 设置“名称”为滑雪者，“类型”为影片剪辑，单击确定按钮进入元件的编辑模式。

❹ 选择“文件”→“打开”命令，打开“打开”对话框，选择“滑雪素材.fla”文件，单击打开(O)按钮将其打开，如图9-115所示。

❺ 选中滑雪者图形，按Ctrl+C组合键进行复制。切换至新建的文档，按Ctrl+V组合键粘贴至滑雪者元件内，如图9-116所示。

图 9-115 滑雪素材

图 9-116 滑雪者元件的内容

❻ 切换至“滑雪素材.fla”文档，复制滑雪素材中的雪景图形。切换至所建文档，单击“场景1”图标，返回主场景，按Ctrl+V组合键进行粘贴。

❼ 选择“窗口”→“对齐”命令或按Ctrl+K组合键，打开“对齐”面板，如图9-117所示。

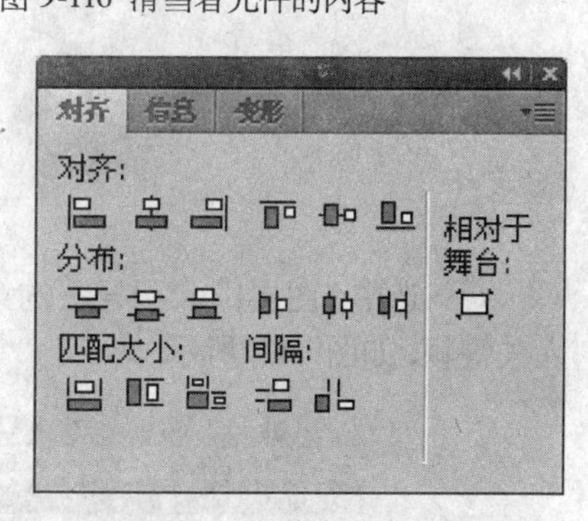

图 9-117 “对齐”面板

❽ 激活“相对于舞台”按钮，单击“水平中齐”按钮和“底对齐”按钮，调整雪景图形与舞台的底边缘居中对齐，如图9-118所示。

❾ 单击时间轴左下角的“新建图层”按钮，新建“图层2”。

❿ 选择“窗口”→“库”命令，打开“库”面板，拖动滑雪者元件到“图层2”的第1帧中，并更改它的大小为宽度：126.1，高度：79.9，如图9-119所示。

⓫ 右击“图层2”的层名区，在弹出的快捷菜单中选择“添加传统运动引导层”命令，为“图层2”添加引导层，此时“图层2”将自动成为被引导层，如图9-120所示。

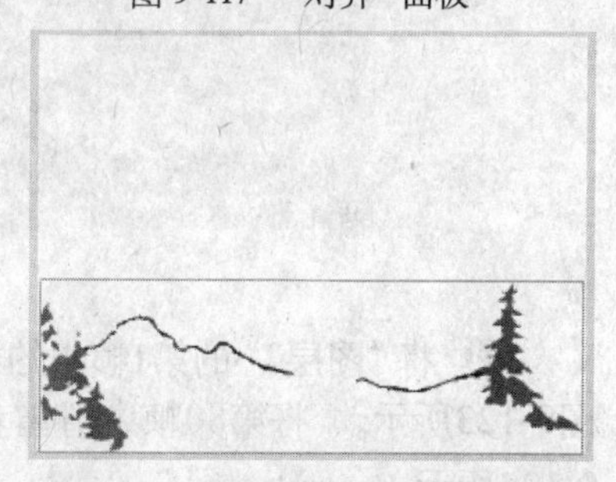

图 9-118 调整雪景图形的位置

图 9-119 拖入并调整滑雪者元件

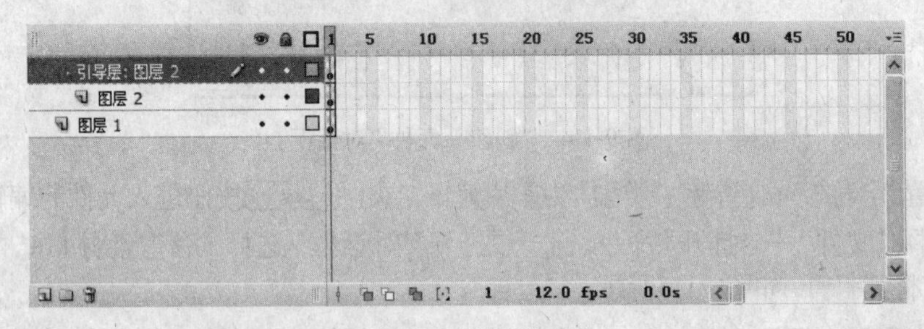

图 9-120 添加引导层

⑫ 选择“铅笔工具”，设置“笔触颜色”为#FF00FF，“笔触大小”为1，在引导层中绘制一条平滑曲线作为引导路径，如图9-121所示。

图 9-121 绘制引导路径

⑬ 选中“图层1”和引导层的第80帧，按F5键插入帧，选中“图层2”的第80帧，按F6键插入关键帧，如图9-122所示。

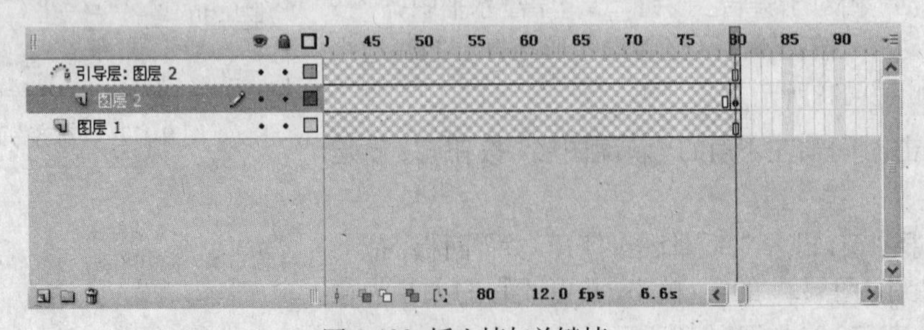

图 9-122 插入帧与关键帧

⑭ 将“图层2”的第1帧中的滑雪者拖至曲线的左端，并使其中心点对准曲线的端点，如图9-123所示。 将第80帧中滑雪者的中心点对准曲线的右端点，并调整它的旋转角度，如图9-124所示。

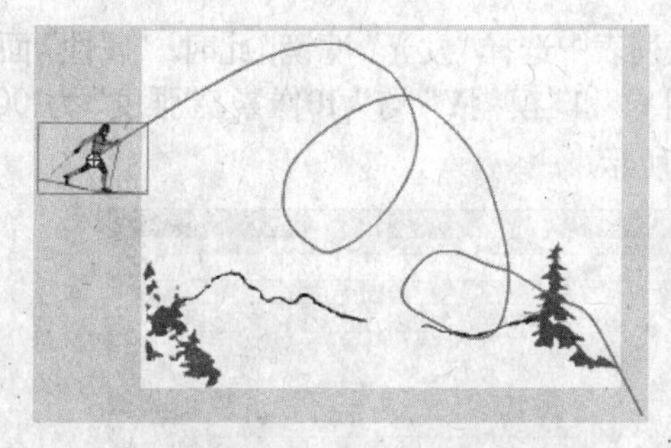

图 9-123 调整第1帧中的滑雪者

图 9-124 调整第80帧中的滑雪者

⑮ 右击“图层2”第1帧~第79帧之间的任意一帧，在弹出的快捷菜单中选择“创建传统补间”命令，创建动作补间。然后在“属性”面板上勾选“调整到路径”、“同步”和“贴紧”复选框，如图9-125所示。

图 9-125 设置补间属性

⑯ 选中“图层2”的第20帧、第40帧、第60帧，按F6键插入关键帧。再分别选中这3个关键帧中的滑雪者，调整它们的位置和角度，如图9-126所示。

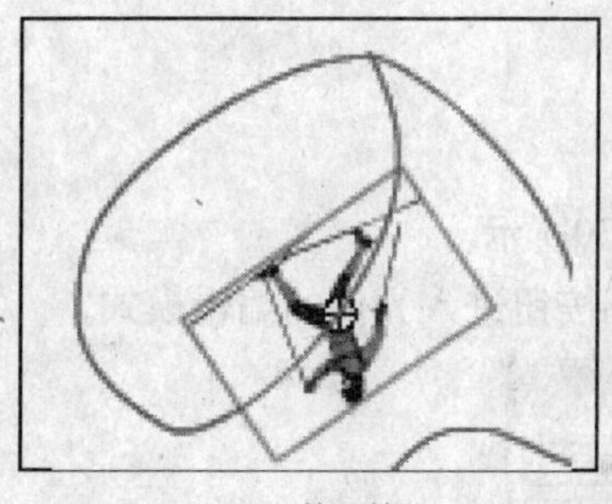

第20帧

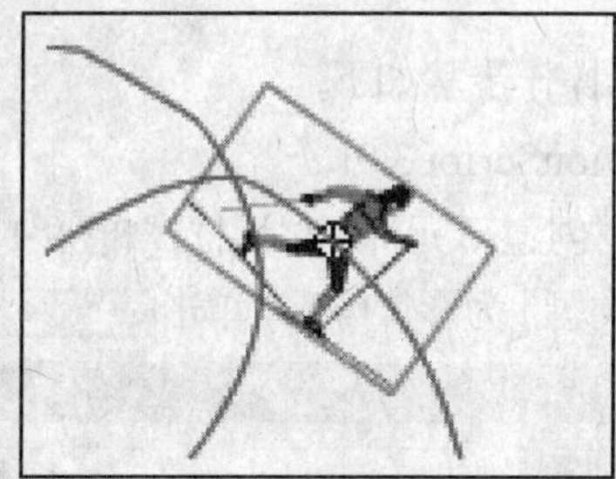

第40帧

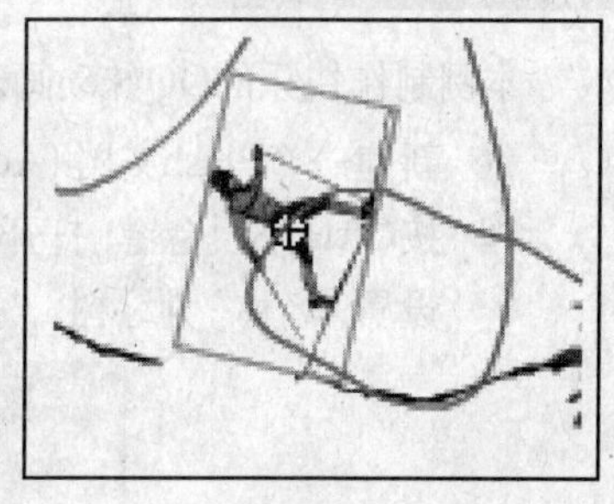

第60帧

图 9-126 调整新创建3个关键帧中的滑雪者

⑰ 选中“图层2”第1帧中的滑雪者，在“属性”面板上展开“滤镜”组，显示其滤镜选项，如图9-127所示。

图 9-127 “滤镜”面板

⑱ 单击"添加滤镜"按钮，在弹出的滤镜列表中选择"发光"滤镜，此时，"属性"面板将显示该滤镜的参数，如图9-128所示。设置"模糊X"和"模糊Y"均为10像素，"强度"为100%，"颜色"为#FF0000，按Enter键应用，如图9-129所示。

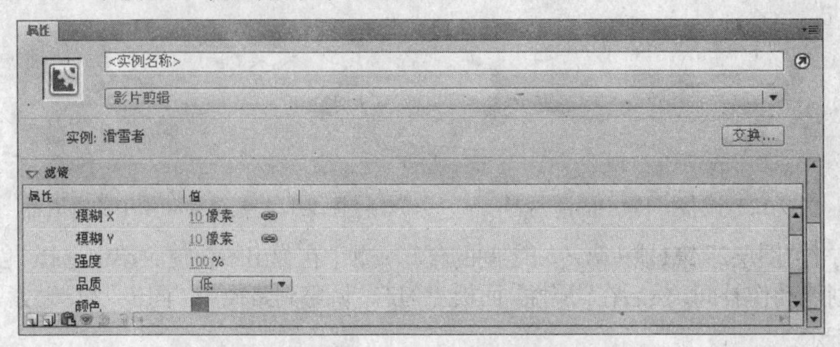

图 9-128 显示发光滤镜参数

⑲ 使用同样的方法，为第20帧、第40帧、第60帧、第80帧中的滑雪者添加发光效果，其发光颜色依次为#00FF00、#0000FF、#FF00FF和#00FFFF，这里不再赘述。

⑳ 保存文档为"滑雪.fla"，按Ctrl+Enter组合键测试影片。

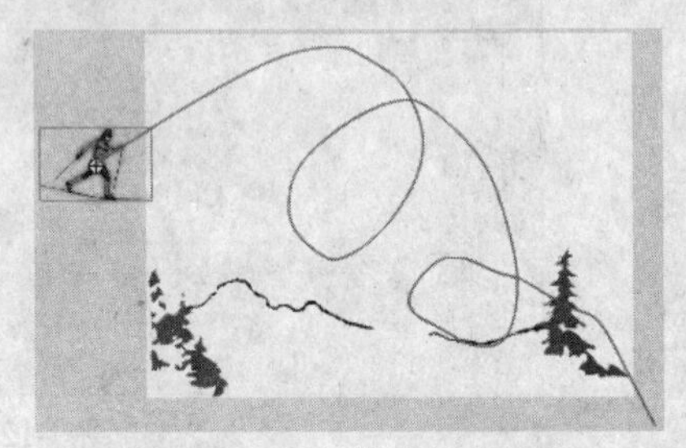

图 9-129 添加发光滤镜效果

9.7.3 快乐的QQ妹

本例制作快乐的QQ妹动画，操作步骤如下。

❶ 新建一个Flash文档（ActionScript 3.0）。

❷ 按Ctrl+F8组合键，打开"创建新元件"对话框，如图9-130所示。

❸ 设置"名称"为绿树，"类型"为影片剪辑，单击 确定 按钮进入元件的编辑模式。

图 9-130 "创建新元件"对话框

❹ 选择"铅笔工具"，单击工具面板下方的"铅笔模式"按钮，在选项菜单中选择"墨水"选项，切换至墨水绘图模式，如图9-131所示。

❺ 在"属性"面板上设置"笔触颜色"为#006633，在舞台中勾画树的轮廓，如图9-132所示。

❻ 选择"颜料桶工具"，更改"笔触颜色"为#875426，填充树干部分，如图9-133所示。

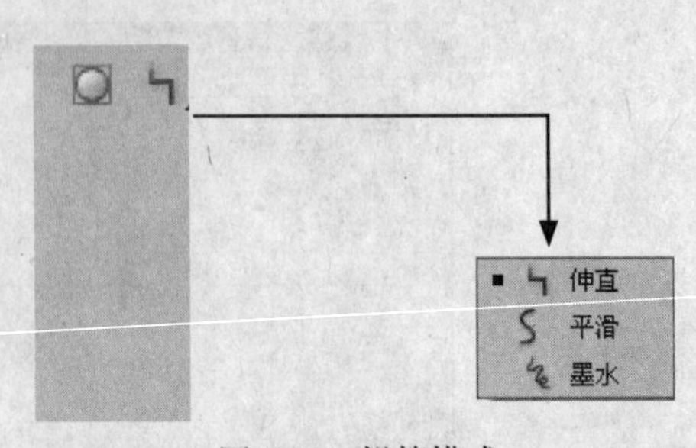

图 9-131 铅笔模式

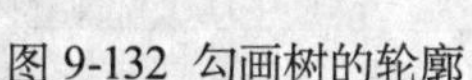

图 9-132 勾画树的轮廓

图 9-133 填充树干部分

❼ 更改“笔触颜色”为#33CC33，填充树冠的主要部分，如图9-134所示。更改“笔触颜色”为#009933，填充树冠的剩余部分，如图9-135所示。

图 9-134 填充树冠的主要部分

图 9-135 填充树冠的剩余部分

说明：图形绘制是个“慢活”，用户要有一定的耐心和足够的时间，如果绘制得不理想，可以随时使用“选择工具”、“橡皮擦工具”、“任意变形工具”等进行修改。

❽ 创建一个名称为QQ妹的影片剪辑元件，单击确定按钮进入元件的编辑模式。

❾ 选择“文件”→“导入”→“导入到舞台”命令，打开“导入”对话框，导入“753_1.gif”文件，时间轴效果如图9-136所示。

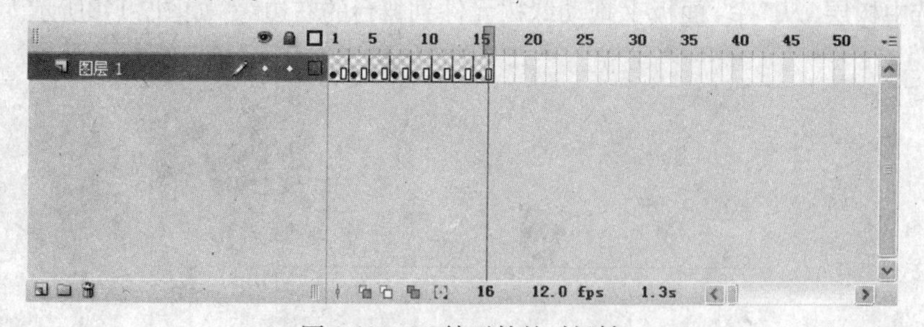

图 9-136 QQ妹元件的时间轴

❿ 单击“场景1”图标，返回主场景，并更改“图层1”的名称为地面。

⓫ 选择“线条工具”，在“属性”面板上设置“笔触颜色”为#966941，“笔触大小”为2，在舞台中绘制一条直线作为地面。

⓬ 在“属性”面板上更改直线的大小为宽度：550.0，高度：1.0；位置为X：0.0，Y：262.0，

按Enter键应用，如图9-137所示。

图 9-137 更改直线的大小和位置

⑬ 单击两次时间轴左下角的"新建图层"按钮，新建两个图层，并重命名为QQ和树，如图9-138所示。

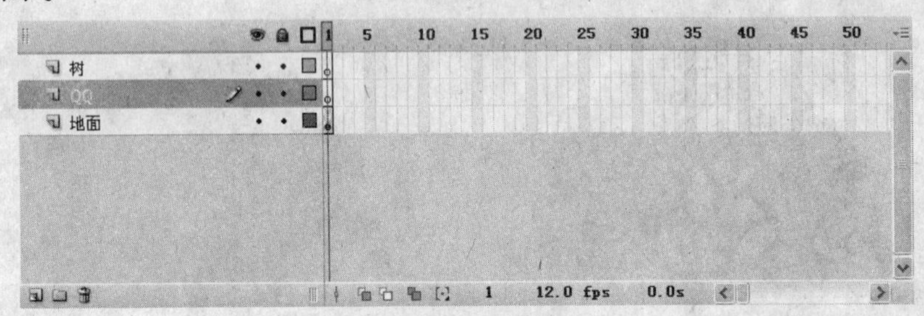

图 9-138 新建图层

⑭ 选择"窗口"→"库"命令，打开"库"面板，拖动QQ妹元件到QQ层中的地面上，如图9-139所示。

图 9-139 拖入QQ妹元件

⑮ 选中地面层和QQ层的第50帧，按F5键插入帧。

⑯ 选中树层，从"库"面板上拖动绿树元件到舞台的右边缘，如图9-140所示。

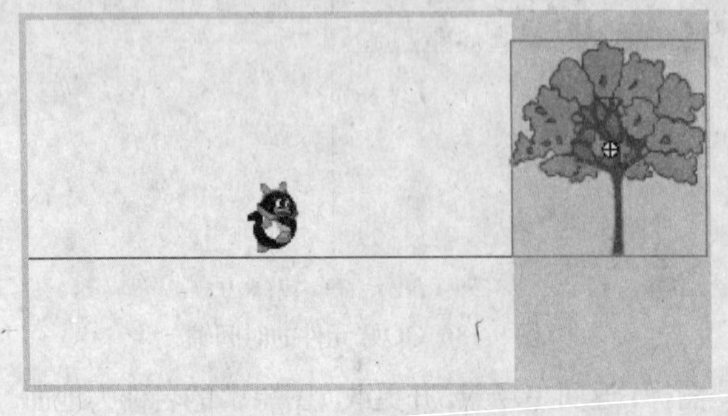

图 9-140 拖入绿树元件

⑰ 选中"树"层的第50帧，按F6键插入关键帧。将第50帧中的绿树水平移至舞台的左边缘，如图9-141所示。

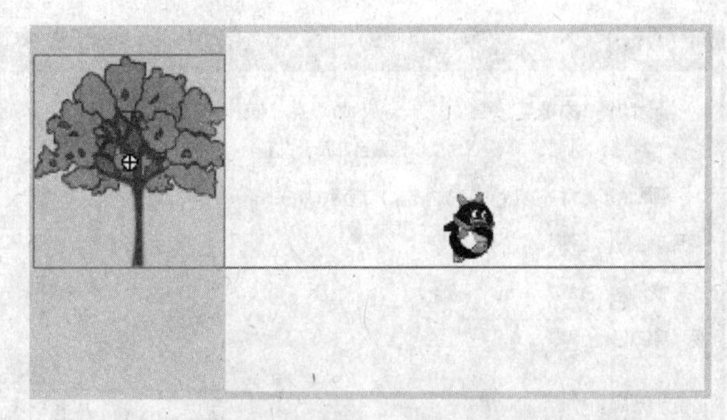

图 9-141　移动第50帧中的绿树

⑱ 右击树层的第1帧，在弹出的快捷菜单中选择“创建传统补间”命令，创建动作补间，如图9-142所示。

⑲ 保存文档为“快乐的QQ妹.fla”，按Ctrl+Enter组合键测试影片，效果如图9-143所示。

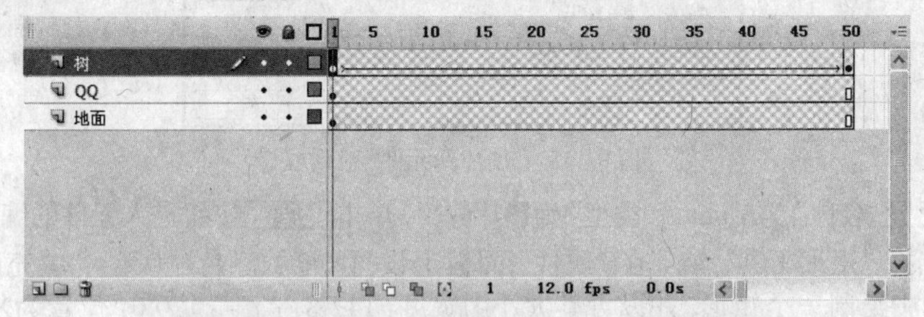

图 9-142　创建动作补间

图 9-143　效果图

9.7.4 图片加亮显示

本例制作图片加亮显示效果，操作步骤如下。

❶ 新建一个Flash文档（ActionScript 3.0）。

❷ 选择“修改”→“文档”命令，打开“文档属性”对话框，设置“尺寸”为580×400，“背景颜色”为黑色，如图9-144所示。

❸ 单击 确定 按钮应用设置，并关闭对话框。

❹ 按Ctrl+F8组合键，打开“创建新元件”对话框，如图9-145所示。

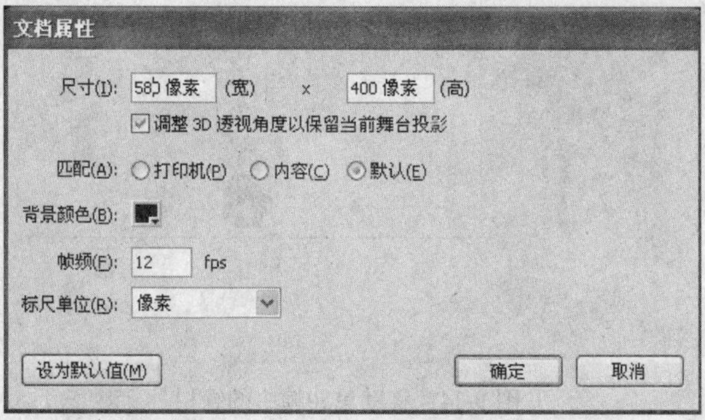

图 9-144 “文档属性”对话框

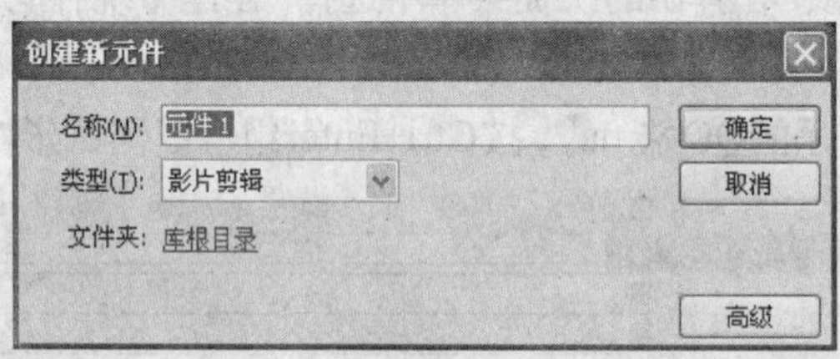

图 9-145 “创建新元件”对话框

❺ 设置“名称”为Alpha，“类型”为影片剪辑，单击确定按钮进入元件的编辑模式。

❻ 选择“矩形工具”，在“属性”面板上设置“笔触颜色”为无，“填充颜色”为白色，在舞台中绘制一个矩形，并设置其大小为宽度：142.8，高度：170.0；位置为X：−71.4，Y：−85.0，如图9-146所示。

图 9-146 设置矩形的属性

❼ 创建一个名称为tupian1的影片剪辑元件，单击确定按钮进入元件的编辑模式。

❽ 选择“文件”→“导入”→“导入到舞台”命令，打开“导入”对话框，导入“bi41166.jpg”图片。

❾ 选择“窗口”→“变形”命令，打开“变形”面板，如图9-147所示。

❿ 选中图片，在文本框中输入66.0%，然后按Enter键进行缩放。

⓫ 单击时间轴左下角的“新建图层”按钮，新建“图层2”。

⓬ 选择“窗口”→“库”命令，打开“库”面板，拖动Alpha元件到如图9-148所示的位置。

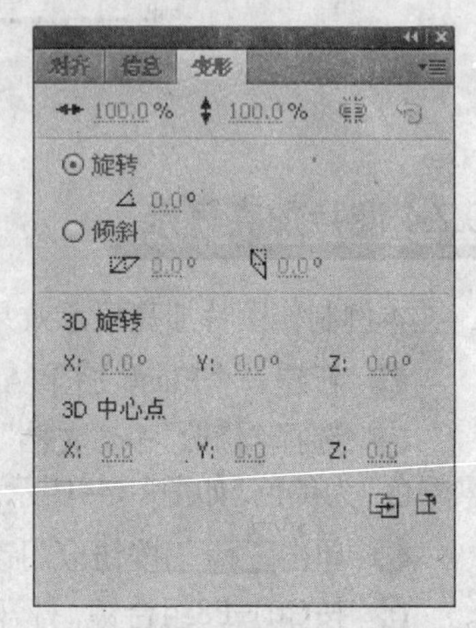

图 9-147 “变形”面板

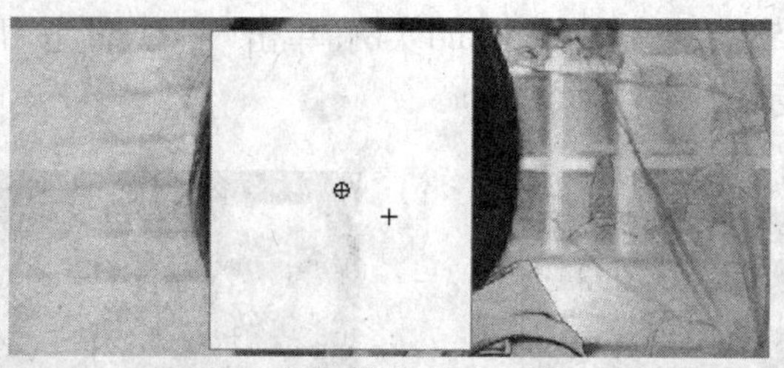

图 9-148 拖入Alpha元件

⑬ 在“图层2”的名称上右击，在弹出的快捷菜单中选择“遮罩层”命令，为“图层1”创建遮罩效果，如图9-149所示。

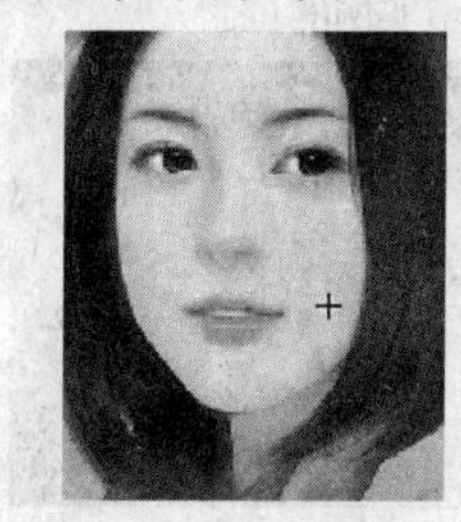

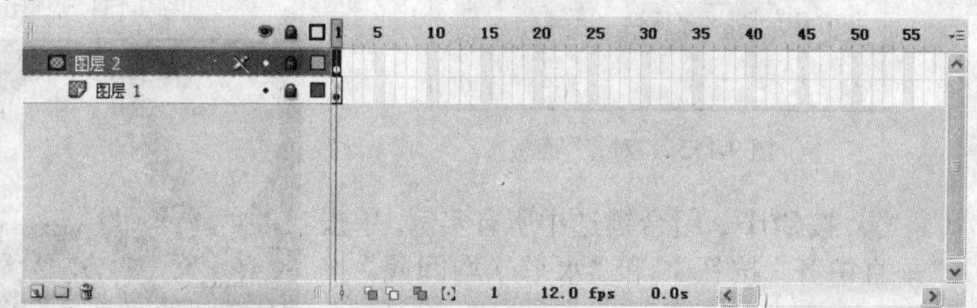

图 9-149 创建遮罩

⑭ 使用同样的方法，创建名称为tupian2、tupian3和tupian4的元件，并在其中依次导入“bi660.jpg”、“bi41163.jpg”“b783.jpg”图片，并以66.0%的比例缩放导入的图片。

⑮ 在新创建的3个元件内新建图层，拖入Alpha元件。

⑯ 分别调整Alpha实例的位置，然后创建遮罩效果，完成tupian2、tupian3和tupian4元件的制作，如图9-150所示。

tupian2元件

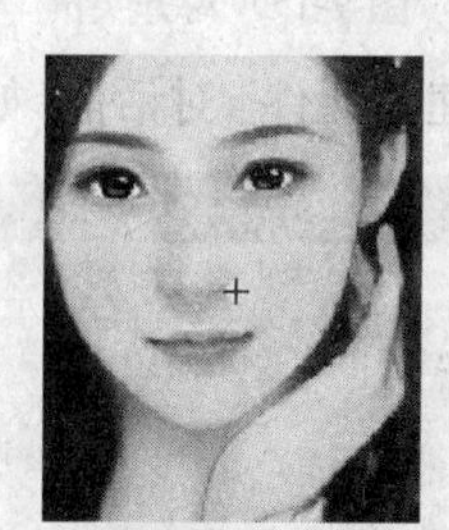

tupian3元件

tupian4元件

图 9-150 tupian2、tupian3和tupian4元件的内容

⑰ 单击“场景1”图标，返回主场景。

⑱ 从库中拖动tupian1、tupian2、tupian3和tupian4元件到舞台中，如图9-151所示。

图 9-151 拖入4个元件

⑲ 选择“窗口”→“对齐”命令或按Ctrl+K组合键，打开“对齐”面板，如图9-152所示。

⑳ 激活“相对于舞台”按钮，选中tupian1实例，单击“左对齐”按钮，调整它与舞台

的左边缘对齐，如图9-153所示。选中tupian4实例，单击“右对齐”按钮，调整它与舞台的右边缘对齐，如图9-154所示。

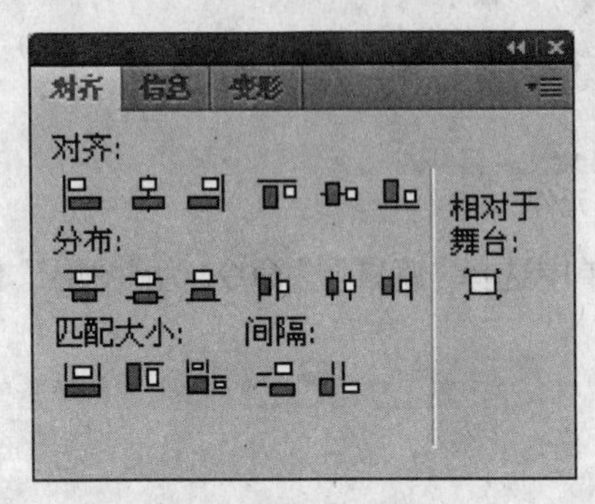

图 9-152 “对齐”面板

图 9-153 调整tupian1实例的位置

图 9-154 调整tupian4实例的位置

21 按Ctrl+A组合键选中所有实例，单击“垂直中齐”按钮和“水平平均间隔”按钮，调整它们的对齐方式，如图9-155所示。

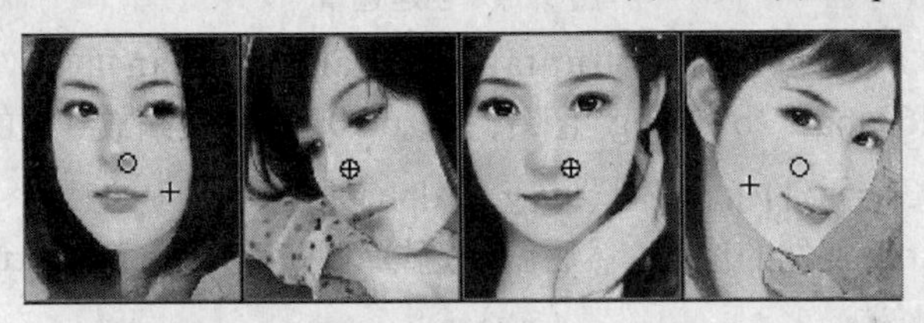

图 9-155 对齐实例

22 按Ctrl+F8组合键，打开“创建新元件”对话框，如图9-156所示。

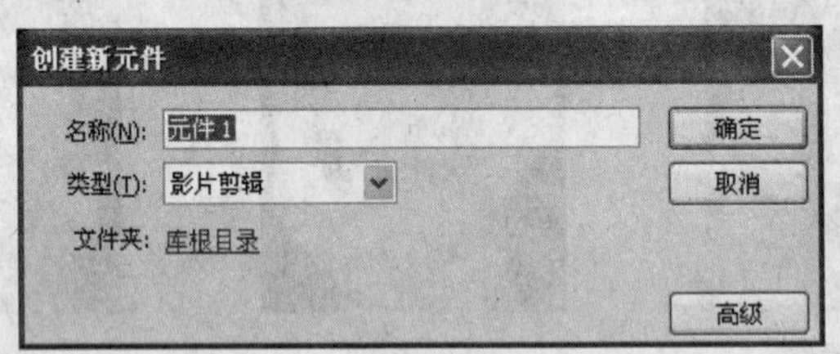

图 9-156 “创建新元件”对话框

23 设置“名称”为button，“类型”为按钮，单击 确定 按钮进入元件的编辑模式。

24 从“库”面板上拖动Alpha元件到舞台的中心位置，然后选中指针经过帧、按下帧和点击帧，按F6键插入关键帧，如图9-157所示。

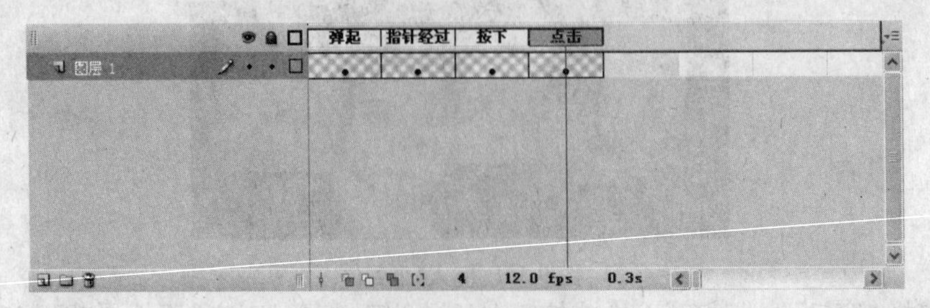

图 9-157 插入关键帧

㉕ 选中指针经过帧中的对象，按Delete键进行删除，此时，指针经过帧将变成一个空白关键帧，如图9-158所示。

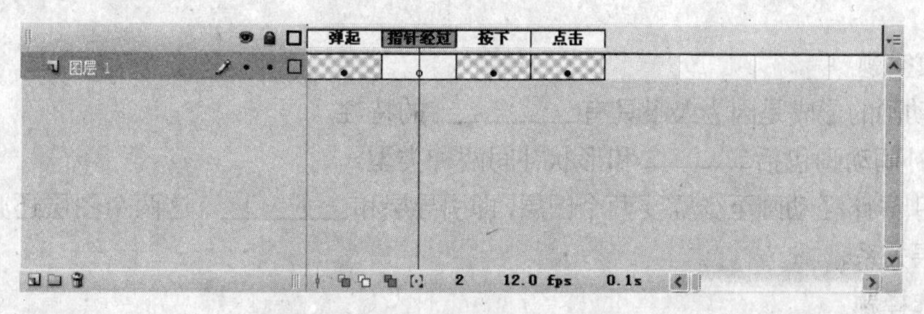

图 9-158 指针经过帧变成空白关键帧

㉖ 选中弹起帧中的对象，在“属性”面板上设置“颜色”为Alpha，“Alpha数量”为30%，然后按Enter键更改它的透明度，如图9-159所示。

图 9-159 更改透明度前后的效果对比

㉗ 单击“场景1”图标，返回主场景。单击时间轴左下角的“新建图层”按钮，新建“图层2”。

㉘ 从“库”面板上拖动button元件到舞台中，并调整它恰好覆盖tupian1实例，如9-160所示。

图 9-160 在tupian1上面放置button

㉙ 使用同样的方法，在tupian2、tupian3和tupian4实例的上面放置button，如图9-161所示。

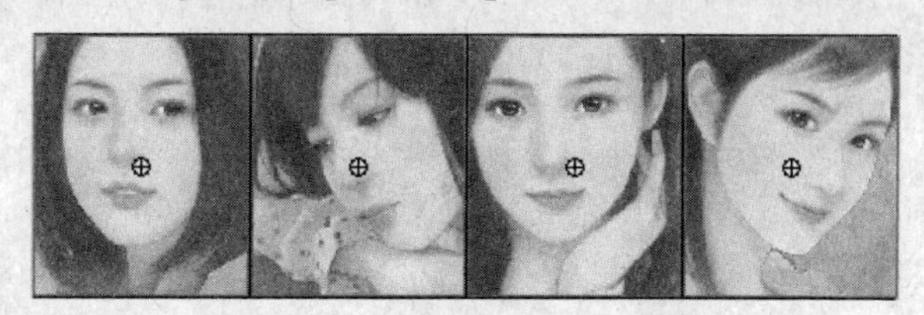

图 9-161 在其他实例上面放置button

㉚ 保存文档为“图片加亮显示.fla”，按Ctrl+Enter组合键测试影片。

课堂练习九

一、填空题

(1) 动画的形成是因为人眼具有__________的特性。

(2) 补间动画包括_______和形状补间两种类型。

(3) 引导路径动画至少需要两个图层，即引导层和________，这两个图层还必须是紧挨着的上下层关系。

二、选择题

(1) 按（　　）键可以测试影片。

A. Ctrl+Enter　　B. F6

C. Shift+Enter　　D. F12

(2) 形状补间动画不可以直接作用于（　　）。

A. 群组　　B. 文本

C. 实例　　D. 位图

三、上机操作题

(1) 制作由大象变老鼠的形状补间动画。

(2) 在第7章中制作的“简笔小人.fla”基础上，制作“小人跑步.fla”动画，效果如图9-162所示。

(3) 结合“快乐的QQ妹.fla”动画的制作方法，制作“放风筝.fla”动画，效果如图9-163所示。

图 9-162　“小人跑步.fla”效果图

图 9-163　“放风筝.fla”效果图

Flash 第10章 声音与视频

学习目标

制作Flash动画时，适当地使用声音与视频能实现文本、图像无法表达的效果。例如直接清晰地传达信息、增强动画的感染力、逼真地模仿现实效果等。本章主要介绍声音与视频的添加与编辑，希望用户能够掌握。

学习重点

(1) Flash动画支持的声音格式

(2) 声音的添加与编辑

(3) Flash动画支持的视频格式

(4) 视频的添加

10.1 声音的使用

一个优秀的Flash作品，如果只有画面没有声音，肯定会失色不少，而使动画从无声走向有声，变得丰富多彩，只需要在动画中使用声音。但Flash本身并没有创建或录制声音的功能，所需的声音素材必须从外部导入。

10.1.1 Flash支持的声音格式

Flash CS4允许导入多种格式的声音文档，例如WAV、AIFF和MP3等，如果系统中装有QuickTime，还允许导入更多格式的声音文档，如表10-1所示。

表10-1 Flash支持的声音格式

支持的声音格式	可用平台
WAV	Windows平台或Macintosh平台
AIFF	Windows平台或Macintosh平台
MP3	Windows平台或Macintosh平台
Sound Designer Ⅱ	仅限Macintosh平台
只含声音的QuickTime影片	Windows平台或Macintosh平台
Sun AU	Windows平台或Macintosh平台
System 7声音	仅限Macintosh平台

在Flash中使用声音时，用户需要了解影响声音质量和文档大小的主要因素，那就是采样率和位分辨率。

- 采样率：指在进行数字录音时单位时间内对音频信号进行采样的次数，其单位是赫兹（Hz）或千赫兹（kHz）。采样率越高，声音信息越完整，文档体积越大；采样率越低，声音的失真现象越明显，文档体积越小。表10-2所示为各种声音的采样率及其质量。

表10-2 各种声音的采样率及其质量

采样率	质量级别
48 kHz	演播质量
44.1 kHz	CD质量
32 kHz	接近CD质量
22.05 kHz	FM收音质量
11 kHz	可接受的音乐
5 kHz	可接受的话音

➤ 位分辨率：位分辨率又叫比特率，用于描述每个音频采样点的比特位数。它是一个指数，8位声音采样表示28或者256级，16位声音采样表示216或者65 536级，即同等长度的16位声音比8位声音描述的声音信息要多得多。表10-3所示为各种声音的位分辨率及其质量。

表10-3 各种声音的位分辨率及其质量

位分辨率	质量级别
16位	CD质量
12位	接近CD质量
8位	FM收音质量
4位	可接受的音乐
11KHz	可接受的音乐

10.1.2 添加声音

虽然Flash CS4本身并没有制作声音的功能，但它提供了强大的声音支持，允许用户从外部导入声音，并添加到文档中。

1. 导入声音

导入声音的操作步骤如下。

❶ 选择“文件”→“导入”命令，打开“导入”对话框，如图10-1所示。

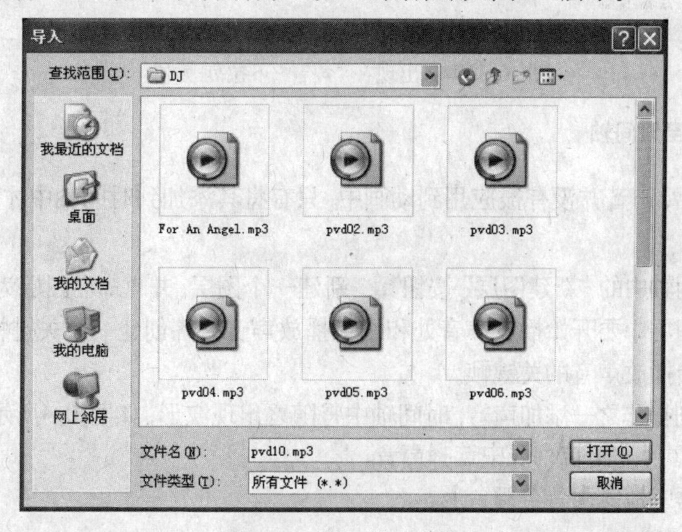

图 10-1 “导入”对话框

❷ 在“文件类型”下拉列表中选择声音的类型。

❸ 在“查找范围”下拉列表中定位声音的位置。

❹ 选择需要导入的声音。

❺ 单击[打开(O)]按钮。

在导入操作结束之后，声音并未添加到舞台上，而是被作为元件插入到库中。选择声音时，可以在预览窗口内看到声音的波形，如果是上下两个波形，则表示为双声道的声音；如果只显示一个波形，则表示为单声道的声音，如图10-2所示。

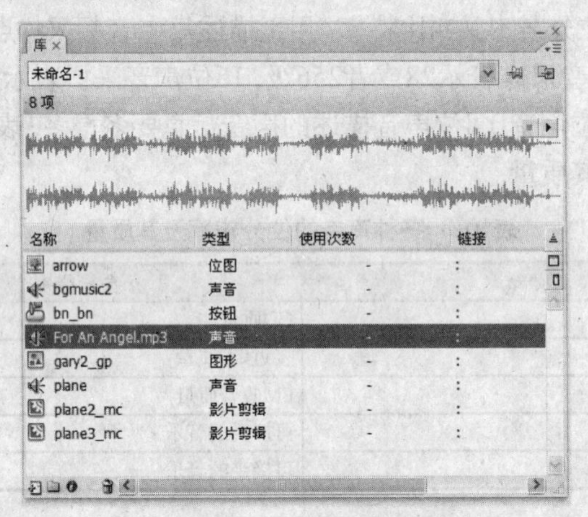

图 10-2 声音自动添加到库中

另外，导入的声音还会出现在“属性”面板上的“名称”下拉列表中，如图10-3所示。如果在该下拉列表中没有所导入的声音，那么在此之前进行的导入操作是失败的。

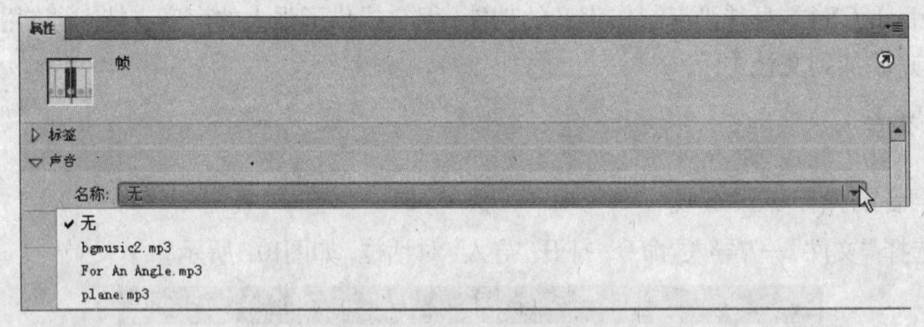

图 10-3 声音出现在“声音”下拉列表中

2. 将声音添加至时间轴

导入声音之后，声音并没有被应用到动画中。只有将其添加到时间轴中才可以发挥作用。操作步骤如下。

❶ 单击时间轴中的“新建图层”按钮，新建一个图层，并重命名图层为“声音”。

❷ 在声音图层中要开始播放声音处和结束播放声音处各创建一个关键帧。

❸ 选中开始播放声音的关键帧。

❹ 执行下列操作之一添加声音，时间轴中将随之出现波形，如图10-4所示。

➢ 在“声音”下拉列表中选择声音。

➢ 从库中拖曳声音至舞台上。

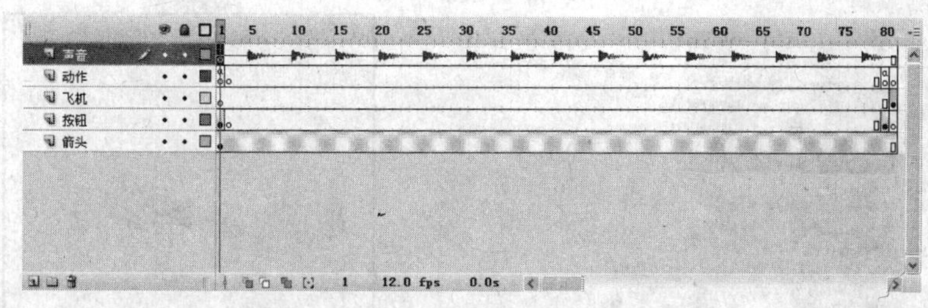

图 10-4 声音在时间轴中显示为波形

❺ 在如图10-5所示的"效果"下拉列表中选择一种效果。

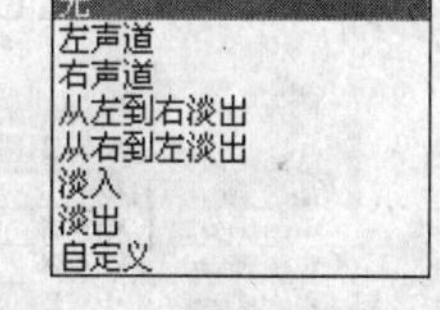

图 10-5 "效果"下拉列表

- 无：不添加任何声音效果。
- 左声道：只在左声道播放声音。
- 右声道：只在右声道播放声音。
- 从左到右淡出：开始时只有左声道有声音，然后逐渐减弱，而右声道的声音逐渐加强，直至左声道没有声音。
- 从右到左淡出：与从左到右淡出的效果相反。
- 淡入：声音从无到有，逐渐加强。
- 淡出：声音从有到无，逐渐减弱。
- 自定义：允许用户自定义声音效果。

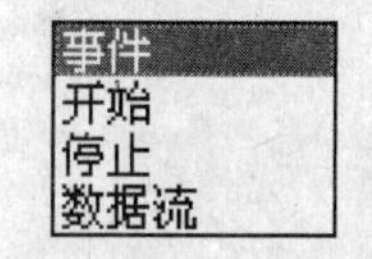

图 10-6 "同步"下拉列表

❻ 在如图10-6所示的"同步"下拉列表中选择一种同步方式。

- 事件：使用该种方式，声音将按照指定的重复播放次数一点不漏地全部播放完，而不会因为帧播放完而引起中断。简单地说就是如果声音长于动画，即使动画结束，声音也不停止。
- 开始：使用该种方式，每当动画循环播放一次，声音就会重新开始播放一次，如果动画很短而声音很长，就会一个声音未完又开始另一个声音。
- 停止：使用该种方式，强制结束声音的播放。
- 数据流：使用该种方式，使动画播放的进度与声音的播放进度一致，如果计算机的运行速度不快，动画会自动略过一些帧以配合声音的节奏；一旦帧停止，声音也就会停止，即使没有播放完，也会停止。

❼ 按Ctrl+Enter组合键，预览效果。

3. 为按钮添加声音

按钮是使用较多的一种元件，它有4个状态帧，用户可以为每一个状态帧添加声音。在以下示例中将为指针经过帧和按下帧添加声音，即为鼠标划过和鼠标单击两种情况设置不同的声音，操作步骤如下。

❶ 选择"窗口"→"公用库"→"按钮"命令，打开Flash CS4内置的按钮库，如图10-7所示。

❷ 拖动playback flat文件夹中的flat blue play元件到舞台中，如图10-8所示。

❸ 双击flat blue play实例，进入其编辑窗口，如图10-9所示

❹ 单击时间轴中的"新建图层"按钮，新建一个图层，重命名为"sound"，如图10-10所示。

图 10-7 Flash CS4内置的按钮库

图 10-8 拖入flat blue play元件

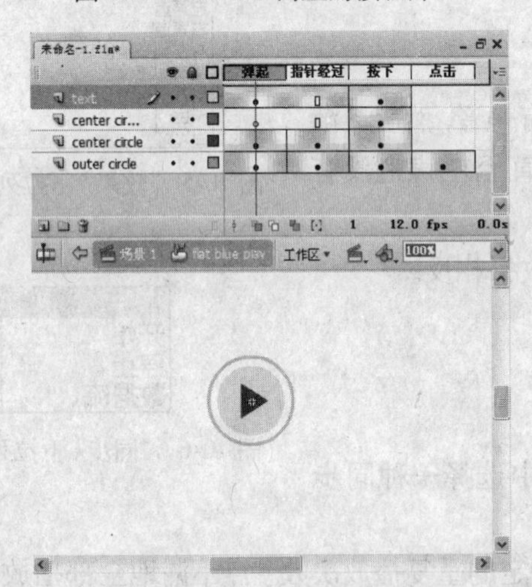

图 10-9 flat blue play实例的编辑窗口

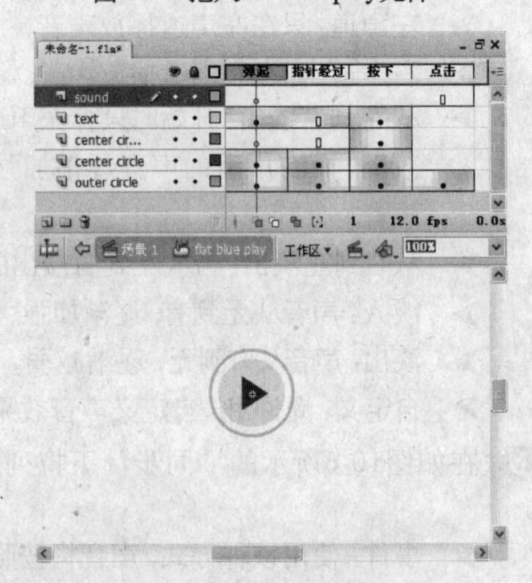

图 10-10 创建声音图

❺ 分别选中指针经过帧、按下帧和点击帧，按F6键插入关键帧

❻ 导入所要添加的两个声音。

❼ 分别选中指针经过帧和按下帧，然后从库中拖曳刚导入的两个声音到舞台上，时间轴会发生变化，如图10-11所示。

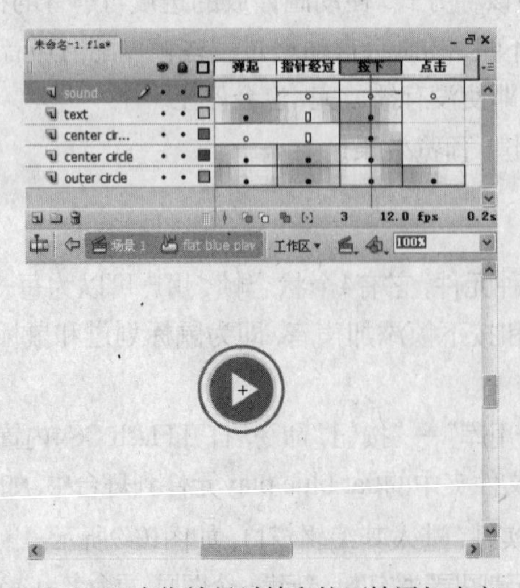

图 10-11 在指针经过帧和按下帧添加声音

⑧ 在“属性”面板上设置声音的播放属性。

⑨ 双击按钮以外的位置，返回场景编辑模式。

⑩ 选择“控制”→“启用简单按钮”命令，测试按钮，当用户移动鼠标经过按钮时会发出一种声音，当用户单击按钮将发出另一种声音，如图10-12所示

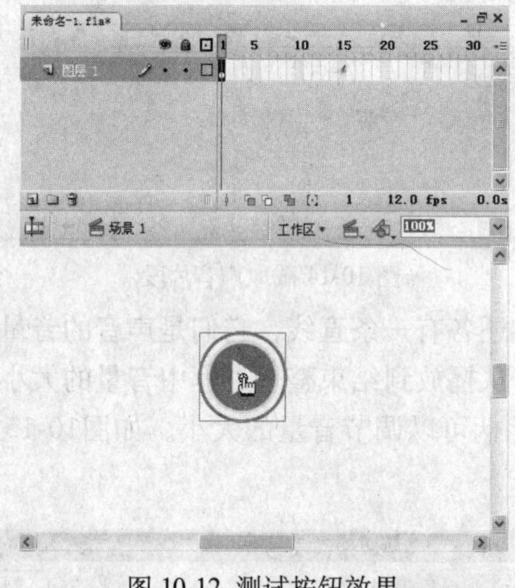

图 10-12 测试按钮效果

10.1.3 编辑声音

添加声音之后，单击声音“属性”面板上的[编辑...]按钮，将打开“编辑封套”对话框，如图10-13所示。该对话框上部分是左声道，下部分是右声道，它们之间的分隔线是时间线，代表了声音的长度。

图 10-13 “编辑封套”对话框

在时间线左、右两侧各有一个控制器，左边的为声音输入控制器，右边的为声音输出控制器，如果声音的长度比动画的播放时间要长，用户可以拖动这两个控制器截取所需的声音片段，来协调声音与动画长度的搭配，如图10-14所示。截取操作之后，处于两个控制器之间的声音才有效，而对于控制器以外的声音将从动画内删除。

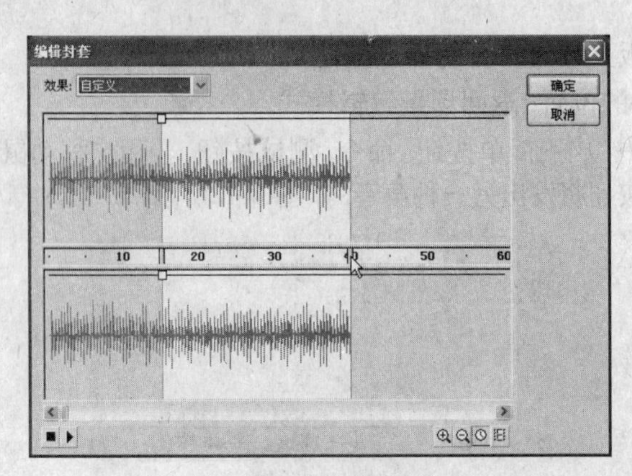

图 10-14 截取声音片段

在两个声道波形的上方还各有一条直线，它们是声音的音量线，在默认情况下，音量线呈现水平形状，表明声音从播放到结束整个过程中音量的大小都是相同的。在音量线上还有两个调节手柄，拖动手柄可以调节音量的大小。如图10-15所示，音量线越高表明音量越大，反之音量越小。

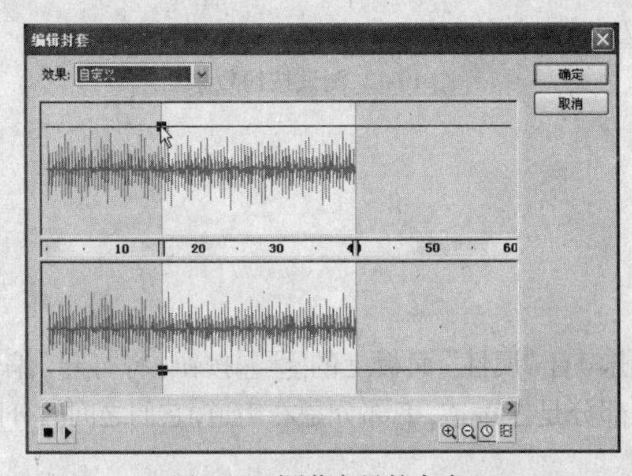

图 10-15 调节音量的大小

使用两个调节手柄只能控制音量的高低，对于比较复杂的音量效果来说，需要用户添加更多的调节手柄（最多可添加8个）。其操作方法很简单，只需在音量线上单击，然后根据需要拖曳调整即可，如图10-16所示。如果需要删除调节手柄，直接将其拖离音量线即可。

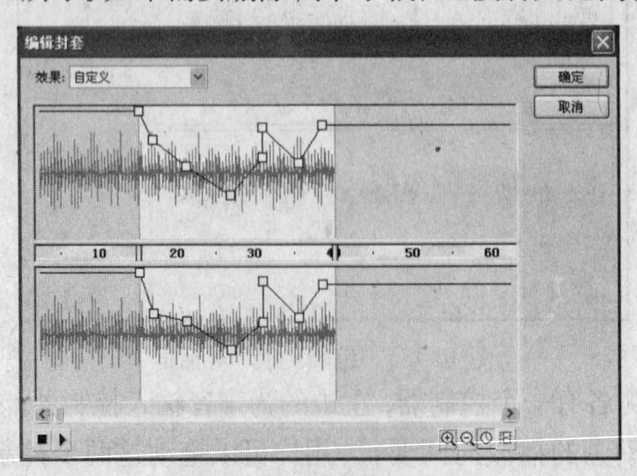

图 10-16 添加调节手柄

为便于编辑声音，“编辑封套”对话框下方还提供了6个按钮，下面简单介绍它们的功能。

➢ “停止声音”按钮与■“播放声音”按钮▶：用于试听声音。

➢ “放大”按钮🔍：用于放大左右声道的显示比例，以便于做细微的调整，如图10-17所示。

➢ “缩小”按钮🔍：用于缩小左右声道的显示比例，以便于做整体的调整，如图10-18所示。

➢ “秒”按钮🕓：用于以秒为单位显示播放的时间，如图10-13所示。

➢ “帧”按钮▦：用于以帧为单位显示播放的时间，如图10-19所示。

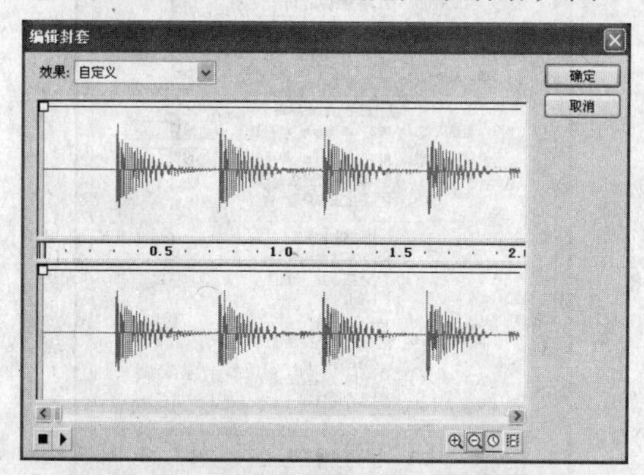

图 10-17 放大左右声道的显示比例

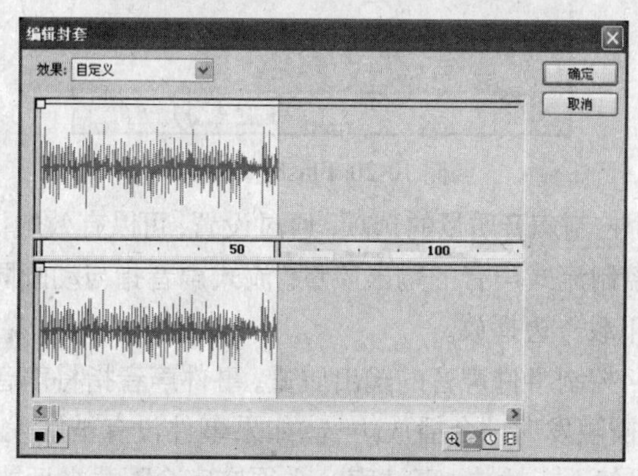

图 10-18 缩小左右声道的显示比例

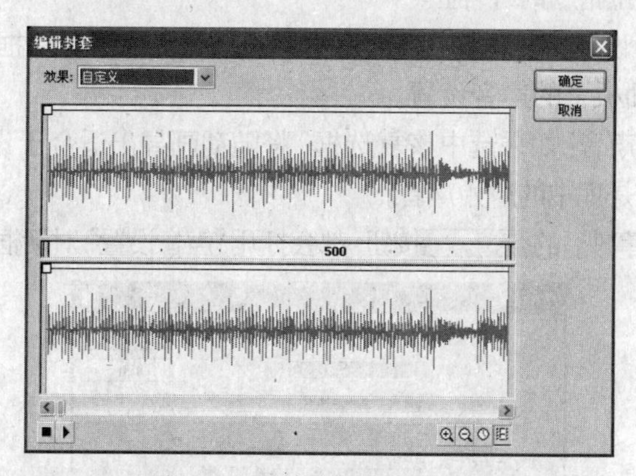

图 10-19 以帧为单位显示时间

10.1.4 优化声音

由于网络速度的限制，在发布动画之前，需要对声音进行优化操作。选择“文件”→“发布设置”命令，打开“发布设置”对话框，然后单击Flash选项卡，如图10-20所示。

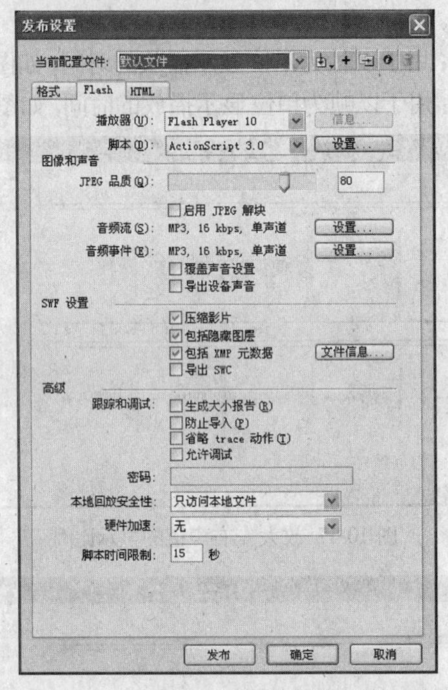

图 10-20 Flash选项卡

在该选项卡中有4个控制声音质量的选项，通过设置，可以有效地优化声音。

- 音频流：控制流式声音的输出质量。流式声音指与动画同步播放的声音，它允许用户一边下载一边播放。
- 音频事件：控制事件声音的输出质量。事件声音指将声音与某一事件相关联，只有该事件被触发时才会播放声音，如果事件没有被触发，尽管声音添加在Flash文档中，仍然不能播放。事件声音必须在完全下载之后才能开始播放，直到遇到明确的停止指令时才停止。
- 覆盖声音设置：如果选中该复选框，则Flash使用该对话框中的发布设置，而不使用“库”面板上的声音设置。
- 导出设备声音：如果选中该复选框，将随动画导出适合于设备（包括移动设备）的声音而不是库中的原始声音。

单击音频流和音频事件后的 设置... 按钮，都会打开“声音设置”对话框，如图10-21所示。

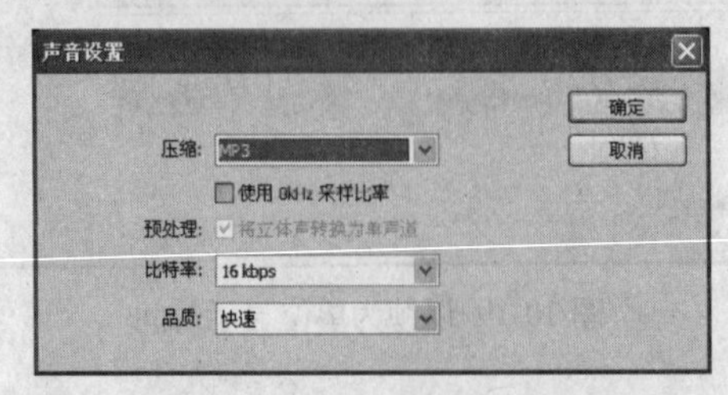

图 10-21 “声音设置”对话框

该对话框提供了5个设置选项，下面进行简单介绍。

- 压缩：设置采用何种方式压缩声音，有禁用、ADPCM、MP3、原始和语音5种选项。禁用指当发布影片时，不输出任何的流式声音和事件声音；ADPCM指在输出较短的事件声音时，采用8位或16位声音数据的压缩；MP3用于输出较长的流式声音；原始指不经过压缩输出声音；语音指采用适合于语音的压缩方式输出声音。
- 使用8 kHz采样比率：该处的采样比率用于设置文档的取样速度，取样速度越高，产生的声音越保真，文档体积也就越大。
- 预处理：该选项只有在比特率为20 kbps或更高时才可用，用于将立体声合成单声道，而不改变单声道声音。
- 比特率：设置每个音频采样点的比特位数，有多个选项供用户选择，如图10-22所示。如果要输出声音，将其设置为16 kbps以上才能获得较好的效果。

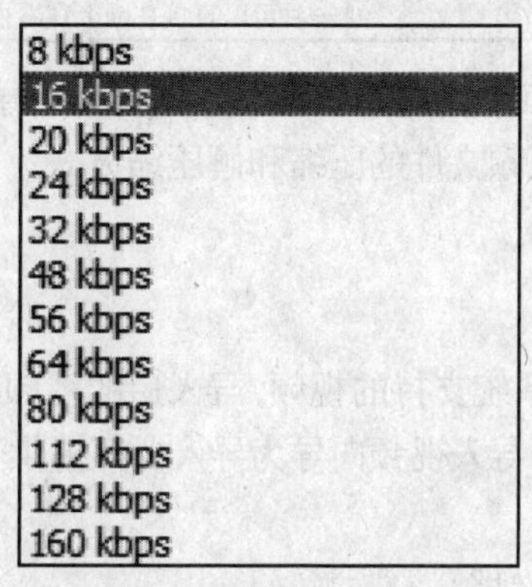

图 10-22 “比特率”下拉列表框

- 品质：用于决定压缩速度和声音质量，有快速、中、最佳3个选项。快速选项压缩较快但声音质量较差，常用于网络上的播放；中选项的压缩速度较慢，但声音质量较高；最佳选项的压缩速度最慢，但声音质量最高。

10.2 视频的使用

视频是一段连续播放的动态画面，具有直观生动的特点，因此，在多媒体作品中得到了愈来愈广泛的应用。Flash从MX版本开始全面支持视频的导入和处理，目前的CS4版本，其功能更是跃上一个台阶。

10.2.1 Flash支持的视频格

Flash支持的视频格式因计算机所安装软件的不同而不同，如果安装了QuickTime 7或更高版本，则允许导入AVI、DV、MPGE、MOV等格式的视频，如表10-4所示。

表10-4 Flash支持的视频格式（一）

支持的视频格式	文档类型
AVI	音频视频交叉
DV	数字视频
MPEG, MPG	运动图像专家组
MOV	QuickTime影片

如果计算机安装了DirectX 9或更高版本，则允许导入AVI、MPGE、WMV、ASF等格式的视频，如表10-5所示。

表10-5 Flash支持的视频格式（二）

支持的视频格式	文档类型
AVI	音频视频交叉
MPEG, MPG	运动图像专家组
WMV	在Internet上实时传播多媒体的技术标准
ASF	一种可以直接在网上观看视频节目的压缩格式

在默认情况下，Flash CS4使用On2 VP6编解码器导入和导出视频，其中，编解码器是一种压缩和解压缩算法，用于控制视频文件的压缩和解压缩方式。

10.2.2 添加视频

用户能够以嵌入方式导入系统支持的视频，导入后的视频将成为动画的一部分，并随动画的发布而导出。在Flash CS4中，导入视频向导为导入视频提供了简化快捷的操作界面，使用该向导导入视频的操作步骤如下

❶ 打开或新建一个Flash文档。

❷ 选择“文件”→“导入”→“导入视频”命令，打开导入视频向导，如图10-23所示

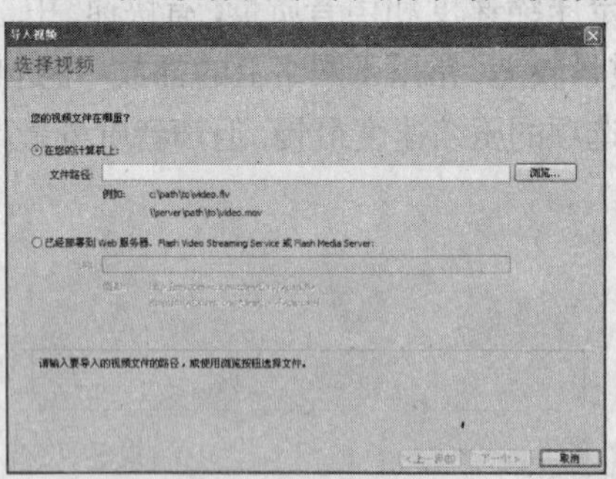

图 10-23 导入视频向导

❸ 该窗口用于指定视频的路径，有两种方式供用户选择。

➢ 直接从本地计算机上选择。在“文件路径”后面输入视频的本地路径，或者单击 浏览... 按钮，在弹出的“打开”对话框中选择视频即可，如图10-24所示。

➢ 从网络上选择。选中“已经部署到Web服务器、Flash Video Streaming Service或Flash Media Server”单选按钮，然后在“URL”文本框中输入视频的网址即可。

❹ 单击 打开(O) 按钮，在“文件路径”文本框中会自动出现视频的路径，单击 下一个> 按钮，将打开部署向导窗口，如图10-25所示。该窗口用于设置如何将视频融入到Flash中，共有6个选项，每选择一个选项，在右边的方框内都会显示对应方式的相关说明，用户可以根据需要进行选择。

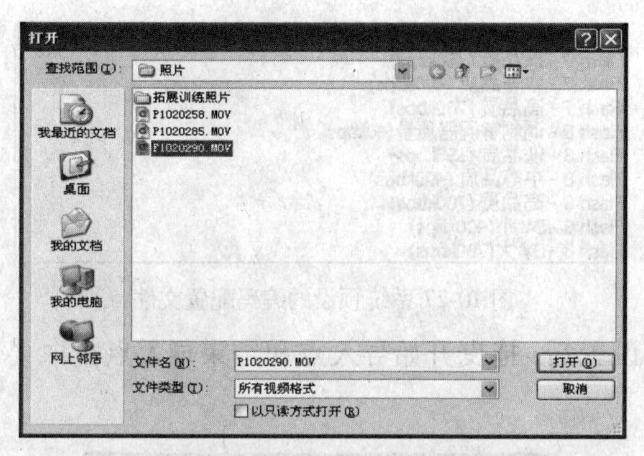

图 10-24 “打开”对话框

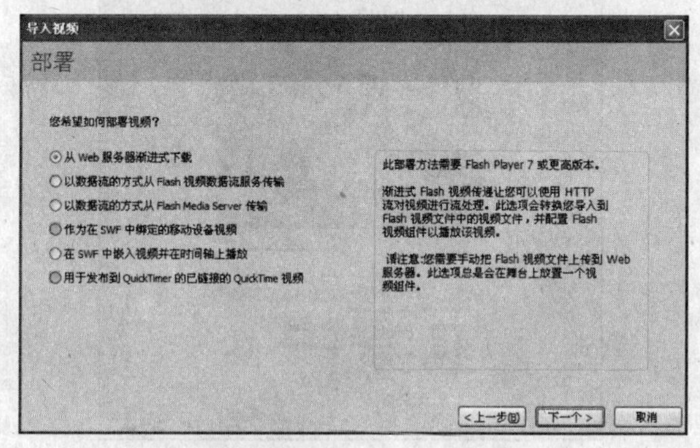

图 10-25 部署向导窗口

❺ 选择“从Web服务器渐进式下载”选项，单击 下一个 > 按钮，打开编码向导窗口，如图10-26所示。

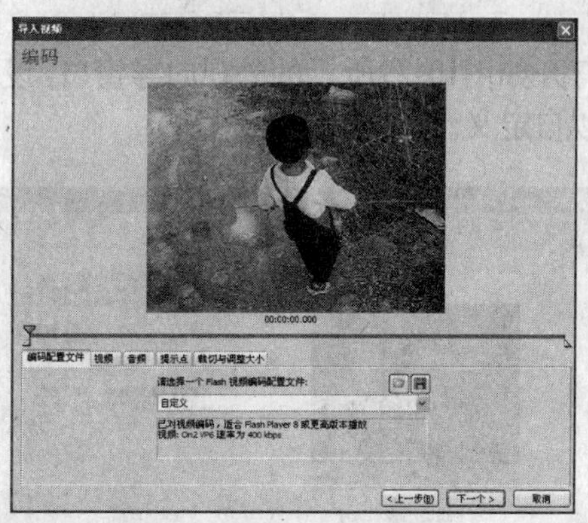

图 10-26 编码向导窗口

➢ 编码配置文件：用于设置如何配置视频的编码，系统预设了10种编码配置文件，以适应不同的播放需求，如图10-27所示。

➢ 视频：对视频进行高级设置，包括选择On 2 VP6或Sorenson Spark视频编解码器、选择预设的一些帧频数值、设置视频的品质、设置最大数据速率、自定义关键帧之间的帧数等。

➢ 音频：设置是否对音频进行编码。

➢ 提示点：在某个时间上定义提示点，以便于更精确地控制视频的播放。

➢ 裁切与调整大小：修剪视频以及指定视频的宽度和高度。

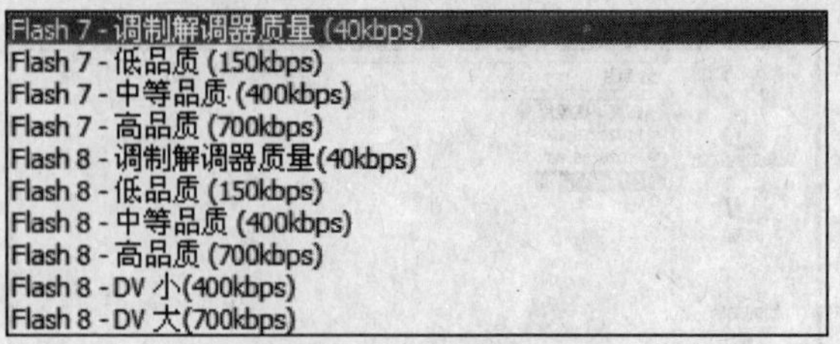

Flash 7 - 调制解调器质量 (40kbps)
Flash 7 - 低品质 (150kbps)
Flash 7 - 中等品质 (400kbps)
Flash 7 - 高品质 (700kbps)
Flash 8 - 调制解调器质量(40kbps)
Flash 8 - 低品质 (150kbps)
Flash 8 - 中等品质 (400kbps)
Flash 8 - 高品质 (700kbps)
Flash 8 - DV 小(400kbps)
Flash 8 - DV 大(700kbps)

图 10-27 系统预设的编码配置文件

⑥ 进行需要的设置后，拖曳开始导入点和结束导入点截取要导入的视频片段，如图10-28所示。

导入视频
编码
<上一步(B)
下一个 >
取消

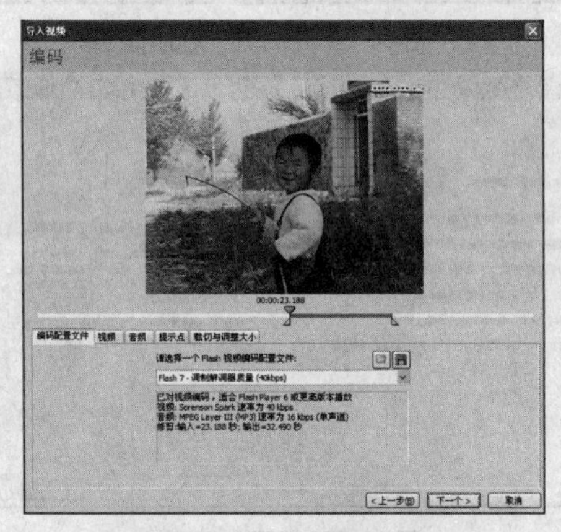

图 10-28 截取视频片段

提示：在截取视频时，拖曳向下的三角形可以预览视频的内容。

⑦单击 下一个 > 按钮，打开如图10-29所示的外观向导窗口，设置视频播放器的外观，用户可以选择预设的一种，也可以自定义。

导入视频
外观
<上一步(B)
下一个 >
取消

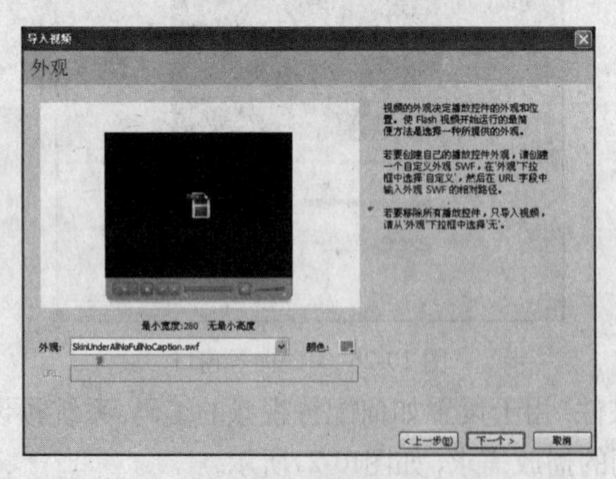

图 10-29 外观向导窗口

⑧ 单击 下一个 > 按钮，打开如图10-30所示的完成视频导入向导窗口，显示单击按钮后的操作结果，如果确认接受，单击该按钮继续，将弹出Flash视频编码进度提示框，如图10-31所示。

⑨ 稍等片刻，即可完成导入操作。完成之后，在舞台上将出现第7步中所选的视频播放器，如图10-32所示。

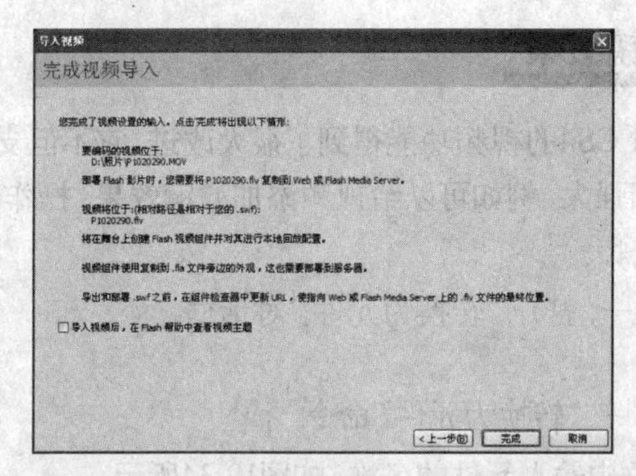

图 10-30 完成视频导入向导窗口

图 10-31 Flash视频编码进度提示框

图 10-32 视频播放器

⑩ 按Ctrl+Enter组合键测试影片，即可在播放器的支持下对视频进行播放，如图10-33所示。

图 10-33 测试影片

10.2.3 给视频添加滤镜效果

与旧版本相比，Flash CS4的视频功能得到了很大改进，它不但支持更多的视频格式，而且对视频的编辑功能也更加强大，例如可以给视频添加滤镜效果，操作步骤如下。

❶ 选择舞台上的视频。

❷ 执行下列操作之一，打开"转换为元件"对话框。

- 按F8键。
- 选择"修改"→"转换为元件"命令。

❸ 在"名称"文本框中输入元件的名称，如图10-34所示。

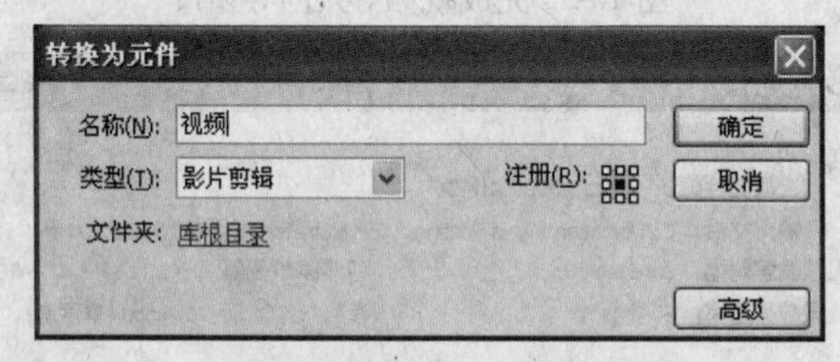

图 10-34 输入元件名称

❹ 单击 确定 按钮将视频转换为影片剪辑元件。

❺ 选中视频实例，在"属性"面板上展开"滤镜"组，显示其滤镜选项，如图10-35所示。

图 10-35 "滤镜"面板

❻ 单击"添加滤镜"按钮 ，在弹出的滤镜列表中选择需要的滤镜，这里选择"模糊"滤镜并设置滤镜的参数。

❼ 按Ctrl+Enter组合键测试影片，可以看到视频被加上了一种模糊效果，如图10-36所示。

图 10-36 视频被加上模糊效果

10.3 课堂实例

10.3.1 声音按钮

本例制作声音按钮动画，操作步骤如下。

❶ 新建一个Flash文档（ActionScript 3.0）。

❷ 按Ctrl+F8组合键，打开“创建新元件”对话框，如图10-37所示。

图 10-37 “创建新元件”对话框

❸ 设置“名称”为声音按钮，“类型”为按钮，单击确定按钮进入元件的编辑模式。

❹ 选择“椭圆工具”，在“属性”面板上设置“笔触颜色”为#996600，“笔触大小”为1，“填充颜色”为白色，按住Shift键在舞台中绘制圆形。

❺ 选择“窗口”→“变形”命令，打开“变形”面板，如图10-38所示。

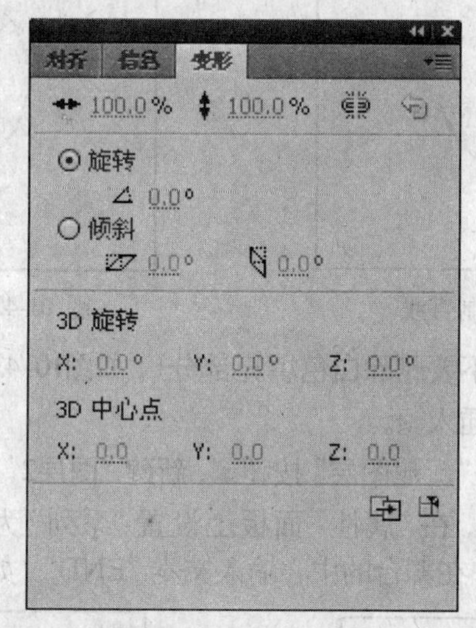

图 10-38 “变形”面板

❻ 选中圆形，在文本框中输入70.0%，单击“重制选区和变形”按钮，生成一个70%大小的同心圆，如图10-39所示。

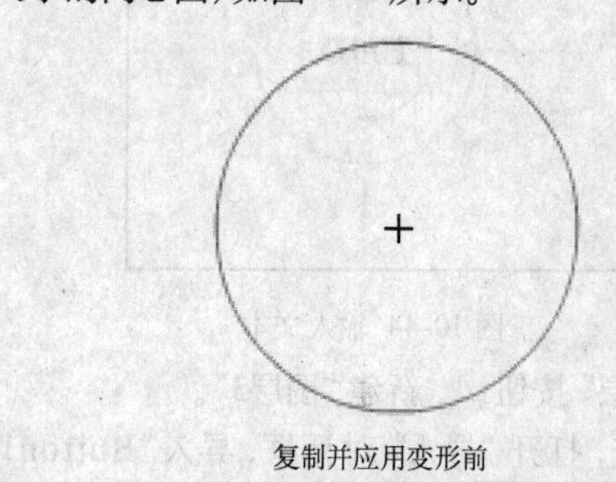

复制并应用变形前

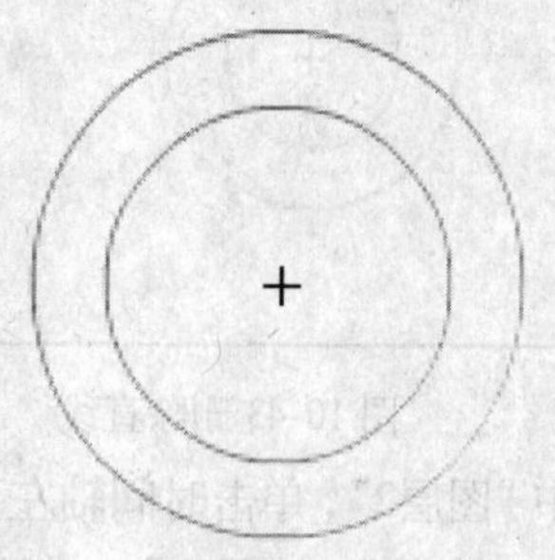

复制并应用变形

图 10-39 制作同心圆

⑦ 选中按下帧，按F6键插入关键帧，如图10-40所示。

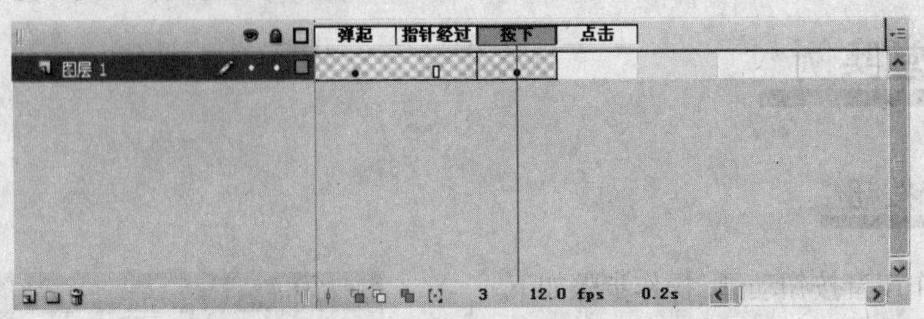

图 10-40 插入关键帧

⑧ 选择“线条工具”，在“属性”面板上更改“笔触颜色”为#E6CFFC，“笔触大小”为2，在按下帧中绘制一条直线，并使其在水平方向上通过圆心，如图10-41所示。

⑨ 选中直线，在“变形”面板上设置“旋转”为30°，单击5次“重制选区和变形”按钮，复制并变形直线，如图10-42所示。

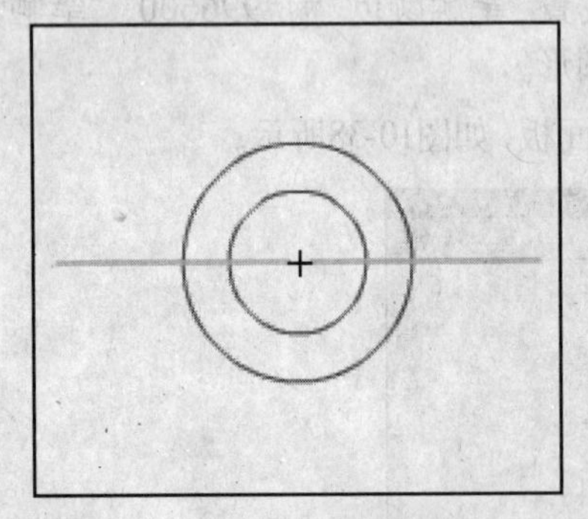

图 10-41 绘制直线

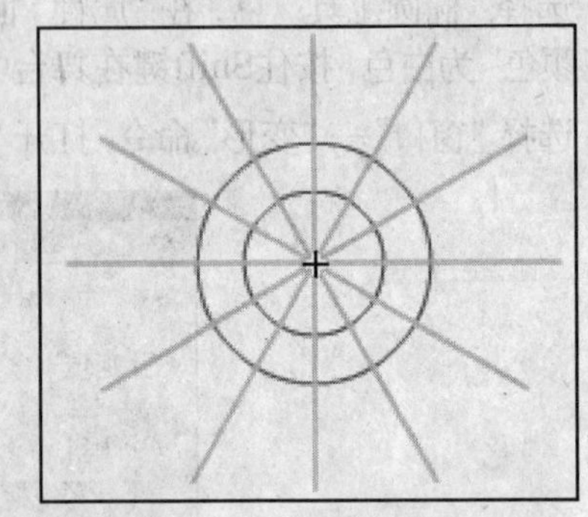

图 10-42 复制并变形直线

⑩ 删除圆以内的直线（不要删除白色填充部分），如图10-43所示。

⑪ 选中点击帧，按F5键插入帧。

⑫ 单击时间轴左下角的“新建图层”按钮，新建“图层2”。

⑬ 选择“文本工具”，在“属性”面板上设置“系列”为Georgia，“大小”为20，“样式”为Bold，“颜色”为黑色，并在舞台的中心输入文本“END”，如图10-44所示。

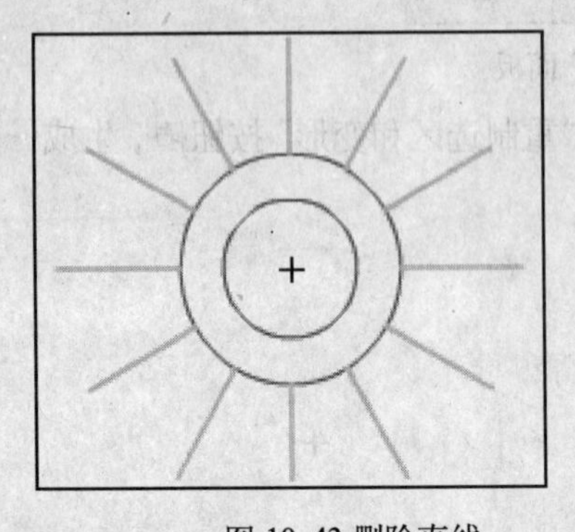

图 10-43 删除直线

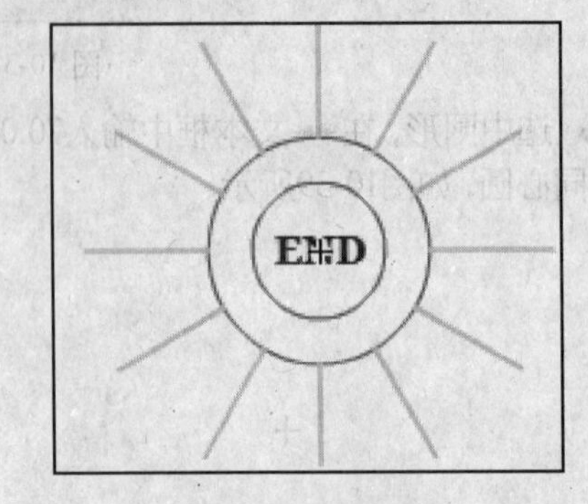

图 10-44 输入文本

⑭ 选中“图层2”，单击时间轴左下角的“新建图层”按钮，新建“图层3”。

⑮ 选择“文件”→“导入”→“导入到舞台”命令，打开“导入”对话框，导入“Button1.wav”文件。导入操作结束之后，声音并未添加到舞台上，而是被作为元件插入到库中，如图10-45所示。

图 10-45 导入的声音显示在“库”面板

⑯ 选中“图层3”的按下帧，按F6键插入关键帧，然后从库中拖动声音至舞台中，时间轴效果如图10-46所示。

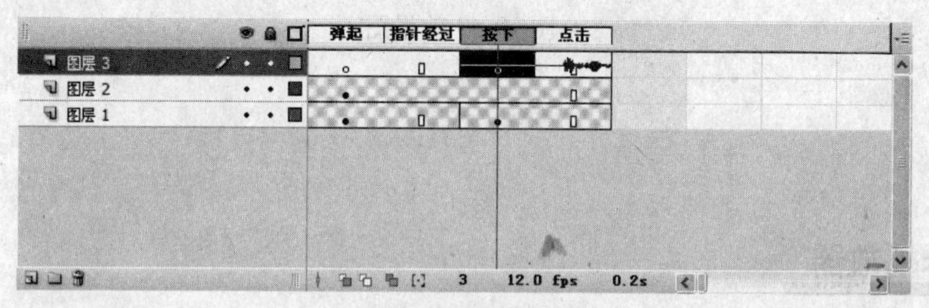

图 10-46 时间轴效果

提示：也可以在“属性”面板上的“名称”下拉列表中选择该声音，如图10-47所示。

图 10-47 声音“属性”面板

⑰ 单击“场景1”图标，返回主场景。

⑱ 从库中拖动声音按钮元件至舞台的中心，如图10-48所示。

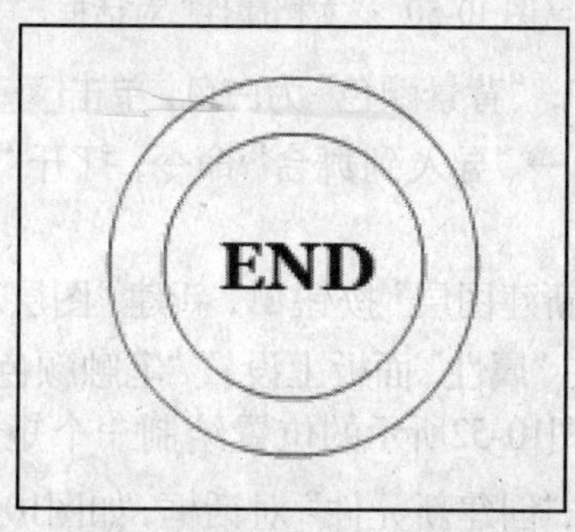

图 10-48 拖入声音按钮

⑲ 保存文档为“声音按钮.fla”，按Ctrl+Enter组合键测试影片，效果如图10-49所示。

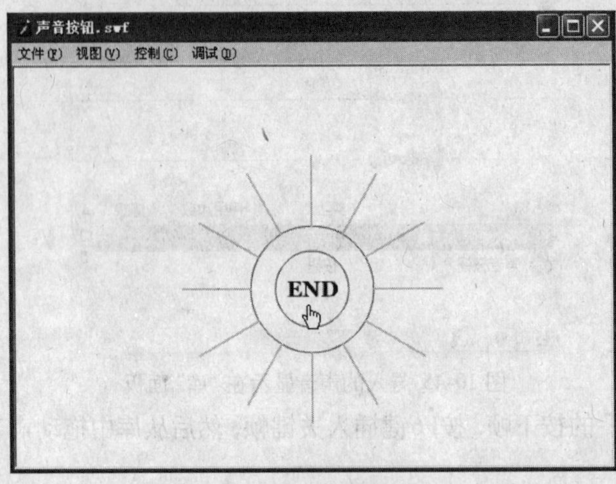

图 10-49 效果图

10.3.2 音乐播放器

本例制作音乐播放器动画，操作步骤如下。

❶ 新建一个Flash文档（ActionScript 3.0）。

❷ 选择“修改”→“文档”命令，打开“文档属性”对话框，如图10-50所示。

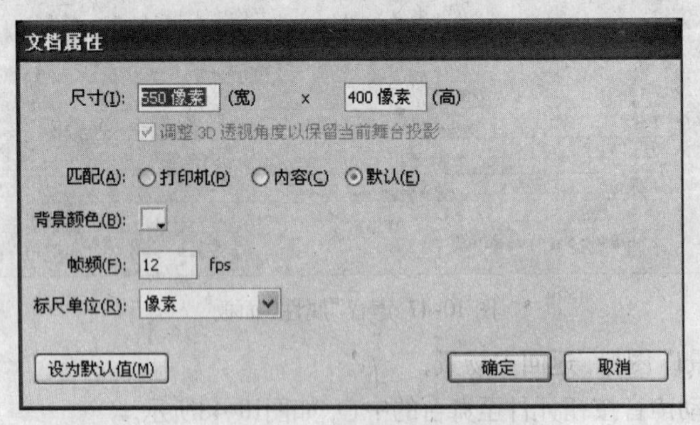

图 10-50 “文档属性”对话框

❸ 设置“尺寸”为550×550，“背景颜色”为白色，单击确定按钮应用设置。

❹ 选择“文件”→“导入”→“导入到舞台”命令，打开“导入”对话框，导入“播放器面板.jpg”图片，如图10-51所示。

❺ 单击时间轴左下角的“新建图层”按钮，新建“图层2”。

❻ 选择“矩形工具”，在“属性”面板上设置“笔触颜色”为#424242，“笔触大小”为1，“填充颜色”为#ACB292，在如图10-52所示的位置绘制一个矩形。

❼ 按Ctrl+F8组合键，打开“创建新元件”对话框，如图10-53所示。

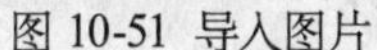

图 10-51 导入图片

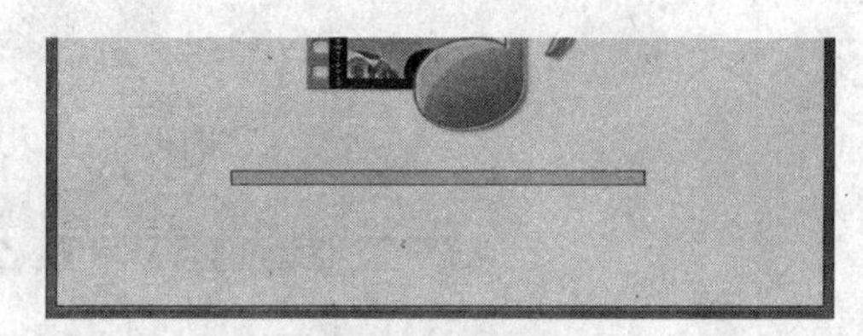

图 10-52 绘制矩形

❽ 设置“名称”为播放滑块，“类型”为图形，单击[确定]按钮进入元件的编辑模式。

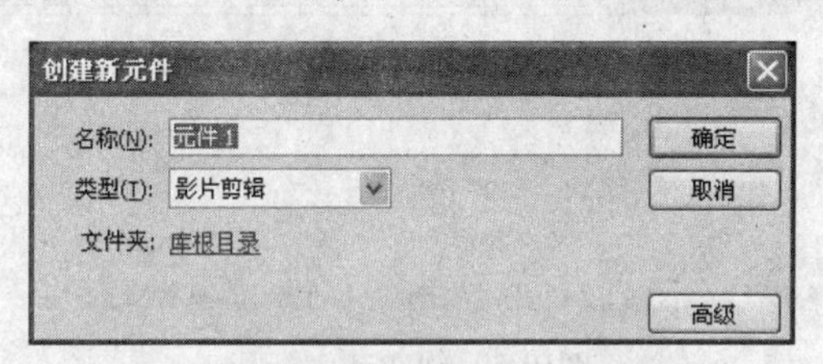

图 10-53 “创建新元件”对话框

❾ 选择“线条工具”，在“属性”面板上设置“笔触颜色”为#424242，“笔触大小”为1，在舞台中绘制滑块，如图10-54所示。选择“颜料桶工具”，填充三角形部分为#ACB292，如图10-55所示。

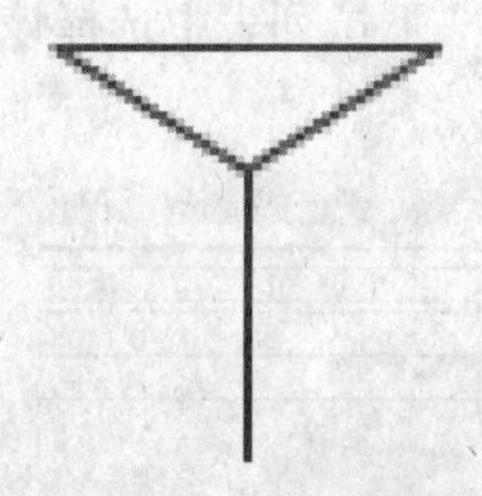

图 10-54 绘制滑块

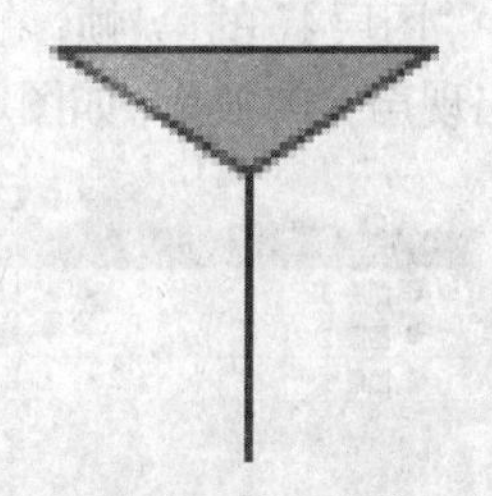

图 10-55 填充滑块

❿ 单击“场景1”图标，返回主场景。

⓫ 选中“图层2”，单击时间轴左下角的“新建图层”按钮，新建“图层3”。

⓬ 选择“窗口”→“库”命令，打开“库”面板，拖动播放滑块元件到“图层3”中并调整其大小和位置，如图10-56所示。

图 10-56 拖入并调整播放滑块

⓭ 选中“图层1”和“图层2”的第250帧，按F5键插入帧，选中“图层3”的第250帧，按F6键插入关键帧，如图10-57所示。

⓮ 选中第250帧中的播放滑动，将其移动到矩形的右边缘，如图10-58所示。

⓯ 右击“图层3”第1帧~第249帧之间的任意一帧，在弹出的快捷菜单中选择“创建传统补间”命令，创建动作补间，时间轴效果如图10-59所示。

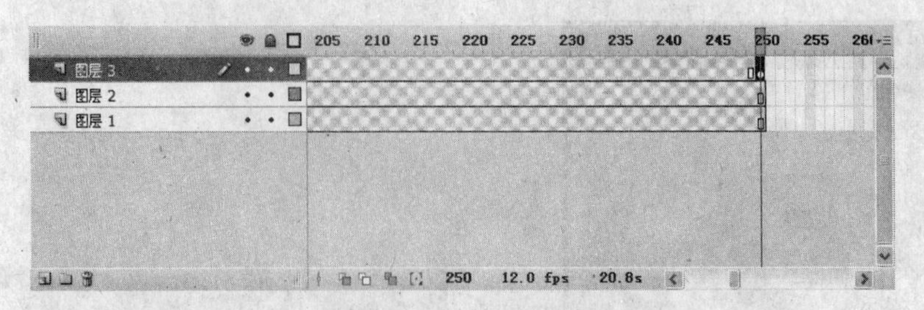

图10-57 插入帧和关键帧

图10-58 移动第250帧中的播放滑块

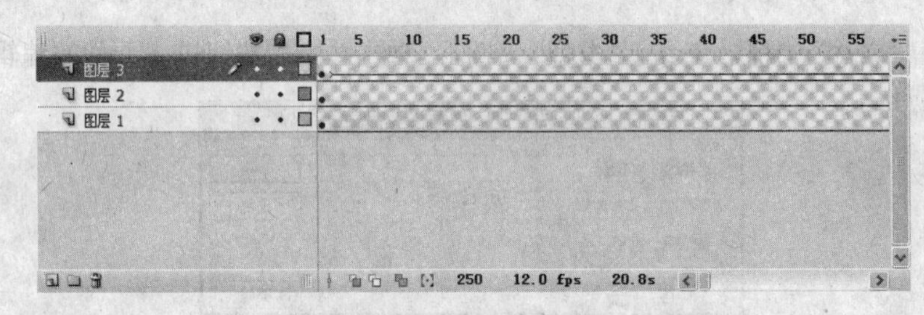

图10-59 创建动作补间

⑯ 单击时间轴左下角的“新建图层”按钮，新建“图层4”。

⑰ 选择“文件”→“导入”→“导入到舞台”命令，打开“导入”对话框，导入“纯音乐.mp3”文件。

⑱ 选中“图层4”的第1帧，在“属性”面板上的“名称”下拉列表中选择该声音，在时间轴中将随之出现声音的波形，如图10-60所示。

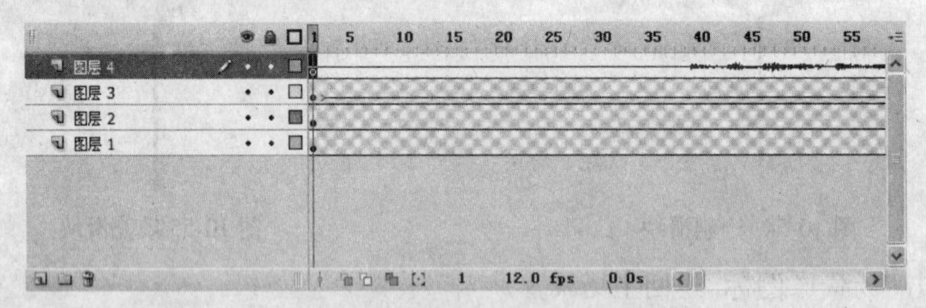

图 10-60 添加声音至时间轴

⑲ 在“属性”面板上设置“效果”为无，“同步”为数据流，更改声音的属性，如图10-61所示。

图10-61 设置声音的属性

⑳ 单击“属性”面板上的按钮，打开“编辑封套”对话框，如图10-62所示。拖动时间线左侧的控制器，截取所需的声音片段，如图10-63所示。单击确定按钮关闭对话框并应用截取，可以发现，时间轴中声音的波形也随之发生改变，如图10-64所示。

图10-62 “编辑封套”对话框

图10-63 截取声音

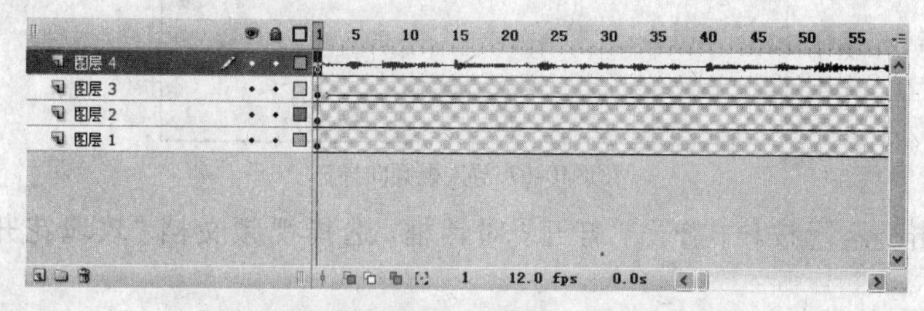

图 10-64 截取后的波形效果

㉑ 保存文档为“音乐播放器.fla”，按Ctrl+Enter组合键测试影片，效果如图10-65所示

图 10-65 效果图

10.3.3 视频播放器

本例制作视频播放器动画，操作步骤如下。

❶ 新建一个Flash文档（ActionScript 3.0）。

❷ 选择“文本工具” T，在“属性”面板上设置“系列”为楷体_GB2312，“大小”为42，“颜色”为黑色，在舞台中输入视频的名称“玫瑰花开”，如图10-66所示。

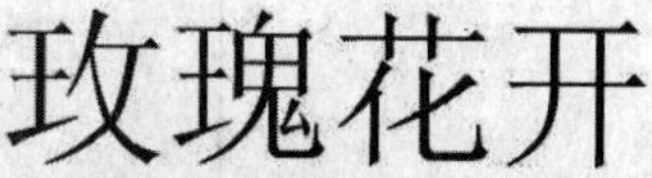

玫瑰花开

图 10-66 输入视频名称

❸ 选中第20帧，按F7键插入空白关键帧。

❹ 选择"文件"→"导入"→"导入视频"命令，打开导入视频向导，如图10-67所示。

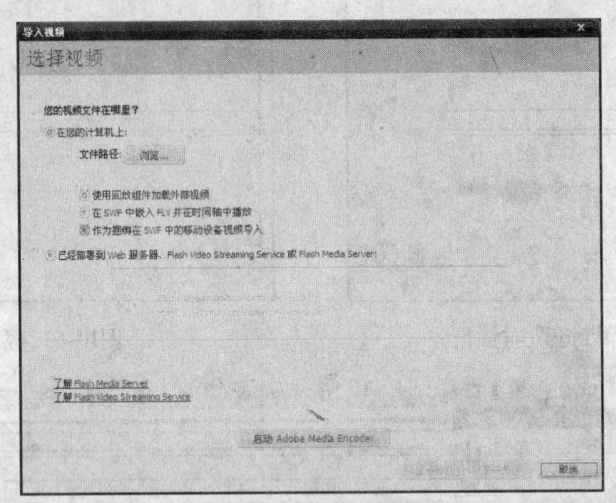

图10-67 导入视频向导

❺ 单击[浏览...]按钮，弹出"打开"对话框，选择视频文档"玫瑰花开.flv"，如图10-68所示。

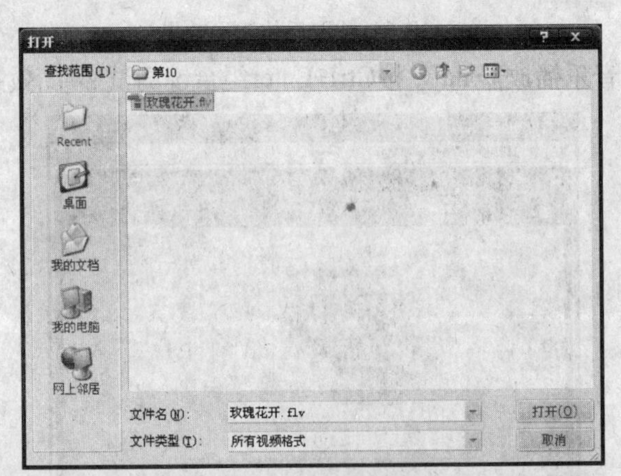

图 10-68 选择视频

❻ 单击[打开(O)]按钮，在视频导入向导中显示视频文档路径，如图10-69所示。

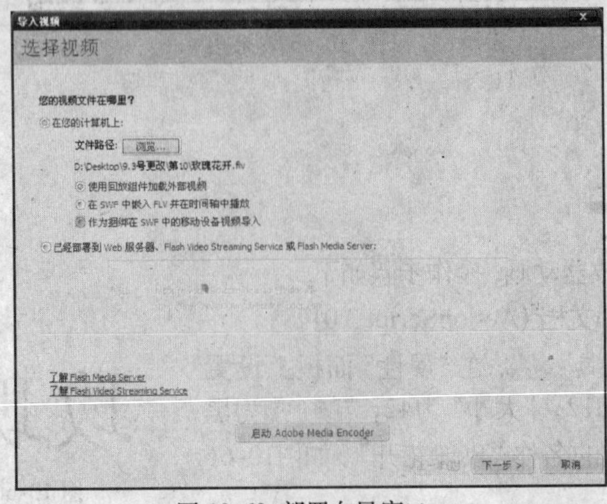

图 10-69 部署向导窗口

❼ 单击下一个 >按钮，打开如图10-70所示的外观向导窗口，设置视频播放器的外观，用户可以选择预设的一种，也可以自定义。这里选择“SkinUnderAllNOfullscreen.swf”选项，单击下一个 >按钮，打开完成视频导入向导窗口，如图10-71所示。

图 10-70 外观向导窗口

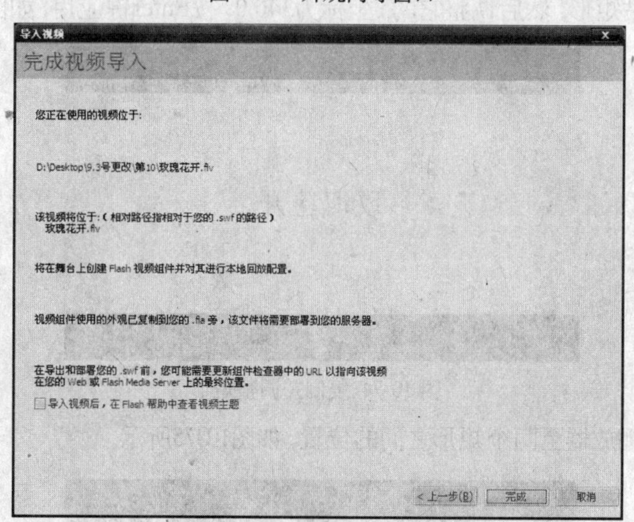

图 10-71 完成视频导入向导窗口

❽ 单击完成按钮，弹出“获取元数据”对话框，如图10-72所示。稍等片刻后，即可完成导入操作，在舞台中将出现所选的视频播放器，如图10-73所示。

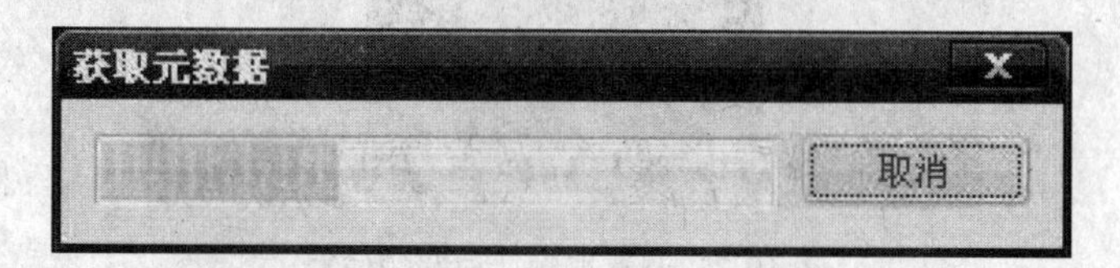

图 10-72 Flash视频编码进度提示框

图 10-73 视频播放器

⑨ 单击时间轴左下角的“新建图层”按钮，新建“图层2”。

⑩ 选择“矩形工具”，在“属性”面板上设置“笔触颜色”为无，“填充颜色”为黑色，在舞台中绘制一个矩形，并更改它的大小为宽度：671.8，高度：60.0；位置为X：−60.9，Y：0，按Enter键应用。

⑪ 复制并粘贴矩形，然后调整它的Y坐标为340.0，按Enter键应用，如图10-74所示。

图 10-74 复制并调整矩形

⑫ 拖动视频播放器至两个矩形之间的位置，如图10-75所示。

图 10-75 调整视频播放器的位置

⑬ 选中两个图层的第1100帧，按F5键插入帧，如图10-76所示。

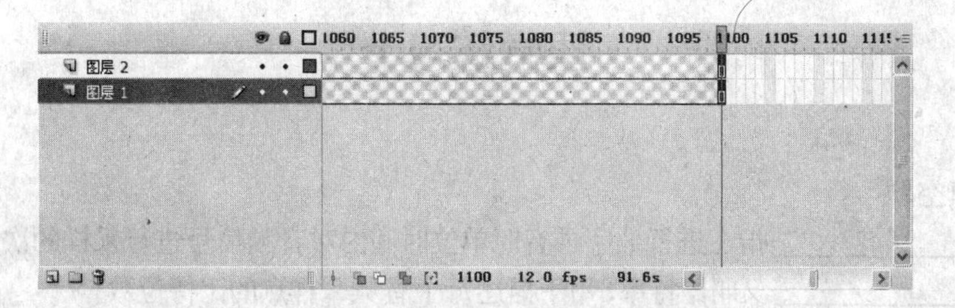

图 10-76 插入帧

⑭ 保存文档为“视频播放器.fla”，按Ctrl+Enter组合键测试影片，效果如图10-77所示。

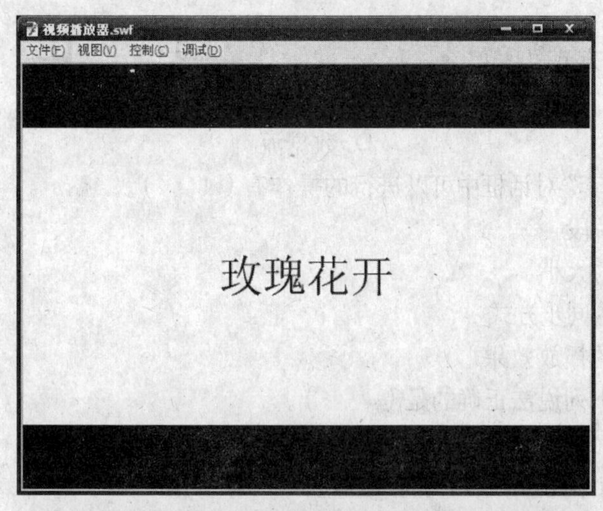

图 10-77 效果图

课堂练习十

一、填空题

(1) ____________ 指在进行数字录音时单位时间内对音频信号进行采样的次数。

(2) ____________ 又叫比特率，用于描述每个音频采样点的比特位数。

(3) ____________ 是一段连续播放的动态画面，它具有直观生动的特点，因此，在多媒体作品中得到了愈来愈广泛的应用。

二、选择题

(1) 声音的同步方式包括（　　）。

A. 事件　　B. 开始

C. 停止　　D. 数据流

(2) 在"编辑封套"对话框中可以进行的操作有（　　）。

A. 截取声音片段

B. 调节音量的大小

C. 调节声音的同步方式

D. 设置声音的播放效果

(3) 关于声音，下列说法正确的是（　　）。

A. 流式声音允许用户一边下载一边播放

B. 事件声音允许用户一边下载一边播放

C. 流式声音必须在完全下载之后才能开始播放

D. 事件声音必须在完全下载之后才能开始播放

三、上机操作题

(1) 创建一个按钮，为其添加声音效果。

(2) 创建一个Flash动画，在其中导入一段视频。

(3) 制作一个在背景音乐下播放视频的Flash动画。

Flash 第11章 使用ActionScript 3.0编程

学习目标

ActionScript 的中文译名为动作脚本，是 Flash 专用的一种编程语言，与 JavaScript 有着类似的结构，都采用了面向对象的编程思想。本章主要介绍 ActionScript 3.0 的新特性、有关编程的基础知识、条件语句和循环语句、程序的编写和调试等，希望用户掌握使用 ActionScript 编程的方法，并能制作简单的交互动画。

学习重点

(1) 编程基础
(2) 条件语句和循环语句
(3) 程序的编写和调试
(4) 常见交互操作

11.1 初识ActionScript 3.0

ActionScript简称AS，中文译名为动作脚本，是针对Adobe Flash Player运行环境的编ActionScript虚拟机（简称AVM）来执行。AVM1是执行旧版本ActionScript的虚拟机，随着ActionScript 3.0的发布，带来了更加高效的ActionScript执行虚拟机——AVM2，其执行效率要比AVM1高出10倍之多。

11.1.1 与早期版本的兼容性

对于早期版本，Flash Player 9提供了完全向后的兼容性，即在Flash Player 9中可以运行早期Flash Player版本中运行的任何内容。然而Flash Player 9引入ActionScript 3.0之后，对在其中运行的旧内容和新内容之间的互操作性提出了挑战，产生了以下兼容性问题：

(1) 单个SWF文档无法将ActionScript 1.0或2.0代码和ActionScript 3.0代码组合在一起。

(2) ActionScript 3.0代码可以加载以ActionScript 1.0或2.0编写的SWF文档，但无法访问该SWF文档的变量和函数。

(3) 以ActionScript 1.0或2.0编写的SWF文档无法加载以ActionScript 3.0编写的SWF文档。

(4) 如果以ActionScript 1.0或2.0编写的SWF文档要与以ActionScript 3.0编写的SWF文档一起工作，则必须进行迁移。例如，假设使用ActionScript 2.0创建了一个媒体播放器，该媒体播放器只能加载同样使用ActionScript 2.0创建的各种内容，而无法加载用ActionScript 3.0创建的内容，如果加载，则必须将视频播放器迁移到ActionScript 3.0。

为了更好地了解兼容性问题，下面概述早期的Flash Player版本在加载新内容和执行代码方面的局限性，以及在不同的ActionScript版本之间进行跨脚本编写的局限性，如表11-1和表11-2所示。

表11-1　不同Flash Player版本的局限性

支持的功能	运行时的环境		
	Flash Player 7	Flash Player 8	Flash Player 9
可以加载针对以下版本发布的SWF	7和更早版本	8和更早版本	9和更早版本
包含此AVM	AVM1	AVM1	AVM1和AVM2
运行在以下ActionScript版本中编写的SWF	1.0	1.0和2.0	1.0、2.0和3.0

表 11-2　跨脚本编写的局限性

支持的功能	在以下版本中创建的内容	
	ActionScript 1.0和2.0	ActionScript 3.0
可以加载在以下版本中创建的内容并在其中执行代码	1.0和2.0	1.0、2.0和3.0
可以对在以下版本中创建的内容进行跨脚本编写	1.0和2.0	3.0

11.1.2 新特性

ActionScript代码控制是Flash实现交互性的重要组成部分，现在已经发展到3.0了。下面来大致了解一下它的新特性。

(1) 对运行错误的处理方式。在ActionScript 2.0中，运行错误信息主要是为用户提供帮助，并且所有的帮助方式都是动态的。而在ActionScript 3.0中，运行错误信息将被记录下来，用于监视变量在计算机中的运行情况，便于用户改进项目，减少对内存的使用，提高系统的运行安全。

(2) 处理运行错误的能力。在应用ActionScript 2.0时，对于许多错误无法弹出错误报告，使得用户花费较多精力调试程序。而ActionScript 3.0增强了处理运行错误的能力，提供带有源文档和行号信息的堆栈跟踪，帮助用户快速定位错误。

(3) 密封类。ActionScript 3.0引入了密封类的概念，密封类只能拥有在编译时定义的固定的一组属性和方法，不能添加其他属性和方法，从而使编译时的检查更严格、所编程序更可靠。在默认情况下，ActionScript 3.0中的所有类都是密封的，用户可以使用dynamic关键字将其声明为动态类。

(4) 闭包方法。ActionScript 3.0使用闭包方法可以自动记起它的原始对象实例，此功能对于事件处理非常有用。在ActionScript 2.0中，闭包方法无法记起它是从哪个对象实例提取的，所以在调用闭包方法时可能导致意想不到的后果。

(5) ECMAScript for XML。ActionScript 3.0特点之一是全面支持ECMAScript中的XML（E4X），E4X提供了一组用于操作XML的自然流畅的语言构造，可以大大减少所需代码的数量，从而简化了XML应用程序的开发。

(6) 正则表达式。ActionScript 3.0包括对正则表达式的固有支持，因此用户可以快速搜索并操作字符串。

(7) 命名空间。命名空间是一种创新机制，用于控制声明的可见性，它们的工作方式与名称由用户指定的自定义访问说明符类似。命名空间使用统一资源标识符 (URI) 以避免冲突，当与E4X一起使用时，可以使用XML命名空间。

(8) 新的整数类型。ActionScript 3.0新添加了int数据类型，它是一个带符号的32位整型数据类型，对使用整数的循环计数器和变量非常有用，并且使ActionScript代码可充分利用CPU快速处理整数数学运算的能力。

(9) DOM3事件模型。DOM3事件模型提供了一种生成并处理事件消息的标准方法，使应用程序中的对象可以进行交互和通信，同时保持自身状态并响应更改。

(10) Flash Player API。ActionScript 3.0的Flash Player API中包含多种允许用户在低级别控制对象的新类，这些新类能够应用新的操作方式，使管理更加直观。

11.2 编程基础

ActionScript是一种编程语言，它包括专门术语、常量和变量、数据类型、语法规则、运算符等，熟练掌握将对用户学习ActionScript有较大帮助，下面分别进行介绍。

11.2.1 专门术语

ActionScript作为一种语言，有其专门的术语，下面列出常用的一些，用户只需对它们了解即可，随着学习的深入，我们将作进一步的介绍。

- Actions：即动作，是指定Flash动画在播放时执行某些操作的语句。例如，stop动作用于停止动画的播放。
- Arguments：即参数，是用于向函数传递值的占位符。
- Classes：即类，是一种数据类型，用于定义新的对象，可以通过定义一个构造函数来定义。
- Constants：即常量，是在整个应用程序中都不发生改变的值。例如，常量Key.TAB总是用于代表键盘上的Tab键。
- Variables：即变量，是一种可以保留任何数据类型值的标识符，可以被创建、改变或者更新。例如，width=25，等号左边的标识符就是变量。
- Datatypes：即数据类型，可用于描述一个数据片段，以及对其执行的各种操作。
- Identifiers：即标识符，是用于识别某个变量、特性、对象、函数或方法的名称，它的第一个字符必须是字母、下画线或美元符号，其后的字符必须是字母、下画线、美元符号或数字。例如，firstQuestion是一个合法的标识符，而10xyz则不是合法的标识符。
- Events：即事件，是播放SWF文档时发生的动作。例如鼠标的经过、单击与离开，键盘上某键的敲击等。
- Constructors：即结构体，是用于定义类的函数。
- Instances：即实例，是属于某个类的对象。一个类可以产生若干个类的实例，且每个实例都包含该类的所有属性和方法。

- Instancenames：即实例名称，是脚本中用来指向实例的唯一名称。
- Expressions：即表达式，是Flash中可以计算并返回值的任何语句，由运算符和操作数组成。例如，2+2就是一个表达式。
- Functions：即函数，是可以被传递参数并能返回值的ActionScript代码块。
- Operators：即运算符，是指定如何组合、比较或更改表达式中值的字符。
- Properties：即属性，是对象的某种性质。
- Objects：即对象，是属性和方法的集合，它允许用户访问某种类型的信息。例如用户通过Date()对象可以访问来自系统时钟的信息。
- Methods：即方法，是指可以由对象执行的操作，用户可以依次通过对象名、句点、方法名和小括号来访问方法，这与属性类似。

11.2.2 常量和变量

所谓常量是在程序中保持不变的量，变量是相对于常量而言，它的值可以改变。下面详细介绍它们的相关知识。

1. 常量的类型

常量划分为 3 种类型，分别是数值型、字符串型和逻辑型。

(1) 数值型常量：该类常量是由具体数值表示的定量参数，可以直接输入到参数设置区的文本框内。例如，以下代码中的 8 和 5 即为数值型常量：

```
if(score>= 8){
    loadMovie("winner.swf",5);
}
else{
    loadMovie("loser.swf",5);
}
```

(2) 字符串型常量：该类常量是由若干个字符组成的，在定义字符串常量时，必须在字符串的两端使用双引号，否则Flash将把它作为数值型常量。例如，以下代码中的"闪客联盟"即为字符串型常量：

```
trace("闪客联盟");
```

(3) 逻辑型常量：该类常量又叫布尔型常量，用于判断条件是否成立，如果成立则为真，用true或1表示；如果不成立则为假，用false或0表示。例如，以下代码中的true即为逻辑型常量：

```
onClipEvent(enterFrame)
{
    if (password==true){
    play();
}
}
```

2. 常量的创建

ActionScript 3.0支持const语句，该语句可用于创建常量，如果将常量声明为类的成员，则只能在声明过程中或者在类构造函数中为常量赋值。例如，以下代码声明了两个常量，第一个常量MINIMUM是在声明语句中赋值的，第二个常量MAXIMUM是在构造函数中赋值的。

```
class A{
    public const MINIMUM:int = 0;
    public const MAXIMUM:int;
    public function A(){
    MAXIMUM = 10;
    }
}

var a:A = new A();
trace(a.MINIMUM);
trace(a.MAXIMUM);
```

3. 变量的类型

根据作用范围的不同，可以把变量分为全局变量和局部变量。

(1) 全局变量：全局变量指在任何函数外部定义的变量，它在函数定义的内部和外部均可用。例如，以下代码中的strGlobal即为全局变量。

```
var strGlobal:String = "Global";
function scopeTest()
{
    trace(strGlobal);
}
scopeTest();
trace(strGlobal);
```

(2) 局部变量：局部变量指在函数内部定义的变量，它在函数定义的外部不可用。例如，以下代码中的strLocal即为局部变量。

```
function localScope()
{
    var strLocal:String = "local";
}
localScope();
trace(strLocal); //出错，因为未在全局定义strLocal
```

4. 变量的声明与赋值

在ActionScript 2.0中，只有当使用类型注释时，才需要使用var语句。在ActionScript 3.0中，总是需要使用var语句声明变量。例如，以下代码声明了一个名为i的变量：

```
var i;
```

在声明变量之后，可以使用赋值运算符“=”为变量赋值。例如，以下代码声明了一个变量i，并将值20赋给它：

```
var i;
i = 20;
```

用户可以发现，在声明变量的同时为变量赋值会更加方便，例如：

```
var i = 20;
```

如果要声明多个变量，可以使用逗号运算符“,”来分隔变量，从而在一行代码中声明所有需要的变量，但是这样做可能会降低代码的可读性。例如，以下代码在同一行中声明了3个变量：

```
var a, b , c;
```

也可以在同一行代码中为其中的每个变量赋值。例如，以下代码同时为3个变量赋值：

```
var a = 10, b = 20, c = 30;
```

11.2.3 数据类型

数据类型用于指明某一变量或ActionScript元素可以储存的信息种类，在ActionScript 3.0中，数据类型有Number、String、Boolean、Null、Undefined、Array、Function、Nan等多种，这里只介绍常用的前3种。

(1) Number：该数据类型就类似实数，可以用数学运算符加“+”、减“-”、乘“*”、除“/”、求模“%”、递增“++”、递减“--”等进行处理。例如：

```
total=300*price;
i=i+1;
```

(2) String：该数据类型是用双引号括起来的字符（字母，数字和标点符号）序列。例如，以下代码中的a代表了字符串“Hello”。

```
a="Hello";
```

(3) Boolean：该数据类型可以是true或false，有时，ActionScript也把true和false转化为1和0，用于表示条件的成立与否。

11.2.4 语法规则

Flash CS4定义了一组在编写可执行代码时须遵循的规则，用户必须遵守这些规则才能创建可正确编译和运行的脚本。

1. 区分大小写

ActionScript 3.0是一种区分大小写的语言。例如，以下代码创建了两个不同的变量。

```
var num1:int;
var Num1:int;
```

2. 点语法

点语法因在语句中使用了点运算符“.”而得名，它是一种面向对象的语法形式，主要用于表明某个对象的属性和方法。例如，以下代码中的_width表明了cs的宽度。

```
cs._width;
```

借助于点语法，可以使用在以下代码中创建的实例名来访问 prop1 属性和 method1() 方法：

```
var myDotEx:DotExample = new DotExample();
myDotEx.prop1 ="hello";
myDotEx.method1();
```

点运算符还用于连接某个对象的变量名。例如，若 reset 是影片剪辑实例 Form 的一个变量，而 Form 又是嵌套在影片剪辑实例 shoppingCart 中的影片剪辑实例，则以下代码的作用是设置 reset 变量的值为 false。

```
shoppingCart.Form.reset=false;
```

3. 斜杠语法

在早期的 ActionScript 版本中，斜杠语法用于指示影片剪辑或变量的路径，ActionScript 3.0 不支持斜杠语法。

4. 字面值

字面值是直接出现在代码中的值，以下代码都是字面值。

```
17、"hello"、-3、undefined、true
```

字面值还可以组合起来构成复合字面值，用户可以使用 new 语句将复合字面值作为参数传递给 Array 类构造函数。例如：

```
var myStrings:Array = new Array(["alpha", "beta", "gamma"]);
var myNums:Array = new Array([1,2,3,5,8]);
```

5. 分号

分号“；”用于终止语句，如果用户省略分号字符，Flash仍然能够成功地编译脚本。例如：

```
Mouse.hide()
startDrag("cs", true)
```

6. 注释

注释是使用简单易懂的句子对代码进行的注解，编译器不会对它进行求值运算。ActionScript 3.0支持两种类型的注释：单行注释和多行注释，单行注释以两个正斜杠字符“//”开头并持续到该行的末尾。例如：

```
Mouse.hide();        //将鼠标隐藏
startDrag("cs", true);        //为cs影片剪辑实例设置鼠标跟踪效果
```

多行注释以一个正斜杠和一个星号“/*”开头，以一个星号和一个正斜杠“*/”结尾。例如：

```
/*
// 创建新的 Date 对象
var myDate:Date = new Date();
var currentMonth:Number = myDate.getMonth();
```

```
//将月份数转换为月份名称
var monthName:String = calcMonth(currentMonth);
var year:Number = myDate.getFullYear();
var currentDate:Number =  myDate.getDate();
*/
```

7. 保留字和关键字

保留字是一些单词，这些单词是保留给ActionScript使用的，不能在代码中将它们用作标识符。保留字包括词汇关键字（见表11-3），如果用户将词汇关键字用作标识符，则编译器会报告错误。

表11-3　ActionScript 3.0的词汇关键字

as	break	case	catch
class	const	continue	default
delete	do	else	extends
false	finally	for	function
if	implements	import	in
instanceof	interface	internal	is
native	new	null	package
private	protected	public	return
super	switch	this	throw
to	true	try	typeof
use	var	void	while
with			

有些关键字称作句法关键字（见表11-4），它们可用作标识符，在上下文中具有特殊的含义。

表11-4　ActionScript 3.0的句法关键字

each	get	set	namespace
include	dynamic	final	native
override	Static		

还有一些关键字称作供将来使用的保留字（见表11-5），用户可以在自己的代码中使用，但是Adobe不建议使用它们，因为它们可能会在以后的ActionScript版本中作为关键字出现。

表11-5　供将来使用的保留字

abstract	boolean	byte	cast
char	debugger	double	enum
export	float	goto	intrinsic
long	prototype	short	synchronized
throws	to	transient	type
virtual	volatile		

8. **小括号**

在ActionScript 3.0中，可以通过3种方式来使用小括号“()”。

(1) 可以使用小括号来更改表达式中的运算顺序，例如：

```
trace(2+3*4);          //结果为14
trace((2+3)*4);        //结果为20
```

(2) 可以结合使用小括号和逗号运算符“,”，来计算一系列表达式并返回最后一个表达式的结果。例如：

```
var a:int = 2;
var b:int = 3;
trace((a++, b++, a+b));
```

(3) 可以使用小括号向函数或方法传递一个或多个参数。例如，以下代码表示向trace()函数传递一个字符串值。

```
trace("hello");
```

11.2.5 运算符

运算符是对一个或多个数据进行操作并产生结果的符号，它包括多种类型，并且具有不同的优先级和结合律，下面进行简单介绍。

➢ 主要运算符：主要运算符如表11-6所示。其中属于E4X规范的运算符用（E4X）来表示，它们具有相同的优先级。

表 11-6　主要运算符

运算符	执行的运算
[]	初始化数组
{x:y}	初始化对象
()	对表达式进行分组
f(x)	调用函数
New	调用构造函数
x.y x[y]	访问属性
<></>	初始化XMLList对象（E4X）
@	访问属性（E4X）
::	限定名称（E4X）
..	访问子级XML元素（E4X）

➢ 后缀运算符：后缀运算符如表11-7所示。它们只有一个操作数，用于递增或递减该操作数的值。虽然这些运算符是一元运算符，但是它们有别于其他一元运算符，被单独划归到了一个类别，因为它们具有更高的优先级和特殊的行为。

表 11-7　后缀运算符

运算符	执行的运算
++	递增（后缀）
--	递减（后缀）

➢ 一元运算符：一元运算符如表11-8所示。其中的递增运算符“++”和递减运算符“--”是前缀运算符，它们与后缀运算符不同，在表达式中出现在操作数的前面，并且递增或递减操作在返回整个表达式的值之前完成。

表 11-8　一元运算符

运算符	执行的运算
++	递增（前缀）
--	递减（前缀）
+	加法
-	减法
!	逻辑非
~	按位非
delete	删除属性
type of	返回类型信息
void	返回undefined值

➢ 乘法运算符：乘法运算符如表11-9所示。它们具有两个操作数，用于执行乘、除或求模计算，具有相同的优先级。

表 11-9　乘法运算符

运算符	执行的运算
*	乘法
/	除法
%	求模

➢ 按位移位运算符：按位移位运算符如表11-10所示。它们具有两个操作数，用于将第一个操作数的各位按第二个操作数指定的长度移位。

表 11-10　按位移位运算符

运算符	执行的运算
<<	按位向左移位
>>	按位向右移位
>>>	按位无符号向右移位

➢ 关系运算符：关系运算符如表11-11所示。它们具有两个操作数，用于比较两个操作数的值，然后返回一个布尔值。

表 11-11　关系运算符

运算符	执行的运算
<	小于
>	大于
<=	小于或等于
>=	大于或等于
as	检查数据类型
in	检查对象属性

续表

运算符	执行的运算
instance of	检查原型链
Is	检查数据类型

➤ 等于运算符：等于运算符如表11-12所示。它们具有两个操作数，用于比较两个操作数的值，然后返回一个布尔值。

表 11-12　等于运算符

运算符	执行的运算
==	等于
!=	不等于
===	严格等于

➤ 按位逻辑运算符：按位逻辑运算符具有两个操作数，用于执行位级别的逻辑运算，它们具有不同的优先级。表11-13按优先级递减的顺序列出了按位逻辑运算符。

表 11-13　按位逻辑运算符

运算符	执行的运算
&	按位与
^	按位异或
|	按位或

➤ 逻辑运算符：逻辑运算符具有两个操作数，用于表示条件的成立与否，它们具有不同的优先级。表11-14按优先级递减的顺序列出了逻辑运算符。

表 11-14　逻辑运算符

运算符	执行的运算
&&	逻辑与
||	逻辑或

➤ 赋值运算符：赋值运算符如表11-15所示。它们具有两个操作数，用于根据一个操作数的值对另一个操作数进行赋值，具有相同的优先级。

表 11-15　赋值运算符

运算符	执行的运算
=	赋值
*=	乘法赋值
/=	除法赋值
%=	求模赋值
+=	加法赋值
-=	减法赋值
<<=	按位向左移位赋值
>>=	按位向右移位赋值

续表

<table>
<tr><th>运算符</th><th>执行的运算</th></tr>
<tr><td>>>>=</td><td>按位无符号向右移位赋值</td></tr>
<tr><td>&=</td><td>按位与赋值</td></tr>
<tr><td>^=</td><td>按位异或赋值</td></tr>
<tr><td>|=</td><td>按位或赋值</td></tr>
</table>

- 条件运算符：条件运算符“?:”具有3个操作数，是应用于if else语句的一种简便方法。

ActionScript 3.0 定义了一个默认的运算符优先级，如表 11-16 所示。在该表中，每行运算符都比位于其下方的运算符的优先级高，并且同一行中的运算符具有相同的优先级。

表 11-16 运算符的优先级

<table>
<tr><th>组</th><th>运算符</th></tr>
<tr><td>主要</td><td>[] {x:y} () f(x) new x.y x[y] <></> @ :: ..</td></tr>
<tr><td>后缀</td><td>x++ x− −</td></tr>
<tr><td>一元</td><td>++x − −x + - ~ ! delete type of void</td></tr>
<tr><td>乘法</td><td>* / %</td></tr>
<tr><td>加法</td><td>+ −</td></tr>
<tr><td>按位移位</td><td><< >> >>></td></tr>
<tr><td>关系</td><td>< > <= >= as in instance of is</td></tr>
<tr><td>等于</td><td>== != === !==</td></tr>
<tr><td>按位与</td><td>&</td></tr>
<tr><td>按位异或</td><td>^</td></tr>
<tr><td>按位或</td><td>|</td></tr>
<tr><td>逻辑与</td><td>&&</td></tr>
<tr><td>逻辑或</td><td>||</td></tr>
<tr><td>条件</td><td>?:</td></tr>
<tr><td>赋值</td><td>= *= /= %= += −= <<= >>= >>>= &= ^= |=</td></tr>
<tr><td>逗号</td><td>,</td></tr>
</table>

运算符的优先级和结合律决定了运算符的处理顺序，当同一个表达式中出现两个或多个具有相同优先级的运算符时，编译器将使用结合律规则确定先处理哪个运算符。其中，赋值运算符和条件运算符“?:”是右结合的，也就是说，要先处理右边的运算符，然后再处理左边的运算符。除了它们以外，所有的二进制运算符都是左结合的。例如，以下代码是等效的。

```
number=3*5*2;
number=(3*5)*2;
```

11.3 基本语句

条件语句和循环语句是 ActionScrip 3.0 中的基本语句，使用它们，有助于动画实现灵活的变量控制和分支转移。

11.3.1 if else

在执行 if else 语句时，首先判断条件表达式中的条件是否为真，如果为真，则执行 {} 内的语句，否则执行 else{} 内的语句。例如，以下代码测试 x 的值是否超过 20，如果超过，则输出 “x is > 20”，否则输出 “x is <= 20”。

```
if (x > 20){
    trace("x is > 20");
}
else{
    trace("x is <= 20");
}
```

11.3.2 if else if

用户可以使用 if else if 语句来测试多个条件。例如，以下代码不仅测试 x 的值是否超过 20，而且还测试 x 的值是否为负数。

```
if (x > 20){
    trace("x is > 20");
}
else if (x < 0){
    trace("x is negative");
}
```

如果 if 或 else 语句后面只有一条语句，则无须用大括号括起。例如，以下代码没有使用大括号。

```
if (x > 20)
    trace("x is > 20");
else if (x < 0)
    trace("x is negative");
```

但是，Adobe 建议用户始终使用大括号，因为在缺少大括号的条件语句中添加语句时，可能会出现意外的情况。例如，在以下代码中，无论条件的计算结果是否为 true，positiveNums 的值总是按 1 递增。

```
var x:int;
var positiveNums:int = 0;

if (x > 0)
    trace("x is positive");
    positiveNums++;

trace(positiveNums);
```

11.3.3 switch

如果多个执行路径依赖于同一个条件表达式，则可以使用 switch 语句，它的功能相当于一系列 if..else if 语句，更便于阅读。

switch 语句是对表达式进行求值并使用计算结果来确定要执行的代码块。代码块以 case 语句开头，以 break 语句结尾。例如，以下代码中的 switch 语句将依据 Date.getDay() 返回的日期值输出星期。

```
var someDate:Date = new Date();
var dayNum:uint = someDate.getDay();

switch(dayNum)
{
    case 0:
        trace("Sunday");
        break;
    case 1:
        trace("Monday");
        break;
    case 2:
        trace("Tuesday");
        break;
    case 3:
        trace("Wednesday");
        break;
    case 4:
        trace("Thursday");
        break;
    case 5:
        trace("Friday");
        break;
    case 6:
        trace("Saturday");
        break;
    default:
        trace("Out of range");
        break;
}
```

11.3.4 for

for 语句用于循环访问某个变量以获得特定范围的值，用户须在该语句中提供以下内容：

(1) 设置初始值的变量。

(2) 用于确定循环何时结束的条件语句。

(3) 在每次循环中都更改变量值的表达式。

例如，以下代码共循环了 5 次，输出结果是从 0~4 的 5 个数字，每个数字占一行。

```
var i:int;
for (i = 0; i < 5; i++)
{
    trace(i);
}
```

11.3.5 for in

for in 语句用于循环访问对象的属性或数组元素，例如：

```
var myObj:Object = {x:20, y:30};

for (var i:String in myObj)
{
    trace(i + ":" + myObj[i]);
}
```

11.3.6 for each in

for each in 语句用于循环访问集合中的项目，它可以是 XML 或 XMLList 对象中的标签、对象属性保存的值或数组元素，例如：

```
var myArray:Array = ["one", "two", "three"];

for each (var item in myArray)
{
    trace(item);
}
```

11.3.7 while

while 语句与 if 语句相似，只要条件为 true，就会反复执行。例如，以下代码与 for 示例代码生成的输出结果相同。

```
var i:int = 0;

while (i < 5)
```

```
{
    trace(i);
    i++;
}
```

注意：使用while语句（而非for语句）的缺点是容易出现无限循环。如果省略了用来递增计数器变量的表达式，则for示例代码将无法编译，而while示例代码仍然能够编译，但循环将成为无限循环。

11.3.8 do while

do while 语句是一种 while 循环，它保证至少执行一次代码块，这是因为执行代码块后才会检查条件。例如，以下代码即使条件不满足，也会生成输出结果。

```
var i:int = 5;
do
{
    trace(i);
    i++;
}
while (i < 5);
```

11.4 对象的处理

从根本上讲，ActionScript 3.0 是一种脚本撰写语言，它采用面向对象的编程思想，即把代码划分为若干对象（包含信息和功能的单个元素），通过使用面向对象的方法来组织程序，从而使代码更易于理解、维护和扩展。

11.4.1 处理日期和时间

日期和时间是一种常见信息类型，例如年、月、日、星期、小时、分钟、秒、毫秒以及时区等。在 ActionScript 3.0 中，所有的日期和时间管理都集中在 Date 类中。下面简单介绍 Date 类的几种常用方法。

1. getDate()

用于检索月中某天的值，返回一个 1 ~ 31 之间的整数。

以下代码创建了一个 Date 对象 someBirthday，它包含参数 year (1974)、month (10)、day (30)、hour (1) 和 minute (20)，通过调用 getDate() 方法，将月中某天的值显示为 30。

```
public function DateExample() {
```

```
    var someBirthday:Date = new Date(1974, 10, 30, 1, 20);
    trace(someBirthday);
    trace(someBirthday.getDate());
}
```

2. getDay()

按照本地时间返回 Date 对象所指的星期值，为 0 ~ 6 之间的整数。其中，0 代表星期日，1 代表星期一，依此类推。

以下代码创建了一个 Array 对象 weekDayLabels，它包含元素 Sunday、Monday、Tuesday、Wednesday、Thursday、Friday 和 Saturday，并创建了一个 Date 对象 someBirthday，它包含参数 year (1974)、month (10)、day (30)、hour (1) 和 minute (20)，然后两次调用 getDay() 方法，先将月中某天的值显示为 6，然后显示星期值 Saturday。

```
var weekDayLabels:Array = new Array("Sunday","Monday","Tuesday","Wednesd-
                                    ay","Thursday","Friday","Saturday");
var someBirthday:Date = new Date(1974, 10, 30, 1, 20);
trace(someBirthday);
trace(someBirthday.getDay());
trace(weekDayLabels[ someBirthday.getDay()] );
```

3. getFullYear()

按照本地时间返回 Date 对象中的完整年份值，它是一个 4 位数，例如 2008。

以下代码创建了一个 Date 对象 someBirthday，它包含参数 year (1974) month (10) day (30)、hour (1) 和 minute (20)，通过调用 getFullYear() 方法，返回四位数年份值 1974。

```
var someBirthday:Date = new Date(1974, 10, 30, 1, 20);
trace(someBirthday);
trace(someBirthday.getFullYear());
```

4. getHours()

按照本地时间返回 Date 对象中的小时部分，它是一个 0 ~ 23 之间的整数。

以下代码创建了一个 Date 对象 someBirthday，它包含参数 year (1974) month (10) day (30)、hour (1) 和 minute (20)，通过调用 getHours() 和 getMinutes() 方法，按 24 小时格式检索小时和分钟值。然后创建一个字符串 localTime，并赋予其调用函数 getUSClockTime() 的结果，从而获得时间 03:05 PM。

```
var someBirthday:Date = new Date(1974, 10, 30, 15, 5);
trace(someBirthday);
trace(someBirthday.getHours() + ":" + someBirthday.getMinutes());
```

```
var localTime:String = getUSClockTime(someBirthday.getHours(),
someBirthday.getMinutes());
trace(localTime);
```

5. getMilliseconds()

按照本地时间返回 Date 对象中的毫秒部分，它是一个 0 ~ 999 之间的整数。

以下代码创建了一个不带参数的 Date 对象 now，通过调用 getMilliseconds() 方法，检索 now 创建时的毫秒值。

```
var now:Date = new Date();
trace(now.getMilliseconds());
```

6. getMinutes()

按照本地时间返回 Date 对象中的分钟部分，它是一个 0 ~ 59 之间的整数。

以下代码创建了一个不带参数的 Date 对象 now，通过调用 getMinutes() 方法，检索 now 创建时的分钟值。

```
var now:Date = new Date();
trace(now);
trace(now.getMinutes());
```

7. getMonth()

按照本地时间返回 Date 对象中的月份值，为 0 ~ 11 之间的整数。其中, 0 代表一月, 1 代表二月，依此类推。

以下代码创建了一个 Array 对象 monthLabels，它包含元素 January ~ December，并创建了一个不带参数的 Date 对象 now, 通过两次调用 getMonth() 方法, 先返回 now 创建的月份, 再返回月份名称。

```
var monthLabels:Array = new Array("January","February","March","April","M-
ay","June","July","August","September","O-ctober","November","December");
var now:Date = new Date();
trace(now.getMonth());
trace(monthLabels[ now.getMonth()] );
```

8. getSeconds()

按照本地时间返回 Date 对象中的秒值部分，它是一个 0 ~ 59 之间的整数。

以下代码创建了一个不带参数的 Date 对象 now，通过调用 getSeconds() 方法，检索 now 创建时的秒值。

```
var now:Date = new Date();
trace(now.getSeconds());
```

11.4.2 处理字符串

字符串指串在一起的、组成单个值的一系列字母、数字或其他字符，它既支持ASCII字符也支持Unicode字符。

1. 创建字符串

在 ActionScript 3.0 中，String 类用于表示字符串数据，要创建字符串，可以使用下列方法。

(1) 直接使用双引号 “"” 或单引号 “'” 字符将文本引起来，例如：

```
"Hello"
'555-7649'
"http://www.adobe.com/"
```

以下两个字符串是等效的：

```
var str1:String = "hello";
var str2:String = 'hello';
```

(2) 使用 new 运算符来声明字符串，例如：

```
var str1:String = new String("hello");
var str2:String = new String(str1);
var str3:String = new String();
```

以下两个字符串是等效的：

```
var str1:String = "hello";
var str2:String = new String("hello");
```

注意：要在使用单引号 “'” 定义的字符串内使用单引号 “'”，或者在使用双引号 “"” 定义的字符串内使用双引号 “"”，需要使用反斜杠转义符 “\”。例如，以下两个字符串是等效的：

```
var str1:String = "That's \"A-OK\"";
var str2:String = 'That\'s "A-OK"';
```

其中，反斜杠转义符用于在字符串文本中定义其他字符，如表 11-17 所示。

表 11-17　反斜杠转义符

转义符	定义的字符
\b	退格符
\f	换页符
\n	换行符
\r	回车符
\t	制表符
\unnnn	Unicode字符
\xnn	ASCII字符
\'	单引号
\"	双引号
\\	单个反斜杠字符

2. length属性

每个字符串都有length属性，其值等于字符串中的字符数。例如，以下代码将输出5。

```
var str:String = "Adobe";
trace(str.length);
```

其中，空字符串和null字符串的长度均为0。例如，以下两段代码将分别输出0。

```
var str1:String = new String();
trace(str1.length);


str2:String = '';
trace(str2.length);
```

3. 处理字符串中的字符

字符串中的每个字符在字符串中都有一个索引位置，其中，第一个字符的索引位置为0，第二个字符的索引位置为1，依此类推。例如，在以下字符串中，字符y的位置为0，字符w的位置为5。

```
"yellow"
```

用户可以使用charAt()方法和charCodeAt()方法检查字符串各个位置上的字符，例如：

```
var str:String = "hello world!";
for (var:i = 0; i < str.length; i++)
{
    trace(str.charAt(i), "-", str.charCodeAt(i));
}
```

在运行此代码后，会产生以下输出：

```
h - 104
e - 101
l - 108
l - 108
o - 111
  - 32
w - 119
o - 111
r - 114
l - 108
d - 100
! - 33
```

11.4.3 处理数组

使用数组可以在单数据结构中存储多个项目，这些项目称为数组的元素。最常见的

ActionScript数组类型是索引数组，此数组将每个项目都存储在编号位置（称为索引），用户可以使用该编号来访问项目，如地址等。

在索引数组中，第一个索引始终是数字0，并且添加到数组中的每个后续元素的索引，都以1为增量递增。例如，以下代码通过调用Array构造函数初始化数组来创建索引数组。

```
var myArray:Array = new Array();
myArray.push("one");
myArray.push("two");
myArray.push("three");
trace(myArray);
```

以下代码通过使用数组文本初始化数组来创建索引数组。

```
var myArray:Array = ["one", "two", "three"];
trace(myArray);
```

索引数组使用无符号32位整数作为索引号，索引数组的最大大小为$2^{32}-1$，即4 294 967 295。如果要创建的数组大小超过最大值，则会出现运行时错误。

11.5 程序的编写和调试

使用ActionScript构建应用程序，仅仅了解语法和语句是远远不够的，还需要了解哪些程序可用于编写ActionScript，如何组织ActionScript并将其包括在应用程序中，以及在开发程序时应遵循哪些步骤等一系列问题，本节就围绕这些问题进行相关介绍。

11.5.1 编写程序

从简单的图形动画到复杂的客户端服务器事务处理系统，都可以使用ActionScript 3.0代码来实现。如何组织ActionScript，并将其包括在应用程序中，还需要用户熟悉动作面板和脚本窗口的使用。

1. “动作”面板

如果要编写嵌入到FLA文档中的代码，则需要使用“动作”面板，它包含了一个全功能代码编辑器，其中包括代码提示和着色、代码格式设置、语法加亮显示、语法检查、调试、行号、自动换行等功能，选择“窗口”→“动作”命令或按F9键即可打开，如图11-1所示。

“动作”面板由动作工具箱、代码工具栏、代码浏览器和代码输入区4部分组成。

- 动作工具箱：分类地列出了ActionScript所提供的脚本命令，双击这里的项目或者将项目拖放到右边的代码输入区中，即可添加程序代码。
- 代码工具栏：集合了有关代码编辑的一些按钮，用于实现代码的多种功能，至于各按钮的功能已在第2章中作了简单介绍，这里不再赘述。
- 代码浏览器：以层级方式列出当前文档中含有代码的所有元素，以便于用户快速查找并编辑代码。
- 代码输入区：是编写程序的主要区域，用于程序代码的添加、删除和修改。

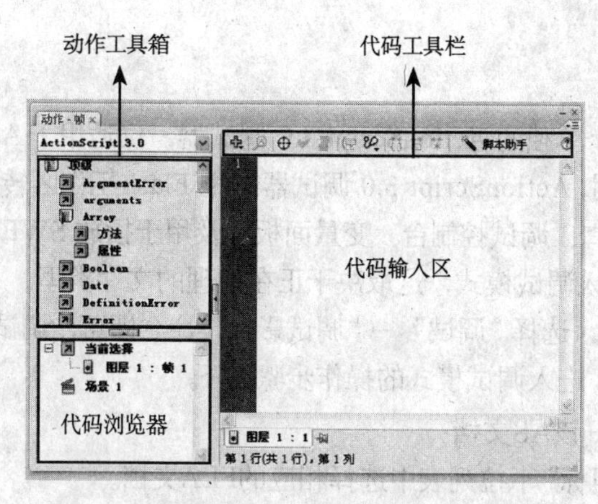

图 11-1 “动作”面板

2. 脚本窗口

如果要编写独立的代码文档，则需要使用脚本窗口，选择“文件”→“新建”命令，从打开的“新建文档”对话框中选择“ActionScript 文件”选项，如图 11-2 所示，然后单击 确定 按钮即可打开，如图 11-3 所示。至于脚本窗口中各组成部分的功能与动作面板上的大致相同，这里就不再重复介绍。

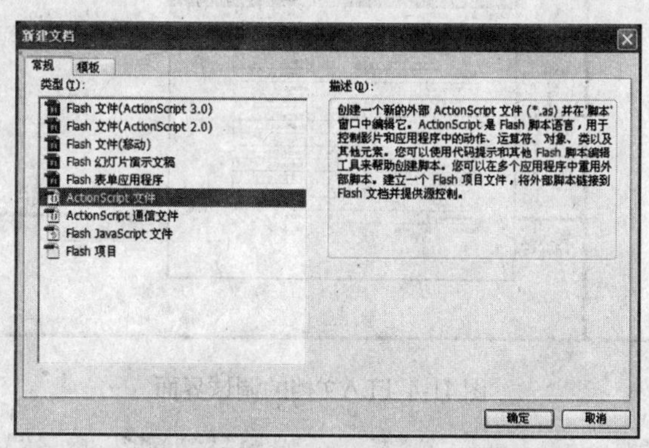

图 11-2 选择“ActionScript文件”选项

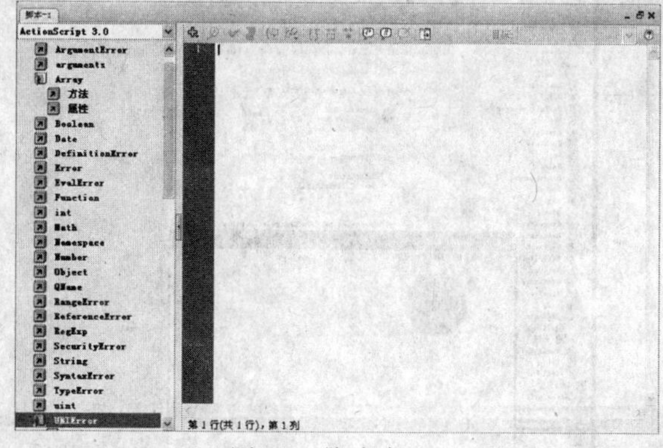

图 11-3 脚本窗口

编写独立的代码文档是 Flash 应用开发的一个重要方法，也就是实现数据、代码相分离。如果用户需要修改数据，就可以直接编辑文本文件，而不用去修改程序了，从而大大提高了开发效率，减少了代码的冗余程度。

11.5.2 调试程序

Flash CS4 包含一个单独的 ActionScript 3.0 调试器，仅适用于 ActionScript 3.0 FLA 和 AS 文档。当进行调试时，ActionScript 3.0 调试器将把 Flash 工作区转换为调试工作区，其中包括动作面板或脚本窗口、调试控制台、变量面板以及用于播放 SWF 文档的 Flash Player 调试版。下面介绍如何进入调试模式，这取决于正在处理的文件类型。

(1) 对于 FLA 文档，选择"调试"→"调试影片"命令即可，调试界面如图 11-4 所示。

(2) 对于 AS 文档，进入调试模式的操作步骤如下。

❶ 在脚本窗口打开该AS文档。

❷ 从其顶部的"目标"下拉列表中选择相应的FLA文档。

❸ 选择"调试"→"调试影片"命令，调试界面如图11-5所示。

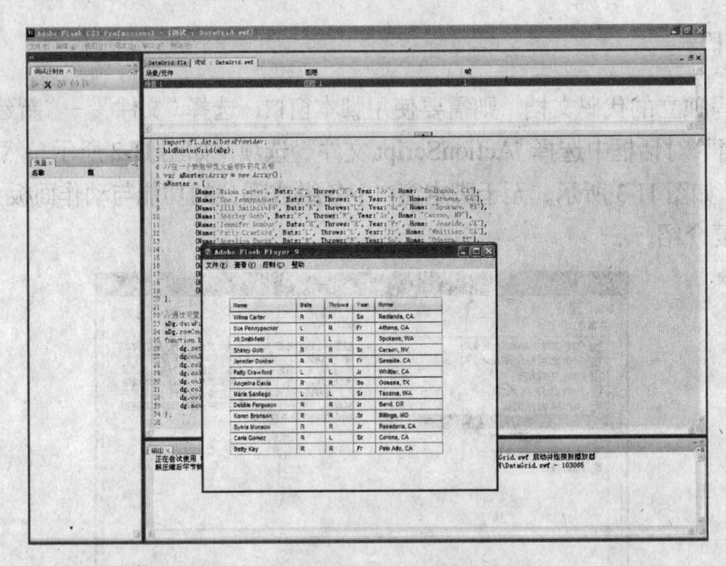

图 11-4 FLA文档的调试界面

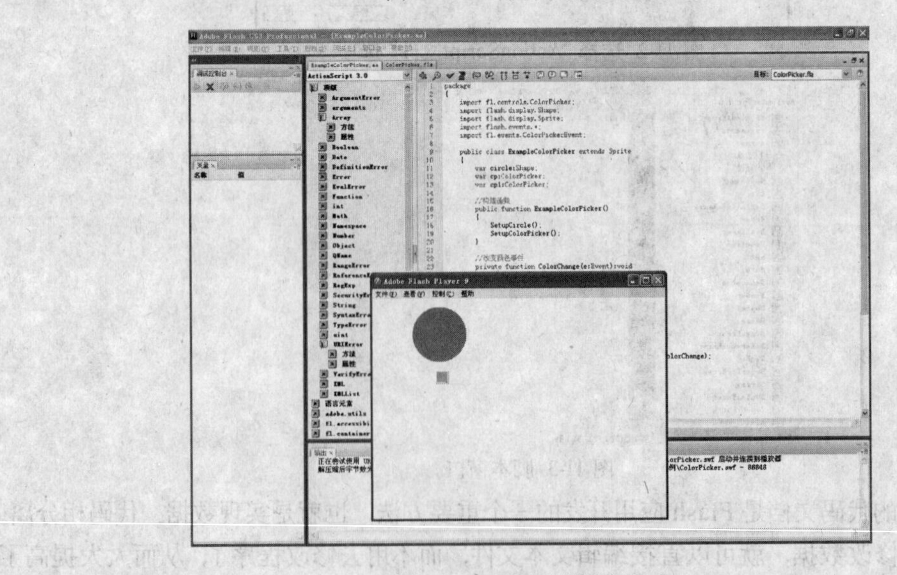

图 11-5 AS文档的调试界面

在调试期间，如果遇到断点或运行时错误，Flash 将中断执行 ActionScript。调试完毕后，选择“调试”→“结束调试会话”命令返回即可。如果用户要把调试信息追加到 SWF 文档中，则需要作以下设置。

(1) 打开 FLA 文档。

(2) 选择“文件”→“发布设置”命令，打开“发布设置”对话框。

(3) 选中“允许调试”复选框，单击 确定 按钮应用设置。

将调试信息追加到 SWF 文档中后，即使用户未启动调试会话进入调试模式，也能够进行调试，只是包括调试信息后的 SWF 文档会稍微变大一些。

11.6 常见交互操作

使用 ActionScript 3.0 可以创建交互性响应用户活动，实现多种交互操作，例如控制影片回放、动态加载显示内容、捕获用户输入等。

11.6.1 控制影片回放

Play 语句和 Stop 语句在 Flash 中用于控制影片的播放和停止。

1. Stop 语句

Stop 语句用于停止动画的播放。例如，假设舞台上有一个影片剪辑元件，其中包含一个自行车横穿屏幕的动画，其实例名称为 bicycle，如果将以下代码附加到主时间轴上的关键帧中，自行车将不会移动，即不播放其动画。

```
bicycle.stop();
```

2. Play 语句

Play 语句用于播放动画。例如，假设舞台上还有一个名为 startButton 的按扭，用户要通过单击该按钮播放自行车动画，则在主时间轴上某一关键帧中添加以下代码即可。

```
function playAnimation(event:MouseEvent):void
{
    bicycle.play();
}
startButton.addEventListener(MouseEvent.CLICK, playAnimation);
```

11.6.2 动态加载显示内容

在 Flash CS4 中，Loader 类用于加载图像和 SWF 文档，加载图像的操作步骤如下。

❶ 创建一个 URLRequest 对象，加载图像的 URL。

```
var request:URLRequest = new URLRequest
("http://www.wallcoo.com/cartoon/webjong _ 01/images/webjong _ illustrations _ 996587 _
```

top.jpg");

❷ 创建一个 Loader 对象。

```
var loader:Loader = new Loader();
```

❸ 调用 Loader 对象的 load() 方法，并以参数形式传递 URLRequest 实例。

```
loader.load(request);
```

❹ 对显示对象容器（如 Flash 文档的主时间轴）调用 addChild() 方法，将 Loader 实例添加到显示列表中。

```
addChild(loader);
```

❺ 按 Ctrl+Enter 组合键测试效果，如图 11-6 所示。

说明：使用上述代码同样可以加载外部 SWF 文档，只要更改其 URL 即可。

图 11-6 效果图

11.6.3 捕获用户输入

在学习如何捕获用户输入之前，先来了解用户交互术语：事件侦听器和焦点。事件侦听器也称事件处理函数，是 Flash Player 为响应特定事件而执行的函数；焦点用于指示选定元素是活动元素，并且是键盘或鼠标交互的目标。

1. 捕获键盘输入

用户可以通过键盘事件侦听器捕获整个舞台的键盘输入；也可以捕获舞台上的某个对象，当对象具有焦点时触发该事件侦听器。例如，以下代码用于捕获一个按键，并显示键名和键控代码属性。

```
function reportKeyDown(event:KeyboardEvent):void
{
    trace("Key Pressed: " + String.fromCharCode(event.charCode) +
"(character code: " + event.charCode + ")");
}
stage.addEventListener(KeyboardEvent.KEY _ DOWN, reportKeyDown);
```

2. 捕获鼠标输入

通过鼠标单击能够创建鼠标事件，这些事件可用于触发交互功能。用户可以将事件侦听器添加到舞台上侦听 SWF 文档任何位置发生的鼠标事件；也可以将事件侦听器添加到舞台上，从 InteractiveObject 进行继承的对象中，单击该对象触发该侦听器。例如，以下代码用于实现单击正方形时，将从 Sprite square 和 Stage 对象中调度该事件。

```
var square:Sprite = new Sprite();
square.graphics.beginFill(0xFF0000);
square.graphics.drawRect(0,0,100,100);
square.graphics.endFill();
square.addEventListener(MouseEvent.CLICK, reportClick);
square.x =
square.y = 50;
addChild(square);
stage.addEventListener(MouseEvent.CLICK, reportClick);
function reportClick(event:MouseEvent):void
{
    trace(event.currentTarget.toString() +" dispatches MouseEvent.Local
coords [" +event.localX + "," + event.localY + "] Stage coords [" + event.
stageX + "," + event.stageY + "]");
}
```

11.7 课堂实例

11.7.1 载入影片

本例制作载入影片效果，操作步骤如下。

❶ 新建一个 Flash 文档 (ActionScript 3.0)。

❷ 选择“修改”→“文档”命令，打开“文档属性”对话框，设置“尺寸”为 766×682，“背景颜色”为白色，如图 11-7 所示。单击 确定 按钮应用设置并关闭对话框。

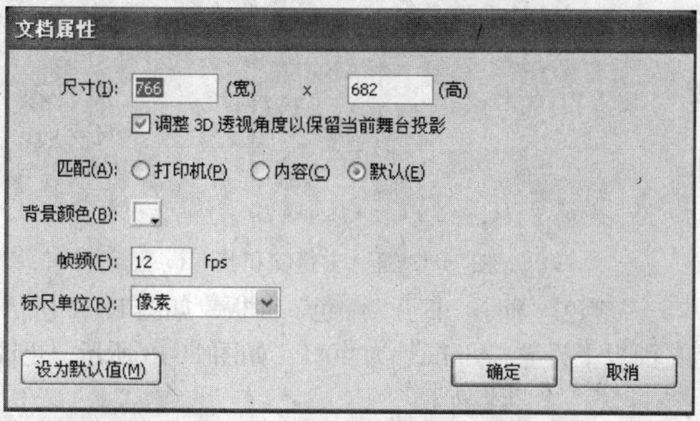

图11-7　“文档属性”对话框

❸ 按 Ctrl+F8 组合键，打开“创建新元件”对话框，如图 11-8 所示。

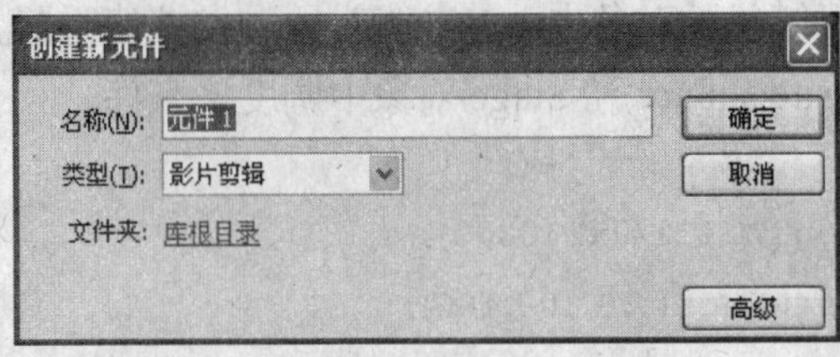

图 11-8 “创建新元件”对话框

❹ 设置“名称”为 Remove，“类型”为按钮，单击 确定 按钮进入元件的编辑模式。

❺ 选择“矩形工具”，在“属性”面板上设置“笔触颜色”为无，“填充颜色”为黑色，在舞台中绘制一个矩形。设置矩形的大小为宽度：766.0，高度：50.0；位置为 X：-383.0，Y：-25.0，如图11-9所示。

图 11-9 调整矩形的大小和位置

❻ 单击时间轴左下角的“新建图层”按钮，新建“图层 2”。

❼ 选择“文本工具”，在“属性”面板上设置“系列”为微软雅黑，“大小”为 37，“颜色”为白色，在矩形上输入文本“点击这里载入影片”，如图 11-10 所示。

点击这里载入影片

图 11-10 输入文本

❽ 选中“图层 1”的指针经过帧和按下帧，按 F6 键插入关键帧，选中“图层 1”和“图层 2”的点击帧，按 F5 键插入帧，如图 11-11 所示。

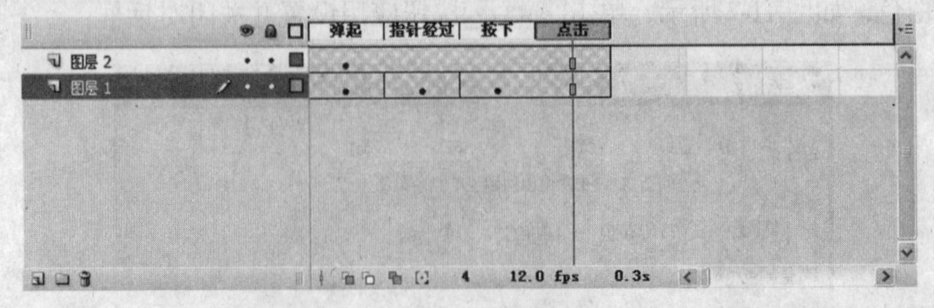

图 11-11 插入关键帧和帧

❾ 选择“窗口”→“颜色”命令，打开“颜色”面板，如图 11-12 所示。选中指针经过帧中的矩形，在“颜色”面板上设置“Alpha”为 40%，如图 11-13 所示，更改其透明度。

❿ 单击“场景 1”图标，返回主场景。

⓫ 选择“窗口”→“库”命令，打开“库”面板，拖动 Remove 元件到舞台中。

图 11-12 “颜色”面板

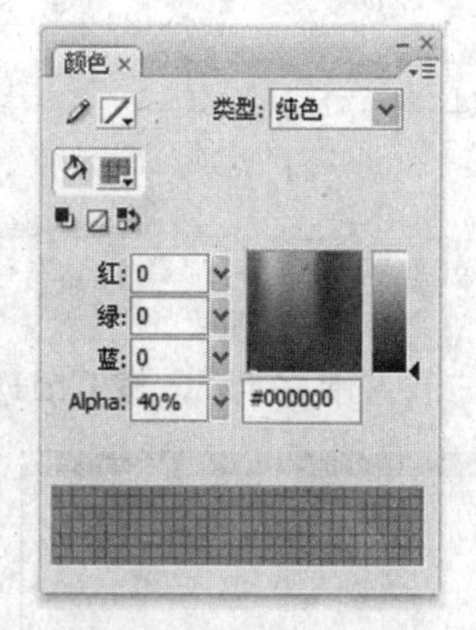

图 11-13 设置透明度属性

⑫ 选择“窗口”→“对齐”命令或按 Ctrl+K 组合键，打开“对齐”面板。

⑬ 激活“相对于舞台”按钮，选中 Remove 实例，单击“水平中齐”按钮和“底对齐”按钮，调整它与舞台的底边缘对齐。

⑭ 选中 Remove 实例，在“属性”面板上设置“实例名称”为 picture_btn，如图 11-14 所示。

图 11-14 设置实例名称

⑮ 单击时间轴左下角的“新建图层”按钮，新建“图层 2”。

⑯ 执行下列操作之一，打开“动作”面板，如图 11-15 所示。

- 选择“窗口”→“动作”命令。
- 按F9键。

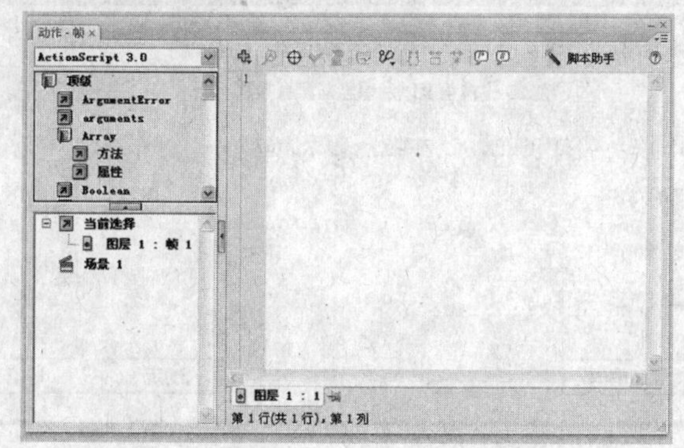

图 11-15 “动作”面板

⑰ 选中“图层 2”的第 1 帧，在动作面板上输入以下代码：

```
var loader:Loader = new Loader();
loader.load(new URLRequest("6442.swf"));
picture _ btn.addEventListener(MouseEvent.CLICK, showPicture);
function showPicture(event:MouseEvent):void
```

```
{
    addChild(loader);
}
```

注意：6442.swf是要加载的外部影片，它与该实例的源程序在同一个目录中。

⑱ 保存文档为“载入影片.fla”，按 Ctrl+Enter 组合键测试影片，效果如图 11-16 所示。

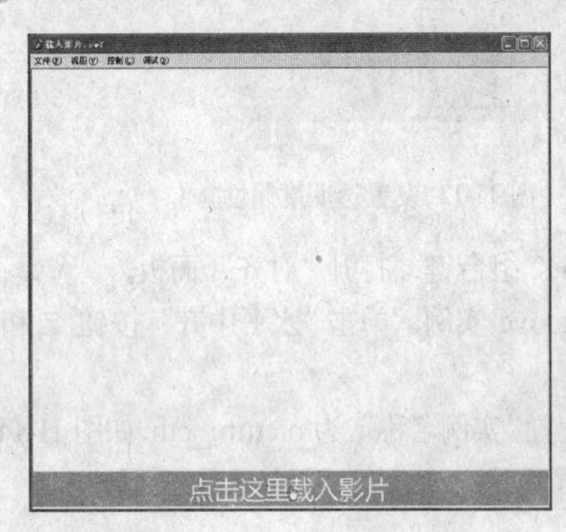

图 11-16 效果图

11.7.2 拖曳遮罩

本例制作拖曳遮罩效果，操作步骤如下。

❶ 新建一个 Flash 文档（ActionScript 3.0）。

❷ 选择“修改”→“文档”命令，打开“文档属性”对话框，设置“尺寸”为 512×384，“背景颜色”为白色，如图 11-17 所示。单击 确定 按钮应用设置，并关闭对话框。

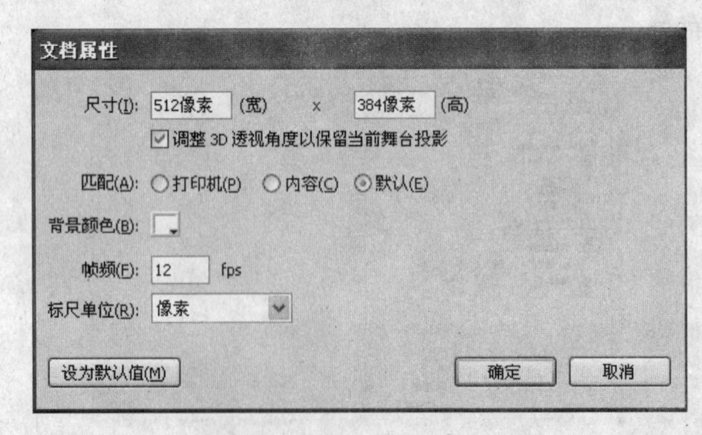

图 11-17 “文档属性”对话框

❸ 按 Ctrl+F8 组合键，打开“创建新元件”对话框，如图 11-18 所示。

❹ 设置“名称”为 image，“类型”为影片剪辑，单击 确定 按钮进入元件的编辑模式。

❺ 选择“文件”→“导入”→“导入到舞台”命令，打开“导入”对话框，导入“gd17.jpg”图片。

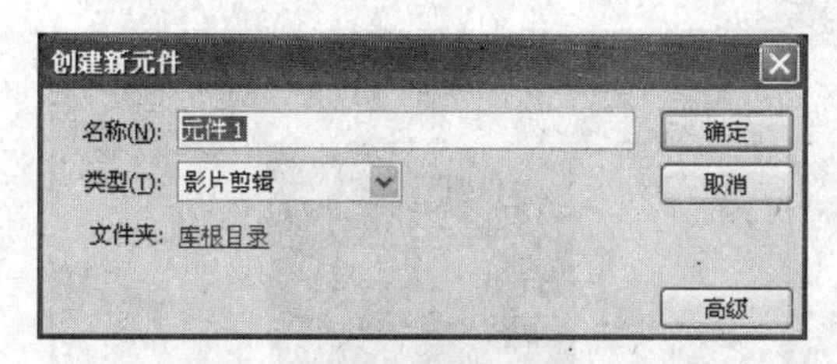

图 11-18　“创建新元件”对话框

⑥ 选择“窗口”→“变形”命令，打开“变形”面板，如图 11-20 所示。选中图片，在文本框中输入“50.0%”，然后按 Enter 键进行缩放。

⑦ 选择“窗口”→“对齐”命令或按 Ctrl+K 组合键，打开“对齐”面板，如图 11-21 所示。

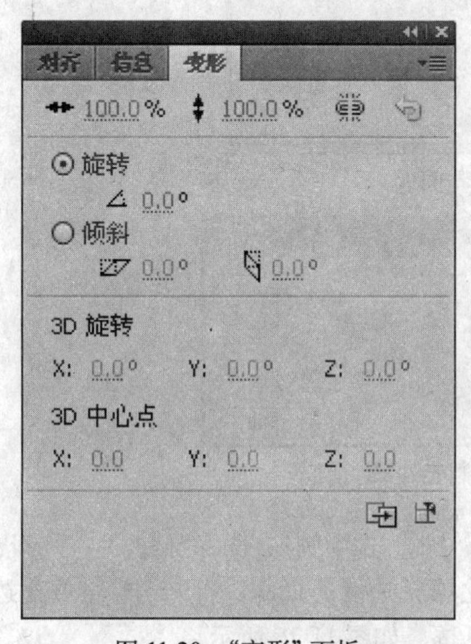

图 11-20　“变形”面板

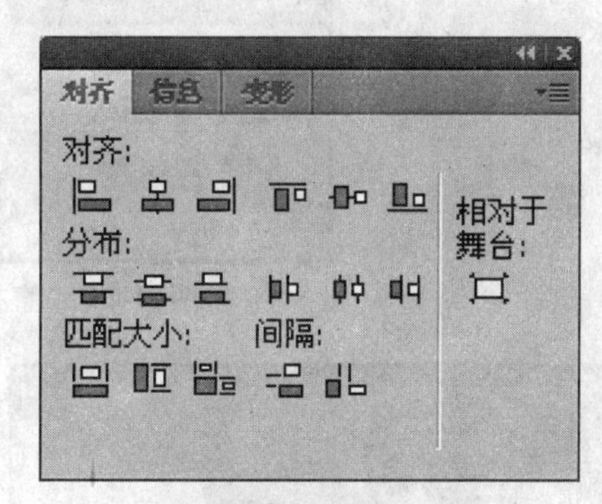

图 11-21　“对齐”面板

⑧ 激活“相对于舞台”按钮，单击“左对齐”按钮和“上对齐”按钮，调整图片的左上角与元件的中心点对齐，如图 11-22 所示。

⑨ 选择“窗口”→“库”命令，打开“库”面板，如图 11-23 所示。

⑩ 选中 image 元件后右击，在弹出的快捷菜单中选择“直接复制”命令，打开“直接复制元件”对话框，如图 11-24 所示。

⑪ 设置“名称”为 imagebright，单击确定按钮关闭对话框，此时，该元件将被添加至“库”面板上，如图 11-25 所示。

图 11-22 调整图片的对齐方式

⑫ 创建一个名为 mask 的元件，单击确定按钮进入元件的编辑模式。

⑬ 选择“椭圆工具”，在“属性”面板上设置“笔触颜色”为无，“填充颜色”为黑色，按住 Shift 键，在舞台中绘制一个圆形。

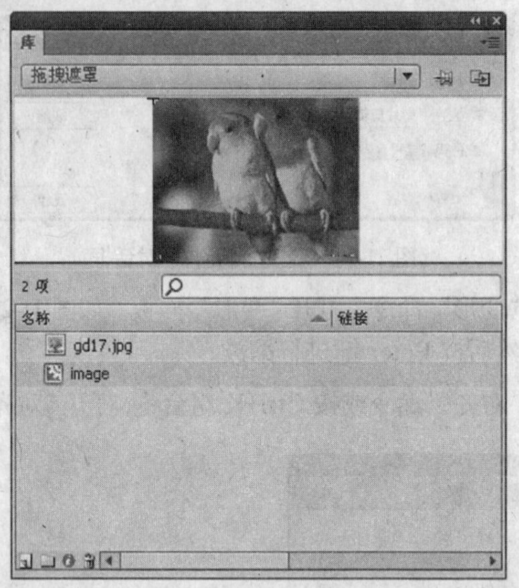

图 11-23 “库”面板

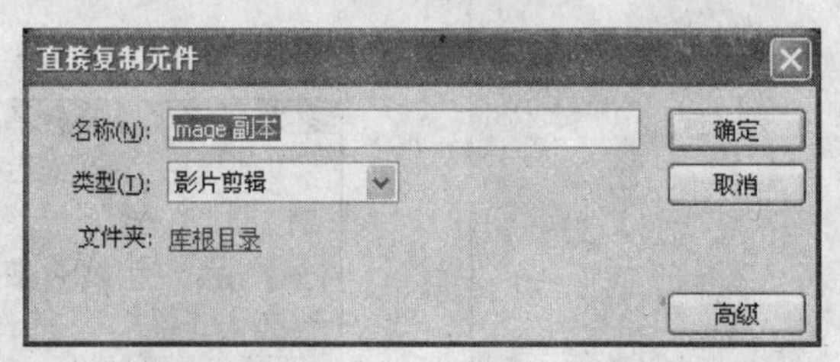

图 11-24 “直接复制元件”对话框

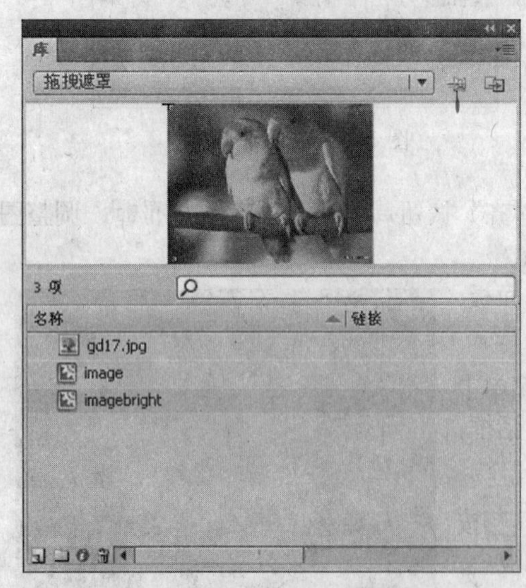

图 11-25 副本元件被添加至“库”面板

⑭ 选中圆形，选择“修改”→“形状”→“柔化填充边缘”命令，打开“柔化填充边缘”对话框，如图 11-26 所示。

⑮ 设置“距离”为 20，“步骤数”为 10，单击 确定 按钮应用柔化，效果如图 11-27 所示。

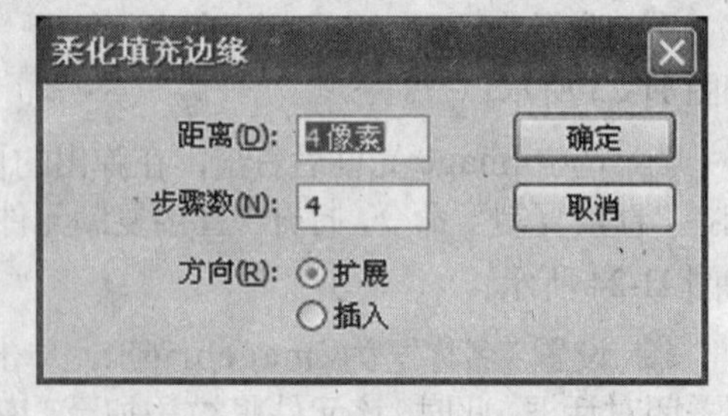

图11-26 “柔化填充边缘”对话框

⑯ 单击“场景 1”图标，返回主场景。从“库”面板上拖动 image 元件到舞台的中心位置。

⑰ 选中 image 实例，在“属性”面板上设置“实例名称”为 dim，如图 11-28 所示。

⑱ 选中 image 实例，在“属性”面板上设置“亮度”为加内容，“Alpha 数量”为－70%，然后按 Enter 键更改它的透明度，图 11-29 所示。

图 11-27 柔化填充边缘效果

图 11-28 设置实例名称

更改前

更改后

图 11-29 更改透明度前后的效果对比

⑲ 单击 3 次时间轴左下角的“新建图层”按钮，新建“图层 2”至“图层 4”，如图 11-30 所示。

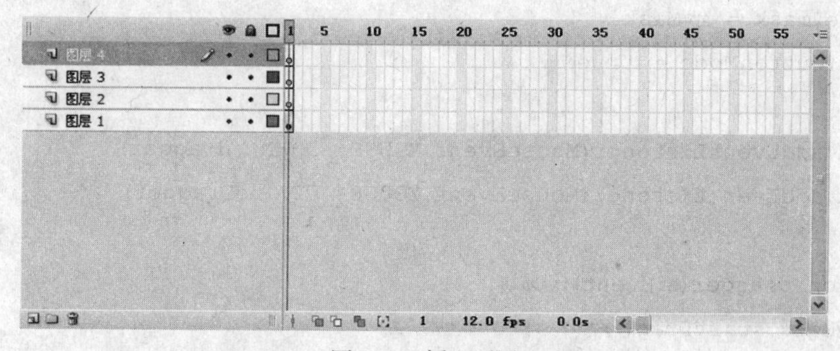

图 11-30 插入图层

⑳ 从“库”面板上拖动 image 元件到“图层 2”中，并使其完全覆盖“图层 1”中的对象。

㉑ 选中 image 实例，在“属性”面板上设置“实例名称”为 myImage。

㉒ 选中“图层 3”，从“库”面板上拖动 mask 元件到如图 11-31 所示的位置。

㉓ 选中 mask 实例，在“属性”面板上设置“实例名称”为 myMask。

㉔ 执行下列操作之一，打开“动作”面板，如图 11-32 所示。

图 11-31 拖入mask元件

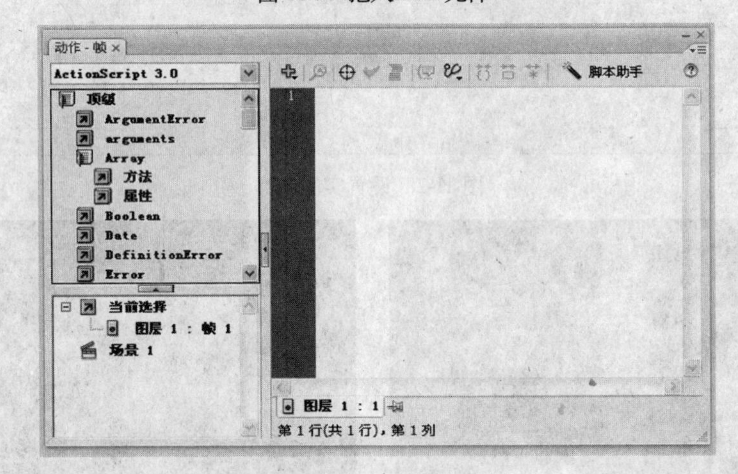

图11-32 "动作"面板

➢ 选择"窗口"→"动作"命令。

➢ 按F9键。

㉕ 选中"图层4"的第1帧，在"动作"面板上输入以下代码：

```
myImage.mask = myMask
myMask.buttonMode = true;

myMask.addEventListener(MouseEvent.MOUSE_DOWN, dragger)
myMask.addEventListener(MouseEvent.MOUSE_UP, noDragger)

function dragger(e:Event):void{
    myMask.startDrag();
}

function noDragger(e:Event):void{
    myMask.stopDrag();
}
```

㉖ 保存文档为"拖曳遮罩.fla"，按 Ctrl+Enter 组合键测试影片，效果如图 11-33 所示。

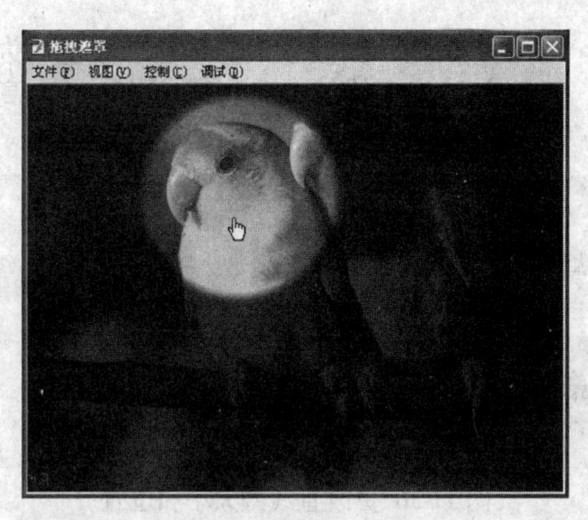

图 11-33 效果图

11.7.3 瞄准靶心

本例制作瞄准靶心效果，操作步骤如下。

❶ 新建一个 Flash 文档（ActionScript 3.0）。

❷ 选择“修改”→“文档”命令，打开“文档属性”对话框，设置“尺寸”为 400×300，“背景颜色”为白色，如图 11-34 所示。单击[确定]按钮应用设置并关闭对话框。

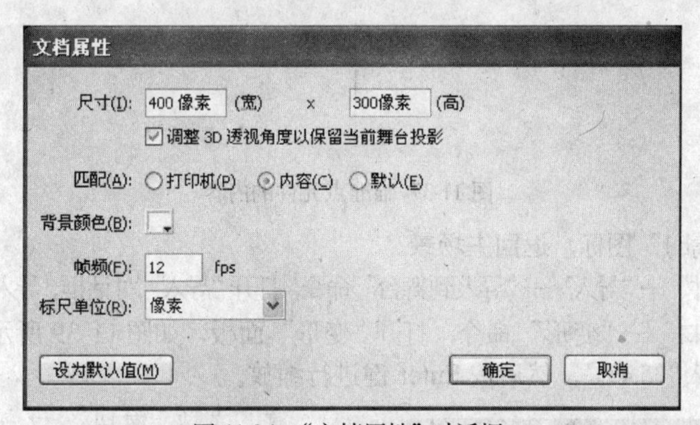

图 11-34 “文档属性”对话框

❸ 按 Ctrl+F8 组合键，打开“创建新元件”对话框，如图 11-35 所示。

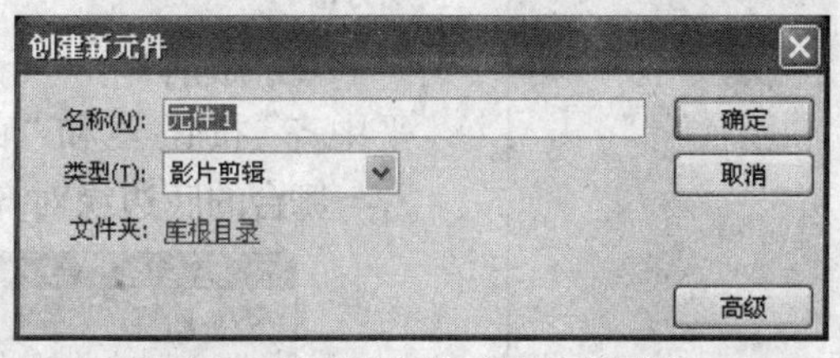

图 11-35 “创建新元件”对话框

❹ 设置“名称”为锚准点，“类型”为影片剪辑，单击[确定]按钮进入元件的编辑模式。

❺ 选择“矩形工具”，在“属性”面板上设置“笔触颜色”为无，“填充颜色”为 #666666，按住 Shift 键，在舞台的中心绘制一个正方形，如图 11-36 所示。

图 11-36 绘制正方形

❻ 单击时间轴左下角的“新建图层”按钮，新建“图层2”。

❼ 选择“线条工具”，在“属性”面板上设置“笔触颜色”为黑色，在“图层 2”中绘制一条水平直线。在“属性”面板上更改直线的大小为宽度:1057.0，高度: 1.0；位置为X :−500.0，Y :0，如图 11-36 所示，按 Enter 键应用设置。

图 11-36 更改直线的大小和位置

❽ 在“图层2”中绘制一条竖直直线，并更改它的大小为宽度：0，高度：1057.0；位置为X：0，Y：−528.5，完成瞄准点元件的制作，如图11-37所示。

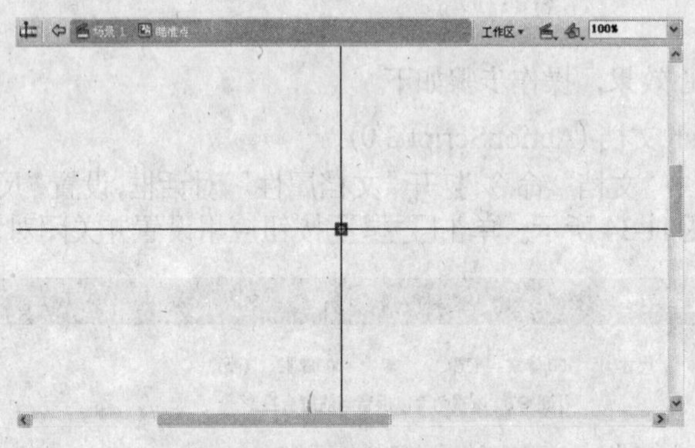

图 11-37 瞄准点元件的内容

❾ 单击“场景 1”图标，返回主场景。

❿ 选择“文件”→“导入”→“导入到舞台”命令，打开“导入”对话框，导入“2008_2.jpg”图片。

⓫ 选择“窗口”→“变形”命令，打开“变形”面板，如图 11-39 所示。然后选中图片，在文本框中输入“35.4%”，然后按 Enter 键进行缩放。

⓬ 选择“窗口”→“对齐”命令或按 Ctrl+K 组合键，打开“对齐”面板，如图 11-40 所示。

⓭ 激活“相对于舞台”按钮，单击“水平中齐”按钮和“底对齐”按钮，调整图片与舞台的底边缘对齐。

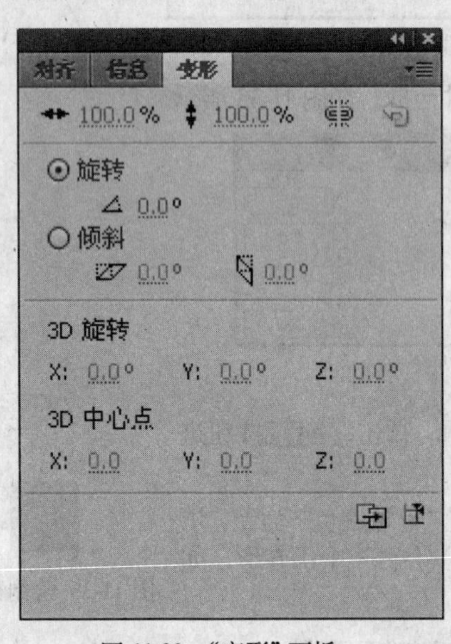

图 11-39 “变形”面板

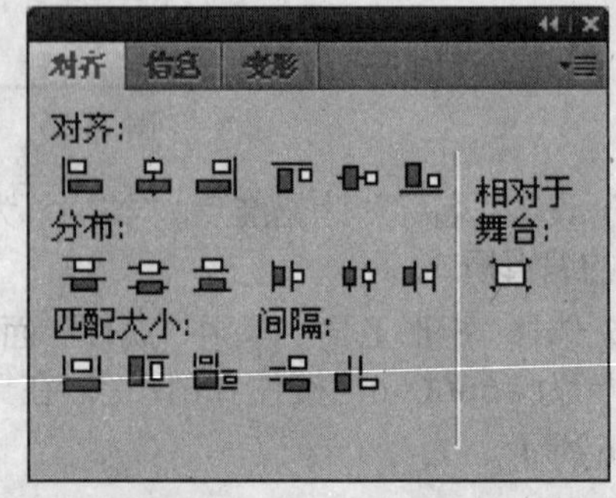

图 11-40 “对齐”面板

⓮ 单击时间轴左下角的“新建图层”按钮，新建“图层2”。

⓯ 选择“窗口”→“库”命令，打开“库”面板，拖动瞄准点元件到“图层2”中，如图11-41所示。选中瞄准点实例，在“属性”面板上设置“实例名称”为mc，如图11-42所示。

图 11-41　拖入瞄准点元件

图 11-42　设置实例名称

⓰ 执行下列操作之一，打开“动作”面板，如图11-43所示。

- 选择“窗口”→“动作”命令。
- 按F9键。

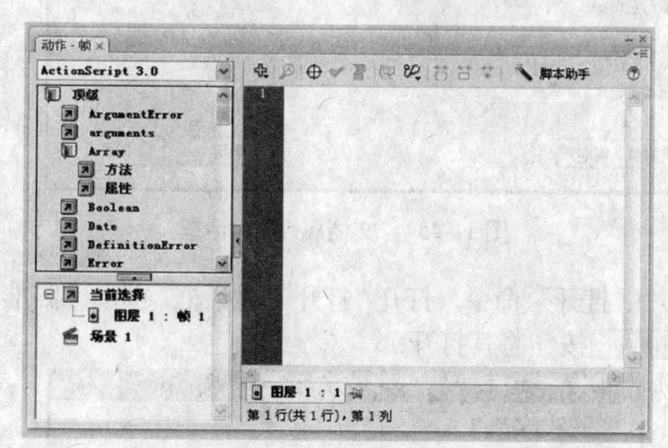

图 11-43　“动作”面板

⓱ 选中“图层2”的第1帧，在“动作”面板上输入以下代码：

```
Mouse.hide();
stage.addEventListener(MouseEvent.MOUSE_MOVE,xMove);
function xMove(evt:MouseEvent){
    mc.x = stage.mouseX;
    mc.y = stage.mouseY;
    evt.updateAfterEvent();
}
```

⑱ 保存文档为"瞄准靶心.fla"，按 Ctrl+Enter 组合键测试影片，效果如图 11-44 所示。

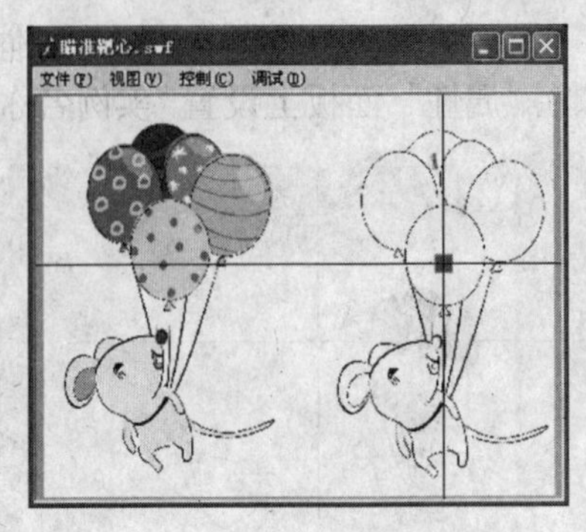

图 11-44 效果图

11.7.4 获取鼠标的坐标

本例制作获取鼠标的坐标效果，操作步骤如下。

❶ 新建一个 Flash 文档 (ActionScript 3.0)。

❷ 选择"修改"→"文档"命令，打开"文档属性"对话框，设置"尺寸"为 400×300，"背景颜色"为白色，如图 11-45 所示。单击 确定 按钮应用设置并关闭对话框。

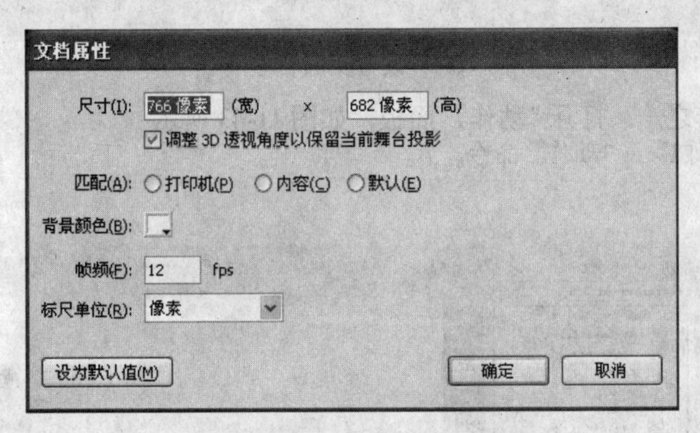

图 11-45 "文档属性"对话框

❸ 选择"文件"→"打开"命令，打开"打开"对话框，选择"瞄准靶心.fla"文件，如图 11-46 所示，单击 打开(O) 按钮将其打开。

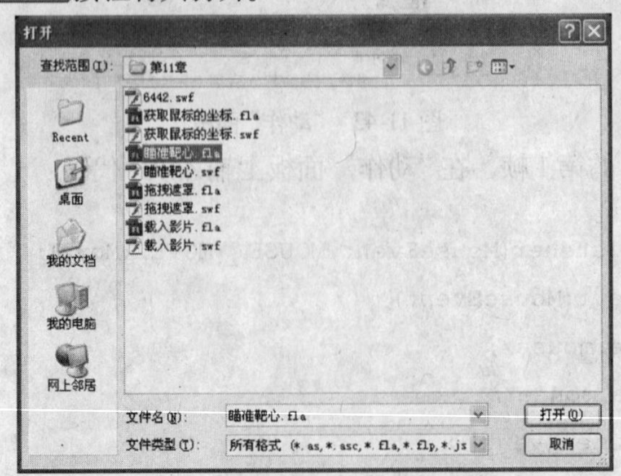

图 11-46 "打开"对话框

❹ 选择“窗口”→“库”命令，打开“库”面板，复制其中的瞄准点元件。再切换至新建的文档，按Ctrl+V组合键将该元件粘贴至舞台中，如图11-47所示。

❺ 选中瞄准点实例，在“属性”面板上设置“实例名称”为mc，如图11-48所示。

❻ 单击两次时间轴左下角的“新建图层”按钮，新建“图层2”和“图层3”。

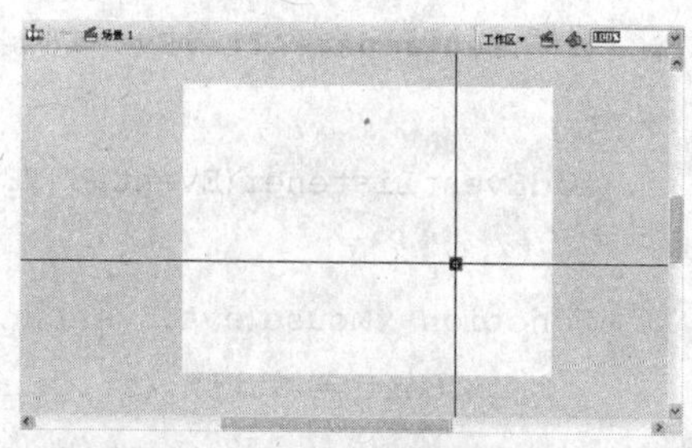

图11-47 粘贴瞄准点元件

图11-48 设置实例名称

❼ 选择“文本工具”，在“图层2”中输入所需的文本，如图11-49所示。更改“文本类型”为动态文本，在文本的后面拖出两个动态文本框，如图11-50所示。

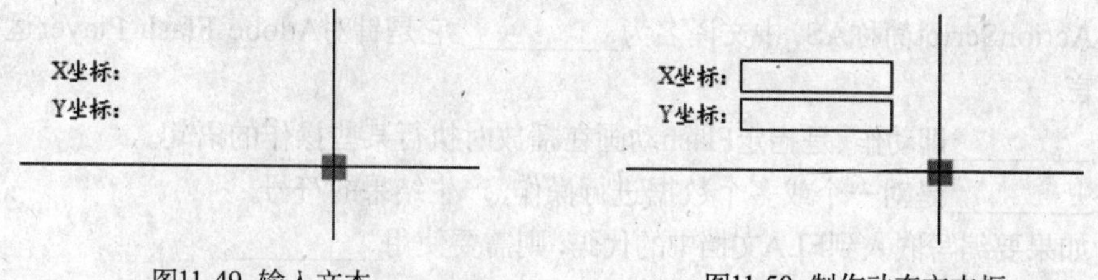

图11-49 输入文本

图11-50 制作动态文本框

❽ 选中上面的文本框，在“属性”面板上设置“实例名称”为px，如图11-51所示。

❾ 选中下面的文本框，在“属性”面板上设置“实例名称”为py。

图11-51 设置实例名称

❿ 执行下列操作之一，打开“动作”面板。

- 选择“窗口”→“动作”命令。
- 按F9键。

⓫ 选中“图层3”的第1帧，在“动作”面板上输入以下代码：

```
Mouse.hide();
stage.addEventListener(MouseEvent.MOUSE _ MOVE,xMove);
function xMove(evt:MouseEvent){
    mc.x = stage.mouseX;
    mc.y = stage.mouseY;
```

```
    evt.updateAfterEvent();
}
addEventListener(Event.ENTER_FRAME,xMouse);

function xMouse(evt:Event){
    px.text = String(stage.mouseX);
    py.text = String(stage.mouseY);
}
```

⑫ 保存文档为“获取鼠标的坐标.fla”，按 Ctrl+Enter 组合键测试影片，效果如图 11-52 所示。

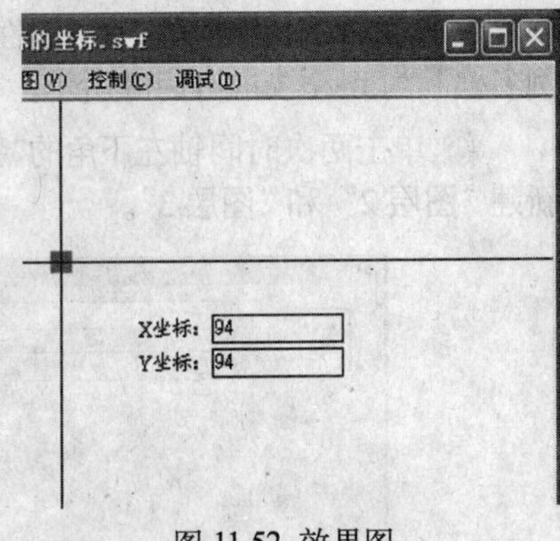

图 11-52 效果图

课堂练习十一

一、填空题

(1) ActionScript简称AS，中文译名为________，它是针对Adobe Flash Player运行环境的编程语言。

(2) ________即动作，是指定Flash动画在播放时执行某些操作的语句。

(3) ________是对一个或多个数据进行操作，产生结果的符号。

(4) 如果要编写嵌入到FLA文档中的代码，则需要使用________。

二、选择题

(1) 常量可划分为（　　）。

A. 数值型　　B. 字符串型

C. 逻辑型　　D. 空

(2) 动作面板由（　　）组成。

A. 动作工具箱　　B. 代码工具栏

C. 代码浏览器　　D. 代码输入区

三、上机操作题

(1) 制作鼠标跟随效果。

(2) 制作替换鼠标标志效果，如图11-53所示。

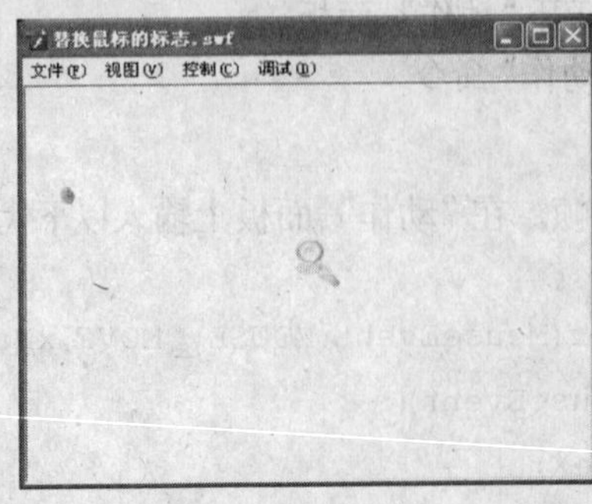

图 11-53 效果图

Flash 第12章 组件

学习目标

使用组件可以在Flash动画中实现交互功能，一个组件就是一个影片剪辑，用户只需在添加组件后进行相关的参数设置即可。本章主要介绍组件的类型与添加，希望用户掌握几种常用组件的应用及参数设置。

学习重点

(1) 组件的类型
(2) 组件的添加
(3) 常用组件的使用

12.1 组件的类型

组件是预先构建的Flash元素，是带有参数的影片剪辑，其外观和行为可以通过设置参数进行修改。通过使用Flash组件，用户可以重复使用和共享代码，即使不编写ActionScript也能实现各种动态网站和应用程序中常见的交互功能，大大提高了工作效率。

在Flash CS4中，所有的组件都存放在“组件”面板上，用户可以选择“窗口”→“组件”命令或者按Ctrl+F7组合键打开该面板，查看各种组件，如图12-1所示。

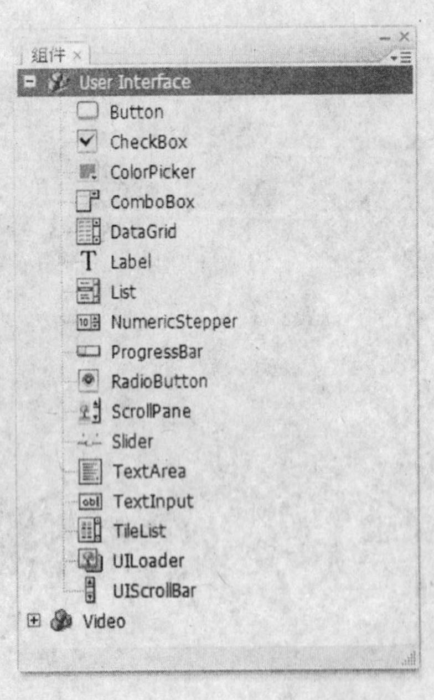

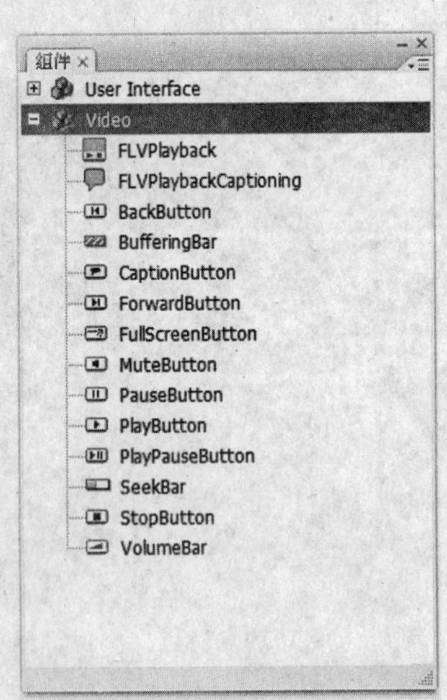

图 12-1 查看各种组件

User Interface组件也叫用户界面组件，通常简写为UI，是使用最为频繁的一类组件，该类组件主要用于创建具有交互功能的元素，它包含多种组件，下面简单介绍各项组件的功能。

- Button：用于创建按钮。
- CheckBox：用于创建复选框。

- ColorPicker：用于更改颜色。
- ComboBox：用于创建下拉菜单。
- DataGrid：用于显示载入到组件中的数据。
- Label：用于创建一个不可编辑的单行文本字段。
- List：用于创建下拉列表。
- NumericStepper：用于创建可单击的箭头，通过单击可增加或减少数值。
- ProgressBar：用于创建进度条。
- RadioButton：用于创建一组单选按钮。
- ScrollPane：用于创建滚动窗格，从而在可滚动区域中显示影片剪辑、JPEG图像或动画。
- Slider：用于创建滑动条。
- TextArea：用于创建一个可随意编辑的多行文本字段。
- TextInput：用于创建一个可随意编辑的单行文本字段。
- TileList：用于创建网格列表。
- UILoader：用于创建UI加载框。
- UIScrollBar：用于创建UI滚动条。

Video组件也叫视频组件，是基于SWC的组件，使用户可以轻松地将视频播放器嵌入到Flash应用程序中，该类组件也包含多种组件，下面简单介绍各项组件的功能。

- FLVPlayback：用于播放流式FLV文档。
- FLVPlaybackCaptioning：用于将字幕添加至FLVPlayback中。
- BackButton：用于创建后退按钮。
- BufferingBar：用于创建缓冲栏。
- CaptionButton：用于创建标题栏按钮。
- ForwardButton：用于创建前进按钮。
- FullScreenButton：用于创建全屏按钮。
- MuteButton：用于创建静音按钮。
- PauseButton：用于创建暂停按钮。
- PlayButton：用于创建播放按钮。
- PlayPauseButton：用于创建播放/暂停按钮。
- SeekBar：用于创建音量轨道。
- StopButton：用于创建停止按钮。
- VolumeBar：用于创建音量滑块。

注意：Adobe Flash Player 9及更高版本支持ActionScript 3.0组件，这些组件与在Flash CS4之前构建的组件不兼容。

12.2 组件的添加

在Flash CS4中，用户可以在创作时使用组件面板添加组件，也可以在运行时使用Action-Script添加组件，下面介绍第一种方法，操作步骤如下。

❶ 执行下列操作之一，打开组件面板。

- 选择“窗口”→“组件”命令。
- 按Ctrl+F7组合键。

❷ 执行下列操作之一，添加组件到舞台中。

- 选中某一组件，将其拖曳到舞台中。
- 选中某一组件，双击。

❸ 选择“窗口”→“组件检查器”命令，打开组件检查器设置组件，如图12-2所示。

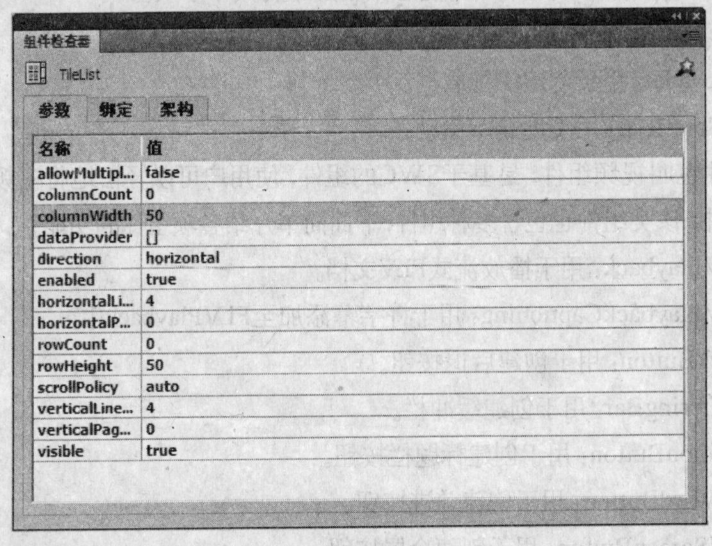

图 12-2 组件检查器

❹ 按Ctrl+Enter组合键测试影片。

12.3 常用组件的使用

本节详细介绍几种User Interface类组件，包括它们的参数设置及使用，通过设置这些参数可以更改该组件的外观和行为。在一般情况下，最常用的属性显示为创作参数，用户可以通过“参数”面板或“组件检查器”面板进行设置，而其他参数则必须使用ActionScript来设置。

12.3.1 Button组件

Button组件用于创建按钮，是任何表单的基础，用户可以在“参数”面板或组件检查器中为每个Button实例设置创作参数，如图12-3所示。

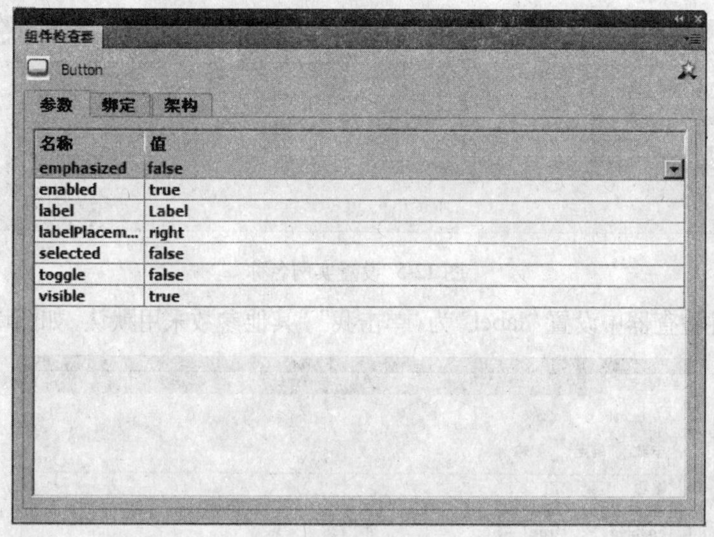

图 12-3 Button的组件检查器

对其各项创作参数说明如下。

- emphasized：提供两种不同外观，通常用于加亮显示某个按钮，如图12-4所示。

图 12-4 按钮的两种不同外观

- label：设置按钮上的文本值，默认值是label。
- labelPlacement：确定按钮上的标签文本相对于图标的方向，该参数可以是left、right、top或bottom，默认值是right。
- selected：如果toggle参数的值是true，则该参数指定按钮是处于按下状态（true），释放状态（false），默认值为false。
- toggle：将按钮转变为切换开关，如果值为true，则按钮在单击后保持按下状态，并在再次单击时返回到弹起状态；如果值为false，则按钮行为与一般按钮相同，默认值为false。
- enabled：是一个布尔值，用于指示按钮是否处于启用状态，如果值为false，按钮是被禁用的，此时按钮虽然可见，但不能被单击。
- visible：获取或设置一个值，指示当前组件是否可见，true表示可见；false表示不可见。

> 注意：每个参数都有对应的同名ActionScript属性，为这些参数赋值时，将设置应用程序中属性的初始状态，并且如果使用ActionScript设置属性，将覆盖在对应参数中设置的值。

下面通过一个实例来介绍Button组件的使用，操作步骤如下。

❶ 新建一个Flash文档（ActionScript 3.0）。

❷ 从“组件”面板上拖曳Button组件到舞台中。

❸ 选中Button实例，在“属性”面板上设置“实例名称”为myButton，如图12-5所示。

图 12-5 设置实例名称

❹ 在组件检查器中设置“label”为“单击我”，其他参数采用默认，如图12-6所示。

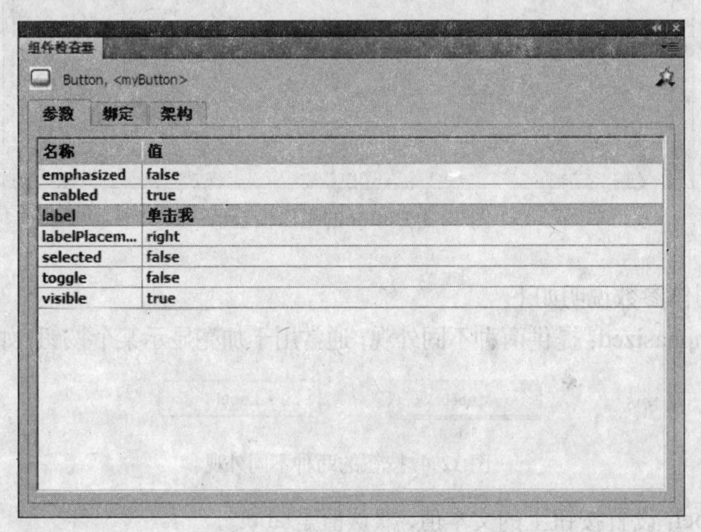

名称	值
emphasized	false
enabled	true
label	单击我
labelPlacem...	right
selected	false
toggle	false
visible	true

图 12-6 设置“label”的值

❺ 在“属性”面板上设置“Button”实例的位置为X：450.0，Y：353.0，按Enter键应用，如图12-7所示。

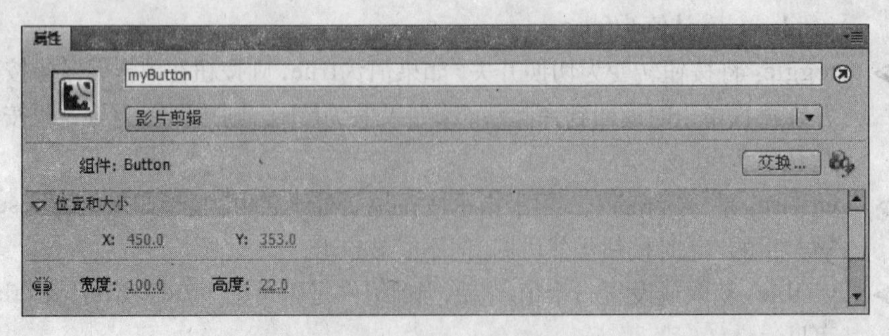

图 12-7 设置Button实例的坐标

❻ 从“组件”面板上拖曳UILoader组件到舞台中，设置其“实例名称”为my_ldr。

❼ 在“属性”面板上设置“UILoader”实例的大小为宽度：350.0，高度：350.0；位置为X：100.0，Y：25.0，按Enter键应用，如图12-8所示。

❽ 选择“窗口”→“动作”命令或按F9键，打开“动作”面板。

❾ 选中第1帧，在“动作”面板上输入以下代码：

```
myButton.addEventListener(MouseEvent.CLICK, ldr)
function ldr(e:Event)
{
    my _ ldr.source ="img.jpg"
}
```

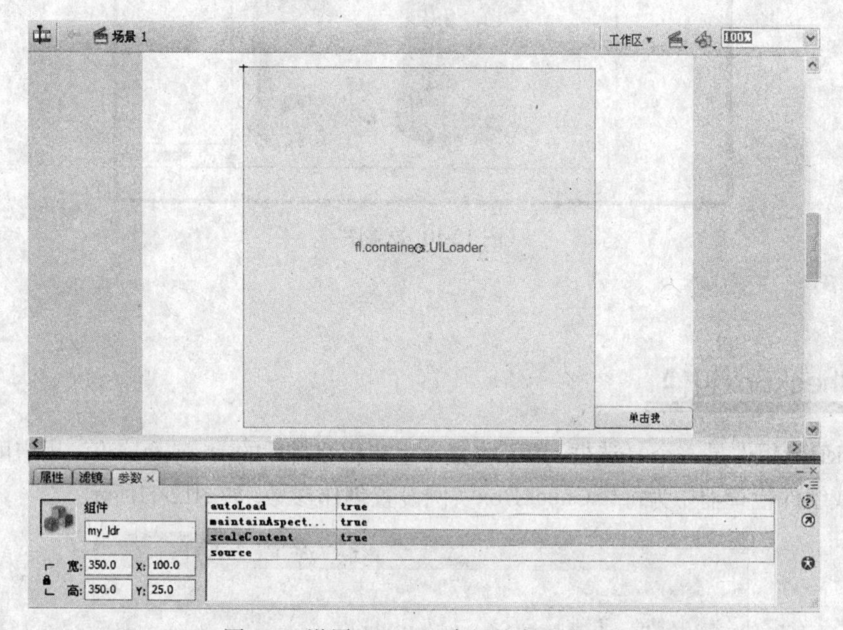

图 12-8 设置UILoader实例的大小和坐标

❿ 保存文档为“button.fla”。

⓫ 复制一张图片，将其粘贴至“button.fla”文档所在的目录中并重命名为“img.jpg”，如图12-9所示。

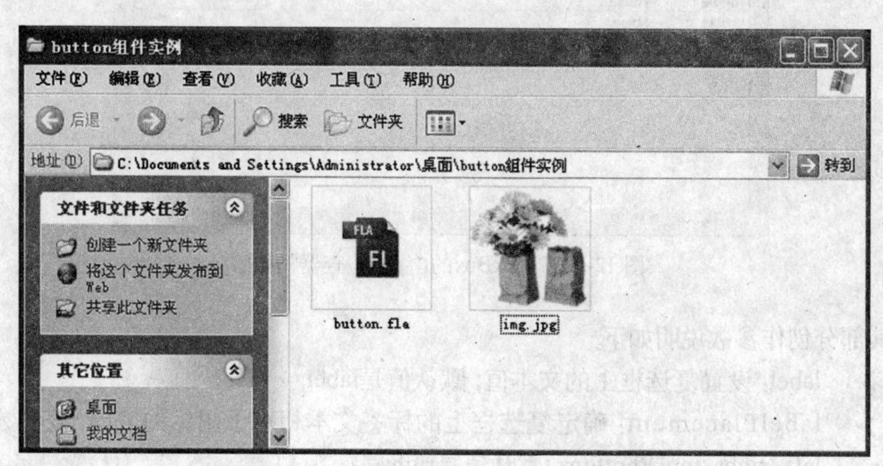

图 12-9 准备图片

⓬ 按Ctrl+Enter组合键测试影片，效果如图12-10所示。

图 12-10 效果图

12.3.2 CheckBox组件

CheckBox组件是一个复选框，用于收集一组非相互排斥的true或false值，用户可以在“参数”面板或组件检查器中为每个CheckBox实例设置创作参数，如图12-11所示。

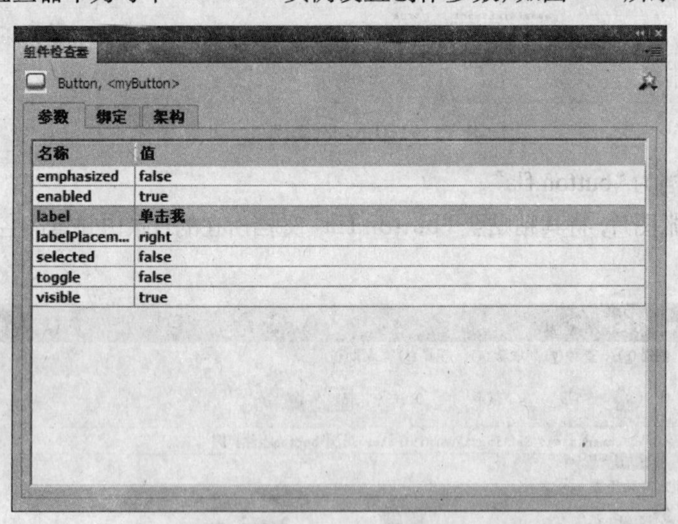

图 12-11 CheckBox的“组件检查器”面板

对其部分创作参数说明如下。

- label：设置复选框上的文本值，默认值是label。
- labelPlacement：确定复选框上的标签文本相对于图标的方向，该参数可以是left、right、top或bottom，默认值是right。
- selected：设置复选框的初始状态，默认值为false，即复选框处于未选中状态。
- enabled：是一个布尔值，用于指示组件是否可以接收焦点和输入，默认值为true。

- visible：获取或设置一个值，指示当前组件是否可见，true表示可见；false表示不可见。

下面通过一个实例来介绍CheckBox组件的使用，操作步骤如下。

❶ 新建一个Flash文档（ActionScript 3.0）。

❷ 从“组件”面板上拖曳5次CheckBox组件到舞台中。

❸ 选择“窗口”→“对齐”命令或按Ctrl+K组合键打开“对齐”面板，如图12-12所示。

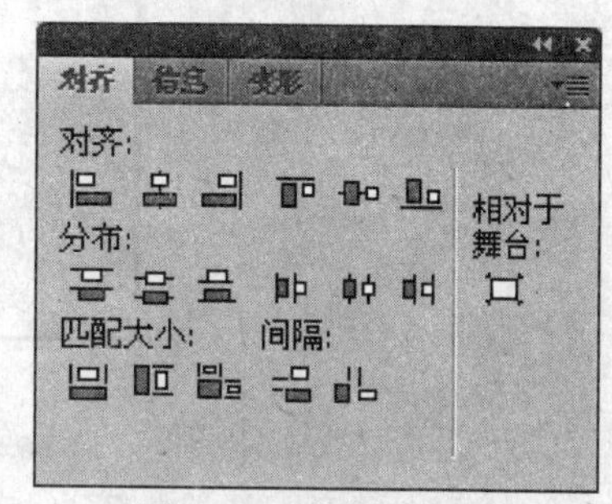

图 12-12　“对齐”面板

❹ 确认“相对于舞台”按钮未被激活，然后选中所有的CheckBox实例，单击“左对齐”按钮和“垂直平均间隔”按钮进行对齐，如图12-13所示。

图 12-13 对齐CheckBox实例

❺ 选中最顶部的“CheckBox”实例，在“组件检查器中的“label”中输入歌曲名称Get A Way，其他参数采用默认，如图12-14所示。

❻ 依次设置其他“CheckBox”实例的“label”值为In My Dreams、Movetron、So Good和Mallorca，如图12-15所示。

❼ 保存文档为“CheckBox.fla”，按Ctrl+Enter组合键测试影片，效果如图12-16所示。

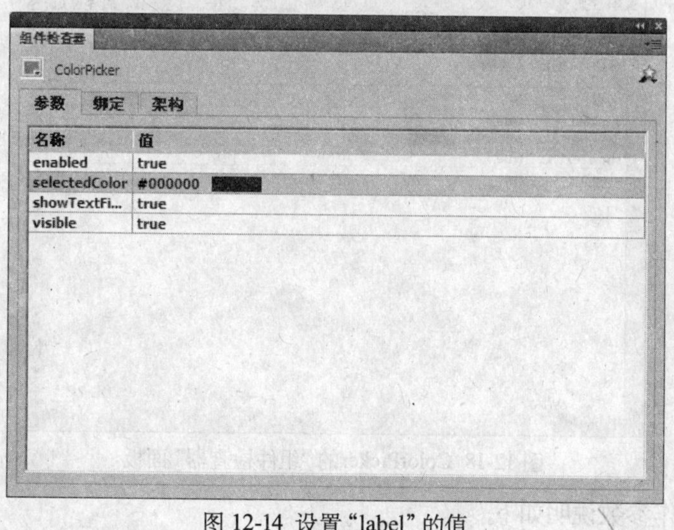

图 12-14 设置“label”的值

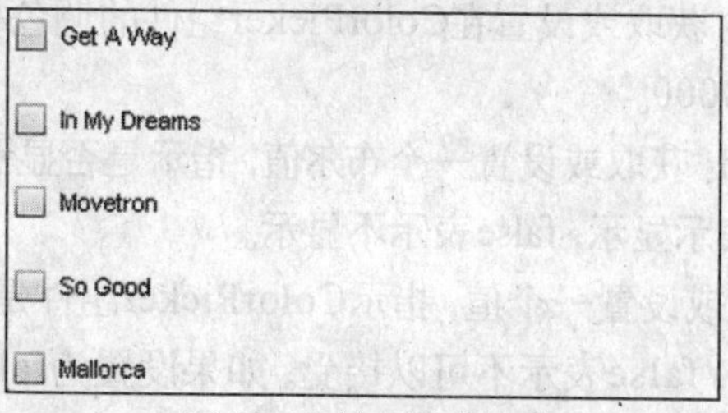

图 12-15 输入歌曲名称

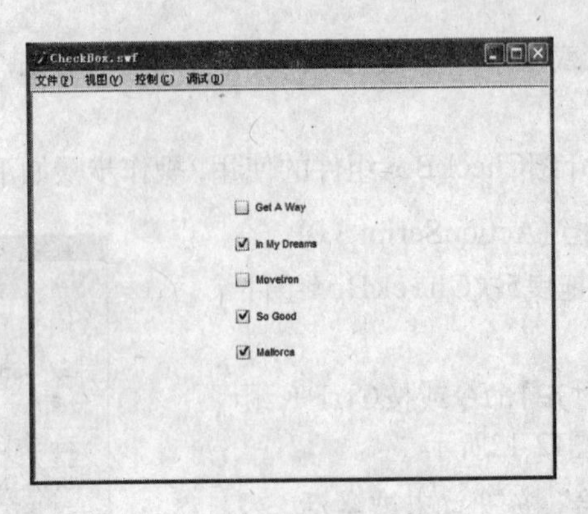

图 12-16 效果图

12.3.3 ColorPicker组件

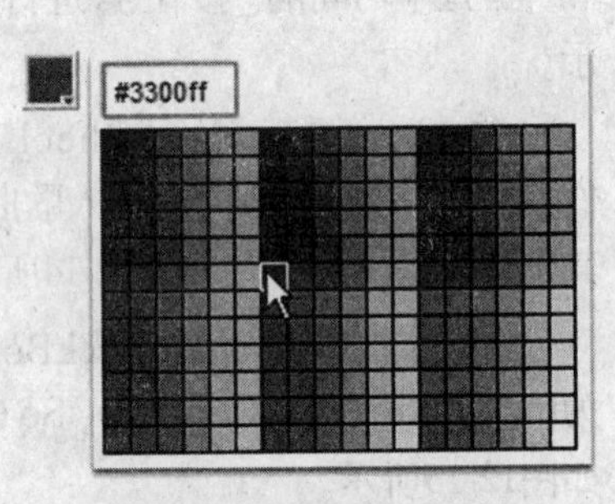

图 12-17 样本的完整列表

ColorPicker组件用于显示包含一个或多个样本的列表，用户可以从中选择颜色。在默认情况下，该组件在方形按钮中显示单一颜色样本，当用户单击此按钮时将打开一个面板，显示样本的完整列表，如图12-17所示。

用户可以在“参数”面板或“组件检查器”面板上为每个ColorPicker实例设置创作参数，如图12-18所示。

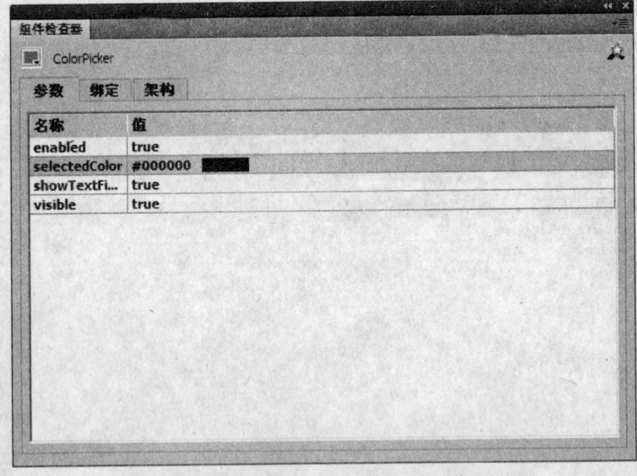

图 12-18 ColorPicker的“组件检查器”面板

对其各项创作参数说明如下。

- selectedColor：获取或设置在ColorPicker组件的调色板中当前加亮显示的样本，默认值为#000000。
- showTextField：获取或设置一个布尔值，指示是否显示ColorPicker组件的内部文本字段，true表示显示，false表示不显示。
- enabled：获取或设置一个值，指示ColorPicker组件是否可以接受用户交互。true表示可以接受，false表示不可以接受。如果设置为false，则容器的颜色将变暗且禁止用户输入。

➢ visible：获取或设置一个值，指示当前组件是否可见。true表示可见，false表示不可见。

下面通过一个实例来介绍ColorPicker组件的使用，操作步骤如下。

❶ 新建一个ActionScript文档，如图12-19所示。

图 12-19 新建ActionScript文档

❷ 在文档窗口中输入以下代码：

```
package
{
    import fl.controls.ColorPicker;
    import flash.display.Shape;
    import flash.display.Sprite;
    import flash.events.*;
    import fl.events.ColorPickerEvent;

public class ExampleColorPicker extends Sprite
  {
    var circle:Shape;
    var cp:ColorPicker;
    var cp1:ColorPicker;

  //构造函数
public function ExampleColorPicker()
{
    SetupCircle();
    SetupColorPicker();
}
  //改变颜色事件
  private function ColorChange(e:Event):void
  {
    cp = e.target as ColorPicker
```

```
        ColorCircle(circle, cp.selectedColor);
    }

        //创建颜色ColorPicker组件实例
        private function SetupColorPicker():void
        {
         cp1 = new ColorPicker();
         cp1.move(120, 130);
         cp1.addEventListener(ColorPickerEvent.CHANGE, ColorChange);
         addChild(cp1);
    }

        //创建一个红色圆形
        private function SetupCircle():void
        {
         circle = new Shape();
         circle.x = 127;
         circle.y = 64;
         ColorCircle(circle, 0xFF0000);
         addChild(circle);
    }
        //填充圆形的颜色
        private function ColorCircle(c:Shape, newColor:uint):void
        {
         c.graphics.clear();
         c.graphics.beginFill(newColor, 1);
         c.graphics.drawCircle(0, 0, 50);
         c.graphics.endFill();
    }
    }
    }
```

❸ 保存文档为"ExampleColorPicker.as"。

❹ 新建一个Flash文档（ActionScript 3.0）。

❺ 从"组件"面板上拖动ColorPicker组件和ComboBox组件到舞台上，然后按Delete键删除，也可以直接拖曳到库中。

❻ 在"属性"面板上的"文档类"中输入所创建ActionScript文档的名称"ExampleColorPicker"，如图12-20所示。

❼ 保存文档至"ExampleColorPicker.as"文档所在的目录中并重命名为"ColorPicker.fla"。

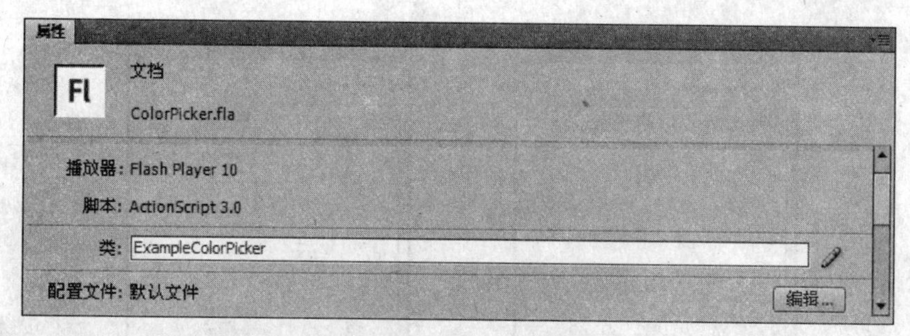

图 12-20 设置文档类

❽ 按Ctrl+Enter组合键测试影片，效果如图12-21所示。

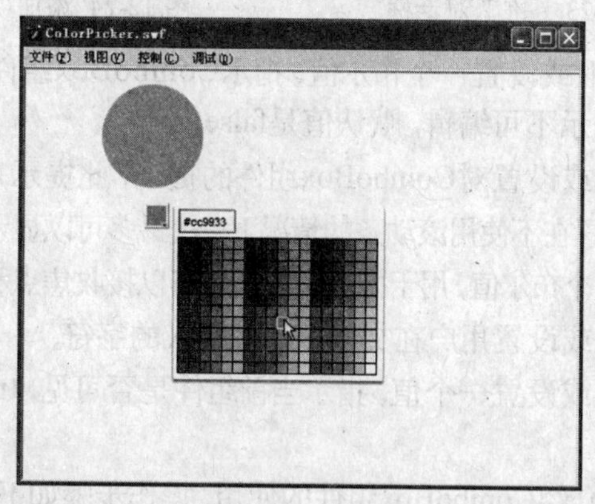

图 12-21 效果图

12.3.4 ComboBox组件

ComboBox组件用于创建下拉菜单，用户可以在“组件检查器”面板上为每个ComboBox实例设置创作参数，如图12-22所示。

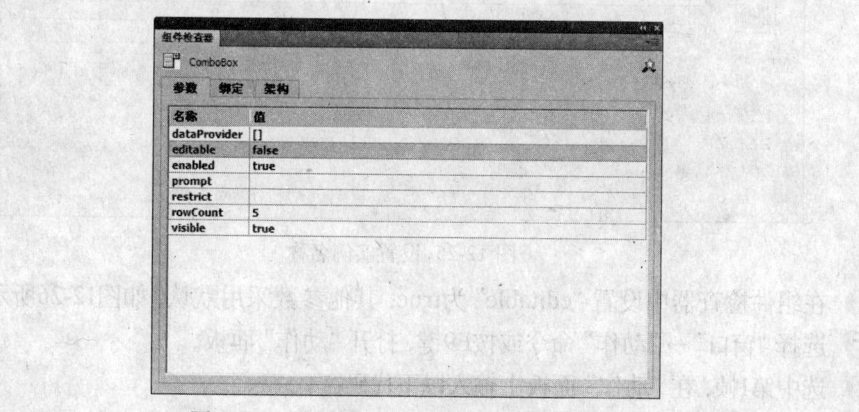

图 12-22 ComboBox的“组件检查器”面板

对其各项创作参数说明如下。

➤ dataProvider：获取或设置要查看项目列表的数据模型，双击其后的[ ]，将弹出如图12-23所示的“值”对话框，单击➕按钮可以添加项目，如图12-24所示。单击➖按钮可以删除项目；单击▼按钮可以选中下一个项目；单击▲按钮可以选中上一个项目。

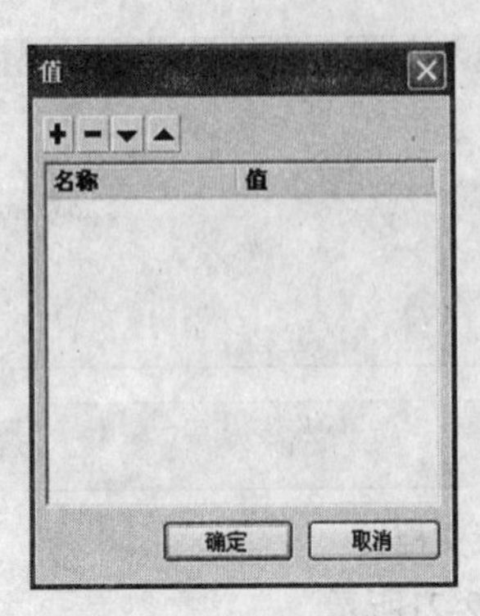

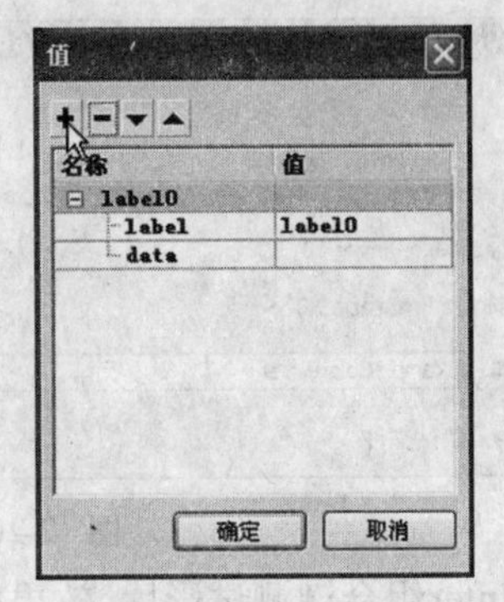

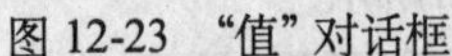
图 12-23 “值”对话框　　　　图 12-24 添加项目

- editable：获取或设置一个布尔值，指示ComboBox组件是否可编辑，true表示可编辑，false表示不可编辑，默认值是false。
- prompt：获取或设置对ComboBox组件的提示，此提示是一个字符串。
- rowCount：设置在不使用滚动条的情况下一次最多可以显示的项目数，默认值为5。
- enabled：是一个布尔值，用于指示组件是否可以接收焦点和输入，默认值为true。
  restrict：获取或设置用户在文本字段中输入的字符。
- visible：获取或设置一个值，指示当前组件是否可见，true表示可见；false表示不可见。

下面通过一个实例来介绍ComboBox组件的使用，操作步骤如下。

❶ 新建一个Flash文档（ActionScript 3.0）。

❷ 从“组件”面板上拖曳ComboBox组件到舞台中。

❸ 选中“ComboBox”实例，在“属性”面板上设置“实例名称”为aCb，如图12-25所示。

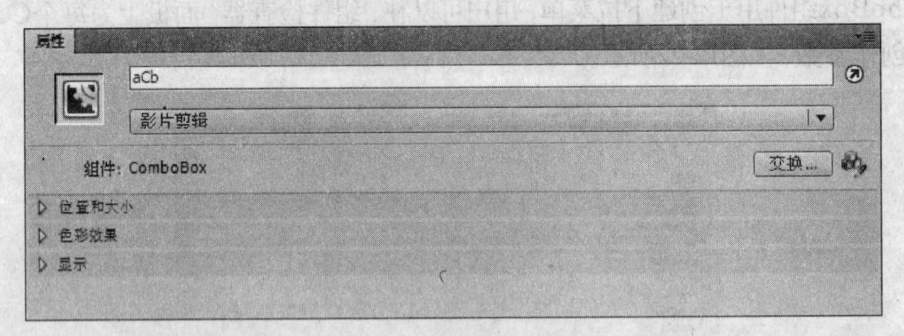

图 12-25 设置实例名称

❹ 在组件检查器中设置“editable”为true，其他参数采用默认，如图12-26所示。

❺ 选择“窗口”→“动作”命令或按F9键，打开“动作”面板。

❻ 选中第1帧，在“动作”面板上输入以下代码：

```
import fl.data.DataProvider;

import fl.events.ComponentEvent;

//使用label属性储存菜单各项名称，使用data属性储存菜单各项数据

var items:Array = [
{label:"screen1", data:"screenData1"},
```

```
{label:"screen2", data:"screenData2"},
{label:"screen3", data:"screenData3"},
{label:"screen4", data:"screenData4"},
{label:"screen5", data:"screenData5"},
];
//实现在文本字段中每键入一次“Add”，则在列表中就增加一项的功能
aCb.dataProvider = new DataProvider(items);
aCb.addEventListener(ComponentEvent.ENTER, onAddItem);
function onAddItem(event:ComponentEvent):void
{
    var newRow:int = 0;
    if (event.target.text == "Add")
{
    newRow = event.target.length + 1;
    event.target.addItemAt({label:"screen" + newRow, data:"screenData" +
newRow},
    event.target.length);
}
}
```

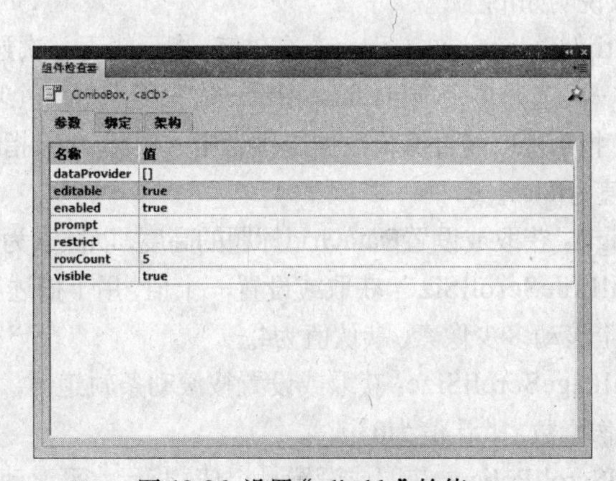

图 12-26 设置“editable”的值

❼ 保存文档为“ComboBox.fla”，按Ctrl+Enter组合键测试影片，则当用户在文本字段中键入“Add”，然后按Enter键确认时，就会在列表中增加一项，效果如图12-27所示。

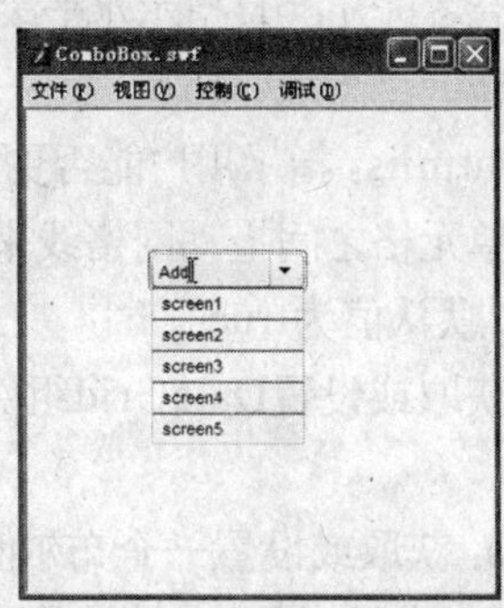

未增加前

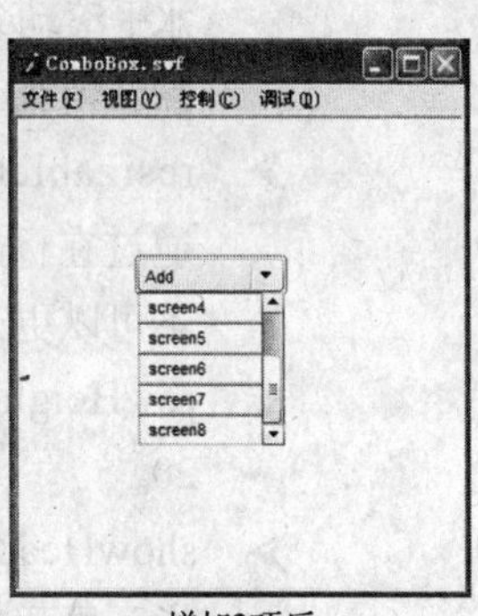

增加3项后

图 12-27 效果图

12.3.5 DataGrid组件

DataGrid是基于列表的组件，提供了呈行和列分布的网格，由ScrollBar、HeaderRenderer、CellRenderer、DataGridCellEditor和ColumnDivider等子组件构成，所有这些子组件的外观均可在创作过程中或运行时设置。用户可以在"组件检查器"面板上为每个DataGrid实例设置创作参数，如图12-28所示。

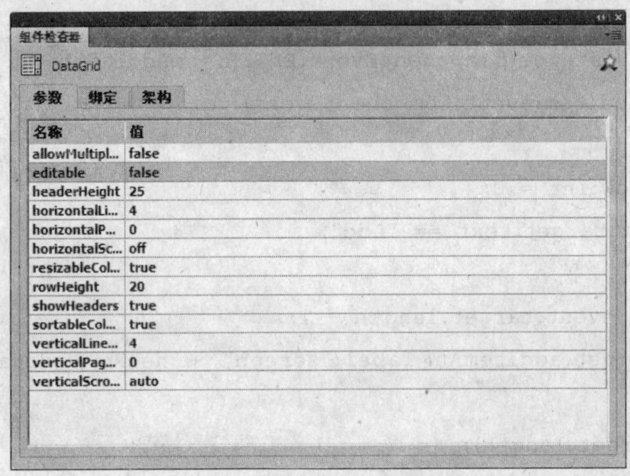

图 12-28 DataGrid的"组件检查器"面板

对其各项创作参数说明如下。

- allowMultipleSelection：获取一个布尔值，指示能否一次选择多个列表项目，true指示可以一次选择多个项目；false指示一次只能选择一个项目，默认值为false。
- editable：指示用户能否编辑数据提供者中的项目，true指示可以；false指示不可以，默认值为false。
- headerHeight：获取或设置DataGrid标题的高度，以像素为单位，默认值为25。
- horizontalLineScrollSize：获取或设置一个值，用于描述当单击滚动箭头时要在水平方向上滚动多少像素，默认值为4。
- horizontalPageScrollSize：获取或设置按滚动条轨道时，水平滚动条上滚动滑块要移动的像素数，默认值为0。
- horizontalScrollPolicy：获取或设置一个值，指示水平滚动条的状态，其中on指示水平滚动条始终打开；off指示水平滚动条始终关闭；auto指示其状态自动更改，默认值为off。
- resizableColumns：指示用户能否更改列的尺寸，true指示可以更改，即用户可以通过在标题单元格之间拖动网格线来伸展或缩短DataGrid组件的列；false指示不可以更改，默认值为true。
- rowHeight：获取或设置DataGrid组件中每一行的高度，以像素为单位，默认值为20。
- showHeaders：获取或设置一个布尔值，指示DataGrid组件是否显示列标题，true指示显示；false指示不显示，默认值为true。

- sortableColumns：指示用户能否通过单击列标题单元格对数据提供者中的项目进行排序，true指示可以；false指示不可以，默认值为true。
- verticalLineScrollSize：获取或设置一个值，用于描述当单击滚动箭头时要在垂直方向上滚动多少像素，默认值为4。
- verticalPageScrollSize：获取或设置按滚动条轨道时，垂直滚动条上滚动滑块要移动的像素数，默认值为0。
- verticalScrollPolicy：获取或设置一个值，指示垂直滚动条的状态，其中on指示垂直滚动条始终打开；off指示垂直滚动条始终关闭；auto指示其状态自动更改，默认值为auto。

下面通过一个实例来介绍DataGrid组件的使用，操作步骤如下。

1. 新建一个Flash文档（ActionScript 3.0）。
2. 从"组件"面板上拖曳DataGrid组件到舞台中。
3. 选中DataGrid实例，在"属性"面板上设置"实例名称"为aDg，如图12-29所示。

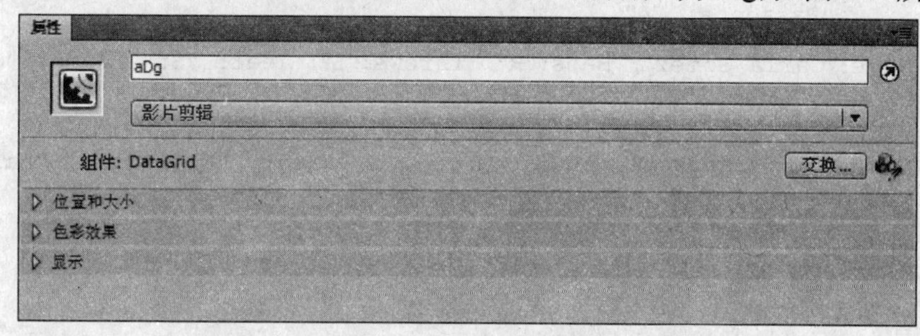

图 12-29 设置实例名称

4. 选择"窗口"→"动作"命令或按F9键，打开"动作"面板。
5. 选中第1帧，在"动作"面板上输入以下代码：

```
import fl.data.DataProvider;
bldRosterGrid(aDg);

//在数组中定义一个垒球队的花名册
var aRoster:Array = new Array();
aRoster = [
    {Name:"Wilma Carter", Bats:"R", Throws:"R", Year:"So", Home: "Redlands,
        CA"},
    {Name:"Sue Pennypacker", Bats:"L", Throws:"R", Year:"Fr", Home:
        "Athens, GA"},
    {Name:"Jill Smithfield", Bats:"R", Throws:"L", Year:"Sr", Home:
        "Spokane, WA"},
    {Name:"Shirley Goth", Bats:"R", Throws:"R", Year:"Sr", Home: "Carson,
        NV"},
    {Name:"Jennifer Dunbar", Bats:"R", Throws:"R", Year:"Fr", Home:
```

```
        "Seaside, CA"},
    {Name:"Patty Crawford", Bats:"L", Throws:"L", Year:"Jr", Home:
        "Whittier, CA"},
    {Name:"Angelina Davis", Bats:"R", Throws:"R", Year:"So", Home: "Odessa,
        TX"},
    {Name:"Maria Santiago", Bats:"L", Throws:"L", Year:"Sr", Home: "Tacoma,
        WA"},
    {Name:"Debbie Ferguson", Bats:"R", Throws:"R", Year: "Jr", Home:
        "Bend, OR"},
    {Name:"Karen Bronson", Bats:"R", Throws:"R", Year: "Sr", Home:
        "Billings, MO"},
    {Name:"Sylvia Munson", Bats:"R", Throws:"R", Year: "Jr", Home:
        "Pasadena, CA"},
    {Name:"Carla Gomez", Bats:"R", Throws:"L", Year: "Sr", Home: "Corona,
        CA"},
    {Name:"Betty Kay", Bats:"R", Throws:"R", Year: "Fr", Home: "Palo Alto,
        CA"},
];

//通过设置dataProvider属性将数组拉入网格
aDg.dataProvider = new DataProvider(aRoster);
aDg.rowCount = aDg.length;
function bldRosterGrid(dg:DataGrid)
{
    dg.setSize(400, 300);
    dg.columns = ["Name", "Bats", "Throws", "Year", "Home"];
    dg.columns[0].width = 120;
    dg.columns[1].width = 50;
    dg.columns[2].width = 50;
    dg.columns[3].width = 40;
    dg.columns[4].width = 120;
    dg.move(50,50);
}
```

❻ 保存文档为“DataGrid.fla”。

❼ 按Ctrl+Enter组合键测试影片。当用户单击任意列标题时，就会根据该列的值按降序对DataGrid的内容进行排序，效果如图12-30所示。

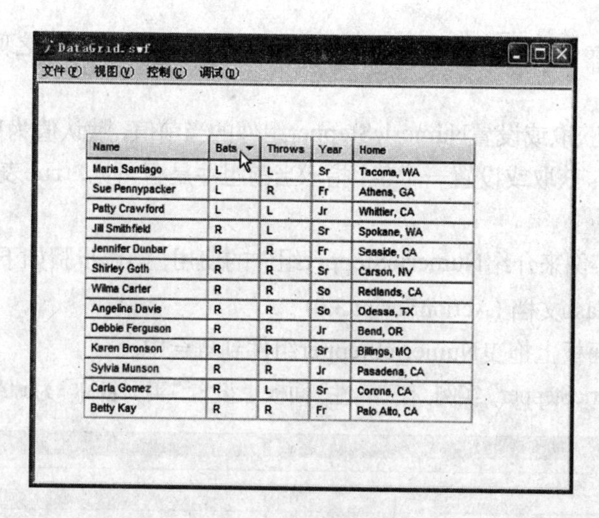

Name	Bats	Throws	Year	Home
Maria Santiago	L	L	Sr	Tacoma, WA
Sue Pennypacker	L	R	Fr	Athens, GA
Patty Crawford	L	L	Jr	Whittier, CA
Jill Smithfield	R	L	Sr	Spokane, WA
Jennifer Dunbar	R	R	Fr	Seaside, CA
Shirley Goth	R	R	Sr	Carson, NV
Wilma Carter	R	R	So	Redlands, CA
Angelina Davis	R	R	So	Odessa, TX
Debbie Ferguson	R	R	Jr	Bend, OR
Karen Bronson	R	R	Sr	Billings, MO
Sylvia Munson	R	R	Jr	Pasadena, CA
Carla Gomez	R	L	Sr	Corona, CA
Betty Kay	R	R	Fr	Palo Alto, CA

图 12-30 效果图

12.3.6 NumericStepper组件

NumericStepper组件允许用户逐个通过一组经过排序的数字，它由向上箭头按钮、向下箭头按钮以及它们旁边的文本框组成。当按下按钮时，数字将按stepSize参数中指定的单位递增或递减，直到用户释放按钮或者达到边界值为止。用户可以在“参数”面板或组件检查器中为每个DataGrid实例设置创作参数，如图12-31所示。

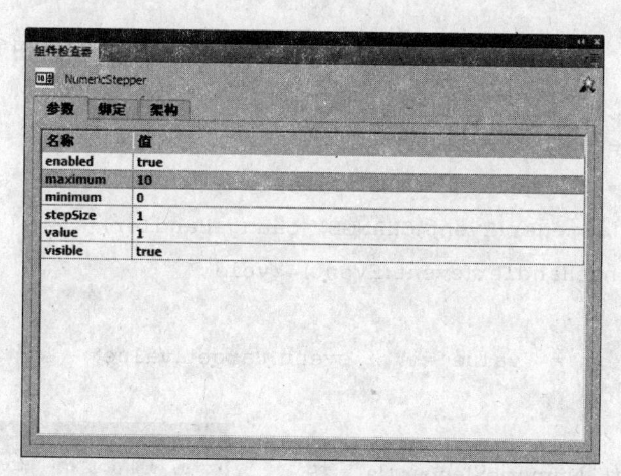

名称	值
enabled	true
maximum	10
minimum	0
stepSize	1
value	1
visible	true

图 12-31 NumericStepper的“组件检查器”面板

对其各项创作参数说明如下：

- enabled：获取或设置一个值，指示NumericStepper组件是否可以接受用户交互，true表示可以接受，false表示不可以接受。如果设置为false，则容器器的颜色将变暗且禁止用户输入。
- maximum：获取或设置数值序列中的最大值，默认值为10。
- minimum：获取或设置数值序列中的最小值，默认值为0。

➢ stepSize：获取或设置一个非零数值，用于描述值与值之间的变化单位，默认值为1。

➢ value：获取或设置NumericStepper组件的当前值，默认值为1。

➢ visible：获取或设置一个值，指示当前组件是否可见，true表示可见；false表示不可见。

下面通过一个实例来介绍NumericStepper组件的使用，操作步骤如下。

❶ 新建一个Flash文档（ActionScript 3.0）。

❷ 从“组件”面板上拖曳NumericStepper组件到舞台中。

❸ 选中“NumericStepper”实例，在“属性”面板上设置“实例名称”为listA_ls，如图12-32所示。

图 12-32 设置实例名称

❹ 从“组件”面板上拖曳Label组件到“NumericStepper”实例的下方，如图12-33所示。

图 12-33 拖入Label组件

❺ 选中“Label”实例，在“属性”面板上设置“实例名称”为aLabel。

❻ 选择“窗口”→“动作”命令或按F9键，打开“动作”面板。

❼ 选中第1帧，在“动作”面板上输入以下代码：

```
import flash.events.Event;
aLabel.text = "value = " + aNs.value;
aNs.addEventListener(Event.CHANGE, changeHandler);
function changeHandler(event:Event) :void
{
    aLabel.text = "value = " + event.target.value;
}
```

❽ 保存文档为“NumericStepper.fla”，按Ctrl+Enter组合键测试影片。当用户单击向上箭头按钮或向下箭头按钮经过10以内的数字，或在它们旁边的文本框中输入10以内的数字时，value值就等于该数字，效果如图12-34所示。

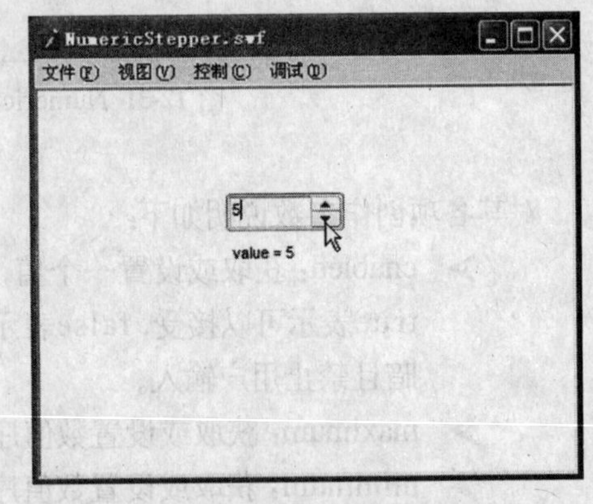

图 12-34 效果图

12.4 课堂实例

12.4.1 CheckBox实例

本例制作一个CheckBox实例，用于选择红色、白色或黑色，操作步骤如下。

❶ 新建一个ActionScript文档，如图12-35所示。

图 12-35 新建ActionScript文档

❷ 在文档窗口中输入以下代码：

```
package
{
    import fl.controls.CheckBox;
    import flash.display.Sprite;
    import flash.events.MouseEvent;
    import flash.text.TextField;

  public class ExampleCheckBox extends Sprite
  {
   private var cb1:CheckBox;
   private var cb2:CheckBox;
   private var cb3:CheckBox;
   private var tf:TextField;

  //构造函数
  public function ExampleCheckBox()
  {
   CreateTextField();
   SetupCheckBoxes();
}
```

```
//创建显示被选中的数据列表
private function CreateTextField():void
{
    tf = new TextField();
    tf.width = 200;
    tf.height = 200;
    tf.x = 200;
    tf.y = 110;
    tf.border = true;
    tf.text = "你选择的是:\n";
    addChild(tf);
}

//创建3个CheckBox选项
  private function SetupCheckBoxes():void
{
    cb1 = new CheckBox();
    cb2 = new CheckBox();
    cb3 = new CheckBox();
    cb1.label = "白色";
    cb2.label = "红色";
    cb3.label = "黑色";
    cb1.y = 110;
    cb2.y = 130;
    cb3.y = 150;

    cb1.addEventListener(MouseEvent.CLICK,UpdateColorList);
    cb2.addEventListener(MouseEvent.CLICK,UpdateColorList);
    cb3.addEventListener(MouseEvent.CLICK,UpdateColorList);

    addChild(cb1);
    addChild(cb2);
    addChild(cb3);
}

//创建鼠标单击事件
private function UpdateColorList(e:MouseEvent):void
{
    var cb:CheckBox = CheckBox(e.target);
```

```
            tf.text = "你选择的是:\n";
            if(cb1.selected == true)
            tf.appendText(cb1.label + "\n");
            if(cb2.selected == true)
            tf.appendText(cb2.label + "\n");
            if(cb3.selected == true)
            tf.appendText(cb3.label + "\n");
        }
    }
}
```

❸ 保存文档为“ExampleCheckBox.as”。

❹ 新建一个Flash文档（ActionScript 3.0）。

❺ 从“组件”面板上拖曳CheckBox组件和Label组件到舞台上，然后按Delete键删除，也可以直接拖曳到库中。

❻ 在“属性”面板的“文档类”中输入所创建ActionScript文档的名称“ExampleCheckBox”，如图12-36所示。

❼ 保存文档至“ExampleCheckBox.as”文档所在的目录中，并命名为“ExampleCheckBox.fla”。

图 12-36 设置文档类

❽ 按Ctrl+Enter组合键测试影片，效果如图12-37所示。

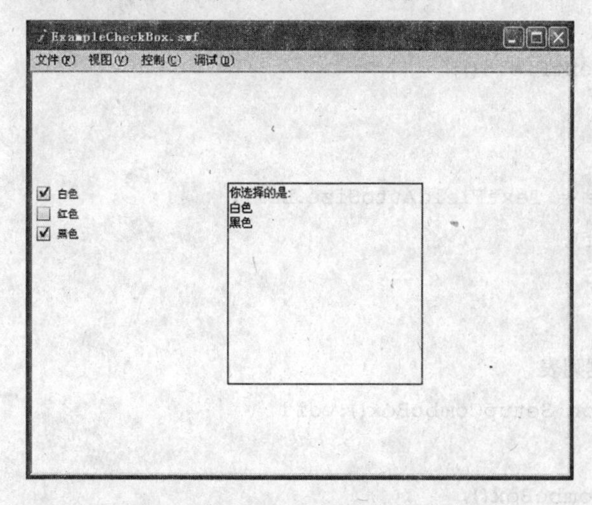

图 12-37 效果图

12.4.2 ComboBox实例

本例制作一个ComboBox实例，用于实现下拉菜单效果，操作步骤如下。

❶ 新建一个ActionScript文档。

❷ 在文档窗口中输入以下代码：

```
package
{
    import fl.controls.ComboBox;
    import flash.display.Sprite
    import flash.events.Event;
    import flash.text.TextField;
    import flash.text.TextFieldAutoSize;
    import fl.data.DataProvider;

   public class ExampleComboBox extends Sprite
   {
    private var tf:TextField;
    private var cb:ComboBox;
//构造函数
public function ExampleComboBox()
{
    SetupComboBox();
    SetupTextField();
}

   //创建选择结果的显示文本
   private function SetupTextField():void
   {
    tf = new TextField();
    tf.x = 330;
    tf.y = 150;
    tf.autoSize = TextFieldAutoSize.LEFT;
    addChild(tf);
   }

//创建学习科目数据列表
private function SetupComboBox():void
{
    cb = new ComboBox();
```

```
//设置可编辑属性
    cb.editable = true;
    cb.move(150,150);
    cb.width = 150;
    cb.prompt = "请选择一个学习科目:";

//数据列表
var dp:DataProvider = new DataProvider();
dp.addItem({ BankName:"语文", BankID:"0"});
dp.addItem({ BankName:"数学", BankID:"1"});
dp.addItem({ BankName:"英语", BankID:"2"});
dp.addItem({ BankName:"美术", BankID:"3"});
dp.sortOn([ "BankID"]);

cb.dataProvider = dp;
cb.labelField = "BankName";
cb.addEventListener(Event.CHANGE, BankSelected);
addChild(cb);
}
//创建ComboBox组件change事件
    private function BankSelected(e:Event):void
{
    tf.text = "你选择的学习科目是: "
    tf.appendText(cb.selectedLabel);
}
}
}
```

❸ 保存文档为“ExampleComboBox.as”。

❹ 新建一个Flash文档（ActionScript 3.0）。

❺ 从“组件”面板上拖曳“ComboBox”组件到舞台上，然后按Delete键删除。

❻ 在“属性”面板上的“文档类”中输入所创建ActionScript文档的名称“ExampleComboBox”，如图12-38所示。

图 12-38 设置文档类

❼ 保存文档至“ExampleComboBox.as”文档所在的目录中并命名为“ExampleComboBox.fla”。

❽ 按Ctrl+Enter组合键测试影片，效果如图12-39所示。

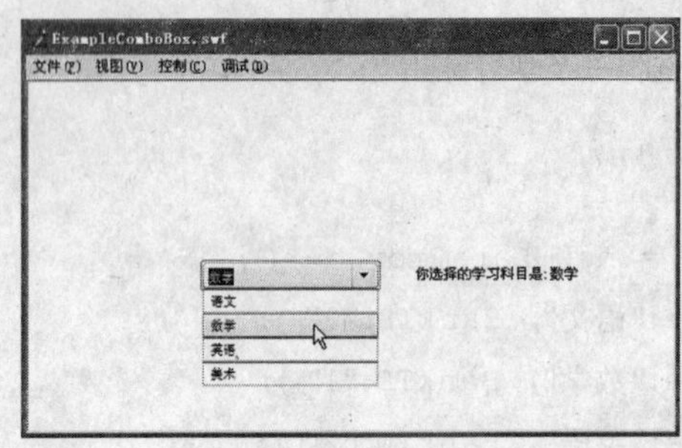

图 12-39 效果图

12.4.3 UIScrollBar实例

本例制作一个UIScrollBar实例，用于实现文本载入功能，操作步骤如下。

❶ 新建一个Flash文档（ActionScript 3.0）。

❷ 选择“修改”→“文档”命令，打开“文档属性”对话框，设置“尺寸”为570×450，“背景颜色”为白色，如图12-40所示。单击 确定 按钮应用设置并关闭对话框。

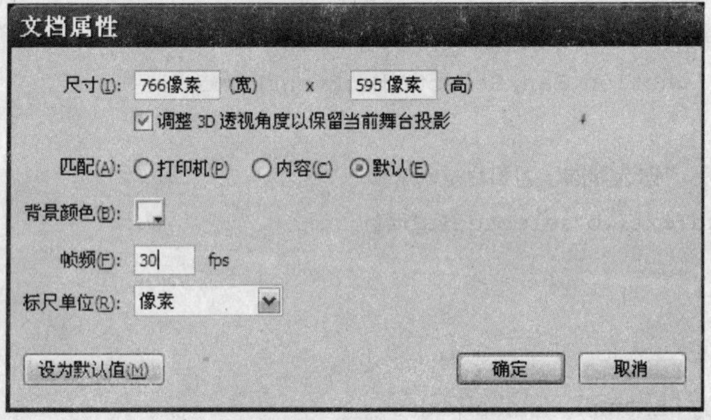

图 12-40 “文档属性”对话框

❸ 选择“文件”→“导入”→“导入到舞台”命令，打开“导入”对话框，导入“4460_2.jpg”图片，如图12-41所示。

❹ 选中图片，在“属性”面板上更改它的位置为X：5.0，Y：8.0，如图12-42所示，按Enter键应用设置。

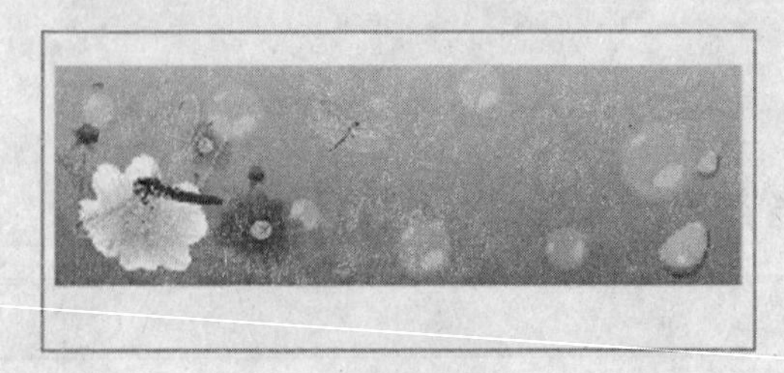

图 12-41 导入图片

图 12-42　更改图片的位置

❺ 单击两次时间轴左下角的“新建图层”按钮，新建“图层2”和“图层3”。

❻ 选择“文本工具”，在“属性”面板上设置“文本类型”为动态文本，“系列”为Times New Roman，“大小”为12，“颜色”为黑色，“行类型”为多行，并选中“可选”按钮、“将文本呈现为HTML”按钮和“在文本周围显示边框”按钮，如图12-43所示。

图 12-43　设置文本属性

❼ 选中“图层2”，在图片的下方拖出一个动态文本框，如图12-44所示。选中文本框，在“属性”面板上设置“实例名称”为my_txt，如图12-45所示。

❽ 选中“图层3”，从“组件”面板上拖动UIScrollBar组件到舞台上，然后按Delete键删除。

❾ 选择“窗口”→“动作”命令，打开“动作”面板，如图12-46所示。

❿ 选中“图层3”的第1帧，在“动作”面板上输入以下代码：

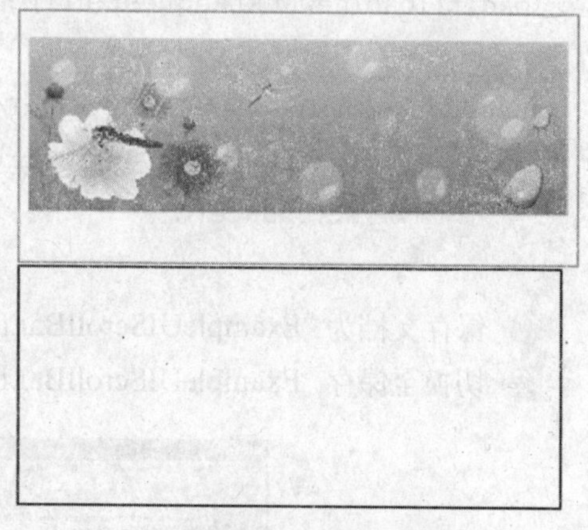

图 12-44　动态文本框

图 12-45　设置实例名称

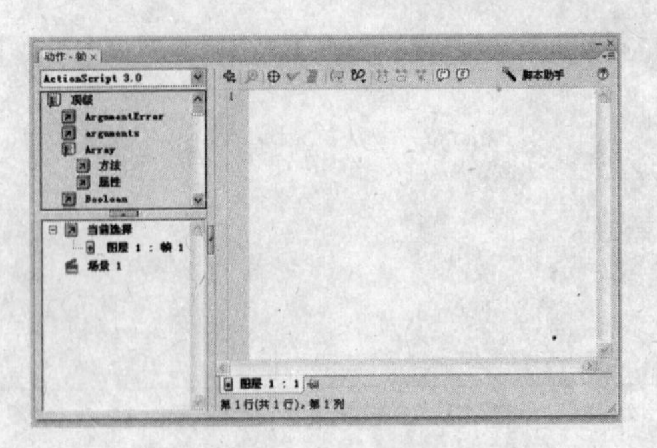

图 12-46 “动作”面板

```
import fl.controls.UIScrollBar;
var my _ sb:UIScrollBar = new UIScrollBar();
addChild(my _ sb);

my _ sb.scrollTarget = my _ txt;
my _ sb.setSize(16, my _ txt.height);
my _ sb.move(my _ txt.x + my _ txt.width, my _ txt.y);
var url:String = "zbkq.txt";

//加载文本
var loadit:URLLoader = new URLLoader();
loadit.addEventListener(Event.COMPLETE, completeHandler);
loadit.load(new URLRequest(url));

function completeHandler(event:Event):void {
      my _ txt.text = event.currentTarget.data as String;
      my _ sb.update();
}
```

⑪ 保存文档为“ExampleUIScrollBar.fla”。

⑫ 切换至保存“ExampleUIScrollBar.fla”文档的目录，如图12-47所示。

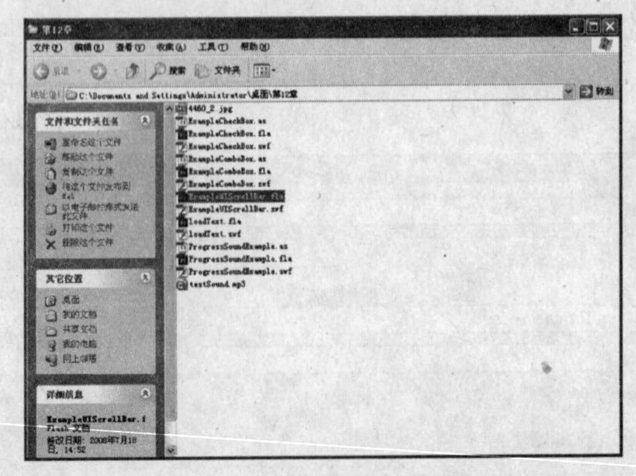

图 12-47 打开“ExampleUIScrollBar.fla”所在的目录

⑬ 右击文档列表区域中的空白部分，在弹出的快捷菜单中选择“新建”→“文本文档”命令，创建一个文本文档。在其中输入要显示的内容，如图12-48所示，然后保存文档为“zbkq.txt”。

⑭ 切换至“ExampleUIScrollBar.fla”文档。

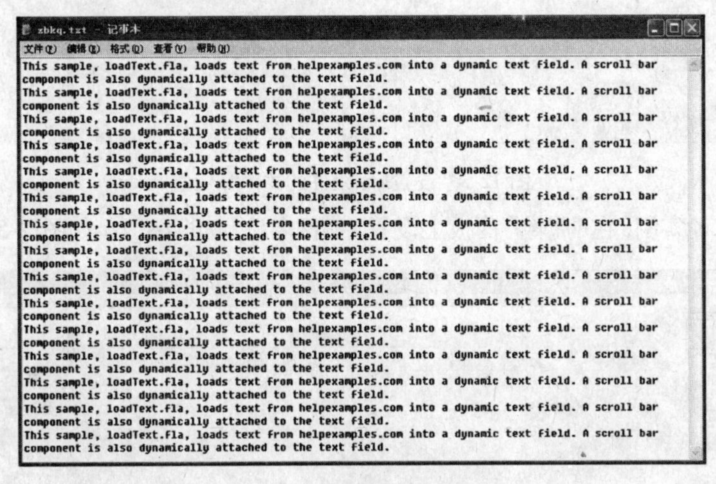

图 12-48 输入文本文档内容

⑮ 按Ctrl+Enter组合键测试影片，效果如图12-49所示。

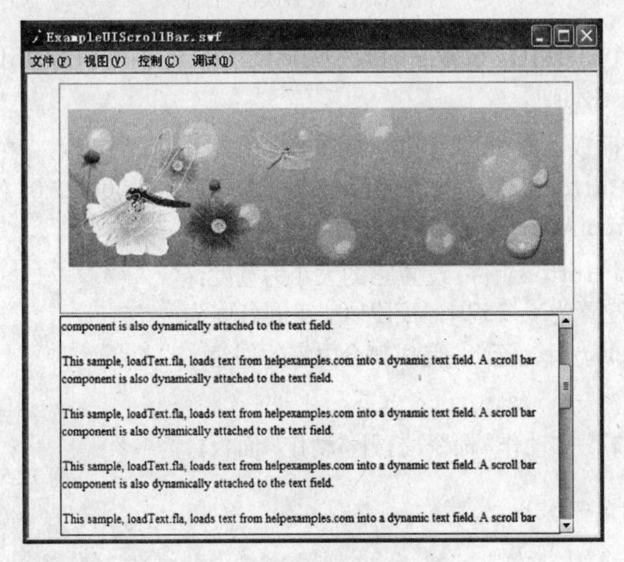

图 12-49 效果图

12.4.4 List实例

本例制作一个List实例，用于实现项目的添加与删除功能，操作步骤如下。

❶ 新建一个Flash文档（ActionScript 3.0）。

❷ 选择“窗口”→“组件”命令或按Ctrl+F7组合键，打开“组件”面板，从中拖动两次List组件到舞台中。

❸ 选中一个List组件，在“属性”面板上设置它的大小为宽度：100.0，高度：120.0；位置为X：145.3，Y：115.0，如图12-50所示。

图 12-50 设置List组件的大小和位置

❹ 选中List实例，在“属性”面板上设置“实例名称”为listA_ls，如图12-51所示。

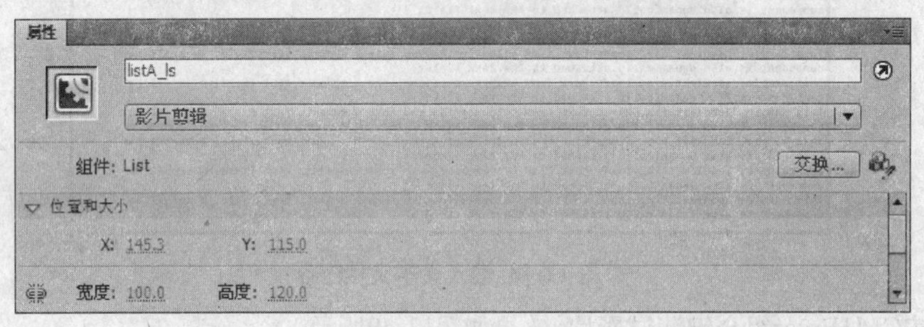

图 12-51 设置实例名称

❺ 选中另一个List组件，设置它的大小为宽度：100.0，高度：120.0；位置为X：320.4，Y：115.0，实例名称为listB_ls。

❻ 从“组件”面板上拖动两次Button组件到舞台中。

❼ 选中一个Button组件，设置它的大小为宽度：50.0，高度：22.0；位置为X：257.4，Y：140.3，实例名称为fromAtoB_btn，label为右移。

❽ 选中另一个Button组件，设置它的大小为宽度：50.0，高度：22.0；位置为X：257.4，Y：191.0，实例名称为fromBtoA_btn，label为左移。至此，完成舞台内容的创建，如图12-52所示。

图 12-52 舞台内容

❾ 选择“窗口”→“动作”命令，打开“动作”面板，如图12-53所示。

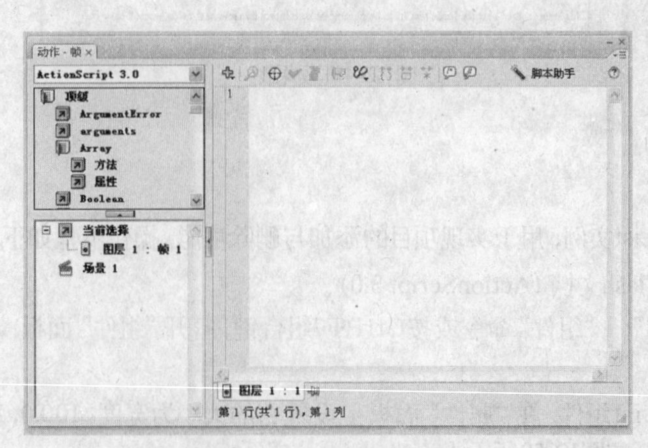

图 12-53 “动作”面板

⑩ 选中第1帧，在“动作”面板上输入以下代码：

```
import fl.controls.*;
import fl.data.DataProvider;
//创建下拉列表实例
listA_ls.dataProvider = new DataProvider([
 {data:0, label:"萝卜"},
 {data:1, label:"茄子"},
 {data:2, label:"黄瓜"},
 {data:3, label:"西红柿"},
 {data:4, label:"辣椒"},
 {data:5, label:"土豆"},
 {data:6, label:"南瓜"},
 {data:7, label:"豆角"},
 {data:8, label:"白菜"},
 {data:9, label:"香菇"},
 {data:10, label:"芹菜"},
 {data:11, label:"蒜头"}]);

//实现右移功能
fromAtoB_btn.addEventListener(MouseEvent.CLICK, aToBClickHandler);
function aToBClickHandler(event:MouseEvent):void {
    var listA:List = listA_ls;
    var listB:List = listB_ls;
   if ((listA.length > 0) && (listA.selectedItem != null)) {
    listB.addItem(listA.selectedItem);
    listA.removeItemAt(listA.selectedIndex);
}
}

//实现左移功能
fromBtoA_btn.addEventListener(MouseEvent.CLICK, bToAClickHandler);
function bToAClickHandler(event:MouseEvent):void {
    var listA:List = listA_ls;
    var listB:List = listB_ls;
   if ((listB.length > 0) && (listB.selectedItem != null)) {
    listA.addItem(listB.selectedItem);
    listB.removeItemAt(listB.selectedIndex);
}
}
```

⑪ 保存文档为“ExampleList.fla”，按Ctrl+Enter组合键测试影片，效果如图12-54所示。

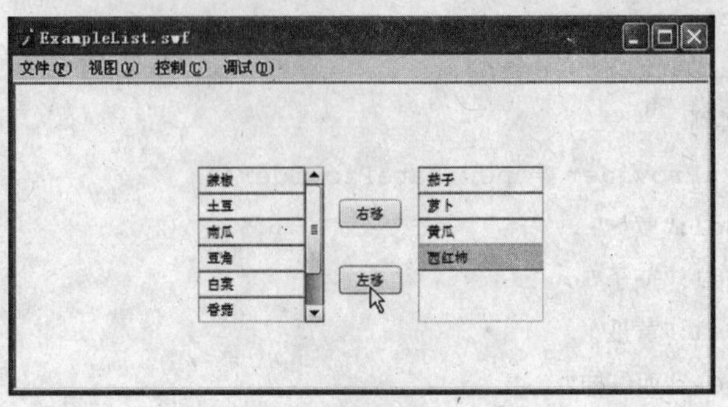

图 12-54 效果图

课堂练习十二

一、填空题

(1) User Interface组件也叫________，通常简写为UI，是使用最为频繁的一类组件。

(2) ________组件用于创建按钮，是任何表单的基础。

二、选择题

(1) 用于打开组件面板的快捷键是（　　）。

A. Ctrl+F5　　B. Ctrl+F6

C. Ctrl+F7　　D. Ctrl+L

(2) 用户可以在（　　）中为组件实例设置创作参数。

A. “参数”面板　　B. “属性”面板

C. “组件”面板　　D. 组件检查器

三、上机操作题

(1) 创建一个Button组件实例，并为其添加图标。

(2) 自选一段文本，并使用TextArea和TextInput组件将其显示出来。

Flash 第13章

Flash网站建设技术

学习目标

Flash网站也叫交互网站，其具备传统网站所不具备的视觉冲击力和互动体验，因此，越来越多的企业或个人选择使用Flash建设网站。本章主要介绍Flash网站开发基础、网站制作以及对动态数据处理，希望用户掌握这些技术，并能制作简单的Flash网站。

学习重点

(1) Flash网站的开发基础
(2) Flash网站的制作

13.1 Flash网站开发基础

通过前面章节的学习，用户已经掌握了Flash软件的使用，为制作Flash网站打下了良好的基础。但如果要制作一个结构严谨、风格独特的Flash网站，仅仅掌握这些是远远不够的，还需要对Flash网站的一些基本知识有所了解。

13.1.1 网站的发展

由于互联网具有传播信息量大、形式多样、迅速方便、全球覆盖、自由和交互等特点，已成为新的传播媒体。近十几年来，越来越多的企业和个人纷纷建立网站，并且所建网站越来越优秀。下面展示一组Apple网站的图片，帮助用户直观地体会网站的发展，如图13-1所示。

10年前的效果

5年前的效果

目前的效果

图 13-1 Apple网站的发展

如果说几年前Flash对于网站的意义仅仅是添加一些漂亮的动画，那么现在Flash技术已经融入到整个网站的开发当中，并且一直呈快速上升势头，行业市场越来越大。由它带来的好处也显而易见：全面的控制、无缝的导向跳转、更丰富的媒体内容、更体贴用户的流畅交互、跨平台和客户端的支持、以及与其他Flash应用方案无缝连接集成等。

在未来的发展中，随着视频、Flash动画、三维动画、虚拟现实等多种技术的融合与发展，网站建设无疑将更出众、更具魅力。

13.1.2 Flash网站的建设流程

建设网站是一个系统工程，它有着自己特定的建设流程，用户只有遵循这个流程，按部就班地一步步进行，才能设计出满意的网站，下面就来介绍它的流程。

(1) 确定网站的主题。创作网站，首先要确定网站的主题。对于主题的选择，要做到小而精，主题定位要小，内容要精。

(2) 网站规划。网站规划指绘制网站内容的组织流程图。它包含的内容很多，如网站的结构、栏目的设置、网站的风格、颜色搭配、版面布局、文字图片的运用等。

(3) 准备页面元素。规划好网站之后，就要根据规划准备页面元素了，包括网站LOGO、Loading、Banner、图片、声音等，准备工作越充分，以后制作起来就越容易。

(4) 制作各页面影片。规划、材料都准备好了，下面就要把规划变成现实，即进入网站制作的核心部分——制作各页面影片。在制作各页面影片时，需要设置它们的舞台大小相同，分别制作后，发布为单独的SWF文档并保存在同一文件夹中即可。

(5) 网站的整合与发布。页面影片制作完成之后，就可以将它们整合成一个完整的网站了，整合操作主要通过在首页影片中添加相应的ActionScript代码来实现。最后，将首页影片发布为HTML格式的网页文档，实现首页在网页中的显示即可。

13.1.3 几种常见的Flash网站元素

Flash网站由多种元素组成，下面认识几种常见的Flash网站元素。

1. 网站LOGO

网站LOGO指网站的标志图案，它一般出现在网站的每一个页面上，是网站给人的第一印象。例如，在图13-2中用粗线勾出的部分就是易雅设计网站的LOGO。它的作用很多，最主要的就是表达网站的理念，因而LOGO设计追求“以简洁的符号化视觉艺术表达网站的形象和理念”。

图 13-2　易雅设计网站的LOGO

为了便于互联网上信息的传播，目前，网站LOGO主要有以下3种规格。

(1) 最普遍的LOGO规格：88mm×31mm

(2) 一般大小的LOGO：120mm×60mm

(3) 大型LOGO：120mm×90mm

一个好的LOGO应具备以下的几个条件：

(1) 符合国际标准。

(2) 精美、独特，与网站的整体风格相融。

(3) 能够体现网站的类型、内容和风格。

2. Loading

在观看Flash动画或网站时，有时由于文件太大或网速限制，需要装载一段时间才能播放，而装载时间又是未知的，这就要做一个简短的Loading来告诉浏览者进度。图13-3所示即为两款网站的Loading效果。

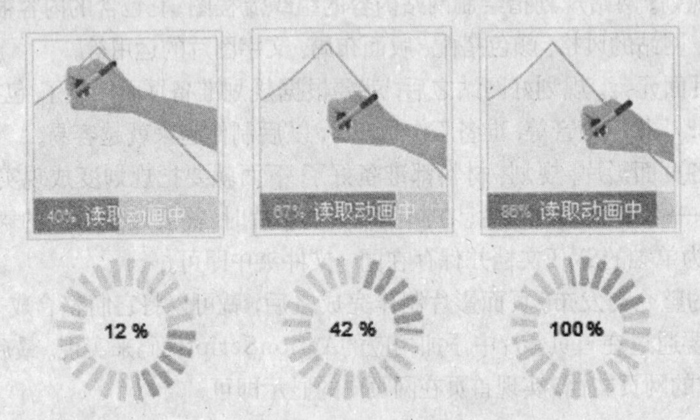

图 13-3 两款网站Loading效果

在一般情况下，Loading往往是网站的开始部分或各页面影片的过渡部分，它的好坏将直接影响到浏览者的浏览。如果浏览者不能够对Loading部分产生兴趣，可能会没有耐心等待加载的结束。因此，为网站设计一个与自身风格统一，同时又充满新颖性和趣味性的Loading动画是十分重要的。

3. 导航菜单

导航菜单其实就是一组超链接，通过它可以在网站首页及其他各页面之间来回跳转。导航菜单既可以是文本链接，也可以是一些图片按钮，通常被放于网页的顶部、底部或一侧。图13-4中用粗线勾出的部分就是CHINOTTO网站的导航菜单。

图 13-4 CHINOTTO网站的导航菜单

与传统的文字导航和图片导航相比，用Flash制作的导航菜单具有动感强、视觉效果好、交互性高等优点，因此，在网站中适当地加入Flash导航菜单，将使网页更加生动，具有吸引力。

4. 网络广告

网络广告又称在线广告、互联网广告等，主要是指利用互联网络作为广告媒体，进行全球传播的一种广告形式。作为一种新兴的广告形式，网络广告最近几年获得了很快的发展。网络广告有多种类型，例如宽擎天柱型、擎天柱型、半页型、全横幅型、半横幅型、图标链接型、方形按钮型、纵向横幅型、矩形型、中等矩形型、大型矩形型、纵向矩形型、弹出式正方形型等，如图13-5所示。

大型矩形型

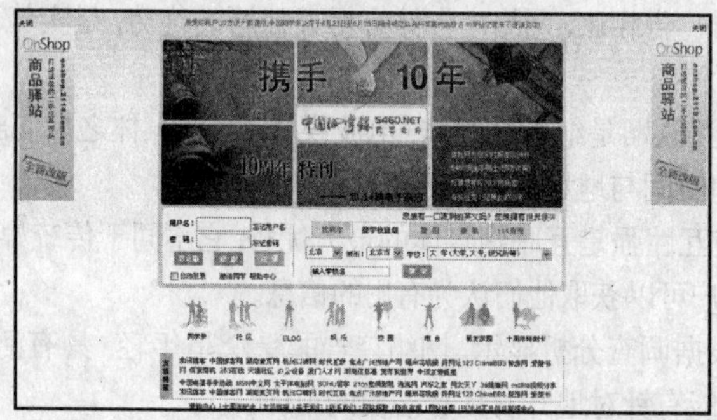

纵向矩形型

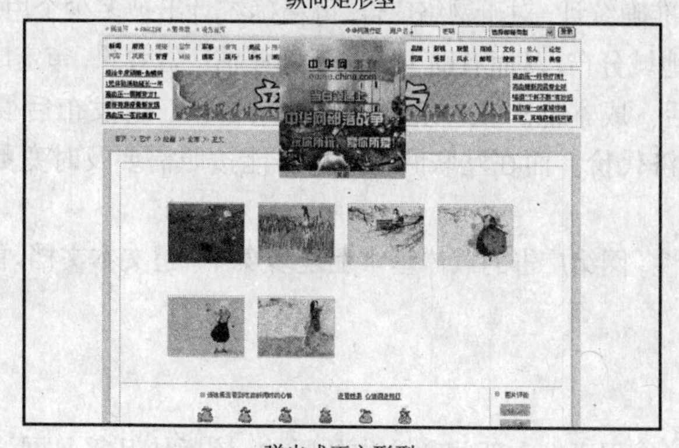

弹出式正方形型

图 13-5 常见的广告类型

在使用Flash制作网络广告时，用户应该根据互动广告局（IAB）的准则设置广告的尺寸，如下表所示。

广告类型	标准尺寸
宽擎天柱广告	160×600
擎天柱广告	120×600
半页广告	300×600
全横幅广告	480×60
半横幅广告	234×60
图标链接广告	88×31
按钮1广告	120×90
按钮2广告	120×60
方形按钮广告	125×125
纵向横幅广告	120×240
告示牌广告	728×90
矩形广告	180×150
中等矩形广告	300×250
大型矩形广告	336×280
纵向矩形广告	240×400
弹出式正方形广告	250×250

与传统媒体及户外广告相比，网络广告具有得天独厚的优势，是实施现代营销媒体战略的重要部分，它具有以下优势。

(1) 传播范围广。互联网是继纸介媒体、电波媒体、视频媒体之后而出现的“第四媒体”，其传播特色为不受任何时间与地域的限制。

(2) 交互性强。交互性强是互联网媒体的最大优势，它不同于传统媒体的信息单向传播，而是信息互动传播，用户可以获取他们认为有用的信息。

(3) 针对性强。根据调查分析显示，网络广告的受众是年轻、具有活力、受教育程度高、购买力强的群体，因而能有针对地开发具有潜质的用户群。

(4) 受众数量可准确统计。对于网络广告，可精确统计出被多少个用户看过，以及这些用户查阅的时间分布和地域分布，从而有助于商家正确评估广告效果，审定广告投放策略。

(5) 实时、灵活、成本低。在传统媒体上做广告，广告发布后很难更改，即使可改动也需支付很大的经济代价。而在互联网上的广告能按照需要及时变更广告内容，并且无需花费太大成本。

(6) 强烈的感官性。网络广告的载体基本上是多媒体、超文本文档，能够让用户有身临其境的感觉。

5. 新闻公告

网站，一般都有一个用于发布新闻和公告的版块，该版块几乎是网站上更新最频繁的部分，因此，在使用Flash制作这类版块时，需要考虑到该版块中信息的发布和更新问题，如图13-6所示。

图 13-6 公告版块

13.2 Flash网站的制作

Flash网站绝非是所有内容在一个文档中的简单堆砌，而是要分别制作多个Flash作品，然后用代码装载调用在一起。从技术方面讲，如果用户已经掌握了单个Flash作品的制作方法，也了解一些SWF文档之间的调用，制作Flash网站并不太复杂，下面来介绍网站的制作。

13.2.1 Flash网站的规划

网站规划是网站建设中重要的一环，它将直接影响网站的访问量，具体包括规划网站的风格、颜色、结构等。

1. 风格规划

风格是抽象的，它是指网站的整体形象给浏览者的综合感受。例如，图13-7所示的网站是生动活泼的。图13-8所示的网站是专业严肃的，这些都是网站给人们留下的不同感受。

图 13-7 生动活泼的网站

图 13-8 专业严肃的网站

风格是最难学习和把握的，由于它的抽象，没有一个固定的模式可以参照和模仿，并且它的形成也不是一次就能完成的，所以需要用户在实践中不断强化、调整、总结和提高。

2. 颜色规划

在建设网站时，很多用户忽视了网站颜色的重要性，其实网站颜色的合理搭配很重要。如果没有认真考虑颜色设计，网站可能会很没有特色，并且很混乱。

需要注意的是很多浏览器只能呈现256种颜色，并且不同的浏览器，呈现出的256种颜色也不同，通常这些浏览器只能共享216种颜色，在设计网站重要内容时，应该运用这216种颜色。如果运用浏览器中不存在的颜色，浏览器会混合这些颜色，显示出一种与其相近的颜色，这种现象称为抖动，此时，图片就会失真，文本也会变得难以识别，所以使用纯色作为设计元素时，应该使用浏览器安全色。

3. 结构规划

结构规划就是对网站的结构作整体规划，使网站各页面之间的相互关系，各级页面及下属页面之间的从属关系和链接关系清晰明了。下面展示几种常见的Flash网站结构，如图13-9所示。

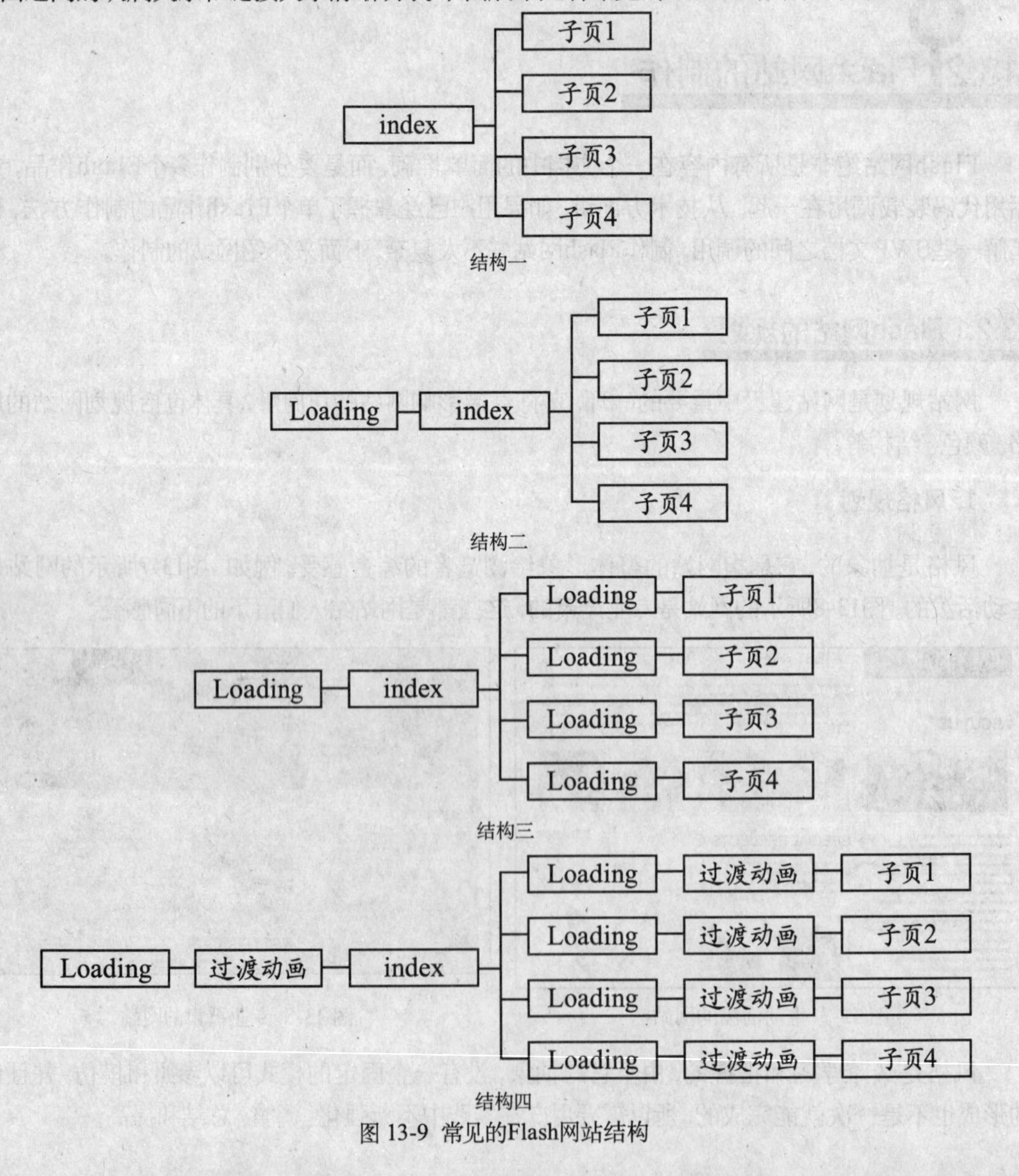

图 13-9 常见的Flash网站结构

Loading已作过相关介绍，这里不再赘述，下面认识一下过渡动画。过渡动画指单击一个导航按钮打开新的页面时所显示的一段动画，早期的Flash网站大都含有丰富的过渡动画，比较典型的是龙城闪客网站和梵天网站。

13.2.2 规划完成后的实施

前期准备工作及规划完成之后，就可以进入实施阶段着手制作网站了。下面通过一个范例对“结构一”类型网站作简单介绍。

1. 主页面的制作

制作主页面的操作步骤如下。

❶ 新建一个Flash文档（ActionScript 3.0）。

❷ 选择“修改”→“文档”命令，打开“文档属性”对话框，设置“尺寸”为766×595，“帧频”为30，如图13-10所示，单击确定按钮应用设置。

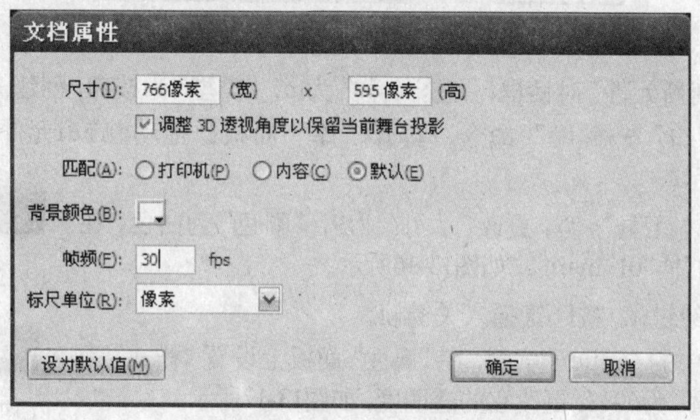

图 13-10　“文档属性”对话框

❸ 选择“矩形工具”，在“属性”面板上设置“笔触颜色”为#999999，“填充颜色”为无，在舞台中绘制一个矩形。更改矩形的大小为宽度：697.9，高度：499.9；位置为X：31.1，Y：43.0，按Enter键应用。

❹ 选择“文件”→“导入”→“导入到舞台”命令，打开“导入”对话框，导入“in_05.jpg”图片，并调整它的位置为X：65.5，Y：217.9，如图13-11所示。

图 13-11　导入并调整图片

❺ 选择“文本工具” T，在“属性”面板上设置“系列”为Verdana，“大小”为43，“颜色”为#555555，在图片的上方输入文本“QiZhi.com”，如图13-12所示。选中“iZhi.com”部分，在“属性”面板上设置“字符位置”为下标，更改文本的样式，如图13-13所示。

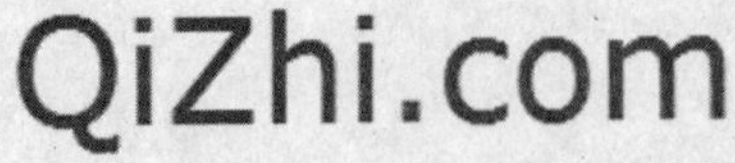

图 13-12　输入文本 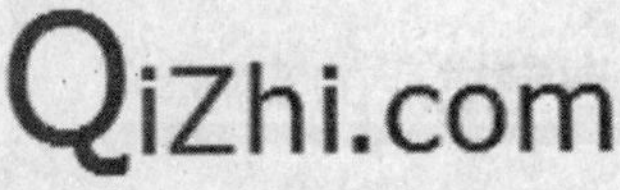　　　图 13-13　更改文本样式

❻ 选择“插入”→“新建元件”命令，打开“创建新元件”对话框，设置“名称”为anbei，“类型”为图形，如图13-14所示。单击 确定 按钮进入其编辑窗口，导入“Media 13”图片。

图 13-14　“创建新元件”对话框

❼ 打开“创建新元件”对话框，设置“名称”为m，“类型”为按钮，创建一个按钮元件。

❽ 选择“窗口”→“库”命令，打开“库”面板，拖动anbei元件到m的编辑窗口中，如图13-15所示。

❾ 选择“文本工具” T，更改“大小”为9，“颜色”为白色，在anbei的上面输入文本“01 main”，如图13-16所示。

❿ 选中指针经过帧，按F6键插入关键帧。

⓫ 选中该帧中的“anbei”实例，在“属性”面板上设置“样式”为Alpha，“Alpha数量”为60%，更改它的透明度，如图13-17所示。

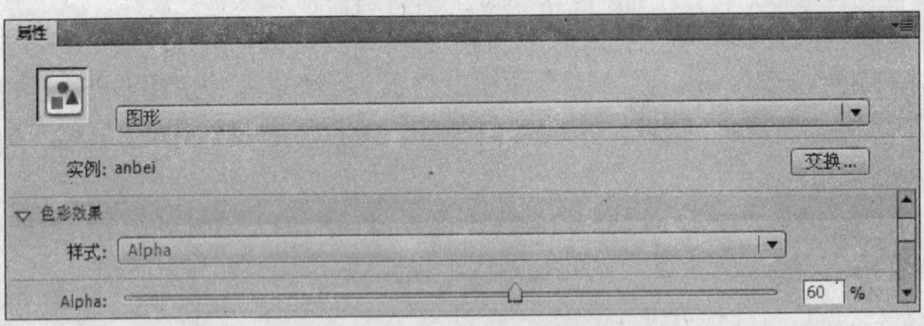

图 13-15　拖入anbei元件

图 13-16　输入文本

图 13-17　更改anbei实例的透明度

⓬ 在“库”面板上选中m后右击，在弹出的快捷菜单中选择“直接复制”命令，打开“直接复制元件”对话框，如图13-18所示。

图 13-18　“直接复制元件”对话框

⑬ 设置“名称”为s，单击［确定］按钮复制一个按钮元件，然后在“库”面板上双击该元件，进入其编辑窗口，更改两个关键帧中的文本为“02 services”，如图13-19所示。

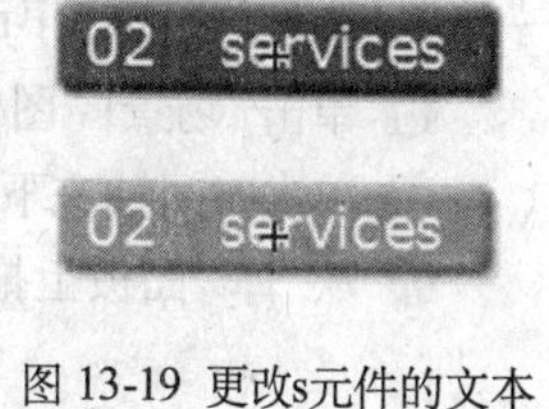

图 13-19 更改s元件的文本

⑭ 重复第 (12) 步和第 (13) 步的操作，制作p元件并更改文本为“03 portfolio”，制作a元件并更改文本为“04 address”。

⑮ 单击“场景1”图标，返回主场景。并从库中拖动m、s、p和a元件到如图13-20所示的位置。

⑯ 至此，完成主页面的界面制作，保存文档为“index.fla”即可。

图 13-20 拖入m、s、p和a元件

2. 子页面的制作

该范例共需要4个子页面：1.swf、2.swf、3.swf和4.swf，分别对应m、s、p和a按钮，在素材库中已做提供，用户直接使用即可。

其实，制作子页面就是制作与导航按钮对应的单独Flash作品，为便于版面安排，需要设置子页面的尺寸与主页面的相同。另外，在发布时要将html选项发布为透明模式，这样即使子页面带有底色，也不会遮住主页面中的内容。

3. 加载SWF文档

加载SWF文档是指将子页面与主页面中的导航按钮建立链接关系，需要在“index.fla”文档中进行，操作步骤如下。

❶ 打开“index.fla”文档。

❷ 选中“m”按钮，在“属性”面板上设置“实例名称”为bt1，如图13-21所示。

图 13-21 设置实例名称

❸ 使用用同样的方法，设置s、p和a按钮的实例名称为bt2、bt3和bt4。

❹ 选择“插入”→“新建元件”命令，打开“创建新元件”对话框，设置“名称”为kong，

"类型"为影片剪辑。单击[确定]按钮，创建一个空白元件。

❺ 单击"场景1"图标，返回主场景。

❻ 单击时间轴左下角的"新建图层"按钮，新建"图层2"。

❼ 从"库"面板上拖动kong元件到舞台的左上角，如图13-22所示。

图 13-22 拖入kong元件

> 提示：kong元件不容易定位，需要用户经过多次测试寻找最佳位置。

❽ 选中"kong"实例，在"属性"面板上设置"实例名称"为contenter。

❾ 选择"窗口"→"动作"命令或按F9键，打开"动作"面板。

❿ 选中"图层2"的第1帧，在"动作"面板上输入以下代码：

```
//加载1.swf
function tiaozhuan1(evt:MouseEvent):void
{
    var picLoader:Loader=new Loader();
    var picUrl ="1.swf";
    var picUrlReq:URLRequest=new URLRequest(picUrl);
    picLoader.load(picUrlReq);

if(evt.currentTarget.parent.getChildByName("contenter").
getChildByName("aga")==null)
{
    evt.currentTarget.parent.getChildByName("contenter").
    addChild(picLoader);
    evt.currentTarget.parent.getChildByName("contenter").getChildAt(0).
    name="aga";
  }
else
{
    evt.currentTarget.parent.getChildByName("contenter").removeChildAt(0);
    evt.currentTarget.parent.getChildByName("contenter").
    addChild(picLoader);
    evt.currentTarget.parent.getChildByName("contenter").getChildAt(0).
```

```
name="aga";
}

}

//加载2.swf
function tiaozhuan2(evt:MouseEvent):void
{
    var picLoader:Loader=new Loader();
    var picUrl ="2.swf";
    var picUrlReq:URLRequest=new URLRequest(picUrl);
    picLoader.load(picUrlReq);

if(evt.currentTarget.parent.getChildByName("contenter").
getChildByName("aga")==null)
{
    evt.currentTarget.parent.getChildByName("contenter").
    addChild(picLoader);
    evt.currentTarget.parent.getChildByName("contenter").getChildAt(0).
    name="aga";
  }
else
{
    evt.currentTarget.parent.getChildByName("contenter").removeChildAt(0);
    evt.currentTarget.parent.getChildByName("contenter").
    addChild(picLoader);
    evt.currentTarget.parent.getChildByName("contenter").getChildAt(0).
    name="aga";
}
}
//加载3.swf
function tiaozhuan3(evt:MouseEvent):void
{
    var picLoader:Loader=new Loader();
    var picUrl ="3.swf";
    var picUrlReq:URLRequest=new URLRequest(picUrl);
    picLoader.load(picUrlReq);

if(evt.currentTarget.parent.getChildByName("contenter").
```

```
getChildByName("aga")==null)
{
    evt.currentTarget.parent.getChildByName("contenter").
    addChild(picLoader);
    evt.currentTarget.parent.getChildByName("contenter").getChildAt(0).
    name="aga";
  }
else
{
    evt.currentTarget.parent.getChildByName("contenter").removeChildAt(0);
    evt.currentTarget.parent.getChildByName("contenter").
    addChild(picLoader);
    evt.currentTarget.parent.getChildByName("contenter").getChildAt(0).
    name="aga";
}

}

//加载4.swf
function tiaozhuan4(evt:MouseEvent):void
{
    var picLoader:Loader=new Loader();
    var picUrl ="4.swf";
    var picUrlReq:URLRequest=new URLRequest(picUrl);
    picLoader.load(picUrlReq);

if(evt.currentTarget.parent.getChildByName("contenter").
getChildByName("aga")==null)
{
    evt.currentTarget.parent.getChildByName("contenter").
    addChild(picLoader);
    evt.currentTarget.parent.getChildByName("contenter").getChildAt(0).
    name="aga";
  }
else
{
    evt.currentTarget.parent.getChildByName("contenter").removeChildAt(0);
    evt.currentTarget.parent.getChildByName("contenter").
    addChild(picLoader);
```

```
evt.currentTarget.parent.getChildByName("contenter").getChildAt(0).
name="aga";
}


}


bt1.addEventListener(MouseEvent.CLICK,tiaozhuan1);
bt2.addEventListener(MouseEvent.CLICK,tiaozhuan2);
bt3.addEventListener(MouseEvent.CLICK,tiaozhuan3);
bt4.addEventListener(MouseEvent.CLICK,tiaozhuan4);
```

⑪ 按Ctrl+Enter组合键测试影片，效果如图13-23所示。

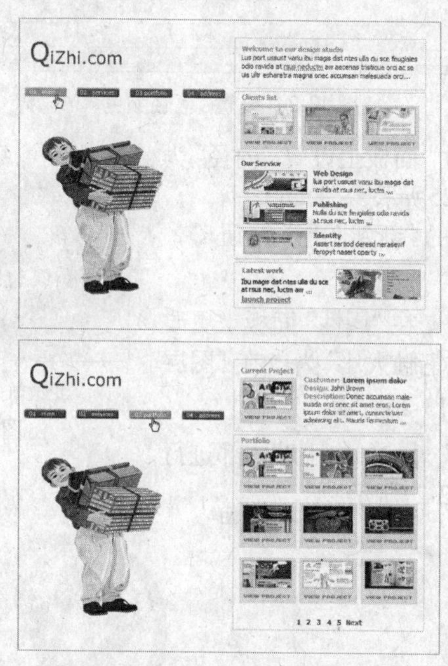

图 13-23 效果图

⑬ 按Ctrl+S组合键再次保存文档。

⑭ 选择“文件”→“发布”命令或按Shift+F12组合键进行发布，得到Flash作品“index.swf”和网页文档“index.html”。

13.3 课堂实例

13.3.1 静态LOGO

本例制作思创设计公司的网站LOGO，操作步骤如下。

❶ 新建一个Flash文档（ActionScript 3.0）。

❷ 选择"基本椭圆工具" ，在"属性"面板上设置"笔触颜色"为图13-24中滴管所指的颜色，"笔触大小"为3，"填充颜色"为#5DB534，按住Shift键，在舞台上绘制一个圆形。

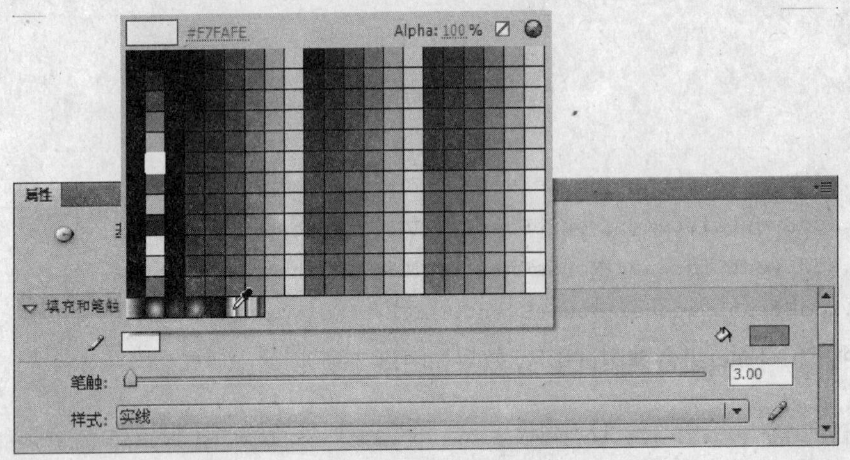

图 13-24 设置"笔触颜色"

❸ 选中圆形，在"属性"面板上设置"内径"为90，更改它的形状，如图13-25所示。

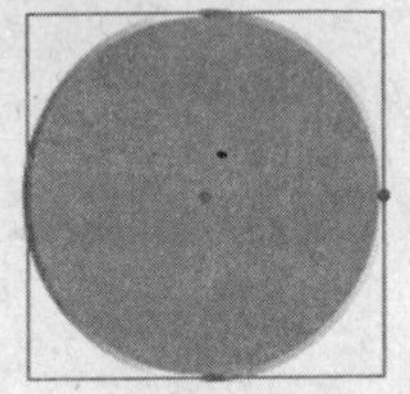

图 13-25 更改圆形的形状

❹ 单击时间轴左下角的"新建图层"按钮 ，新建"图层2"。

❺ 选择"钢笔工具" ，在"属性"面板上更改"笔触颜色"为#5DB534，"笔触大小"为1，在"图层2"中绘制小草的轮廓，如图13-26所示。

❻ 选择"颜料桶工具" ，单击小草内部进行填充，完成标志制作，如图13-27所示。

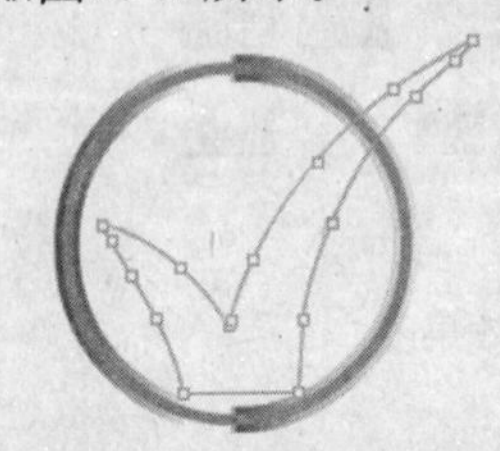

图 13-26 绘制小草轮廓

图 13-27 填充小草

❼ 选择"文本工具" ，在"属性"面板上设置"系列"为楷体_GB2312，"大小"为70，"颜色"为黑色，在标志右侧输入公司的中文名字"思创设计"，如图13-28所示。

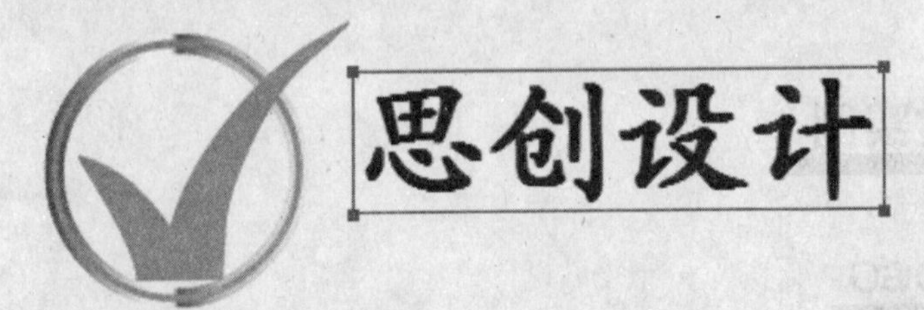

图 13-28 输入公司的中文名字

❽ 更改"系列"为_typewriter，"大小"为34，在标志右侧输入公司的英文名字"SICHUANG DESIGN"，如图13-29所示。

图 13-29 输入公司的英文名字

⑨ 保存文档为“静态LOGO.fla”，按Ctrl+Enter组合键测试影片。

13.3.2 动态LOGO

本例制作巨人电脑公司的网站LOGO，操作步骤如下。

❶ 新建一个Flash文档（ActionScript 3.0）。

❷ 选择“修改”→“文档”命令，打开“文档属性”对话框，设置“背景颜色”为#996633，如图13-30所示。单击 确定 按钮应用设置并关闭对话框。

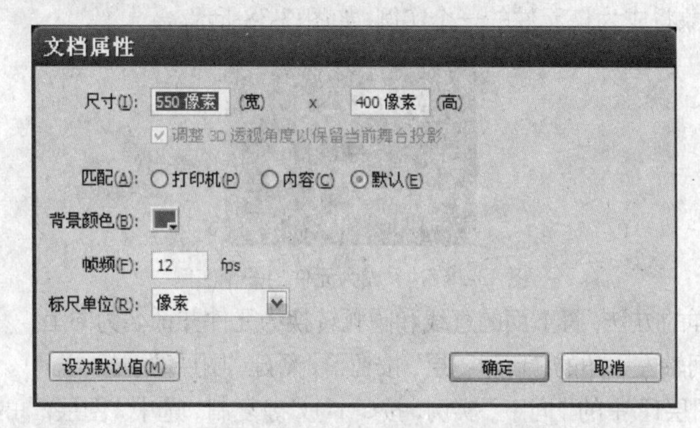

图 13-30 “文档属性”对话框

❸ 选择“线条工具”，在“属性”面板上设置“笔触颜色”为白色，“笔触大小”为1，在舞台中绘制两条竖直直线，如图13-31所示。

❹ 选择“椭圆工具”，在“属性”面板上设置“填充颜色”为无，按住Shift键，在舞台中绘制一个圆形，如图13-32所示。

图 13-31 绘制竖直直线

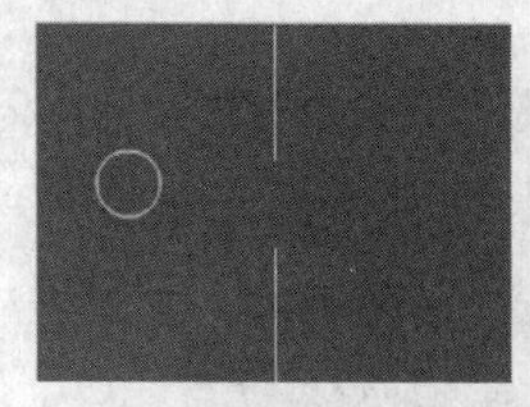

图 13-32 绘制圆形

❺ 沿着圆形的半径绘制一条水平直线，如图13-33所示。

❻ 使用“选择工具”拖曳上面的圆弧到如图13-34所示的位置。再拖曳下面的圆弧到如图13-35所示的位置。接着删除水平直线，如图13-36所示。

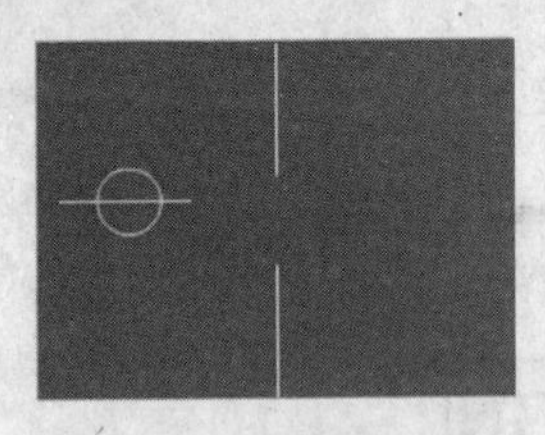

图 13-33 绘制水平直线

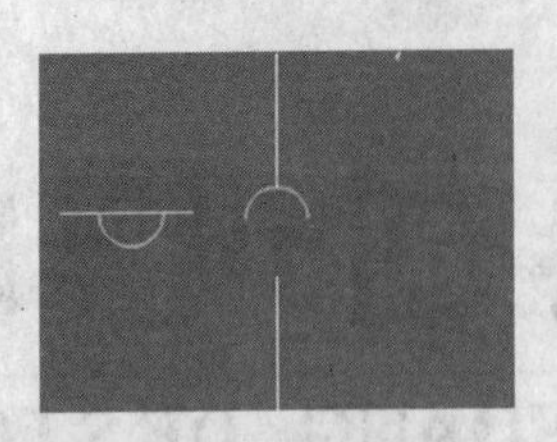

图 13-34 移动上面的圆弧

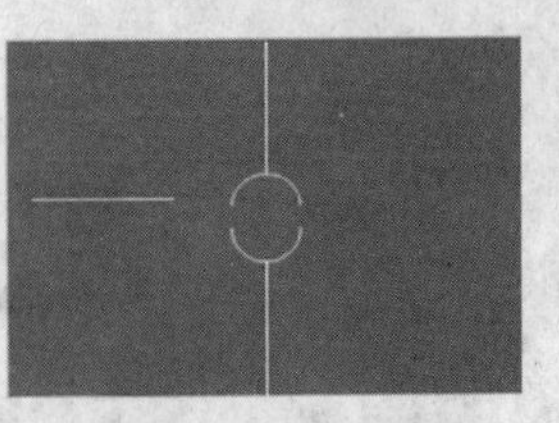

图 13-35 移动下面的圆弧

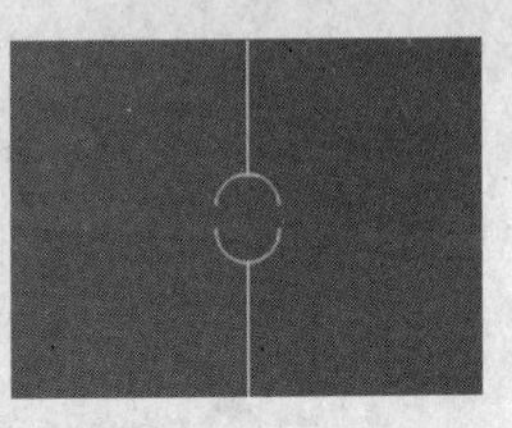

图 13-36 删除水平直线

⑦ 选中上面的直线和圆弧，按F8键，打开“转换为元件”对话框，如图13-37所示。

图 13-37 “转换为元件”对话框

⑧ 设置“名称”为向下，“类型”为图形，然后单击确定按钮将选中的对象转换为元件，此时，选中对象将成为该元件的一个实例，如图13-38所示。

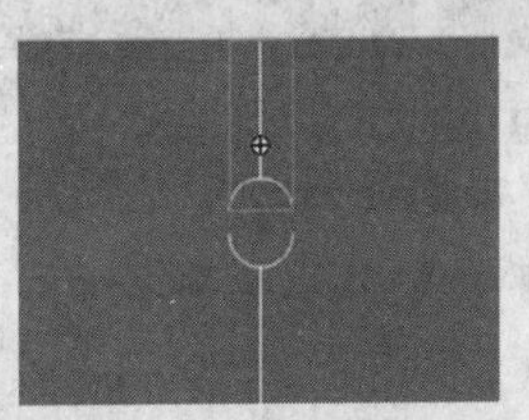

图 13-38 对象成为元件的一个实例

⑨ 使用同样的方法，将下面的直线和圆弧转换为元件并命名为向上。

⑩ 单击时间轴左下角的“新建图层”按钮，新建“图层2”。

⑪ 选中“图层1”中的“向下”实例，按Ctrl+C键复制。选中“图层2”的第1帧，选择“编辑”→“粘贴到当前位置”命令，按原位置粘贴“向下”实例。

⑫ 选中两个图层的第13帧，按F6键插入关键帧，选中第20帧，按F5键插入帧。

⑬ 在竖直方向上移动第1帧中的向下实例和向上实例，如图13-39所示。

⑭ 选中这两个实例，在“属性”面板上设置“颜色”为Alpha，“Alpha数量”为0，然后按Enter键使它们完全透明，如图13-40所示。

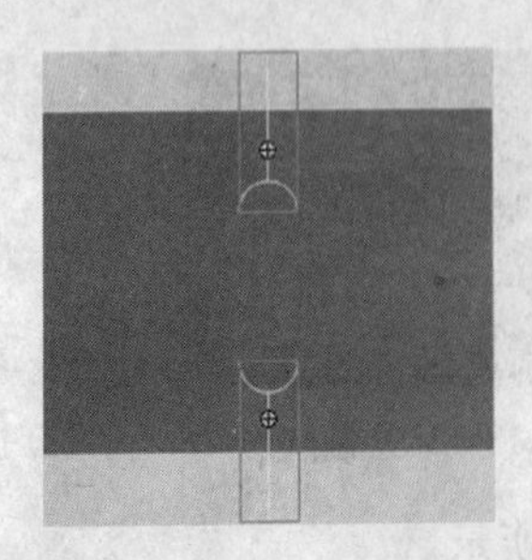

图 13-39 移动向下和向上实例

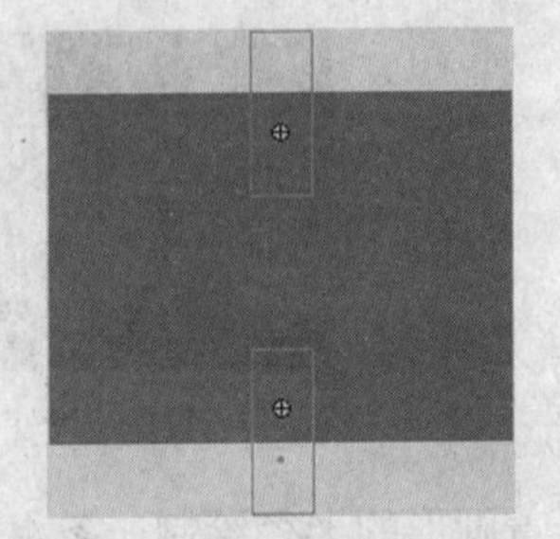

图 13-40 更改实例的透明度

⑮ 分别右击两个图层的第1帧，在弹出的快捷菜单中选择“创建传统补间”命令，创建动作补间。

⑯ 按Ctrl+F8组合键，打开“创建新元件”对话框，如图13-41所示。

图 13-41　“创建新元件”对话框

⑰ 设置“名称”为人物，“类型”为影片剪辑，单击[确定]按钮进入元件的编辑模式。

⑱ 选中第2帧~第9帧，按F6键插入关键帧，然后使用“线条工具”，在各帧中绘制人物转动的动作，如图13-42所示。

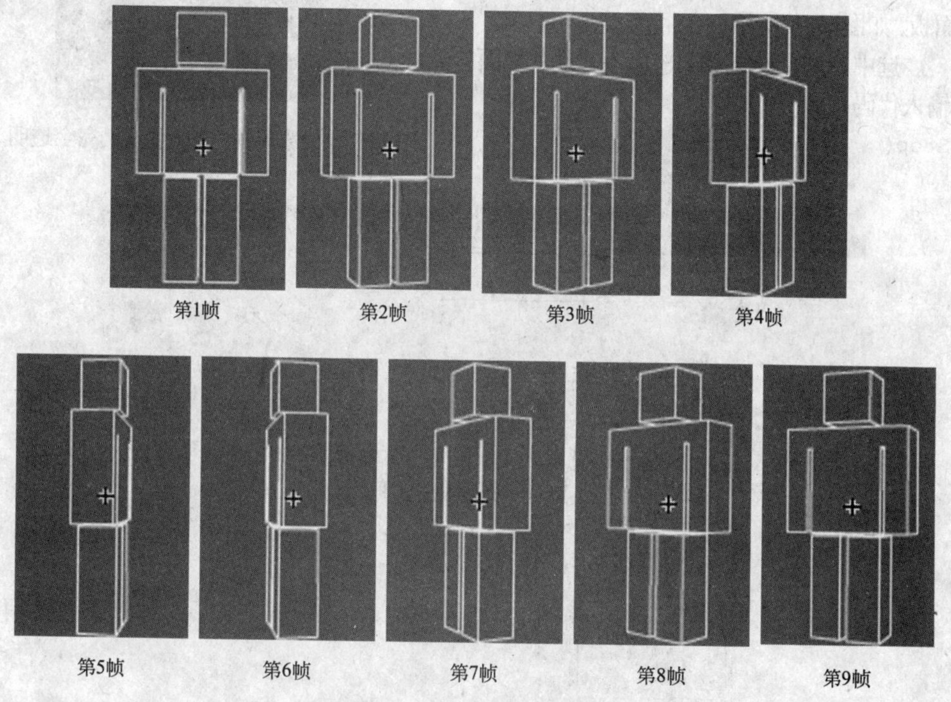

图 13-42　绘制人物转动的动作

⑲ 单击“场景1”图标，返回主场景。

⑳ 选中“图层2”，单击时间轴左下角的“新建图层”按钮，新建“图层3”。

㉑ 选中“图层3”的第10帧，按F6键插入关键帧，如图13-43所示。

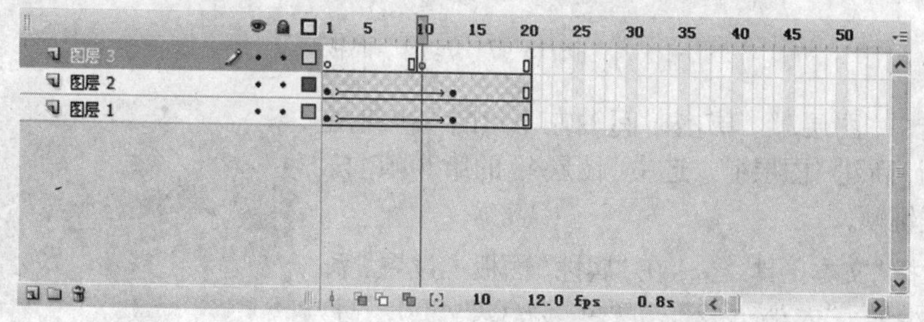

图 13-43　插入关键帧

㉒ 选择“窗口”→“库”命令，打开“库”面板，拖动人物元件到该帧中并调整它的大小和位置，如图13-44所示。

㉓ 选中“图层3”的第20帧，按F6键插入关键帧。

㉔ 选中“图层3”第10帧中的“人物”实例，在“属性”面板上设置“颜色”为Alpha，“Alpha数量”为0，然后按Enter键应用使其完全透明，如图13-45所示。

㉕ 右击“图层3”的第10帧~第19帧之间的任意一帧，在弹出的快捷菜单中选择“创建传统补间”命令，创建动作补间，如图13-46所示。

㉖ 选择“窗口”→“动作”命令，打开“动作”面板，如图13-47所示。

㉗ 选中“图层3”的第20帧，在“动作”面板上输入代码：

```
Stop();
```

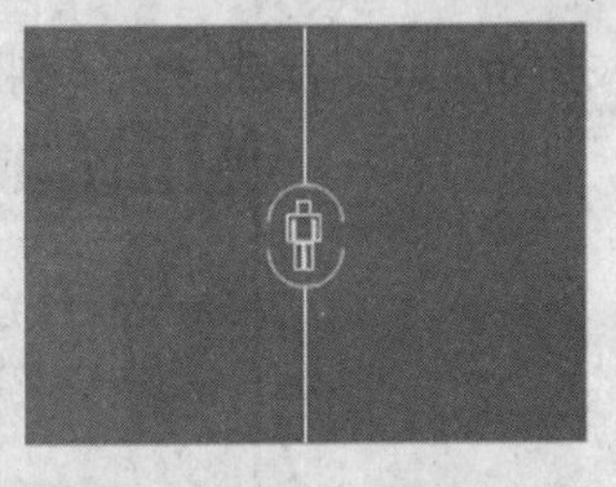

图 13-44 拖入并调整人物元件

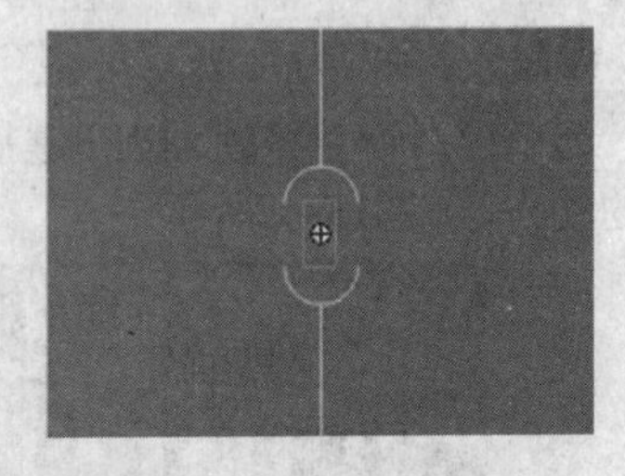

图 13-45 使第10帧中的人物实例完全透明

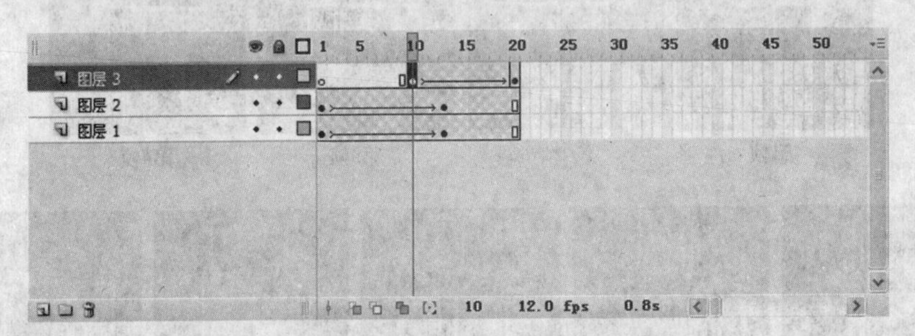

图 13-46 创建动作补间

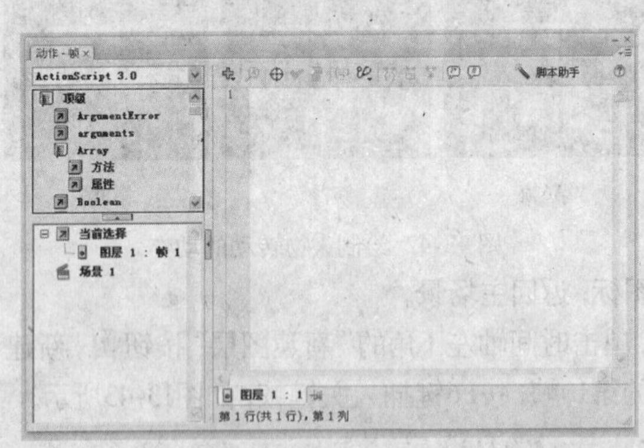

图 13-47 “动作”面板

㉘ 选中“图层3”，单击时间轴左下角的“新建图层”按钮，新建“图层4”。选中“图层4”的第20帧，按F6键插入关键帧。

㉙ 选择“文本工具”T，在“属性”面板上设置“系列”为微软雅黑，“大小”为27，“颜色”为#CC9900，“字母间距”为5，在该帧中输入文本“巨人电脑”，如图13-48所示。

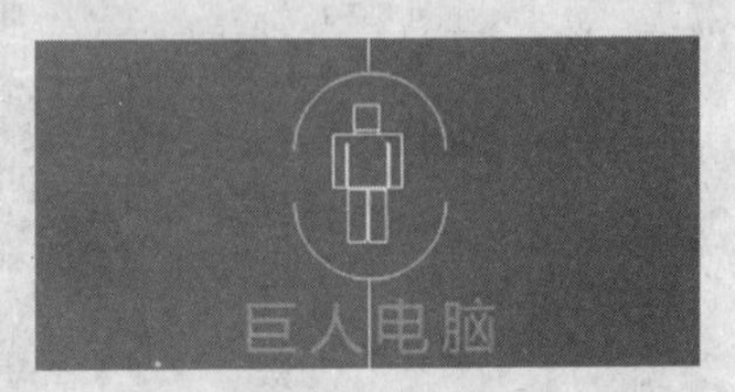

图 13-48 输入文本

㉚ 选中文本，在“属性”面板上展开“滤镜”组，显示其滤镜选项，如图13-49所示。

图 13-49 “滤镜”面板

㉛ 单击“添加滤镜”按钮，在弹出的滤镜列表中选择“投影”滤镜，参数采用默认，添加投影效果，如图13-50所示。

图 13-50 添加投影效果

㉜ 选择“矩形工具”，在“属性”面板上设置“笔触颜色”为黑色，“填充颜色”为无，在舞台中绘制一个矩形，如图13-51所示。

图 13-51 绘制矩形

㉝ 保存文档为“动态LOGO.fla”，按Ctrl+Enter组合键测试影片，效果如图13-52所示。

图 13-52 效果图

13.3.3 网站loading

本例制作一个网站loading，操作步骤如下。

❶ 新建一个Flash文档（ActionScript 3.0）。

❷ 更改“图层1”的“名称”为静止，如图13-53所示。

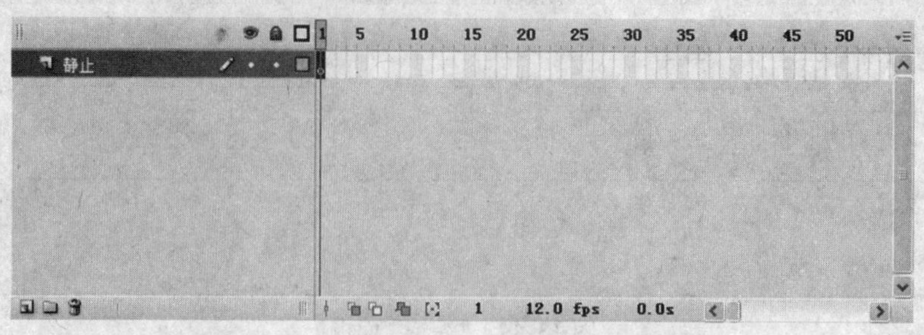

图 13-53 重命名图层

❸ 选择“矩形工具”，在“属性”面板上设置“笔触颜色”为黑色，“笔触大小”为2，“填充颜色”为#00CCFF，在舞台中绘制一个矩形，如图13-54所示。

图 13-54 绘制矩形

❹ 选中矩形，按F8键，打开“转换为元件”对话框，如图13-55所示。

图 13-55 “转换为元件”对话框

❺ 设置“名称”为矩形条，“类型”为影片剪辑，然后单击 确定 按钮将其转换为元件，此时，选中的矩形将成为该元件的一个实例，如图13-56所示。

图 13-56 矩形成为矩形条元件的一个实例

❻ 单击时间轴左下角的“新建图层”按钮，新建一个名为“移动”的图层。

❼ 选择“窗口”→“库”命令，打开“库”面板，拖曳矩形条元件到移动层并调整它位于静止层中矩形的左侧，如图13-57所示。

图 13-57 在移动层添加左形条元件

❽ 选中“静止”层的第44帧，按F5键插入帧；选中“移动”层的第44帧，按F6键插入关键帧。调整“移动”层第44帧中矩形的位置，使其完全覆盖静止层中的矩形。

❾ 右击“移动”层第2帧~第43帧之间的任意一帧，在弹出的快捷菜单中选择“创建传统补间”命令，创建动作补间，如图13-58所示。

❿ 选中“移动“层，单击时间轴左下角的“新建图层”按钮，新建一个图层。

⓫ 选择“文本工具”，在“属性”面板上设置“系列”为Franklin Gothic Medium，“大

小”为40，“颜色”为黑色，在新图层中输入文本“loading . . .”，如图13-59所示。

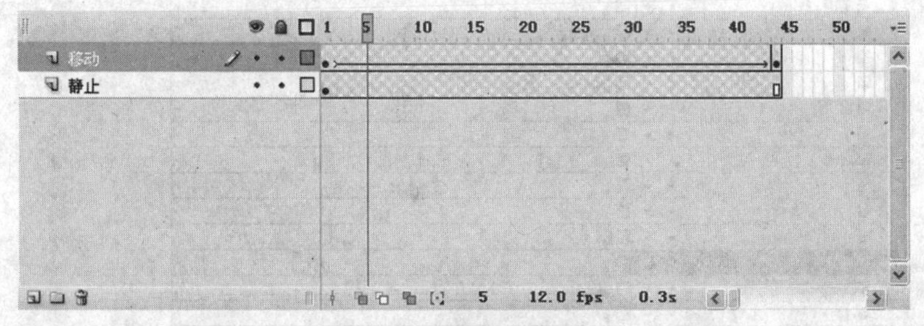

图 13-58 创建动作补间

⑫ 选中文本，选择“修改”→“分离”命令或按Ctrl+B组合键，将文本块分离为单个文本，如图13-60所示。

图 13-59 输入文本

图 13-60 分离文本块

⑬ 选中所有文本，选择“修改”→“时间轴”→“分散到图层”命令，将各个文本分散至单独的图层中，如图13-61所示。

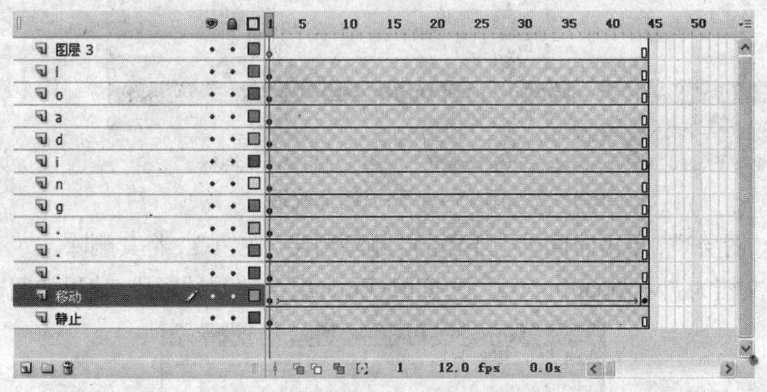

图 13-61 分散文本至单独的图层

⑭ 分别选中“l”层的第3帧和第5帧，“o”层的第6帧和第8帧，“a”层的第9帧和第11帧，“d”层的第12帧和第14帧……按F6键插入关键帧，如图13-62所示。

⑮ 选中“l”层第3帧中的文本，按住Shift键，按一次小键盘上的↑键，将其向上移动一小段距离，如图13-63所示。使用同样的方法，向上移动“o”层第6帧中的文本、“a”层第9帧的文本、“d”层第12帧的文本。

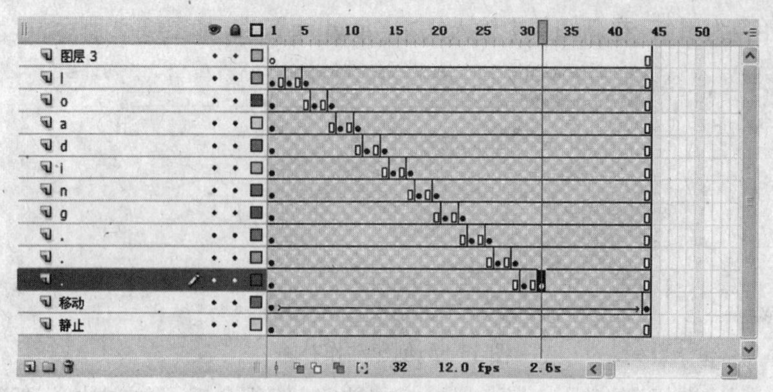

图 13-62 插入关键帧

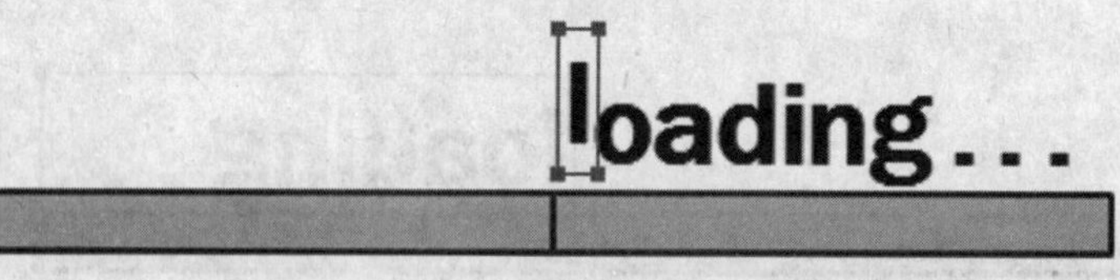

图13-63 调整第3帧中l的位置

⑯ 在“移动”层的名称上右击，在弹出的快捷菜单中选择“遮罩层”命令，为静止层添加遮罩效果，如图13-64所示。

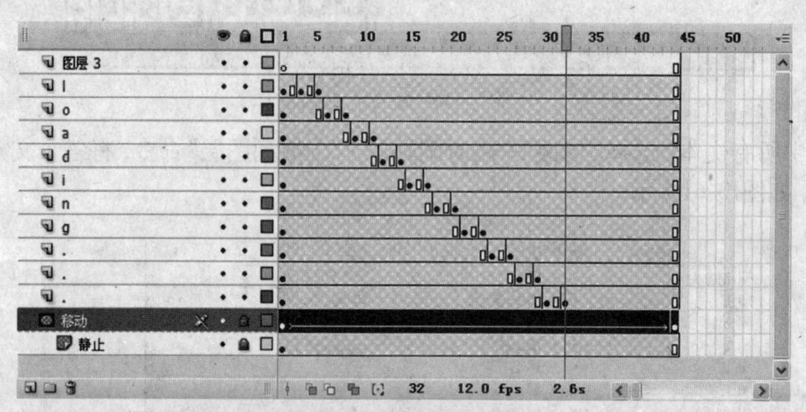

图 13-64 添加遮罩效果

⑰ 选中“图层3”，单击时间轴左下角的“删除图层”按钮，将其删除。

⑱ 保存文档为“网站loading.fla”，按Ctrl+Enter组合键测试影片，效果如图13-65所示。

图 13-65 效果图

13.3.4 卷页广告

本例制作一个250×250的卷页广告，操作步骤如下。

❶ 选择“文件”→“新建”命令，在打开的对话框中单击“模板”标签，打开“从模板新建”对话框，如图13-66所示。设置“类别”为广告，“模板”为250×250（弹出），单击确定按钮，从Flash自带的标准模板中创建一个广告文档，如图13-67所示。再更改content的“名称”为图片。

> 提示：用户也可以先创建一个常规文档，然后更改其尺寸为250×250，得到广告文档。

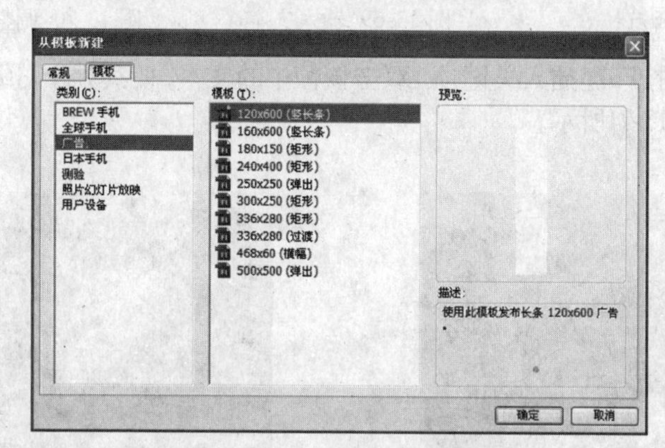

图 13-66 “从模板新建”对话框

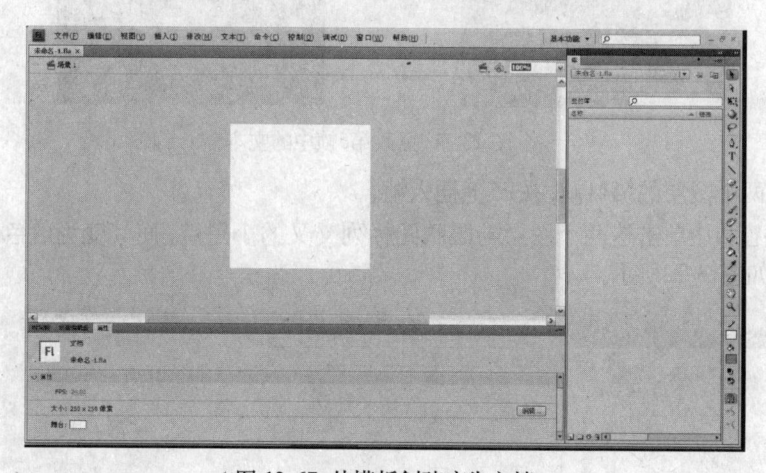

图 13-67 从模板创建广告文档

❷ 选择“文件”→“导入”→“导入到舞台”命令，打开“导入”对话框，导入“Fr5K1.jpg”图片，如图13-68所示。

❸ 单击时间轴左下角的“新建图层”按钮，新建一个名为“文本”的图层。

❹ 选择“文本工具”T，在“属性”面板上设置“系列”为楷体_GB2312，“大小”为38，“颜色”为黄色，在该层中输入文本“休闲度假”，如图13-69所示。

❺ 单击“属性”面板上的“改变文本方向”按钮，在弹出的菜单中选择“垂直，从左向右”命令，更改文本的方向，并移动它到如图13-70所示的位置。

图 13-68 导入图片

图 13-69 输入文本

图 13-70 调整文本的方向和位置

❻ 选中第5帧，按F6键插入关键帧。双击该帧中的文本，使其处于可编辑状态，然后更改为“桃花山庄”，如图13-71所示。

图 13-71 更改第5帧中的文本

❼ 选中两个图层的第41帧，按F5键插入帧。

❽ 在层窗口中单击这两个图层与眼睛图标列交叉的小黑点，使其变为红色的叉号，将图层暂时隐藏，如图13-72所示。

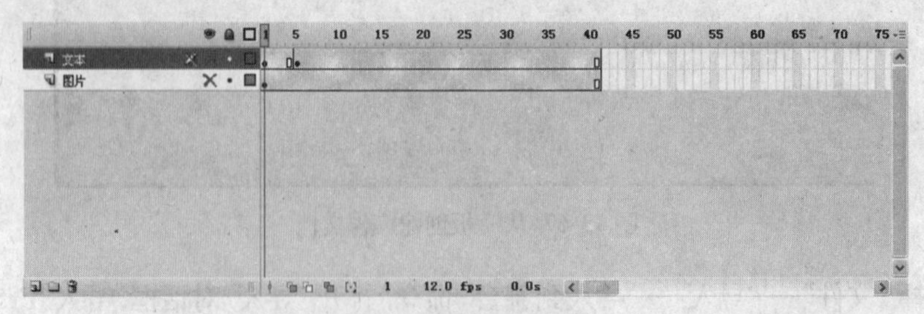

图 13-72 隐藏图层

❾ 选中“文本”层，单击两次时间轴左下角的“新建图层”按钮，新建名为“遮罩移动”和“卷页移动”的层，如图13-73所示。

❿ 选择“矩形工具”，在“属性”面板上设置“笔触颜色”为无，“填充颜色”为#66FF00，在“遮罩移动”层中绘制一个恰好覆盖整个舞台的矩形。再使用“选择工具”拖动矩形的左下角至舞台的中心，然后释放鼠标左键，得到一个三角形，如图13-74所示。

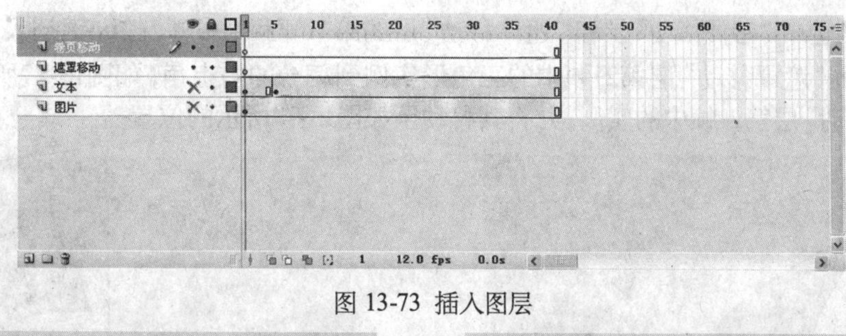

图 13-73 插入图层

图 13-74 调整矩形成三角形

⑪ 更改“矩形工具”的“笔触颜色”为黑色，“填充颜色”为#CC9900，使用同样的方法在卷页“移动”层中绘制一个三角形，然后使用“选择工具” 调整三角形的边线呈弧状，得到卷页效果，如图13-75所示。

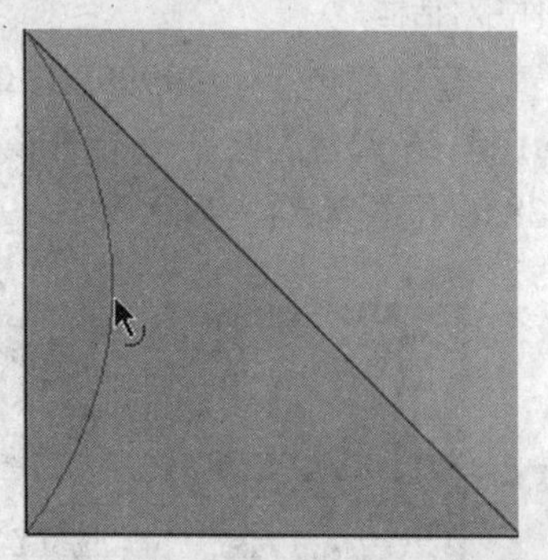

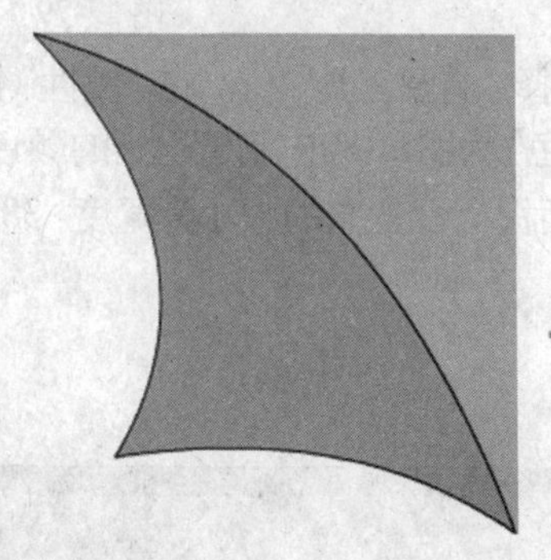

图 13-75 绘制卷页效果

⑫ 选中所绘制的卷页，按F8键，打开“转换为元件”对话框，如图13-76所示。

⑬ 设置“名称”为卷页，“类型”为图形，然后单击 确定 按钮将其转换为元件，此时，选中的图形将成为该元件的一个实例。使用同样的方法，将“遮罩移动”层中的图形转换为元件，并取名为“三角形”。

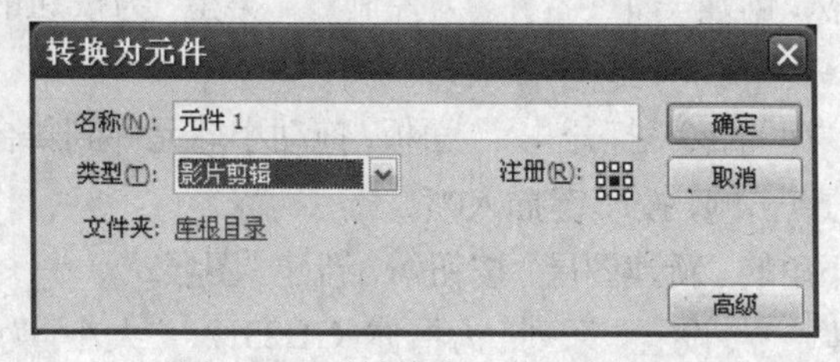

图 13-76 “转换为元件”对话框

⑭ 分别选中“卷页移动”层和“遮罩移动”层的第21帧和第41帧，按F6键插入关键帧。

⑮ 移动“遮罩移动”层第21帧中的三角形实例到舞台的右上角，如图13-77所示。等比例缩小“卷页移动”层第21帧中的实例，并将其移动至如图13-78所示的位置。

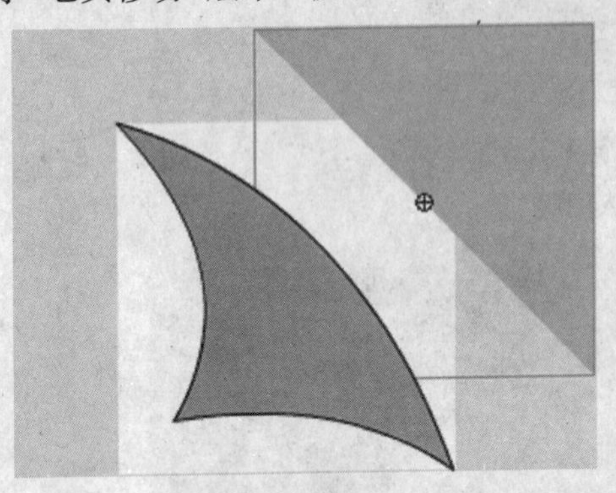

图 13-77 调整第21帧中三角形实例的位置

图 13-78 缩小并移动第21帧中的卷页实例

⑯ 按Ctrl+F8组合键，打开“创建新元件”对话框，如图13-79所示。

⑰ 设置“名称”为小球，“类型”为图形，单击 确定 按钮进入元件的编辑模式。

图 13-79 “创建新元件”对话框

⑱ 选择“椭圆工具”，在“属性”面板上设置“笔触颜色”为#999999，“笔触大小”为1，“填充颜色”为图13-80中滴管所指的颜色，按住Shift键，在舞台上绘制一个圆形。选中圆形，在“属性”面板上设置它的大小为宽度：38.0；高度：38.0；位置为X：−19.0，Y：−19.0。

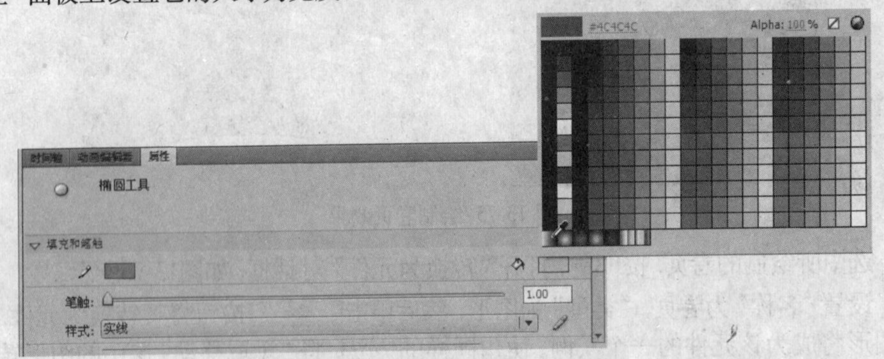

图 13-80 设置“填充颜色”

⑲ 使用同样的方法，创建一个“名称”为控制1，“类型”为按钮的元件，单击 确定 按钮进入其编辑模式。

⑳ 选择“窗口”→“库”命令，打开“库”面板，拖动小球元件到舞台的中心。

㉑ 选中“图层1”的点击帧，按F5键插入帧。

㉒ 单击时间轴左下角的“新建图层”按钮，新建“图层2”。

㉓ 选择“文本工具” T，设置“系列”为楷体_GB2312，“大小”为25，“颜色”为白色，在小球实例的上面输入文本“关”，如图13-81所示。

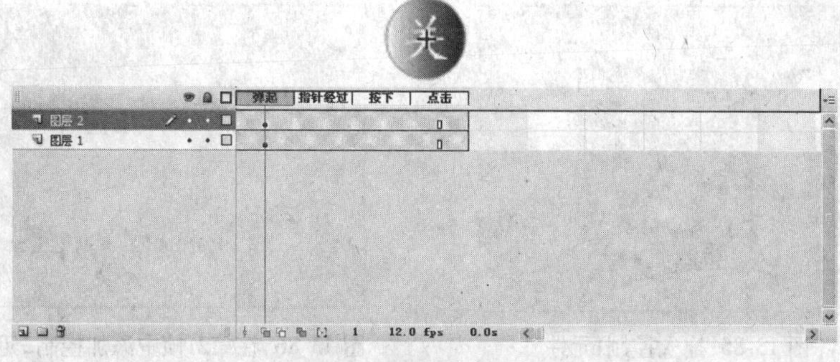

图 13-81 弹起帧中的文本

㉔ 选中“图层2”的按下帧，按F6键插入关键帧，然后更改该帧中的文本为“开”。

㉕ 选中点击帧，按F7键插入空白关键帧，完成控制1元件的制作，时间轴效果如图13-82所示。

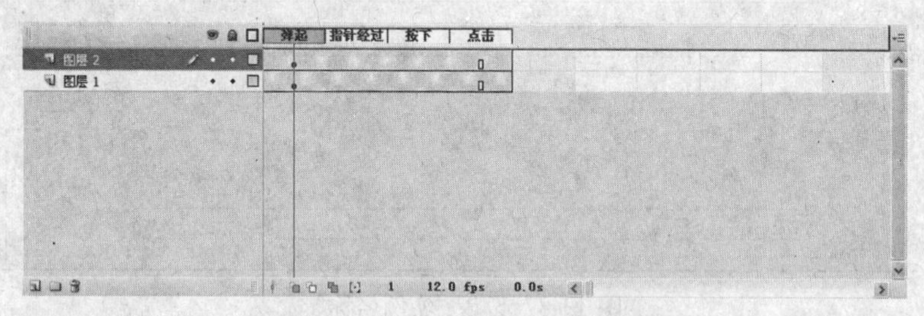

图 13-82 控制1元件的最终时间轴

㉖ 在“库”面板上选中控制1元件右击，在弹出的快捷菜单中选择“直接复制”命令，打开“直接复制元件”对话框，如图13-83所示。

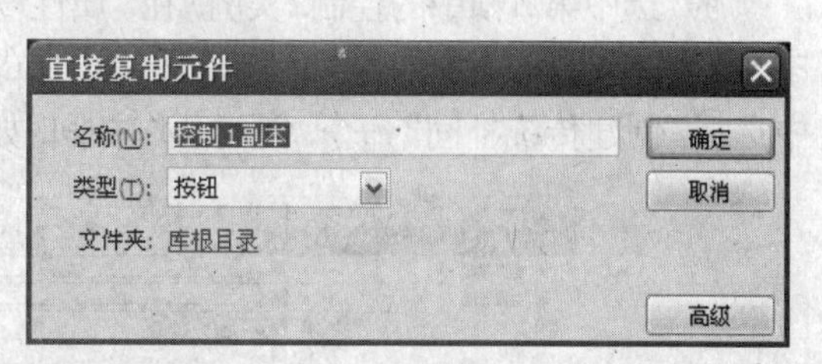

图 13-83 “直接复制元件”对话框

㉗ 设置“名称”为控制2，单击 确定 按钮关闭对话框，此时，该元件将被添加至“库”面板上，如图13-84所示。

㉘ 在“库”面板上双击控制2元件，进入其编辑模式，更改弹起帧中的文本为“开”，按下帧中的文本为“关”。

㉙ 单击“场景1”图标，返回主场景。

㉚ 选中“卷页移动”层，单击时间轴左下角的“新建图层”按钮，新建“按钮移动”层，然后从“库”面板上拖动控制1元件到该层中，如图13-85所示。

㉛ 选中该层的第21帧和第41帧，按F6键插入关键帧，然后删除第21帧中的控制1实例，并拖动控制2元件到如图13-86所示的位置。

图 13-84 副本元件被添加至“库”面板

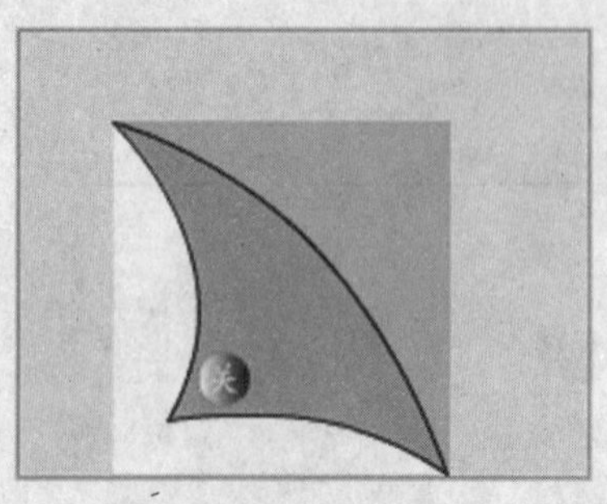

图 13-85 拖入控制1元件

图 13-86 在第21帧中添加控制2元件

㉜ 分别选中第1帧和第41帧中的控制1实例，在“属性”面板上设置“实例名称”为close_btn，如图13-87所示。

图 13-87 设置“实例名称”

㉝ 选中第21帧中的控制2实例，在“属性”面板上设置“实例名称”为open_btn。再分别选中“遮罩移动”、“卷页移动”、“按钮移动”层的第1帧和第21帧，然后右击，在弹出的快捷菜单中选择“创建传统补间”命令，创建动作补间，如图13-88所示。

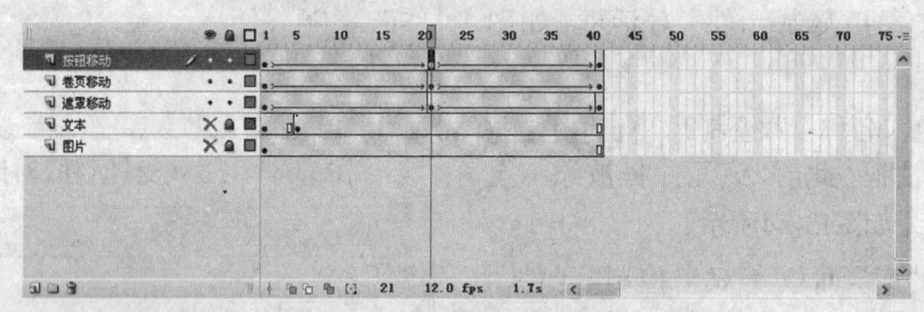

图 13-88 创建动作补间

㉞ 选中“按钮移动”层，单击两次时间轴左下角的“新建图层”按钮，新建名为“帧标签”和“动作”的层。选中“帧标签”层的第2帧，按F6键插入关键帧，然后在“属性”面板上设置“帧标签”为close，如图13-89所示，此时，该帧上将出现小红旗标志，如图13-90所示。使用同样的方法，在“帧标签”层的第22帧中插入关键帧并设置“帧标签”为open。

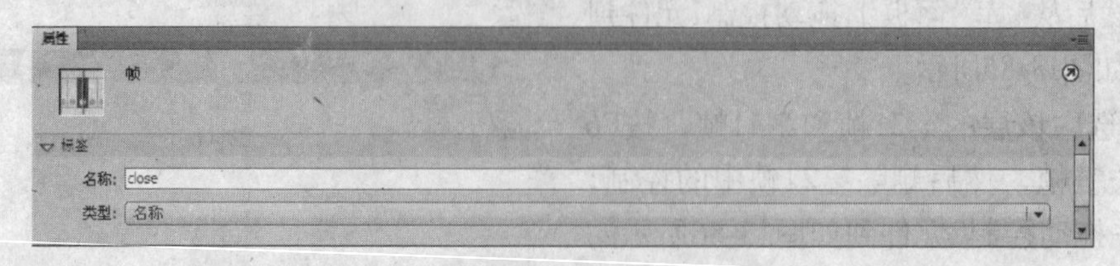

图 13-89 设置帧标签

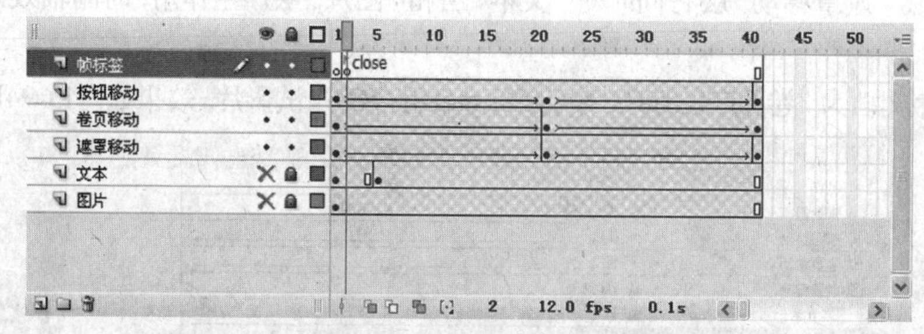

图 13-90 帧标签在时间轴中的表现

㉟ 选择“窗口”→“动作”命令，打开“动作”面板，如图13-91所示。

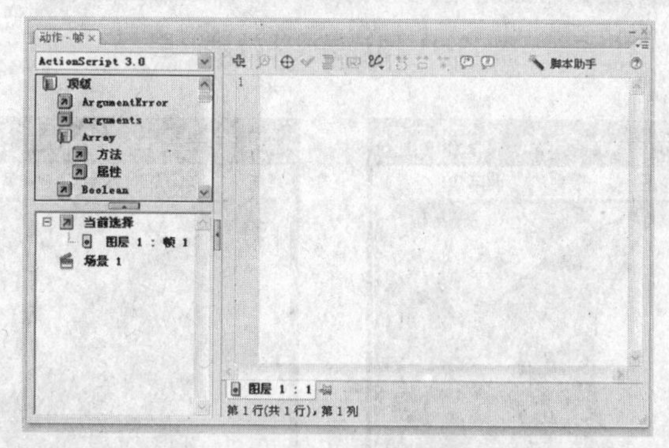

图 13-91 “动作”面板

㊱ 选中动作层的第1帧，在“动作”面板上输入以下代码：

```
stop();
close _ btn.onRelease = close _ btn.onReleaseOutside = function ()
{
    _ root.gotoAndPlay("close");
};
```

㊲选中动作层的第21帧，按F6键插入关键帧，然后添加以下代码：

```
stop();
open _ btn.onRelease = open _ btn.onReleaseOutside = function ()
{
    _ root.gotoAndPlay("open");
};
```

㊳ 在“遮罩移动”层的名称上右击，在弹出的图层快捷菜单中，选择“遮罩层”命令，为文本层创建遮罩效果。

㊴ 在图片层的名称上右击，在弹出的快捷菜单中选择“属性”命令，打开“图层属性”对话框，如图13-92所示。

㊵ 设置“类型”为被遮罩，单击[确定]按

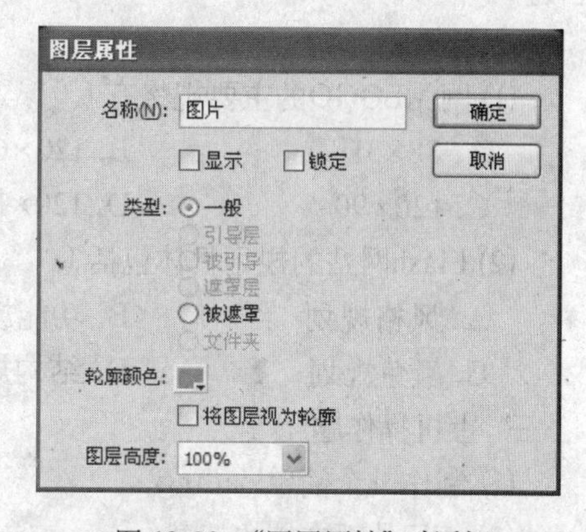

图 13-92 “图层属性”对话框

钮应用，此时，“遮罩移动”层将同时对“文本”层和“图片”层产生作用，时间轴效果如图13-93所示。

㊶ 保存文档为“卷页广告.fla”，按Ctrl+Enter组合键测试影片，效果如图13-94所示。

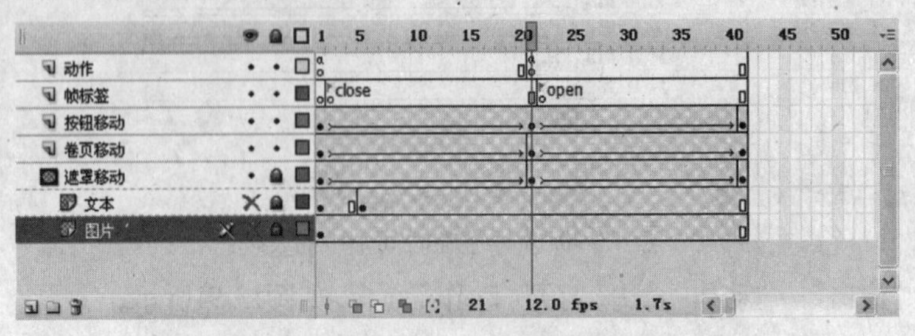

图 13-93 图片层成为被遮罩层

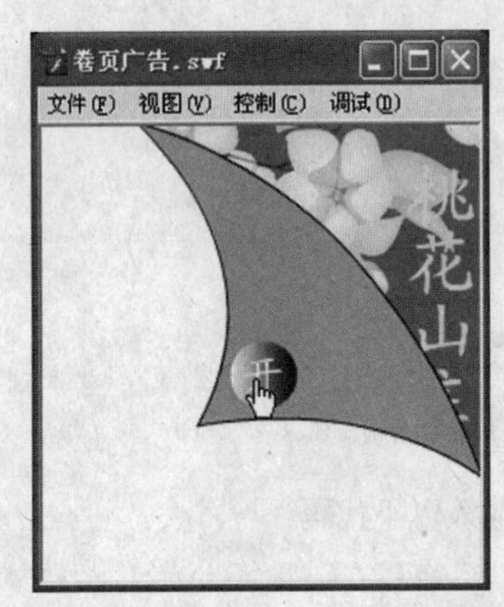

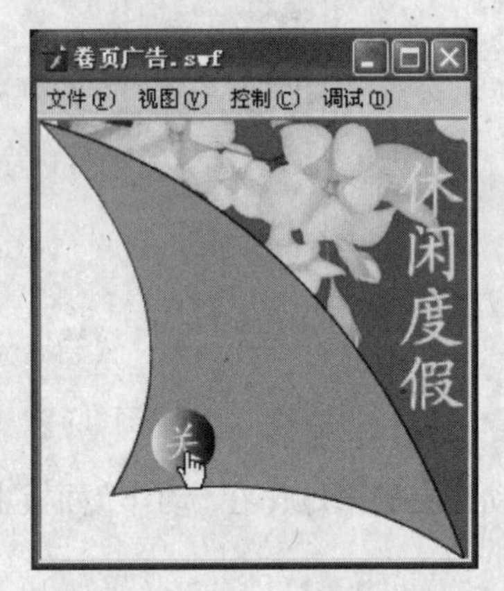

图 13-94 效果图

课堂练习十三

一、填空题

(1) 网站 ________ 指网站的标志图案，它一般出现在网站的每一个页面上。

(2) ____________ 其实就是一组超链接，通过它可以在网站首页及其他各页面之间来回跳转。

二、选择题

(1) 网站LOGO的主要规格有（　　）。

A. 88×31　　B. 120×60

C. 120×90　　D. 120×120

(2) Flash网站的规划具体包括（　　）。

A. 风格规划　　B. 功能规划

C. 颜色规划　　D. 结构规划

三、上机操作题

(1) 制作一个简单loading。

(2) 练习外部文档的加载。

Flash

第14章 Flash动画的后期处理

学习目标

由Flash软件制作的动画是fla格式的，需要进行一系列的后期处理，以便在Internet上发布并传播，或者导出为多种类型的文档。本章主要介绍动画的测试、优化、发布与导出，希望用户多加练习、熟练掌握。

学习重点

(1) 动画的测试

(2) 动画的发布

(3) 动画的导出

14.1 动画的测试

测试贯穿着Flash动画制作的整个过程，经常对所做动画进行测试，可以提早发现并改正错误。如果在制作完成之后再测试，问题就会积压过多，修改起来比较麻烦。下面介绍按钮的测试、声音的测试和影片下载性能的测试。

14.1.1 按钮的测试

按钮的应用十分广泛，它是Flash动画实现交互作用的媒介。一部完整的Flash动画作品，一般需要播放（PLAY）和返回（REPLAY）两个按钮。测试按钮指测试按钮在弹起、指针经过、按下和点击帧中的外观，用户可以使用下列方法之一进行测试。

(1) 选择“窗口”→“工具栏”→“控制器”命令，打开控制器，单击“播放”按钮▶或“停止”按钮■，在元件编辑模式下测试按钮，如图14-1所示。

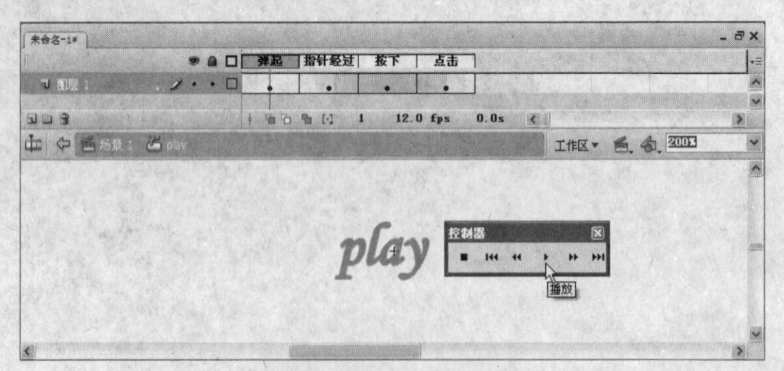

图 14-1 通过控制器测试按钮

(2) 选择“控制”→“启用简单按钮”命令，启用按钮测试功能，然后将鼠标指针置于按钮之上，在场景编辑模式下测试按钮，如图14-2所示。

(3) 在“库”面板上选中要测试的按钮，单击预览窗口中的“播放”按钮▶或“停止”按钮■，在“库”面板上测试按钮，如图14-3所示。

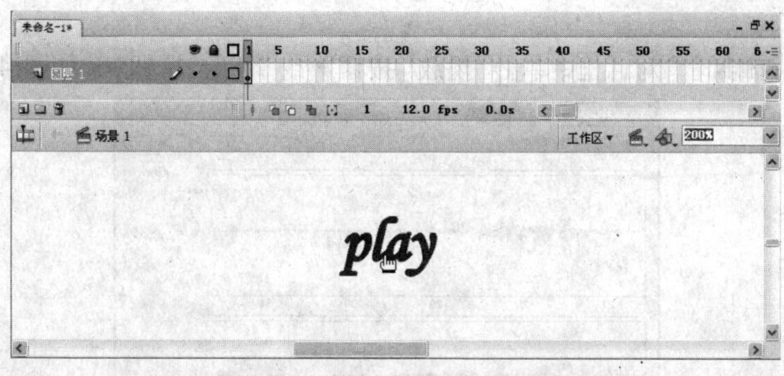

图 14-2 通过菜单命令测试按钮

图 14-3 通过“库”面板测试按钮

(4) 选择“控制”→“测试影片”命令或按Ctrl+Enter组合键，打开Flash Player预览效果，如图14-4所示。

图 14-4 通过播放器测试按钮

14.1.2 声音的测试

在制作MTV时，为了使歌词与声音同步，需要用户多次测试声音，下面介绍几种测试方法。

(1) 在“库”面板上选中要测试的声音，单击预览窗口中的“播放”按钮▶或“停止”按钮■。

(2) 在“编辑封套”对话框中单击“播放”按钮▶或“停止”按钮■，如图14-5所示。

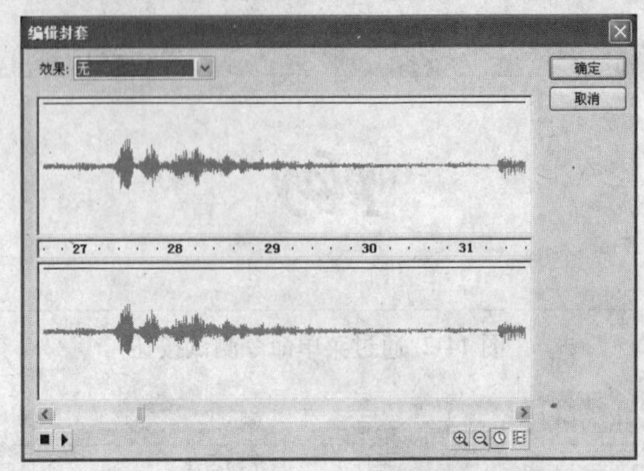

图 14-5 通过“编辑封套”对话框测试声音

(3) 在时间轴中单击要测试声音的位置，然后按Enter键即可开始测试，如果要停止测试，再次按该键即可。

14.1.3 影片下载性能的测试

若要以图形化方式查看影片的下载性能，可以使用带宽设置，根据指定的调制解调器速度显示为每个帧发送了多少数据，其方法是在Flash Player中打开影片，然后选择“视图”→“带宽设置”命令，如图14-6所示。

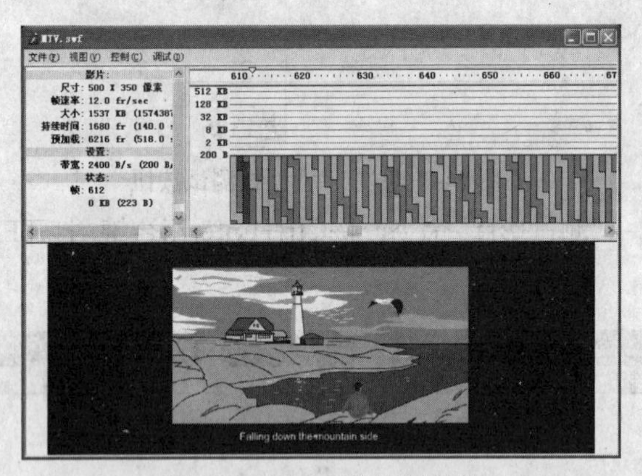

图 14-6 显示下载性能图表

该图的左侧显示了影片的尺寸、帧速率、大小、持续时间、预加载、带宽和状态，右侧显示了时间轴标题和图表。其中，每个条形代表了影片的一个单独帧。条形的大小对应于帧的大小，以字节为单位。

若要测试影片的下载性能，可以选择“视图”→“模拟下载”命令，此时，影片内容将按照设定的速度依次流入播放器，如果某个条形伸到红线之上，则表示Flash Player将在该位置暂停回放，直至整个帧下载完毕，如图14-7所示。

在模拟下载时，Flash使用典型Internet性能的估计值，而不是精确的调制解调器速度。例如，如果选择模拟28.8 Kb/s的调制解调器速度，Flash会将实际速率设置为2.3 Kb/s以反映典型的Internet性能。测试完毕后，关闭测试窗口，返回创作环境即可。

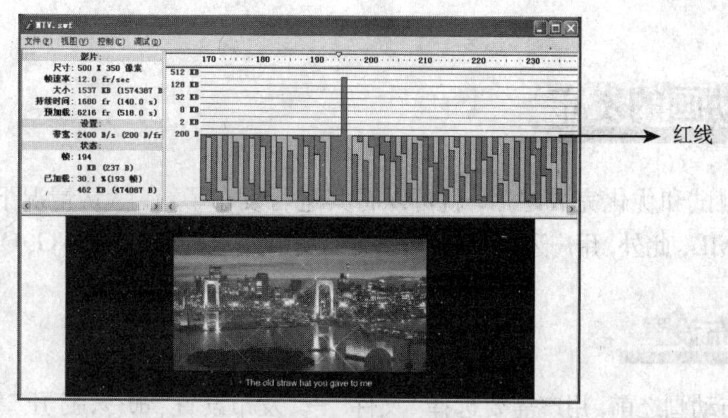

图 14-7 测试影片的下载性能

14.2 动画的优化

Flash作为网页制作与动画创作的专业软件，其操作简便、功能强大，已成为矢量图形和网络动画的标准，但是，如果制作的Flash影片较大，不仅会影响下载速度，还会让浏览者在不断等待中失去耐心，因此，需要对Flash影片进行优化操作。

(1) 将影片中使用两次或两次以上的对象转换为元件。

(2) 应尽量以补间方式产生动画，而少用逐帧方式产生动画。

(3) 多采用实线，少采用虚线，限制特殊线条类型的数量。

(4) 多采用矢量图形，少采用位图图像，对于矢量图形中不必要的线条，可以选择“修改”→“形状”→“优化”命令，打开如图14-8所示的“优化曲线”对话框，进行优化删除。

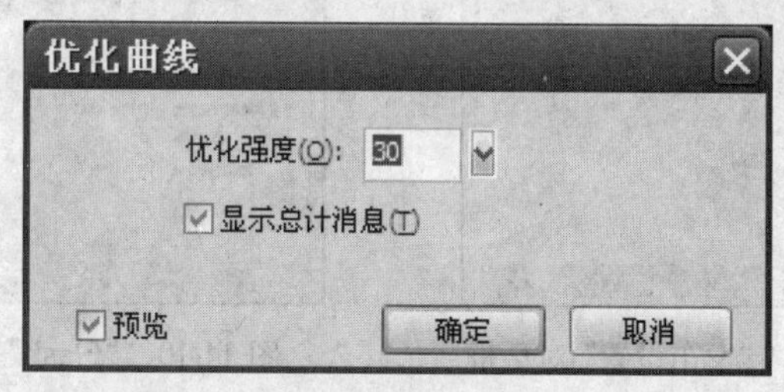

图 14-8 “优化曲线”对话框

(5) 导入的位图图像要尽可能小一点，并以JPEG方式压缩。

(6) 尽量减少嵌入字体的使用。

(7) 限制字体和字体样式的数量，尽量不要将字体打散。

(8) 如果有必要，可以在影片一开始时加入预下载画面，以便后续影片画面能够平滑播放。

(9) 在输出音频时尽量使用MP3格式，因为其压缩比较高。

(10) 避免用位图制作动画，通常将位图设为背景图像或者静止元素。

(11) 将变化与不变化的元素置于不同的层中，尽可能将元素组合起来。

(12) 尽量避免在同一时间内安排多个对象同时产生动作。

(13) 尽量避免使用过渡颜色填充对象。

14.3 动画的发布

动画测试和优化完成之后，就可以将其进行发布了，在默认情况下，动画的发布格式为SWF和HTML，此外，用户还可以将Flash文档发布为GIF、JPEG、PNG、QuickTime等格式。

14.3.1 发布设置

在发布动画之前，用户需要选择“文件”→“发布设置”命令，打开“发布设置”对话框，如图14-9所示，设置发布选项。

1. 设置SWF选项

SWF是Flash的专用格式，是一种支持矢量图和位图的动画格式，被广泛应用于网页设计、动画制作等领域，设置该文档选项的操作步骤如下。

❶ 单击“Flash”标签，打开相应选项卡，如图14-10所示。

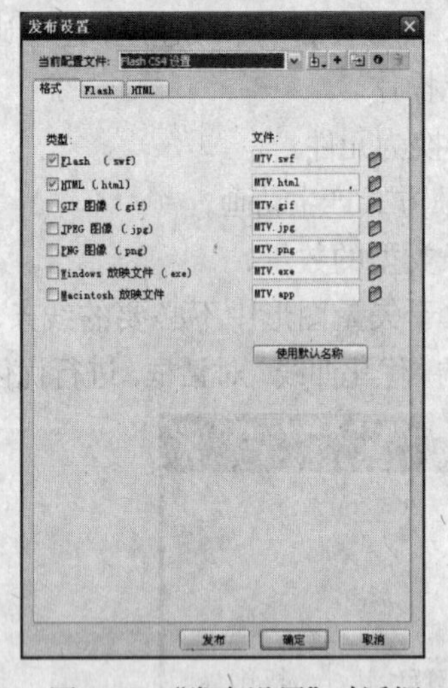

图 14-9 “发布设置”对话框

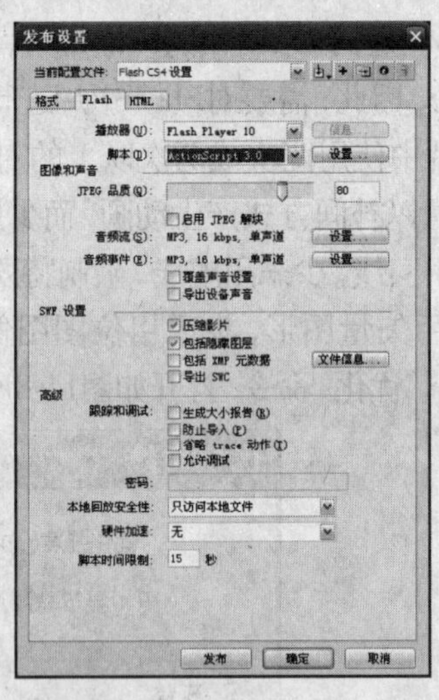

图 14-10 “Flash”选项卡

❷ 在“版本”下拉列表中选择一个播放器版本。

❸ 在“加载顺序”下拉列表中选择一种加载顺序，以指定Flash如何加载SWF文档各层的第1帧。

❹ 在“ActionScript版本”下拉列表中选择一种ActionScript版本。

❺ 在“SWF设置”和“高级”区域设置是否对发布文档进行调试、压缩等。

- 生成大小报告：生成一个扩展名为.txt的文本文档，逐帧列出各帧的大小、形状、文本、声音、视频和ActionScript脚本。如果Flash文档的名称为MTV.fla，则文本文档的名称将为MTV Report.txt，如图14-11所示。
- 防止导入：可使用密码来保护SWF文档，防止他人导入并转换为FLA文档。
- 省略trace动作：使Flash忽略当前SWF文档中的trace动作。
- 允许调试：激活调试器并允许用户远程调试SWF文档。

- ➢ 压缩影片：压缩SWF文档，以减小文档大小和缩短下载时间。当文档包含大量文本或ActionScript时，选择该选项十分有益，经过压缩的文档只能在Flash Player 6或更高版本中播放。
- ➢ 包括XMP数据：包括Flash文档中XMP数据。
- ➢ 包括隐藏图层：包括Flash文档中所有隐藏的图层。
- ➢ 导出SWC：导出一个扩展名为.swc的文档，用于分发组件，它包含一个编译剪辑、组件的ActionScript类文件以及描述组件的其他文件。
- ➢ 在"密码"文本框中输入密码。如果添加了密码，则其他用户必须输入该密码才能调试或导入SWF文档，如果要删除密码，直接清除密码文本字段即可。
- ➢ 在"脚本时间限制"数值框中输入一个数值，定义脚本受限的时间。
- ➢ 在"JPEG品质"数值框中输入一个数值，用来控制位图的压缩。图像品质越低，生成的文档就越小；图像品质越高，生成的文档就越大。
- ➢ 在音频流、音频事件、覆盖声音设置和导出设备声音中做需要的设置，至于它们的具体含义已在第10章的第1节中作了介绍，这里不再赘述。
- ➢ 在"本地回放安全性"下拉列表中选择要使用的Flash安全模型，指定已发布的SWF文档是与本地系统上的文档和资源交互，还是与网络上的文档和资源交互。

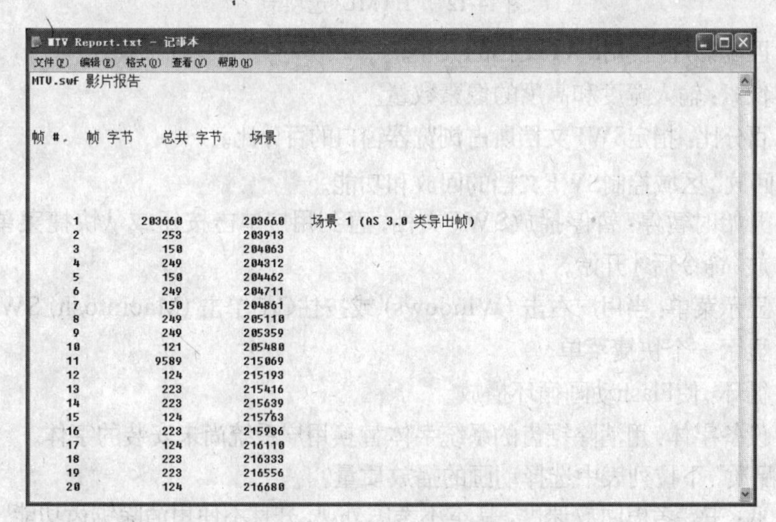
MTV Report.txt - 记事本

文件(F) 编辑(E) 格式(O) 查看(V) 帮助(H)

MTV.swf 影片报告

帧 #.	帧 字节	总共 字节	场景
1	203660	203660	场景 1 (AS 3.0 类导出帧)
2	253	203913	
3	150	204063	
4	249	204312	
5	150	204462	
6	249	204711	
7	150	204861	
8	249	205110	
9	249	205359	
10	121	205480	
11	9589	215069	
12	124	215193	
13	223	215416	
14	223	215639	
15	124	215763	
16	223	215986	
17	124	216110	
18	223	216333	
19	223	216556	
20	124	216680	

图 14-11　MTV.fla的报告文档

2. 设置HTML选项

当需要在Web浏览器中播放Flash作品时，要用到一个可以激活SWF文档并指定浏览器设置的HTML文档，设置该文档选项的操作步骤如下。

❶ 单击"HTML"选项卡，如图14-12所示。

❷ 在"模板"下拉列表中选择要使用的已安装模板。如果要显示所选模板的说明，单击其后的[信息]按钮即可。

❸ 设置是否选中"检测Flash版本"复选框。如果选中，则将文档配置为检测用户所拥有Flash Player的版本，并在用户没有指定的播放器时，向用户发送替代HTML页面。

❹ 如果选中了“检测Flash版本”复选框，则将激活“版本”选项，显示Flash版本的检测结果。

❺ 在“尺寸”下拉列表中选择一种尺寸选项，设置object和embed标记中width和height属性的值。

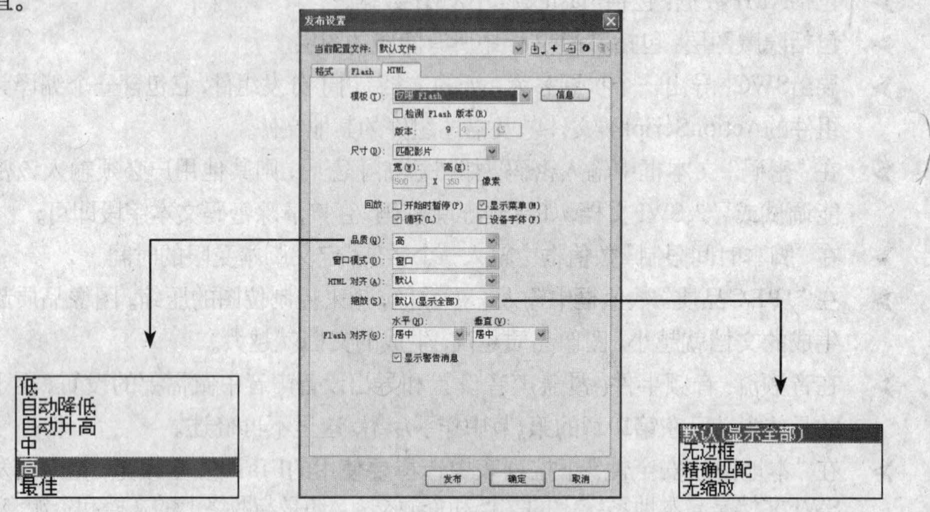

图 14-12 “HTML”选项卡

- 匹配影片：使用SWF文档的大小。
- 像素：输入宽度和高度的像素数量。
- 百分比：指定SWF文档所占浏览器窗口的百分比。

❻ 在“回放”区域控制SWF文档的回放和功能。

- 开始时暂停：暂停播放SWF文档，直到用户单击按钮或从快捷菜单中选择“播放”命令后才开始。
- 显示菜单：当用户右击（Windows）或按住Ctrl单击（Macintosh）SWF文档时，会显示一个快捷菜单。
- 循环：使Flash动画循环播放。
- 设备字体：用消除锯齿的系统字体替换用户系统尚未安装的字体。

❼ 在“品质”下拉列表中选择动画的播放质量。

- 低：主要考虑回放速度，基本不考虑外观，并且不使用消除锯齿功能。
- 自动降低：强调动画的播放速度。
- 自动升高：使显示质量和播放速度同等重要，但在特殊情况下，优先考虑播放速度。
- 中：使显示质量和播放速度同等重要，不分彼此。
- 高：使显示质量优先于播放速度。
- 最佳：使显示质量达到最好，而不考虑播放速度。

❽ 在“窗口模式”下拉列表中选择动画的窗口模式，用于修改内容边框或虚拟窗口与HTML页中内容的关系。

- 窗口：将Flash内容的背景设置为不透明，并使用HTML背景颜色。
- 不透明无窗口：将Flash内容的背景设置为不透明，并遮蔽该内容下面的所有内容。
- 透明无窗口：将Flash内容的背景设置为透明，并使HTML内容显示在它的上方和下方。

⑨ 在“HTML对齐”下拉列表中选择一个选项，定位SWF文档在浏览器窗口中的位置。

⑩ 在“缩放”下拉列表中选择动画的缩放方式。

➢ 默认：在指定的区域内显示整个SWF文档，并且保持它的原始比例。

➢ 无边框：对SWF文档进行缩放，以使它适合指定的区域，并且保持它的原始比例。

➢ 精确匹配：在指定的区域内显示SWF文档，允许改变它的原始比例。

➢ 无缩放：禁止在调整播放器窗口大小时缩放SWF文档。

⑪ 在“Flash对齐”下拉列表中选择动画在播放区域中的位置，对应于object标签和embed标签的salign参数，如果选中了“显示警告消息”复选框，则可在标签设置发生冲突时显示错误信息。

3. 设置GIF选项

GIF是Internet上最流行的图形格式，使用GIF文档可以导出绘画和简单动画，以供在网页中使用，设置该文档选项的操作步骤如下。

❶ 单击“格式”标签，打开相应选项卡，选中“GIF图像”复选框。

❷ 单击“GIF”标签，打开相应选项卡，如图14-13所示。

❸ 在“尺寸”区域设置导出位图的宽度和高度，以像素为单位。

❹ 在“回放”区域确定Flash创建的是静止图像还是GIF动画，如果选择“动画”，可设置动画的循环或重复属性。

❺ 在“选项”区域设置导出文档的外观。

➢ 优化颜色：从颜色表中删除不使用的颜色。

➢ 交错：使GIF图像在下载时以交错方式显示。

➢ 平滑：使输出的GIF图像消除锯齿。

➢ 抖动纯色：对色块进行抖动处理，以防止出现色带不均匀的现象。

➢ 删除渐变：将所有的渐变转换为与渐变的第1种颜色相同的纯色。

❻ 在“透明”下拉列表中设置文档背景的透明属性。

➢ 不透明：将背景变为纯色。

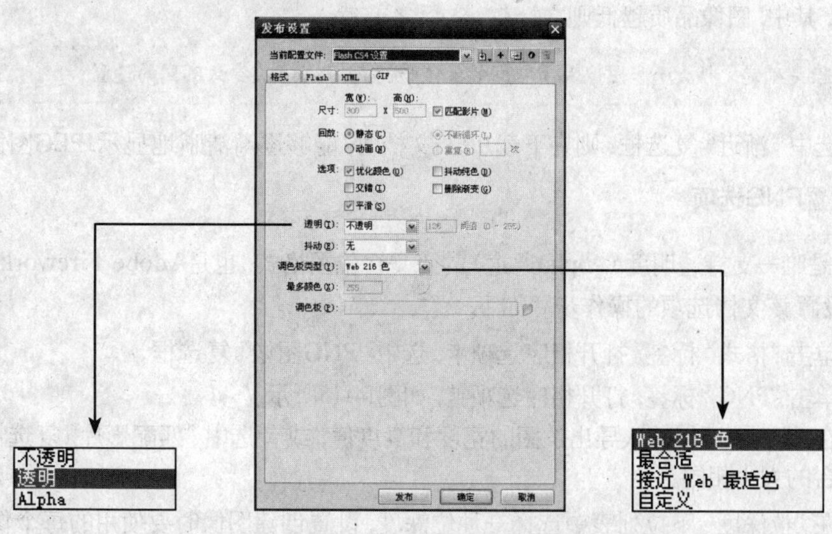

图 14-13　“GIF”选项卡

- ➢ 透明：使文档的背景完全透明。
- ➢ Alpha：设置局部透明度，取值范围为0~255，值越低，透明度越高。

❼ 在“抖动”下拉列表中设置是否通过混合已有的颜色来模拟当前调色板中没有的颜色。

- ➢ 无：关闭抖动，并用基本颜色表中最接近指定颜色的纯色替代该表中没有的颜色，如果关闭抖动，则产生的文档较小，但颜色不能令人满意。
- ➢ 有序：提供高品质的抖动，同时文档大小的增长幅度也最小。
- ➢ 扩散：提供最佳品质的抖动，但会增加文档大小并延长处理时间。

❽ 在“调色板类型”下拉列表中定义图像的调色板。

- ➢ Web 216色：使用Web 216色的调色板。
- ➢ 最适合：分析图像中的颜色，并为所选GIF文档创建一个唯一的颜色表。
- ➢ 接近Web最适色：对调色板进行优化处理，并将接近的颜色转换为Web 216色。
- ➢ 自定义：自定义调色板。

❾ 如果调色板的类型为“最适合”或“接近Web最适色”，将激活“最多颜色”选项，用户可以在其文本框中设置所创建颜色的最大数量。

❿ 如果调色板的类型为“自定义”，将激活“调色板”选项，用户可以在其文本框中输入自定义调色板的路径。

4. 设置JPEG选项

JPEG适合显示包含连续色调（如照片、渐变色或嵌入位图）的图像，可将图像保存为高压缩比的24位位图，设置该文档选项的操作步骤如下。

❶ 单击“格式”标签，打开相应选项卡，选中“JPEG图像”复选框。

❷ 单击“JPEG”标签，打开相应选项卡，如图14-14所示。

❸ 在“尺寸”区域输入导出位图的宽度和高度值，或者选中“匹配影片”复选框，使JPEG图像和舞台的大小相同。

❹ 拖动“品质”滑动条上的滑块，或者在其后的文本框中输入一个数值，控制JPEG文档的压缩量，其中，图像品质越低则文档越小，反之亦然。

> 提示：若要确定文档大小和图像品质之间的最佳平衡点，可以多次尝试不同的设置。

❺ 选中“渐近”复选框，则在下载JPEG文档时，能够逐渐清晰地显示JPEG图像。

5. 设置PNG选项

PNG是唯一支持透明度（Alpha通道）的跨平台位图格式，也是Adobe Fireworks的默认文档格式，设置该文档选项的操作步骤如下。

❶ 单击“格式”标签，打开相应选项卡，选中“PNG图像”复选框。

❷ 单击“PNG”标签，打开相应选项卡，如图14-15所示。

❸ 在“尺寸”区域输入导出位图的宽度和高度值，或者选中“匹配影片”复选框，使PNG图像和舞台的大小相同。

❹ 在“位深度”下拉列表中选择一种位深度，设置创建图像时要使用的每个像素的位数和颜色数，其中，位深度越高，文档就越大。

图 14-14　“JPEG”选项卡

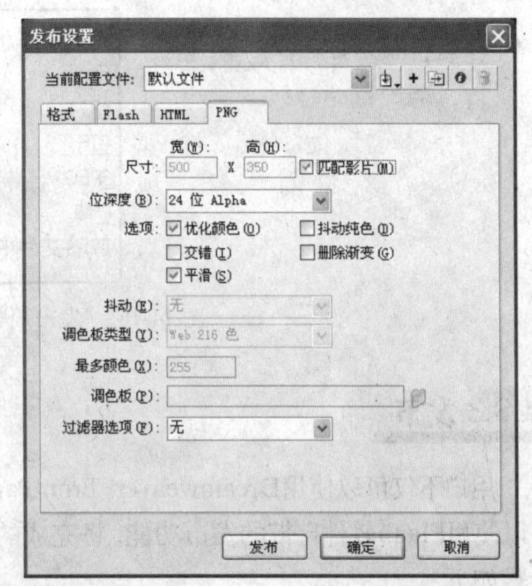

图 14-15　“PNG”选项卡

➢ 8位：用于256色图像。

➢ 24位：用于数千种颜色的图像。

➢ 24位Alpha：用于数千种颜色并带有透明度的图像。

❺ 设置“选项”、“抖动”、“调色板类型”、“最多颜色”和“调色板”选项，由于它们与GIF格式中的含义大致相同，这里不再赘述。

❻ 在“过滤器选项”下拉列表中选择PNG文档的过滤方式。

➢ 无：关闭过滤功能。

➢ 下：传递每个字节和它前一像素相应字节的值之间的差。

➢ 上：传递每个字节和它上面相邻像素相应字节的值之间的差。

➢ 平均：使用两个相邻像素（左侧像素和上方像素）的平均值来预测该像素的值。

➢ 线性函数：计算左侧、上方、左上方三个相邻像素的简单线性函数，然后选择最接近计算值的相邻像素作为颜色的预测值。

➢ 最合适：分析图像中的颜色，并为所选PNG文档创建一个唯一的颜色表。对于显示成千上万种颜色的系统而言，该选项是最佳选择，它可以创建最精确的图像颜色，但所生成的文档要比用Web 216色调色板创建的PNG文档大。

> 说明：用户还可以将Flash动画发布为Windows的放映文件（后缀名为.exe）和Macintosh的放映文件（后缀名为.hqx），由于它们没有选项，这里不再赘述。

14.3.2 发布预览

选择“文件”→“发布预览”命令下的子命令，如图14-16所示。可以使用选定的格式，在正式发布作品之前预览效果。例如，如果要预览HTML文档，选择“HTML”命令即可启动默认的网页浏览器打开预览。

默认(D) - (HTML) F12
Flash
HTML
GIF
JPEG
PNG
放映文件(R)

图 14-16 “发布预览”命令下的子命令

14.3.3 发布

用户不仅可以使用Dreamweaver、FrontPage等网页编辑工具将Flash动画嵌入到网页中，还可以使用Flash软件自带的发布功能，将完成的作品输出成动画、图像以及HTML等文档，操作步骤如下。

❶ 在正式发布作品之前预览效果。

❷ 如果对预览效果比较满意，执行下列操作之一即可。

- “文件”→“发布”命令。
- 按Shift+F12组合键。
- 单击“发布设置”对话框中的[发布]按钮。

14.4 动画的导出

在Flash CS4中，导出和发布是两个不同的概念，它们主要有以下两点区别：一是动画能够同时以多种格式发布，但它一次只能以一种格式导出；二是动画的导出不能够对背景音乐、图像格式和颜色等进行单独的设置。

Flash动画的导出有导出图像和导出影片两种方式，前者用于导出静态图，后者用于导出动态作品或动画序列，下面分别进行介绍。

14.4.1 导出图像

导出图像指将当前帧内容或所选图像导出为一种静止图像格式，或者导出为单帧的Flash Player应用程序，操作步骤如下。

❶ 打开要导出的Flash文档，选择要导出的帧或图像。

❷ 选择“文件”→“导出”→“导出图像”命令，打开“导出图像”对话框，如图14-17所示。

❸ 在“文件名”下拉列表框中输入文档名称。

❹ 在“保存类型”下拉列表中选择一种图像格式，例如JPEG图像，如图14-18所示。

❺ 单击[保存(S)]按钮，打开“导出JPEG”对话框，如图14-19所示。

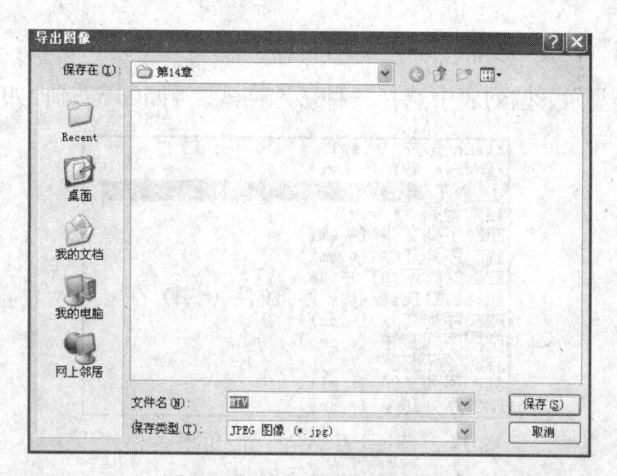

图 14-17 “导出图像”对话框

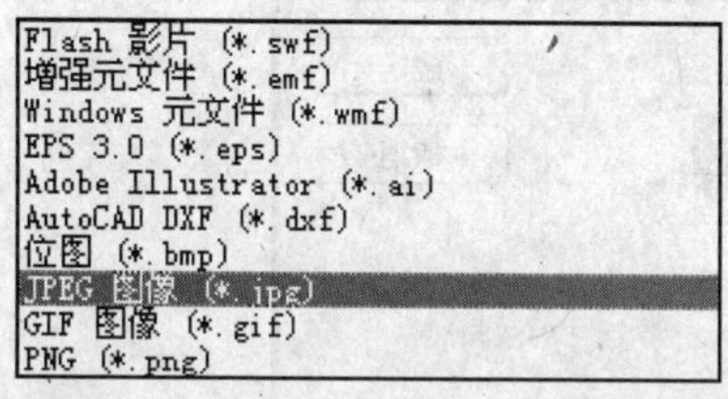

图 14-18 Flash CS4允许导出的图像格式

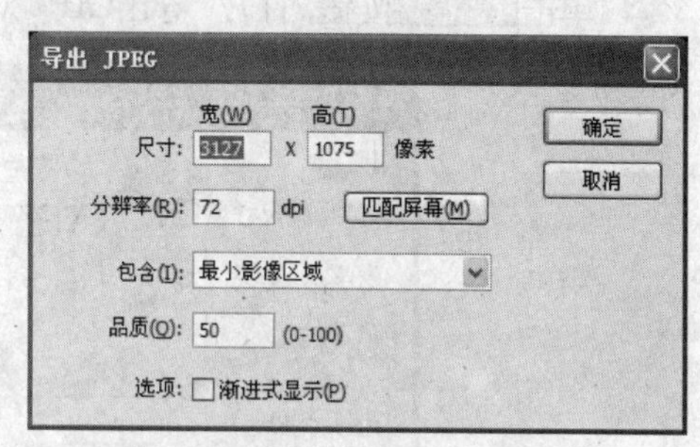

图 14-19 “导出JPEG”对话框

❻ 在对话框中进行需要的设置，单击 确定 按钮完成导出操作。

14.4.2 导出影片

导出影片可以为每一帧创建一个带有编号的图像文档，操作步骤如下。

❶ 打开要导出的Flash文档，选择要导出的帧或图像。

❷ 选择“文件”→“导出”→“导出影片”命令，打开“导出影片”对话框，如图14-20所示。

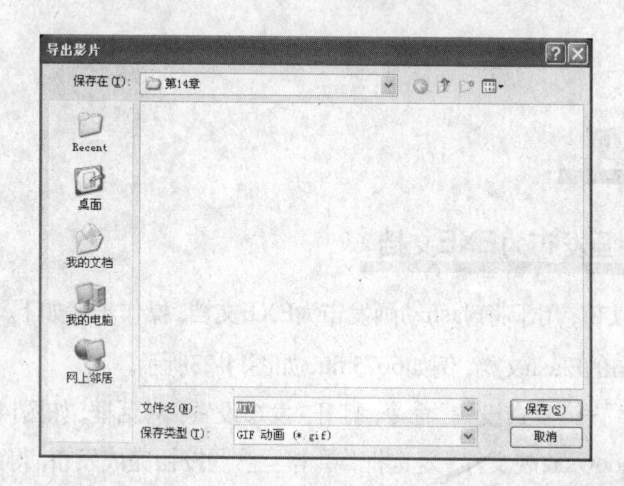

图 14-20 “导出影片”对话框

❸ 在“文件名”下拉列表框中输入文档名称。

❹ 在“保存类型”下拉列表中选择一种影片格式，例如GIF动画，如图14-21所示。

Flash 影片 (*.swf)
Windows AVI (*.avi)
GIF 动画 (*.gif)
WAV 音频 (*.wav)
EMF 序列文件 (*.emf)
WMF 序列文件 (*.wmf)
EPS 3.0 序列文件 (*.eps)
Adobe Illustrator 序列文件 (*.ai)
DXF 序列文件 (*.dxf)
位图序列文件 (*.bmp)
JPEG 序列文件 (*.jpg)
GIF 序列文件 (*.gif)
PNG 序列文件 (*.png)

图 14-21 Flash CS4允许导出的影片格式

❺ 单击 保存(S) 按钮，打开“导出GIF”对话框，如图14-22所示。

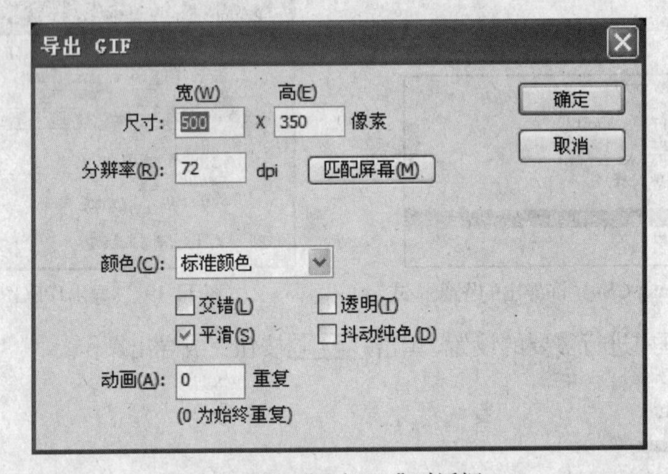

图 14-22 “导出GIF”对话框

❻ 在对话框中进行需要的设置，单击 确定 按钮完成导出操作。

14.5 课堂实例

14.5.1 将Flash动画发布为EXE文档

本例制作一个实例，用于将Flash动画发布为EXE文档，操作步骤如下。

❶ 打开要发布的Flash文档，例如6675.fla，如图14-23所示。

❷ 选择“文件”→“发布设置”命令，打开“发布设置”对话框，如图14-24所示。

❸ 选中“Windows放映文件”复选框，单击 发布 按钮完成发布，得到EXE文档。

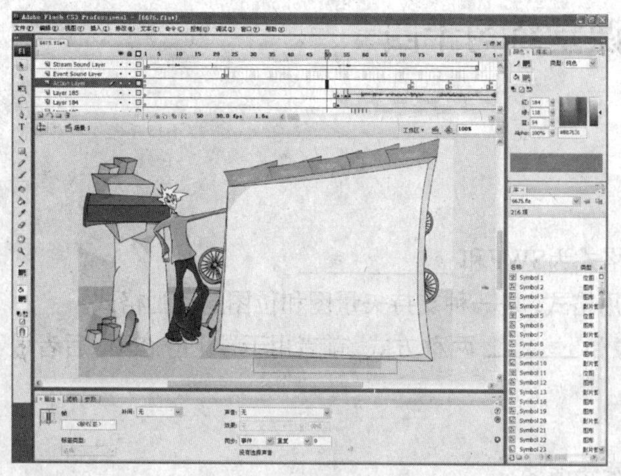

图 14-23　打开Flash文档

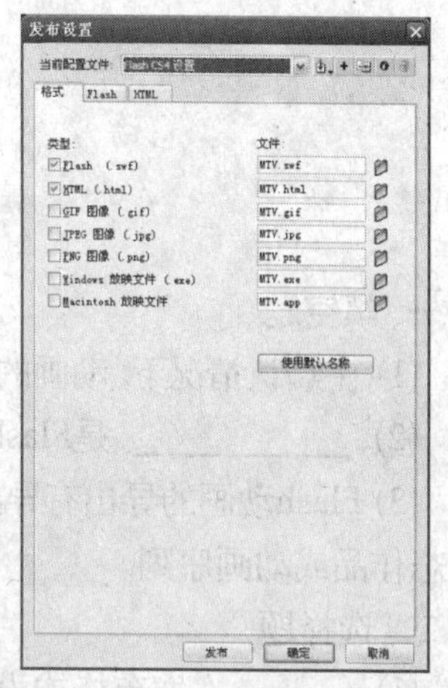

图 14-24　“发布设置”对话框

14.5.2 将SWF文档转化为EXE文档

本例制作一个实例，用于将SWF文档转化为EXE文档，操作步骤如下。

❶ 打开要转化的SWF文档，如图14-25所示。

图 14-25　打开SWF文档

❷ 选择“文件”→“创建播放器”命令，打开“另存为”对话框，如图14-26所示。

❸ 在“文件名”下拉列表框中输入文档名称，单击 保存(S) 按钮完成转换，得到EXE文档。

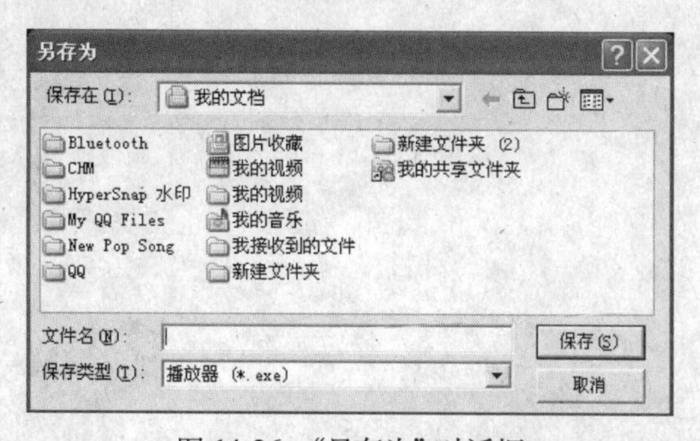

图 14-26　“另存为”对话框

课堂练习十四

一、填空题

(1) 在默认情况下，动画的发布格式为SWF和 ________ 。

(2) ________ 是Flash的专用格式，是一种支持矢量图和位图的动画格式。

(3) Flash动画的导出有导出图像和 ______ 两种方式，前者用于导出静态图，后者用于导出动态作品或动画序列。

二、选择题

(1) (　　) 发布格式没有发布选项。

A. GIF文件　　B. Windows的放映文件

C. JPEG文件　　D. Macintosh的放映文件

(2) 发布命令的快捷键是 (　　)。

A. Ctrl+F12　　B. F12

C. Shift+F12　　D. Ctrl+ Shift+F12

(3) 关于导出和发布，下列说法正确的是 (　　)。

A. 用户能够将动画同时以多种格式发布

B. 用户能够将动画同时以多种格式导出

C. 用户一次只能以一种格式导出动画

D. 用户一次只能以一种格式发布动画

三、上机操作题

(1) 练习将Flash动画发布为HTML格式的文档。

(2) 练习将Flash动画发布为GIF格式的文档。

Flash

第15章 提高范例

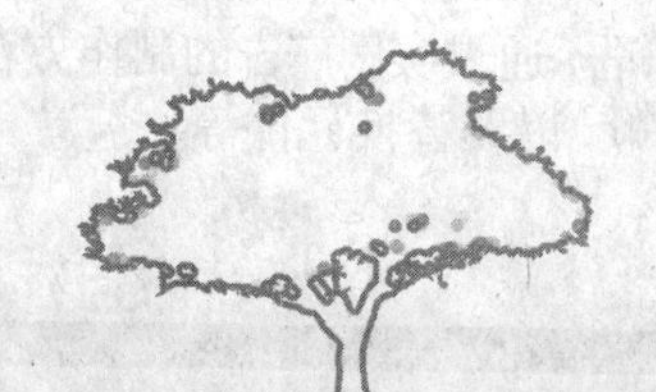

学习目标

通过前面的学习，用户对Flash CS4有了较全面的掌握，本章将介绍该软件在产品广告、电影片头、网站制作和商业游戏等行业的案例制作，从而对前面所学的知识进行系统化、专业化的巩固与复习，使用户有一个更深层次的提高。

学习重点

(1) 汽车产品广告
(2) 全Flash网站制作
(3) 商业游戏开发

实例1 汽车产品广告

1. 行业导读

随着市场经济的到来，广告创造了一个又一个销售神话。在众多类别的产品广告中，汽车产品广告大多以汽车为主体进行，无论从外观到内饰，从速度到安全，从保养到服务等，都有着广阔的自由发挥空间。图15-1所示为飞度汽车产品广告。

图 15-1 飞度汽车广告

2. 实例目的

本例将制作一款汽车产品广告，通过实例广告的制作方法与制作流程，并掌握如何更改图形元件的播放方式，复制与粘贴帧，以及替换元件等。

3. 实例步骤

❶ 新建一个Flash文档（ActionScript 3.0）。

❷ 选择“修改”→“文档”命令，打开“文档属性”对话框，设置“尺寸”为650×500，“背景颜色”为白色，单击确定按钮应用设置。

❸ 按Ctrl+F8组合键，打开“创建新元件”对话框，如图15-2所示。

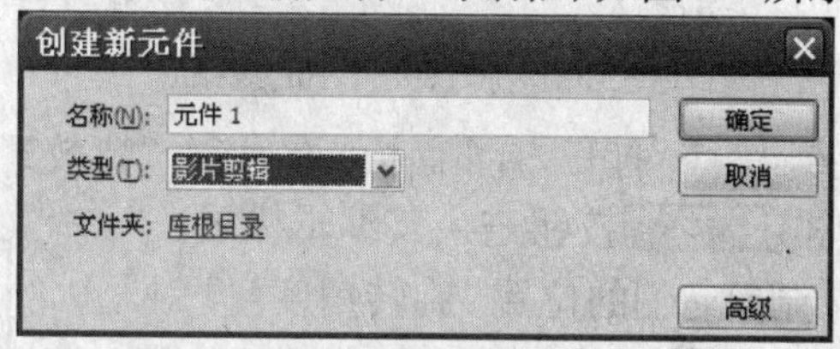

图 15-2 “创建新元件”对话框

❹ 设置“名称”为特效1，“类型”为图形，单击确定按钮进入元件的编辑模式。

❺ 分别选中第3帧、第5帧、第7帧，按F6键插入关键帧，选中第8帧，按F5键插入帧。选择“铅笔工具”，设置“笔触颜色”为#999999，“笔触样式”为极细，然后在各关键帧中绘制线条，如图15-3所示。

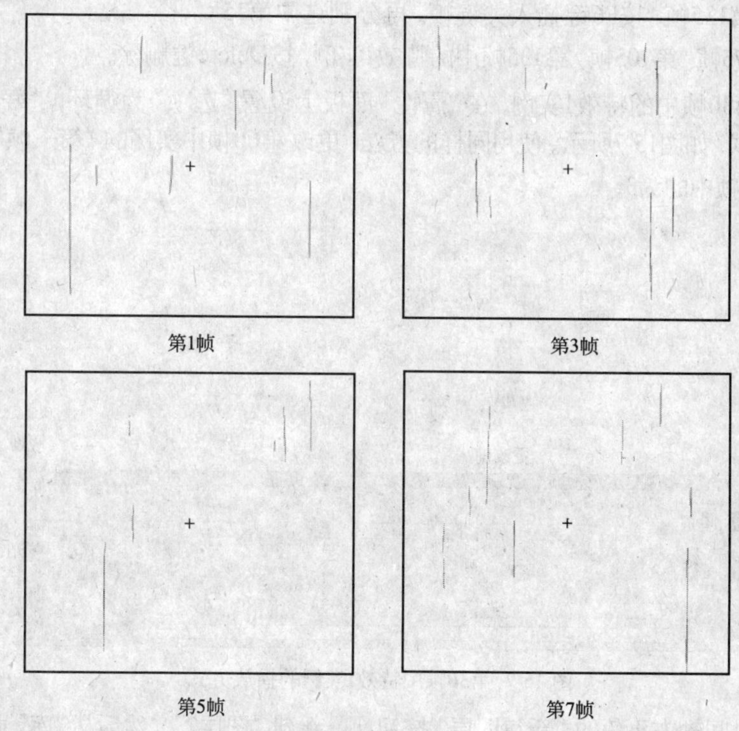

图 15-3 特效1元件中的线条

❻ 使用同样的方法，创建名为特效2的元件，单击确定按钮进入其编辑模式。选择“铅笔工具”，更改“笔触颜色”为黑色，“笔触样式”为1，在舞台中绘制一个不规则圆圈，如图15-4所示。

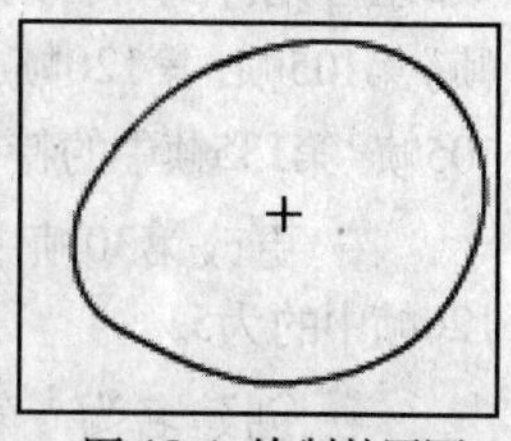

图 15-4 绘制的圆圈

❼ 分别选中第2帧、第3帧、第4帧，按F6键插入关键帧。

❽ 选择“橡皮擦工具”，擦除各关键帧中的部分线条，使剩余图形如图15-5所示。

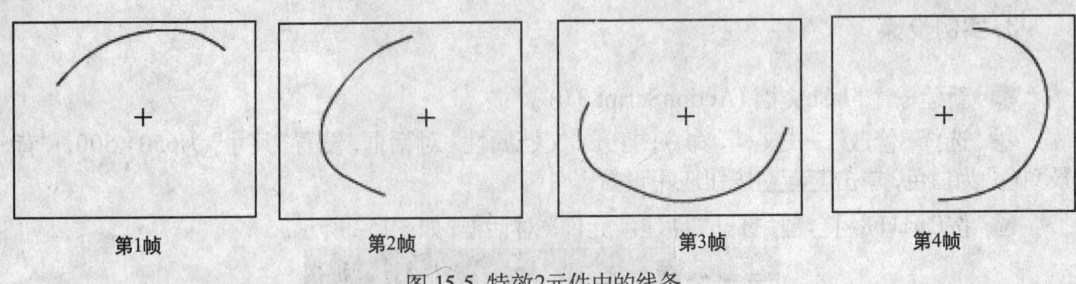

图 15-5 特效2元件中的线条

⑨ 选择“窗口”→“库”命令，打开“库”面板，拖动5次“特效2”元件到舞台中。创建名为“特效2”组合的元件，单击 确定 按钮进入其编辑模式。选择“任意变形工具”，调整它们的位置、旋转角度、倾斜角度等，如图15-6所示。再选中第4帧，按F5键插入帧，完成特效2组合元件的制作。

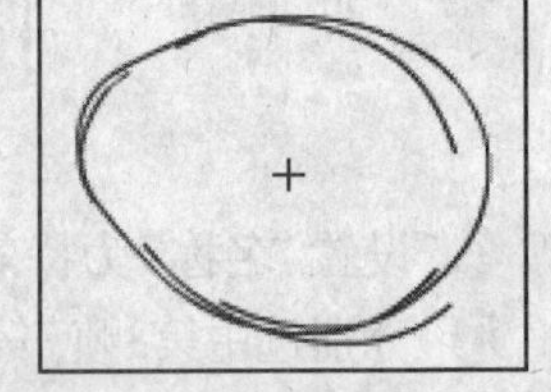

图 15-6 特效2组合元件的效果

⑩ 单击“场景1”图标，返回主场景。

⑪ 从“库”面板上拖动特效1元件到舞台的中心。分别选中第15帧、第30帧、第45帧、第60帧、第75帧、第90帧、第105帧、第120帧、第135帧，按F6键插入关键帧。再分别选中第15帧、第45帧、第75帧、第105帧、第135帧中的特效1实例，按Delete键删除。

⑫ 选中第30帧中的特效1实例，在“属性”面板上设置“选项”为循环，“第一帧”为3，更改它的播放方式，如图15-7所示。使用同样的方法，更改第60帧中实例的“第一帧”为5，第90帧中的为7，第120帧中的为3。

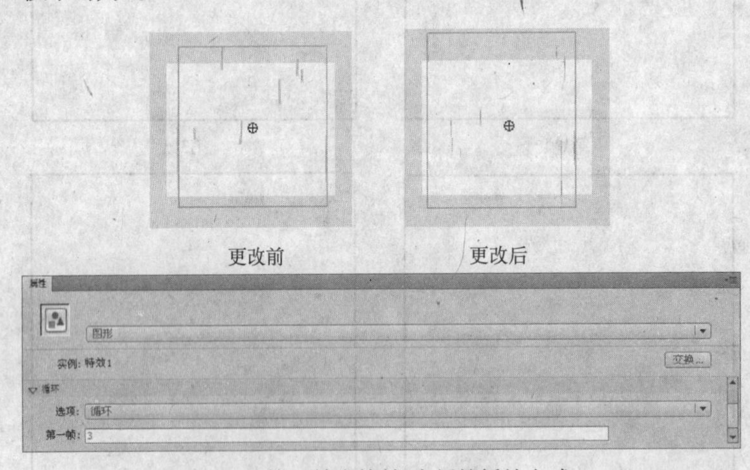

图 15-7 第30帧中特效1实例的播放方式

⑬ 单击时间轴左下角的“新建图层”按钮，新建“图层2”，然后从“库”面板上拖动特效2组合元件到舞台的中心。分别选中该层的第15帧、第30帧、第45帧、第60帧、第75帧、第90帧、第105帧、第120帧、第135帧，按F6键插入关键帧。再分别选中第15帧、第45帧、第75帧、第105帧、第135帧中的特效2组合实例，按Delete键删除。

⑭ 更改第30帧中特效2组合实例的“第一帧”为2，第60帧中的为3，第90帧中的为4，第120帧中的为5。

⑮ 创建名为“车1”的元件，单击 确定 按钮进入其编辑模式。选择“文件”→“导入”→“导入到舞台”命令，打开“导入”对话框，导入“8kr5riegy.jpg”图片，如图15-8所示。

图 15-8 导入图片

⑯单击时间轴左下角的“新建图层”按钮，新建“图层2”。

⑰选择“铅笔工具”，在该层中勾画汽车的大致轮廓，如图15-9所示。使轮廓处于选中状态，然后切换至“选择工具”，单击几次工具面板下方的“平滑”按钮，直至轮廓比较平滑，如图15-10所示。

图 15-9 勾画汽车轮廓　　图 15-10 平滑轮廓

⑱ 选中“图层2”的第3帧，按F6键插入关键帧，如图15-11所示。选中该帧中的汽车轮廓，按住Shift键，再分别按键盘上的↑键和→键，将它向右上角移动一段距离，得到汽车奔驰时的动感效果。

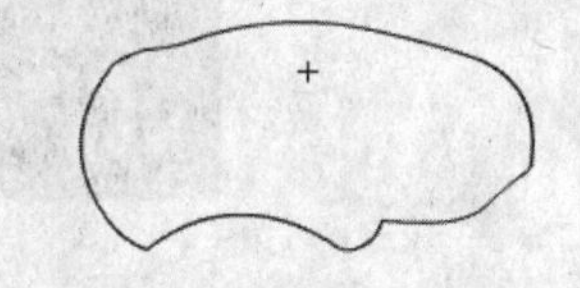

图 15-11 车1元件第3帧中的内容

⑲ 使用同样的方法，创建名为车2、车3、车4和车5的元件，在其中依次导入“733wzyxc4g1229.jpg”、“a8hgo3a54t6162.jpg”、“epip2qrjbs0063.jpg”和“qvvcraq8wh0146.jpg”图片。在新创建的4个元件内新建图层，并勾画和平滑汽车轮廓。在所新建图层的第3帧中插入关键帧，并将该帧中的汽车轮廓向右上角移动与第(18)步中相同的距离，完成“车2”、“车3”、“车4”和“车5”元件的制作。

⑳ 单击“场景1”图标，返回主场景。选中“图层2”，单击时间轴左下角的“新建图层”按钮，新建“图层3”，然后从“库”面板上拖动“车1”元件到舞台的中心。

㉑ 分别选中该层的第15帧、第22帧、第29帧、第30帧、第45帧、第52帧、第59帧、第60帧、第75帧、第82帧、第89帧、第90帧、第105帧、第112帧、第119帧、第120帧、第135帧、第142帧、第149帧，按F6键插入关键帧，如图15-12所示。再分别选中第1帧、第30帧、第60帧、第90帧、第120帧中的车1实例，按Delete键删除。

㉒ 分别选中第45帧、第52帧、第59帧中的车1实例，单击“属性”面板上的 交换... 按钮，在打开的“交换元件”对话框中选中“车2”元件，如图15-13，单击 确定 按钮进行替换。

㉓ 使用同样的方法，将第75帧、第82帧、第89帧中的实例替换为车3，将第105帧、第112帧、第119帧中的实例替换为“车4”，将第135帧、第142帧、第149帧中的实例替换为“车5”。

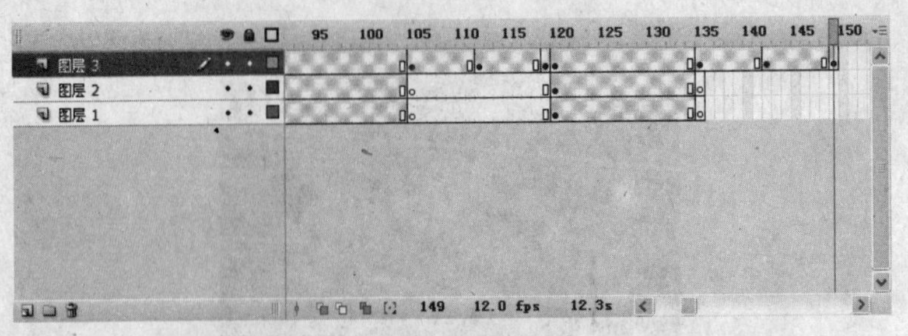

图 15-12 插入关键帧

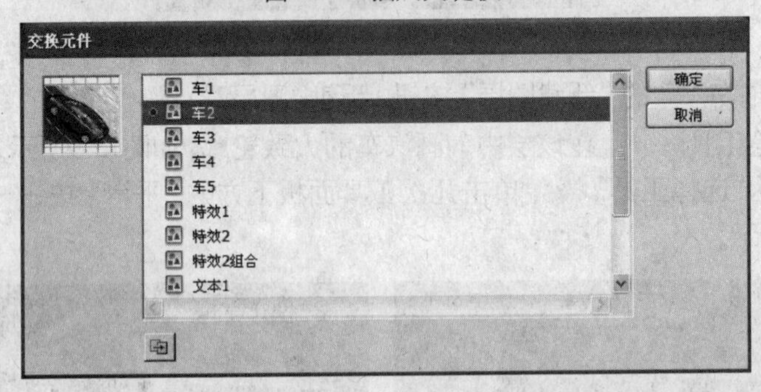

图 15-13 "交换元件"对话框

㉔ 选中第15帧中的"车1"实例，在"属性"面板上设置"样式"为Alpha，"Alpha数量"为0，然后按Enter应用键使其完全透明，如图15-14所示。使用同样的方法更改第29帧、第45帧、第59帧、第75帧、第89帧、第105帧、第119帧、第135帧、第149帧中汽车的透明度。

更改前

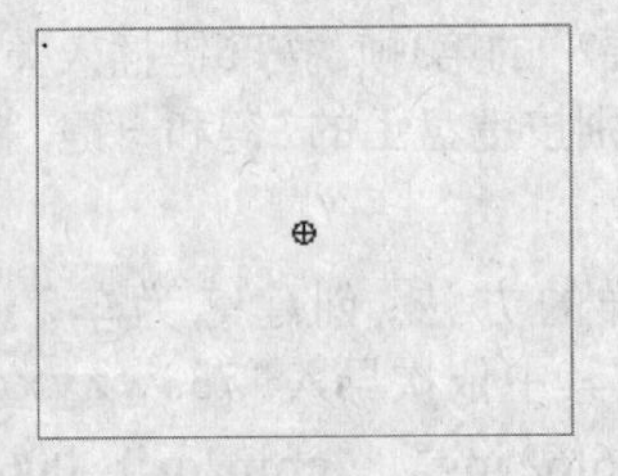

更改后

图 15-14 更改透明度前后的效果对比

㉕ 分别选中第15帧、第22帧、第45帧、第52帧、第75帧、第82帧、第105帧、第112帧、第135帧、第142帧，然后，在弹出的快捷菜单中选择"创建传统补间"命令，创建动作补间，时间轴效果如图15-15所示。

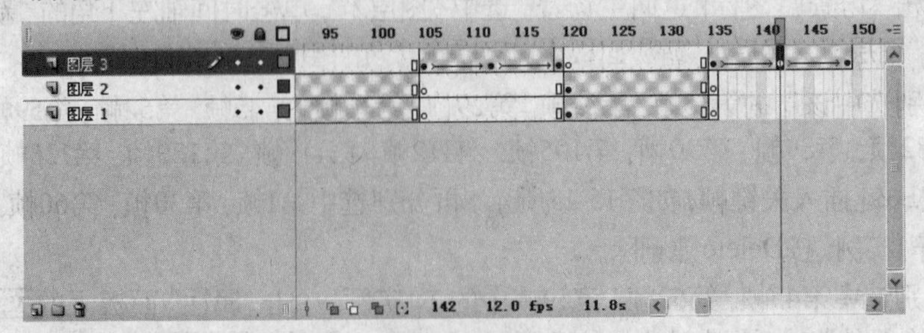

图 15-15 创建动作补间

㉖ 选中"图层3"，单击时间轴左下角的"新建图层"按钮，新建"图层4"。

㉗ 选择"矩形工具"，在属性面板上设置"笔触颜色"为白色，"填充颜色"为

#B1260F，在舞台中绘制一个矩形，并调整其大小为宽度：742.9，高度：72.5；位置为X：−46.5，Y：−2.5，如图15-16所示。再绘制一个矩形，并调整其大小为宽度：742.9，高度：72.5；位置为X：−46.4，Y：430.1，如图15-17所示。

图 15-16　设置矩形的属性

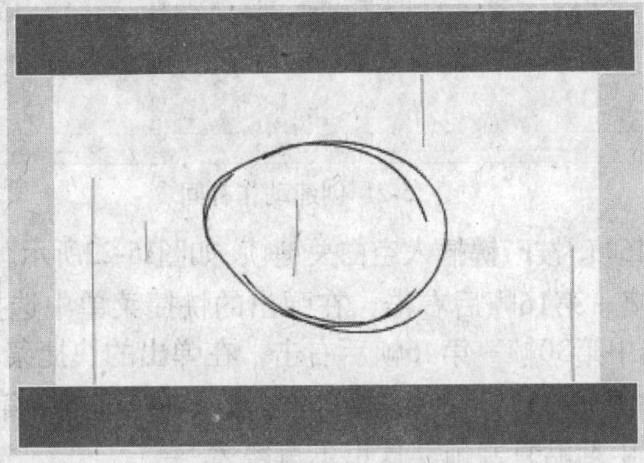

图 15-17　矩形效果

28 选中“图层4”，单击时间轴左下角的“新建图层”按钮，新建“图层5”。

29 选择“文本工具” T，在“属性”面板上设置“系列”为文鼎CS行楷，“大小”为50，“颜色”为黑色，在“图层5”中输入文本“品质升级”，如图15-18所示。

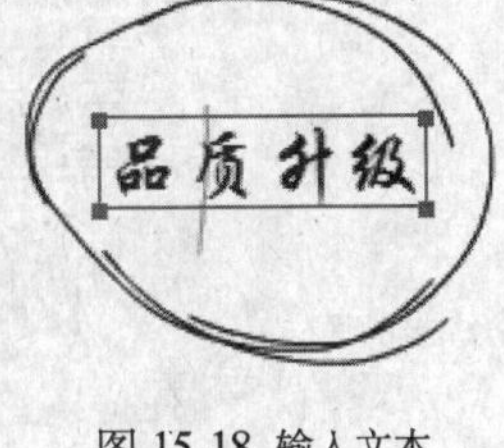

图 15-18　输入文本

30 选中文本，按F8键，打开“转换为元件”对话框，如图15-19所示。

图 15-19　“转换为元件”对话框

31 设置“名称”为文本1，“类型”为图形，单击 确定 按钮将选中文本转换为元件。

32 在“库”面板上选中“文本1”元件后右击，在弹出的快捷菜单中选择“直接复制”命令，打开“直接复制元件”对话框，如图15-20所示。

33 设置“名称”为文本2，单击 确定 按钮关闭对话框，此时，该元件将被添加至“库”面板。

34 在“库“面板上双击“文本2”元件，进入其编辑模式，更改文本为“外观升级”。

35 使用同样的方法，创建名为“文本3”、“文本4”和“文本5”的元件，并依次更改文本为“舒适升级”、“科技升级”和“服务升级”。

36 右击该层第1帧~第14帧之间的任意一帧，在弹出的快捷菜单中选择“创建传统补间”

命令，创建动作补间，并设置"旋转"为顺时针，"旋转次数"为2，如图15-21所示。然后单击"场景1"图标，返回主场景，选中"图层5"的第15帧，按F6键插入关键帧。

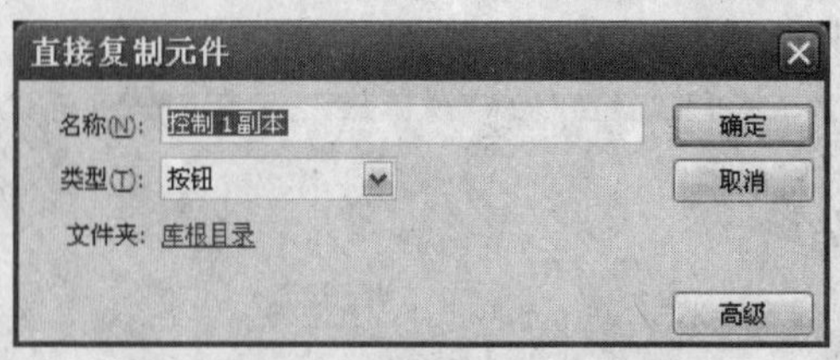

图 15-20 "直接复制元件"对话框

图 15-21 创建动作补间

❸⑦ 选中该层的第16帧，按F7键插入空白关键帧，如图15-22所示。

❸⑧ 同时选中第1帧～第16帧后右击，在弹出的快捷菜单中选择"复制帧"命令，复制所选的帧。再同时选中第30帧～第46帧后右击，在弹出的快捷菜单中选择"粘贴帧"命令，粘贴复制的帧，如图15-23所示。用同样的方法，在第60帧～第76帧、第90帧～第106帧、第120帧～第136帧中粘贴复制帧，这里不再赘述。

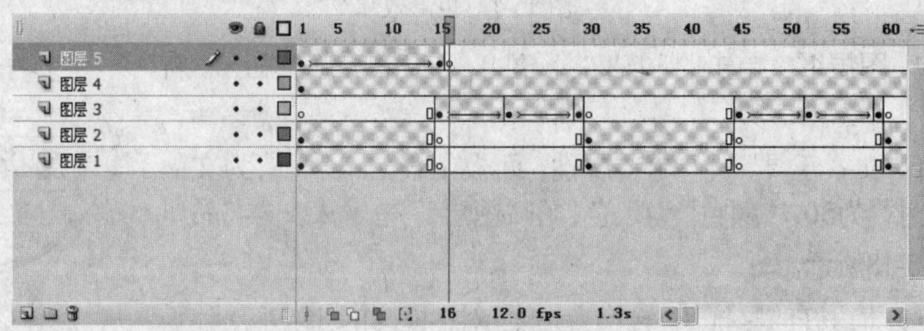

图 15-22 插入空白关键帧

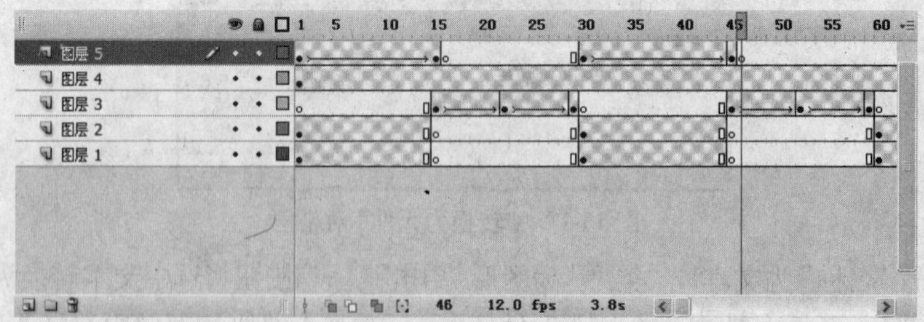

图 15-23 粘贴帧

❸⑨ 分别选中第30帧和第45帧中的"文本1"实例，单击"属性"面板上的 交换... 按钮，在打开的"交换元件"对话框中选中"文本2"元件，如图15-24所示，单击 确定 按钮进行替换。使用同样的方法，将第60帧和第75帧中的文本替换为文本3，将第90帧和第105帧中的文本替换为文本4，将第120帧和第135帧中的文本替换为文本5。

❹⓪ 选中"图层5"，单击时间轴左下角的"新建图层"按钮，新建"图层6"。

❹① 选择"文件"→"导入"→"导入到舞台"命令，打开"导入"对话框，导入声音文档

"Sound2111.wav"文件。注意在导入操作结束之后，声音并未添加到舞台上，而是被作为元件插入到库中，如图15-25所示。

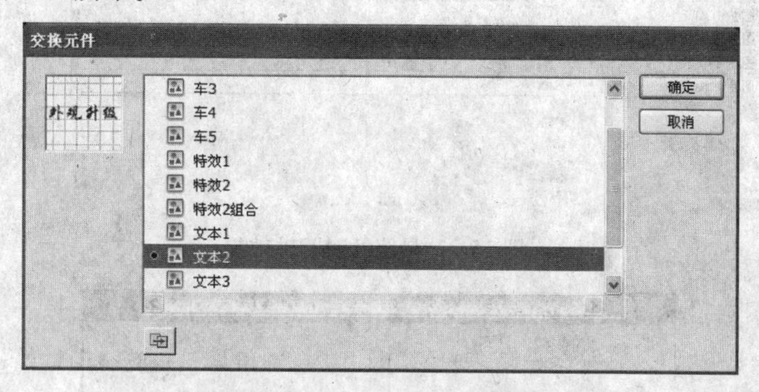

图 15-24 "交换元件"对话框

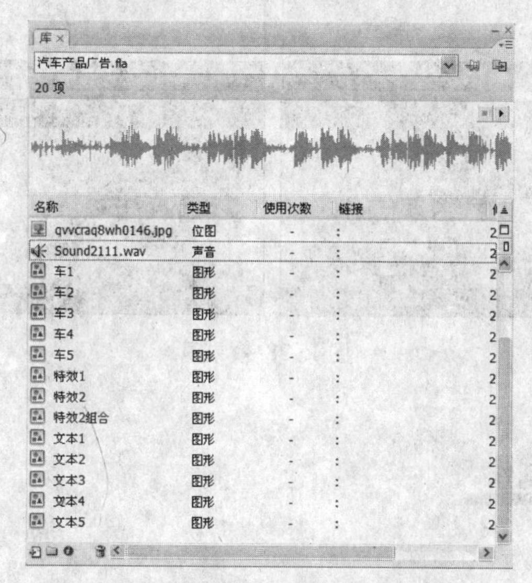

图 15-25 导入的声音显示在库中

㊷ 选中"图层6"的任意一帧，从"库"面板上拖动声音至舞台中，此时，在时间轴中将随之出现声音的波形，如图15-26所示。

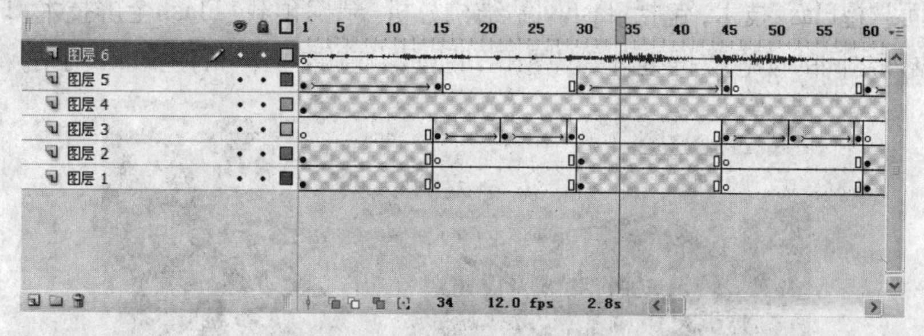

图 15-26 添加声音至时间轴

㊸ 选中所有图层的第170帧，按F5键插入帧，完成广告的制作，最终时间轴如图15-27所示。

㊹ 保存文档为"汽车产品广告.fla"，按Ctrl+Enter组合键测试影片，效果如图15-28所示。

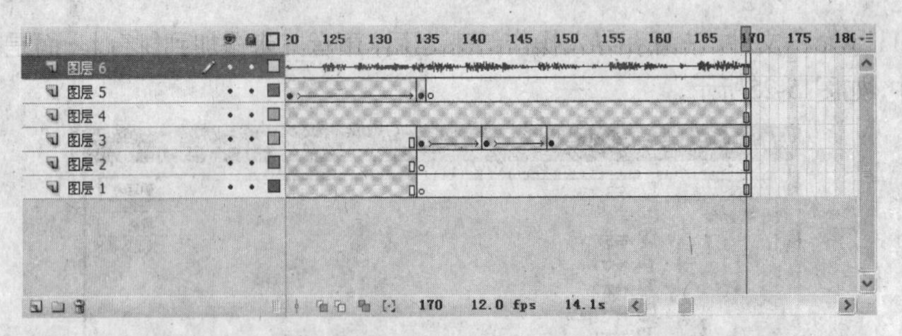

图 15-27 最终的时间轴效果

图 15-28 效果图

实例2 全Flash网站制作

1. 行业导读

全Flash网站，顾名思义是指整个网站全部用Flash制作，它是一种超酷超炫的动感网站类型。随着电子商务的普及，越来越多的企业走向了网站建设之路，但是要建好一个网站并非易事，需要全面掌握Flash技术，包括Flash网站结构分析、精确预载、Flash全屏技术、Flash导航、Flash与数据库之间的动态数据处理等。图15-29所示为雪佛兰公司的全Flash网站。

图 15-29 雪佛兰公司全Flash网站

图 15-29 雪佛兰公司全Flash网站(续)

2. 操作目的

本例将制作一款全Flash网站，通过实例主要学习网站中动感元素、子页面、导航按钮的制作，并掌握如何使用ActionScript 3.0实现导航按钮与页面之间的跳转。

3. 操作步骤

❶ 新建一个Flash文档（ActionScript 3.0）。

❷ 选择“修改”→“文档”命令，打开“文档属性”对话框，如图15-30所示。

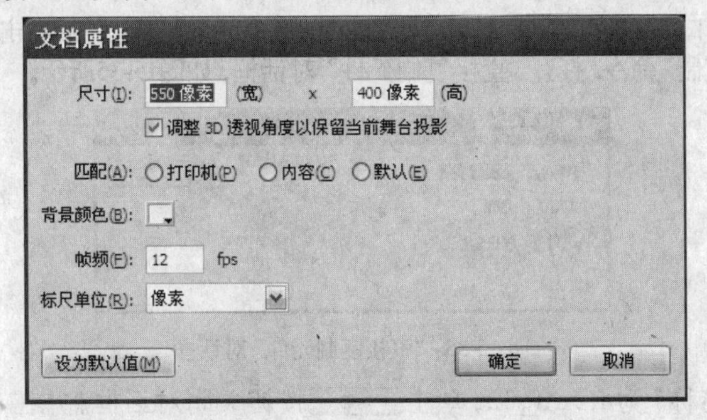

图 15-30 “文档属性”对话框

❸ 设置“尺寸”为766×750，“背景颜色”为黑色，单击 确定 按钮应用设置。

❹ 按Ctrl+F8组合键，打开“创建新元件”对话框，如图15-31所示。

图 15-31 “创建新元件”对话框

❺ 设置“名称”为menu_01，“类型”为按钮，单击 确定 按钮进入元件的编辑模式。选择“矩形工具” ，在“属性”面板上设置“笔触颜色”为无，“填充颜色”为#113748，在舞台

中绘制一个矩形，并设置其大小为宽：102.0，高：53.0；位置为X：−51.0，Y：−26.5，如图15-32所示。再选中指针经过帧和按下帧，按F6键插入关键帧，然后更改指针经过帧中矩形的大小为宽：102.0，高：40.0；位置为X：−51.0，Y：−29.8。

图 15-32 设置矩形的属性

❻ 单击时间轴左下角的"新建图层"按钮，新建"图层 2"。选择"文本工具"，在"属性"面板上设置"系列"为 Helvetica CondensedBlack，"大小"为 16，"颜色"为白色，在矩形的中心输入文本"HOME"，如图 15-33 所示。选中该层的指针经过帧和按下帧，按 F6 键插入关键帧，然后调整指针经过帧中的文本位于矩形中心，如图 15-34 所示，完成第 1 个导航按钮的制作。

图 15-33 输入文本

图 15-34 调整指针经过帧中文本的位置

❼ 选择"窗口"→"库"命令，打开"库"面板，选中menu_01元件后右击，在弹出的快捷菜单中选择"直接复制"命令，打开"直接复制元件"对话框，如图15-35所示。

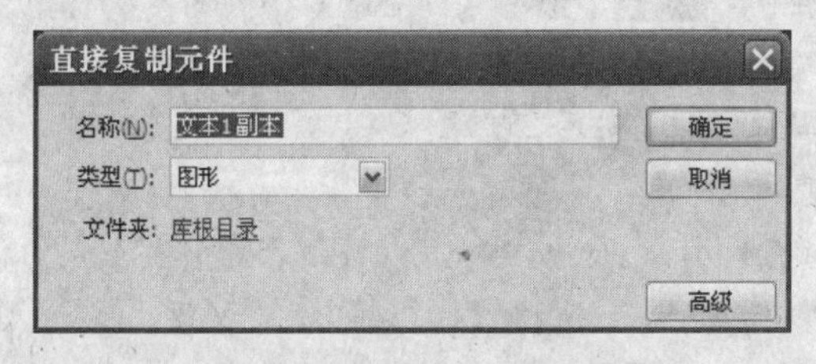

图 15-35 "直接复制元件"对话框

❽ 设置"名称"为menu_02，单击 确定 按钮关闭对话框。并在"库"面板上双击menu_02元件，进入其编辑模式，更改各帧中的文本为"COMPANY"，并调整它们位于矩形的中心，如图15-36所示，完成第2个导航按钮的制作。

弹起帧和按下帧中的内容

指针经过帧中的内容

图 15-36 制作menu_02元件

❾ 使用同样的方法，创建其他导航按钮：menu_03、menu_04和menu_05，并依次更改文本为"SERVICES"、"SOLUTIONS"和"CONTACTS"。

❿ 下面创建网页中的超链接按钮。按Ctrl+F8组合键，打开"创建新元件"对话框，设置

"名称"为m，"类型"为按钮，单击确定按钮进入元件的编辑模式。

⑪ 选择"文本工具"，更改"系列"为Tahoma，"大小"为11，"样式"为Bold，在舞台中输入文本"more..."。再选择"线条工具"，在文本的下面绘制一条直线，如图15-37所示。

⑫ 选中指针经过帧，按F6键插入关键帧，然后删除该帧中的直线，并将文本向上移动两个像素，如图15-38所示。选中点击帧，按F6键插入关键帧。删除点击帧中的内容，然后选择"矩形工具"，更改"填充颜色"为#FF9900，在舞台中绘制一个矩形，并设置其大小为宽度：40.1，高度：18.4；位置为X：−20.1，Y：−9.2，如图15-39所示。

图 15-37 弹起帧中的内容　图 15-38 指针经过帧中的内容　图 15-39 点击帧中的内容

⑬ 下面通过复制操作创建另一个超链接按钮re。选择"窗口"→"库"命令，打开"库"面板，选中m元件后右击，在弹出的快捷菜单中选择"直接复制"命令，打开"直接复制元件"对话框，如图15-40所示。

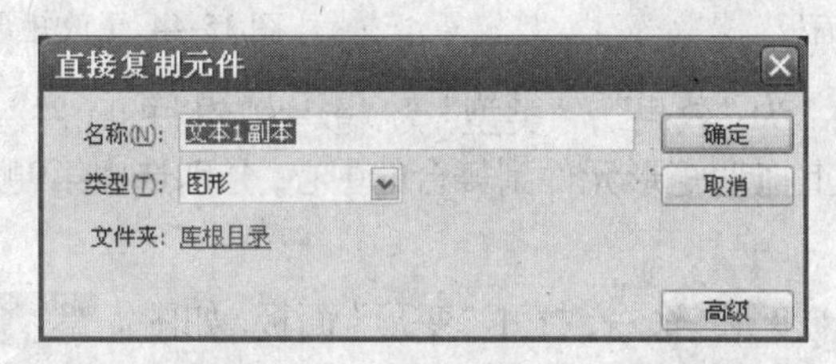

图 15-40 "直接复制元件"对话框

⑭ 设置"名称"为re，单击确定按钮关闭对话框。在"库"面板上双击re元件，进入其编辑模式，更改其中的文本为"reset"，完成该按钮的制作。使用同样的方法，创建另一个超链接按钮su，更改其文本为"submit"。

⑮ 下面创建网站LOGO。按Ctrl+F8组合键，打开"创建新元件"对话框，设置"名称"为LOGO，"类型"为图形，单击确定按钮进入元件的编辑模式。选择"矩形工具"，更改"填充颜色"为#9FBD00，在舞台中绘制一个矩形，并设置其大小为宽度：169.0，高度：69.0；位置为X：−84.5，Y：−34.5。

⑯ 单击时间轴左下角的"新建图层"按钮，新建"图层2"。选择"文本工具"，更改"大小"为40，在矩形上面输入文本"SMART."，如图15-41所示。选中除S以外的字符，在"属性"面板上设置"字符位置"为下标，完成LOGO的制作，如图15-42所示。

⑰ 下面创建网页中的特效。按Ctrl+F8组合键，打开"创建新元件"对话框，设置"名称"为矩形，"类型"为图形，单击确定按钮进入元件的编辑模式。选择"矩形工具"，在舞台的中心绘制一个宽度为117.0，高度为64.0的白色矩形。

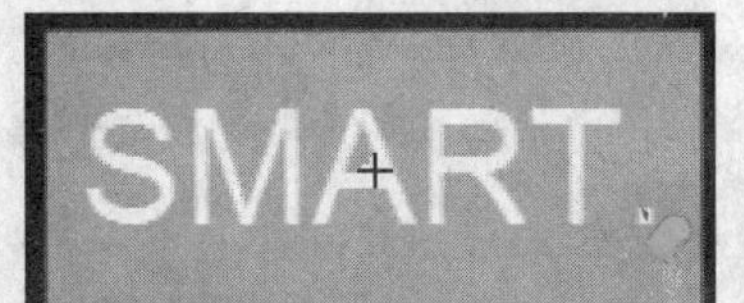

图 15-41 输入文本

图 15-42 更改字符位置

⑱ 选择“窗口”→“颜色”命令，打开“颜色”面板，如图15-43所示。选中矩形，在“颜色”面板上设置“Alpha”为20%，更改它的透明度，如图15-44所示。

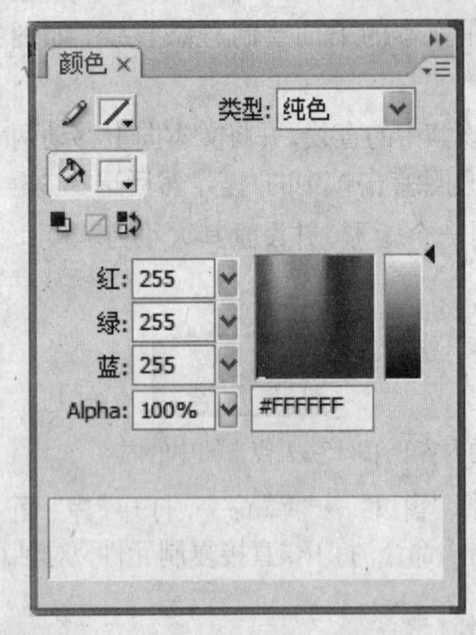

图 15-43 “颜色”面板

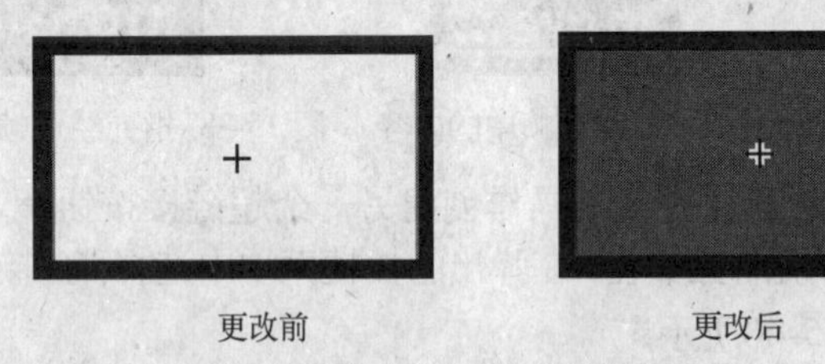

更改前　更改后

图 15-44 更改矩形的透明度

⑲ 创建一个“名称”为“效果”，“类型”为“影片剪辑”的元件，单击确定按钮进入其编辑模式。从“库”面板上拖动矩形元件到舞台的中心。分别选中第9帧和第17帧，按F6键插入关键帧。

⑳ 选择“窗口”→“变形”命令，打开“变形”面板，如图15-45所示。选中第1帧中的矩形，在文本框中输入“10.0%”，然后按Enter键进行等比例缩放。使用同样的方法，等比例缩放第17帧中的矩形。

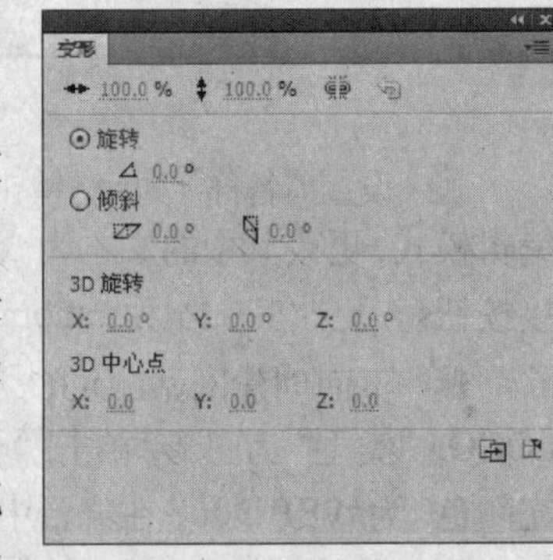

图 15-45 “变形”面板

㉑ 右击第1帧~第8帧之间的任意一帧，在弹出的快捷菜单中选择“创建传统补间”命令，创建动作补间，并设置“缓动”为100，“旋转”为自动，如图15-46所示。然后右击第9帧~第16帧之间的任意一帧，在弹出的快捷菜单中选择“创建传统补间”命令，创建动作补间，并设置“缓动”为-100，“旋转”为自动，时间轴效果如图15-47所示。

图 15-46 设置补间属性

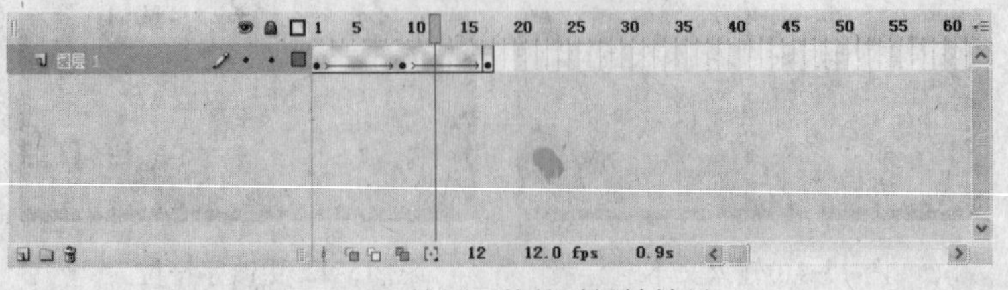

图 15-47 效果元件的时间轴效果

㉒ 下面创建子页面Page1。按Ctrl+F8组合键，打开“创建新元件”对话框，设置“名称”为Page1，“类型”为影片剪辑，单击按钮进入元件的编辑模式。

㉓ 更改“图层1”的名称为背景，然后选择“矩形工具”，在“属性”面板上设置“笔触颜色”为无，“填充颜色”为白色，在舞台中绘制一个矩形，并设置其大小为宽度：575.0，高度：373.8；位置为X：−236.5，Y：−128.9，如图15-48所示。

㉔ 选中矩形，在“变形”面板上的文本框中输入“95.0%”，然后单击“重制选区和变形”按钮得到一个稍小的同心矩形，如图15-49所示。在未取消选中的状态下，更改矩形的“填充颜色”为#1F5D72，如图15-50所示。使用同样的方法，再绘制两个同心矩形，如图15-51所示。

图 15-48 绘制并调整矩形　　图 15-49 得到同心矩形

图 15-50 填充矩形　　图 15-51 绘制其它矩形

㉕ 单击6次时间轴左下角的“新建图层”按钮，从下至上依次新建“图片”层、“图片效果”层、“标题”层、“文本”层、“矩形”层和“文本框”层，如图15-52所示。

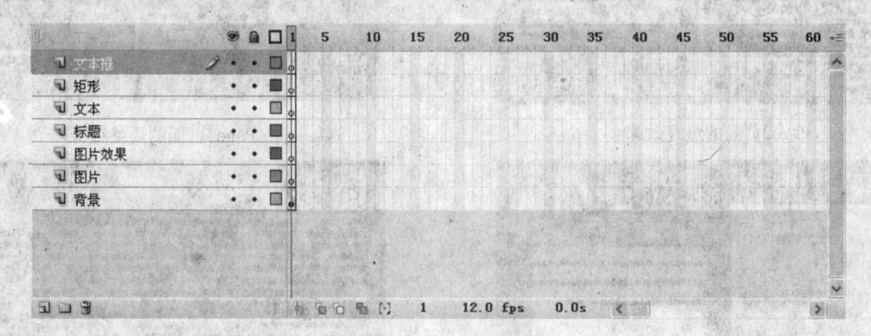

图 15-52 新建图层

㉖ 选中“图片”层，选择“文件”→“导入”→“导入到舞台”命令，打开“导入”对话框，导入图片“s.jpg”和“pic01.jpg”，将它们移到如图15-53所示的位置。

㉗ 选中“图片效果”层，从“库”面板上拖动效果元件到pic01.jpg的中心位置。

㉘ 选择“文本工具” T，更改“字体”为Helvetica CondensedBlack，在“标题”层中输入项目名称，如图15-54所示。更改“字体”为Tahoma，在“文本”层中输入需要的文本，如图15-55所示。

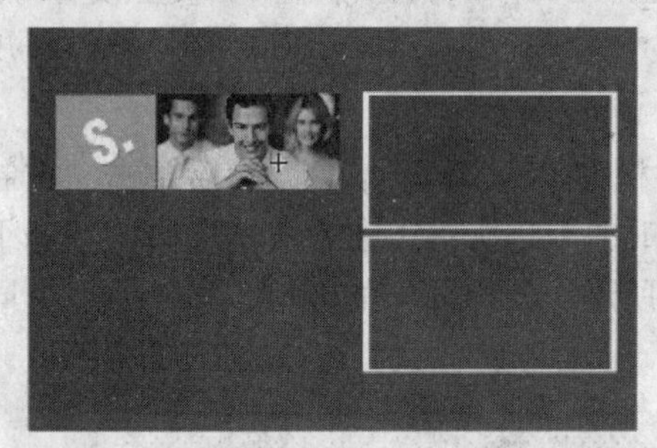

图 15-53 导入图片

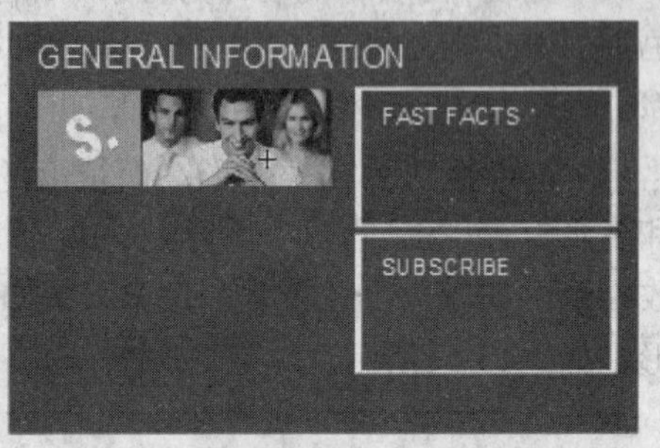

图 15-54 导入图片

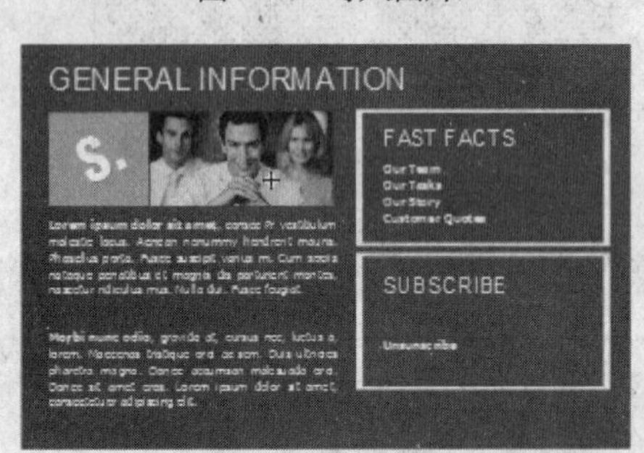

图 15-55 输入文本

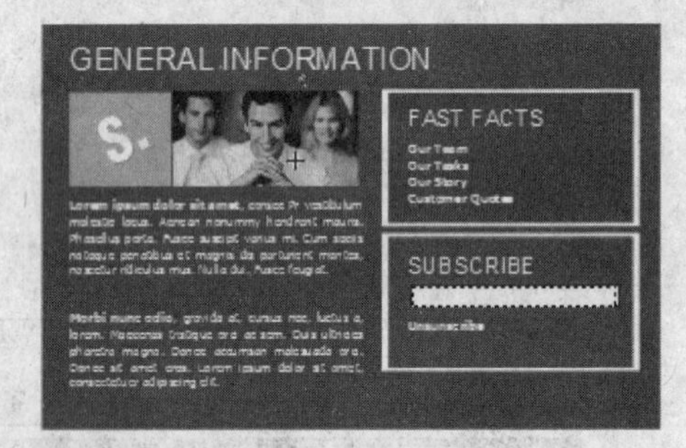

图15-56 绘制输入文本框

㉙ 选择“矩形工具” ▭，在“矩形”层中绘制一个白色的细长矩形。选中“文本框”层，选择“文本工具” T，更改“文本类型”为输入文本，在细长矩形的上面拖出一个文本框，完成Page1页面的制作，如图15-56所示。使用同样的方法，制作Page2~Page5页面，效果如图15-57所示。

Page2页面的最终效果

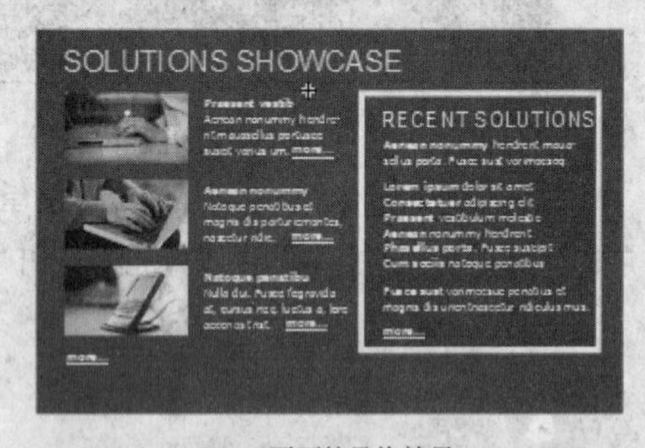

Page3页面的最终效果

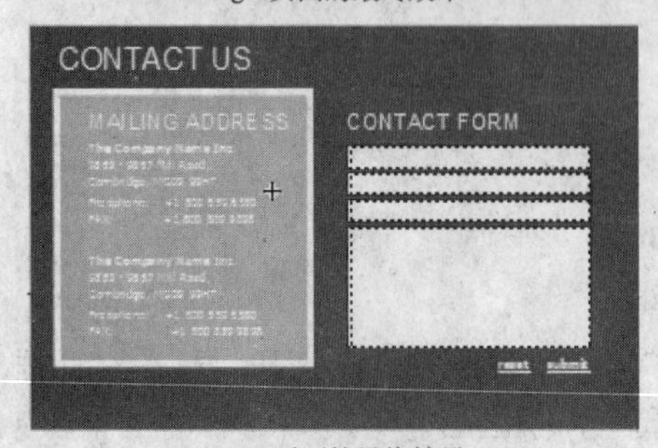

Page4页面的最终效果

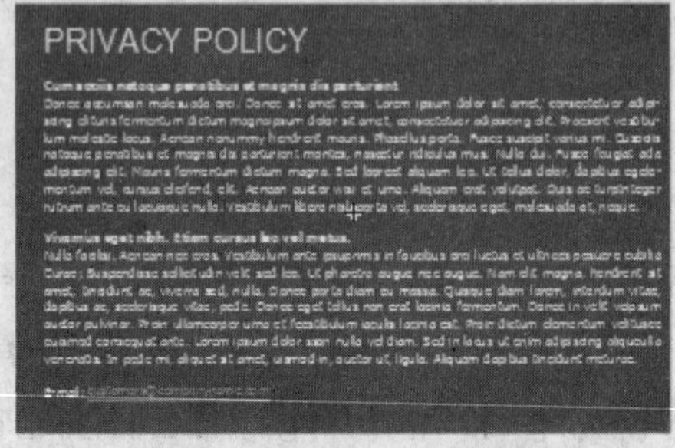

Page5页面的最终效果

图15-57 其他子页面的效果

㉚ 单击“场景1”图标，返回主场景。更改“图层1”的名称为背景和线条，然后复制Page1页面“背景”层中的矩形，将其粘贴至该层的中心位置。选择“线条工具”，更改其“笔触颜色”为#99CC00，在矩形的下面绘制如图15-58所示的线条。

图 15-58 背景和线条层中的内容

㉛ 选中第96帧，按F5键插入帧。单击8次时间轴左下角的“新建图层”按钮，从下至上依次新建“名称”层、“按钮1”层、“按钮2”层、“按钮3”层、“按钮4”层、“按钮5”层、“网页”层和“帧标签”层，如图15-59所示。

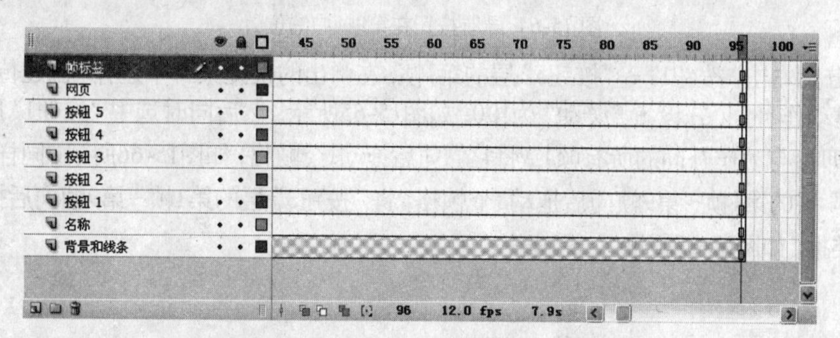

图 15-59 新建图层

㉜ 选择“名称”层，从“库”面板上拖动LOGO元件到矩形的左下角，如图15-60所示。选中该层的第4帧，按F6键插入关键帧，并将该帧中的LOGO实例移至如图15-61所示的位置。

图 15-60 LOGO在第1帧中的位置

图 15-61 LOGO在第4帧中的位置

㉝ 右击第1帧，在弹出的快捷菜单中选择“创建传统补间”命令，创建动作补间，并设置“缓动”为100。再分别选中“按钮1”～“按钮5”图层，依次拖入menu_01~menu_05元件并调整它们的位置，如图15-62所示。

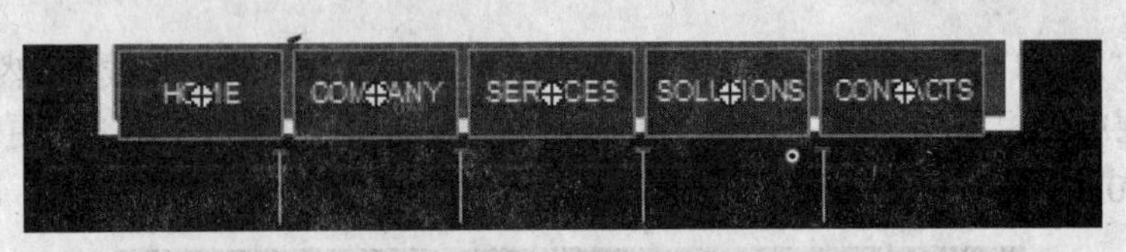

图 15-62 拖入导航按钮

34 选中“menu_01”实例，在“属性”面板上设置“实例名称”为bt1，如图15-63所示。使用同样的方法，设置“menu_02”～“menu_05”实例的名称为bt2～bt5。

图 15-63 设置实例名称

35 分别选中“按钮1”～“按钮5”层的第9帧，按F6键插入关键帧，然后调整该帧中各导航按钮的位置，如图15-64所示。

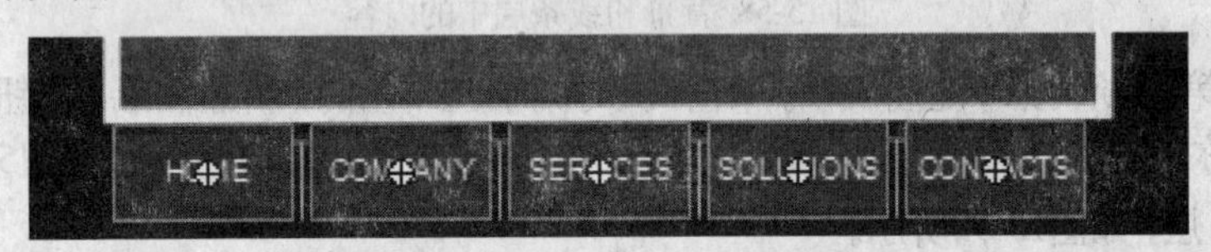

图 15-64 导航按钮在第9帧中的位置

36 分别右击“按钮1”～“按钮5”层的第1帧，在弹出的快捷菜单中选择“创建传统补间”命令，创建动作补间，并设置“缓动”为100，如图15-65所示。然后同时选中“按钮1”层的第1帧～第9帧（即参与动作补间的所有帧），将它们向后拖动1个帧格，如图15-66所示。同样的方法，将“按钮2”层的第1帧～第9帧向后拖动3个帧格，将“按钮3”层的第1帧～第9帧向后拖动5个帧格，以此类推，如图15-67所示。

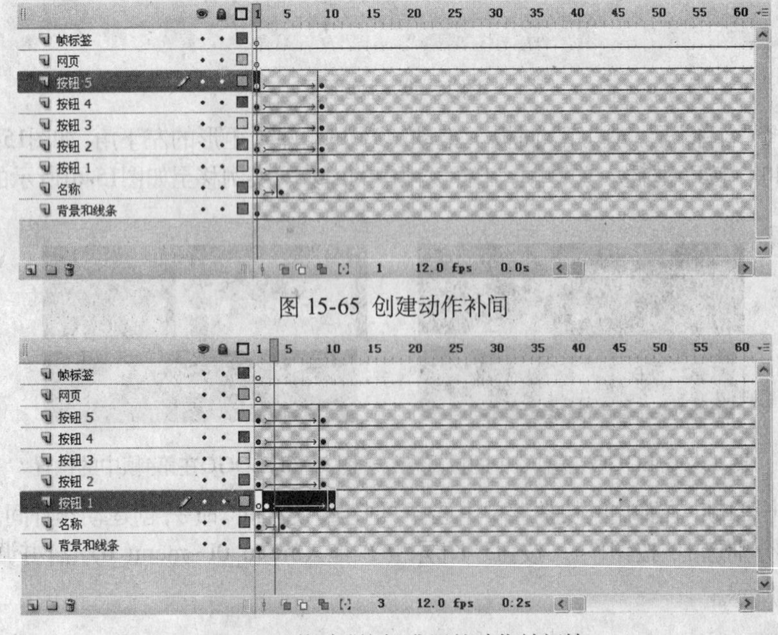

图 15-65 创建动作补间

图 15-66 拖动“按钮1”层的动作补间帧

37 选中“网页”层的第19帧，按F6键插入关键帧，并从库面板上拖动Page1元件到如图15-68所示的位置。分别选中该层的第35帧、第51帧、第67帧、第83帧，按F6键插入关键帧。

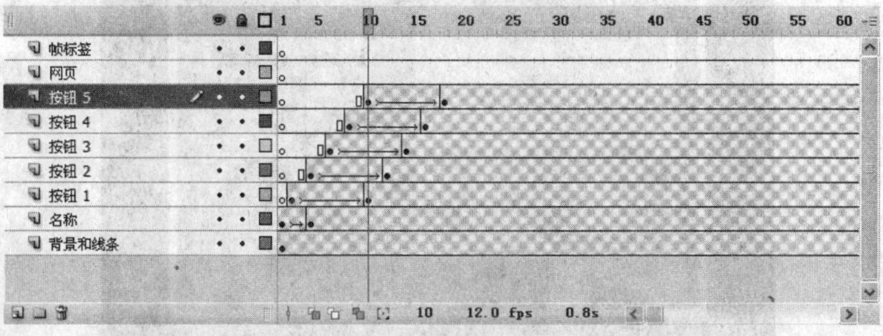

图 15-67 移动其他层的动作补间帧

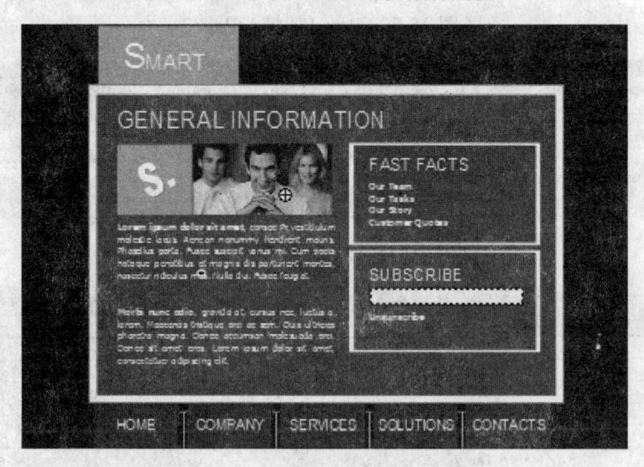

图 15-68 拖入Page1元件

38 选中第35帧中的“Page1”实例，单击“属性”面板上的交换...按钮，打开“交换元件”对话框，如图15-69所示。选择该对话框中的“Page2”元件，单击确定按钮进行替换，如图15-70所示。使用同样的方法，将第51帧中的“Page1”实例替换为Page3，将第67帧中的“Page1”实例替换为Page4，将第83帧中的“Page1”实例替换为Page5。

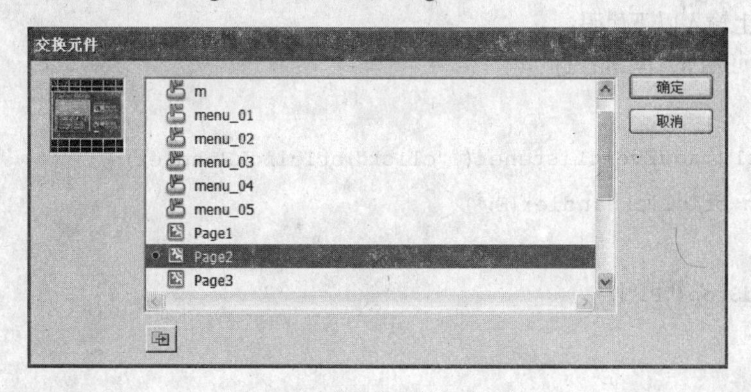

图 15-69 “交换元件”对话框

39 分别选中“帧标签”层的第19帧、第35帧、第51帧、第67帧、第83帧，按F6键插入关键帧。然后选中该层的第19帧，在属性面板上设置“帧标签”为P1，如图15-71所示。同样的方法，设置第35帧、第51帧、第67帧、83帧的标签为P2~P5，时间轴效果如图15-72所示。

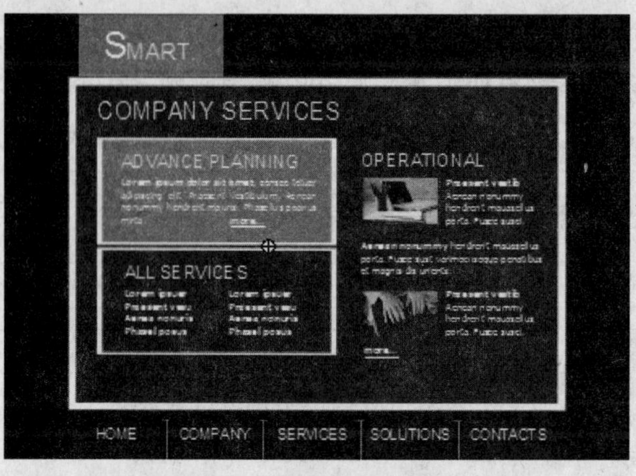

图 15-70 Page1替换为Page2

图 15-71 设置帧标签

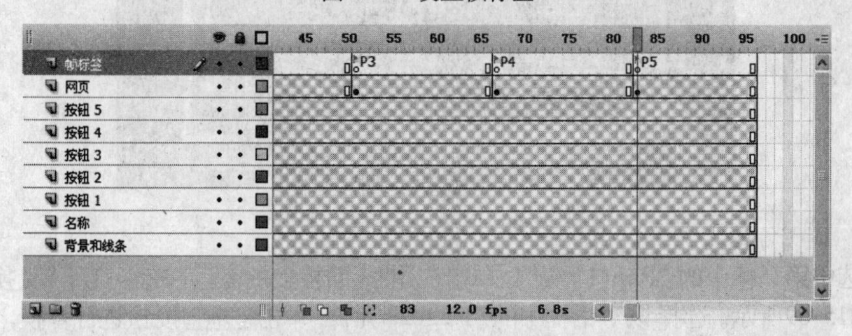

图 15-72 添加帧标签后的时间轴

㊵选择“窗口”→“动作”命令或按F9键，打开“动作”面板。选中“按钮1”层的第10帧，在“动作”面板上输入以下代码：

```
if(this["bt1"] != null)
{
this["bt1"].addEventListener( "click",bt1clickHandler);
function bt1clickHandler(E:*)
{
 gotoAndStop("P1");
}
}
```

㊶选中“按钮2”层的第12帧，在“动作”面板上输入以下代码：

```
if(this["bt2"] != null)
{
```

```
this["bt2"].addEventListener( "click",bt2clickHandler);
function bt2clickHandler(E:*)
{
gotoAndStop("P2");
}
}
```

42 选中“按钮3”层的第14帧，在“动作”面板上输入以下代码：

```
if(this["bt3"]  != null)
{
this["bt3"].addEventListener( "click",bt3clickHandler);
function bt3clickHandler(E:*)
{
gotoAndStop("P3");
}
}
```

43 选中“按钮4”层的第16帧，在“动作”面板上输入以下代码：

```
if(this["bt4"]  != null)
{
this["bt4"].addEventListener( "click",bt4clickHandler);
function bt4clickHandler(E:*)
{
gotoAndStop("P4");
}
}
```

44 选中“按钮5”层的第18帧，在“动作”面板上输入以下代码：

```
if(this["bt5"]  != null)
{
this["bt5"].addEventListener( "click",bt5clickHandler);
function bt5clickHandler(E:*)
{
gotoAndStop("P5");
}
}
```

45 选中“帧标签”层的第19帧，在“动作”面板上输入以下代码：

```
stop();
```

47 保存文档为“main.fla”，按Ctrl+Enter组合键测试影片，效果如图15-73所示。

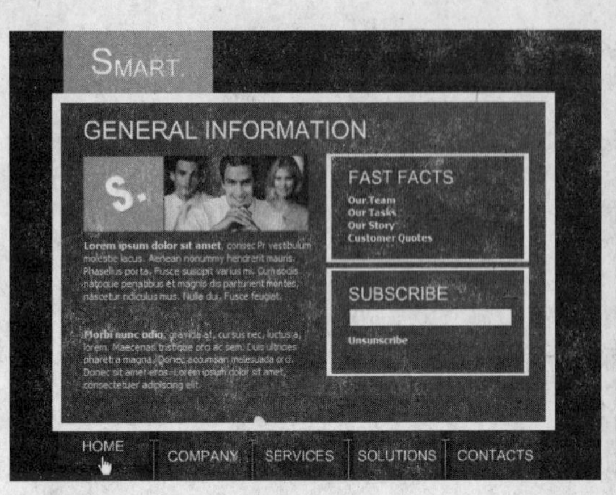

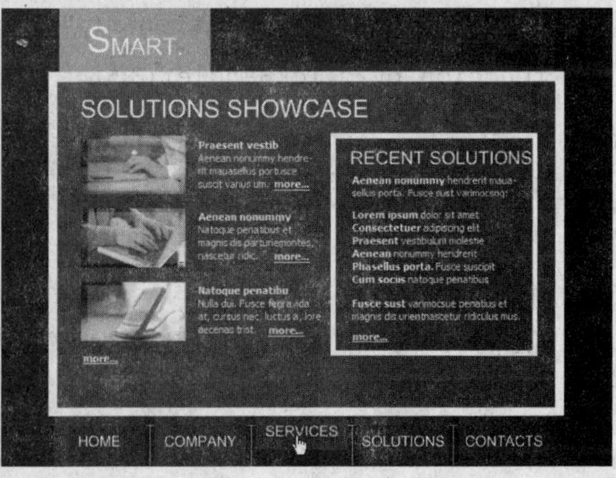

图 15-73 效果图

实例3 商业游戏开发

1. 行业导读

随着Flash技术的发展，Flash的功能越来越强大，使得制作较为复杂的互动游戏成为可能，越来越多的商家把Flash互动游戏作为新产品推广和营销的重要手段。对于商业游戏，能够使玩家在游戏过程中接触品牌、了解产品功能，以达到产品宣传和推广的目的。图15-74所示为昱泉国际制作的一款在线游戏。

在开发游戏时，游戏的初始化与重置是一个重要的部分。所谓初始化是在游戏之初设置play按钮对游戏参数进行初始设置；所谓重置是在游戏结束或胜利时设置“replay”按钮，对游戏参数进行重置，以便玩家重新开始游戏。

图 15-74 效果图

2. 操作目的

本例将制作一款移方块的游戏，通过实例主要了解ActionScrip的编写方法。在Flash CS4中，用户不仅可以使用动作面板编写属于Flash文档一部分的脚本，即嵌入到FLA文档中的脚本，还可以使用脚本窗口编写外部脚本，即存储在外部文档中的脚本或类。

3. 操作步骤

❶ 新建一个ActionScript文档，如图15-75所示。

图 15-75 新建ActionScript文档

❷ 在文档窗口中输入以下代码：

```
package gamesclass
{
   import flash.display.Sprite;
   import flash.events.MouseEvent;
   import flash.geom.Rectangle;
//方块的类
public class Element extends Sprite
{
//方块的宽
   public var _widthValue:Number;
//方块所在的柱子
   public var _currentHolder:ElementHolder;
   public function Element(xValue:Number,yValue:Number,w:Number)
{
   this.x=xValue;
   this.y=yValue;
   _widthValue=w;
   this.width=w * 19;
   this.buttonMode=true;
```

```
            }
        }
}
```

❸ 选择“文件”→“保存”命令或按Ctrl+S组合键，打开“另存为”对话框，如图15-76所示。通过“保存在”下拉列表中选择需要的目标路径，然后在文档列表区域中右击，在弹出的快捷菜单中选择“新建”→“文件夹”命令，创建名为“gamesclass”的文件夹。双击该文件夹将其打开，然后在“文件名”文本框中输入文档的名称“Element.as”，单击保存(S)按钮将其保存。

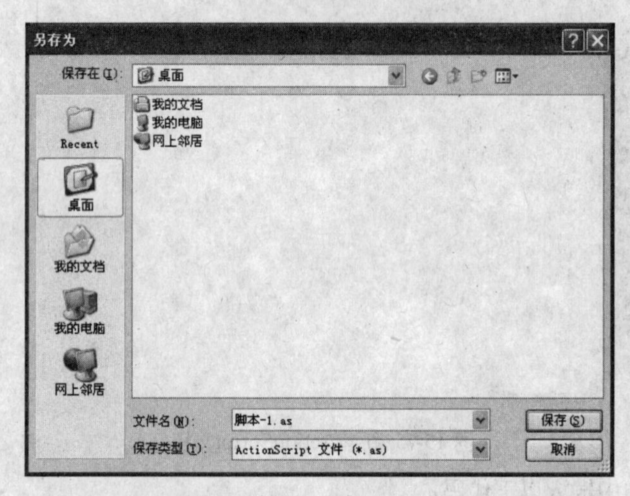

图 15-76 “另存为”对话框

❹ 再次新建一个ActionScript文档，在文档窗口中输入以下代码：

```
package gamesclass
{
    import flash.display.Sprite;
//柱子的类
    public class ElementHolder extends Sprite
    {
//柱子存储方块的数组
        public var elementArr=new Array   ;
//最上面的方块
        public var topElement:Element;
//最上面的坐标值
        public var topY:Number;
        public function ElementHolder(xValue:Number,yValue:Number)
        {
            this.x=xValue;
            this.y=yValue;
            topY=this.y;
//在每个柱子下面放一个隐形的最大的方块，这个方块不能被移动，用于存放top的方块
```

```
    elementArr.push(new Element(this.x,this.y,15));
    topElement=elementArr[elementArr.length - 1];
}
//返回最上面的方块
    public function returnTop()
{
    topElement=elementArr[elementArr.length - 1];
}
}
}
```

❺ 将该文档保存在gamesclass文件夹下，取名为“ElementHolder.as”。

❻ 再次新建一个ActionScript文档，在文档窗口中输入以下代码：

```
    package gamesclass
{
    import flash.display.Sprite;
    import flash.display.SimpleButton;
    import flash.events.MouseEvent;
    import flash.text.TextField;
    import flash.geom.Rectangle;

    public class Game extends Sprite
{
//设置左、中、右的柱子
    public var leftHolder:ElementHolder;
    public var rightHolder:ElementHolder;
    public var middleHolder:ElementHolder;
//当前操作的柱子
    public var currentHolder:ElementHolder;
//当前所操作的方块
    public var currentElement:Element;
//所走的步数
    private var steps:Number;
//舞台上显示所走步数的文本框
    public var stepsText:TextField=new TextField;
//表示游戏结束的标志
    private var gameOver:Boolean=false;
//设置柱子上有几个方块
    private var elementNum:Number=4;
//每个柱子横坐标之间的距离
```

```
    private var distance:Number=170;
    private var emptyMc:Sprite=new Sprite();
    public function Game()
{
//设置按钮函数
    btnFuction();
    init();
}
//点击各种按钮的函数
    public function btnFuction()
{
//复位rounded orange按钮
    restart _ btn.addEventListener(MouseEvent.CLICK,clickEvent);
//设置难度按钮
    difficulty3 _ btn.addEventListener(MouseEvent.CLICK,clickEvent);
    difficulty4 _ btn.addEventListener(MouseEvent.CLICK,clickEvent);
    difficulty5 _ btn.addEventListener(MouseEvent.CLICK,clickEvent);
    difficulty6 _ btn.addEventListener(MouseEvent.CLICK,clickEvent);
}
    private function init()
{
//初始左、中、右柱子的坐标位置
    leftHolder=new ElementHolder(105,310);
    middleHolder=new ElementHolder(275,310);
    rightHolder=new ElementHolder(446,310);
    leftHolder.name="左柱子";
    middleHolder.name="中柱子";
    rightHolder.name="右柱子";
    addChild(leftHolder);
    addChild(middleHolder);
    addChild(rightHolder);
    steps=0;
//显示所走步数的动态文本
    stepsText.text=String(steps);
//游戏一开始时方块在哪个柱子
    currentHolder=leftHolder;
    trace("游戏开始方块所在的柱子="+currentHolder.name);
//初始方块
    initElement();
```

```
}
//在左柱子初始方块
    private function initElement()
{
//设置方块的坐标
    for (var i:uint=elementNum; i > 0; i--)
{
    var newElement=new Element(currentHolder.x,currentHolder.topY,i);
//把初始的方块压入到左柱子的数组当中
    currentHolder.elementArr.push(newElement);
    newElement._currentHolder=currentHolder;
    addChild(newElement);
    currentHolder.topY-=15;
//方块被点击
    newElement.addEventListener(MouseEvent.MOUSE_DOWN,mouseDownEvent);
}
}
    private function mouseDownEvent(evt:MouseEvent)
{
//取当前柱子最上面的方块进行比较
    currentHolder=evt.target._currentHolder;
//取柱子最上面的方块
    currentHolder.returnTop();
    if (evt.target._widthValue == currentHolder.topElement._widthValue)
{
    evt.target.y=170;
    var rectangle:Rectangle=new Rectangle(105,170,341,1);
    evt.target.startDrag(true,rectangle);
    currentElement=evt.target as Element;
    stage.addEventListener(MouseEvent.MOUSE_UP,mouseUpEvent);
} else
{
    trace("上面还有其他方块,无法移动");
}
}
    private function mouseUpEvent(evt:MouseEvent)
{
    currentElement.stopDrag();
    stage.removeEventListener(MouseEvent.MOUSE_UP,mouseUpEvent);
```

```
//检测离哪个柱子距离最近
     var leftDistance:Number=Math.abs(currentElement.x - leftHolder.x);
     var middleDistance:Number=Math.abs(currentElement.x - middleHolder.x);
     var rightDistance:Number=Math.abs(currentElement.x - rightHolder.x);
     var tempDistance=Math.min(leftDistance,middleDistance,rightDistance);
//选择离哪个柱子近，就放到哪个柱子上
    switch (tempDistance)
{
    case leftDistance :
         Move(currentElement,leftHolder);
         break;
    case middleDistance :
         trace("middle");
         Move(currentElement,middleHolder);
         break;
    case rightDistance :
         trace("right");
         Move(currentElement,rightHolder);
         trace(currentHolder.name);
         break;
         default :
         trace(tempDistance);
}
}
    private function Move(currentElement:Element,holder:ElementHolder)
{
//取最上面的方块
    holder.returnTop();
    if (currentElement. _ widthValue < holder.topElement. _ widthValue)
{
    currentElement.x=holder.x;
    currentElement.y=holder.topY ;
    currentHolder.elementArr.pop();
    currentHolder.topY+=15;
    holder.elementArr.push(currentElement);
    holder.topY-=15;
    currentElement. _ currentHolder=holder;
    trace("改变后的柱子="+holder.name);
    steps+=1;
```

```
        stepsText.text=String(steps);
        checkWin();
    } else
    {
        currentElement.x=currentHolder.x;
        currentElement.y=currentHolder.topY+15;
        tishi _ txt.text="不能把大块放到小块上面！";
    }
    }
//检测是否完全成功，可以补充胜利的画面
        private function checkWin()
    {
        if (rightHolder.elementArr.length == elementNum)
    {
        gameOver=true;
        tishi _ txt.text="你真聪明，绝对的智者！！";
    }
    }
//点击场景中不同按钮的函数
        private function clickEvent(evt:MouseEvent)
    {
        switch (evt.target.name)
    {
        case "restart _ btn" :
            clearScreen();
            init();
            break;
        case "difficulty3 _ btn" :
            elementNum=3;
            clearScreen();
            init();
            break;
        case "difficulty4 _ btn" :
            elementNum=4;
            clearScreen();
            init();
            break;
        case "difficulty5 _ btn" :
            elementNum=5;
```

```
            clearScreen();
            init();
            break;
        case "difficulty6_btn" :
            elementNum=6;
            clearScreen();
            init();
            break;
    }
    }
    //清除场景中所有的柱子和方块
    private function clearScreen()
    {
            for (var i=numChildren-1; i>=0; i--)
    {
            if (getChildAt(i) is Sprite)
    {
            removeChild(getChildAt(i));
    }
    }
    }
    }
    }
```

❼ 将该文档保存在“gamesclass”文件夹下，取名为“Game.as”。

❽ 新建一个Flash文档（ActionScript 3.0）。选择“修改”→“文档”命令，打开“文档属性”对话框，如图15-77所示。

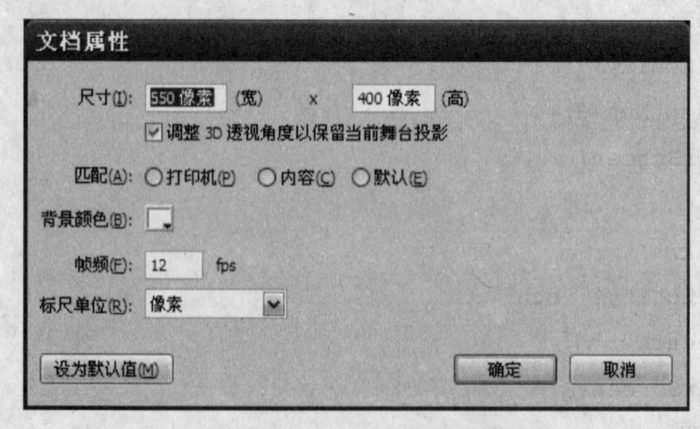

图 15-77 “文档属性”对话框

❾ 设置“尺寸”为755×400，“背景颜色”为白色，单击 确定 按钮应用设置。选择“文件”→“导入”→“导入到舞台”命令，打开“导入”对话框，导入“bei2.jpg”图片作为游戏的背景，如图15-78所示。

图 15-78 游戏的背景图片

⑩ 按Ctrl+F8组合键，打开“创建新元件”对话框，如图15-79所示。

图 15-79　“创建新元件”对话框

⑪ 设置“名称”为方块，“类型”为影片剪辑，单击[确定]按钮进入元件的编辑模式。选择“矩形工具”，设置“笔触颜色”为无，在舞台中绘制一个矩形，并设置其大小为宽度：64.0，高度：15.0；位置为X：−32.0，Y：−7.5。

⑫ 选择“文件”→“导入”→“导入到舞台”命令，打开“导入”对话框，导入“pic065s.jpg”图片作为方块的底纹。

⑬ 选择“窗口”→“颜色”命令，打开“颜色”面板，如图15-80所示。设置“类型”为位图，使“颜色”面板显示出相应选项，然后在底纹图片上单击获取填充属性，如图15-81所示。最后选择“颜料桶工具”，单击矩形进行填充，如图15-82所示。

图 15-80　“颜色”面板

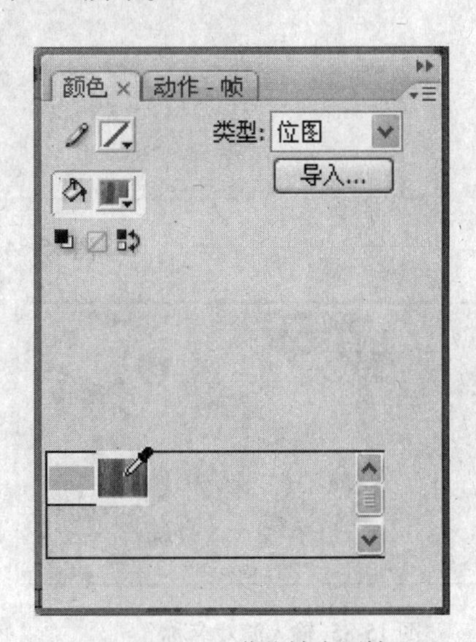

图 15-81 获取填充属性

⑭ 创建一个名为柱子的影片剪辑，单击按钮进入其编辑模式。先绘制一个水平方向上的矩形，设置其大小为宽度：120.2，高度：9.0；位置为X：－60.1，Y：7.5。然后再绘制一个竖直方向上的矩形，设置其大小为宽：10.0，高：160.0；位置为X：－5.0，Y：－152.5，如图15-83所示。

⑮ 按Ctrl+F8组合键，打开“创建新元件”对话框，设置“名称”为难度，“类型”为按钮，单击确定按钮进入该元件的编辑模式。

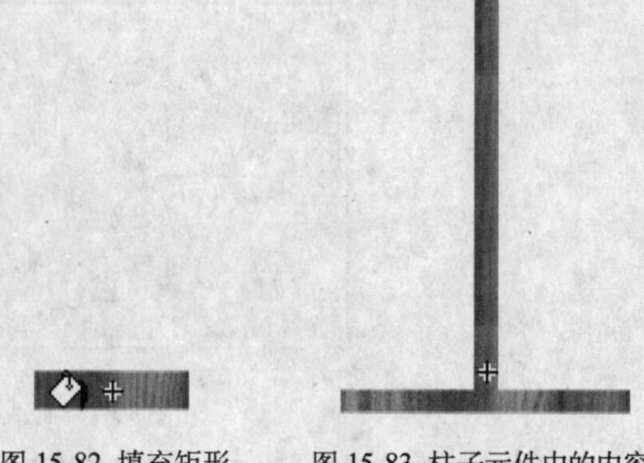

图 15-82 填充矩形　　图 15-83 柱子元件中的内容

⑯ 选择“矩形工具”，设置“笔触颜色”为无，“填充颜色”为红色，按住Shift键，在舞台的中心绘制一个正方形，并设置其边长为32.0。

⑰ 分别选中指针经过帧和按下帧，按F6键插入关键帧，选中点击帧，按F5键插入帧，然后更改指针经过帧中的正方形为绿色，更改按下帧中的正方形为紫色。

⑱ 单击“场景1”图标，返回主场景。单击时间轴左下角的“新建图层”按钮，新建“图层2”。

⑲ 选择“线条工具”，在“属性”面板上设置“笔触颜色”为白色，“笔触大小”为8，在如图15-86所示的位置绘制一条直线。

⑳ 选择“文本工具”，在“属性”面板上设置“系列”为文鼎新艺体简，“大小”为35，“颜色”为#CC6600，“字母间距”为13，在“图层2”中输入游戏的名称，如图15-85所示。更改“大小”为20，“颜色”为黑色，“字母间距”为0，在“图层2“中输入其他文本，如图15-86所示。

图 15-84　绘制直线

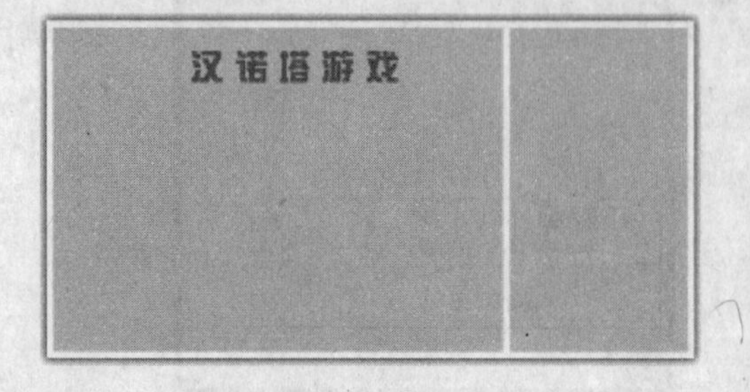

图 15-85 输入游戏名称

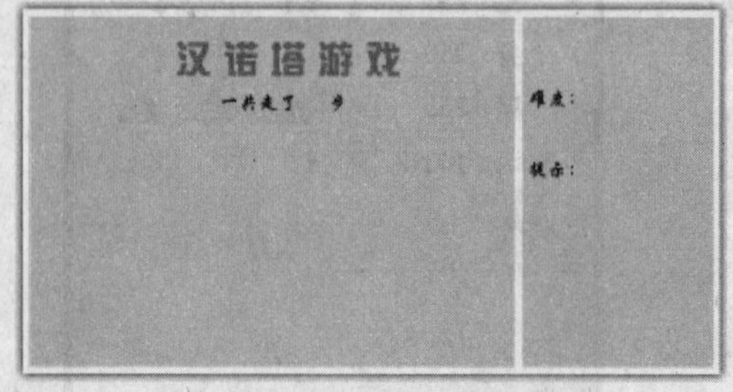

图 15-86 输入其他文本

㉑ 选择“窗口”→“公用库”→“按钮”命令，打开Flash CS4内置的按钮公用库，如图15-87所示。选择“rounded”文件夹下的“rounded orange”按钮，将其拖动至舞台中，如图15-88所示。双击舞台中的“rounded orange”按钮，在当前位置编辑元件，更改text层中的文本为“replay”，并设置其大小为17，如图15-89所示。

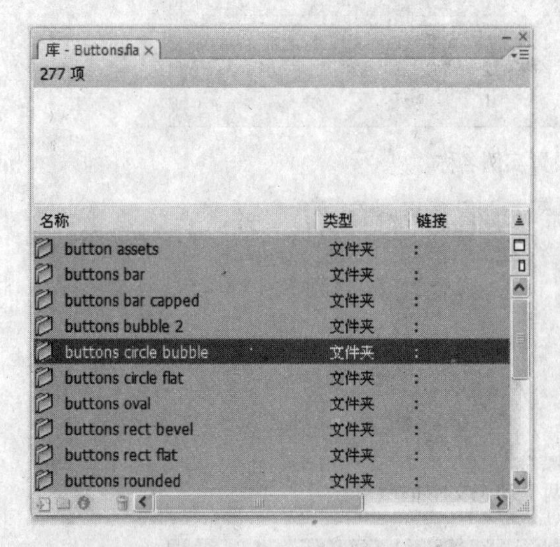

图 15-87 Flash CS4内置的按钮公用库

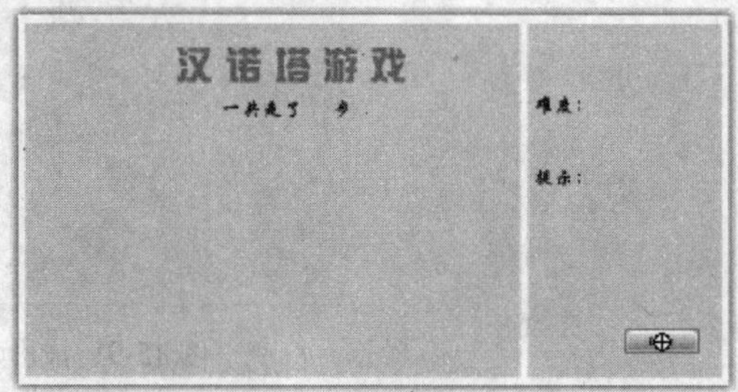

图 15-88 拖入rounded orange按钮

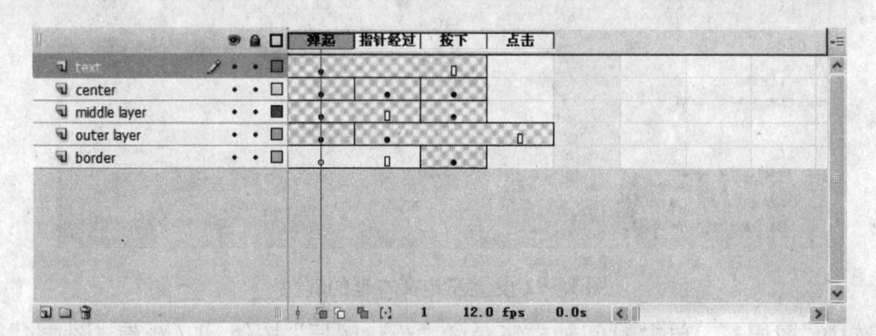

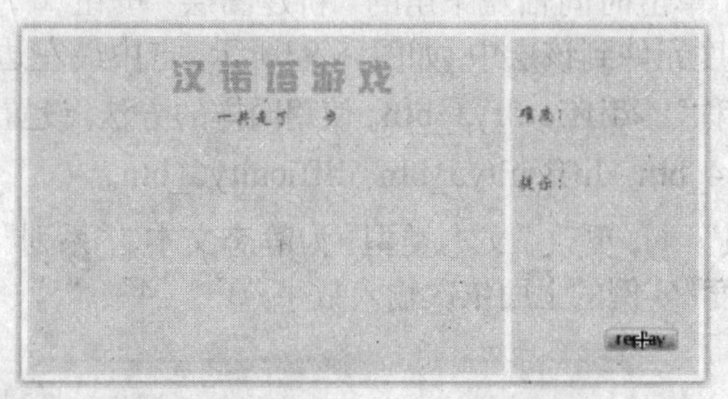

图 15-89 编辑按钮

㉒ 单击“场景1”图标，返回主场景。选中“rounded orange”按钮，在“属性”面板上设置“实例名称”为restart_btn，如图15-90所示。

㉓ 选中“图层2”，单击时间轴左下角的“新建图层”按钮，新建“图层3”。选择“文本工具”T，在“属性”面板上设置“文本类型”为动态文本，“大小”为20，“颜色”为黑色，“行类型”为多行，在该层中拖出两个动态文本框，如图15-91所示。然后设置左边文本框的“实例名称”为stepsText，“格式”为居中对齐（使按钮处于被选中状态即

可)，如图15-92所示。设置右边文本框的“实例名称”为tishi_txt，“格式”为左对齐(使▤按钮处于被选中状态即可)。

图 15-90 设置实例名称

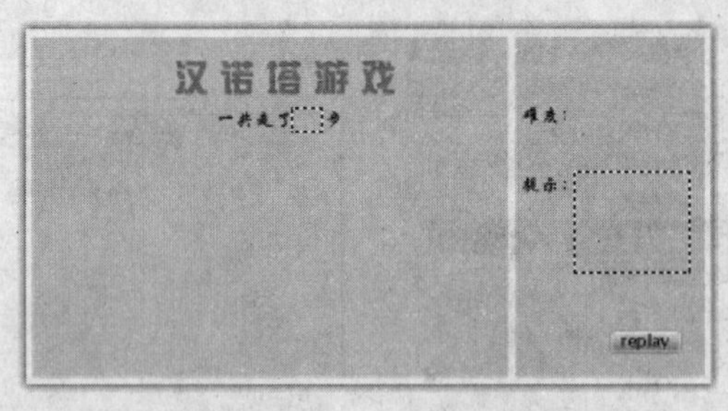

图 15-91 拖出两个动态文本框

图 15-92 设置左边文本框的属性

㉔ 选中“图层3”，单击时间轴左下角的“新建图层”按钮，新建“图层4”，然后从“库”面板上拖动4个难度元件到该层中，如图15-93所示。选中最左边的“难度”实例，在“属性”面板上设置“实例名称”为difficulty3_btn。使用同样的方法，设置其他“难度”实例的“实例名称”依次为difficulty4_btn、difficulty5_btn、difficulty6_btn。

㉕ 选择“文本工具”T，更改“文本类型”为静态文本，“系列”为黑体，“大小”为15，“样式”为Bold，在“难度”实例的上面依次输入数字“3”、“4”、“5”、“6”，如图15-94所示。

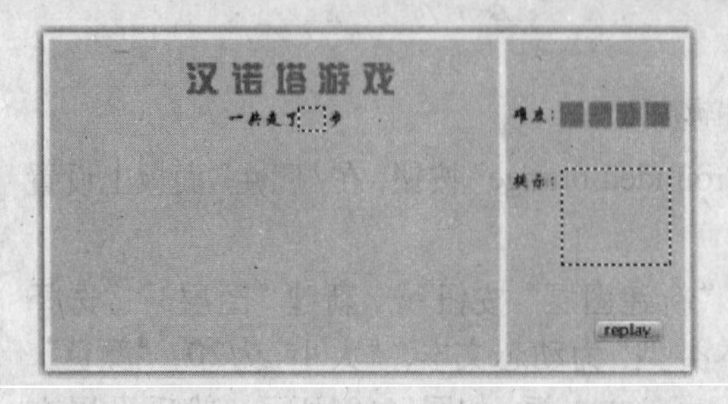

图 15-93 拖入难度元件

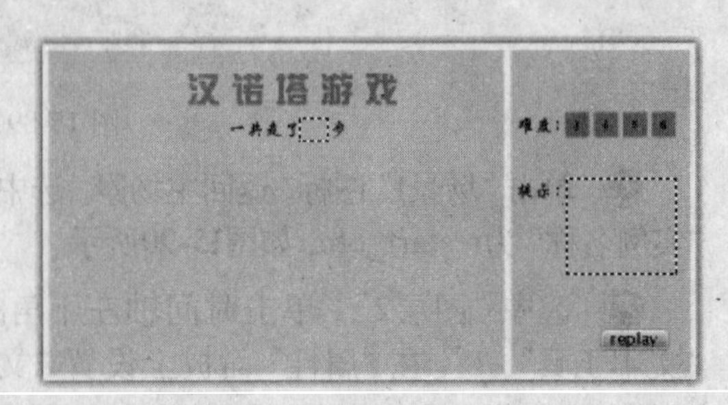

图 15-94 输入数字

㉖ 在“属性”面板上指定“文档类”为gamesclass.Game，如图15-95所示。

㉗ 保存文档至与“gamesclass”相同的文件夹下并取名为“汉诺塔.fla”，按Ctrl+Enter组合键测试影片，效果如图15-96所示。

图 15-95　指定文档类

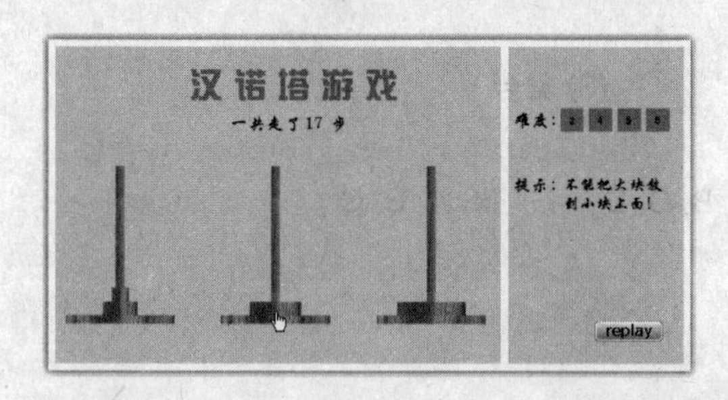

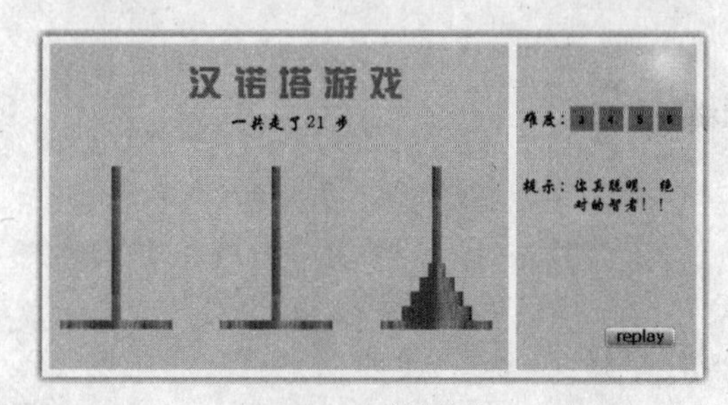

图 15-96　效果图

课堂练习十五

(1) 制作本章中的所有范例。

(2) 练习制作一款手机宣传广告。

(3) 练习制作一款简单的公司网站，要求有公司简介、最新动态、产品信息和联系方式等页面。

【课堂练习答案】

课堂练习一

一、填空题

(1) 视觉　(2) 矢量　(3) 流式播放

二、选择题

(1) A、B、C、D　(2) A、B、C、D

三、上机操作题（略）

课堂练习二

一、填空题

(1) 时间轴　(2) 8　(3) 舞台

二、选择题

(1) A、B、D　(2) A、B、C、D　(3) A、B、C

三、上机操作题（略）

课堂练习三

一、填空题

(1) 位图　(2) 基本椭圆工具

二、选择题

(1) B　(2) D

三、上机操作题（略）

课堂练习四

一、填空题

(1) 文本框　(2) 分离　(3) 对齐方式

二、选择题

(1) A、B、D　(2) A、B、C、D　(3) A、B、C

三、上机操作题（略）

课堂练习五

一、填空题

(1) 工作区　(2) 套索工具

二、选择题

(1) A、B、C　(2) A

三、上机操作题（略）

课堂练习六

一、填空题

(1) 一　　(2) 运动引导图层　　(3) 对象轮廓

二、选择题

(1) A、B、C、D、E　　(2) A、C

三、上机操作题（略）

课堂练习七

一、填空题

(1) 普通帧　　(2) 关键帧

(3) 帧

二、选择题

(1) A、B、C　　(2) A、B、D

三、上机操作题（略）

课堂练习八

一、填空题

(1) 元件编辑模式　　(2) 实例

(3) Flash CS4的内置公用库

二、选择题

(1) A、B、D　　(2) A、B、C、D

三、上机操作题（略）

课堂练习九

一、填空题

(1) 视觉暂留　　(2) 动作补间

(3) 被引导层

二、选择题

(1) A　　(2) A、B、C、D

三、上机操作题（略）

课堂练习十

一、填空题

(1) 采样率　　(2) 位分辨率

(3) 视频

二、选择题

(1) A、B、C、D　　(2) A、B、C　　(3) A、D

三、上机操作题（略）

课堂练习十一

一、填空题

(1) 动作脚本　　(2) Actions　　(3) 运算符　　(4) 动作面板

二、选择题

(1) A、B、C　　(2) A、B、C、D

三、上机操作题（略）

课堂练习十二

一、填空题

(1) 用户界面组件　　(2) Button

二、选择题

(1) C　　(2) A、D

三、上机操作题（略）

课堂练习十三

一、填空题

(1) LOGO　　(2) 导航菜单

二、选择题

(1) A、B、C　　(2) A、C、D

三、上机操作题（略）

课堂练习十四

一、填空题

(1) HTML　　(2) SWF

(3) 导出影片

二、选择题

(1) B、D　　(2) C　　(3) A、C

三、上机操作题（略）